Springer-Lehrbuch

Springer
Berlin
Heidelberg
New York
Barcelona
Hongkong
London
Mailand
Paris
Tokio

Gunnar Lindström Rudolf Langkau
Wolfgang Scobel

Physik kompakt 3

Quantenphysik und Statistische Physik

Zweite Auflage
Mit 170 Abbildungen

Professor Dr. Dr. h.c. Gunnar Lindström
Professor Dr. Rudolf Langkau
Professor Dr. Wolfgang Scobel
Universität Hamburg
Institut für Experimentalphysik
Luruper Chaussee 149
22761 Hamburg, Deutschland
e-mail: gunnar.lindstroem@desy.de
wolfgang.scobel@desy.de

Die erste Auflage erschien in zwei Teilbänden in dem 6teiligen Werk *Physik kompakt* in der Reihe: Vieweg Studium – Grundkurs Physik, herausgegeben von Hanns Ruder, bei Friedr. Vieweg & Sohn Verlagsgesellschaft mbH

Die Deutsche Bibliothek – CIP-Einheitsaufnahme:
Physik kompakt. -
Berlin ; Heidelberg ; New York ; Barcelona ; Hongkong ; London ; Mailand ; Paris ; Tokio : Springer
(Springer-Lehrbuch)
Bd. 3. Quantenphysik und Statistische Physik / Gunnar Lindström ... - 2. Aufl. - 2002
ISBN 3-540-43139-X

ISBN 3-540-43139-X 2. Auflage Springer-Verlag Berlin Heidelberg New York

Springer-Verlag Berlin Heidelberg New York
ein Unternehmen der BertelsmannSpringer Science+Business Media GmbH

http://www.springer.de

Datenkonvertierung von Fa. LE-TeX, Leipzig
Einbandgestaltung: *design & production* GmbH, Heidelberg

Gedruckt auf säurefreiem Papier

SPIN: 10860389 56/3141/ba - 5 4 3 2 1 0

Allgemeines Vorwort

Die vorliegende Einführung in die Experimentalphysik entstand aus den Kursvorlesungen Physik I-III an der Universität Hamburg, die sich an Studierende der Physik, Geowissenschaften und Mathematik mit dem Studienziel Diplom oder Höheres Lehramt richten und in den ersten drei Studiensemestern gehört werden sollen. Diese Vorlesungen wurden von den drei Autoren über mehr als zwei Jahrzehnte regelmäßig gehalten und fortlaufend den Bedürfnissen dieses Hörerkreises angepasst. Der Stoff wurde in Vorlesungen von 2×2 Semesterwochenstunden angeboten; die typischerweise ca. 10 Demonstrationsversuche je Doppelstunde dienten dem qualitativen Verständnis der Phänomene. Die Studierenden erhielten vorlesungsbegleitende Skripten, die die Autoren aufeinander abstimmten, ihnen aber ansonsten ihre individuellen Stile beließen. Mathematische Herleitungen wurden nur dann geboten, wenn sie kurz und prägnant waren; ansonsten haben wir für längere Herleitungen auf die Skripten verwiesen.

Mit dem Abschluss der Lehrtätigkeiten von zwei der drei Autoren (G.Li., R.La.) wurde auch ein gewisser Abschluss in der Entwicklung der Skripten erreicht. Wir haben diesen Zeitpunkt zum Anlass genommen, die Skripten noch einmal zu überarbeiten und textlich etwas zu erweitern, so dass sie sich auch für eine Veröffentlichung in kompakter Buchform eignen, wobei jedoch der ursprüngliche Charakter nicht geleugnet werden kann und soll. Die Aufteilung des Stoffes erfolgt pragmatisch in jeweils einem Band pro Semester mit der in Hamburg - und an den meisten anderen deutschen Universitäten - üblichen Aufteilung des Stoffes.

Der Titel der drei Bände, **Physik kompakt**, ist Programm. Es ist nicht unsere Absicht, in Konkurrenz mit bewährten, umfangreicheren Lehrbüchern der Experimentalphysik zu treten. Vielmehr sollen die Studierenden ein Buch an die Hand bekommen, das sie durch seine kompakte Form und vorlesungsorientierte Stoffauswahl ermutigt, es vorlesungsbegleitend durchzuarbeiten. Das Mitschreiben in der Vorlesung kann dadurch erheblich reduziert werden, so dass dem mündlichen Vortrag und der Vermittlung von Phänomenen in Demonstrationsversuchen größere Aufmerksamkeit zuteil werden.

Die Autoren danken allen Studierenden und Kollegen für Fehlerhinweise, Anregungen und Kommentare. Unser Lektor, Herr Dr. Kölsch, hat uns unterstützt und ermutigt, die Skripten in der vorgelegten Form zu veröffentlichen.

Frau M. Berghaus danken wir für die Ausfertigung vieler Skizzen und die Übertragung der Skripten in das LaTeX-Layout. Allen zukünftigen Benutzern der **Physik kompakt** sind wir dankbar für Verbesserungshinweise.

Hamburg, im September 2001

R. Langkau
G. Lindström
W. Scobel

Vorwort zu Band 3

Der dritte Band: **Quantenphysik und Statistische Physik** unserer Serie **Physik kompakt** für Studierende im dritten Semester des Grundstudiums der Physik beginnt mit der Behandlung der Grenzen der klassischen Physik und enthält die Einführung in den atomaren Aufbau der Materie und die Grundlagen der Quantennatur der elektromagnetischen Strahlung. Am Beispiel der Wellennatur der Teilchenstrahlung und der Unschärferelation führen die Autoren in den Stoff der Atomphysik ein. Schon hier bei der Behandlung der Schrödingergleichung und der Wellenfunktionen wird die fundamentale Bedeutung der Physik der Wellen und Schwingungen deutlich.

Es folgt eine Einführung in die Grundlagen der Quantenmechanik. Auf diesem Weg führen die Autoren den Leser hin zur statistischen Mechanik und zur theoretischen Thermodynamik. Am Beispiel der Hauptsätze der Thermodynamik und ihrer Anwendungen schließt sich der Kreis zur experimentell orientierten Betrachtungsweise des ersten Bandes.

Inhaltsverzeichnis

Teil I Quantenphysik

Teil I

Quantenphysik

1 Grenzen der klassischen Physik

Die klassische Physik beschreibt ausschließlich makroskopische Phänomene, bei denen die mikroskopische Struktur der Materie ohne Belang ist. Der Unterschied zwischen "makroskopischer" und "mikroskopischer" Welt wird noch weiter zu erläutern sein. Beispiele für makroskopische Phänomene, die von der klassischen Physik vollständig beschrieben werden, sind etwa: Planetenbewegung, Lichtausbreitung im Vakuum. Die klassische Physik kennt als elementare Wechselwirkungen die **Gravitations-** und die **elektromagnetische Wechselwirkung**. Von fundamentaler Bedeutung für die Beschreibung der Veränderung eines Systems unter Einfluss dieser Kräfte sind die

Newtonschen Axiome (Mechanik) und
die **Maxwellschen Gleichungen** (Elektrodynamik).

Diese wurden zunächst als universell gültig angenommen (Band 1,I).

Zahlreiche experimentelle Befunde, die bereits Ende des 19. Jahrhunderts vorlagen, waren mit den klassischen Theorien nicht erklärbar, z.B. die Strahlung des Schwarzen Körpers, die Linienspektren aus Gasentladungen, der Fotoeffekt. Natürlich waren auch die Stoffeigenschaften wie etwa Härte, Elastizität, elektrisches Leitvermögen, optische Absorption oder Reflexion, nicht eigentlich erklärbar, d.h. aus fundamentaleren Eigenschaften ableitbar. Als Markstein für einen entscheidenden Durchbruch in der Misere, in der sich die klassische Physik um die Jahrhundertwende befand, kann die "Erklärung" der spektralen Verteilung in der Strahlung des Schwarzen Körpers durch Max Planck (Dezember 1900 vor der Deutschen Physikalischen Gesellschaft) angesehen werden. Anfang des 20. Jahrhunderts haben sich dann im Zusammenspiel mit der Entwicklung der aus der Planckschen Quantenhypothese folgenden Ideen zahlreiche weitere experimentelle Befunde ergeben, die die Grenzen in der Gültigkeit der klassischen Physik aufzeigten. Beispiele sind: Existenz und Stabilität der Atome, Wechselwirkung elektromagnetischer Strahlung mit Materie, Beugungserscheinungen von Teilchenstrahlung. Die Beispiele werden in den weiteren Abschnitten dieses Kapitels im Detail behandelt. Durch Arbeiten u.a. von Planck, Born, de Broglie, Schrödinger, Sommerfeld, Heisenberg und Jordan wurde schließlich die **Quantenmechanik** begründet, die beherrschend für die gesamte moderne Physik ist.

Die **klassische Physik** ist auf den **makroskopischen Bereich** beschränkt.

Es wird nur die Grobstruktur von Phänomenen erfasst, so z.B. die Bewegung eines starren Körpers durch Freiheitsgrade, die den Gesamtkörper charakterisieren (Schwerpunktsbewegung, Rotation). Die individuelle Bewegung der Atome oder gar der Elektronen in den Atomen werden nicht beschrieben.
Die **Quantenmechanik** beschreibt über den Bereich der klassischen Physik hinaus **mikroskopische Phänomene** im atomaren Bereich. Mit ihr gelingt es u.a., die Existenz, Stabilität und Eigenschaften der Atome zu verstehen. Die makroskopischen Materialeigenschaften sind so auf ihre mikroskopischen Ursachen zurückzuführen. Die Quantenmechanik ist nicht auf den atomaren Bereich beschränkt. Gegenüber der klassischen Physik ist sie eine umfassende Theorie, welche die NEWTONsche Mechanik als Grenzfall enthält.
In mikroskopischen Bereichen kann die klassische Physik höchstens noch zu einer näherungsweise gültigen Aussage kommen. In streng makroskopischen Bereichen bleibt sie exakt, d.h. im Rahmen sinnvoller Messgenauigkeit gültig. (Näheres in Kap. 5 und 10). In Kap. 10 wird auch gezeigt werden, dass sich die NEWTONsche Mechanik als Grenzfall der Quantenmechanik ergibt (EHRENFEST-Theorem).

Hier die jetzt überfällige Unterscheidung zwischen "makroskopischer" und "mikroskopischer" Welt. Wir benutzen hierzu die für den Bereich der Quantenmechanik fundamentale neue Naturkonstante h (**Plancksches Wirkungsquant**, **Plancksche Konstante**):

$$\boxed{h = 6.6256 \cdot 10^{-34} \text{ J s}} \tag{1.1}$$

h hat die Dimension einer **Wirkung** (Energie × Zeit):

$$[h] = [\text{Energie}] \times [\text{Zeit}] = [\text{Impuls}] \times [\text{Länge}] = [\text{Drehimpuls}]$$

Wir erinnern daran, dass ein System durch Angabe seiner **dynamischen Variablen** (z.B. Orts-, Impuls-, Drehimpulskomponenten, totale Energie) beschrieben werden kann. Deren charakteristische Werte lassen sich zu **charakteristischen Werten von Wirkungsvariablen** kombinieren (Beispiele s. unten).

Kriterium für die Anwendbarkeit der klassischen Physik als Näherung der Quantenmechanik Ein System, in dem der charakteristische Wert einer Wirkungsvariablen $a \approx h$ ist, muss durch die Quantenmechanik beschrieben werden; gilt hingegen $a \gg h$, so sind die Aussagen der klassischen Physik gültig:

$$\boxed{\begin{array}{ll} a \approx h & \text{Quantenmechanik} \\ a \gg h & \text{klassische Physik} \end{array}} \tag{1.2}$$

Anmerkung: Bezüglich der notwendigen Erweiterung der klassischen Physik zur Quantenmechanik spielt das **Plancksche Wirkungsquant** eine entsprechende Rolle wie die Lichtgeschwindigkeit beim Übergang von der nichtrelativistischen zur relativistischen Mechanik.

Beispiele:

1. **Strahlung des Schwarzen Körpers** (s. auch Kap. 3)
   Experimenteller Befund: Die spektrale Verteilung der Strahlung eines Schwarzen Körpers hat ein von der Temperatur abhängiges charakteristisches Frequenzmaximum $\nu_{\max}$

   $$\nu_{\max} \propto T$$

   Die Proportionalitätskonstante ist universell, d.h. sie ist nicht abhängig von der Beschaffenheit des Schwarzen Körpers. Als charakteristische Zeit können wir $1/\nu_{\max}$ (Schwingungsdauer der emittierten Strahlung), als charakteristische Energie kT (k = BOLTZMANN-Konstante = $1.38 \cdot 10^{-23}$ J K^{-1}) betrachten, kT ist die Energie pro Freiheitsgrad (s. Kap. 3 und vor allem II, Kap. 4. Wir erhalten für

   $$T = 1000\text{K}: \quad \nu_{\max} \approx 10^{14}\ \text{s}^{-1}$$

   $$\Rightarrow \quad \frac{1}{\nu_{\max}} kT \approx 10^{-14} \cdot 1.4 \cdot 10^{-23} \cdot 10^{3}\ \text{J s} = 1.4 \cdot 10^{-34}\ \text{J s} \approx h$$

   Das Problem ist also mit der klassischen Physik nicht zu bewältigen.
2. **Mathematisches Pendel**

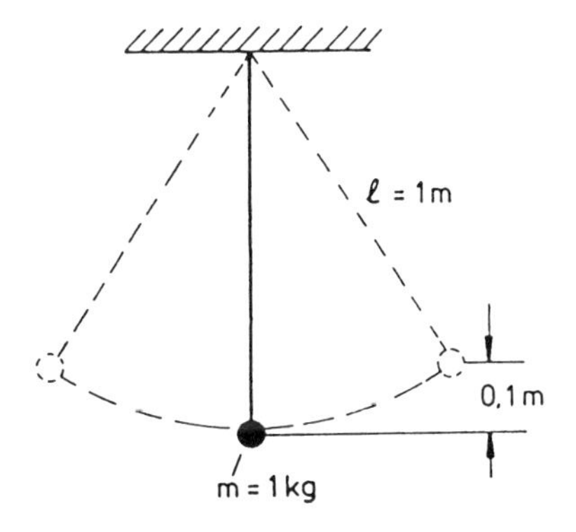

Abb. 1.1. Beispiel für ein mathematisches Pendel.

Gesamtenergie: $E_{\text{ges}} = E_{p,\max}$

$$E_{p,\max} = 1\ \text{kg} \cdot 9.81\ \frac{\text{m}}{\text{s}^2} \cdot 0.1\ m \approx 1\ \text{J}$$

Schwingungsdauer $T = 2\pi\sqrt{\dfrac{\ell}{g}}$

$$T \approx 2\ \text{s}$$

$$E_{\text{ges}} T \approx 2\ \text{J s} \gg h$$

Man kann auch den mittleren Drehimpuls als charakteristische Wirkungsvariable berechnen:

$$v = v_0 \cos \omega t \quad \text{mit} \quad \frac{m}{2} v_0^2 = E_{p,\max} \approx 1 \text{ J}$$

$$\Rightarrow \quad v_0 \approx 1.4 \ \frac{\text{m}}{\text{s}}$$

$$v_{\text{rms}} = \sqrt{\overline{v^2}}, \overline{v^2} = \frac{1}{T} \int_0^T v_0^2 \cos^2 \omega t \cdot \mathrm{d}t = \frac{1}{2} \ v_0^2 \approx 0.7 \ \frac{m}{s}$$

$$L_{\text{rms}} = m v_{\text{rms}} \cdot \ell \approx 0.7 \text{ kg} \cdot \frac{\text{m}^2}{\text{s}} = 0.7 \text{ J s} \gg h$$

Anmerkung: Das Pendel ist ein harmonischer Oszillator: $E_p \propto x^2$. Wie wir sehen werden, sind in der Quantenmechanik nur diskrete Energiezustände erlaubt. Ein harmonischer Oszillator kann beispielsweise nur die Energiewerte $E_n = \left(n + \frac{1}{2}\right) h\nu$ ($\frac{1}{2}$ $h\nu$ = sogenannte Nullpunktsenergie) annehmen. In unserem Beispiel ist $h\nu \approx 3.3 \cdot 10^{-34}$ J, $E_{\text{ges}} \approx 1$ J, also $n \approx 3 \cdot 10^{33}$. Die Energie ist also, wie in der klassischen Mechanik stets vorausgesetzt, praktisch eine kontinuierliche Variable. Die Nullpunktsenergie spielt ebenfalls keine Rolle: $\frac{1}{2}$ $h\nu \approx 1.6 \cdot 10^{-34}$ E_{ges}!

2 Atomarer Aufbau der Materie

2.1 Atom- und Elektronen-Hypothese

Atomhypothese

DEMOKRIT (um 400 v.Chr.): Begründer der Idee, dass die Materie aus "Atomen", d.h. unteilbaren Partikeln, besteht. Demgegenüber war zunächst (Mittelalter, Renaissance) die Vorstellung von einer kontinuierlichen Materie, in der sich die vier Grundprinzipien manifestieren, vorherrschend.
Erst durch Entwicklung quantitativer Messmethoden in der Chemie trat eine wesentliche Veränderung ein.

Entwicklung der Atom-Hypothese in der Chemie

PROUST, DALTON (um 1800): Gesetz der konstanten (PROUST) und multiplen Proportionen (DALTON), nachdem bereits von LAVOISIER der Begriff **Element** als einer durch chemische Analyse nicht weiter zerlegbaren Substanz eingeführt wurde.

$$\boxed{A + B \to C}$$

C: Chemische Verbindung aus A und $B \Rightarrow \; m(A) : m(B) = \text{const.}$

$$\boxed{A + B \to C; \quad A + B \to D}$$

C, D: verschiedene chemische Verbindungen aus A und B, etwa CO, CO_2, etc. $\Rightarrow$ Die Konstanten $m(B)/m(A)$ stehen dann im Verhältnis kleiner ganzer Zahlen zueinander.
Die **Atom-Hypothese** von DALTON ("Ein Element besteht aus chemisch und physikalisch identischen Atomen") dient zur Deutung des Gesetzes von den multiplen Proportionalen (Äquivalentgewicht). DALTON gibt eine erste Tabelle relativer Atommassen (Atomgewichte) an.
GAY-LUSSAC (1808): Untersuchung der chemischen Reaktionen von Gasen. Hierbei wurde gefunden:

$$\boxed{\text{Gas } A + \text{Gas } B = \text{Gas } C}$$

C: Chemische Verbindung von A und B.
Vol (A), Vol (B), Vol (C) wurden bei gleichem Druck und gleicher Temperatur gemessen. ⇒ Vol (A) : Vol (B) : Vol (C) = Verhältnis kleiner ganzer Zahlen.
AVOGADRO (1811): Verknüpft die experimentellen Befunde von DALTON und GAY-LUSSAC, postuliert die Existenz von **Molekülen** und formuliert die AVOGADROsche Regel:

Korollar 2.1 *Bei gleichem Druck und gleicher Temperatur enthalten gleiche Volumina von Gasen die gleiche Anzahl von Molekülen.*

Die Molekül-Hypothese bleibt in der Folgezeit zunächst sehr umstritten (wieso ist H_2 stabil, nicht aber H_n?).
CANIZZARO (1858) greift AVOGADROs Vorstellungen auf und zeigt, dass nur hiermit eine konsistente Bestimmung relativer Atommassen möglich ist. Seine Ideen werden von der internationalen Konferenz über Atommassen (Karlsruhe 1869) akzeptiert.

Die Atom-Hypothese in der Physik

BOYLE, MARIOTTE (um 1670): Gasgesetz:

$$pV = \text{const bei } T = \text{const}$$

BERNOULLI (um 1750): Erste Ansätze zur kinetischen Gastheorie: In Gasen bewegen sich kleinste Teilchen mit Massen m_0, mittlerer Geschwindigkeit $\sqrt{\overline{v^2}}$ und Teilchenzahldichte $n = N/V$ (N = Teilchenzahl im Volumen V). Der Impulsübertrag auf die Gefäßwände verursacht den Druck p. BERNOULLI fand:

$$p = \frac{1}{3}\, n m_0 \overline{v^2}$$

GAY-LUSSAC (1802) erweiterte das BOYLE-MARIOTTEsche Gasgesetz unter Einschluss der Temperaturabhängigkeit – hier in moderner Schreibweise unter Verwendung der absoluten Temperatur:

$$pV = R_{\text{Gas}} T$$

R_{Gas}: Von der Art des Gases abhängige Gaskonstante.
AVOGADRO (1811) zeigte, dass sich dieses schreiben läßt als

$$\frac{pV}{T} = Nk$$

wobei N die Molekülzahl im Volumen V, k eine universelle, nicht mehr von der Gasart abhängige Konstante ist.
Da N i.a. nicht messbar ist, hat man dann eine zu N proportionale Größe, die **Stoffmenge** mit der Einheit **mol**, eingeführt, wobei zunächst nicht die heute allgemein gebräuchliche atomare Masseneinheit ($\frac{1}{12}m(^{12}\text{C})$, s. 2.2), sondern

eine Skala, die etwa auf H oder O basierte, benutzt wurde. Nach AVOGADRO ist die Anzahl der Moleküle pro mol für alle Stoffe gleich groß. Diese Zahl wurde in der Folgezeit **Avogadrosche Konstante** ($\equiv$ **Loschmidt-Zahl**) L genannt.
MAXWELL, BOLTZMANN (1860, 1890): Entwicklung der kinetischen Gastheorie mit dem Ergebnis:

$$\overline{E}_k = \frac{3}{2}\,kT = \frac{1}{2}\,m_0\overline{v^2}$$

Das ist die mittlere kinetische Energie eines Gasmoleküls mit 3 Freiheitsgraden, den 3 Komponenten der translatorischen Bewegung im Raum. $\frac{1}{2}\,kT =$ Energie pro Freiheitsgrad, $k =$ BOLTZMANN-Konstante.
Dieses grundlegende Ergebnis von BOLTZMANN führt dann mit $p = \frac{1}{3}\,nm_0v^2$ (BERNOULLI) zum Verständnis des Gasgesetzes $pV = NkT$ (s.o), ein großer Erfolg für die Atom-Hypothese.
Weitere Hinweise auf den atomaren Aufbau der Materie ergaben sich aus der regelmäßigen Form der Kristalle (erstmals HAÜY, 1785) und vor allem aus dem **Faradayschen Gesetz der Elektrolyse** (1833, s. Elektronen-Hypothese), das offenbar nur dann leicht verstanden werden konnte, wenn man sowohl eine atomare Struktur der Materie wie auch eine solche der elektrischen Ladung voraussetzte.
Noch um 1900 war die Atom-Hypothese nicht allgemein akzeptiert. Kritiker (z.B. MACH, OSTWALD) haben vor allem eingewendet, dass ausschließlich indirekte Beweise vorlagen. Sehr wesentlich für die Anerkennung der Atom-Hypothese war schließlich, dass die Bestimmung der LOSCHMIDT-Zahl nach voneinander völlig verschiedenen Methoden stets zum selben Ergebnis führte. Ein in diesem Zusammenhang aufzuführender Markstein war das Experiment von PERRIN (1909). Er hat gezeigt, dass makroskopisch direkt beobachtbare Teilchen (Mastix-Kügelchen) in einem geeigneten Medium (Suspension in Wasser) eine höhenabhängige Verteilung haben, die der nach BOLTZMANN zu erwartenden barometrischen Höhenformel entspricht. Da die hierdurch mögliche Bestimmung der BOLTZMANN-Konstanten zusammen mit der makroskopisch messbaren universellen Gaskonstanten (Zusammenhang $R = kL$, s. 2.2) zum selben Ergebnis für die LOSCHMIDT-Zahl L führte wie andere Verfahren, waren auch die letzten Zweifel ausgeräumt.

Natürlich war für das Gelingen des PERRINschen Experiments die **Brownsche Bewegung** von fundamentaler Bedeutung. Sie wurde erstmals 1827 beobachtet von dem Botaniker BROWN an einer Pollensuspension in Wasser. Die Mastixteilchen mussten so klein, aber doch von gleicher Masse sein, dass sie durch die regellose Bewegung der Wassermoleküle aus ihren statischen Gleichgewichtslagen messbar herausgebracht werden konnten.
Quantitative Messungen der BROWNschen Bewegung wurden von NÖRDLUND und unabhängig von FLETCHER (1914) durchgeführt. Das Experiment wird in Abschn. 2.3 kurz beschrieben.

Die Hypothese von der Existenz der Elementarladung, das Elektron

Faraday (1833): Das Faradaysche Gesetz der Elektrolyse lautet: $Q/m =$ const, wobei Q die transportierte Ladung, m die an einer Elektrode abgeschiedene Masse ist. Die Konstante ist von der Art der Substanz abhängig. Alle Beobachtungen ließen sich unter Verwendung der Stoffmenge ν zusammenfassen zu

$$Q = \nu F n$$

wobei n eine kleine ganze Zahl (Wertigkeit, heute natürlich sofort als Ladungszahl des Ions identifiziert) und F eine universelle Konstante (**Faradaysche Konstante**) ist.
Millikan (1911): Der Millikansche Öltropfen-Versuch (s. 2.3) ergab einen direkten Beweis für die Quantelung der Ladung. Er fand, dass die Ladung sehr kleiner Öltropfen stets ein ganzzahliges Vielfaches einer universellen Ladung, der **Elementarladung** $\boldsymbol{e}$ ist: $q = ne$ ($n \leq 25$).
Historisch betrachtet müssen die Hinweise auf eine Quantelung der mit Ionen (Elektrolyse) oder größeren Teilchen (Millikan-Versuch) verbundenen Ladungsquantelung getrennt von der Existenz freier Elektronen und ihrer Ladung gesehen werden, denn es existierte ja zunächst noch keine Vorstellung vom Aufbau des Atoms.
Von Stoney (1891) stammt die Bezeichnung **Elektron** für das **Elementarquant** der Ladung (noch nicht für das Teilchen).
Seit etwa 1860 hat man mit **Kathodenstrahlen** experimentiert und bald erkannt, dass sie einen Strom negativ geladener Teilchen darstellen.
Thomson (1897): Bestimmung von e/m an Kathodenstrahlen durch Ablenkung im elektrischen und magnetischen Feld.
Zeeman (1897): Entdeckung der Aufspaltung von Spektrallinien, wenn sich die Atome im Magnetfeld B befinden. "Erklärung" dieses Effekts durch Lorentz (ebenfalls 1897). Die Argumentation ist etwa die folgende: Der periodischen Bewegung von Teilchen der Ladung $-e$ im Atom, verantwortlich für die Emission einer Spektrallinie, wird im Magnetfeld (Lorentz-Kraft $-e\boldsymbol{v} \times \boldsymbol{B}$) eine Rotation der Frequenz $\omega = (e/m)B$ überlagert, die zur Frequenzverschiebung führt ($evB = m\omega^2 r$, $\omega r \to eB = m\omega$). Über die Zeeman-Aufspaltung war also eine e/m-Bestimmung für die Träger der elektrischen Ladung in den Atomen möglich.
Aufgrund der Übereinstimmung der e/m-Bestimmung an Kathodenstrahlen und aus dem Zeeman-Effekt war schließlich klar, dass es nun ein Teilchen als Träger der elementaren Ladung gab. Der Name Elektron wurde dann für dieses Teilchen übernommen.

2.2 Physikalische Begriffe und Zusammenhänge

Hier nun eine kurze Zusammenstellung der im bisher betrachteten Zusammenhang wichtigsten Größen und Beziehungen. Die Gesetzmäßigkeiten werden als bekannt vorausgesetzt.

Relative Atommasse (Atomgewicht, Molekulargewicht):

$$\boxed{\begin{aligned} A &= \frac{m(A)}{\frac{1}{12}\,m\,(^{12}\mathrm{C})} & u &= \frac{1}{12}\,m\,(^{12}\mathrm{C\text{-}Atom}) \\ m(A) &= A \cdot u & &= 1.6605 \cdot 10^{-27}\ \mathrm{kg} \end{aligned}} \tag{2.1}$$

Stoffmenge ν:

Korollar 2.2 *1 mol = Stoffmenge mit ebenso vielen Teilchen wie Anzahl der Atome in 12 g ^{12}C (allgemein in A g einer einheitlichen Substanz mit der Atom- bzw. Molekularmasse A).* *(2.2)*

Die Stoffmenge wird dann in Vielfachen von 1 mol angegeben.

Loschmidt-Zahl L: Ist N die Zahl der Atome bzw. Moleküle in der Stoffmenge ν mol einer Substanz einheitlicher Zusammensetzung, so ist

$$\boxed{L = \frac{N}{\nu} = 6.0225 \cdot 10^{23}\ \mathrm{mol}^{-1}} \tag{2.3}$$

12 g der Substanz ^{12}C bestehen danach aus L ^{12}C-Atomen; $m(^{12}\mathrm{C})$ = Masse eines ^{12}C-Atoms: 12 g = $Lm(^{12}\mathrm{C}) = L \cdot 12u$ (aus (2.1))

$$\boxed{u = \frac{1}{L}\ \mathrm{g}} \tag{2.4}$$

Die **universelle Gasgleichung** lautet:

$$pV = NkT = \nu RT \qquad (R = \text{universelle Gaskonstante})$$

Mit $\nu = \frac{N}{L}$ erhält man hieraus:

$$\boxed{R = Lk} \qquad \text{Es ist:} \qquad \boxed{R = 8.3143\ \mathrm{JK}^{-1}\ \mathrm{mol}^{-1}} \tag{2.5}$$

Das **Faradaysche Gesetz** lautet

$$Q = \nu F n$$

Es ist ne die Ladung eines Ions, so muss gelten:

$$Q = \nu L n e$$

woraus man erhält:

$$\boxed{F = Le} \qquad \text{Es ist:} \qquad \boxed{F = 9.64877 \cdot 10^{4}\ \mathrm{C\ mol}^{-1}} \tag{2.6}$$

Im Gegensatz zu k und e sind R und F makroskopisch messbare Größen. Aus (2.5), (2.6) folgt: Eine Bestimmung von k (**Boltzmann-Konstante**) oder e (**Elementarladung**) bedeutet wegen der bekannten Größen R und F gleichzeitig auch eine Bestimmung der LOSCHMIDT-Zahl L und umgekehrt. Werte für e und k:

$$\boxed{e = 1.6021 \cdot 10^{-19}\ \mathrm{C}, \ k = 1.3805 \cdot 10^{-23}\ \mathrm{J\ K^{-1}}}$$

2.3 Experimentelle Methoden zur Bestimmung der LOSCHMIDT-Zahl und der Elementarladung

Im folgenden werden nur wenige, besonders auch im historischen Zusammenhang wichtige Methoden angeführt. Eine ausgezeichnete Zusammenstellung mit Literaturzitaten findet man in DÖHRING: Atomphysik, Teil I.

Methode von PERRIN *(1909): Dichteverteilung im Schwerefeld* PERRIN ging von der BROWNschen Bewegung aus. Jedes kleine Teilchen in einem Gas oder einer Flüssigkeit führt unter dem Einfluss der unregelmäßig auf die Teilchenoberfläche erfolgenden Molekülstöße Zitterbewegungen aus. In einem äußeren Kraftfeld führen diese Stöße zu einer Bewegung des Teilchens aus der Ruhelage (Minimum der potentiellen Energie) heraus. Man erhält eine von $E_p = E_{p,\mathrm{min}}$ abweichende Verteilung der Teilchen, die sich nach der kinetischen Gastheorie berechnen läßt. Der Gleichverteilungssatz liefert $\frac{1}{2}\ kT =$ mittlere kinetische Energie pro Freiheitsgrad. Unter Einfluss der Schwerkraft ($E_p = mgz$, $m =$ Masse der Teilchen, $z =$ Höhe über dem Boden des Gefäßes, in dem die Teilchen eingeschlossen sind), erhält man für die Teilchenzahldichte $n(z) = \frac{\mathrm{d}N}{\mathrm{d}V}$

$$\boxed{n(z) = n(0) \exp\left(\frac{-mgz}{kT}\right)} \tag{2.7}$$

(vgl. Barometrische Höhenformel).

PERRIN benutzte eine Suspension von Mastixkügelchen in Wasser. Mastix ist das Harz eines im Mittelmeergebiet heimischen Baumes, das bereits in Form fester Körper gebraucht wird. Die Teilchen mussten einerseits so klein sein, dass die BROWNsche Bewegung noch einen messbaren Einfluss ausübt, andererseits aber auch so groß, dass sie wenigstens mit dem Mikroskop einzeln beobachtbar sind. Durch Zentrifugieren erhielt er Teilchen genügend einheitlicher Masse mit einem Durchmesser von 0.6 μm. Ferner wurde die Teilchenzahldichte in der Suspension so kleingehalten, d.h. mit einem mittleren, hinreichend großen Abstand zwischen den Teilchen, dass die Wechselwirkungskräfte zwischen ihnen vernachlässigbar waren. Durch Auszählen unter dem Mikroskop (Gefäß in z-Intervalle mit $z = 10\ \mu$m unterteilt) wurde $n(z)$ bestimmt und Gl. (2.7), die Vorhersage der BOLTZMANNschen Theorie,

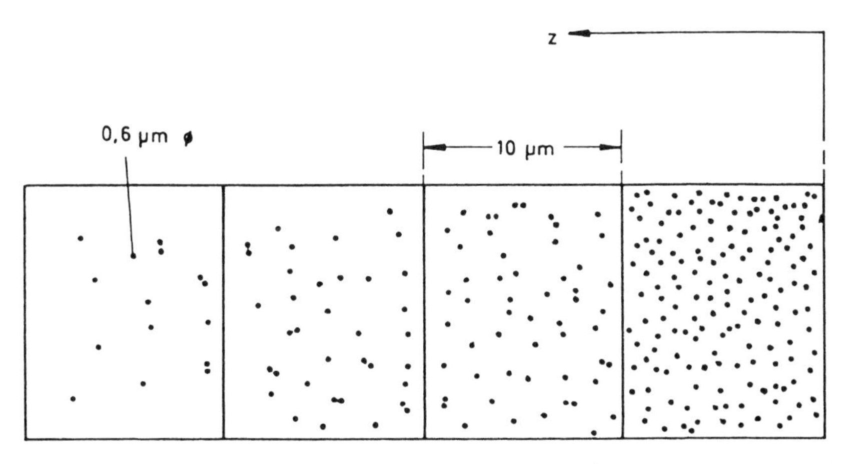

Abb. 2.1. Sedimentationsgleichgewicht nach PERRIN (aus der Originalarbeit).

voll bestätigt. Damit konnte die BOLTZMANN-Konstante k bestimmt werden, woraus sich zusammen mit der bekannten universellen Gaskonstante L ergab (Gl. (2.5)). PERRIN erhielt den noch ungenauen Wert:

$$L = 6.7 \cdot 10^{23}\ \mathrm{mol}^{-1}$$

Kappler (1931): Lageschwankungen eines Galvanometerspiegels Eng mit der Methode von PERRIN hängt das Experiment von KAPPLER zusammen. Auch hier werden die Lageschwankungen in einem Kraftfeld durch Einfluss der regellos erfolgenden Molekülstöße beobachtet. Als beobachtbares Objekt wird ein sehr kleiner (2 mm ⌀), an einem Torsionsfaden aufgehängter Drehspiegel benutzt.

Man beobachtet Zitterbewegungen des Spiegels $\varphi = \varphi(t)$ um den zeitlichen Mittelwert $\overline{\varphi} = 0$. Die Verteilungsfunktion $\mathrm{d}N/\mathrm{d}\varphi$ ist eine symmetrische Kurve, speziell hier eine Gauß-Funktion, die für Häufigkeitsverteilungen bei statistischen Prozessen oft charakteristisch ist.
Natürlich gilt für eine solche Verteilung $\overline{\varphi^2} \neq 0$, denn das Vorzeichen von φ fällt ja bei Quadrierung heraus. Da das System nur einen Freiheitsgrad besitzt, eben die Drehung um seine Achse, so muss wiederum nach dem Gleichverteilungssatz für die mittlere kinetische Energie gelten:

$$\boxed{\frac{1}{2}\, D\overline{\varphi^2} = \frac{1}{2}\, kT} \tag{2.8}$$

eine Gleichung, aus der man bei bekannter Temperatur T und Winkelrichtgröße D sofort k und damit L ermittelt. KAPPLER erhielt den gegenüber PERRIN sehr viel genaueren Wert: $L = 6.06 \cdot 10^{23}\ \mathrm{mol}^{-1}$.

Nördlund/Fletcher (1914): Lageschwankungen eines einzelnen Teilchens infolge Brownscher Molekularbewegung Im Gegensatz zu den bisher besprochenen Experimenten haben NÖRDLUND und, unabhängig von ihm, FLETCHER

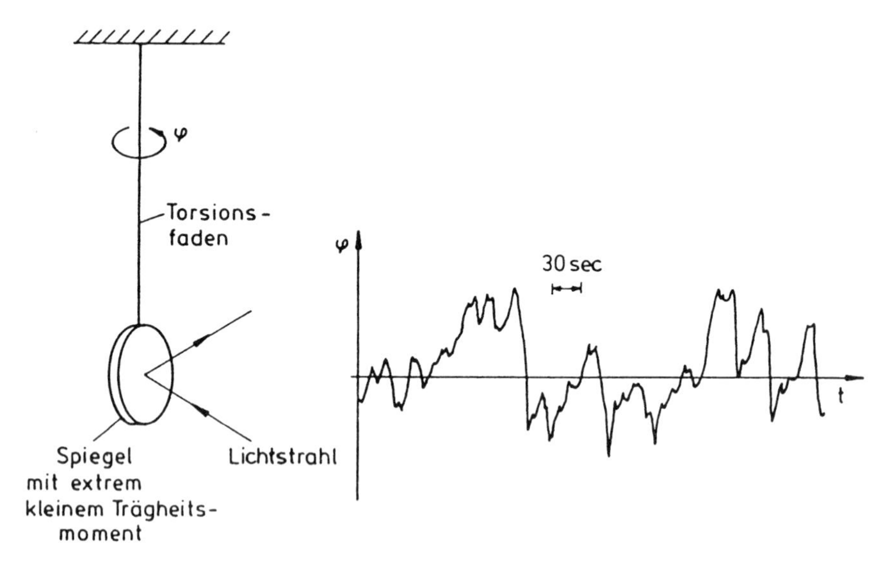

Abb. 2.2. Schwankungen bei einem Galvanometerspiegel.

ein Experiment durchgeführt, bei dem die **horizontalen** Lageschwankungen eines in einem Gas oder einer Flüssigkeit befindlichen Teilchens beobachtet wurden. Es wurde also gerade die Wirkung einer äußeren Kraft (PERRIN) bzw. eines Drehmoments (KAPPLER) ausgeschaltet und die BROWNsche Bewegung direkt zur Messung von k verwendet. Verfolgt man ein einzelnes Teilchen in Abhängigkeit von der Zeit (äquidistante Zeitpunkte $0, t_0, 2t_0, 3t_0, 4t_0, \ldots$) und misst man über eine große Anzahl aufeinander folgender Zeitintervalle die zu jedem Intervall gehörige Koordinatenänderung Δx_ν in der Horizontalebene, so wird der zeitliche Mittelwert $\overline{\Delta x} = 0$. Positive und negative Änderungen sind gleich häufig, eine Vorzugsrichtung existiert nicht, es ist aber $\overline{\Delta x^2} \neq 0$.

Nach EINSTEIN (1905) und SMOLUCHOWSKI (1906) gilt für $\overline{\Delta x^2}$ als Funktion der Intervall-Länge t_0 und der Temperatur T

$$\boxed{\overline{\Delta x^2} = 2\mu k T t_0} \tag{2.9}$$

wobei $\mu = \overline{v}/F_{\text{Reibg.}}$ sich für laminare Strömung nach der STOKESschen Formel

$$\mu = \frac{1}{6\pi\eta R}$$

berechnen läßt (η = Viskositätskonstante, R = Teilchenradius). NÖRDLUND und FLETCHER erhielten schließlich

$$L = 5.9 \cdot 10^{23}\text{mol}^{-1} \qquad \text{bzw.} \qquad L = 6.0 \cdot 10^{23}\text{mol}^{-1}$$

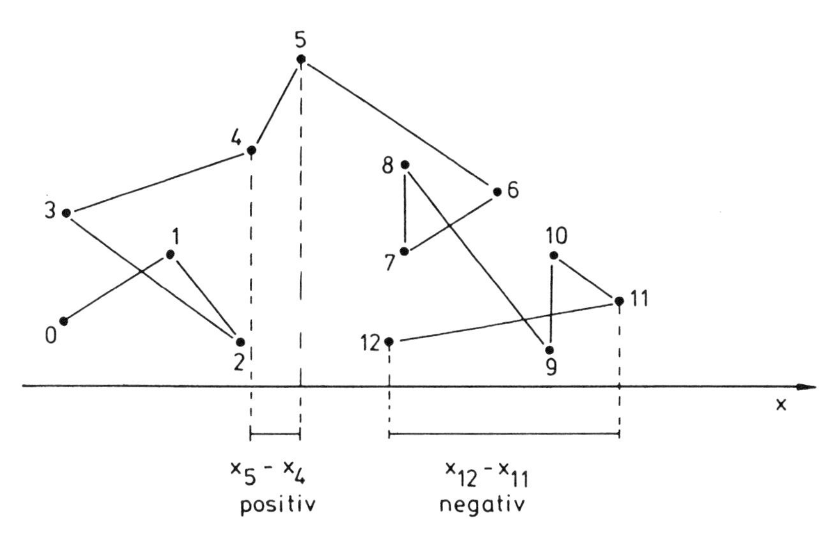

Abb. 2.3. Zur BROWNschen Molekularbewegung.

(Denjenigen, die sich für eine relativ einfache Ableitung der Gl. (2.9) interessieren, sei HUBER/STRAUB: Physik III/1: Atomphysik (1970), S. 65 ff empfohlen).

Bestimmung von *L* durch Röntgenstrahl-Interferenz an Kristallen (BRAGG-Reflexion)

Die Entdeckung der Röntgenstrahl-Interferenz an Kristallen stammt von VON LAUE, FRIEDRICH und KNIPPING (1912) und wurde durch BRAGG (1913) erstmals gedeutet (BRAGGsche Reflexionsbedingung, s.u.). Damit wurde erstmals die alte Vermutung bestätigt, dass die regelmäßige Form der Kristalle auf eine regelmäßige Anordnung der Atome zurückzuführen sei.

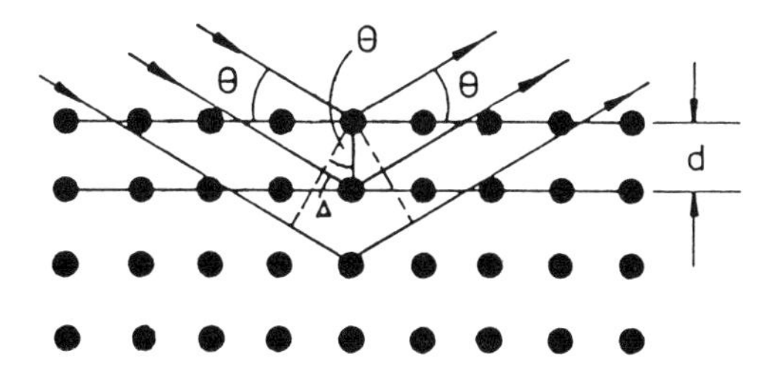

Abb. 2.4. Röntgenstrahl-Interferenz an einem Kristallgitter.

Es wird die Reflexion von monochromatischer Röntgenstrahlung an einer Schar von parallelen Netzebenen – nicht notwendigerweise parallel zur Oberfläche – betrachtet. Ein (nichtmetallischer) Kristall ist i.a. für Röntgenstrahlung transparent, es findet also nicht nur Reflexion an der Oberfläche statt! Jedes Kristallatom wird zum Zentrum einer Elementarwelle. Alle diese Elementarwellen, deren Amplitude von der Art des Atoms abhängt, nicht aber die Phase, sind kohärent. Konstruktive Interferenz erhält man, wenn der Gangunterschied $2\Delta = n\lambda$ ist, also wegen $\Delta = d \sin\Theta$ bei ganz bestimmten, von λ und d abhängigen Reflexionswinkeln mit der BRAGGschen Reflexionsbedingung

$$\boxed{2d \sin\Theta = n\lambda} \tag{2.10}$$

$n =$ ganzzahlig

Die Wellenlänge monochromatischer Röntgenstrahlung läßt sich sehr präzise durch entsprechende Interferenz an Strichgittern bestimmen. Aus λ und Θ kann man dann den Netzebenenabstand d bestimmen. In einem einfachen kubischen Kristall erhält man aus d sehr einfach die Anzahl der Atome pro Volumen und daraus zusammen mit der Dichte und dem Atom- bzw. Molekulargewicht schließlich die LOSCHMIDT-Zahl. Für komplizierte Kristalle läßt sich das Verfahren ebenfalls anwenden, wenn man die Kristallstruktur kennt. Zu deren Untersuchung ist das Röntgenstrahl-Interferenz-Verfahren ebenfalls eine ausgezeichnete Methode. Die Röntgenstrahl-Interferenz-Methode wurde besonders durch die **Siegbahn-Schule** (Uppsala, Schweden; entsprechende Experimente ab ca. 1930) zu einem Präzisionsverfahren entwickelt. Neben seiner großen Bedeutung für die Strukturuntersuchung an Kristallen und – bei bekanntem Netzebenenabstand – für die Wellenlängenbestimmung von Röntgenstrahlung (Kristallspektrometer) ist es wohl das genaueste Verfahren zur Bestimmung der LOSCHMIDT-Zahl. Messungen u.a. von BÄCKLIN (Uppsala) ergaben schon 1935 einen Wert von $L = 6.02 \cdot 10^{23}$ mol^{-1}.

Millikan (1911): Bestimmung der Elementarladung Eine genaue Messung der Bewegung geladener Teilchen in einem gasförmigen oder flüssigen Medium unter Einfluss von Schwerkraft, Reibung und elektrischer Feldstärke kann zur Bestimmung der Ladung dieser Teilchen verwendet werden, Ableitung s.u.
Folgende Bedingungen müssen erfüllt sein:

– Teilchenladung q hinreichend klein, damit Ladungsquantelung messbare Effekte liefert (MILLIKAN: $q \leq 25\, e$!).
– Teilchenmasse m hinreichend klein, damit elektrische Kraft von gleicher Größenordnung wie Schwerkraft.
– Teilchengestalt exakt kugelförmig, damit STOKESsche Formel für Reibung anwendbar ist.
– Teilchen hinreichend groß, damit sie unter dem Mikroskop beobachtbar sind.

MILLIKAN hat Öltröpfchen ($R \approx 1\ \mu$m, Oberflächenspannung garantiert Kugelgestalt) verwendet, die durch Zerstäubung mittels einer Düse (Aufladung durch Reibungselektrizität) in einen luftgefüllten Parallelplattenkondensator gelangten. Experimente dieser Art sind später auch mit anderen Teilchen und in anderen Medien ausgeführt worden.

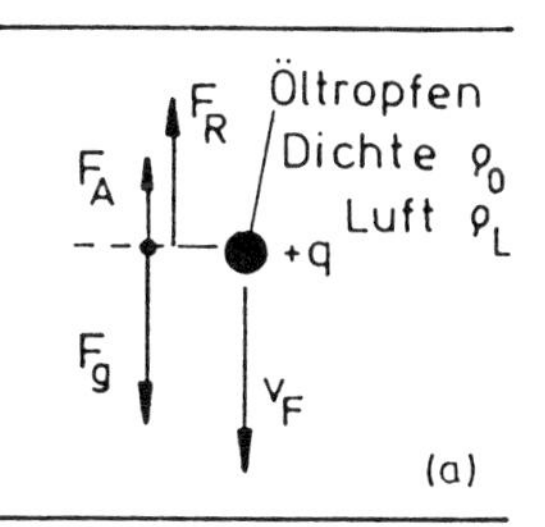

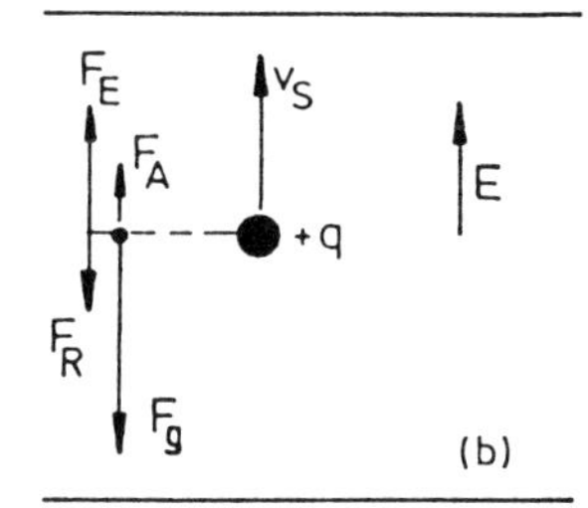

Abb. 2.5. MILLIKAN-Versuch zur Bestimmung der Elementarladung (a) ohne elektrisches Feld, (b) mit elektrischem Feld.

(a) Man erhält eine konstante Fallgeschwindigkeit v_F, die gemessen wird und sich ($a = 0$) aus $F_{\text{ges}} = 0$ ergibt:

$$F_{\text{ges}} = \underbrace{F_{\text{Gewicht}}}_{(4/3)\,\pi R^3 \varrho_0 g} - \underbrace{F_{\text{Auftrieb}}}_{(4/3)\,\pi R^3 \varrho_L g} - \underbrace{F_{\text{Reibung}}}_{6\pi\eta R v_F}$$

(STOKESsche Formel)

$$\Rightarrow \qquad v_F = \frac{1}{6\pi\eta R}\frac{4}{3}\pi R^3 g(\varrho_0 - \varrho_L)$$

(b) Man erhält eine konstante Steiggeschwindigkeit v_S, die gemessen wird und sich aus $F_{\text{ges}} = 0$ ergibt:

$$F_{\text{ges}} = \underbrace{F_{\text{elektr.}}}_{qE} - \underbrace{(F_{\text{Gewicht}} - F_{\text{Auftrieb}})}_{(4/3)\,\pi R^3 g(\varrho_0 - \varrho_L)} - \underbrace{F_{\text{Reibung}}}_{6\pi\eta R v_S} = 0$$

$$\Rightarrow \qquad v_S = \frac{1}{6\pi\eta R}\left[qE - \frac{4}{3}\pi R^3 g(\varrho_0 - \varrho_L)\right]$$

Die Kombination der Ergebnisse von (a) und (b) ergibt:

$$\frac{v_S}{v_F} + 1 = \frac{qE}{\frac{4}{3}\,\pi R^3(\varrho_0 - \varrho_L)} \tag{2.11}$$

Da alle Größen bis auf q messbar sind (R wird aus v_F bei $E = 0$ nach obiger Gleichung bestimmt) kann man durch Messung von v_S und v_F an einem Öltröpfchen (Ein- und Ausschalten des elektrischen Feldes) q bestimmt werden.

Anmerkung: Obwohl die innere Reibung (Viskositätskonstante η) explizit in Gl. (2.11) nicht mehr vorkommt, hängt die R-Bestimmung doch von der Gültigkeit der STOKESschen Formel ab. Die STOKESsche Formel gilt für laminare Strömungen um einen hinreichend großen Körper, d.h. wenn die mittlere freie Weglänge λ der Luftmoleküle sehr klein gegenüber dem Tröpfchenradius R ist ($\lambda \ll R$). λ hängt vom Luftdruck p ab. MILLIKAN hat die Experimente bei verschiedenen Drucken p durchgeführt, so dass λ/R variiert wurde. Die Ergebnisse wurden dann für $\lambda/R \to 0$ extrapoliert. MILLIKAN erhielt schließlich als Resultat aus Experimenten mit vielen verschiedenen Öltröpfchen, dass die Ladung stets ein ganzzahliges Vielfaches einer kleinsten Elementarladung ist: $q = Ne$, mit $e = 1.592 \cdot 10^{-19}$ C. Der Fehler gegenüber dem heute aus Präzisionsmessungen bestimmten Wert ($e = 1.6021 \cdot 10^{-19}$ C) beträgt also nur $6^0/_{00}$.

Regener (1909): Bestimmung der Ladung von α-Teilchen Eine etwa ebenso genaue Methode wie das MILLIKAN-Experiment, allerdings auf die Ionenladung beschränkt. Das Prinzip ist sehr einfach und wird hier nur kurz wiedergegeben.

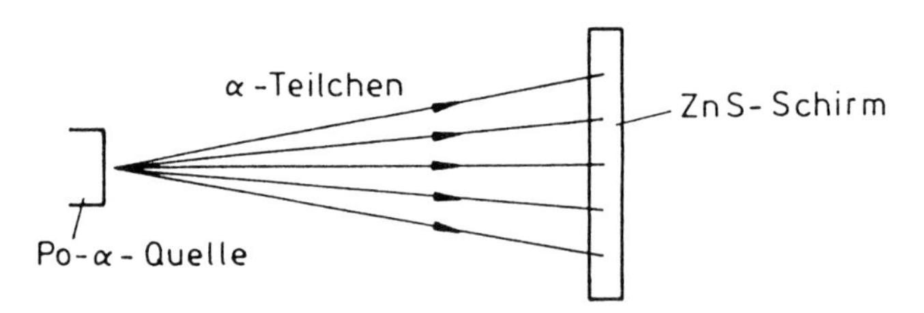

Abb. 2.6. Zur Bestimmung der Ladung von α-Teilchen.

Eine radioaktive Quelle (^{210}Po) sendet α-Teilchen (2-fach positiv geladene Heliumkerne H^{++}) aus, die auf einen Zinksulfid-Szintillationsschirm treffen. Jedes α-Teilchen führt im ZnS-Schirm zu einem Lichtblitz (Szintillation, s. auch Abschn. 3.3). REGENER hat die Anzahl N der Lichtblitze in einem bestimmten Zeitintervall unter dem Mikroskop per Auge gezählt (heute gibt es modernere Zählverfahren) und gleichzeitig die zwischen der Quelle und dem Szintillationsschirm transportierte Ladung Q registriert. Das Resultat $Q = 2Ne$ führt direkt zur Bestimmung von e.

Thomson (1897): Bestimmung von e/m an Kathodenstrahlen Der Ablenkwinkel wurde einerseits unter Wirkung eines homogenen elektrischen, andererseits eines Magnetfeldes ($\boldsymbol{B} \perp \boldsymbol{E}$) gemessen. Die Anordnung zeigt schematisch der obere Teil von Bild 2.7.
Es folgt:

$$\tan\alpha = \frac{v_\perp}{v};\ F_\perp = ma_\perp = qE \Rightarrow a_\perp = \frac{q}{m}E$$

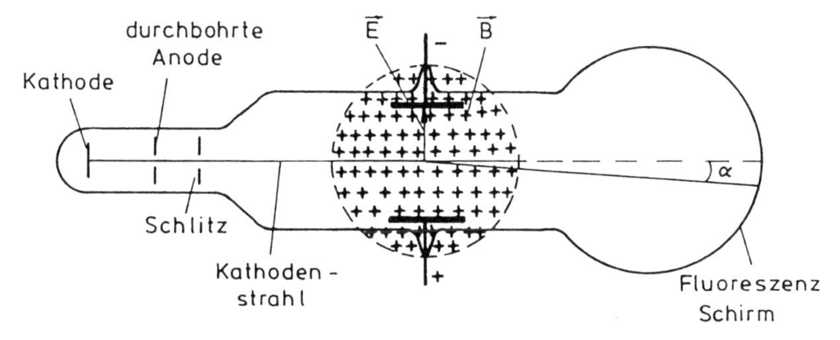

Ablenkung im elektrischen Feld:

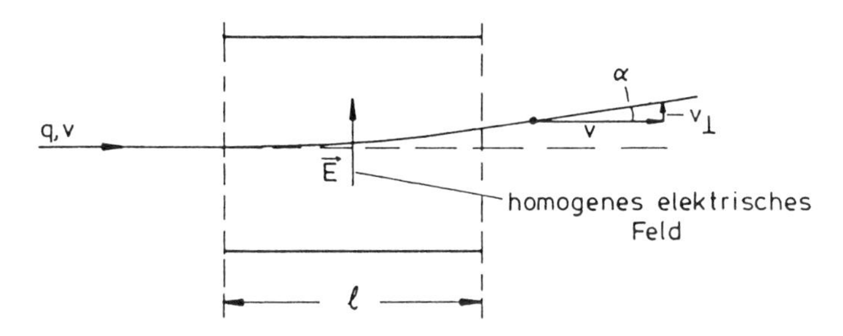

Abb. 2.7. Bestimmung von e/m mittels Kathodenstrahlen.

$$v_\perp = a_\perp t,\ t = \frac{\ell}{v} \Rightarrow$$

$$\boxed{\tan\alpha = \frac{\frac{1}{2}\,qE\ell}{\frac{1}{2}\,mv^2} = \frac{1}{2}\frac{q}{E_{\text{kin}}}E\ell} \tag{2.12}$$

Ablenkung im Magnetfeld Die Radialkraft ist gleich der LORENTZ-Kraft $F_r = qvB$. Der Krümmungsradius der Bahn ergibt sich aus $F_r = F_z$ ($F_z = m\frac{v^2}{R}$ = Zentrifugalkraft) zu:

$$\frac{mv^2}{R} = qvB,\ p = mv = \text{ Impuls des Teilchens}$$

$$\boxed{R = \frac{mv}{q}\frac{1}{B} = \frac{p}{q}\frac{1}{B}} \tag{2.13}$$

Resultat: Aus der Ablenkung im elektrischen Feld läßt sich q/E_{kin}, aus derjenigen im Magnetfeld q/p bestimmen. Da $E_{\text{kin}} = p^2/(2m)$ ist, liefert eine Kombination beider Messungen den Nachweis, dass die Kathodenstrahlen aus Teilchen mit einem einzigen Wert für q/m bestehen. Später wurden diese Teilchen tatsächlich als die Elementarteilchen der Ladung identifiziert.
Genaue Messungen von q/m für Elektronen liefern:

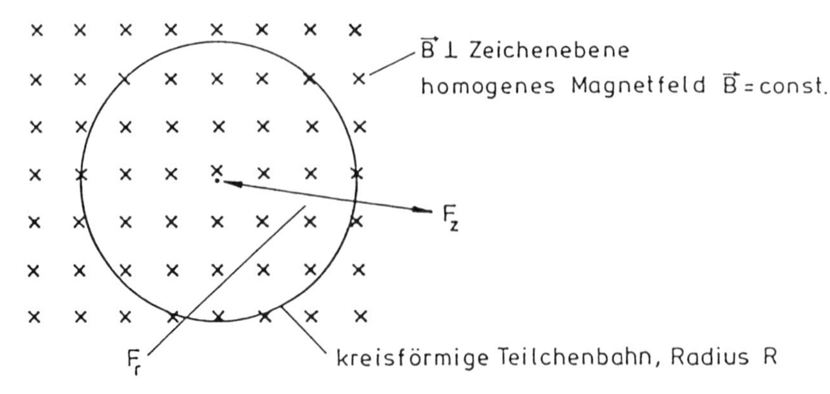

Abb. 2.8. Ablenkung geladener Teilchen im B-Feld.

$$\boxed{\frac{e}{m_e} = 1.7588 \cdot 10^{11}\ \mathrm{C\ kg^{-1}}} \tag{2.14}$$

woraus man zusammen mit e für die Elektronenmasse erhält:

$$\boxed{m_e = 9.1091 \cdot 10^{-31}\ \mathrm{kg}} \tag{2.15}$$

Zusätzliche Bemerkungen zur Elementarladung (stichwortartig):

1. **Elektronisches Rauschen**: Die statistische Verteilung etwa der Elektronen in einem metallischen Leiter führt zu Fluktuationen der Stromstärke, ein Phänomen, das allgemein als **Rauschen** bezeichnet wird. Das Rauschen ist temperaturabhängig und natürlich nicht auf metallische Leitung beschränkt. Große Bedeutung hat das Rauschen in der Elektronik.
2. **Existenz des Positrons**: Positive Ladung war lange Zeit nur in Verbindung mit Ionen beobachtet worden. Erst spät sind freie Positronen, die gleiche Masse und gleichen Betrag der Ladung haben wie Elektronen, von ANDERSON 1932 in der kosmischen Höhenstrahlung entdeckt worden.
3. **Massenspektroskopie und Isotopie**: Das THOMSONsche Verfahren der Ablenkung im elektrischen und magnetischen Feld wurde besonders durch ASTON weiterentwickelt, um das q/m-Verhältnis von Ionen zu bestimmen (Massenspektroskopie). Damit wurde erstmals der Isotopieeffekt entdeckt (THOMSON und ASTON (1900): ^{20}Ne, ^{22}Ne).
4. **Faraday-Konstante und Elementarladung**: Wie bereits ausgeführt wurde, liefert jede Bestimmung von e und k mit R und F einen Wert für die LOSCHMIDT-Zahl L. Natürlich kann aus der FARADAY-Konstante F bei Kenntnis der LOSCHMIDT-Zahl auch die Elementarladung e ermittelt werden.

3 Quantennatur elektromagnetischer Strahlung

Der Wellenlängenbereich elektromagnetischer Strahlung erstreckt sich von den Radiowellen ($\lambda \geq 1$ m) über das sichtbare Licht ($\lambda \approx 10^{-6}$ m) bis hin zur γ-Strahlung aus radioaktiven Quellen ($\lambda \approx 10^{-12}$ m). Die für die **Ausbreitung** der elektromagnetischen Strahlung charakteristische **Wellennatur** läßt sich durch Interferenz- und Beugungsexperimente nachwei sen. Ebenso läßt sich die Wellenlänge mit den in Band 2, II besprochenen Methoden bestimmen. Im folgenden werden ausgewählte Experimente zur **Emission** und **Absorption** elektromagnetischer Strahlung besprochen. Wir werden sehen, dass sich die Befunde nicht aufgrund der klassischen Elektrodynamik verstehen lassen. Ein qualitatives und quantitatives Verständnis ergab sich erst aufgrund des **Planckschen Postulats** (1900): Die Emission oder Absorption elektromagnetischer Strahlung erfolgt nur in ganzzahligen Vielfachen eines kleinsten Energiequants $E = h\nu$.
In Abschnitt 3.2 wird gezeigt, dass die PLANCKsche Hypothese nicht nur auf Emission und Absorption elektromagnetischer Strahlung angewendet werden kann, sondern auf andere schwingungsfähige Systeme verallgemeinert werden darf.

3.1 Strahlung des Schwarzen Körpers

Zunächst einige Definitionen:
Strahlungsdichte: d^3W sei die durch das Flächenelement $\mathrm{d}A$ in das Raumwinkelelement $\mathrm{d}\Omega$ pro Zeiteinheit $\mathrm{d}t$ emittierte Strahlungsenergie, dann ist

$$j = \frac{\mathrm{d}^3W}{\mathrm{d}A \cdot \mathrm{d}\Omega \cdot \mathrm{d}t}, \quad [j] = \frac{\mathrm{W}}{\mathrm{sr\ m}^2} \tag{3.1}$$

Im allgemeinen ist $j = j(\vartheta, \varphi)$.
Spektrale Strahlungsdichte j_λ:

$$\boxed{j_\lambda = \frac{\mathrm{d}j}{\mathrm{d}\lambda}} \tag{3.2}$$

$\mathrm{d}j$ ist die im Intervall $\lambda, \lambda{+}\mathrm{d}\lambda$ vorhandene Strahlungsdichte.
Die elektromagnetische Strahlung, die von verschiedenen Körpern allein aufgrund ihrer Temperatur (Temperaturstrahlung) ausgesandt wird, läßt sich

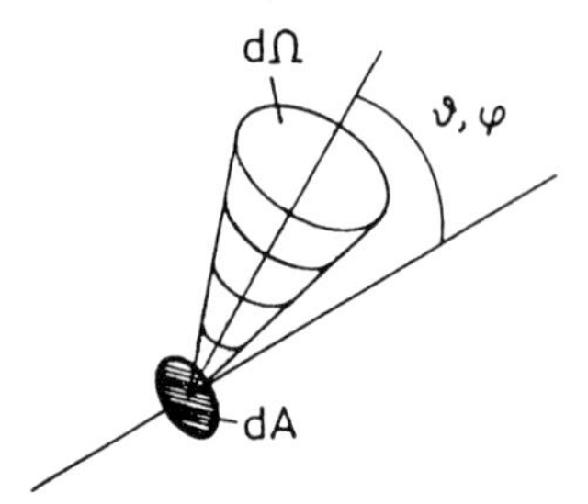

Abb. 3.1. Raumwinkel und Strahlungsdichte

durch die so definierte Strahlungsdichte (dA = strahlendes Oberflächenelement) charakterisieren. Man stellt fest, dass j_λ eine Funktion der Wellenlänge λ und Temperatur T ist und i.a. von der Art des Körpers und der Beschaffenheit der Oberfläche abhängt.
Zur besseren Charakterisierung vergleicht man den realen Körper mit einem idealen Strahler, dem sogenannten **Schwarzen Körper**, der durch größtmögliche Strahlungsdichte bei derselben Temperatur ausgezeichnet ist.

Definition des spektralen Emissionsvermögens $e(\lambda, T)$*:*

$$\boxed{j_\lambda(\lambda, T) = e(\lambda, T) j_{\lambda,s}(\lambda, T)} \tag{3.3}$$

$j_{\lambda,s}(\lambda, T)$ ist die spektrale Strahlungsdichte des Schwarzen Körpers. Für jeden realen Körper ist also per Definition $e < 1$! Entsprechend wird das **spektrale Absorptionsvermögen** $a(\lambda, T)$ definiert. $a(\lambda, T)$ gibt denjenigen Bruchteil der Energie an, die von einem Körper pro Zeiteinheit im Flächen- und Raumwinkelelement dA, dΩ und im Wellenlängenintervall λ, $\lambda + d\lambda$ absorbiert wird.

Thermisches Gleichgewicht: Durch die Vermittlung des Strahlungsfeldes stellt sich ein Gleichgewicht her, wobei der Zustand des Körpers sich nicht mehr ändert. Es darf sich also auch die spektrale Verteilung der Strahlung nicht mehr ändern! Ohne weitere thermodynamisch zu begründende Ableitung erhält man das **Kirchhoffsche Gesetz** für Körper im thermischen Gleichgewicht:

$$\boxed{e(\lambda, T) = a(\lambda, T)} \tag{3.4}$$

Realisierung des Schwarzen Körpers Nach diesen Vorbemerkungen können wir einen im thermischen Gleichgewicht befindlichen Körper mit einem Absorptionsvermögen $a = 1$ als Schwarzen Körper definieren: Aus $a = 1 \rightarrow e = 1$ nach Gl. (3.4). Dann ist $j_\lambda \equiv j_{\lambda,s}$ nach Gl. (3.3). Ein solcher Körper läßt sich näherungsweise als Hohlraum mit thermisch isolierten Wänden realisieren, in dessen Wandung ein kleines Loch gebohrt wurde. Dieses Loch ist natürlich unbedingt notwendig, um die im Innern vorhandene Strahlungsdichte überhaupt messen zu können. Das thermische Gleichgewicht soll durch die kleine

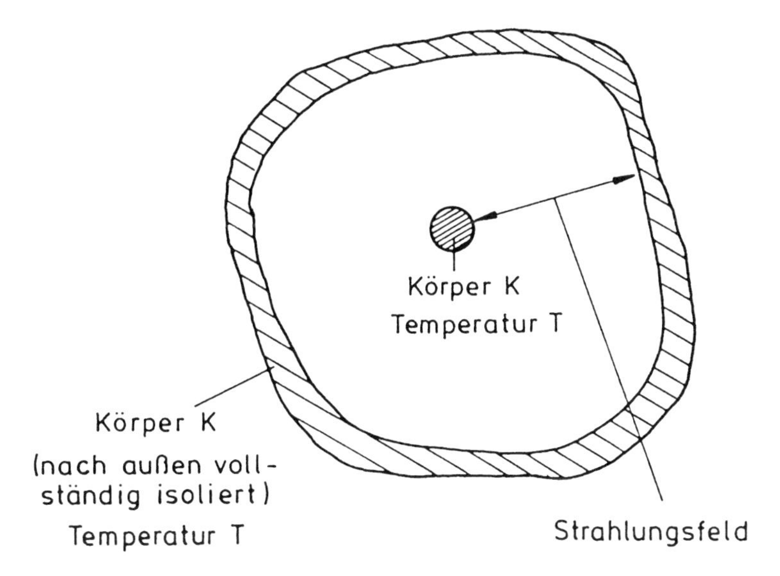

Abb. 3.2. Zum thermischen Gleichgewicht

Bohrung nur unwesentlich gestört sein. Dass für einen derartigen Körper $a = 1$ gilt, erkennt man anhand des Bildes 3.3.

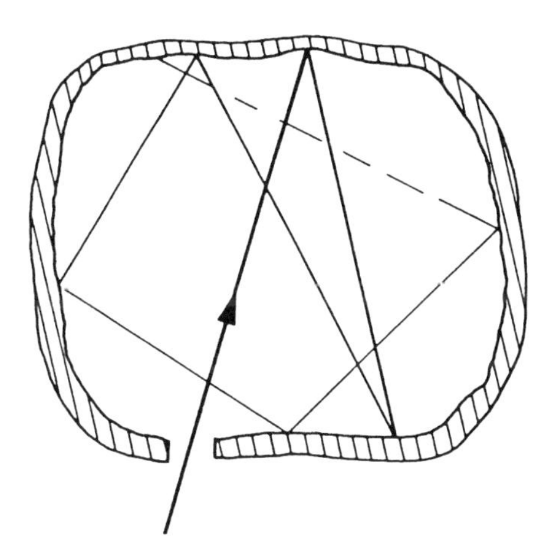

Abb. 3.3. Hohlraum als Schwarzer Körper

Die Schwächung des Strahls infolge der bei jeder Reflexion auftretenden Absorption führt zu $a = 1$. Damit ist dann aber klar: Die Strahlungsdichte der **Hohlraumstrahlung** (realisierbarer Schwarzer Körper) ist unabhängig von der Art des Materials und der Oberflächenbeschaffenheit der Wände. Die experimentell messbare Strahlungsdichte muss daher eine universelle, allein von λ und T abhängige Funktion sein, die aus allgemeinen physikalischen Prinzipien herzuleiten sein müsste.

Experimentelle Befunde: Lage des Maximums der spektralen Strahlungsdichte: Es gilt das **Wiensche Verschiebungsgesetz**:

$$\boxed{\lambda_m T = 2.8978 \cdot 10^{-3}\ mK} \tag{3.5}$$

Für die totale Strahlungsleistung des Schwarzen Körpers erhält man durch Integration über den Raumwinkel 4π und den gesamten Wellenlängenbereich $\lambda = 0 - \infty$ das **Stefan-Boltzmann-Gesetz**:

$$\boxed{\begin{aligned} &\int j_\lambda(\lambda, T) \cdot \mathrm{d}\Omega \cdot \mathrm{d}\lambda = \sigma T^4 \\ &\qquad\qquad \sigma = 5.669 \cdot 10^{-8}\ \frac{W}{m^2 K^4} \end{aligned}} \tag{3.6}$$

(σ heißt STEFAN-BOLTZMANN-Konstante).

Klassische Physik und die Strahlungsformel von RAYLEIGH-JEANS

Die Herleitung wird stichwortartig durchgeführt:

1. $j_{\lambda,s}(\lambda, T)$ ist unabhängig von der Beschaffenheit des Hohlraumkörpers (s.o). **Hohlraum = Würfel mit metallischen Wänden**.
2. Metallische Wände: ($E_{\|} = 0$ an der Oberfläche. **Im Hohlraum gibt es nur stehende elektromagnetische Wellen**.

Unter diesen Voraussetzungen erhält man für die **Anzahl der möglichen Frequenzen** stehender Wellen parallel zu einer **Würfelkante**:

$$\frac{\lambda_n}{2} n = a$$
$$\nu_n = \frac{c}{2a} n; \quad n = 1, 2, 3, \ldots$$

Für stehende Wellen in einer beliebigen Richtung, gegeben durch den Wellenvektor (k_x, k_y, k_z) und für x, y, z jeweils parallel zu den Würfelkanten, muss gelten

$$k_i = \frac{\pi}{a} n_i \quad (i = x, y, z;\ n_i = \text{ganzzahlig})$$

so dass man insgesamt wegen $k = \sqrt{k_x^2 + k_y^2 + k_z^2}$ und $k = \frac{2\pi}{c}\nu$ erhält:

$$\boxed{\nu = \frac{c}{2a}\sqrt{n_x^2 + n_y^2 + n_z^2}} \tag{3.7}$$

n_x, n_y, n_z = ganzzahlig.

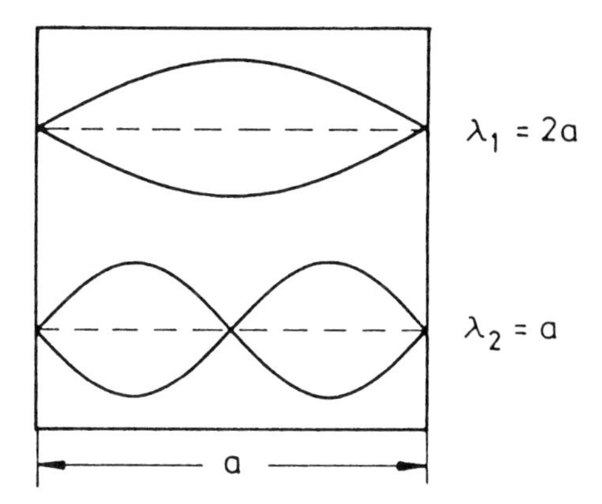

Abb. 3.4. Stehende Wellen in einem Hohlraum

Trägt man n_x, n_y, n_z in einem dreiachsigen, rechtwinkligen Koordinatensystem ein, so liegen alle zur selben Frequenz gehörigen n_x, n_y, n_z-Tripel auf einer Kugelschale mit dem Radius R.

$$R^2 = n_x^2 + n_y^2 + n_z^2 = \frac{4a^2}{c^2}\nu^2$$

$$R = \frac{2a}{c}\nu, \; \mathrm{d}R = \frac{2a}{c} \cdot \mathrm{d}\nu \qquad \text{(vgl. (3.7))}$$

Die Anzahl der erlaubten Frequenzen im Intervall $\nu, \nu{+}\mathrm{d}\nu$ ist dann gleich dem Volumen des positiven Oktanten der Kugelschale $R, R{+}\mathrm{d}R$. Es sind nur positive Werte von n_x, n_y, n_z zugelassen; im Einheitsvolumen der Größe 1 liegt genau 1 "Zustand" = mögliches Zahlentripel.

Die Zahl der erlaubten Frequenzen $N(\nu)\mathrm{d}\nu$ im Frequenzintervall $\nu, \nu{+}\mathrm{d}\nu$ ist daher

$$N(\nu) \cdot \mathrm{d}\nu = 2\frac{1}{8}\, 4\pi R^2 \cdot \mathrm{d}R$$

Zusammen mit R^2, $\mathrm{d}R$ s.o. und $a^3 = V =$ Volumen des Würfels folgt:

$$N(\nu) \cdot \mathrm{d}\nu = \frac{8\pi V}{c^3}\nu^2 \cdot \mathrm{d}\nu \tag{3.8}$$

Für jedes Zahlentripel gibt es noch 2 mögliche Polarisationsrichtungen der elementaren Welle, so dass die nach den obigen Überlegungen berechnete Zahl mit 2 multipliziert werden muss.

Nach dem Gleichverteilungssatz der klassischen Statistik ist die mittlere kinetische Energie pro Freiheitsgrad, also pro erlaubter stehender Welle = $\frac{1}{2}\,kT$, die mittlere Gesamtenergie also kT. Die mittlere kinetische Energie ist gleich der mittleren potentiellen Energie (siehe allgemeine Schwingungslehre).

Für die Energiedichte $\varrho(\nu)\cdot\,\mathrm{d}\nu$ erhält man schließlich durch Multiplikation von $N(\nu)\cdot\,\mathrm{d}\nu$ mit kT und Division durch das Volumen V die Formel von **Rayleigh-Jeans**:

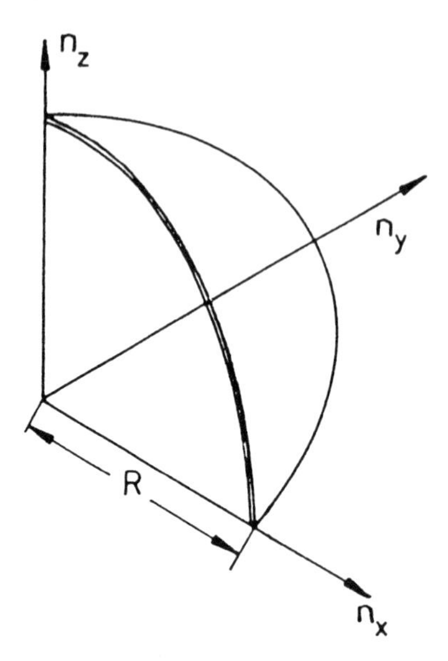

Abb. 3.5. Dreidimensionaler Raum, aufgespannt durch n_x, n_y und n_z

$$\boxed{\varrho(\nu) \cdot \mathrm{d}\nu = \frac{8\pi k T \nu^2}{c^3} \cdot \mathrm{d}\nu} \tag{3.9}$$

Bemerkungen:

1. Die hier gegebene “Ableitung” für die Formel von Rayleigh-Jeans ist eine gute Plausibilitätsbetrachtung. Eine allseits befriedigende Herleitung kann erst nach Definition der Begriffe **Zustandsdichte** und **Phasenraum** in der Statistischen Mechanik erfolgen.
2. Gl. (3.9) beschreibt die nach der **klassischen Physik** erwartete Energiedichte im Hohlraumstrahler (Schwarzer Körper). Die durch die Öffnung austretende Strahlungsintensität ist sicherlich proportional zu $\varrho(\nu)$, so dass die Formel von Rayleigh-Jeans direkt mit der messbaren spektralen Intensitätsverteilung der austretenden Strahlung verglichen werden kann.

Das Ergebnis dieses Vergleichs ist katastrophal:

1. $\varrho(\nu)$ stimmt nur für sehr kleine Frequenzen näherungsweise mit der gemessenen Verteilung überein.
2. Aus Gl. (3.9) erhält man $\varrho(\nu) \to \infty$ für $\nu \to \infty$ (**“UV-Katastrophe”**) insbesondere wird auch der gesamte Energieinhalt unendlich groß:

   $$\int_0^\infty \varrho(\nu) \cdot \mathrm{d}\nu = \infty$$

   ein physikalisch unhaltbares Ergebnis der klassischen Physik.

Plancksche Strahlungsformel: Offenbar läßt sich eine Übereinstimmung mit der experimentell gemessenen Strahlungsdichte erzwingen, wenn man den klassischen Gleichverteilungssatz ($\overline{E} = kT =$ mittlere Energie pro stehender Welle) modifiziert und stattdessen fordert:

$$\overline{E} \begin{cases} \approx kT & \text{für} \quad \text{kleine } \nu \\ \to 0 & \text{für} \quad \nu \to \infty \end{cases}$$

d.h. die mittlere Energie pro Freiheitsgrad ist eine Funktion der Frequenz selbst. Diese Überlegungen führten zur **Planckschen Hypothese** (1900):

Korollar 3.1 *Die Energie einer stehenden Welle der Frequenz ν eines Hohlraumstrahlers (harmonischer Oszillator) kann nicht jeden beliebigen Wert annehmen, sondern nur um diskrete Energiebeträge $\Delta E = h\nu$ erhöht werden. Die Energie eines harmonischen Oszillators ist daher gequantelt: $E_n = nh\nu$, $n =$ ganzzahlig.* *(3.10)*

Bemerkungen:

1. Es ist sehr interessant nachzuvollziehen, wie Planck aus der numerischen Analyse der spektralen Strahlungsdichte seine Hypothese entwickelt hat. Dies muss hier aus Platzgründen unterbleiben und kann auch besser nach intensiver Kenntnis der statistischen Mechanik erfolgen.
2. Seine Annahme, dass die Energiezustände eines harmonischen Oszillators nach $E_n = nh\nu$ gequantelt sind, führte zwar zum Verständnis der experimentellen Strahlungsdichte, ist aber quantenmechanisch zu korrigieren. Tatsächlich ergibt sich (s. Kap. 11):

   $$E_n = \left(n + \frac{1}{2}\right) h\nu$$

   Der Unterschied gegenüber Gl. (3.10) ist aber unerheblich, da bei Emissions- und Absorptionsvorgängen nur der Energieunterschied $\Delta E = h\nu$ eine Rolle spielt, d.h. er ist in beiden Fällen gleich.

Aus Gl. (3.10) erhält man für die mittlere thermische Energie des Oszillators mit der Frequenz ν (Ableitung siehe Statistik):

$$\boxed{\overline{E}(\nu) = \frac{h\nu}{\exp\left(\frac{h\nu}{kT}\right) - 1}} \tag{3.11}$$

und hieraus für die Energiedichte durch Multiplikation mit Gl. (3.8) und Division durch das Volumen V die **Plancksche Strahlungsformel**:

$$\boxed{\varrho(\nu) \cdot \mathrm{d}\nu = \frac{8\pi\nu^2}{c^3} \frac{h\nu}{\exp\left(\frac{h\nu}{kT}\right) - 1} \cdot \mathrm{d}\nu} \tag{3.12}$$

Die Übereinstimmung von Gl.(3.12) mit dem Experiment ist exzellent. Aus derartigen Vergleichen hat PLANCK erstmals h ermittelt.
Durch Anwendung von Gl. (3.12) erhält man sowohl das WIENsche Verschiebungsgesetz, bei dem man $\varrho(\nu)\cdot d\nu$ in $\varrho^*(\lambda)\cdot\, d\lambda$ umrechnet, als auch das STEFAN-BOLTZMANN-Gesetz. Die STEFAN-BOLTZMANN-Konstante ergibt sich dann aus c, h und k. Anhand des Bildes 3.6 sei nochmals auf den prinzipiellen Unterschied zwischen der klassischen Theorie und der PLANCKschen Hypothese hingewiesen.

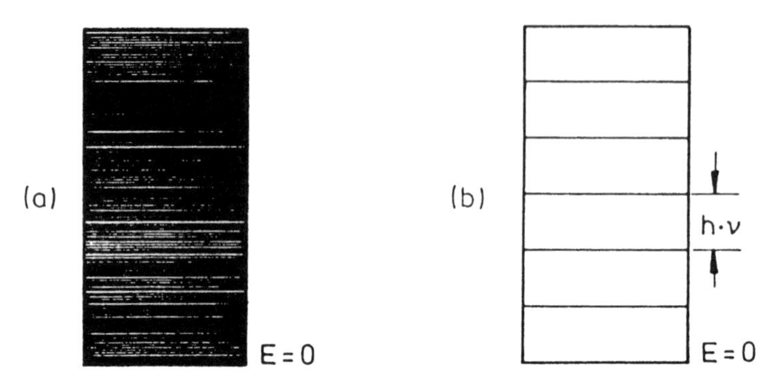

Abb. 3.6. Niveauleitern im (a) klassischen und (b) PLANCKschen Fall

3.2 Spezifische Wärme fester Substanzen

In diesem Abschnitt soll gezeigt werden, dass die PLANCKsche Hypothese nicht nur auf elektromagnetische Strahlung anwendbar ist, sondern auch zum Verständnis ganz anderer Phänomene führt, bei denen eine Diskrepanz mit den Vorhersagen der klassischen Physik vorhanden war.
Nach dem Gesetz von DULONG und PETIT (s. Band 1, II) ist die spezifische Wärme pro mol für alle elementaren festen Substanzen bei hinreichend hoher Temperatur näherungsweise gleich groß

$$C_V \approx 25 \text{ J K}^{-1}\text{mol}^{-1} \ (\approx 6 \text{ cal K}^{-1}\text{mol}^{-1})$$

Dieses Gesetz kann man klassisch folgendermaßen verstehen: Im festen Körper führen die Atome Schwingungen um ihre Ruhelage aus, und die Temperatur ist ein Maß für die hiermit verbundene kinetische Energie. Die mittlere kinetische Energie pro Freiheitsgrad wird klassisch wieder mit $\frac{1}{2}\ kT$ angenommen. Es gibt drei voneinander unabhängige Schwingungsrichtungen im Raum, mithin drei Freiheitsgrade (einfachster Fall). Die mittlere kinetische Energie eines Atoms ist gleich seiner mittleren potentiellen Energie, so dass die mittlere Gesamtenergie pro Atom $= 2 \cdot 3\frac{1}{2}\ kT = 3kT$ ist. Pro mol erhält man als Gesamtenergie

$$\boxed{E = 3kLT = 3RT} \quad \text{s. Gl.(2.5)} \tag{3.13}$$

so dass folgt

$$\boxed{C_V = \frac{\mathrm{d}E}{\mathrm{d}T} = 3R} \tag{3.14}$$

Leider erhält man für manche Substanzen schon bei Raumtemperatur große Abweichungen, die unabhängig von der "Härte" des Stoffes sind, und für $T \to 0$ erhält man für alle Stoffe experimentell $C_V \to 0$, im Gegensatz zu Gl. (3.14). Die Diskrepanz wurde von EINSTEIN (1907) unter Verwendung der PLANCKschen Hypothese im wesentlichen aufgeklärt.
EINSTEIN nahm an, dass die Energiezustände des oszillierenden Atoms in derselben Weise quantisiert seien wie die des elektromagentischen Oszillators. Die mittlere Energie pro Oszillator ist daher nicht $3kT$, sondern (s. Gl. (3.11)):

$$\boxed{\overline{E} = \frac{3h\nu}{\exp\left(\dfrac{h\nu}{kT}\right) - 1}} \tag{3.15}$$

und die Gesamtenergie pro mol $\overline{E}L = E$. Dann wird

$$\boxed{C_V = \frac{\mathrm{d}E}{\mathrm{d}T} = 3R \frac{\exp\left(\dfrac{h\nu}{kT}\right)}{\left[\exp\left(\dfrac{h\nu}{kT}\right) - 1\right]^2} \left(\frac{h\nu}{kT}\right)^2} \tag{3.16}$$

Die Eigenfrequenz ν hängt sicherlich mit der "Federkonstanten" (Verformbarkeit) und der Atommasse zusammen: $\omega^2 = D/m$, so dass die EINSTEINsche Formel (3.16) jedenfalls qualitative Übereinstimmung mit den experimentellen Resultaten zeigte. DEBYE (1912) hat dann die EINSTEINsche Theorie der spezifischen Wärme verfeinert. Die EINSTEINsche Annahme einer einzigen Oszillatorfrequenz erwies sich als zu große Vereinfachung. DEBYE hat stattdessen ein ganzes Frequenzspektrum angenommen und auch zwei verschiedene Schwingungstypen, Longitudinal- und Transversalschwingungen, berücksichtigt. Auf diese Weise konnten auch quantitativ befriedigende Resultate erzielt werden.
EINSTEIN und DEBYE haben damit zum ersten Mal gezeigt, dass die **Quantisierung der Energie** nicht nur auf elektromagnetische Strahlung beschränkt ist, sondern genauso für **mechanische Schwingungen** gilt.

3.3 Wechselwirkung elektromagnetischer Strahlung mit Materie: Fotoeffekt, Compton-Effekt, Paareffekt. Das Photon

Historische Bemerkungen zum Fotoeffekt: HERTZ (1887): Experimente zum Beweis der Existenz elektromagnetischer Wellen. Gleichzeitig qualitative Beobachtung: Strom in Gasentladungen steigt bei Bestrahlung mit UV-Licht. LENARD (1899): Fotoelektrischer Effekt an Metallen: Durch UV-Strahlung werden aus einer metallischen Kathode **Elektronen** ausgelöst.
Wegen seiner historischen Bedeutung werde zunächst der **fotoelektrische Effekt an Metallen** erläutert:

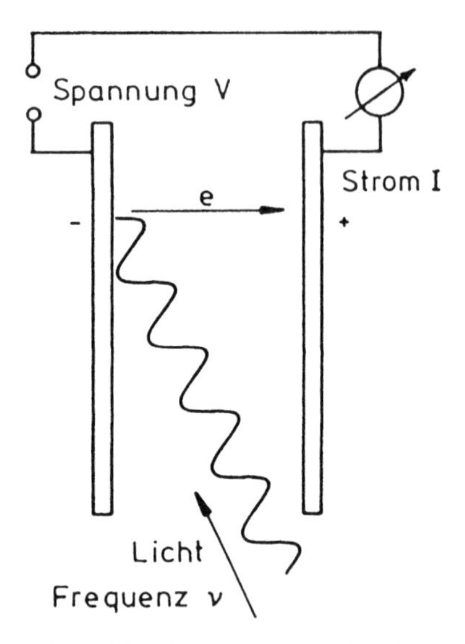

Abb. 3.7. Anordnung zur Beobachtung des Fotoeffekts

Das Experiment wird im Vakuum ausgeführt. Es wird $I(V)$ bei fester Frequenz ν, $I(\nu)$ bei fester Spannung V gemessen. Außerdem kann die Intensität der Strahlung variiert werden. Die Spannung V ist umpolbar, so dass die negativ geladenen Elektronen entweder im elektrischen Feld des Plattenkondensators gebremst oder beschleunigt werden. Eingezeichnet ist der Fall V positiv (Konvention).
Experimentelle Befunde: Für hinreichend positive Spannung V ist der **Sättigungsstrom** I proportional zur Lichtintensität. Dabei ist $I > 0$ nur dann, wenn $\nu > \nu_0$.

Es gibt eine von ν abhängige charakteristische Gegenspannung $-V_s$ mit $I = 0$ für $V = -V_s$ und $I > 0$ für $V > -V_s$.

Nur für $\nu \geq \nu_0$ wird $I \geq 0$. V_s ist eine lineare Funktion der eingestrahlten Frequenz ν.

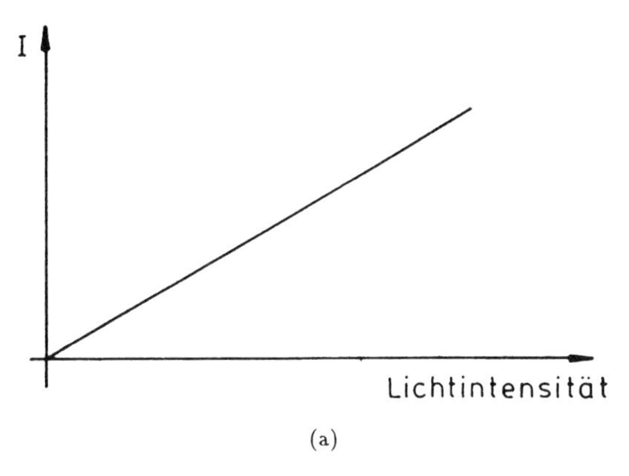

Abb. 3.8. Strom als Funktion der Lichtintensität

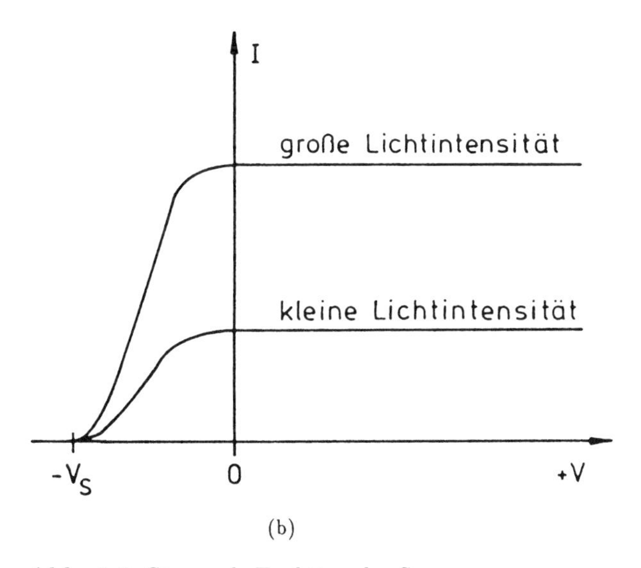

Abb. 3.9. Strom als Funktion der Spannung

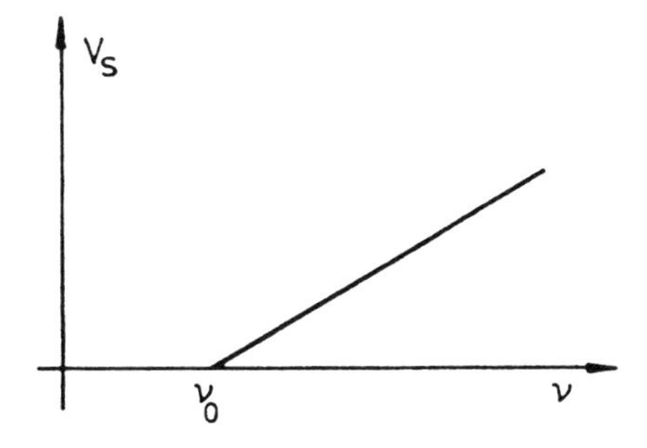

Abb. 3.10. Sättigungsspannung als Funktion der Frequenz

Interpretation: Es existiert ein Maximum der kinetischen Energie der Fotoelektronen $E_{\text{kin,max}} = eV_s$ (s. Bild 3.9).
$E_{\text{kin,max}}$ hängt nur von der Frequenz des eingestrahlten Lichts und natürlich vom Material, nicht aber von der Intensität ab (s. Bild 3.10).
Deutung von Einstein (1905): Lichtquantenhypothese:

Korollar 3.2 *Bei der Wechselwirkung elektromagnetischer Strahlung mit Materie kann Energie nur in Energiequanten $E = h\nu$ abgegeben und aufgenommen werden.*

Nimmt man außerdem an, dass die Elektronen in Metallen frei beweglich sind, aber zum Verlassen der Metalloberfläche eine "Austrittsarbeit" ϕ überwinden müssen, so erhielt EINSTEIN durch einfache Anwendung des Energiesatzes mit $E_{\text{kin,max}} = eV_s$:

$$\boxed{eV_s = h\nu - \phi} \qquad (3.17)$$

eine Gleichung, die sowohl die experimentellen Resultate erklärte als auch die **Plancksche Konstante** h zu bestimmen gestattete. Das Ergebnis war in Übereinstimmung mit dem aus der PLANCKschen Strahlungsformel gefundenen Wert.

Beispiel für die Austrittsarbeit in Metallen

Cs: 1.90 eV
Ba: 2.50 eV
Ag: 4.74 eV
Au: 4.92 eV

Eine häufig im atomaren und subatomaren Bereich verwendete Energieeinheit ist das eV (e-Volt, Elektronenvolt):

Korollar 3.3 *1 eV ist die von einem Elektron beim Durchlaufen einer Potentialdifferenz von 1 Volt aufgenommene Energie:*

$$\boxed{1\ \text{eV} = 1.6021 \cdot 10^{-19}\ \text{J}} \qquad (3.18)$$

Bemerkungen und Anwendungen:

1. Der Fotoeffekt tritt nicht nur an Metallelektronen, sondern allgemein an **gebundenen Elektronen** auf. Die Elektronen im Metall sind nur quasifrei. Als unerläälicher Wechselwirkungspartner, der den überschüssigen Impuls aufnehmen kann, dient in diesem Fall der gesamte Körper. Die Beschränkung auf den Fall gebundener Elektronen wird klar werden, nachdem die Eigenschaften des **Photons**, charakterisiert durch Energie **und** Impuls, besprochen sind (siehe COMPTON-Effekt).
   Es existieren zahlreiche wichtige Anwendungen des Fotoeffekts, hier einige davon:

2. **Solarzellen**: Lichtstrahlung erzeugt durch Fotoeffekt in Siliziumdioden eine Spannung: Sonnenbatterie.
3. **Multiplier**: Nachweis von Licht durch Erzeugung von Fotoelektronen mit anschließender Vervielfachung.

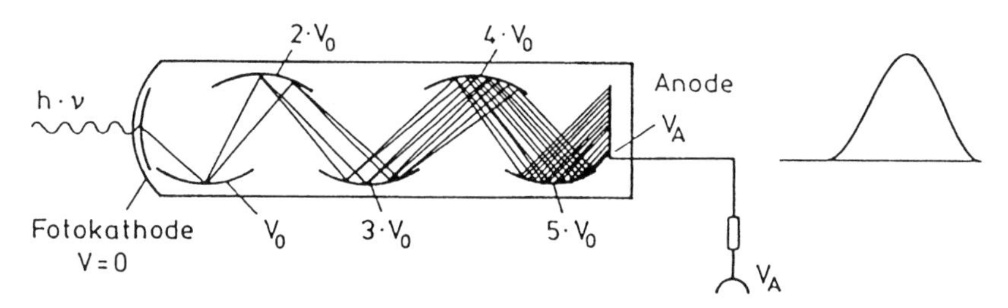

Abb. 3.11. Prinzip eines Fotomultipliers

Sehr empfindliches Nachweisgerät, Nachweis **einzelner Photonen** möglich, auch verwendet im Zusammenhang mit Szintillationsdetektoren zur γ-Spektroskopie.

4. **γ-Spektroskopie**: Nachweis von γ-Quanten, d.h. Quanten sehr kurzwelliger Strahlung, etwa $h\nu \approx 1$ MeV, durch Fotoeffekt in **Detektoren**:
   Szintillationsdetektoren durch $E_\gamma = h\nu = E_{\text{kin,e}} - E_{\text{ionis}}$. Erzeugung eines Elektrons mit $E_{\text{kin,e}} \approx E_\gamma$, da $E_{\text{ionis.}} \ll E_\gamma$. Das Elektron regt dann in Sekundärprozessen Atome des Detektors zur Lichtemission an, Nachweis über Multiplier.
   Germanium-Halbleiterdetektoren: Ionisierung führt in Primär- (Fotoeffekt) und Sekundärprozessen zur Erzeugung von Elektron-Loch-Paaren, Gesamtladung $\propto E_\gamma$ wird nachgewiesen = Festkörperionisationskammer.
5. **Fotoelektronenspektroskopie**: Durch Nachweis der von kristallinen Festkörpern emittierten Fotoelektronen (kinetische Energie, Winkelverteilung = Richtungsabhängigkeit) gelingen bei den heute erreichbaren einwandfreien Oberflächen im Ultrahochvakuum wertvolle Rückschlüsse auf die Elektronenbewegung im Innern des Kristalls.

Das Photon, Energie und Impuls

Die Einsteinsche Lichtquantenhypothese in allgemeiner Form

Die EINSTEINsche Hypothese war entwickelt worden, um den Fotoeffekt zu erklären, bezog sich also zunächst auf das Energiequant $h\nu$ allein. Identifiziert man mit diesem Energiequant tatsächlich ein Teilchen – die Wechselwirkung der elektromagnetischen Strahlung mit Materie vollzieht sich dann aufgrund des Austausches dieser Teilchen – das sogenannte **Photon**, so haben Photonen sicherlich die Ruhemasse $m_0 = 0$, und sie bewegen sich im Vakuum mit Lichtgeschwindigkeit. Energie und Impuls hängen relativistisch durch

$$E = c\sqrt{m_0^2 c^2 + p^2}$$

miteinander zusammen, so dass man für Photonen ($m_0 = 0$) erhält:

$$p = \frac{E}{c} = \frac{h\nu}{c} \Rightarrow$$

Allgemeine Form der Lichtquantenhypothese:

Korollar 3.4 *Bei allen Emissions- und Absorptionsprozessen verhält sich eine elektromagnetische Welle wie eine Strahlung aus Partikeln der Energie $E = h\nu$ und einem Impuls parallel zur Ausbreitungsrichtung mit dem Betrag $p = (h\nu)/c = h/\lambda$.* *(3.19)*

Folgerung aus (3.19): **Der Fotoeffekt an einem freien Elektron ist unmöglich!**
Beweis: Anwendung klassischer Stoßgesetze:

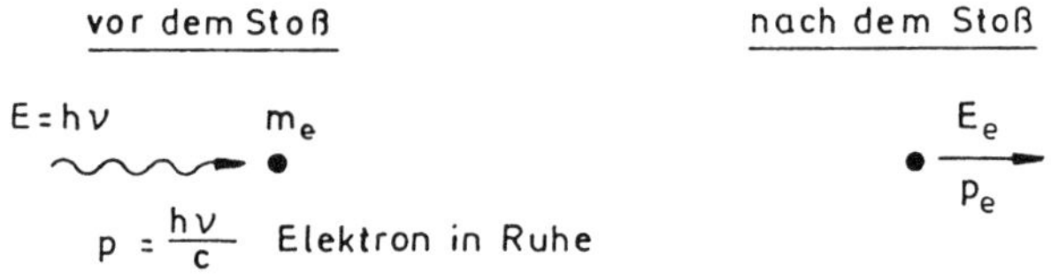

vor dem Stoß

$E = h\nu$ m_e

$p = \frac{h\nu}{c}$ Elektron in Ruhe

nach dem Stoß

E_e p_e

$$\left.\begin{array}{ll} \text{Energieerhaltung :} & h\nu + m_e c^2 = c\sqrt{m_e^2 c^2 + p_e^2} \\ \text{Impulserhaltung :} & \dfrac{h\nu}{c} = p_e \end{array}\right\} \Rightarrow$$

$$(h\nu)^2 + m_e^2 c^4 + 2(h\nu) m_e c^2 = m_e^2 c^4 + (h\nu)^2$$

so dass die Gleichungen nur dann erfüllt werden können, wenn $m_e = 0$. Dies steht aber im Widerspruch mit $m \neq 0$.

Compton-Effekt (Streuung von Photonen an freien Elektronen)

Compton hat die Streuung von Röntgenstrahlung an einem Graphit-Streuer untersucht. Der hierbei auftretende Effekt einer vom Streuwinkel abhängigen Wellenlängenverschiebung gegenüber der primären monochromatischen Strahlung wurde von ihm erstmals 1923 beschrieben und mit der Quantenhypothese (3.19) gedeutet.

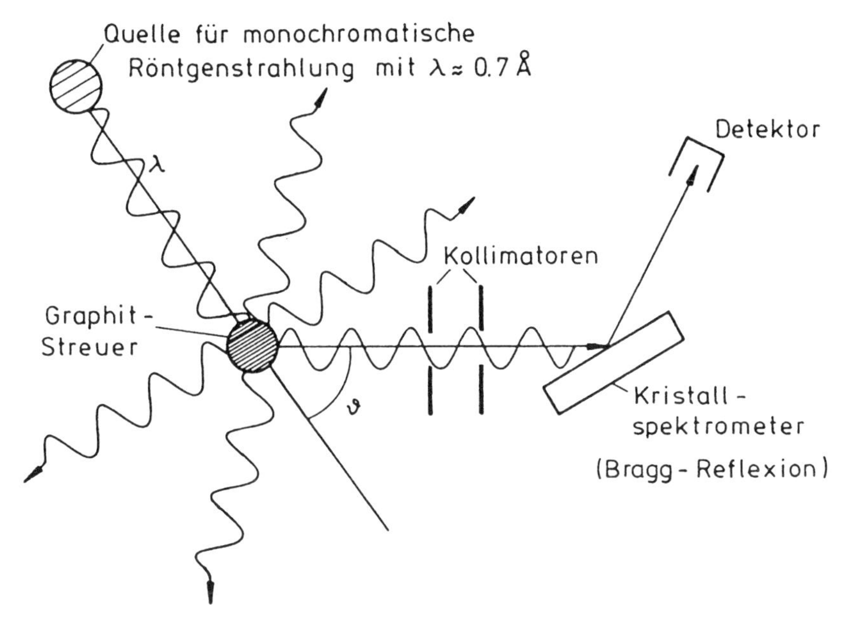

Abb. 3.12. Experimenteller Aufbau zum COMPTON-Effekt

Experimenteller Befund: $\vartheta = 0$: $\lambda' = \lambda$; ausschließlich Primärstrahlung
$\vartheta > 0$: Nachweis von Primärstrahlung λ und Streustrahlung λ' mit

$$\lambda' - \lambda = \lambda_c(1 - \cos\vartheta)$$

λ_c = COMPTON-Wellenlänge

Deutung: Streuung von Photonen an Elektronen

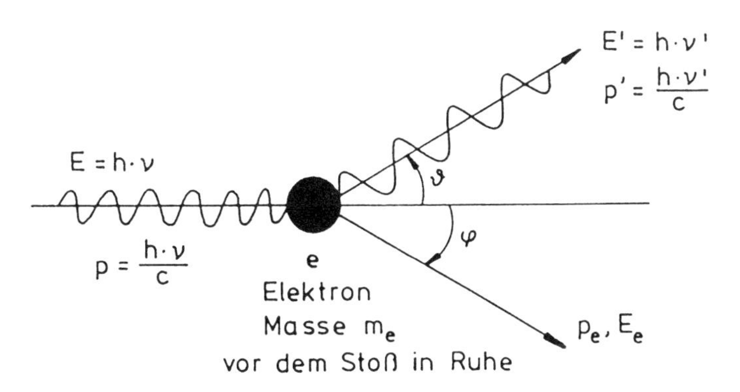

Abb. 3.13. Zur Beschreibung des COMPTON-Effekts

$$\text{Energieerhaltung:} \qquad h\nu + m_e c^2 = h\nu' + c\sqrt{m_e^2 c^2 + p_e^2} \qquad \text{(i)}$$

$$\text{Impulserhaltung:} \qquad \frac{h\nu}{c} = \frac{h\nu'}{c}\cos\vartheta + p_e \cos\varphi \qquad \text{(ii)}$$

$$0 = \frac{h\nu'}{c}\sin\vartheta - p_e \sin\varphi \qquad \text{(iii)}$$

(ii) = Impulserhaltung $\parallel \boldsymbol{p}_{\text{Photon}}$, (iii) Impulserhaltung $\perp \boldsymbol{p}_{\text{Photon}}$.
Lösung von (ii), (iii):

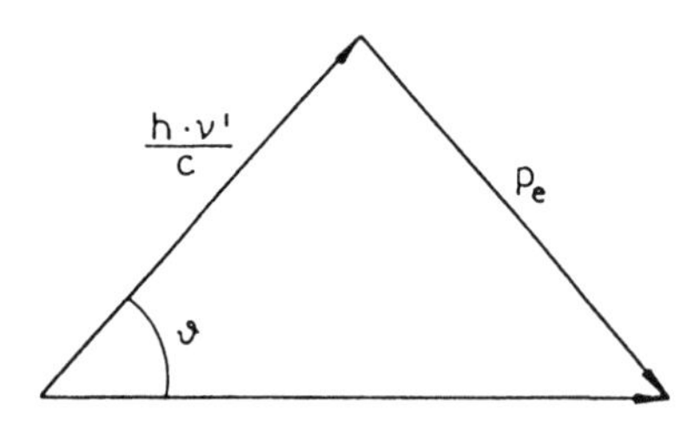

Abb. 3.14. Impulsbilanz beim COMPTON-Effekt

$$p_e^2 = \left(\frac{h\nu'}{c}\right)^2 + \left(\frac{h\nu}{c}\right)^2 - 2\left(\frac{h\nu'}{c}\right)\left(\frac{h\nu}{c}\right)\cos\vartheta \quad \text{(Cosinussatz)}$$

Damit kann p_e^2 in (i) eingesetzt und $\frac{\nu-\nu'}{\nu\nu'}$ ausgerechnet werden.
Wegen

$$\nu = \frac{c}{\lambda} \quad \text{ist} \quad \frac{\nu-\nu'}{\nu\nu'} = \frac{\lambda'-\lambda}{c}$$

Nach Zwischenrechnung wird schließlich

$$\boxed{\lambda' - \lambda = \frac{h}{m_e c}(1-\cos\vartheta)} \qquad (3.20)$$

in Übereinstimmung mit dem Experiment. Für die **Compton-Wellenlänge** λ_c ergibt sich

$$\boxed{\lambda_c = \frac{h}{m_e c} = 2.462 \cdot 10^{-12}\ \text{m}} \qquad (3.21)$$

Bemerkung: Außer der Streuung an freien Elektronen (COMPTON-Streuung) gibt es auch Streuung an den gebundenen Elektronen, in diesem Fall kann der Gesamtkörper (Masse $\gg m_e$) den Rückstoßimpuls übernehmen, so dass $\Delta\lambda \to 0$, daher bei jedem Streuwinkel auch das Auftreten der Primärstrahlung.

Bedeutung für den Nachweis der γ-Strahlung in einem Detektor

Für die kinetische Energie $E_k = h\nu - h\nu'$ des Rückstoßelektrons erhält man:

$$E_k = h\nu \frac{\varepsilon(1-\cos\vartheta)}{1+\varepsilon(1-\cos\vartheta)}$$

mit

$$\varepsilon = \frac{h\nu}{m_e c^2}$$

$m_e c^2$ ist die Ruheenergie des Elektrons

$$\boxed{m_e c^2 = 511 \text{ keV}} \tag{3.22}$$

Für die **minimale Rückstoßenergie** ergibt sich:

$$E_{k,\min} = 0 \; (\vartheta = 0°)$$

Für die **maximale Rückstoßenergie** erhält man:

$$E_{k,\max} = h\nu \frac{2\varepsilon}{1+2\varepsilon} = h\nu \frac{1}{1+\dfrac{1}{2\varepsilon}} \; (\vartheta = 180°)$$

Da in einem **Detektor** das Energiespektrum der Elektronen registriert wird, erhält man neben dem **Fotopeak** ($E_k = E_\gamma$) eine *kontinuierliche Energieverteilung der* COMPTON-*Elektronen* mit der angegebenen Maximalenergie (**Compton-Kante**).

Beispiel: $E_\gamma = 662$ keV (^{137}Cs-γ-Strahlung).

Compton-Kante: $E_{k,\max} = 477$ keV.

Paar-Erzeugung und Vernichtungsstrahlung

Positronen (e^+) sind Teilchen mit gleicher Masse und entgegengesetzt gleich großer Ladung wie Elektronen.

Paar-Erzeugung:

Erhaltungssätze: Ladungserhaltung: $q_{\text{ges}} = 0$

Energieerhaltung:

$$h\nu \geq 2m_e c^2 = 1.02 \text{ MeV (Schwellenenergie)}$$

Impulserhaltung: Paarerzeugung ist nur unter Beteiligung eines Atoms, z.B. eines Atoms, möglich (hier nicht ausgeführt).

Vernichtungsstrahlung:

Große Wahrscheinlichkeit, falls $E_{\text{kin}}(e^+) \approx 0$, dann wird mit e^- des Atoms die Erzeugung von 2 γ-Quanten mit $h\nu = 511$ keV beobachtet.

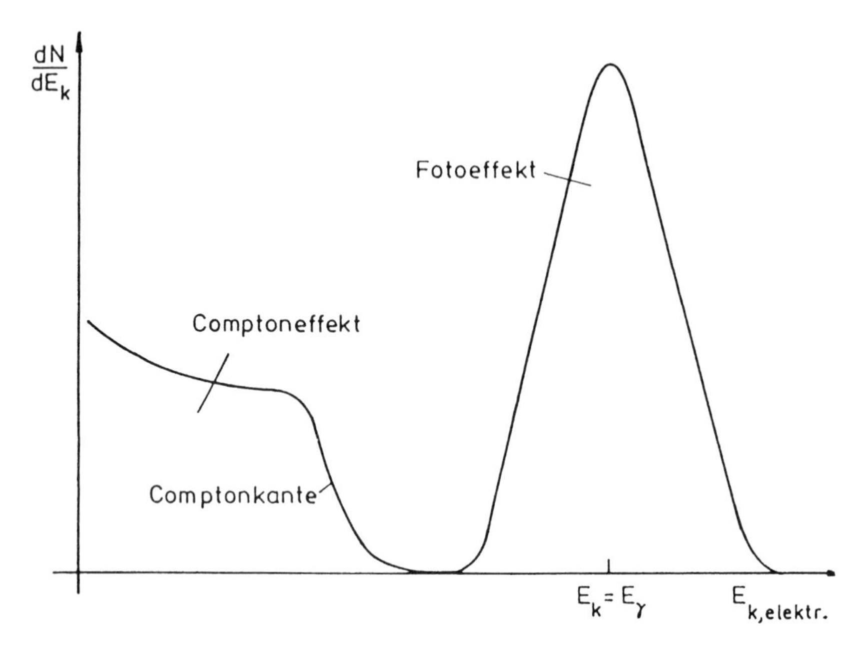

Abb. 3.15. Registriertes Energie-Spektrum

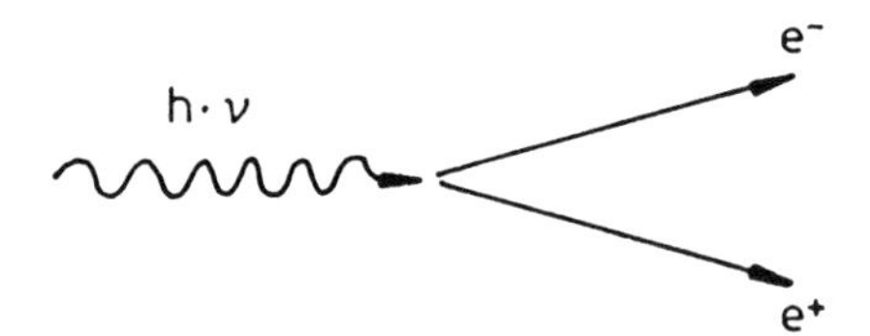

Abb. 3.16. Zur Paar-Erzeugung

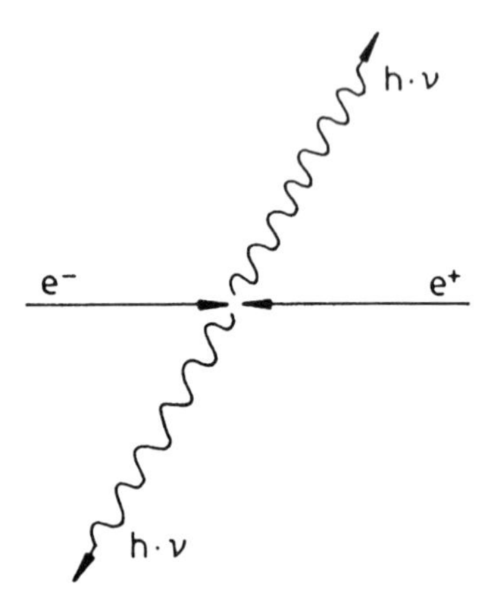

Abb. 3.17. Zur Paar-Vernichtung

Weitere Hinweise auf Quantenphänomene:

1. Kurzwellige Grenze der Röntgenbremsstrahlung: In einer Röntgenröhre werden Elektronen nach Durchlaufen einer Potentialdifferenz V (Energie eV) im Anodenmaterial gebremst. Bei Abbremsung (Beschleunigung < 0) wird elektromagnetische Strahlung emittiert. Das kurzwellige Ende des Spektrums hängt in charakteristischer Weise von V ab. Der Energiesatz liefert $h\nu_{\max} = \mathrm{eV}$, und mit

$$\nu_{\max} = \frac{c}{\lambda_{\min}} \quad \text{erhält man} \quad \lambda_{\min} = \frac{hc}{\mathrm{eV}}$$

2. Schwärzung von Fotoplatten: Mikroskopisch nicht homogen, sondern punktuell (Absorption von Photonen).
3. Strahlungsdruck: Photonen führen bei Reflexion an einem Spiegel zu einem Impulsübertrag ($\to$ Druck).

4 Wellennatur der Teilchenstrahlung

4.1 Hypothese von De Broglie

Historische Bemerkungen: COMPTON (1923): Teilchennatur elektromagnetischer Strahlung voll erkannt (Impuls des Photons!)
DE BROGLIE (1924): Hypothese von Materiewellen. Die zugrunde liegende Überlegung war eine geforderte Übertragung des für elektromagnetische Wellen erkannten Dualismus (Welle → Teilcheneigenschaft) auf Teilchenstrahlung (Teilchen → Welleneigenschaft) aus Symmetriegründen.
Für die Beschreibung physikalischer Realität wurde diese Idee zunächst nicht akzeptiert, ihre Bedeutung aber dann im Gegensatz zu den Kritikern von EINSTEIN anerkannt.
THOMSON und REID (1927): Experimentelle Bestätigung.
DE BROGLIE (1929): NOBEL-Preis
Erinnerung an Welle-Teilchen-Dualismus **elektromagnetischer Strahlung** (Kap. 3):
Der **Wellencharakter** äußert sich in allen mit der Ausbreitung elektromagnetischer Strahlung zusammenhängenden Phänomenen wie Reflexion, Brechung, vor allem aber Beugung und Interferenz. Beschreibungsgrößen einer monochromatischen Welle sind **Frequenz** ν bzw. **Kreisfrequenz** $\omega = 2\pi\nu$ und **Wellenlänge** λ bzw. **Wellenzahl** $k = 2\pi/\lambda$. **Wellenvektor** $\boldsymbol{k}$ mit $|\boldsymbol{k}| = k$ und Richtung $\boldsymbol{k}$ = Ausbreitungsrichtung der Welle. Zum Beispiel wird eine ebene monochromatische Welle mit E = elektrischer Feldstärke und bei Ausbreitung in x-Richtung beschrieben durch:

$$E = E_0 \sin\left[2\pi\left(\frac{x}{\lambda} - \nu t\right)\right] = E_0 \sin(kx - \omega t)$$

Die Ausbreitungsgeschwindigkeit einer elektromagnetischen Welle im Vakuum iat die **Lichtgeschwindigkeit** $c = \lambda\nu$.
Der **Teilchencharakter** muss zur Beschreibung aller mit der Wechselwirkung elektromagnetischer Strahlung mit Materie zusammenhängenden Phänomene benutzt werden, z.B. Fotoeffekt, COMPTON-Effekt, Paareffekt. Beschreibungsgrößen eines bewegten Teilchen sind **Energie** E und **Impuls** $\boldsymbol{p}$.
Zusammenhang zwischen ν und λ bzw. $\boldsymbol{k}$ der Welle und $E, \boldsymbol{p}$ des Photons:

$$E = h\nu;\ p = \frac{h\nu}{c} = \frac{h}{\lambda} \Rightarrow \boldsymbol{p} = \hbar\boldsymbol{k}$$

De Broglie-Hypothese: Die Strahlung materieller Teilchen hat auch Wellencharakter. Der Zusammenhang zwischen den Bestimmungsgrößen des Teilchens wie **Energie** E und **Impuls** $\boldsymbol{p}$ und denjenigen der Welle wie **Frequenz** ν und **Wellenlänge** λ bzw. Wellenzahl $k = 2\pi/\lambda$ oder **Wellenvektor** $\boldsymbol{k}$, $|\boldsymbol{k}| = k$, $\boldsymbol{k} \parallel$ zur Ausbreitungsrichtung, ist der gleiche wie bei der elektromagnetischen Strahlung (Gl. (3.19)):

$$\boxed{\begin{aligned} & E = h\nu \\ & p = \frac{h}{\lambda} = \hbar k \\ \text{bzw.}\quad & \boldsymbol{p} = \hbar \boldsymbol{k} \end{aligned}} \tag{4.1}$$

Die der Teilchenstrahlung zugeordnete Welle heißt **Materiewelle** oder auch **De Broglie-Welle**, ihre durch (4.1) gegebene Wellenlänge nennt man **De Broglie-Wellenlänge**.

Bemerkungen zu (4.1):

1. **Zusammenhang zwischen E und ν**:

$$\begin{aligned} E &= E_{\text{tot}} + E_{\text{pot}} \\ E_{\text{tot}} &= \underbrace{m_0c^2}_{\text{Ruheenergie}} + \underbrace{(m - m_0)c^2}_{\text{kin.Energie}} \\ &= \frac{m_0c^2}{\sqrt{1 - \frac{v^2}{c^2}}} = \sqrt{m_0^2c^4 + p^2c^2} \end{aligned} \tag{4.2}$$

(E_{pot} = potentielle Energie).

Die Notwendigkeit, die Gesamtenergie unter Berücksichtigung der potentiellen Energie in die Energie-Frequenz-Beziehung einzusetzen, hängt mit der Forderung zusammen, dass die das Teilchen beschreibende De Broglie-Welle eine stationäre Welle sein soll. Als Konsequenz ergibt sich ein bemerkenswerter Unterschied in der Interpretation von (4.1) für elektromagnetische Strahlung und Teilchen:

Korollar 4.1 Elektromagnetische Strahlung: *E = Energie, die zur Erzeugung eines Lichtquants benötigt wird oder bei Absorption eines Lichtquants frei wird. E ist eindeutig definiert, da ν eindeutig ist.*

De Broglie-Wellen: *E = Gesamtenergie, d.h. Ruheenergie + kinetische Energie + potentielle Energie am Erzeugungsort, die zur Erzeugung eines Teilchens benötigt oder bei Vernichtung frei wird. Da E_{pot} nur bis auf eine willkürliche Konstante definiert ist, ist entsprechend E nicht eindeutig definiert!*

Die hieraus resultierende Schwierigkeit wird aber bei näherer Betrachtung überwunden: Ein Teilchen ist niemals allein zu erzeugen, sondern stets nur ein **Teilchenpaar**, d.h. Teilchen + Antiteilchen. Für die Erzeugung eines **Elektron-Positron-Paares** gilt etwa für den Fall, dass das

Potential am Erzeugungsort V, die potentielle Energie des Elektrons also – eV, die des Positrons + eV sei:

$$h\nu_{\text{Paar}} = (m_{e^-}c^2 - \text{eV}) + (m_{e^+}c^2 + \text{eV}) = m_{e^-}c^2 + m_{e^+}c^2$$

unabhängig von V! $m_{e^-}c^2, m_{e^+}c^2$ sind die i.a. verschiedenen totalen Energien von Elektron und Positron. Wir können das Beispiel noch weiter ausführen: Es werden zwei verschiedene Paare erzeugt, wobei jeweils das Positron die gleiche totale Energie haben möge:

$$h\nu_{\text{Paar1}} - h\nu_{\text{Paar2}} = m_{e^-,1}c^2 - m_{e^-,2}c^2 = h\nu_{e^-,1} - h\nu_{e^-,2}$$

wobei $h\nu_{e^-} = m_{e^-}c^2 -$ eV die formal aus (4.1) folgende Energie zur Erzeugung eines Elektrons wäre. Will man also auf der rechten Seite der Gleichung nur Größen eines einzigen Teilchens – hier des Elektrons – stehen haben, so erkennt man:
Es sind nur Differenzen der zu (4.1) gehörenden Gesamtenergie zur Erzeugung bzw. Vernichtung eines Teilchens messbar. Für die messbaren Größen spielt also die Willkürlichkeit durch die nur bis auf eine additive Konstante festgelegte potentielle Energie keine Rolle!
Praktische Berechnungen: Falls $E_{\text{pot}} = \text{const}$, kann ν aus (4.1) mit $E = E_{\text{tot}}$ berechnet werden.

2. **Zusammenhang zwischen p und λ**: Auch die Beziehung $\boldsymbol{p} = \hbar\boldsymbol{k}$ ist nicht allgemein richtig. Sie gilt – für Elektronen – nur in elektrostatischen Feldern ($\boldsymbol{B} = 0$). Der allgemein gültige Zusammenhang lautet für Elektronen:

$$\hbar\boldsymbol{k} = \boldsymbol{p} - e\boldsymbol{A}$$

wobei $\boldsymbol{A}$ das zu $\boldsymbol{B}$ gehörige Vektorpotential ist: $\boldsymbol{B} = \text{rot}\,\boldsymbol{A}$. Auch $\boldsymbol{A}$ ist nicht eindeutig, sondern nur bis auf Addition eines beliebigen wirbelfreien Feldes, definiert. Hier sei bemerkt, dass nur die o.g. modifizierte Beziehung zwischen $\boldsymbol{k}$ und $\boldsymbol{p}$ unter Einbeziehung des Vektorpotentials $\boldsymbol{A}$ gegenüber einer LORENTZ-Transformation invariant ist.

Numerische Beispiele für De Broglie-Wellen

1. **Fußball**:

$$m_0 = 0.4\ \text{kg};\ v = 10\ \text{m s}^{-1};\ p = m_0 v = 4\ \text{kg m s}^{-1}$$

$$\lambda = \frac{h}{p} = \frac{6.6 \cdot 10^{-34}}{4}\ \text{m} = 1.65 \cdot 10^{-34}\ \text{m}$$

2. **Thermische Neutronen**: Bei der Kernspaltung in einem Kernreaktor werden zunächst "schnelle" Neutronen ($E \approx$ MeV) erzeugt, die durch Stöße mit den Atomkernen einer "Moderator"-Substanz – z.B. Graphit, D_2O = schweres Wasser – verlangsamt werden, bis sie sich im thermischen Gleichgewicht mit der Moderatorsubstanz befinden. Ihre mittlere kinetische Energie ist dann

$$\overline{E}_{\text{kin}} = \frac{3}{2}\,kT = 40\text{ meV} \qquad \text{für} \quad T \approx 300\text{ K}$$

Da $m_n = 1.67 \cdot 10^{-27}$ kg, folgt

$$p = \sqrt{2m_n E_{\text{kin}}} = 4.6 \cdot 10^{-24}\text{ kg m s}^{-1}$$

$$\lambda = \frac{h}{p} = 1.4 \cdot 10^{-10}\text{ m}$$

Dies ist die mittlere De Broglie-Wellenlänge der thermischen Neutronen. Natürlich erhält man ein ganzes Spektrum entsprechend der Geschwindigkeitsverteilung der Neutronen im thermischen Gleichgewicht.

Korollar 4.2 *Die Wellenlänge ist von der Größenordnung der atomaren Abstände im festen Körper (10^{-10} m). Thermische Neutronen sind daher außerordentlich gut für Strukturuntersuchungen an festen Körpern geeignet (s. Abschn. 4.2).*

3. **Niederenergetische Elektronen**: Elektronen werden durch Potentialdifferenz V auf eine kinetische Energie beschleunigt. Dann ist:

$$E_{\text{kin}} = \text{eV}$$

Es sei $E_{\text{kin}} \ll m_e c^2 = 511$ keV, so dass wie in 1. und 2. nicht relativistisch gerechnet werden darf:

$$E_{\text{kin}} = \frac{p^2}{2m} \Rightarrow p = \sqrt{2m_e E_{\text{kin}}} = \sqrt{2m_e eV}$$

$$\lambda = \frac{h}{p} = \sqrt{\frac{150}{V[Volt]}} \cdot 10^{-10} m = 1.23 \cdot 10^{-9} \frac{1}{\sqrt{V[Volt]}}\text{m}$$

d.h. $V = 150$ Volt $\Rightarrow \lambda = 10^{-10}$ m. Auch langsame Elektronen sind für Strukturuntersuchungen an festen Körpern geeignet, unterliegen aber einer wesentlich höheren Wechselwirkung als Neutronen, es können nur dünne Schichten untersucht werden.

4.2 Experimente zum Nachweis von Materiewellen

Die Welleneigenschaft der Teilchenstrahlung wird dann eine Rolle spielen, wenn die Wellenausbreitung durch Hindernisse bzw. Öffnungen der Ausdehnung $\approx \lambda$ (De Broglie-Wellenlänge) gestört wird. Dieses Kriterium übernehmen wir aus den dann zu erwartenden Beugungsphänomen klassischer Wellen wie Licht, Wasserwellen (Beugung am Spalt). Fliegt also ein Teilchen an einer undurchlässigen Kante im Abstand $\approx \lambda$ vorbei, so sind Beugungsphänomene zu erwarten, mithin ein Abweichen von der geradlinigen Bahn. Die klassische Physik gestattet dann offenbar keine gültigen Aussagen über die weitere Bewegung des Teilchens. Sie muss durch die Quantenphysik

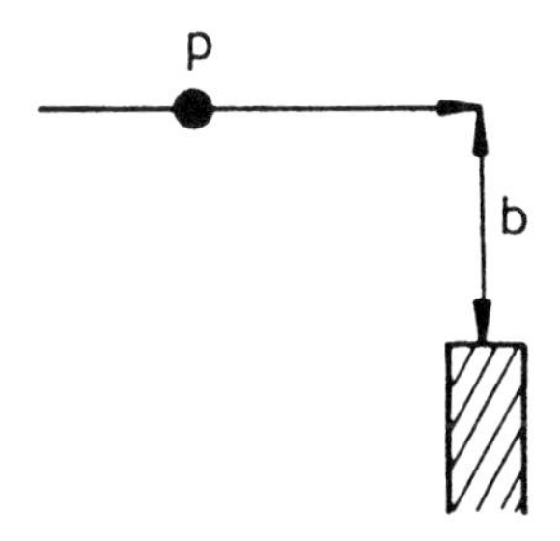

ersetzt werden. Das Kriterium für die Existenz von Beugungsphänomenen ist also korreliert mit dem vorher aufgeführten Kriterium für den Gültigkeitsbereich der klassischen Physik.

Beugung für $b \approx \lambda$, d.h. für

$$|\boldsymbol{L}| = pb \approx \frac{h}{\lambda}\lambda = h$$

$|\boldsymbol{L}|$ ist in diesem Beispiel die **charakteristische Wirkungsgröße** a.

$\lvert\boldsymbol{L}\rvert \approx h \rightarrow$	Beugungsphänomene Materiewellen	Beschreibung durch $\rightarrow$ Quantenmechanik
$\lvert\boldsymbol{L}\rvert \gg h \rightarrow$	Keine Beugung klassische Teilchenbahnen	$\rightarrow$ Beschreibung durch klassische Physik

Das in Kap. 1 aufgeführte Kriterium findet hiermit seine einfache Erklärung.

Experimenteller Nachweis der De Broglie-Beziehung

1. Davison und Germar (Bell Telephone 1923–1927): *Elektronen-Beugung an einem Ni-Kristall*

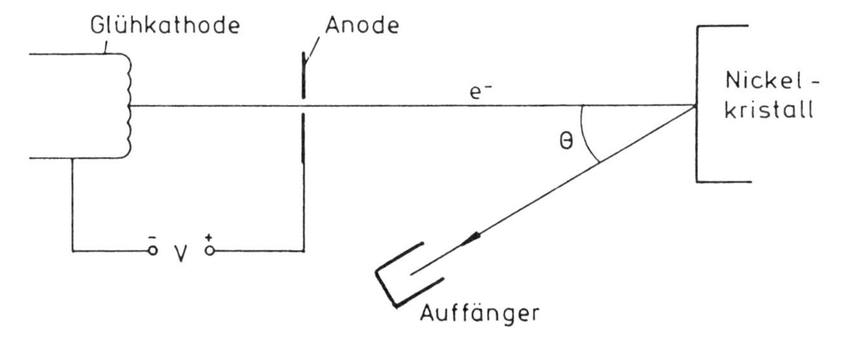

Abb. 4.1. Elektronen-Beugung an einem Kristallgitter

Das Experiment wurde zunächst zur Untersuchung der Sekundärelektronenemission in Verbindung mit der Entwicklung von Radioröhren begonnen. Die hierbei beobachtete Winkelabhängigkeit des Stroms $I(\Theta)$

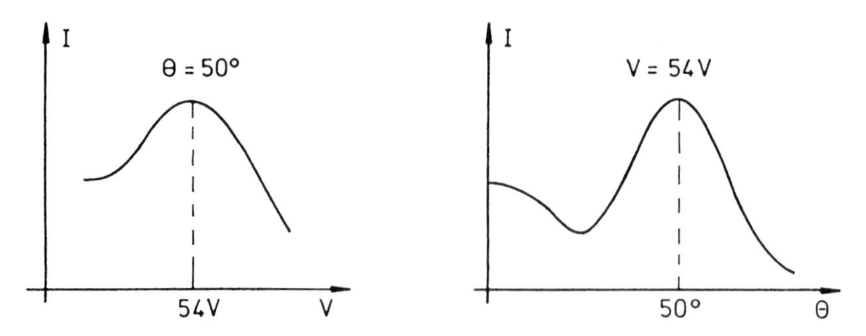

Abb. 4.2. Ergebnisse der Elektronen-Beugung

in Abhängigkeit von der kinetischen Energie der Elektronen (eV) wurde dann aber zur Bestätigung der DE BROGLIE-Beziehung angeführt.
Aus der **Bragg-Beziehung** $2d \cos\vartheta = n\lambda$ $(n = 1)$ wie auch aus der DE BROGLIE-Formel für $V = 54$ V ergab sich $\lambda = 1.65$ Å. Das Experiment ist trotzdem nur historisch interessant. Es ist keine Bestätigung für die DE BROGLIE-Beziehung, da die Nickel-Kristall-Oberfläche viel zu unsauber war.

2. THOMSON und REID (1927): DEBYE-SCHERRER-Beugung von Elektronen an einer dünnen polykristallinen Schicht. Das Experiment wurde gezielt aufgebaut zum Nachweis der DE BROGLIE-Beziehung.

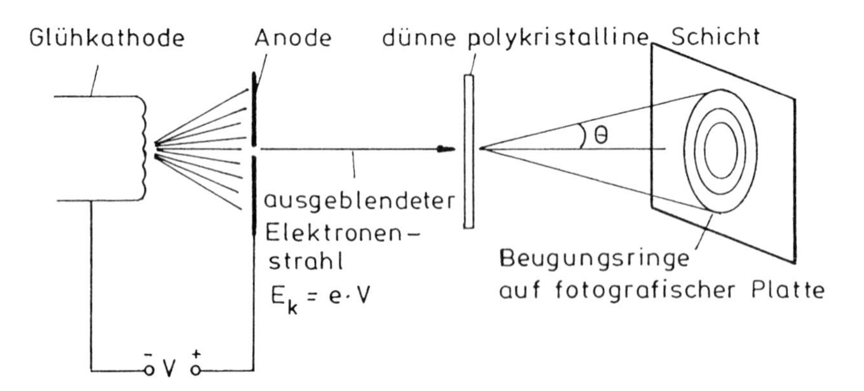

Abb. 4.3. DEBAYE-SCHERRER-Anordnung zur Beugung von Elektronen

Es handelt sich um eine dünne polykristalline Schicht einheitlicher Kristalle, d.h. der Netzebenenabstand d ist für alle Kristalle der gleiche. Zu einem vorgegebenen Winkel Θ gibt es nur dann ein Intensitätsmaximum, wenn der einzelne Kristall "richtig" orientiert ist (Glanzwinkelbedingung: $\vartheta = \Theta/2$) und die **Braggsche Bedingung** $2d \sin\vartheta = n\lambda$ erfüllt ist.
Da die einzelnen Kristalle in einer polykristallinen Schicht regellos orientiert sind, gibt es zu jedem BRAGGschen Winkel ϑ Kristalle mit der richti-

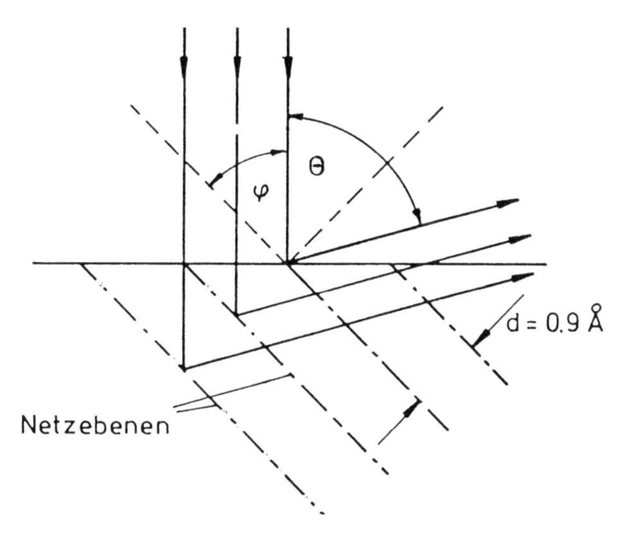

Abb. 4.4. Zur BRAGGschen Bedingung

gen Orientierung, so dass die Intensitätsmaxima auf Kegelmantelflächen um den Primärstrahl liegen. Auf einer fotografischen Platte senkrecht zum Strahl erhält man eine Beugungsring-Struktur. Aus den Abständen läßt sich bei bekanntem Netzebenenabstand $d\lambda$ ermitteln. THOMSON gelang mit einem derartigen Experiment der vollständige **Nachweis der De Broglie-Beziehung** $\lambda = h/p$ für Elektronen.

Historische Bemerkungen:

J.J. THOMSON (1906): NOBEL-Preis für die Identifizierung des **Elektrons als Teilchen**.

G.P. THOMSON (Sohn von J.J. THOMSON (1937): NOBEL-Preis für den Nachweis der DE BROGLIE-Beziehung für **Elektronen als Materiewellen**.

3. **Beugung von Elektronenstrahlung an einer Kante**: Beugungsphänomene erwartet man für diejenigen Elektronen, die in einem hinreichend kleinen Abstand an der Kante vorbeifliegen ($b \approx \lambda$), d.h. bei hinreichend genauer Untersuchung der Intensitätsverteilung $I(\vartheta)$.

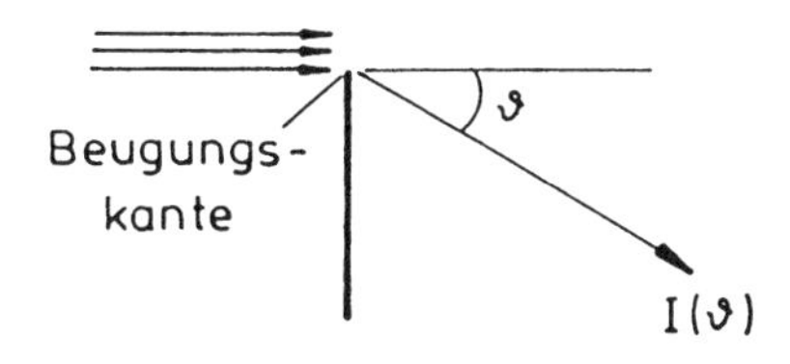

4. **Neutronenbeugung an Kristallen, Laue-Diagramm**: Außer der bisher behandelten BRAGG-Reflexion und dem DEBYE-SCHERRER-Verfah-

ren läßt sich auch das ebenfalls von der Röntgenstrahlung her bekannte LAUE-Verfahren auf Materiewellen übertragen. Es handelt sich hierbei um ein Verfahren zur Strukturuntersuchung von Einkristallen. Thermische Neutronen sind hierfür aus den genannten Gründen besonders gut geeignet. Zudem benötigt man keine monochromatische Strahlung, sondern kann ein kontinuierliches Wellenlängenspektrum verwenden, wie es z.B. in der Röntgenbremsstrahlung, aber auch bei thermischen Neutronen vorliegt.

Kurze Einführung zum prinzipiellen Verständnis des Laue-Verfahrens

a.) **Beugung an einer linearen Kette**:

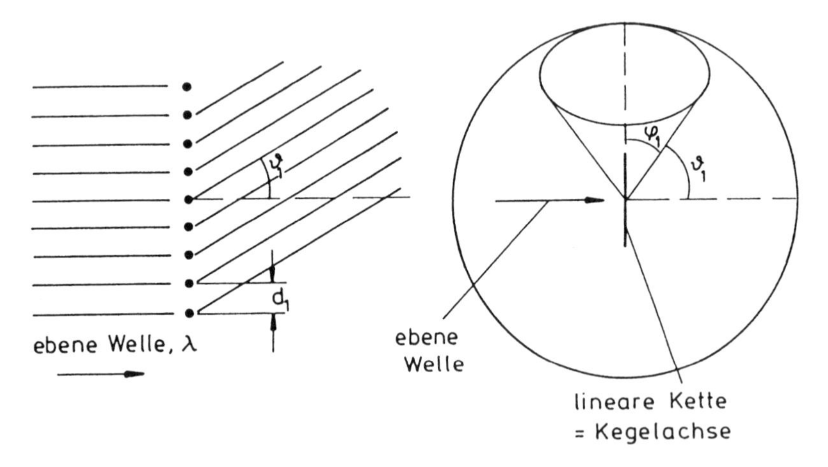

Abb. 4.5. Lineare Kette und LAUE-Verfahren

Die Maxima liegen auf der Mantelfläche eines Kegels (Kegelachse = lineare Kette) mit den Öffnungswinkeln

$$\sin\vartheta_1 = \frac{n_1\lambda}{d_1} \Rightarrow \cos\varphi_1 = \frac{n_1\lambda}{d_1}$$

b.) **Beugung an einem ebenen Punktgitter**: Im einfachsten Fall nehmen wir ein rechtwinkliges Punktgitter mit den Gitterkonstanten d_1 und d_2 an. Intensitätsmaxima erhält man nur dort, wo die Bedingungen $\cos\varphi_1 = \frac{n_1\lambda}{d_1}$; $\cos\varphi_2 = \frac{n_2\lambda}{d_2}$ gleichzeitig erfüllt sind. Sie liegen also auf den Schnittlinien der Kegelmantelfläche mit den Öffnungswinkeln φ_1, φ_2 auf einer Bildfläche, z.B. einer ebenen fotografischen Platte. In Bild 4.6 sind die Beugungsmaxima als Punkte auf einer Kugeloberfläche gezeichnet.

c.) **Beugung an linearem Punktgitter $\|$ Richtung der Welle**: Die Bedingung für die Intensitätsmaxima lautet

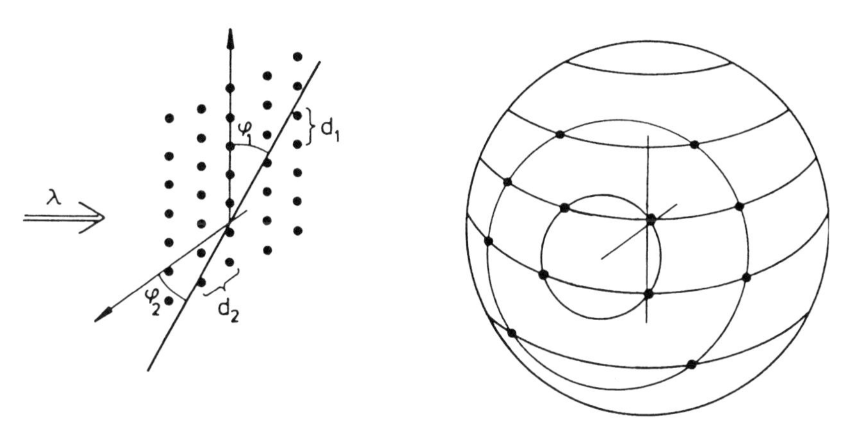

Abb. 4.6. Ebenes Punktgitter und LAUE-Verfahren

$$d_3 - d_3 \cos \varphi_3 = n_3 \lambda$$

Die Beugungsmaxima liegen also wieder auf Mantelflächen von Kegeln mit dem Öffnungswinkel φ_3.

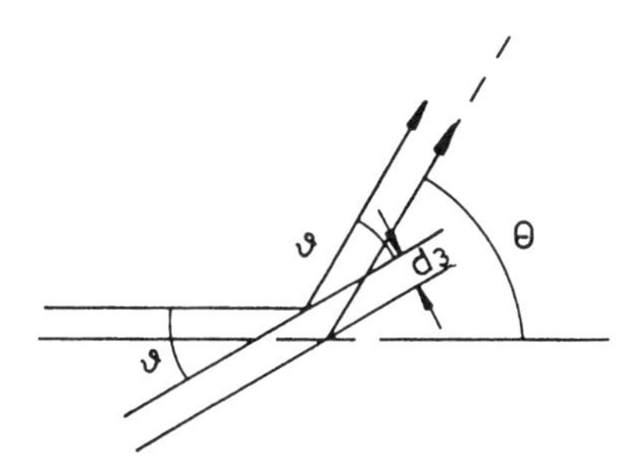

d.) **Beugung am räumlichen Punktgitter; Laue-Diagramm**: Intensitätsmaxima ergeben sich, wenn die in (b) und (c) genannten Bedingungen gleichzeitig erfüllt sind. Das wird in einer Bildebene i.a. bei Verwendung monochromatischer Strahlung nie der Fall sein, da bereits die Beugung an einem ebenen Punktgitter nur zu Beugungsmaxima in einzelnen **Punkten** führt. Unter Verwendung eines **kontinuierlichen Spektrums** (Röntgenbremsstrahlung, thermische Neutronen) erhält man jedoch Intensitätsmaxima in einzelnen Punkten, für die jeweils eine passende Wellenlänge verantwortlich ist. Die genaue Analyse erlaubt eine Aussage über die Gitterstruktur.

4.3 Darstellung von Materiewellen, Wellenpakete

Die elektrische Feldstärke E in einer ebenen **elektromagnetischen Welle** wird beschrieben durch:

$$E = E_0 \sin(kx - \omega t)$$

Statt der reellen Schreibweise benutzt man vielfach mit Vorteil die **komplexe Schreibweise**

$$\varepsilon = E_0 e^{i(kx - \omega t)}$$

wobei **physikalisch messbar** nur die **elektrische Feldstärke** ($\Re\varepsilon = E$) bzw. die **Intensität** der elektromagnetischen Welle ($I = \varepsilon_0 c E^2$) ist.
Formal analog können wir für **Materiewellen** vorgehen. Die mit der Bewegung des Teilchens verknüpfte Welle wird durch eine **Wellenfunktion** ψ beschrieben, im einfachsten Fall einer ebenen Welle:

$$\boxed{\begin{array}{c} \psi = A e^{i(kx - \omega t)} \\ k = \dfrac{p}{\hbar} \quad \text{bzw.} \quad \lambda = \dfrac{h}{p}; \; \omega = \dfrac{E}{\hbar} \quad \text{bzw.} \quad \nu = \dfrac{E}{h} \end{array}} \tag{4.3}$$

Im Kap. 5 wird die Bedeutung der allgemein **komplexen Wellenfunktion** ψ näher erläutert. Hier nur so viel: *ψ selbst ist nicht messbar. Nur* $|\psi|^2 = \psi^*\psi$ hat eine physikalische Bedeutung, die mit der Intensität der elektromagnetischen Welle ($I \propto |E|^2$) vergleichbar ist. ψ^* ist die konjugiert komplexe Größe zu ψ. Wir werden sehen, dass wir interpretieren können:

Korollar 4.3 $|\psi|^2 \cdot dV$ = *Wahrscheinlichkeit, das durch ψ beschriebene Teilchen zur Zeit t am Ort $\boldsymbol{r}$ im Volumenelement dV anzutreffen.* *(4.4)*

ψ ist als Funktion des Ortes $\boldsymbol{r}$ zu verstehen. Bezeichnet man diese Wahrscheinlichkeit mit $\mathrm{d}W = |\psi|^2 \mathrm{d}V$, so wird verständlich, dass man $|\psi|^2 = \frac{\mathrm{d}W}{\mathrm{d}V}$ auch die **Wahrscheinlichkeitsdichte** und die Wellenfunktion ψ die **Wahrscheinlichkeitsamplitude** – eigentlich Amplitude der Wahrscheinlichkeitsdichte – nennt.
Die ebene Welle (4.3) ist sicherlich *keine vernünftige Repräsentation der Bewegung eines Teilchens*: Nach (4.4),(4.3) ist mit $|\psi|^2 = \psi^*\psi = |A|^2$ die Aufenthaltungswahrscheinlichkeit für das Teilchen ortsunabhängig überall konstant. Der Aufenthaltsort ist also vollkommen undefiniert, im Gegensatz zur physikalischen Realität, in der zumindest für jedes hinlänglich makroskopische Teilchen der Ort als Funktion der Zeit gemessen werden kann. Außerdem wäre bei einer ebenen Welle die Gesamtwahrscheinlichkeit, das Teilchen irgendwo anzutreffen, unendlich groß: $\int \psi^*\psi \cdot \mathrm{d}V = \infty$ bei Integration über den gesamten Raum, etwa bei Integration von $x = -\infty$ bis $x = +\infty$ für ebene Wellen in x-Richtung. Auch dies ist im Widerspruch zu der allein physikalisch sinnvollen Aussage, dass die Gesamtwahrscheinlichkeit, das Teilchen irgendwo anzutreffen, stets 1 sein muss.

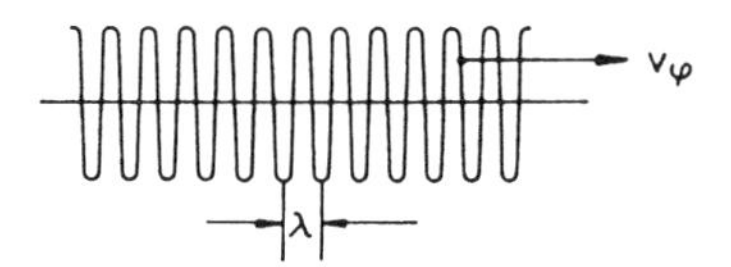

Die Skizze stellt nur eine Momentaufnahme dar. Die Phasengeschwindigkeit v_φ erhält man aus der Bedingung $e^{i(kx-\omega t)} = \text{const}$, d.h. aus der Bedingung, dass man zu verschiedenen Zeiten diejenigen Orte x betrachtet, die zur gleichen Phase $kx - \omega t = \text{const}$ gehören. $v_\varphi = \frac{\mathrm{d}x}{\mathrm{d}t}$ ergibt sich daraus zu

$$\boxed{v_\varphi = \frac{\omega}{k}} \tag{4.5}$$

(Näheres siehe Wellenlehre, Band 2).
Zur Repräsentation eines **lokalisierten Teilchens** muss offenbar ein **Wellenpaket** verwendet werden. Hier nimmt $\psi^*\psi = |\psi|^2$, mithin die Aufenthaltswahrscheinlichkeit für das Teilchen, nur in einem durch die Ausdehnung des Wellenpakets bestimmten Ortsbereich, der etwa durch Δx charakterisiert ist (siehe Bild 4.7), große Werte an. Das gesamte Wellenpaket, also der Schwerpunkt des Wellenpakets bzw. das Maximum von $\psi^*\psi = |\psi|^2$, bewegt sich mit der von der Phasengeschwindigkeit zu unterscheidenden **Gruppengeschwindigkeit** v_g, und hierfür gilt (s. Wellenlehre, Band 2):

$$\boxed{v_g = \frac{\mathrm{d}\omega}{\mathrm{d}k}} \tag{4.6}$$

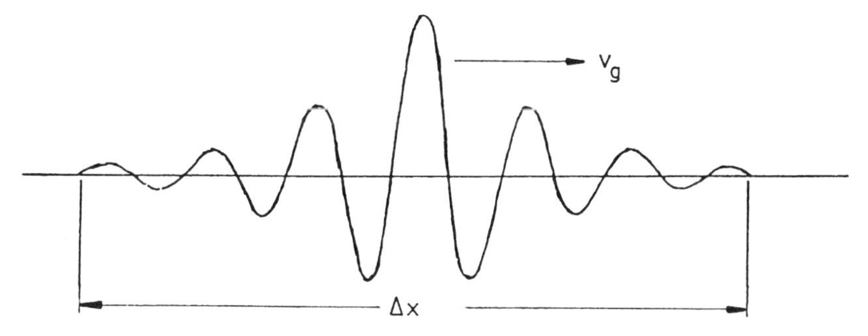

Abb. 4.7. Wellengruppe

Darstellung eines Wellenpakets als Überlagerung aus ebenen harmonischen Wellen

Ein Wellenpaket kann allgemein als Überlagerung unendlich vieler harmonischer Wellen unterschiedlicher Wellenzahlen k und zugehöriger Frequenzen ω mit Hilfe des **Fourier-Integrals** dargestellt werden.

$$\psi(x,t) = \int_{-\infty}^{+\infty} e^{i(k'x - \omega' t)} f(k') \cdot \mathrm{d}k' \tag{4.7}$$

Zu einem Wellenpaket mit der **Ortsausdehnung** Δx (siehe Bild 4.9) gehört eine **Impulsverteilungsfunktion** $f(k)$ mit einer bestimmten Breite Δk. Vereinfachtes Beispiel: **Überlagerung zweier Sinus-Wellen**:

$$\begin{aligned} y_1 &= y_0 \sin(\omega_1 t - k_1 x) \qquad \text{mit} \qquad \omega_2 - \omega_1 \ll \omega_1, \omega_2 \\ y_2 &= y_0 \sin(\omega_2 t - k_2 x) \qquad\qquad\quad k_2 - k_1 \ll k_1, k_2 \\ y_1 + y_2 &= y_0 \Big[\sin(\omega_1 t - k_1 x) + \sin(\omega_2 t - k_2 x) \Big] \end{aligned}$$

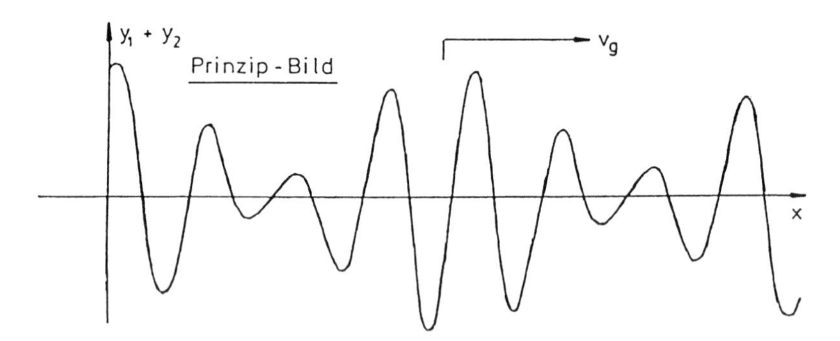

Abb. 4.8. Entstehung von Wellengruppen

Das **Gruppenmaximum** ($y_{\max}$ im Wellenpaket) erhält man bei Gleichphasigkeit der beiden Teilwellen, d.h. konstruktiver Interferenz, also bei

$$\begin{aligned} \omega_1 t - k_1 x &= \omega_2 t - k_2 x + n2\pi \\ \Rightarrow \qquad (\omega_2 - \omega_1) t &= (k_2 - k_1) x + n2\pi \end{aligned}$$

Daher wird die **Gruppengeschwindigkeit** v_g, d.h. die Geschwindigkeit des Gruppenmaximums

$$v_g = \frac{\mathrm{d}x}{\mathrm{d}t} = \frac{\omega_2 - \omega_1}{k_2 - k_1} = \frac{\Delta\omega}{\Delta k} \qquad \text{vgl. (4.6)}$$

Allgemeiner Fall des Fourier-Integrals Gl. (4.7)

Wir nehmen an, dass die zum Wellenvektor k = kontinuierliche Variable gehörende harmonische Teilwelle eine Amplitude $f(k)$ besitzt, die eine entsprechend vernünftige, glatte Funktion von k ist (siehe Theorie der FOURIER-Transformationen). Dann ist nach Gl. (4.7) einer derartigen **Impulsverteilungsfunktion** $f(k)$ eine entsprechende **Ortsverteilungsfunktion** zugeordnet. Dabei handelt es sich um Amplitudenverteilungsfunktionen. Die eigentliche Ortsverteilung wird durch die Wahrscheinlichkeitsdichte $|\psi|^2$ beschrieben:

$$f(k) \leftrightarrow \psi(x)$$

Beispiel:

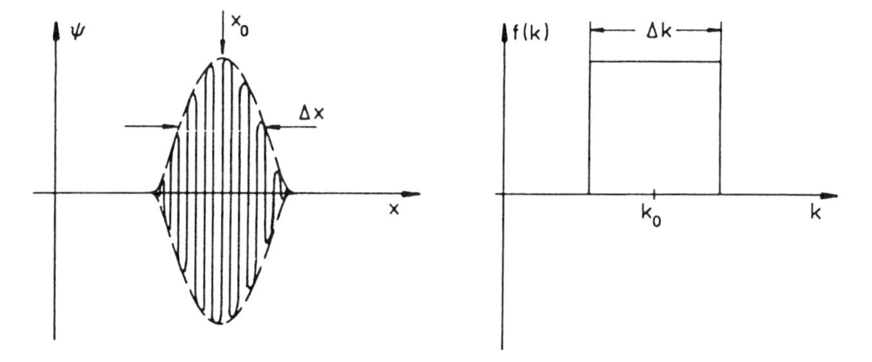

Abb. 4.9. Wellengruppe und FOURIER-Transformierte

Dispersionsrelation und Gruppengeschwindigkeit: Wellenzahl k und Frequenz ω jeweils aller harmonischer Teilwellen in Gl. (4.7) sind durch eine gemeinsame charakterisierte Funktion, die sogenannte **Dispersionsrelation** $\omega = \omega(k)$ miteinander verknüpft (s. Optik, Band 2, II).
Erinnerung aus der Optik zum Begriff Dispersion:

Nicht dispersives Medium $\rightarrow$

Konstante Phasengeschwindigkeit: $v_\varphi = \dfrac{\omega}{k} = \text{const}$

Dispersives Medium $\rightarrow$

Frequenzabhängige Phasengeschwindigkeit: $v_\varphi = \dfrac{\omega}{k} = v_\varphi(\omega)$

Nach Gl. (4.6) läßt sich die Gruppengeschwindigkeit aus der Dispersionsrelation berechnen. Die Darstellung der Teilchenbewegung durch ein Wellenpaket ist sicher nur dann physikalisch sinnvoll, wenn sich ergibt: **Gruppengeschwindigkeit = Teilchengeschwindigkeit**.
Dieser Nachweis soll jetzt in Beispielen erbracht werden:

1. **Freies Teilchen, nichtrelativistisch**: Die Energie-Impuls-Beziehung lautet

$$E = \frac{p^2}{2m_0} + m_0 c^2$$

Das ist die gesuchte Dispersionsrelation. Mit $E = \hbar\omega$, $p = \hbar k$ erhält man für die Gruppengeschwindigkeit

$$v_g = \frac{\mathrm{d}\omega}{\mathrm{d}k} = \frac{\mathrm{d}(\hbar \cdot \omega)}{\mathrm{d}(\hbar \cdot k)} = \frac{\mathrm{d}E}{\mathrm{d}p} = \frac{p}{m_0} = v$$

also Gruppengeschwindigkeit = Teilchengeschwindigkeit $\frac{p}{m_0} = v$.

2. **Freies Teilchen, relativistisch**: Dispersionsrelation

$$E = \sqrt{m_0^2 c^4 + p^2 c^2} \qquad \left(= mc^2 = p\frac{c^2}{v}\right)$$

$$\Rightarrow \qquad v_g = \frac{\mathrm{d}E}{\mathrm{d}p} = \frac{2pc^2}{2\sqrt{m_0^2 c^4 + p^2 c^2}}$$

$$= \frac{\dfrac{m_0 v c^2}{\sqrt{1 - \dfrac{v^2}{c^2}}}}{\sqrt{m_0^2 c^4 + \dfrac{m_0^2 v^2 c^2}{1 - \dfrac{v^2}{c^2}}}}$$

$$= \frac{\dfrac{m_0 v c^2}{\sqrt{1 - \dfrac{v^2}{c^2}}}}{\sqrt{\dfrac{m_0^2 c^4 - m_0^2 v^2 c^2 + m_0^2 v^2 c^2}{1 - \dfrac{v^2}{c^2}}}} = v$$

also auch hier gilt: *Gruppengeschwindigkeit = Teilchengeschwindigkeit.*

3. **Nichtrelativistisches Teilchen im konstanten Potential**: Dispersionsrelation: (E_p = potentielle Energie)

$$E = \frac{p^2}{2 \cdot m_0} + m_0 c^2 + E_p,\ E_p = \text{const, unabhängig von } p$$

$$v_g = \frac{\mathrm{d}E}{\mathrm{d}p} = \frac{p}{m_0} = v$$

5 Welle-Teilchen-Dualismus und Unschärferelation

5.1 Welle-Teilchen-Dualismus

Wir fassen die zusätzlich gewonnenen Kenntnisse über den Teilchencharakter elektromagnetischer Strahlung (**Photonen**, s. Kap. 3) und den Wellencharakter von Teilchenstrahlung (De Broglie-Wellen = Materiewellen, s. Kap. 4) zusammen:

Elektromagnetische Strahlung:

Modellbeschreibung für:

Wellencharakter	**Teilchencharakter**
elektromagn. Wellen	Photonen
Ausbreitung, z.B.	Wechselwirkung mit Materie
Beugung, Interferenz	z.B. Fotoeffekt, Compton-Effekt,...

Beschreibungsgrößen:

Wellenlänge λ bzw.	Energie E
Wellenzahl $k = \frac{1}{\lambda}$	Impuls p
und Frequenz ν bzw.	Ruhemasse $m_{\text{Photon}} = 0$!
Kreisfrequenz $\omega = 2\pi\nu$	

Zwischen den Größen ν, k (Welle) und E, p (Teilchen) gelten die Beziehungen

$$\boxed{E = h\nu, \quad p = \hbar k}$$

Welle, beschrieben durch	Teilchenbewegung,
Wellenfunktion	beschrieben durch?
z.B. $\boldsymbol{E}$ (elektrische	Es kann nur die
Feldstärke)	**Wahrscheinlichkeitsdichte**
Intensität der Welle I	$\frac{\mathrm{d}W}{\mathrm{d}V}$ ($\mathrm{d}W$ = Wahrscheinlichkeit
(transportierte Energie	für Photon in $\mathrm{d}V$)
pro Zeiteinheit)	gemessen werden.
$I = \varepsilon_0 c \lvert\boldsymbol{E}\rvert^2$	

$$\boxed{I \propto \frac{\mathrm{d}W}{\mathrm{d}V}}$$

Zur Erläuterung des Welle-Teilchen-Dualismus elektromagnetischer Strahlung diene das folgende **Gedankenexperiment**.

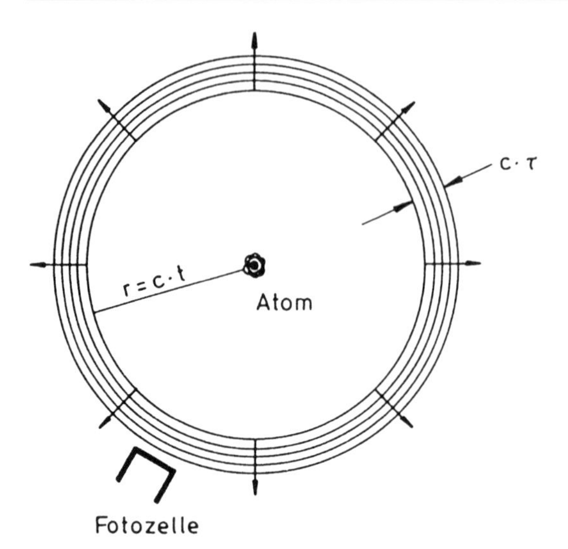

Abb. 5.1. Gedankenexperiment zum Welle-Teilchen-Dualismus

Ein Atom befinde sich zur Zeit $t < 0$ in einem "angeregten Zustand" (s. Kap. 6). Die gesamte Anregungsenergie wird während einer Zeitdauer τ zur Zeit $t = 0$ abgestrahlt. Zur Zeit $t(> 0)$ befindet sich die Gesamtenergie dann in einer Kugelschale mit dem Radius $r = ct$ und der Dicke $c\tau$, also in einem Volumen $V = 4\pi r^2 c\tau$. Für die Energiedichte und damit auch für die Intensität gilt $I \propto 1/r^2$. Wenn das Atom als ein mit ν schwingender HERTZscher Dipol aufgefasst werden kann, ist z.B. $I \propto (\sin^2 \vartheta)/r^2$ (vgl. Band 2, I). Entsprechend der Interpretation der klassischen Elektrodynamik würden wir sagen:

Korollar 5.1 *Die Gesamtenergie E_{ges}, d.h. die Anregungsenergie des Atoms, ist kontinuierlich über das Volumen der Kugelschale verteilt.*

Im Abstand r vom Atom werde eine Fotozelle aufgestellt, deren empfindliche Oberfläche $\ll 4\pi r^2$ ist. Die Wechselwirkung der elektromagnetischen Strahlung mit der Fotozelle kann im Teilchenbild verstanden werden (s. Fotoeffekt, Kap. 3). Bei bekannter Austrittsarbeit ϕ kann aus dem Nachweis eines Elektrons und seiner Energie E_{el} auf ein Photon $h\nu$ geschlossen werden, $E_{\text{el}} = h\nu - \phi$. Wird nun das Atom einmal angeregt, so wird wie zu erwarten, die Fotozelle im Normalfall kein Signal geben. Bei genügend häufiger Wiederholung registriert man aber mit einer **Wahrscheinlichkeit** W, der Anzahl der Signale bzw. der Gesamtzahl der Atomanregungen, doch derartige Ereignisse, und es ist für jedes Ereignis $h\nu = E_{\text{ges}}$.
Die gesamte in der Kugelschale enthaltene Energie tritt also in der Fotozelle, d.h. in einem kleinen Bruchteil des Gesamtvolumens der Kugelschale, konzentriert in Erscheinung; ein Phänomen, welches nur im Teilchenbild verständlich ist.

Weiterhin ergibt sich aus diesem Experiment, dass die *messbare Wahrscheinlichkeit* W für den Photonennachweis und die *berechenbare, zeitlich gemittelte Intensität der elektromagnetischen Welle* direkt miteinander zusammenhängen: $W \propto I$.
Da die Intensität einer Welle immer quadratisch von ihrer Amplitude abhängt, ist es verständlich, dass man die Wahrscheinlichkeitsdichte ($\propto I$) als Quadrat einer Wahrscheinlichkeitsamplitude ψ (Wellenfunktion) schreibt. Im Fall der elektromagnetischen Strahlung kann ψ wegen $I \propto |\boldsymbol{E}|^2$ z.B. mit $\boldsymbol{E}$ identifiziert werden.
Zusatzbemerkung: Photonen können nicht geteilt werden! Monochromatische Strahlung wird durch Reflexion am halbdurchlässigen Spiegel **nicht** in zwei Teilbündel je der halben Frequenz aufgeteilt. Die Gesamtzahl der Photonen bleibt erhalten. Im statistischen Mittel sind in beiden Strahlen gleich viele Photonen enthalten!

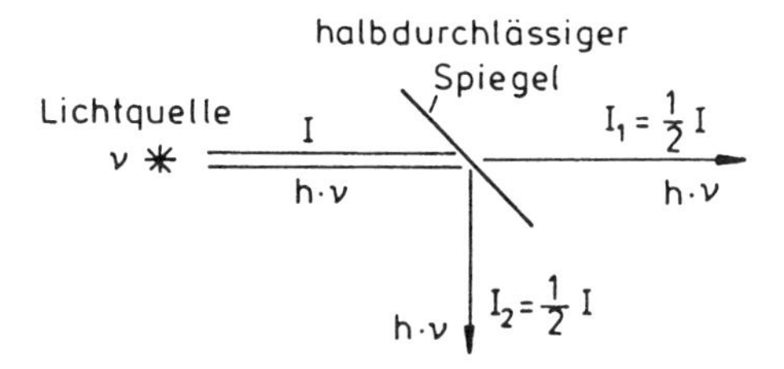

Abb. 5.2. Wechselwirkung von Photonen mit einem halbdurchlässigen Spiegel

Teilchenstrahlung:

Modellbeschreibung für:

Teilchencharakter	**Wellencharakter**
Teilchen	Materiewellen
Wechselwirkungs-prozesse	Ausbreitung, z.B. Beugung
z.B. Stöße, Reaktionen, ...	Interferenz
Beschreibungsgrößen:	
Gesamtenergie E	Wellenlänge λ bzw.
Impuls p	Wellenzahl $k = \frac{1}{\lambda}$
	und Frequenz ν bzw.
Ruhemasse $m_0 \neq 0$	Kreisfrequenz $\omega = 2\pi\nu$

Zwischen den Größen ν, k (Welle) und E, p (Teilchen) gelten die Beziehungen

$$\boxed{E = h\nu, \quad p = \hbar k}$$

Es kann nur die **Wahrscheinlichkeitsdichte** $\mathrm{d}W/\mathrm{d}V$ ($\mathrm{d}W$ = Wahrscheinlichkeit für Teilchen in $\mathrm{d}V$) gemessen werden	Beschrieben durch **Wellenfunktion** ψ = Wahrscheinlichkeitsamplitude, nicht messbar, aber

$$\frac{\mathrm{d}W}{\mathrm{d}V} = |\psi|^2$$

Zur Erläuterung des Welle-Teilchen-Dualismus von Materiewellen soll ebenfalls ein Gedankenexperiment angeführt werden:

Doppelspaltexperiment :

1. **Experiment mit unzerbrechlichen identischen Stahlkugeln**:

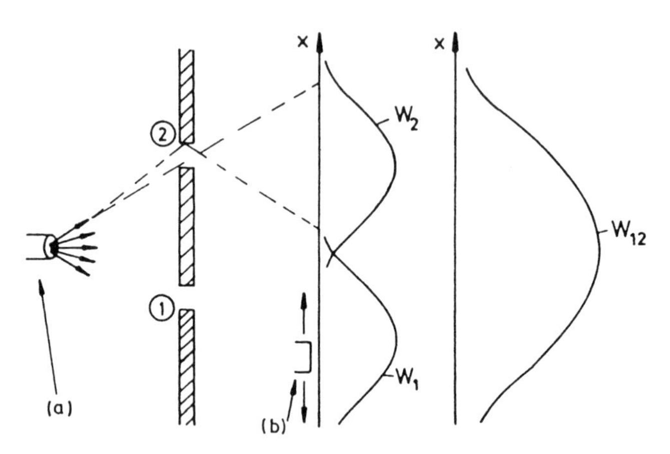

Abb. 5.3. "Beugung" von Stahlkugeln am Doppelspalt. (a) Kanone für Stahlkugeln mit einheitlicher Geschwindigkeit, aber zufälliger Richtungsverteilung. (b) Detektor, längs x-Achse beweglich, misst Häufigkeitsverteilung, d.h. Wahrscheinlichkeit für Auftreffen einer Stahlkugel im Intervall $x, x + dx$.

	Spalt (1)	Spalt (2)
W_1	offen	geschlossen
W_2	geschlossen	offen
W_{12}	offen	offen

Befund: $W_{12} = W_1 + W_2$: Überlagerung der Wahrscheinlichkeiten.

2. **Experiment mit Wasserwellen**

	Spalt (1)	Spalt (2)
I_1	offen	geschlossen
I_2	geschlossen	offen
I_{12}	offen	offen

Befund: $I_{12} = |A_1 + A_2|^2$: Überlagerung der Amplituden (**Interferenz**).

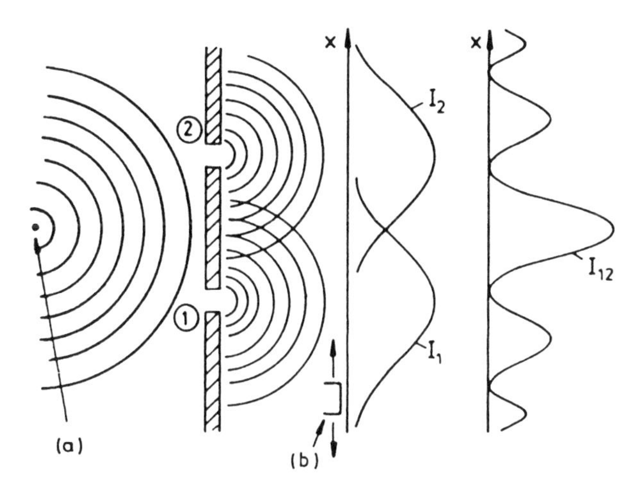

Abb. 5.4. Beugung von Wasserwellen am Doppelspalt. (a) Energiequelle = Zentrum für konzentrische Kreiswellen. (b) Detektor, längs x-Achse beweglich, misst Intensitätsverteilung, d.h. Energie pro Zeiteinheit im Intervall $x, x + dx; I = |A|^2$.

Bemerkung zur Interferenz:

$$A_1 = A_{0,1} e^{i\varphi_1} e^{i\omega t}$$
$$A_2 = A_{0,2} e^{i\varphi_2} e^{i\omega t}$$

Phasen verschieden, Frequenzen gleich, Überlagerung an **einem** Ort, daher hier nur Zeitabhängigkeit.

$$\begin{aligned} |A_1 + A_2|^2 &= |A_1|^2 + |A_2|^2 + A_1^* A_2 + A_1 A_2^* \\ &= A_{0,1}^2 + A_{0,2}^2 + A_{0,1} A_{0,2} \\ &\quad \left(e^{i(\varphi_2 - \varphi_1)} + e^{-i(\varphi_2 - \varphi_1)} \right) \\ &= A_{0,1}^2 + A_{0,2}^2 + 2 A_{0,1} A_{0,2} \cos(\varphi_2 - \varphi_1) \\ &= I_1 + I_2 + 2\sqrt{I_1 I_2} \cos(\varphi_2 - \varphi_1) \qquad \text{Interferenzen!} \end{aligned}$$

3. **Experiment mit Elektronen**
Der Detektor weist die **Elektronen** als einzelne identische, d.h. **ununterscheidbare Teilchen** nach!

	Spalt (1)	Spalt (2)
W_1	offen	geschlossen
W_2	geschlossen	offen
W_{12}	offen	offen

Befund: W_{12} = Interferenz-Struktur; vgl. 2. Mathematisch beschreibbar mit "**Wellenfunktion** ψ" = **Wahrscheinlichkeitsamplitude**

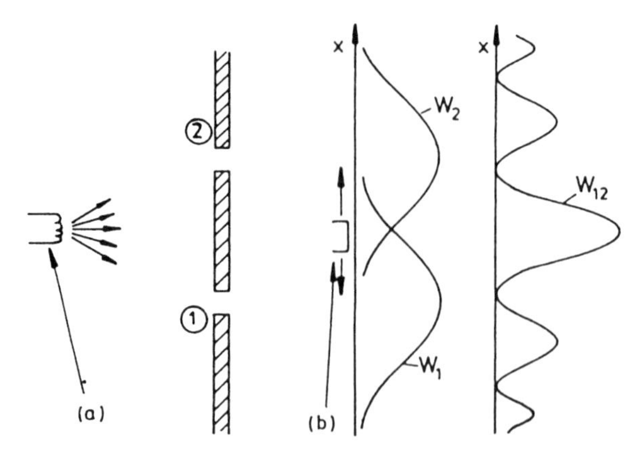

Abb. 5.5. Beugung von Elektronen am Doppelspalt. (a) Elektronen-Kanone als Quelle für Elektronen einheitlicher Geschwindigkeit, aber zufälliger Richtungsverteilung. (b) Detektor, längs x-Achse beweglich, misst Häufigkeitsverteilung, d.h. Wahrscheinlichkeit für Auftreffen eines Elektrons im Intervall $x, x + dx$.

$$\begin{aligned} W_1 &= |\psi_1|^2 \\ W_2 &= |\psi_2|^2 \\ \Rightarrow \qquad W_{12} &= |\psi_1 + \psi_2|^2 \end{aligned}$$

Überlagerung der Wahrscheinlichkeitsamplituden (Interferenz)! $\Rightarrow$ **Wellencharakter**.

4. **Experiment mit Elektronen bei gleichzeitiger Unterscheidung** (Elektronen durch Spalt 1 bzw. 2):

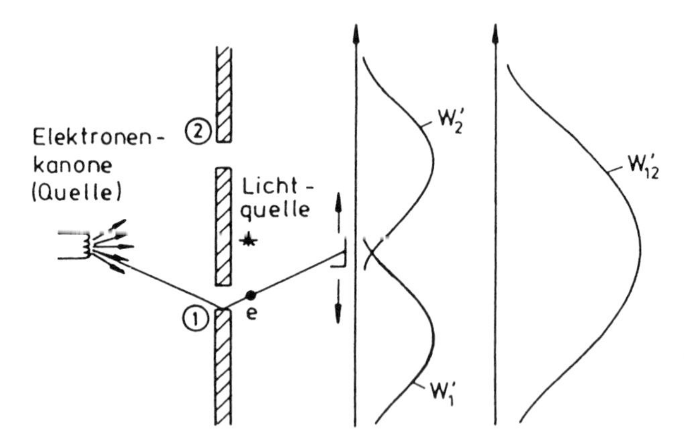

Abb. 5.6. Beugung von Elektronen am Doppelspalt bei Unterscheidung

Durch Lichtreflex am Elektron nahe Spalt 1 bzw. Spalt 2 werden die Elektronen in die Klasse 1 (Durchgang durch Spalt 1) und die Klasse 2

(Durchgang durch Spalt 2) eingeteilt. Man kann die Wahrscheinlichkeiten W_1', W_2' und W_{12}' gleichzeitig messen.
Befund: $W_{12}' = W_1' + W_2'$ (vgl. Experiment 1).
Keine Interferenz – im Gegensatz zum Experiment 3: Überlagerung der Wahrscheinlichkeiten $\Rightarrow$ **Teilchencharakter**: Offenbar läßt sich nicht gleichzeitig der Weg des Elektrons verfolgen (Durchgang durch Spalt 1 bzw. 2), ohne dass die Interferenz-Struktur verschwindet!

Erklärung der merkwürdigen Diskrepanz zwischen Experiment 3 und 4: Die Ursache für das Verschwinden der Interferenz im Experiment 4 kann natürlich nur mit der einzigen Änderung der experimentellen Anordnung gegenüber Experiment 3 zusammenhängen: Wechselwirkung der zur Identifizierung der Elektronen verwendeten elektromagnetischen Strahlung (Licht) mit den Elektronen. Wie wir wissen, kann dies nur durch eine **Photon-Elektron-Wechselwirkung** beschrieben werden, so dass das Elektron wegen des Photonenimpulses eine Impulsänderung erfährt! Der Spaltabstand sei d. Eine **Interferenz-Struktur** erhält man nur dann, wenn $\lambda_{el} \approx d$, andererseits gilt dies nur für hinreichend monochromatische Strahlung. Also muss für den Impulsübertrag bei der Photon-Elektron-Wechselwirkung ($\approx (h\nu)/c$) gelten:

$$\frac{h\nu}{c} \ll p_{\text{el}}, \quad \text{d.h.} \quad \lambda_{\text{Licht}} \gg \lambda_{el}$$

also wegen $\lambda_{\text{el}} \approx d$ auch $\lambda_{\text{Licht}} \gg d$.
Eine Unterscheidung in Elektronen der Klasse 1 und 2 ist andererseits nur möglich, wenn die Beugungsscheiben – als solche werden die Elektronen ja abgebildet – sich nicht überlappen, wenn also $\lambda_{\text{Licht}} \ll d$. *Beide Bedingungen schließen einander aus!*

Interpretation des Sachverhalts

Offenbar hängt die Frage, welches Modell, z.B. Welle oder Teilchen, zur Interpretation der Messergebnisse verwendet werden muss, direkt mit der Wahl der Messanordnung selbst zusammen:
Wird die **Messanordnung** so getroffen, dass eine *Unterscheidung von Elektronen* der Klasse 1 durch Spalt 1 und Klasse 2 durch Spalt 2 möglich ist, dann ist die Aussage richtig:
Das einzelne Elektron geht entweder durch Spalt 1 oder durch Spalt 2. Es überlagern sich die zugeordneten Wahrscheinlichkeiten genauso wie bei makroskopischen Teilchen (Experiment 1): **Elektron = Teilchen**.
Wird die **Messanordnung** dagegen so getroffen, dass eine derartige *Unterscheidung nicht möglich* ist, dann ist die Aussage richtig:
Man kann nicht sagen, ob das einzelne Elektron durch Spalt 1 oder durch Spalt 2 gegangen ist. Es überlagern sich die zugeordneten Wahrscheinlichkeitsamplituden, genauso wie bei makroskopischen Wellen (Experiment 2): **Elektronen = Wellen**.

Verallgemeinerung der Interpretation s.o.:

Korollar 5.2 *Ein* **Ereignis** *wird stets charakterisiert durch einen* **Anfangszustand***: "Elektron verläßt Kanone" und* **Endzustand***: "Elektron wird im Detektor nachgewiesen".*

Allein messbar ist die **Wahrscheinlichkeit** für das Eintreten eines Ereignisses: $W = |\psi|^2, \psi$. Allgemein ist ψ eine komplexe Wellenfunktion.
Folgende Aussagen gelten:

1. Können die in einem Experiment registrierten Ereignisse auf verschiedenen Wegen eintreten, sind aber die Wege und damit auch die **Ereignisse ununterscheidbar**, dann gilt:
   Addition der Wahrscheinlichkeitsamplituden, d.h. Wellencharakter ($W = |\psi|^2$, $\psi = \psi_1 + \psi_2$).
2. Können die Wege, auf denen die in einem Experiment registrierten Ereignisse eintreten, unterschieden werden, sind also die **Ereignisse unterscheidbar**, gilt:
   Addition der Wahrscheinlichkeiten, d.h. Teilchencharakter
   ($W = W_1 + W_2$).

5.2 Unschärferelation

Bisher wissen wir: Mit einer Teilchenbewegung ist eine **Wahrscheinlichkeitsamplitude** ψ (**Wellenfunktion**) verknüpft, so dass die allein messbare Aufenthaltswahrscheinlichkeit des Teilchens am Ort $\boldsymbol{r}$ zur Zeit t im Volumenelement $\mathrm{d}V$ gegeben ist durch $\mathrm{d}W$ mit:

$$\frac{\mathrm{d}W}{\mathrm{d}V} = |\psi(\boldsymbol{r}, t)|^2$$

Wir haben ferner gesehen, dass einem **einzelnen Teilchen** keine ebene Welle, sondern ein **Wellenpaket** zugeordnet werden muss, welches wir nach Gl. (4.7) darstellen können als Überlagerung harmonischer Wellen mit wellenzahlabhängigen Amplituden $f(k)$, also für den Spezialfall der Bewegung in x-Richtung:

$$\psi(x,t) = \int_{-\infty}^{+\infty} e^{i(kx - \omega t)} f(k) \cdot \mathrm{d}k$$

k und ω sind jeweils durch die **Dispersionsrelation** $\omega(k) \mathrel{\widehat{=}} E(p)$ miteinander verknüpft.Die wellenzahlabhängige Amplitudenfunktion $f(k)$ nimmt nur große Werte innerhalb eines bestimmten Δk-Bereiches um einen Grundwert k_0 an. Das Wellenpaket hat eine bestimmte lineare Ausdehnung Δx um den Ort maximaler Wahrscheinlichkeit. Offenbar sind Δk und Δx miteinander korreliert.

Der Zusammenhang zwischen Δx und Δk soll nun näher untersucht werden:
Da zunächst nur der Zusammenhang zwischen **Ortsverteilungsfunktion** $\psi(x)$ und **Impulsverteilungsfunktion** $f(k)$ von Interesse ist, reicht es aus, wenn wir das Wellenpaket als Momentaufnahme etwa für $t = 0$ betrachten. $\psi(x)$ und $f(k)$ sind verknüpft durch den **Fourierschen Integralsatz** (vgl. Gl. (4.7)):

$$\boxed{\begin{aligned} \psi(x) &= \int_{-\infty}^{+\infty} e^{ikx} f(k) \cdot \mathrm{d}k \\ f(k) &= \frac{1}{2\pi} \int_{-\infty}^{+\infty} e^{-ikx} \psi(x) \cdot \mathrm{d}x \end{aligned}} \tag{5.1}$$

Gl.(5.1) gilt für alle hinreichend "vernünftigen" Funktionen, wie wir sie für die Beschreibung von Wellenpaketen voraussetzen dürfen, z.B. $\psi(x), f(k)$ überall endlich und stetig und i.a. $\psi(x) \to 0$ für $x \to \pm\infty$; $f(k) \to 0$ für $k \to \pm\infty$. Anmerkung zu (5.1): $\psi(x), f(k)$ werden häufig auch symmetrisch geschrieben: $\psi(x) = 1/\sqrt{2\pi} \int \ldots$; $f(k) = 1/\sqrt{2\pi} \int \ldots$.

1. **"Scharfe" Definition von Impuls oder Ort**: Wir betrachten beispielsweise

   $$f(k) = \delta(k - k_0)$$

   und erhalten aus (5.1)

   $$\psi(x) = e^{ik_0 x}$$

   d.h. eine ebene Welle, also $|\psi|^2 = 1$ unabhängig von x, ein Sachverhalt, der schon vorher erörtert wurde. Die ebene Welle ist nicht geeignet, die Teilchenbewegung zu repräsentieren. *Der Impuls des Teilchens kann also prinzipiell nicht scharf definiert sein.*
   Entsprechend führt

   $$\psi(x) = \delta(x - x_0) e^{ikx}$$

   nach Gl. (5.1) auf

   $$f(k) = \frac{1}{2\pi}$$

   Hier ist zwar der Ort scharf definiert, dafür aber der Impuls völlig unbestimmt. Auch dieser Sachverhalt kann offenbar die Teilchenbewegung nicht repräsentieren. Auch der *Ort des Teilchens kann also prinzipiell nicht scharf definiert sein!*

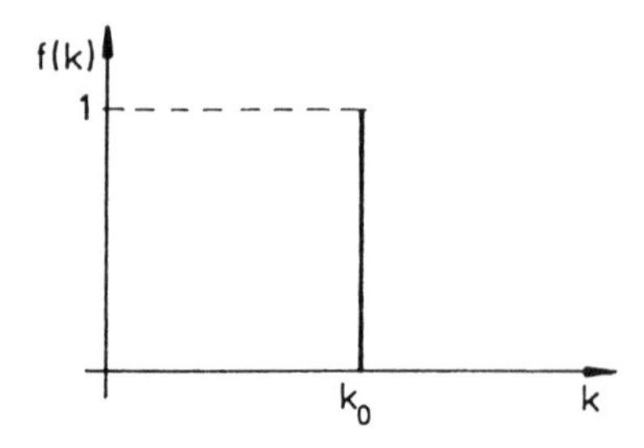

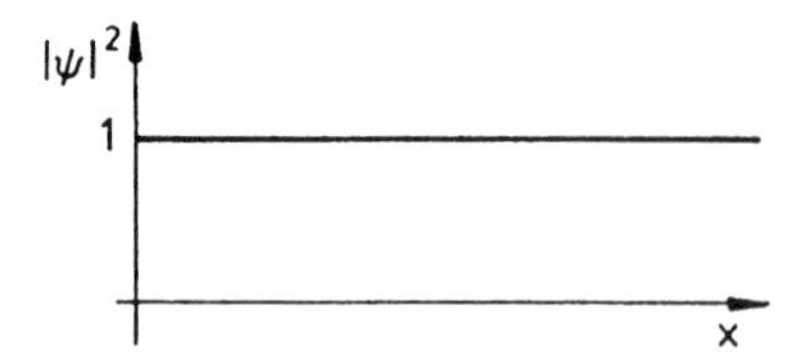

Abb. 5.7. Scharfer Impuls → Unscharfer Ort

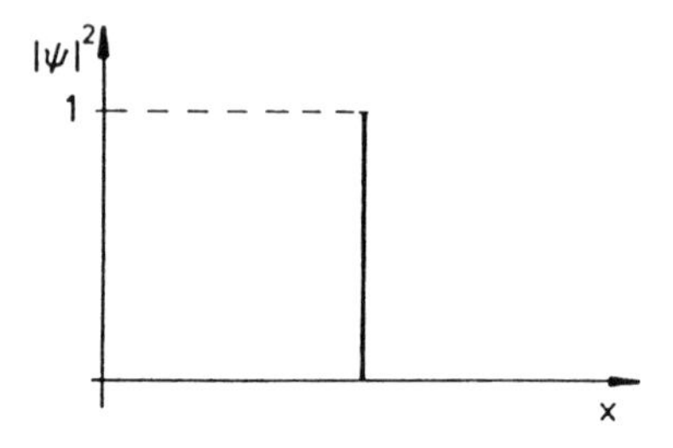

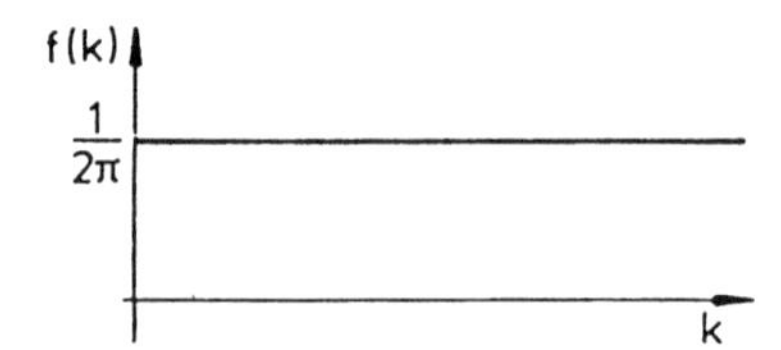

Abb. 5.8. Scharfer Ort → Unscharfer Impuls

2. **Realistisches Beispiel**: Endliche Impulsunschärfe ↔ endliche Ortsunschärfe:
   Es sei

$$f(k) = \begin{cases} 1 \text{ für } k_0 - \dfrac{\Delta k}{2} \leq k \leq k_0 + \dfrac{\Delta k}{2} \\ 0 \text{ sonst} \end{cases}$$

   Es ist

$$\psi(x) = \int_{k_0 - \frac{\Delta k}{2}}^{k_0 + \frac{\Delta k}{2}} e^{ikx} \cdot \mathrm{d}k; \;\; e^{ikx} = e^{ik_0 x} e^{i\kappa x}; \;\; \kappa = k - k_0$$

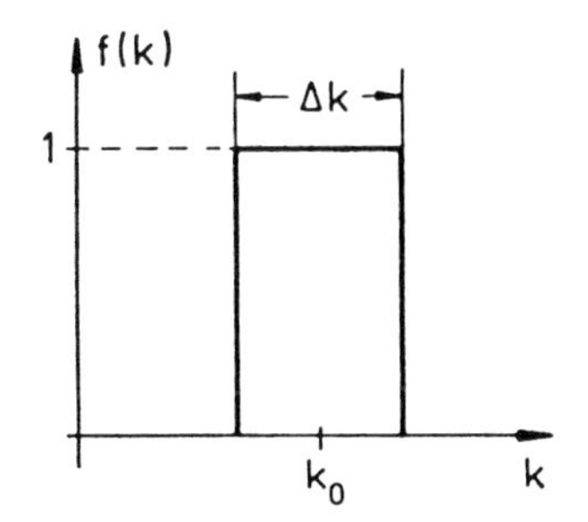

Abb. 5.9. Endliche Impulsunschärfe

Also ergibt (5.1):

$$\psi(x) = e^{ik_0x} \int_{-\frac{\Delta k}{2}}^{+\frac{\Delta k}{2}} e^{i\kappa x} \cdot \mathrm{d}\kappa$$

$$= e^{ik_0x} \frac{1}{ix} \left[e^{i\frac{\Delta k}{2}x} - e^{-i\frac{\Delta k}{2}x} \right]$$

Wegen $\frac{1}{2i}(e^{i\alpha} - e^{-i\alpha}) = \sin\alpha$ ist dann:

$$\psi(x) = 2\frac{\sin\left(\frac{\Delta k}{2}x\right)}{x} e^{ik_0x} \qquad \text{und}$$

$$|\psi(x)|^2 = 4\frac{\sin^2\left(\frac{\Delta k}{2}x\right)}{x^2}$$

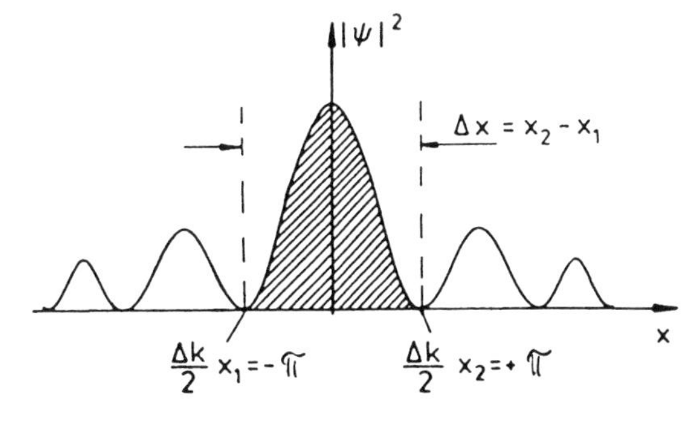

Abb. 5.10. Resultierende Ortsunschärfe

Definieren wir den Zentralbereich von $|\psi|^2$ zwischen den ersten beiden Nullstellen x_1 und x_2 als Δx, so gilt

$$\Delta k \cdot \Delta x = 4\pi$$

Wegen $p = \hbar k = hk/2\pi$ ist dann auch

$$\Delta p_x \cdot \Delta x = 2h$$

3. **Orts-Impuls-Unschärfe aus Beugung am Spalt**: Aus 5.1 haben wir gelernt: Auch bei Teilchenstrahlung mit einheitlichem Impuls $\boldsymbol{p}$ erhält man eine typische Beugungsstruktur der gemessenen Wahrscheinlichkeitsstruktur, wenn die Teilchen im Bereich des Spalt **ununterscheidbar**, d.h. wenn sie eine prinzipielle Ortsunschärfe Δx (= Spaltbreite) besitzen.

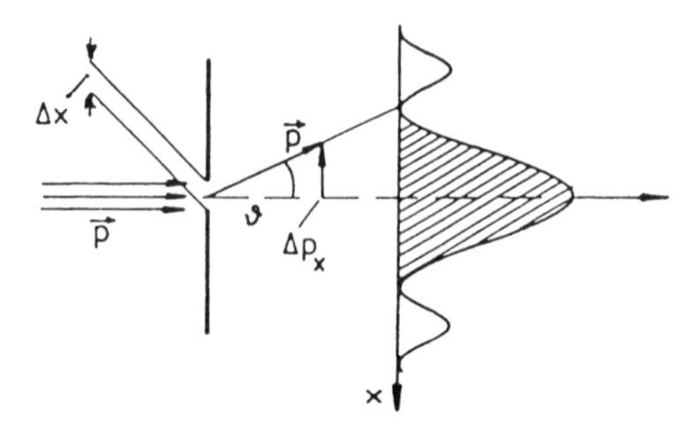

Abb. 5.11. Beugung am Spalt

Zu jedem Beugungswinkel muss ein bestimmter Querimpuls gehören, so dass durch den Teilchendetektor die Häufigkeitsverteilung $f(p_x)$ gemessen wird. Diese ist im Hauptmaximum konzentriert, so dass man als Breite der $f(p_x)$-Verteilung den Abstand zwischen den das Maximum eingrenzenden Minima ansehen kann. Hierfür gilt $\Delta p_x/p = \sin\vartheta$. Andererseits ist (s. Beugung am Spalt, Optik):

$$\frac{\lambda}{2} = \frac{\Delta x}{2} \sin\vartheta$$

Also ist

$$\Delta p_x \cdot \Delta x = \lambda p, \qquad \text{und mit} \quad \lambda = \frac{h}{p}$$

$$\Delta p_x \cdot \Delta x = h$$

4. **Plausibilitätsbetrachtung zur Energie-Zeit-Unschärfe**: Wir betrachten ein kastenförmiges Wellenpaket mit der Breite Δx = Ortsunschärfe, welches sich mit der Gruppengeschwindigkeit = Teilchengeschwindigkeit in x-Richtung bewegt. Für den Zeitpunkt t, in dem das Teilchen am Ort x_0 vorbeiläuft, können wir wieder nur eine Wahrscheinlichkeitsaussage machen. Drei Momentaufnahmen sind in Bild 5.12 wiedergegeben.
Für das Zeitintervall Δt, in dem das Teilchen mit gleicher Wahrscheinlichkeit am Ort x angetroffen werden kann, gilt offenbar:

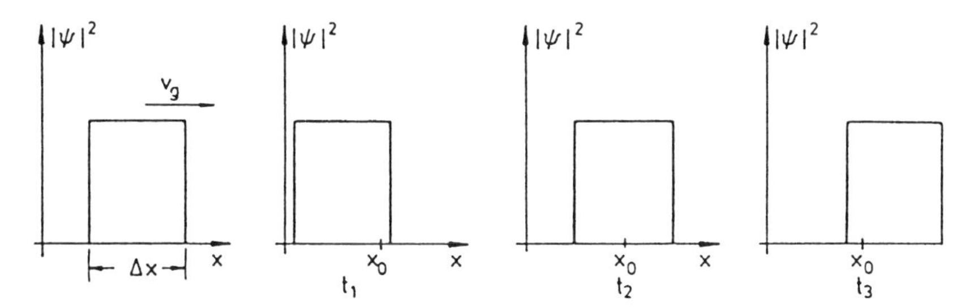

Abb. 5.12. Zur Energie-Zeit-Unschärfe

$$\Delta t = \frac{\Delta x}{v_g}$$

Nun ist andererseits die Energieunschärfe ΔE mit der Impulsunschärfe verknüpft:

$$\Delta E = \frac{\mathrm{d}E}{\mathrm{d}p} \cdot \Delta p \qquad \text{und} \qquad \frac{\mathrm{d}E}{\mathrm{d}p} = v_g \quad \text{ergeben}$$

$$\Delta E \cdot \Delta t = \Delta p \cdot \Delta x = h$$

Die in 1. bis 4. beispielhaft gewonnenen Ergebnisse können verallgemeinert werden. Die verwendeten speziellen Definitionen von Orts-, Impuls-, Zeit- und Energieunschärfe waren allerdings den jeweiligen Messanordnungen angepasst und müssen durch allgemeine Definitionen ersetzt werden. In der Quantenmechanik wird wie in der Fehlerrechnung Δx als mittlere quadratische Abweichung der x-Koordinate vom Mittelwert definiert, entsprechend $\Delta p_x, \ldots$. Weiterhin erkennt man, dass beispielsweise das Produkt $\Delta p_x \cdot \Delta x$ i.a. von der jeweiligen Situation, die auch zeitabhängig sein kann, abhängig ist. Es ist aber stets größer oder gleich einem **prinzipiell** nicht zu unterschreitenden Minimalwert, so dass eine endliche Impulsunschärfe stets mit einer endlichen Ortsunschärfe verknüpft ist. Da aber ein Teilchen nur als Wellenpaket, d.h. Überlagerung von De Broglie-Wellen im endlichen Impulsbereich, dargestellt werden kann, hat jedes Teilchen auch eine prinzipielle endliche Ortsunschärfe, etc.

Für alle Paare kanonisch konjugierter Variablen, also insbesondere auch für Impuls-Ort und Energie-Zeit, gelten die
Unschärferelationen (Heisenberg, 1925):

$$\boxed{\begin{array}{c} \Delta p_x \cdot \Delta x \geq \hbar/2 \\ \Delta p_y \cdot \Delta y \geq \hbar/2 \\ \Delta p_z \cdot \Delta z \geq \hbar/2 \\ \Delta E \cdot \Delta t \geq \hbar \end{array}} \tag{5.2}$$

Der Faktor $\frac{1}{2}$ ist etwas willkürlich, häufig findet man auch:

$$\Delta p_x \cdot \Delta x \gtrsim h$$
$$\ldots \quad \ldots$$
$$\Delta E \cdot \Delta t \gtrsim h$$

Die Unschärferelationen hängen eng mit dem Welle-Teilchen-Dualismus zusammen (Abschn. 5.1). Es läßt sich keine Messanordnung denken, mit der man den Weg des Teilchens bestimmen kann (große Ortsschärfe), ohne bei großer Impulsschärfe die Interferenzstruktur zu zerstören. Teilchencharakter (große Ortsschärfe) und Wellencharakter (große Impulsschärfe) sind nicht gleichzeitig in einem Experiment nachweisbar. Die Beobachtung des Teilchenorts bedeutet stets einen prinzipiell nicht vermeidbaren Eingriff in den Ablauf des Ereignisses. Es ist von so großer Bedeutung, dass die durch (5.2) gegebenen Grenzen für die miteinander korrelierten Genauigkeiten prinzipiell bestehen (Naturgesetz) und nicht durch eine verbesserte Messanordnung unterschritten werden können.

Beispiele zur Orts-Impuls-Unschärfe:

1. Kugel, $m = 0.05$ kg, $v = 300$ m/s
   Breite der Geschwindigkeitsverteilung $\Delta v/v = 10^{-4}$

$$p_x = 0.05 \text{ kg} \cdot 300 \text{ ms}^{-1} = 15 \text{ kg ms}^{-1}$$
$$\Delta p_x = \frac{\Delta p_x}{p_x} p_x = \frac{\Delta v}{v} p_x = 1.5 \cdot 10^{-3} \text{ kg ms}^{-1}$$
$$\Delta p_x \cdot \Delta x \geq \frac{\hbar}{2} = 0.5 \cdot 10^{-34} \text{ J s}$$
$$\Delta x \geq 3.3 \cdot 10^{-32} \text{ m}$$

   Die Teilchen sind gut lokalisiert.

2. Elektron $m_e = 9.1 \cdot 10^{-31}$ kg, $v = 300$ m/s
   Breite der Geschwindigkeitsverteilung $\Delta v/v = 10^{-4}$

$$p_x = 9.1 \cdot 10^{-31} \text{ kg} \cdot 300 \text{ ms}^{-1} = 2.7 \cdot 10^{-28} \text{ kg ms}^{-1}$$
$$\Delta p_x = \frac{\Delta p_x}{p_x} p_x = \frac{\Delta v}{v} p_x = 2.7 \cdot 10^{-32} \text{ kg ms}^{-1}$$
$$\Delta p_x \cdot \Delta x \geq \frac{\hbar}{2} = 0.5 \cdot 10^{-34} \text{ Js}$$
$$\Delta x \geq 2 \cdot 10^{-3} m = 2 \text{ mm}$$

Die Teilchen sind schlecht lokalisiert. Die Unschärferelationen machen sich nur bei sehr kleinen Teilchenmassen bemerkbar.

5.3 Beispiel zur Energie-Zeit-Unschärfe

Linienbreite und Resonanzstreuung: Die diskreten Energieniveaus von Atomen und anderen Systemen sind nicht scharf, sie haben eine endliche Unschärfe (Niveaubreite). Im folgenden Experiment, der Resonanzstreuung, beobachtet man auch für $\omega \neq \omega_0$ "Resonanzstreuung", wobei ein im Grundzustand, dem niedrigsten Energiezustand, befindliches Atom resonanzartig die Energie $\hbar\omega$ absorbiert und anschließend beim Übergang vom angeregten auf den Grundzustand wieder emittiert. Vom Resonator-Atom wird eine Kugelwelle ausgesandt.

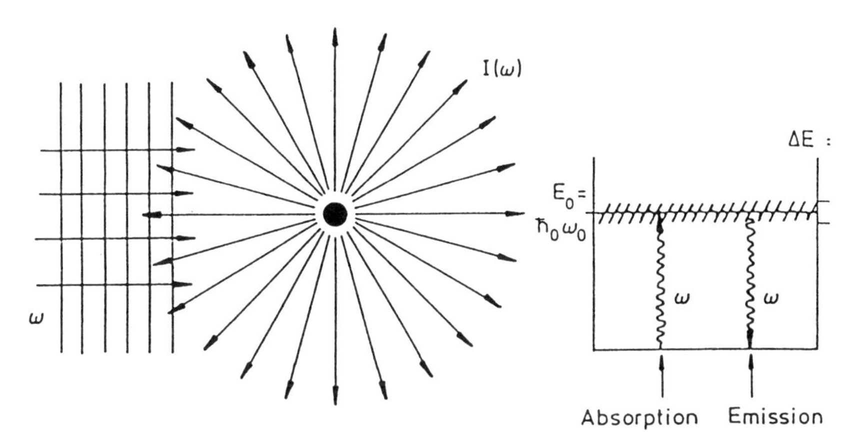

Abb. 5.13. Zur Resonanzstreuung

Die Intensität des gestreuten Lichts läßt sich als Funktion der Frequenz des eingestrahlten Lichts messen, und man erhält $I(\omega)$ wie in Bild 5.14 dargestellt.

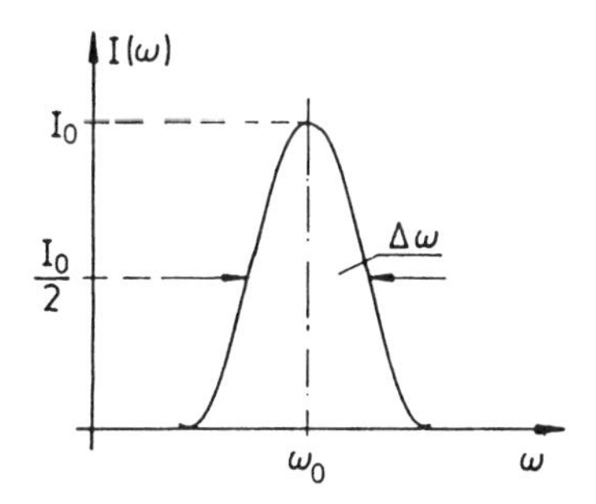

Abb. 5.14. Intensitätsverteilung des gestreuten Lichts

Auch für $\omega \neq \omega_0$ bleibt $\omega_{\text{absorb}} = \omega_{\text{emitt}}$ (Energieerhaltung). Die Halbwertsbreite $\Delta\omega$ der Kurve $I(\omega)$ ist also ein Maß für die Energieunschärfe des Niveaus E_0. Wir sehen zunächst ab von äußeren Effekten, die ebenfalls $\Delta\omega$ beeinflussen können, wie z.B. dem Dopplereffekt durch thermische Bewegung der Atome. Dann bezeichnen wir $\Delta\omega$ als die natürliche Linienbreite und $\Gamma = \hbar \cdot \Delta\omega$ als die Niveaubreite.

In Anknüpfung an die klassische Physik soll nun gezeigt werden, wie $I(\omega)$ berechnet werden kann und wie die **Niveaubreite** mit der ebenfalls für das Niveau charakteristischen **Lebensdauer** verknüpft ist. Aus der Analyse des Resonanzphänomens werden wir eine hierfür charakteristische Unschärferelation gewinnen, die natürlich im Einklang mit Gl. (5.2) ist. Für den hier behandelten Spezialfall der Resonanzstreuung kann also die folgende Ableitung als Beweis der HEISENBERGschen Energie-Zeit-Unschärferelation angesehen werden.

Harmonischer Oszillator der klassischen Mechanik (Federschwingung)

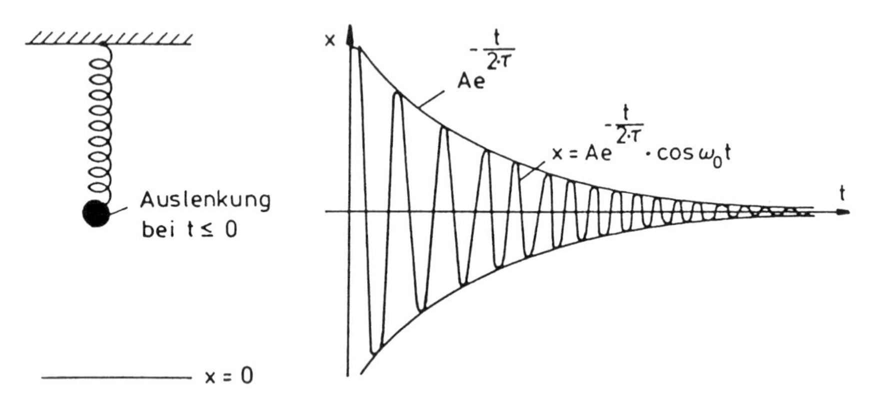

Abb. 5.15. Gedämpfte Schwingung eines Federpendels

Eine gedämpfte Schwingung ist **anharmonisch**, d.h. nicht durch **eine einzige** Sinus- oder Cosinus-Funktion darstellbar. Sie kann nur als Überlagerung vieler harmonischer Schwingungen mit verschiedener Frequenz und frequenzabhängiger Amplitude dargestellt werden. Der gedämpften Schwingung kann also nicht eindeutig nur **eine** Frequenz ω_0 zugeordnet werde. Je kleiner die Dämpfung $(1/(2\tau) \ll \omega_0)$, um so besser läßt sich die gedämpfte Schwingung durch eine harmonische Schwingung beschreiben, d.h. um so kleiner ist das Frequenzintervall $\Delta\omega$ um ω_0, in dem die Frequenzen der zu überlagernden Einzelschwingungen konzentriert sind.

Durch eine äußere periodische Kraft der Frequenz ω, etwa Bewegung des Aufhängepunktes, können wir einen derartigen **Resonator** zu erzwungenen Schwingungen der Frequenz ω anregen. Die Amplitude der erzwungenen Schwingung hängt von ω ab und wird bei $\omega = \omega_{\mathrm{Res}}(\approx \omega_0)$ maximal. Man erhält eine **Resonanzkurve** (s. Band 1), die eine bestimmte, von der Dämp-

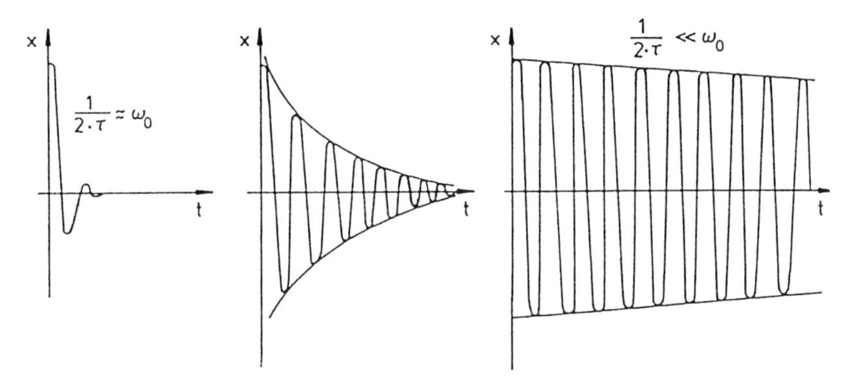

Abb. 5.16. Schwingung bei unterschiedlicher Dämpfung

fung mit der Zeitkonstante 2τ abhängigen Breite hat. Die **Abklingzeitkonstante** der freien Schwingung und die **Frequenzbreite** der Resonanzfunktion sind also direkt korreliert.

Resonanz angeregter Atomzustände

Offenbar benimmt sich der angeregte Zustand eines Atoms wie ein **Resonator**, der von der einfallenden elektromagnetischen Strahlung mit der Frequenz ω zu erzwungenen Schwingungen angeregt wird. Der Resonator wird durch seine **Eigenfrequenz** $\omega_0 (\hbar\omega_0 = E_0)$ und die "Dämpfung", die durch die Abstrahlung elektromagnetischer Energie verursacht wird, beschrieben. Ist der Zustand für $t \leq 0$ angeregt worden, so finden wir für $t > 0$ eine **freie gedämpfte Schwingung**, d.h. eine den Zustand charakterisierende Wellenfunktion

$$\text{(i)} \qquad \psi(t) = Ae^{-t/2\tau} e^{-i\omega_0 t}$$

Das Minuszeichen in $e^{-i\omega t}$ ist willkürlich und wurde hier nur wegen der folgenden einfacheren Ableitung zugefügt. Die Momentanamplitude der elektromagnetischen Strahlung ist $\propto \psi$. Dann gilt für die ausgesandte Intensität

$$I(t) \propto \psi^* \psi = A^2 e^{-t/\tau}$$

also

$$\text{(ii)} \qquad I(t) = I_0 e^{-t/\tau}$$

Interpretation von (ii): $\psi^*\psi = \mathrm{d}W/\mathrm{d}t$ mit $\mathrm{d}W$ = Wahrscheinlichkeit, das Atom im Zeitintervall $t, t{+}\mathrm{d}t$ im angeregten Zustand E_0 anzutreffen. Die Emission eines Photons $\hbar\omega = E$ geschieht spontan, $I(t)$ ist proportional zur Wahrscheinlichkeitsdichte für die Emission eines Photons. τ heißt **mittlere Lebensdauer** des Zustandes oder kurz **Lebensdauer**. Diese Bedeutung von

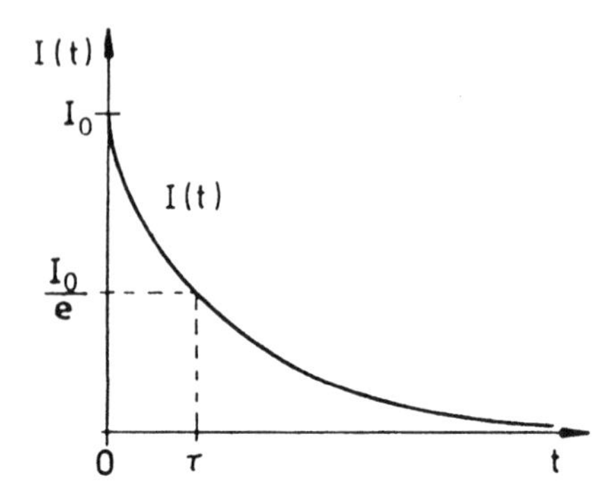

Abb. 5.17. Zeitliche Abnahme der Intensität

τ wird durch die gegebene Wahrscheinlichkeitsinterpretation von $\psi^*\psi$ ersichtlich: Befinden sich zur Zeit $t = 0$ N_0 identische Atome im angeregten Zustand E_0 und zur Zeit $t > 0$ noch $N(t)$, so ist $N(t) = N_0 e^{-t/\tau}$, d.h. nach der Zeit τ sind $N_0(1 - 1/e)$ Atome wieder im Grundzustand.
Die Wellenfunktion $\psi(t)$ (Gl. (i)), stellen wir nun als Überlagerung von harmonischen Schwingungen verschiedener Frequenz ω mit frequenzabhängiger Amplitude und Phase dar:

$$f(\omega) = |f(\omega)| e^{i\varphi(\omega)}$$

und schreiben $\psi(t)$ als FOURIER-Integral:

$$\text{(iii)} \qquad \psi(t) = \int_0^\infty f(\omega) e^{-i\omega t} \cdot \mathrm{d}\omega$$

Integration von $\omega = 0$ bis unendlich, da ω stets positiv!
Entsprechend (5.1) kann man auch zu (iii) durch FOURIER-Transformation $f(\omega)$ aus $\psi(t)$ darstellen:

$$\text{(iv)} \qquad f(\omega) = \frac{1}{2\pi} \int_0^\infty \psi(t) e^{i\omega t} \cdot \mathrm{d}t$$

Integration von $t = 0$ bis unendlich, da $\psi(t) = 0$ für $t < 0$!
Entsprechend der statistischen Interpretation von $\psi(t)$ ist $f(\omega)$ die Wahrscheinlichkeitsamplitude für die Emission der Frequenz ω, $f^*(\omega) \cdot f(\omega)$ ist die Wahrscheinlichkeitsdichte, mit der die Frequenz ω emittiert wird.
Wir benutzen jetzt einen hier nicht hergeleiteten Sachverhalt: Die Wahrscheinlichkeit für die Absorption eines Photons $\hbar\omega$ ist gleich der Wahrscheinlichkeit für die Emission eines Photons $\hbar\omega$ derselben Frequenz. Damit wird die Absorptionsintensität für die Anregung des atomaren Niveaus der mittleren Energie $E_0 = \hbar\omega_0$, gegeben durch:

$$\text{(v)} \qquad I(\omega) \propto f^*(\omega) f(\omega)$$

Und dies muss dann auch gleichzeitig die Streuintensität sein!
Aus (i) und (iv) erhält man:

$$f(\omega) = \frac{A}{2\pi}\int\limits_0^\infty e^{-t/2\tau} e^{-i\omega_0 t} e^{i\omega t} \cdot \mathrm{d}t$$

$$= \frac{A}{2\pi}\int\limits_0^\infty e^{-at} \cdot \mathrm{d}t \quad \text{mit} \quad a = \frac{1}{2\tau} + i(\omega_0 - \omega)$$

Das ergibt

$$f(\omega) = -\frac{A}{2\pi}\frac{1}{a}e^{-at}\bigg|_0^\infty = \frac{A}{2\pi}\frac{1}{a}$$

und wegen (v)

$$I(\omega) = \frac{b}{\left(\frac{1}{2\tau} + i(\omega_0 - \omega)\right)\left(\frac{1}{2\tau} - i(\omega_0 - \omega)\right)}$$

wobei b eine hier nicht näher bestimmte Konstante ist. Schließlich erhält man durch Ausmultiplizieren:

$$I(\omega) = \frac{b}{(\omega - \omega_0)^2 + \frac{1}{4\tau^2}}$$

Für $\omega = \omega_0$ wird $I(\omega)$ maximal:

$$I(\omega_0) = \frac{b}{\frac{1}{4\tau^2}}$$

Also ist

$$\boxed{I(\omega) = I(\omega_0)\frac{\frac{1}{4\tau^2}}{(\omega - \omega_0)^2 + \frac{1}{4\tau^2}}} \tag{5.3}$$

die gesuchte **Resonanzfunktion**.

Die Breite der Resonanzkurve mit der Halbwertsbreite $\Delta\omega$ (s. Bild 5.18) hängt offenbar mit der Lebensdauer τ in der aus Gl. (5.3) direkt abzulesenden Weise zusammen, nämlich gemäß

$$\boxed{\Delta\omega \cdot \tau = 1} \tag{5.4}$$

$\Delta\omega$ = Halbwertsbreite der Resonanzkurve = **Linienbreite**; τ = **Lebensdauer**.

Die Resonanzfunktion läßt sich auch als Funktion der Photonenenergie ($E = \hbar\omega$, $E_0 = \hbar\omega_0$) schreiben:

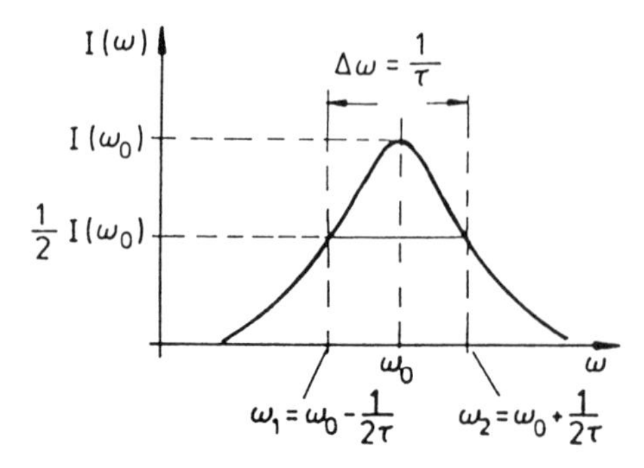

Abb. 5.18. Zum Verlauf der Resonanzfunktion

$$I(E) = I(E_0) \frac{\frac{\hbar^2}{4\tau^2}}{(E - E_0)^2 + \frac{\hbar^2}{4\tau^2}}$$

Für die Energiebreite (Halbwertsbreite) von $I(E)$, d.h. für die **Niveaubreite** Γ erhält man entsprechend (5.4) mit $\Gamma = \hbar \Delta\omega$

$$\boxed{\Gamma\tau = \hbar} \tag{5.5}$$

also das Minimum der Energie-Zeit-Unschärfe-Relation Gl. (5.2). Unter Verwendung von (5.5) wird schließlich

$$I(E) = I(E_0) \frac{\frac{\Gamma^2}{4}}{(E - E_0)^2 + \frac{\Gamma^2}{4}} \tag{5.6}$$

Es sei angemerkt, dass Gl. (5.6) von allgemeiner Bedeutung ist und beispielsweise nicht nur für die Anregung atomarer Zustände, sondern auch für entsprechende Anregung von isolierten Kernzuständen gilt. Dies ist in der Kernphysik als Breit-Wigner-Formel bekannt.
Im folgenden wird graphisch ein Beispiel für die hier behandelten Zusammenhänge vorgestellt:

Im Teil a) ist die Anregungsfunktion (Resonanzfunktion) für zwei verschiedene Niveaus mit kleiner bzw. großer Niveaubreite skizziert. Im Teil b) wird die Lebensdauer dieser Zustände veranschaulicht, d.h. ihre Zerfallswahrscheinlichkeit durch Übergang zum Grundzustand. Diese ist etwa dadurch messbar, dass man sehr viele gleiche Atome im selben Zustand E_0 anregt, bei $t = 0$ die Anregung beendet und die Emissionswahrscheinlichkeit. d.h. die Intensität der elektromagnetischen Strahlung der Energie $\approx E_0$ als Funktion der Zeit misst.

Ergänzungen:

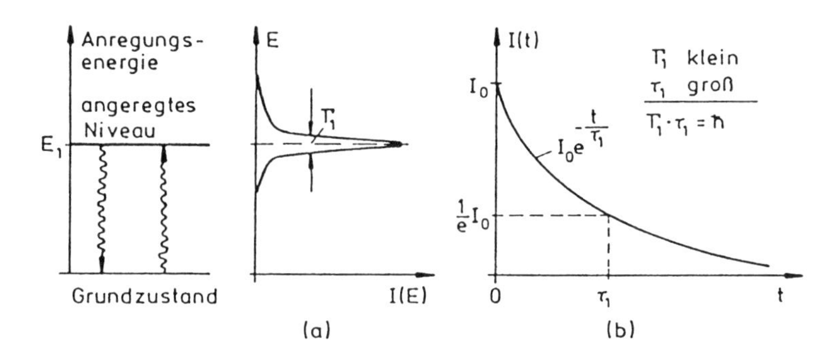

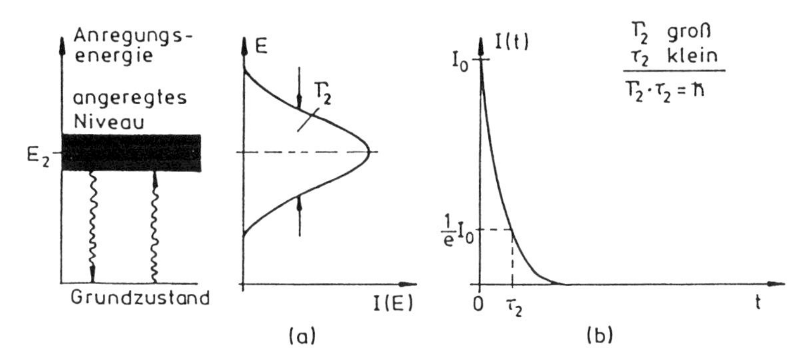

Abb. 5.19. Folgerungen aus der Energie-Zeit-Unschärfe

1. **Natürliche Linienbreite und Dopplerverbreiterung**: Die Lebensdauer von angeregten Zuständen der Atome, die allein durch Emission elektromagnetischer Strahlung zerfallen, ist größenordnungsmäßig

$$\boxed{\tau \approx 10^{-8}\ s \text{ bis } 10^{-7}\ \mathrm{s}}$$

Mit $\Delta\omega = 1/\tau$ (Gl. (5.4)) folgt wegen

$$\frac{\Delta\lambda}{\lambda} = \frac{\Delta\omega}{\omega} \quad \text{und} \quad \omega = 2\pi\nu = \frac{2\pi c}{\lambda}$$

$$\boxed{\frac{\Delta\lambda}{\lambda} = \frac{\lambda}{2\pi c\tau}}$$

also im Spektralbereich des sichtbaren Lichts ($\lambda \approx 0.5\ \mu$m)

$$\boxed{\frac{\Delta\omega}{\omega} = \frac{\Delta\lambda}{\lambda} \approx 10^{-8} \text{ bis } 10^{-7} \Rightarrow \Delta\lambda \approx 10^{-14}\ \mathrm{m}}$$

Die tatsächlich beobachteten atomaren Linienbreiten sind stets größer als die hier abgeschätzte natürliche Linienbreite. Für diese Diskrepanz ist neben anderen Effekten wie der Stöße der Atome untereinander die **Dopplerverbreiterung** aufgrund der thermischen Bewegung der Atome maßgebend. Aus der mittleren thermischen Geschwindigkeit der Atome $v = \sqrt{(kT)/m}(m = \text{Atommasse} = Au)$ und der Dopplerverbreiterung $\Delta\omega/\omega = v/c$ (s. Band 1) berechnet man für die Dopplerverbreiterung $\Delta\omega_D$ bzw. $\Delta\lambda_D$

$$\boxed{\frac{\Delta\omega_D}{\omega} = \frac{\Delta\lambda_D}{\lambda} \approx 3 \cdot 10^{-7}\sqrt{\frac{T[K]}{A}}}$$

Die tatsächlich beobachtete Linienbreite, etwa für $T = 400$ K und $A = 100$ beträgt $\Delta\lambda_D/\lambda \approx 6 \cdot 10^{-7}$. Sie ist also etwa um einen Faktor 10 größer als die natürliche Linienbreite.

2. **Linienbreite und Photonenrückstoß** Durch Anwendung von Energie- und Impulssatz läßt sich der bei Emission oder Absorption eines Photons auf das Atom übertragene Rückstoßimpuls und die übertragene kinetische Energie E_{kin} berechnen. Beim Übergang vom Anregungszustand E_0 in den Grundzustand $E = 0$ muss offenbar gelten

   $$E_0 = E_{\text{kin}} + h\nu$$

   Die Energie des Photons ist also kleiner als die Anregungsenergie des emittierenden Atoms. Verwendet man nun diese Strahlung, um gleiche im Grundzustand befindliche Atome anzuregen ($E = 0 \rightarrow E = E_0$, **Resonanzabsorption**, s. 3.), so ist dies offenbar nur dann möglich, wenn

   $$E_0 - h\nu = E_{\text{kin}} < \Gamma$$

   falls die Dopplerverbreiterung nicht berücksichtigt wird, also für $T \rightarrow 0$. Diese Bedingung ist für atomare Zustände allgemein erfüllt, Resonanzabsorption also möglich, **nicht** jedoch i.a. für Atomkerne.
3. **Beispiele für Resonanzprozesse**
   a.) **Fluoreszenz**

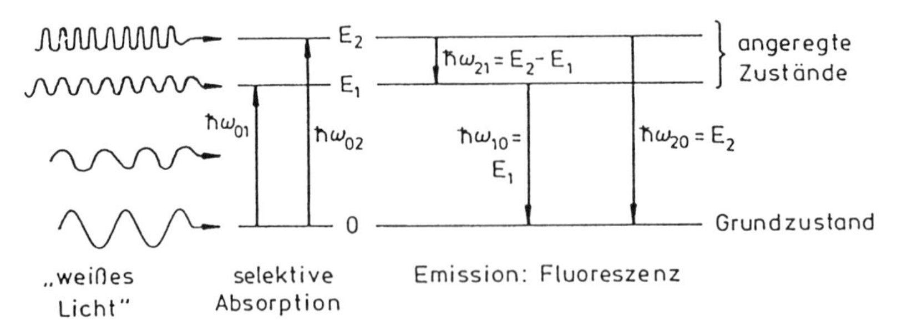

Abb. 5.20. Fluoreszenz

Neben ω_{10}, ω_{20} kann auch $\omega_{21} = \omega_{10} - \omega_{20}$ emittiert werden, z.B. kann auf diese Weise eine Anregung durch Röntgenstrahlung zu einer Fluoreszenz im sichtbaren Bereich führen.

b.) **Resonanzabsorption und -streuung**
Verwendet man das weiße Licht einer Bogenlampe, wird der Effekt nicht sichtbar, da die im Intervall $\hbar\omega_0 \pm \Gamma/2$ enthaltene Intensität zu gering ist und von der Gesamtintensität der Bogenlampe überstrahlt wird.

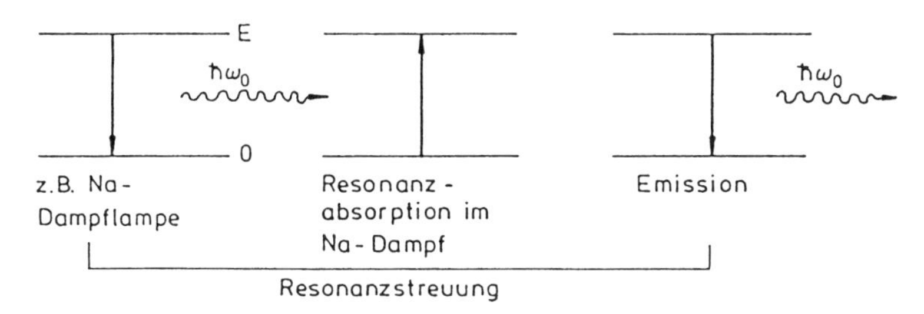

Abb. 5.21. Resonanzabsorption und -streuung

6 Atomspektren und Atommodelle

6.1 Atomare Linienspektren

Die moderne Atomphysik, die dann schließlich zur Entwicklung der Quantenmechanik geführt hat, begann mit der intensiven Untersuchung der Emissions- und Absorptionsspektren von Atomen. Bei der **Emissionsspektroskopie** wird das atomare Gas etwa in einer Gasentladung zum Leuchten gebracht und das Spektrum der emittierten Strahlung untersucht.

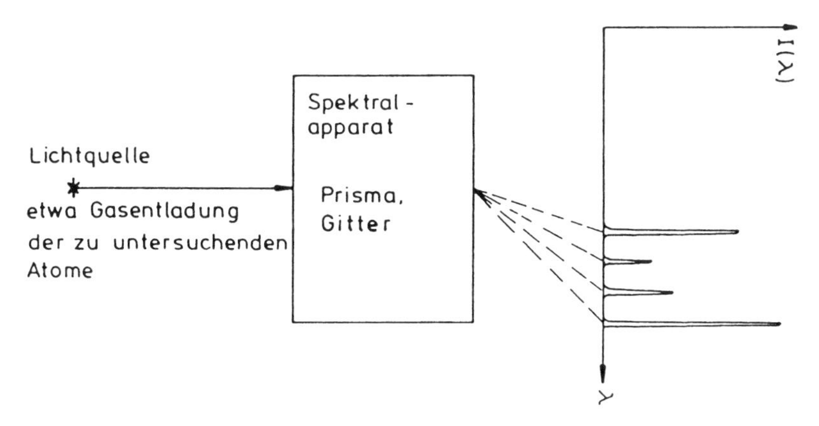

Abb. 6.1. Emissions-Spektroskopie

Gleichrangig ist die **Absorptionsspektroskopie**. Man verwendet "weißes" Licht und untersucht die frequenzabhängige Absorptionswahrscheinlichkeit. Daneben ist z.B. auch **Fluoreszenzspektroskopie** möglich.

Bereits zum Ende des 19. Jahrhunderts waren viele grundlegende Tatsachen aus diesen spektroskopischen Untersuchungen bekannt, so die Existenz und Struktur einfacher **Linienspektren** (Serienformel); eine befriedigende Erklärung durch eine in sich konsistente Theorie fehlte aber vollständig. Auch hier, und dies ist wohl das gravierende Beispiel, war eine Deutung im Rahmen der klassischen Physik nicht möglich (s. auch 6.2 und 6.3).
Es handelt sich stets um **Linienspektren**, Licht wird also nur bei diskreten, ganz bestimmten Frequenzen, d.h. Wellenlängen, ausgesendet oder

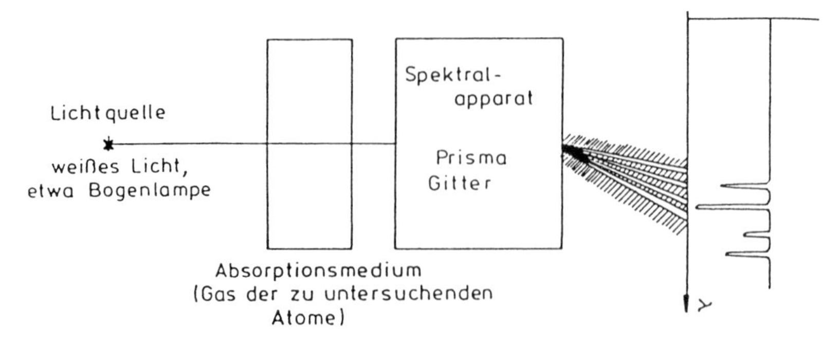

Abb. 6.2. Absorptions-Spektroskopie

absorbiert. Derartige atomare Linienspektren können sehr kompliziert sein. I.a. sind die Spektren von Atomen mit höherer Ordnungszahl komplizierter als diejenigen "einfacher" Atome. Offensichtlich ist das Spektrum des atomaren Wasserstoffs am einfachsten, und man hat frühzeitig erkannt, dass sich die verschiedenen gemessenen Wellenlängen in einfache Formeln für sogenannte Serien einordnen lassen. Sie sind jeweils benannt nach ihrem Entdecker:

$$\frac{1}{\lambda} = R_H \left(1 - \frac{1}{n^2}\right), \; n = 2, 3, \ldots \quad \text{LYMAN-Serie (1906) UV}$$

$$\frac{1}{\lambda} = R_H \left(\frac{1}{4} - \frac{1}{n^2}\right), \; n = 3, 4, \ldots \quad \text{BALMER-Serie (1885) sichtbar}$$

$$\frac{1}{\lambda} = R_H \left(\frac{1}{9} - \frac{1}{n^2}\right), \; n = 4, 5, \ldots \quad \text{PASCHEN-Serie (1908) infrarot}$$

$$\frac{1}{\lambda} = R_H \left(\frac{1}{16} - \frac{1}{n^2}\right), \; n = 5, 6, \ldots \quad \text{BRACKETT-Serie (1922) infrarot}$$

$$\frac{1}{\lambda} = R_H \left(\frac{1}{25} - \frac{1}{n^2}\right), \; n = 6, 7, \ldots \quad \text{PFUND-Serie (1924) infrarot}$$

Schon BALMER hat den spektroskopischen Sachverhalt – bis ca. 1910 waren die LYMAN-, BALMER- und PASCHEN-Serie bekannt – zusammengefasst in der allgemeinen Serienformel für die **Wasserstoff-Spektrallinien**:

$$\boxed{\frac{1}{\lambda} = R_H \left(\frac{1}{m^2} - \frac{1}{n^2}\right); \; m = 1, 2, \ldots; \; n = m+1, m+2, \ldots} \quad (6.1)$$

Ausnahmslos alle aufgefundenen Spektrallinien konnten einer der nach (6.1) zu berechnenden Serien zugeordnet werden.
$1/\lambda = \overline{\nu}$ wird in der Spektroskopie auch als "Wellenzahl" bezeichnet. Dieser Ausdruck ist heute reserviert für $k = 1/\lambda = 2\pi/\lambda$. Offensichtlich kann $\overline{\nu}$ nach (6.1) als Differenz zweier Terme aufgefasst werden:

$$R_H \frac{1}{m^2} = \textbf{Fixterm} = \text{Konstante für jede Serie}$$

$$R_H \frac{1}{n^2} = \textbf{Laufterm} \; (n = m+1, m+2, \ldots)$$

Die **Seriengrenze** erhält man für $n \to \infty$ innerhalb jeder Serie, also

$$\boxed{\frac{1}{\lambda_{\text{Grenz}}} = \overline{\nu}_{\text{Grenz}} = R_H \frac{1}{m^2}} \tag{6.2}$$

Nach Gl. (6.1) ist die in jeder Serienformel auftretende Proportionalitätskonstante R_H für alle Wasserstoff-Serien eine **universelle Konstante**, die sogenannte **Rydberg-Konstante für Wasserstoff**. Aus den sehr genau gemessenen Wellenlängen der einzelnen Spektrallinien hat man nach Gl. (6.1) diese Konstante genau bestimmt:

$$\boxed{R_H = 1.09678 \cdot 10^7 \text{ m}^{-1}} \tag{6.3}$$

RYDBERG gelang es bereits 1890 zu zeigen, dass sich auch die Spektrallinien von Alkali-und Erdalkali-Atomen in ähnliche Serienformeln einordnen lassen (m, n: ganzzahlig, $n > m$):

$$\boxed{\overline{\nu} = \frac{1}{\lambda} = R \left[\frac{1}{(m+a)^2} - \frac{1}{(n+b)^2} \right]} \tag{6.4}$$

wobei a, b elementspezifische Konstanten sind, und die in (6.4) auftretende RYDBERG-Konstante in systematischer Weise vom Atomgewicht abhängt. Allerdings ist $R - R_H$ sehr klein (relative Differenz $\approx 0.05\%$), so dass $R \approx R_H$ gilt. Von relativ großer Bedeutung für das Auffinden neuer Spektrallinien ist dann das **Ritzsche Kombinationsprinzip** (1908) gewesen: RITZ erkannte, dass mit zwei Spektrallinien λ_1, entsprechend $\overline{\nu}_1$, und λ_2, entsprechend $\overline{\nu}_2$, häufig auch $\overline{\nu}_+ = \overline{\nu}_1 + \overline{\nu}_2$ und $\overline{\nu}_- = \overline{\nu}_1 - \overline{\nu}_2$ ($\overline{\nu}_1 > \overline{\nu}_2$) Spektrallinien derselben Atomsorte sind.

Schließlich hat man aus den bekannten spektroskopischen Daten sogenannte **Termschemata** erstellt, in denen die "Wellenzahlen" $\overline{\nu}$ der Spektrallinien als Differenz zweier Terme in Erscheinung traten.

6.2 Ältere Atommodelle (Historischer Rückblick)

Thomsonsches Atommodell (1903): Zu dieser Zeit waren die Elektronen als Teilchen in Kathodenstrahlen identifiziert, e/m für Elektronen gemessen. Ferner war aus dem ZEEMAN-Effekt und der Deutung durch LORENTZ bekannt, dass im Atom Elektronen vorhanden sind, die gleichen Teilchen wie in Kathodenstrahlen (vgl. Kap. 2). Aufgrund der elektromagnetischen Theorie (MAXWELL) und ihrer Bestätigung durch HERTZ (HERTZscher Dipol) war ferner klar, dass die Elektronenbewegung im Atom für die Aussendung der Spektrallinien verantwortlich sein müsste. Schließlich kannte man das "Atomgewicht" (Massenzahl A) und den Atomradius ($\approx 10^{-10}$ m; siehe Kap. 2).THOMSON selbst hat aus der gemessenen Intensität der Streuung von

Röntgenstrahlung errechnet, dass die Anzahl der Elektronen ungefähr gleich dem Atomgewicht sein müsste. Da die Atome im Normalfall neutral sind, müssen sie eine entsprechend gleich große positive Ladung beinhalten.

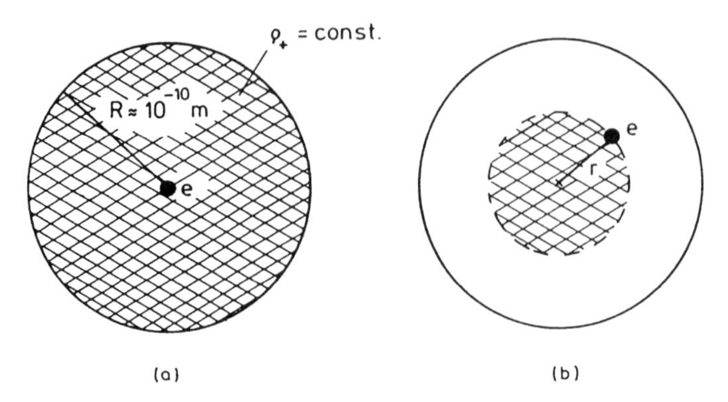

Abb. 6.3. THOMSONsches Atommodell

THOMSON hat angenommen, dass die positive Ladung des Atoms ($+Ze$) gleichmäßig über das gesamte Atomvolumen verteilt ist ($\varrho_+ = \text{const}$) und dass die Z Elektronen im Grundzustand des Atoms so darin verteilt sind, dass die potentielle Energie hierfür minimal wird (Gleichgewichtslage, siehe (a) für H-Atom). Das THOMSONsche Atommodell wurde dementsprechend auch als **Plumpudding-Modell** bezeichnet. Bei Auslenkung aus der Gleichgewichtslage wirkt auf das Elektron die Zentralkraft, d.h. die COULOMB-Kraft (vgl. (b)):

$$F_C = -\frac{1}{4\pi\varepsilon_0}\frac{4}{3}\pi r^3 \varrho_+ \frac{e}{r^2} \quad \text{mit} \quad \varrho_+ = \frac{e}{\frac{4}{3}\pi R^3}$$

Also folgt:

$$F_C = -\frac{1}{4\pi\varepsilon_0}\frac{e^2}{R^3} r = -Dr$$

Man erhält also ein lineares Kraftgesetz. Das Elektron wird also um den Mittelpunkt des Atoms eine lineare harmonische Schwingung ausführen mit $\omega^2 = D/m_e$. Aus den bereits damals bekannten Größen $e, e/m_e$ und $R \approx 10^{-10}$ m kann die Frequenz ω und damit die Wellenlänge des von diesem HERTZschen Dipol abgestrahlten Lichts berechnet werden. Man erhält $\lambda =$ 1200 Å, d.h. es wurde höchstens der Termübergang $n = 2 \to n = 1$ hiermit erklärt.

Nach THOMSON sollte es im krassen Widerspruch zu den experimentellen Daten nur eine einzige Spektrallinie des Wasserstoffs geben! Das komplizierte Linienspektrum blieb völlig unverstanden. Andererseits war bei diesem Modell die zu fordernde Stabilität der Atome im Grundzustand kein Problem.

Die entsprechenden Gleichgewichtslagen auch mehrerer Elektronen sind errechenbar.

Atommodell von Rutherford (1911)

Schon LENARD (ca. 1903) hatte bei der Untersuchung des Durchgangs von β-Strahlung – das sind schnelle Elektronen, die beim radioaktiven Zerfall auftreten – durch Materie erkannt, dass Atome im wesentlichen für hinreichend schnelle Teilchen transparent sein müssen. Das Innere eines Atoms wird also nicht durch eine gleichmäßige Verteilung von Materie, sondern durch ein Kraftfeld, d.h. Ablenkung der geladenen Teilchen aus ihrer geradlinigen Bahn, beschrieben.
Im Labor von RUTHERFORD wurden entsprechende Experimente mit α-Teilchen durchgeführt. Diese sind ebenfalls beim radioaktiven Zerfall auftretende He^{++}-Teilchen. Als solche wurden sie in Zusatzexperimenten durch Ablenkung im elektrischen und magnetischen Feld etwa um die gleiche Zeit identifiziert. GEIGER und MARSDEN (1909), Mitarbeiter von RUTHERFORD, zeigten, dass α-Teilchen beim Durchgang durch eine dünne Goldfolie unter Umständen sehr stark abgelenkt werden. Die Wahrscheinlichkeit ist allerdings sehr klein. Derart große Streuwinkel konnten mit dem THOMSONschen Atommodell überhaupt nicht erklärt werden, die ausgedehnte Ladungsverteilung würde eine viel zu kleine mittlere Ablenkung bewirken. Um die gelegentlich auftretenden großen Streuwinkel zu erklären, hat RUTHERFORD angenommen, dass die positive Ladung und praktisch die Gesamtmasse des Atoms in einem Volumen konzentriert ist, dessen Ausdehnung sehr klein gegen den Atomradius ist ("Atomkern"). Tatsächlich konnte er nicht sicher sein, dass es die positive Ladung ist, diese Annahme lag aber sehr nahe. Das Auftreten großer α-Streuwinkel wurde mit der Ablenkung im COULOMB-Feld eines einzigen Atomkerns begründet. Θ ist groß, falls das α-Teilchen sehr nahe am Atomkern vorbeifliegt, die Abstoßung durch die COULOMB-Kraft also sehr groß ist.
Die COULOMB-Kraft beträgt:

$$F_C = \frac{1}{4\pi\varepsilon_0}\frac{q'q}{r^2}$$

RUTHERFORD hat dann aus dem COULOMBschen Gesetz, der Wechselwirkungskraft zwischen dem α-Teilchen und dem geladenen Atomkern, mit Hilfe der klassischen Physik (Erhaltungssätze) die Wahrscheinlichkeit für die Streuung des α-Teilchens unter dem Streuwinkel Θ in den Raumwinkel $d\Omega$ berechnet. Diese Wahrscheinlichkeit wird auch als sogenannter **differentieller Wirkungsquerschnitt** $\mathrm{d}\sigma/\mathrm{d}\Omega$ bezeichnet. $\mathrm{d}\sigma$ ist die scheinbare Fläche des Atoms, die zu einer Streuung um Θ in $\mathrm{d}\Omega$ führt. Die Rechnung wurde unter wesentlicher Benutzung der Annahme durchgeführt, dass nur die gesamte positive Ladung, sondern auch praktisch die Gesamtmasse des Atoms im Kern konzentriert ist. Für $m_{\text{Teilchen}} \ll m_{\text{Atom}}$ kann der Rückstoß auf den

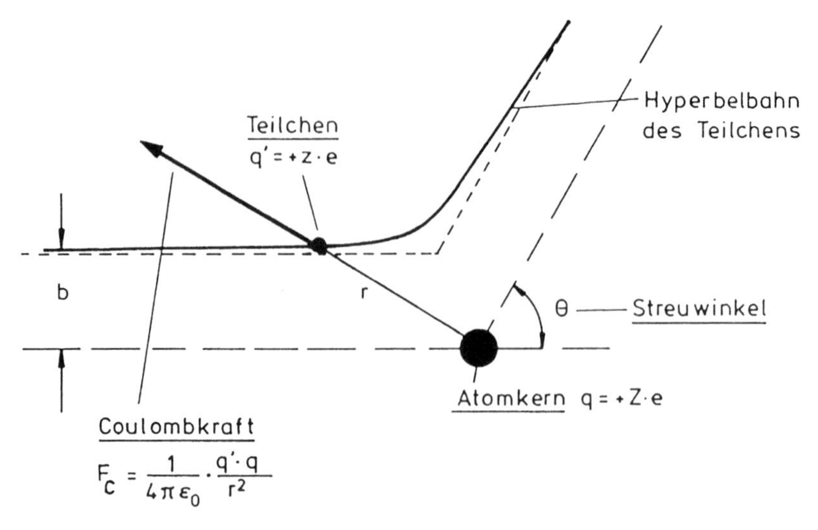

Abb. 6.4. RUTHERFORD-Streuung

Atomkern vernachlässigt werden (Laborsystem ≈ Schwerpunktsystem, vgl. Band 1). Dies ist für Streuung von α-Teilchen an Gold näherungsweise erfüllt: $m_{\mathrm{Au}}/m_\alpha \approx 50$! Die **Rutherfordsche Streuformel**, allgemein für Streuung von Teilchen der Masse m, Geschwindigkeit v, Ladung ze an Atomkernen der Ladung Ze, lautet dann:

$$\frac{\mathrm{d}\sigma}{\mathrm{d}\Omega} = \left(\frac{1}{4\pi\varepsilon_0}\right)^2 \left(\frac{zZe^2}{2mv^2}\right)^2 \frac{1}{\sin^4\dfrac{\Theta}{2}} \tag{6.5}$$

Eine ausführliche Erläuterung des Begriffs "Wirkungsquerschnitt" und eine Herleitung der RUTHERFORDschen Streuformel ist im Band 2 zu finden.

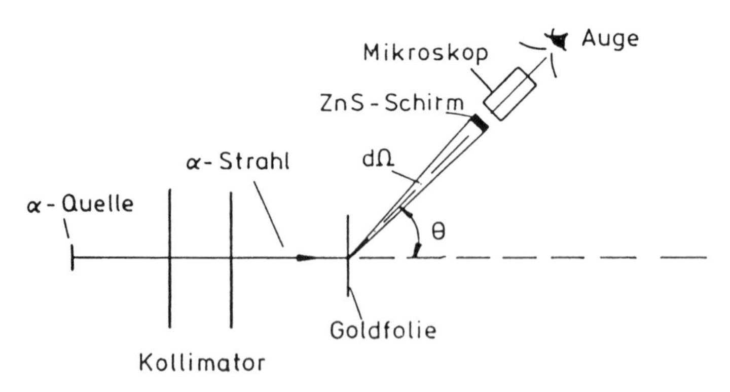

Abb. 6.5. Beobachtung der RUTHERFORD-Streuung

Nach den experimentellen Ergebnissen von GEIGER und MARSDEN war innerhalb hinreichend kleiner Fehler tatsächlich

$$\frac{d\sigma}{d\Omega} \propto \frac{1}{\sin^4 \frac{\Theta}{2}}$$

und damit die RUTHERFORDschen Annahmen über das Vorhandensein eines "Atomkerns" voll bestätigt. Aus der Tatsache, dass auch α-Streuung bei sehr großen Streuwinkeln auftritt – $\Theta = 150°$, heute experimentell auch bei $\Theta = 180°$ beobachtbar – konnte man bereits damals eine grobe Abschätzung für den Kernradius durchführen:

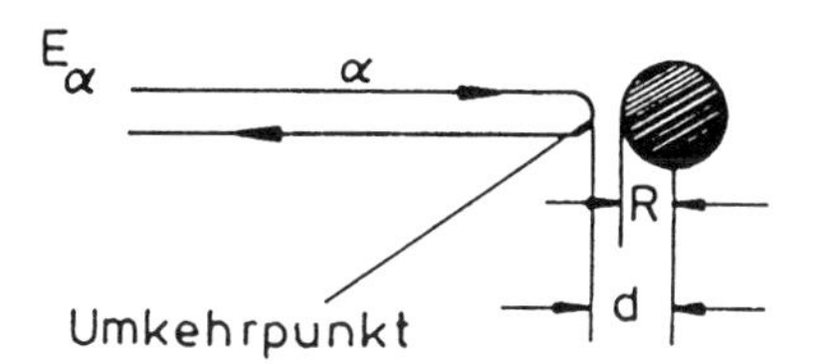

Abstand α-Teilchen–Kern $= r \gg R \Rightarrow E_{\alpha,\text{ges}} = E_\text{kin}$;
$r = d$ (Umkehrpunkt $v = 0$) $\Rightarrow E_{\alpha,\text{ges}} = E_\text{pot}(d)$.
Verwendet man α-Teilchen mit $E_\alpha = 5.5$ MeV, dann folgt aus

$$E_\text{pot} = \frac{1}{4\pi\varepsilon_0}\frac{zZe^2}{d}$$

mit $z = 2$ (α-Teilchen), $Z = 79$ (Gold) und $E_\text{pot}(d) = E_\alpha$

$$d \approx 4 \cdot 10^{-14}\ \text{m} \quad \text{also} \quad R \leq 4 \cdot 10^{-14}\ \text{m}$$

Heute wissen wir, dass der Kernradius im Bereich $\approx 10^{-15}$ m (sehr leichte Atome) bis $\approx 10^{-14}$ m (sehr schwere Atome) liegt. Die damalige Abschätzung für Gold ($R \leq 4 \cdot 10^{-14}$ m war) also gar nicht so schlecht!
Es sei hier angemerkt, dass während der RUTHERFORDschen Arbeiten über die α-Streuung an Gold die **Kernladungszahl** zunächst noch nicht bekannt war. Erst durch die Arbeiten von VAN DEN BROCK (1912) wurde diese mit der von den chemischen Eigenschaften her bekannten **Ordnungszahl** des Elements identifiziert. Damit lassen sich die RUTHERFORDschen Resultate zusammenfassen:

Korollar 6.1 *Atome bestehen aus einem* **Atomkern** *mit einem Radius $\approx 10^{-14}$ m, der eine positive Ladung $+Ze$ (Z = Ordnungszahl) und praktisch die Gesamtmasse des Atoms beinhaltet, und einer* **Elektronenhülle** *mit einem Radius $\approx 10^{-10}$ m, die Z Elektronen (Gesamtladung $-Ze$) beinhaltet.* *(6.6)*

Instabilität des Rutherfordschen Atoms, Planetenmodell

Mit dem RUTHERFORDschen Atommodell (Atomkern-und Elektronenhülle) konnten zwar die experimentellen Ergebnisse der α-Streuung erklärt werden, es hatte aber einen entscheidenden Nachteil: In einer statischen Anordnung von positiv geladenem Kern und Elektronenhülle ist wegen der COULOMB-schen Anziehungskraft zwischen Kern und Elektron keine stabile Gleichgewichtsanordnung denkbar.

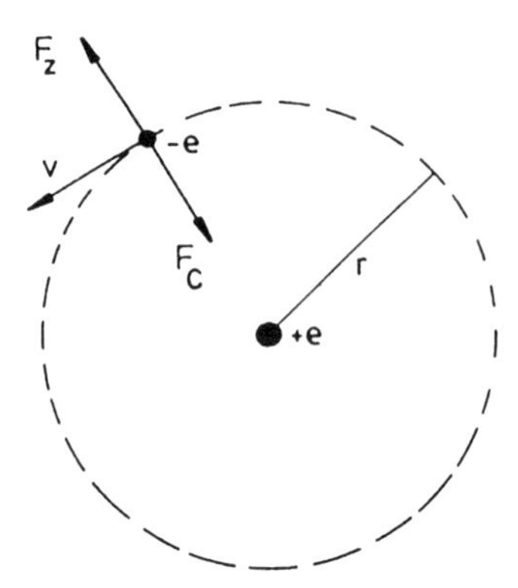

Abb. 6.6. Planeten-Modell

Man nahm dann im **Planetenmodell** an, dass die Elektronen um den Atomkern kreisen und dass die COULOMBsche Anziehungskraft durch die Zentrifugalkraft kompensiert wird (Gleichgewicht!). Für das H-Atom würde gelten:

$$\frac{m_e v^2}{r} = \frac{1}{4\pi\varepsilon_0}\frac{e^2}{r^2}$$

Schwierigkeiten:

(a) Der Bahnradius r *ist nicht eindeutig bestimmt*, solange die kinetische Energie des Elektrons unbestimmt ist.
(b) Das System ist **instabil**, da ein kreisendes Elektron nach der klassischen Physik zur Abstrahlung elektromagnetischer Energie führt. Das Elektron würde abgebremst und so nach kurzer Zeit in den Kern stürzen.

6.3 Bohrsches Atommodell (1913)

Die im Planetenmodell enthaltenen Schwierigkeiten: Instabilität, Unbestimmtheit des Atomradius, Unmöglichkeit der Erklärung des **diskreten** Linienspektrums, hat BOHR durch zunächst nicht weiter begründete *adhoc*-Annahmen überwunden, die zusätzlich zur klassischen Physik gültig sein sollten:

Bohrsche Postulate:

1. Die Elektronen bewegen sich auf Kreisbahnen um den Kern. Für die Bewegung bleibt die klassische Physik gültig. Es sind jedoch nur ganz bestimmte Bahnen erlaubt, die durch diskrete Werte des Drehimpulses L des Elektrons charakterisiert sind, nämlich durch

$$L = n\hbar, \quad \text{mit} \quad n = 1, 2, 3, \ldots \tag{6.7}$$

2. Erlaubte Bahnen sind stabil, die Elektronenbewegung erfolgt im Gegensatz zur klassischen Physik strahlungslos.
3. Jeder erlaubten Bahn entspricht eine bestimmte Energie E_n. Bei Elektronensprung von einer Bahn (E_i) auf eine andere Bahn (E_f) wird ein Photon emittiert oder absorbiert:

$$h\nu = |E_i - E_f|$$

Natürlich hat Bohr seine Postulate auf eine Reihe bereits damals bekannter Zusammenhänge aufgebaut. Das **Rutherfordsche Planetenmodell** war sicher durch die erfolgreiche Erklärung der α-Streuversuche als Grundlage geeignet und musste zur Erklärung der **atomaren Linienspektren** entsprechend modifiziert werden. Die Integration der **Planckschen Quantentheorie** der elektromagnetischen Strahlung, die zur Erklärung der Strahlung eines Schwarzen Körpers sowie des Fotoeffekts so erfolgreich gewesen war, bot sich besonders an.

Berechnung der Energiezustände des H-Atoms nach Bohr

Es gilt $m_{\text{Kern}} \gg m_{\text{Elektron}}$. Beispiel: $m_{\text{Proton}} = 1836 \cdot m_{\text{Elektron}}$. Also kann angenommen werden: Der **Kern ruht (Inertialsystem)**, das Elektron bewegt sich auf einer Kreisbahn. Coulomb-Kraft und Zentrifugalkraft, also

$$F_C = \frac{1}{4\pi\varepsilon_0}\frac{c^2}{r^2}, \quad \text{und} \quad F_z = \frac{m_e v^2}{r}$$

sind im Gleichgewicht ($F_C = F_z$). Somit gilt

$$\boxed{\frac{1}{4\pi\varepsilon_0}\frac{e^2}{r^2} = \frac{m_e v^2}{r}} \qquad \text{(i)}$$

Aus (i) erhalten wir die kinetische Energie des Elektrons zu

$$E_{\text{kin}} = \frac{1}{2}\, m_e v^2 = \frac{1}{4\pi\varepsilon_0}\frac{e^2}{2r}$$

Für die potentielle Energie im Coulomb-Feld des Kerns gilt mit $E_{\text{pot}} = 0$ für $r \to \infty$:

$$E_{\text{pot}} = -\frac{1}{4\pi\varepsilon_0}\frac{e^2}{r}$$

Für die Gesamtenergie folgt also

$$\boxed{E = -\frac{1}{4\pi\varepsilon_0}\frac{e^2}{2r}} \qquad \text{(ii)}$$

Anmerkung: Für gebundene Zustände ist die Gesamtenergie negativ (vgl. Planetenbewegung, Teil 3).
Schließlich führt die Quantisierungsbedingung $L = n\hbar$ wegen $L = |\boldsymbol{L}| = |\boldsymbol{r} \times \boldsymbol{p}| = rp = rm_e v$ ($\boldsymbol{p} \perp \boldsymbol{r}$, da Elektronenbahn = Kreisbahn) zu

$$m_e v r = n\hbar$$

Also ist

$$\boxed{v = \frac{n\hbar}{m_e r}; \quad \text{mit} \quad n = 1, 2, 3, \ldots} \qquad \text{(iii)}$$

Die Kombination von (i) und (iii) ergibt für den Radius stabiler Kreisbahnen:

$$\boxed{r_n = \frac{4\pi\varepsilon_0\hbar^2}{m_e e^2} n^2} \tag{6.8}$$

und mit (ii) für die möglichen Energiezustände

$$\boxed{E_n = -\frac{1}{(4\pi\varepsilon_0)^2}\frac{m_e e^4}{2\hbar^2}\frac{1}{n^2}} \tag{6.9}$$

Beim Übergang des angeregten H-Atoms, etwa in einer Gasentladung, von einem Zustand höherer Energie E_n auf einen solchen niederer Energie E_m, also für $n > m$, wird schließlich ein Photon der Energie $h\nu = E_n - E_m$ ausgesandt (vgl. Gl. (6.7): 3.), so dass man nach Gl. (6.9) für die möglichen Emissionsfrequenzen des H-Atoms erhält:

$$\boxed{h\nu = \frac{1}{(4\pi\varepsilon_0)^2}\frac{m_e \cdot e^4}{2 \cdot \hbar^2} \cdot \left(\frac{1}{m^2} - \frac{1}{n^2}\right)} \tag{6.10}$$

$m, n =$ ganzzahlig; $n > m$

Mitbewegung des Kerns: Bisher war angenommen worden, dass der Atomkern im Inertialsystem ruht. Dies ist nur näherungsweise richtig. Tatsächlich muss davon ausgegangen werden, dass Kern und Elektron um ihren gemeinsamen Schwerpunkt kreisen (vgl. Band 1): Das Zwei-Körper-Problem läßt sich durch Einführung der reduzierten Masse auf ein Ein-Körper-Problem zurückführen (Band 1). In den Gl. (6.8), (6.9), (6.10) ist die Elektronenmasse durch die reduzierte Masse des Systems Elektron–Proton zu ersetzen:

$$\boxed{r_n = \frac{4\pi\varepsilon_0\hbar^2}{\mu e^2} n^2} \qquad \mu = \frac{m_e m_p}{m_e + m_p} \tag{6.11}$$

$$E_n = -\frac{1}{(4\pi\varepsilon_0)^2}\frac{\mu e^4}{2\hbar^2}\frac{1}{n^2} \tag{6.12}$$

$$h\nu = \frac{1}{(4\pi\varepsilon_0)^2}\frac{\mu e^4}{2\hbar^2}\left(\frac{1}{m^2}-\frac{1}{n^2}\right) \tag{6.13}$$

Erweiterung auf wasserstoffähnliche Atomionen: Die hier angegebenen Zusammenhänge können auf andere Ein-Elektronen-Systeme, also etwa einfach ionisiertes Helium He^+, zweifach ionisiertes Lithium Li^{++}, etc. übertragen werden. Statt der Protonenmasse ist die Masse des jeweiligen Atomkerns einzusetzen, und mit der Kernladung Ze wird dann

$$r_n \propto \frac{1}{Z};\ E_n \propto Z^2;\ \text{etc.}$$

Vergleich der Resultate des Bohrschen Atommodells mit den experimentellen Ergebnissen: Um die experimentell ermittelte Serienformel für das Wasserstoff-Spektrum mit der theoretischen Vorhersage (Gl. (6.13)) vergleichen zu können, ersetzen wir in Gl. (6.1) die Wellenlänge λ durch $h\nu = \frac{1}{\lambda}hc\ (\lambda\nu = c)$

$$h\nu = R_H hc\left(\frac{1}{m^2}-\frac{1}{n^2}\right) \tag{6.14}$$

Experiment (6.14) und Theorie (6.13) stimmen exakt überein, denn auch der bekannte Wert der Rydberg-Konstante läßt sich aus dem Bohrschen Modell berechnen. Vergleich von (6.13) und (6.14) liefert:

$$R_H^{\text{Bohr}} = \frac{1}{(4\pi\varepsilon_0)^2}\frac{\mu e^4}{2\hbar^2 hc} = 1.0967\cdot 10^7\ m^{-1} = R_H^{\text{exp}}$$

Das Bohrsche Modell liefert offenbar eine exakte Beschreibung für die Energiezustände des H-Atoms!

H-Atom im Grundzustand: Die **Ionisierungsenergie** E_{ion} ist diejenige Energie, die dem Elektron zugeführt werden muss, um es vom gebundenen Grundzustand $n = 1$ in den ungebundenen Zustand $n = \infty$ zu bringen. Nach Gl. (6.13) folgt

$$E_{\text{ion}} = \frac{1}{(4\pi\varepsilon_0)^2}\frac{\mu e^4}{2\hbar^2} = 13.58\ \text{eV} \tag{6.15}$$

Der sog. **Bohrsche Radius** a_0 ist gleich dem Radius der Elektronenbahn des H-Atoms im Grundzustand, in konventioneller Weise definiert durch (6.16), also aus (6.8) ohne Korrektur durch die reduzierte Masse:

$$a_0 = \frac{4\pi\varepsilon_0\hbar^2}{m_e e^2} = 5.29\cdot 10^{-11}\ \text{m} \tag{6.16}$$

Der BOHRsche Radius a_0 stellt ein natürliches Maß für Abstände im atomaren Bereich dar. a_0 stimmt mit der experimentellen Erwartung ($R_{\text{Atom}} \approx 10^{-10}$ m) überein.
Auch für die Spektren der H-ähnlichen Atomionen, das sind Atome mit der Kernladung Z, aber nur **einem** Elektron in der Hülle, also He^+, Li^{++}, Be^{+++}, etc., ergeben sich unter Verwendung der entsprechenden Werte für die reduzierten Massen volle Übereinstimmung zwischen Experiment und Theorie.

Zusammenfassung für (Z − 1)-fach geladene Atomionen Energiezustände:

$$\boxed{E_n = -Rhc\frac{Z^2}{n^2} \quad \text{mit} \quad n = 1, 2, 3, \ldots} \tag{6.17}$$

Massenabhängige RYDBERG-Konstante R:

$$\boxed{R = R_\infty \frac{1}{1 + \dfrac{m_e}{M_K}}} \tag{6.18}$$

R = tatsächliche RYDBERG-Konstante für Atom mit Kernmasse M_K; m_e = Elektronenmasse.

$$\boxed{R_\infty = \frac{m_e e^4}{(4\pi\varepsilon_0)^2 4\pi\hbar^3 c} = 1.0974 \cdot 10^7 \text{ m}^{-1}} \tag{6.19}$$

R_∞ = hypothetisch sich für $M_K \to \infty$ ergebende RYDBERG-Konstante.

Zusatzbemerkungen zum Bohrschen Atommodell:

1. **Zur Drehimpulsquantelung**:
   Die COULOMB-Kraft ist eine Zentralkraft. Für die Bewegung eines Teilchens im Zentralkraftfeld gilt Drehimpulserhaltung. Natürlich war nach der Kenntnis von 1913 nicht klar, dass das Elektron sich in dem angenommenen Planetenmodell tatsächlich auf einer Kreisbahn bewegen musste. Ellipsenbahnen wie sie dann später im BOHR-SOMMERFELDschen Atommodell angenommen worden sind, wären genauso möglich. Der Bahndrehimpuls sollte aber in jedem Fall eine Konstante der Bewegung sein, so dass sich auch bei dieser Modifikation an der postulierten Quantisierungsbedingung $L = n\hbar$ nichts geändert hätte. DE BROGLIE hat später (1925) diese Bedingung im Bild der Materiewellen dadurch interpretiert, dass er stationäre Atomzustände mit der Existenz stationärer, d.h. "stehender" DE BROGLIE-Wellen identifizierte. Es wird davor gewarnt, derartige der klassischen Physik entlehnten Bilder wörtlich zu nehmen.
   Die Quantenbedingung $L = n\hbar$ mit $n = 1, 2, 3, \ldots$ ist, wie wir heute wissen, nicht richtig. Sie muss durch das quantenmechanisch exakte Resultat $L = \sqrt{\ell(\ell+1)}\hbar$ mit $\ell = 0, 1, \ldots, n-1$ ersetzt werden. Dies wird in Kapitel 12 gezeigt. Im Gegensatz zum BOHRschen Atommodell ergibt sich

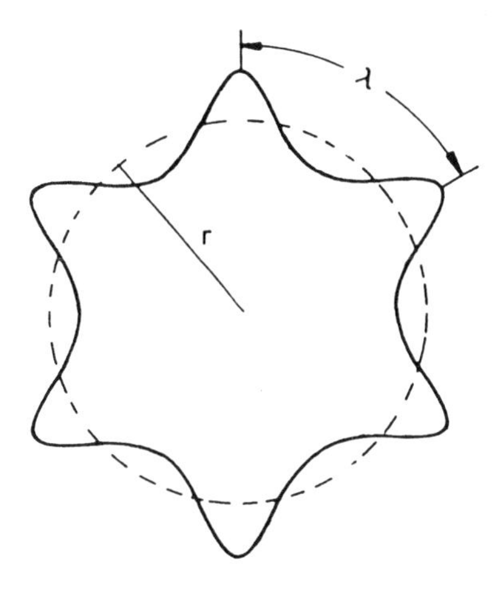

Abb. 6.7. Stationäre Atomzustände im DE BROGLIE-Bild

für den Grundzustand des H-Atoms ($n = 1$) der Drehimpuls $L = 0$ statt $L = 1\hbar$ in Übereinstimmung mit dem experimentellen Resultat. Natürlich ist auch die Existenz von "Elektronenbahnen", d.h. $\boldsymbol{r}$ und $\boldsymbol{p}$ sind gleichzeitig scharf messbar, mit der Unschärferelation nicht zu vereinbaren. Dagegegen ist die Vorhersage für die Energiezustände des H-Atoms und der H-ähnlichen Atomionen auch quantenmechanisch richtig, wie später gezeigt werden wird.

2. **Stabilität des H-Atoms im Grundzustand**:
   Die BOHRsche Bedingung $L = 1\hbar$ für den Grundzustand läßt sich umdeuten: Das Elektron befindet sich irgendwo in einem kugelförmigen Bereich mit Radius r_0 um das Proton als Zentrum.
   Für den quadratischen Mittelwert der Ortsabweichung vom Zentrum erhält man etwa $\Delta x = \sqrt{\overline{x^2}} \approx r_0/\sqrt{2}$. Dies wäre exakt richtig, falls die Elektronen harmonisch um das Zentrum oszillieren würden. Entsprechend nehmen wir an: $\Delta p_x \approx p_0/\sqrt{2}$. Das ergibt $\Delta x \cdot \Delta p_x \approx r_0 \cdot p_0/2$. Wegen $r_0 \cdot p_0 = L = 1\hbar$ ist dann $\Delta x \cdot \Delta p_x = \hbar/2$. Man kann sagen: Die Unschärferelation sichert die Stabilität des H-Atoms im Grundzustand!

Nachweis stationärer Energiezustände eines Atoms durch Elektronenstoß:
Franck-Hertz-Experiment (1914):

Nach dem großen Erfolg der BOHRschen Postulate (1913) gelang FRANCK und HERTZ bereits 1914 der direkte Nachweis für die Existenz diskreter Energiezustände von Atomen. Das Experiment wurde an Hg-Atomen im Hg-Dampf durchgeführt (s. Bild 6.8). Elektronen werden von der Kathode K emittiert und im Hg-Dampf-Raum zwischen K und der Anode A durch die Spannung U beschleunigt. Die Anode A ist siebförmig ausgebildet. Auf der Auffängerelektrode wird nur dann ein Strom I gemessen, wenn die bei A vorhandene Elektronenenergie zur Überwindung der Gegenspannung U_B

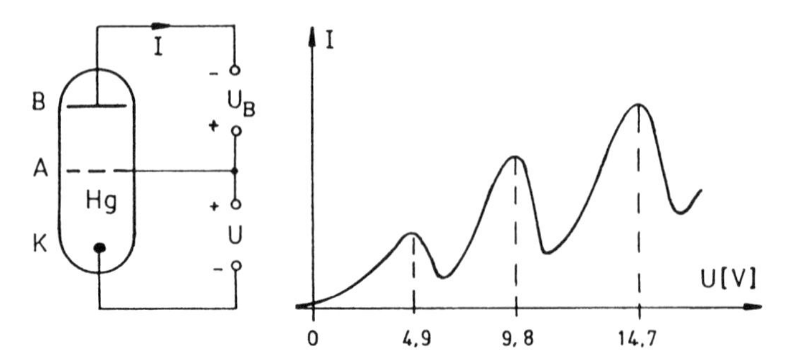

Abb. 6.8. FRANCK-HERTZ-Experiment

zwischen A und B ($\approx$ 0.5 V) ausreicht. Bei Erhöhung von U steigt I zunächst an, d.h. eine Erhöhung der Elektronengeschwindigkeit, bis $E_{el} \geq 4.9$ eV vor A ereicht wird. Dann führt die Anregung des angeregten Zustandes bei 4.9 eV zur Energieabsorption. I fällt schlagartig ab. Bei Erhöhung von U ergeben sich weitere Minima bei mehrfacher Anregung innerhalb der Beschleunigungsstrecke von K nach A. Abhängig vom Hg-Dampfdruck kann auch mit kleinerer Wahrscheinlichkeit der 2. angeregte Zustand angeregt werden.

7 Wellenfunktion

7.1 Wiederholung und Zusammenfassung

Bei der Durchführung von Experimenten mit Teilchenstrahlung, bei denen die einzelnen Teilchen prinzipiell **ununterscheidbar** sind („**identische Teilchen**"), beobachtet man Interferenz- und Beugungsphänomene, wie man sie in der klassischen Physik von der Wellenstrahlung her gewöhnt ist (Wasserwellen, Licht). Entsprechend assoziieren wir auch mit der Teilchenstrahlung einen Wellencharakter (Teilchen-Welle-Dualismus) und beschreiben die beobachteten Phänomene durch Einführung einer **Wellenfunktion** ψ. Wir ordnen jedem Teilchen eine solche Wellenfunktion zu. Diese ist eine Funktion von Ort $\boldsymbol{r}$ und Zeit t : $\psi(\boldsymbol{r}, t)$. Die beobachteten Phänomene sind dann direkte Konsequenzen dieser Beschreibung, wenn wir annehmen, dass für diese Wellenfunktionen wie in der klassischen Physik das **Superpositionsprinzip** gültig ist – siehe Doppelspaltexperiment – und dass die Wellenfunktion ψ die Bedeutung einer **Wahrscheinlichkeitsamplitude** hat. Die Wahrscheinlichkeitsamplitude ist im Gegensatz zur klassischen Wellenamplitude, z.B. der elektrischen Feldstärke $\boldsymbol{E}$, **nicht** messbar. Die allein messbare Größe ist die **Wahrscheinlichkeitsdichte** $\psi^*\psi = |\psi|^2$. $|\psi(\boldsymbol{r}, t)|^2 \, \mathrm{d}V$ ist die Wahrscheinlichkeit, bei einer Messung das Teilchen am Ort $\boldsymbol{r}$ zur Zeit t im Volumenelement $\mathrm{d}V$ anzutreffen. Anstelle der von der klassischen Physik her bekannten Große *Intensität einer Welle*, z.B. $\propto |\boldsymbol{E}|^2$, die stets mit der Energiedichte in der Welle verknüpft ist, tritt hier also die Wahrscheinlichkeitsdichte. Im Beispiel des freien Teilchens haben wir erkannt, dass nur entweder Ort **oder** Impuls des Teilchens gleichzeitig „scharf" bestimmt werden kann. Im Grenzfall der klassischen Physik sind Ort **und** Impuls des Teilchens gleichzeitig exakt messbar. Wird also der Ort des Teilchens beliebig genau gemessen, so ist sein Impuls prinzipiell beliebig unscharf und umgekehrt: HEISENBERGsche Unschärferelation. Ein **freies Teilchen** kann daher in physikalisch sinnvoller Weise nicht durch eine einzige **De Broglie-Welle**, d.h. eine harmonische Welle $e^{i(kx-\omega t)}$, sondern nur durch eine Überlagerung von DE BROGLIE-Wellen als **Wellenpaket** dargestellt werden. Ein derartiges Wellenpaket und allgemein jede Wellenfunktion $\psi(\boldsymbol{r}, t)$ ist durch ein FOURIER-Integral darzustellen, wobei über DE BROGLIE-Wellen, charakterisiert durch den Wellenvektor $\boldsymbol{k}$ oder den Impuls $\boldsymbol{p}$ als Integrationsvariable, integriert wird, die mit einer von $\boldsymbol{k}$ bzw. $\boldsymbol{p}$ abhängigen Amplitude bewichtet sind. Dies entspricht der Spektralverteilung im klassischen Fall. Aus einer bestimmten Impulsamplitudenverteilung, d.h. der Wahrscheinlichkeitsamplitude für den Impuls (s. Kap. 9), ergibt sich eindeutig eine bestimmte Ortsamplitudenverteilung, d.h. einer Wahrscheinlichkeitsamplitude für den Ort = Wellenfunktion, und umgekehrt. Beide Funktionen sind durch eine FOURIER-Transformation eindeutig miteinander verknüpft. In der klassischen Physik lassen sich alle messbaren Größen als Funktion des Ortes $\boldsymbol{r}$ und des Impulses $\boldsymbol{p}$ darstellen wie z.B. $E_{\text{kin}} = p^2/2m$, $\boldsymbol{L} = \boldsymbol{r} \times \boldsymbol{p}, \ldots$. Etwas Äquivalentes erwarten wir ebenfalls in der Quantenmechanik (s. auch Kap. 9). Da aber die Impulsamplitudenverteilungsfunktion und die Ortsamplitudenverteilungsfunktion eindeutig auseinander hervorgehen, muss bereits eine von ihnen, etwa die *Wellenfunktion $\psi(\boldsymbol{r}, t)$ zur Beschreibung des gesamten dynamischen Verhaltens des Teilchens* ausreichen. In der klassischen Physik wird die Bewegung eines (punktförmigen) Teilchens durch die Anfangsbedingungen für den Ort $\boldsymbol{r}$ $(t = 0)$ und $\boldsymbol{p}$ $(t = 0)$ eindeutig festgelegt. Entsprechend gilt in der Quantenmechanik, da die Wahrscheinlichkeitsverteilung von Ort **und** Impuls durch $\psi(\boldsymbol{r}, t)$ festgelegt ist, dass dann $\psi(\boldsymbol{r}, t)$ (t beliebig) bereits aus einer Anfangsbedingung $\psi(\boldsymbol{r}, t = 0)$ eindeutig folgt. D.h. die zeitliche Entwicklung der Wellenfunktion ist bei bekannter potentieller Energie, die selbst orts- und zeitabhängig sein kann, aus der Kenntnis der Wellenfunktion zu einem bestimmten Zeitpunkt $(t = 0)$ eindeutig bestimmt. In diesem zunächst ungewohnt erscheinenden Sachverhalt kommt letzten Endes besonders deutlich zum Ausdruck, dass Orts- und Impulsverteilung nicht zwei voneinander unabhängige Funktionen sind, sondern nur "zwei verschiedene Seiten ein- und derselben Medaille".

7.2 Erläuterung des Begriffs Wahrscheinlichkeit

In der Vorlesung wurde u.a. bei der Interpretation des Doppelspaltexperiments immer wieder gefragt, wieso oder ob ein Teilchen mit sich selbst interferieren kann. Die Fragesteller hatten mit einem Teilchen eine Wellenfunktion assoziiert und dann sich vorzustellen versucht, dass diese Welle teils durch den einen, teils durch den anderen Spalt geht. Derartige und andere hiermit zusammenhängende Fragestellungen erweisen sich als sinnlos, wenn man daran denkt, dass die zur Beschreibung verwendete Wellenfunktion eine Wahrscheinlichkeitsamplitude ist. Daher hier einige grundlegende Erläuterungen zum für die Qauntenmechanik so wichtigen, aber keinesfalls auf sie beschränkten Begriff Wahrscheinlichkeit:
Im Beispiel von Bild 7.1 werde eine bestimmte physikalische Größe, etwa der elektrische Strom in einem Leiter (Momentanwert) oder eines Teilchens x gemessen. Wir wollen annehmen, dass die Messgröße bei wiederholt vorgenommenen Messungen nur **statistischen**, d.h. **zufälligen Schwankungen** unterliegt. Subjektive Fehler des Beobachters, d.h. fehlerhafte Ablesung des Messinstruments, oder systematische Fehler, d.h. fehlerhaftes Messinstrument, sollen ausgeschlossen sein.

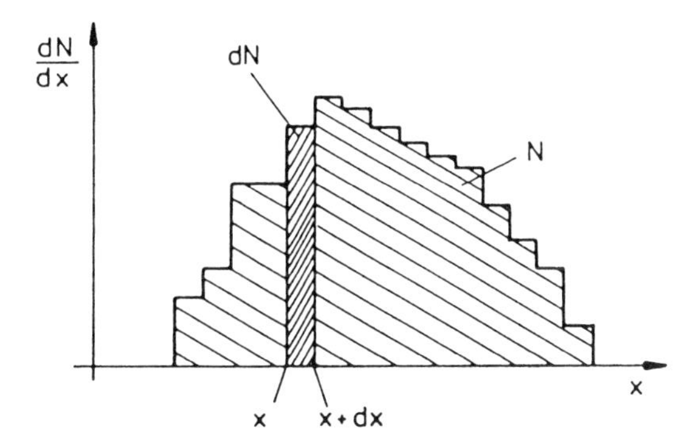

Abb. 7.1. Verteilung von Messergebnissen

Es sei $\mathrm{d}N$ gleich der Anzahl der Messungen mit Messergebnis im Intervall $x, x+\mathrm{d}x$ und N die Gesamtzahl der Messungen.
Definition:

$$\boxed{\frac{\mathrm{d}N}{N} = \text{relative Häufigkeit}} \tag{7.1}$$

Bei wiederholter Ausführung einer solchen Messreihe an identischen Objekten, etwa Ort des Teilchens stets unter denselben wiederholbaren Bedingungen, wird man feststellen, dass die relative Häufigkeit $\mathrm{d}N/N$ Schwankungen unterworfen ist, und zwar um so mehr, je kleiner die Zahl der Einzelmessungen N in jeder Messreihe ist. Um einen von diesen zufälligen Schwankungen möglichst freien Wert, den man dann auch als Ergebnis einer weiteren Messreihe "erwarten" darf, zu bekommen, wird man die Zahl der Einzelmessungen N möglichst groß machen. Im Grenzfall $N \to \infty$ definieren wir daher

$$\boxed{\lim_{N\to\infty} \frac{\mathrm{d}N}{N} = \mathrm{d}P = \text{ Wahrscheinlichkeit}} \tag{7.2}$$

Die *Wahrscheinlichkeit ist der Erwartungswert für die relative Häufigkeit*, dass das Messergebnis im Intervall $[x, x+\mathrm{d}x]$ liegt. Nach Definition (7.1) gilt

$$\int_x \frac{\mathrm{d}N}{N} = \frac{1}{N}\int \mathrm{d}N = \frac{N}{N} = 1$$

daher ist auch die *Wahrscheinlichkeit stets normiert*:

$$\boxed{\int \mathrm{d}P = 1} \tag{7.3}$$

Bisher war eine nur durch eine skalare Größe charakterisierte Messgröße angenommen. Die Erweiterung auf ein n-tupel von Messgrößen $(x_1, x_2, \ldots, x_n)$, z.B. Ortsvektor $\boldsymbol{r} = (x, y, z)$, ist sehr einfach. Dann ist $\mathrm{d}N =$ Anzahl der Messungen mit einem Ergebnis: x_1 in $[x_1, x_1+\mathrm{d}x_1]$, x_2 in $[x_2, x_2+\mathrm{d}x_2], \ldots, x_n$ in

$[x_n, x_n{+}\mathrm{d}x_n]$. Offenbar ist durch $\mathrm{d}P$ keine vernünftige Beschreibung der Situation, ob nun für eine eindimensionale Messgröße x oder für ein n-tupel, möglich. Wird z.B. das Intervall $\mathrm{d}x$ verdoppelt, so wird auch die zugehörige Wahrscheinlichkeit $\mathrm{d}P$ doppelt so groß. Wir benutzen daher statt der differentiellen Wahrscheinlichkeit $\mathrm{d}P$ die **Wahrscheinlichkeitsdichte**:

$$\boxed{\frac{\mathrm{d}P}{\mathrm{d}V} = \frac{\mathrm{d}P}{\mathrm{d}x_1 \cdot \mathrm{d}x_2 \ldots \mathrm{d}x_n}} \tag{7.4}$$

Eindimensional: $\frac{\mathrm{d}P}{\mathrm{d}x}$, Messgröße = Ortsvektor $\boldsymbol{r} \Rightarrow \frac{\mathrm{d}P}{\mathrm{d}V} = \frac{\mathrm{d}P}{\mathrm{d}x \cdot \mathrm{d}y \cdot \mathrm{d}z}$, $\mathrm{d}V$ = Volumenelement im dreidimensionalen Ortsraum.
Die Normierungsbedingung (7.3) lautet dann

$$\boxed{\int\limits_V \frac{\mathrm{d}P}{\mathrm{d}V} \cdot \mathrm{d}V = 1} \tag{7.5}$$

V = gesamter i.a. n-dimensionaler Raum.

7.3 Wellenfunktion zur Beschreibung eines quantenmechanischen Zustands, allgemeiner Fall

Definition: Objekte, d.h. Teilchen, Teilchensysteme, sollen dann im gleichen **Zustand** sein, wenn sie prinzipiell nicht voneinander unterschieden werden können ("identische" Objekte).
Ein "Objekt" kann ein einzelnes Teilchen, z.B. Elektron oder Proton sein, ein einfaches Teilchen, z.B. ein H-Atom (Proton und Elektron) oder H_2-Molekül, ein O-Atom mit Kern aus 8 Neutronen, 8 Protonen und Elektronenhülle mit 8 Elektronen, ein H_2O-Molekül oder ein sehr kompliziertes Teilchensystem, z.B. ein Eiskristall.
Bislang hatten wir eine Wellenfunktion explizit nur für ein freies Teilchen als Wellenpaket aus DE BROGLIE-Wellen angegeben. Wir wollen nun die in 7.1 gemachten Aussagen auf den allgemeinen Fall der Bewegung eines Teilchens in einem i.a. orts- und zeitabhängigen Potential mit potentieller Energie $V(\boldsymbol{r}, t)$ verallgemeinern. Auch hier soll gelten:

Korollar 7.1 *Der Zustand eines Teilchens wird eindeutig durch eine* **Wellenfunktion** $\psi(\boldsymbol{r}, t)$ *beschrieben. Insbesondere folgt aus* $\psi(\boldsymbol{r}, 0) \rightarrow \psi(\boldsymbol{r}, t)$ *für* t *beliebig.*[1] *(7.6)*

Die Wellenfunktion ψ ist nicht messbar. Allein messbar ist die **Wahrscheinlichkeitsdichte**:

[1] Wegen $\boldsymbol{r} = (x, y, z)$ besitzt ein Teilchen i.a. 3 **Freiheitsgrade** = Koordinaten des Ortsvektors.

$$\boxed{\frac{\mathrm{d}P}{\mathrm{d}V} = |\psi(\boldsymbol{r},t)|^2 = \psi^*(\boldsymbol{r},t)\psi(\boldsymbol{r},t)} \tag{7.7}$$

$\mathrm{d}P = \psi^*\psi\cdot\,\mathrm{d}V$ ist die Wahrscheinlichkeit, das Teilchen bei einer Messung am Ort $\boldsymbol{r}$ zur Zeit t im Volumenelement $\mathrm{d}V = \mathrm{d}x\cdot\,\mathrm{d}y\cdot\,\mathrm{d}z$ anzutreffen.
Entsprechend gilt für ein Teilchensystem:

Korollar 7.2 *Der Zustand eines Teilchensystems aus n Teilchen wird eindeutig durch eine* **Wellenfunktion** $\psi(\boldsymbol{r}_1, \boldsymbol{r}_2, \ldots, \boldsymbol{r}_n, t)$ *beschrieben. Insbesondere folgt aus* $\psi(\boldsymbol{r}_1, \boldsymbol{r}_2, \ldots, \boldsymbol{r}_n, 0) \to \psi(\boldsymbol{r}_1, \ldots, \boldsymbol{r}_n, t)$. *(7.6a)*

Ein Teilchensystem aus n Teilchen besitzt i.a. $3n$ **Freiheitsgrade** = x, y, z-Komponenten der n Ortsvektoren. Die Wellenfunktion $\psi(\boldsymbol{r}_1, \boldsymbol{r}_2, \ldots, \boldsymbol{r}_n, t)$ ist nicht messbar, messbar allein ist die Wahrscheinlichkeitsdichte:

$$\boxed{\frac{\mathrm{d}P}{\mathrm{d}V} = |\psi(\boldsymbol{r}_1, \ldots, \boldsymbol{r}_n, t)|^2 = \psi^*(\boldsymbol{r}_1, \ldots, \boldsymbol{r}_n, t)\psi(\boldsymbol{r}_1, \ldots, \boldsymbol{r}_n, t)} \tag{7.8}$$

$\mathrm{d}P = \psi^*\psi\cdot\,\mathrm{d}V$ ist die Wahrscheinlichkeit, das System zur Zeit t in einem Zustand anzutreffen, wobei das Teilchen 1 sich am Ort $\boldsymbol{r}_1$ im Volumenelement $\mathrm{d}V_1 = \mathrm{d}x_1\cdot\,\mathrm{d}y_1\cdot\,\mathrm{d}z_1$, das Teilchen 2 sich am Ort $\boldsymbol{r}_2$ im Volumenelement $\mathrm{d}V_2 = \mathrm{d}x_2\cdot\,\mathrm{d}y_2\cdot\,\mathrm{d}z_2$, das Teilchen n sich am Ort $\boldsymbol{r}_n$ im Volumenelement $\mathrm{d}V_n = \mathrm{d}x_n\cdot\,\mathrm{d}y_n\cdot\,\mathrm{d}z_n$ befindet. Es ist $\mathrm{d}V = \mathrm{d}V_1\cdot\,\mathrm{d}V_2, \cdots, \mathrm{d}V_n$.

Normierung und Normierbarkeit einer Wellenfunktion

Aus der Interpretation der Wellenfunktion als Wahrscheinlichkeitsamplitude (7.7), (7.8) folgt, dass $\mathrm{d}P/\mathrm{d}V = \psi^*\psi$ überall **endlich** und **stetig** sein muss, d.h. ψ ist selbst stetig. $\psi^*\psi$ muss für $|\boldsymbol{r}| \to \infty$ *hinreichend rasch gegen* 0 gehen, damit die Normierungsbedingung (7.3) erfüllbar ist:

$$\boxed{\int_V \psi^*\psi \cdot \mathrm{d}V = 1} \tag{7.9}$$

Die Wellenfunktion ψ muss also "**quadratintegrabel**" sein, d.h. $|\psi|^2$ muss integrierbar sein. Wir werden im folgenden auch voraussetzen, dass ψ *stetig differenzierbar nach Ort und Zeit* ist. Dies wird benötigt, wenn ψ als Lösung einer Differentialgleichung beschrieben werden soll (s. SCHRÖDINGER-Gleichung, Kap. 8).
Eine Wellenfunktion, die der Bedingung (7.9) genügt, heißt **normierte Wellenfunktion**. Wir werden sehen, dass sich die Wellenfunktion als Lösung der SCHRÖDINGER-Gleichung ergibt. Diese Lösung ist bei einer vorgegebenen Situation, bei der die potentielle Energie als Funktion des Ortes und der Zeit bekannt ist, i.a. nur bis auf eine multiplikative Konstante bestimmt, so dass (7.9) nicht automatisch erfüllt ist. In jedem Fall muss die Wellenfunktion aber normierbar sein, $\int \psi'^*\psi'\cdot\,\mathrm{d}V$ = endlich, so dass man aus einer nicht

normierten Wellenfunktion ψ' eine äquivalente normierte Wellenfunktion ψ erhalten kann:

$$\boxed{\psi = \frac{\psi'}{\left(\int\limits_V \psi'^* \psi' \cdot \mathrm{d}V\right)^{1/2}}} \tag{7.10}$$

Eine nicht normierbare Wellenfunktion ist nicht zur Beschreibung des Zustandes eines Teilchens bzw. Teilchensystems geeignet, da bei ihr wegen der Verletzung von (7.9) bzw. (7.3) die Interpretationsmöglichkeit als Wahrscheinlichkeitsamplitude zusammenbricht. In diesem Sinne ist die DE BROGLIE-Welle:

$$\psi(\boldsymbol{r}, t) = e^{i(\boldsymbol{kr} - \omega t)}$$

nicht normierbar. Aus $\psi^* \psi = 1 \Rightarrow \int \psi^* \psi \cdot \mathrm{d}V = \infty$.
Da nur normierte Wellenfunktionen eine sinnvolle Beschreibung des Zustandes gestatten, gilt:

Korollar 7.3 *Die Wellenfunktionen ψ und $a\psi$ (a = beliebig komplexe Zahl) beschreiben den gleichen Zustand.* *(7.11)*

Folgerung: ψ sei eine normierte Wellenfunktion, $\psi' = a\psi$ nicht. Aus ψ' gewinnen wir die äquivalente normierte Wellenfunktion $\overline{\psi}$ nach (7.10):

$$\overline{\psi} = \frac{\psi'}{\left(\int |\psi'|^2 \cdot \mathrm{d}V\right)^{1/2}} = \frac{a\psi}{\left(|a|^2 \int |\psi|^2 \cdot \mathrm{d}V\right)^{1/2}} = \frac{a}{|a|}\psi$$

Allgemein läßt sich jede komplexe Zahl a schreiben als $a = |a|e^{i\alpha}$, so dass wir erhalten:

$$\overline{\psi} = \psi e^{i\alpha} \quad \text{mit} \quad \overline{\psi}^* \overline{\psi} = \psi^* \psi = 1, \quad \text{da} \quad e^{i\alpha} e^{-i\alpha} = 1$$

Die Wellenfunktion ψ liegt nur bis auf einen beliebigen Phasenfaktor $e^{i\alpha}$ fest, wobei α beliebig reell ist. Diese Aussage ist äquivalent mit (7.11).

Superpositionsprinzip

Wir haben gesehen, dass die Teilchenstrahlung einen Wellencharakter besitzt und dass wir die hiermit zusammenhängenden messbaren Interferenz- und Beugungsphänomene mit der Wellenfunktion als Wahrscheinlichkeitsamplitude verstehen können, wenn wir das von den klassischen Wellen her bekannte Superpositionsprinzip auch auf die Wahrscheinlichkeitsamplitude übertragen. Dieses Superpositionsprinzip soll nun allgemein für die Wellenfunktion ψ vorausgesetzt werden:

Korollar 7.4 *Ist für ein Teilchen bzw. Teilchensystem sowohl der Zustand* ψ_1 *(Wahrscheinlichkeitsdichte* $|\psi_1|^2$*) als auch* ψ_2 *(Wahrscheinlichkeitsdichte* $|\psi_2|^2$*) möglich, dann ist auch* $a_1\psi_1 + a_2\psi_2$ *(*a_1, a_2 *beliebig komplexe Zahlen) ein möglicher Zustand mit der Wahrscheinlichkeitsdichte* $|a_1\psi_1+a_2\psi_2|^2$ *(7.12)*

Sollte $a_1\psi_1 + a_2\psi_2$ dann nicht normiert sein, so läßt sich daraus eine äquivalente normierte Wellenfunktion berechnen. Hier eine Anwendung von (7.12) zur Beantwortung einer ebenfalls im Zusammenhang mit dem Doppelspaltexperiment häufig gestellten Frage:
ψ_1 beschreibt den "Zustand": Elektron geht durch Spalt 1, ψ_2 beschreibt den "Zustand": Elektron geht durch Spalt 2. Die Spalte 1 und 2 werden jeweils in statistischer Folge auf- und zugemacht, und zwar so, dass der zeitliche Bruchteil $= a_1^2$, in dem Spalt 1 geöffnet ist; entsprechend $= a_2^2$ in dem Spalt 2 geöffnet ist. Dann wird $\psi = a_1\psi_1 + a_2\psi_2$. In Abschn. 5.1 war der Spezialfall $a_1 = a_2 = 1$ behandelt worden: $|\psi|^2 = |\psi_1 + \psi_2|^2$. Für beliebige a_1, a_2 würde man als Verteilung der auf dem Schirm auftreffenden Elektronen messen: $|a_1\psi_1+a_2\psi_2|^2$! In diesem Fall sind a_1, a_2 reell, so dass man erhält: $|a_1\psi_1+a_2\psi_2|^2 = a_1^2|\psi_1|^2+a_2^2|\psi_2|^2+a_1a_2(\psi_1^*\psi_2+\psi_1\psi_2^*)$. Die weitere Rechnung läßt sich dann genauso durchführen wie bei der Interferenz von Lichtwellen an einem Doppelspalt: Aus dem für $a_1 = a_2 = 1$ gemessenen Interferenzterm $\psi_1^*\psi_2 + \psi_1\psi_2^*$ und den bekannten Wahrscheinlichkeitsverteilungen für Elektronen **nur** durch Spalt 1 $|\psi_1|^2$ und entsprechend durch Spalt 2 $|\psi_2|^2$ kann $|a_1\psi_1 + a_2\psi_2|^2$ ermittelt werden. Dies muss dann auch das Ergebnis der Messung sein.

8 Schrödinger-Gleichung

8.1 Die Wellenfunktion als Lösung einer Differentialgleichung, axiomatische Bedeutung, Eigenschaften

In der **klassischen Physik** ergeben sich die messbaren Größen aus den dort vorausgesetzten **Axiomen**. Ihr wesentlicher Inhalt ist in Form von **Differentialgleichungen** formuliert wie z.B. in der NEWTONschen Bewegungsgleichung und den MAXWELLschen Gleichungen. Die spezielle Form der hieraus folgenden Differentialgleichung, aus der die messbaren Größen wie z.B. $\boldsymbol{r}(t)$ für ein Teilchen; $\boldsymbol{E}(\boldsymbol{r}, t), \boldsymbol{B}(\boldsymbol{r}, t)$ für ein elektromagnetisches Feld, als **Lösungen** ermittelt werden können, hängen von der jeweiligen konkreten Situation ab: Kraft bzw. potentielle Energie als Funktion von Ort und Zeit, Ladungsdichte und Stromdichte als Funktion von Ort und Zeit. Zum Beispiel erhält man für ein lineares Kraftgesetz $F = -Dx$ die Differentialgleichung der harmonischen Schwingung $m\ddot{x} + Dx = 0$. In speziellen Situationen erhält man in der klassischen Physik **Wellenphänomene** wie etwa Wasserwellen, Schallwellen, elastische Wellen eines Seils, Lichtwellen, etc., wobei sich die jeweils messbare Momentanauslenkung, die Momentanamplitude, z.B. Querauslenkung eines Seils, elektrischer Feldvektor, etc., als Lösung einer speziellen Differentialgleichung, der sogenannten **Wellengleichung** ergibt. In der klassischen Physik ergibt sich die *Wellengleichung als Konsequenz aus den Axiomen*; Beispiele hierfür werden in Abschn. 8.2 wiederholt.

In der **Quantenmechanik** steht als einzige Größe zur Beschreibung des Zustandes eines Teilchens bzw. Teilchensystems die Wellenfunktion zur Verfügung, also eine Funktion von Ort und Zeit, die charakteristische Züge der Momentanamplitude einer klassischen Welle aufweist. Wir werden daher in Analogie annehmen, dass auch die quantenmechanische *Wellenfunktion Lösung einer bestimmten Differentialgleichung = quantenmechanische Wellengleichung* ist. Im Gegensatz zur klassischen Physik läßt sich diese Differentialgleichung aber nicht aus ihr zugrundeliegenden Axiomen herleiten, die gesuchte Differentialgleichung hat selbst **axiomatischen Charakter**. Sie nimmt in der Quantenmechanik dieselbe Rolle ein, wie die NEWTONsche Bewegungsgleichung in der klassischen Mechanik.

Obwohl die der Quantenmechanik zugrundeliegende Wellengleichung, die SCHRÖDINGER-Gleichung, als Axiom postuliert werden muss, lassen sich doch aufgrund bekannter allgemeiner Eigenschaften der Wellenfunktion (s. 7.1) einige Aussagen über die *allgemeine Form dieser Differentialgleichung* machen:

(A) Aus dem **Superpositionsprinzip**, das wir für die Wellenfunktion voraussetzen, können wir schließen, dass die gesuchte Differentialgleichung eine *lineare homogene Differentialgleichung* sein muss.
(B) Aus der eindeutigen Beschreibung des Zustands durch eine Wellenfunktion mit der Konsequenz, dass auch die *zeitliche Entwicklung der Wellenfunktion* $\psi(\boldsymbol{r}, t)$ aus einer Momentanaufnahme, etwa $\psi(\boldsymbol{r}, 0)$ eindeutig bestimmt ist, können wir schließen, dass die *Differentialgleichung von 1. Ordnung in der Zeit* ist.

Die Begriffe "lineare homogene Differentialgleichung und "von 1. Ordnung in der Zeit" sind der Mathematik entnommen und werden in 8.4 näher kommentiert. Dort sollen auch die Aussagen (A) und (B) anhand der SCHRÖDINGER-Gleichung erläutert werden.

8.2 Die Wellengleichung der klassischen Physik als Konsequenz der gültigen Axiome

Es wurde bereits darauf hingewiesen, dass die Wellengleichung in der klassischen Physik eine Folge der NEWTONschen Axiome der Mechanik oder der MAXWELLschen Gleichungen der Elektrodynamik ist. Zur Verdeutlichung dieses Sachverhalts sei jeweils ein Beispiel angeführt:

1. Die Wellengleichung in der Mechanik als Folge der NEWTONschen Bewegungsgleichung.
   Beispiel: Elastische Welle in einem gespannten Seil.
   Wir betrachten ein differentielles Element des Seils Δx = Länge im nicht ausgelenkten Zustand (Ruhelage) mit einer Masse Δm. Das Seil sei homogen. Querschnitt q und Dichte ϱ sind überall konstant. Daher gilt:

   (i) $\Delta m = q\varrho \cdot \Delta x$

   Im unausgelenkten Seil herrscht überall die gleiche Seilspannung F_0. Die Auslenkung soll so erfolgen, dass sich jedes Element des Seils ausschließlich in y-Richtung bewegt (reine Transversalschwingung an jedem Punkt x). Dann erhalten wir die in Bild 8.1 dargestellten Verhältnisse mit

   (ii) $F_1 \cos\Theta_1 = F_2 \cdot \cos\Theta_2 = F_0$

   und der rücktreibenden Kraft

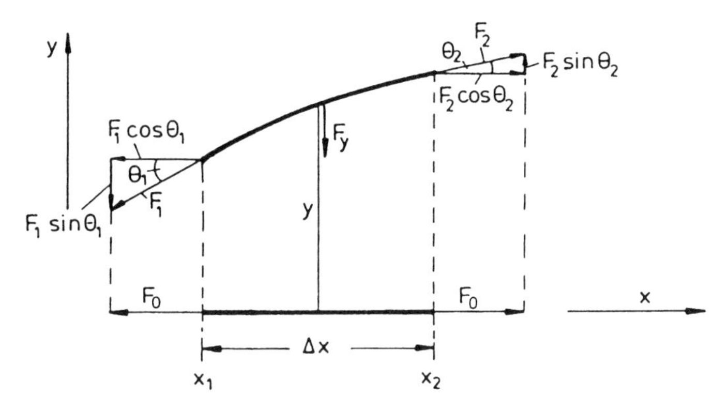

Abb. 8.1. Zur Herleitung der Wellengleichung

(iii) $\quad F_y = F_2 \sin\Theta_2 - F_1 \sin\Theta_1$

Ferner gilt:

(iv) $\quad \tan\Theta_1 = \frac{\partial y}{\partial x}(x_1); \; \tan\Theta_2 = \frac{\partial y}{\partial x}(x_2)$

Da y eine Funktion von Ort und Zeit ist, muss hier die partielle Differentiation benutzt werden. Damit erhalten wir aus (ii), (iii), (iv):

$$\begin{aligned} F_y &= F_2 \frac{\sin\Theta_2}{\cos\Theta_2} \cos\Theta_2 - F_1 \frac{\sin\Theta_1}{\cos\Theta_1} \cos\Theta_1 \\ &= F_2 \cos\Theta_2 \cdot \tan\Theta_2 - F_1 \cos\Theta_1 \cdot \tan\Theta_1 \\ \text{(v)} \qquad &= F_0 \left[\frac{\partial y}{\partial x}(x_2) - \frac{\partial y}{\partial x}(x_1)\right] \end{aligned}$$

Wir setzen $\partial y/\partial x = f(x)$ und entwickeln $f(x)$ in eine TAYLOR-Reihe:

$$\begin{aligned} f(x_2) = f(x_1 + \Delta x) &= f(x_1) + \Delta x \cdot \frac{\partial f}{\partial x}(x_1) \\ &\quad + \underbrace{\frac{1}{2}(\Delta x)^2 \cdot \frac{\partial^2 f}{\partial x^2}(x_1) + \ldots}_{\to 0,\text{vernachlaessigen!}} \end{aligned}$$

Also verbleibt

$$f(x_2) - f(x_1) = \Delta x \cdot \frac{\partial f}{\partial x}(x_1)$$

oder

(vi) $\quad \frac{\partial y}{\partial x}(x_2) - \frac{\partial y}{\partial x}(x_1) = \Delta x \cdot \frac{\partial^2 y}{\partial x^2}$

Wir erhalten also für die rücktreibende Kraft nach (v) und (vi)

(vii) $\quad F_y = F_0 \cdot \Delta x \cdot \frac{\partial^2 y}{\partial x^2}$

Zusammen mit der NEWTONschen Bewegungsgleichung

$$F_y = \Delta m \cdot \frac{\mathrm{d}^2 y}{\mathrm{d}t^2}$$

erhalten wir mit Δm nach (i) und F_y nach (vii):

$$F_0 \cdot \Delta x \cdot \frac{\partial^2 y}{\partial x^2} = q\varrho \cdot \Delta x \cdot \frac{\partial^2 y}{\partial t^2}$$

oder die "**Wellengleichung**":

$$\boxed{\frac{\partial^2 y}{\partial t^2} = v_\varphi^2 \frac{\partial^2 y}{\partial x^2}} \tag{8.1a}$$

mit $v_\varphi^2 = F_0/(q\varrho)$. Wir werden sehen, dass die so definierte Größe v_φ die Phasengeschwindigkeit ist.

2. Wellengleichung in der Elektrodynamik als Folge der MAXWELLschen Gleichungen. Beispiel: Elektromagnetische Wellen im Vakuum.
Die MAXWELLschen Gleichungen im Vakuum lauten (Band 2):

$$\operatorname{div} \boldsymbol{E} = 0 \qquad \operatorname{div} \boldsymbol{B} = 0$$

$$\operatorname{rot} \boldsymbol{E} = -\frac{\partial \boldsymbol{B}}{\partial t} \qquad \operatorname{rot} \boldsymbol{B} = \frac{1}{c^2}\frac{\partial \boldsymbol{E}}{\partial t}$$

Allgemein gilt:

$$\operatorname{rot}(\operatorname{rot} \boldsymbol{a}) = \operatorname{grad}(\operatorname{div} \boldsymbol{a}) - \Delta \boldsymbol{a}$$

$$\left[\Delta \boldsymbol{a} = \frac{\partial^2 \boldsymbol{a}}{\partial x^2} + \frac{\partial^2 \boldsymbol{a}}{\partial y^2} + \frac{\partial^2 \boldsymbol{a}}{\partial z^2}\right]$$

Damit erhalten wir mit Hilfe des FARADAY-HENRY-Satzes ($\operatorname{rot} \boldsymbol{E} = -\partial \boldsymbol{B}/\partial t$) und des Gaußschen Satzes ($\operatorname{div} \boldsymbol{E} = 0$) für die linke Seite:

$$\operatorname{rot}(\operatorname{rot} \boldsymbol{E}) = \operatorname{grad}(\operatorname{div} \boldsymbol{E}) - \Delta \boldsymbol{E} = 0$$

und mit Hilfe des AMPERE-MAXWELL-Satzes ($c^2 \cdot \operatorname{rot} \boldsymbol{B} = \partial \boldsymbol{E}/\partial t$) für die rechte Seite:

$$-\operatorname{rot}\left(\frac{\partial \boldsymbol{B}}{\partial t}\right) = -\frac{\partial}{\partial t}(\operatorname{rot} \boldsymbol{B}) = -\frac{1}{c^2}\frac{\partial^2 \boldsymbol{E}}{\partial t^2}$$

Also folgt

$$\boxed{\frac{\partial^2 \boldsymbol{E}}{\partial t^2} = c^2 \cdot \Delta \boldsymbol{E}, \quad \frac{\partial^2 \boldsymbol{B}}{\partial t^2} = c^2 \cdot \Delta \boldsymbol{B}} \tag{8.1b}$$

Die Beweisführung für $\boldsymbol{B}$ ist entsprechend.
(8.1b) ist die "Wellengleichung" für die elektromagnetische Welle im Vakuum. (8.1a), (8.1b) entsprechen einander vollständig; c ist die Phasengeschwindigkeit der elektromagnetischen Welle. Der einzige Unterschied zwischen (8.1a) und (8.1b) ist der, dass die "Wellenfunktion" im Beispiel der Seil-Welle die momentane transversale Auslenkung y und für die elektromagnetische Welle der Momentanwert des elektrischen bzw. magnetischen Feldvektors $\boldsymbol{E}$ bzw. $\boldsymbol{B}$ ist.

8.3 Plausibilitätsbetrachtung zum Verständnis der Schrödinger-Gleichung

Da die Wellenfunktion der Quantenmechanik (ψ = Wahrscheinlichkeitsamplitude) eine ganz andere Bedeutung hat als die in der klassischen Mechanik, z.B. y = Transversalauslenkung eines Seils, können wir nicht erwarten, dass die Wellengleichung der Quantenmechanik genauso aussieht wie die der klassischen Physik, siehe etwa Gl. (8.1a). Wesentliche Merkmale müssen jedoch beiden Fällen gemeinsam sein. So gilt für die "Wellenfunktion" der klassischen Physik wie in der Quantenmechanik das Superpositionsprinzip. Die Wellengleichung muss in beiden Fällen eine lineare homogene Differentialgleichung sein.

Kräftefreies Teilchen, Bewegung nur in x-Richtung

Es ist sicher, dass im Fall des kräftefreien Teilchens mit potentieller Energie $V(\boldsymbol{r}, t) = 0$ die De Broglie-Welle $\psi = e^{i(kx - \omega t)}$ eine spezielle Lösung der gesuchten Differentialgleichung sein muss. Die das Teilchen beschreibende Wellenfunktion läßt sich nämlich in diesem Fall aus De Broglie-Wellen superponieren, d.h. ein Wellenpaket als Fourier-Integral über De Broglie-Wellen. Da das Superpositionsprinzip gültig sein soll, ist die Annahme sicherlich berechtigt. Auch für die bereits bekannte klassische Wellengleichung, etwa Gl. (8.1a), ist eine einfache Lösung bereits bekannt, die **harmonische Seilwelle**

$$y = A\cos(kx - \omega t)$$

Wir wollen nun rückwärts versuchen, aus diesen speziellen Lösungen die jeweilige Differentialgleichung zu konstruieren. Gelangen wir dabei für den klassischen Fall wieder zur bekannten, aus den Newtonschen Axiomen gefolgerten Wellengleichung, so haben wir vielleicht ein gewisses Vertrauen, dass wir die für den quantenmechanischen Fall gewonnene Differentialgleichung auch als allgemein richtig ansehen dürfen, nicht nur für den Spezialfall der De Broglie-Wellen. Diese Differentialgleichung werden wir dann für die Quantenmechanik als Axiom postulieren.

Zusammenstellung:

Klassisch	**Quantenmechanisch**
harmonische Seilwelle	De Broglie-Welle
$y = A\cos(kx - \omega t)$	$\psi = e^{i(kx - \omega t)}$
$\nu\lambda = v_\varphi$	$E = \dfrac{p^2}{2m}$
(Phasengeschwindigkeit)	(freies nichtrelativistisches Teilchen)
$k = \dfrac{2\pi}{\lambda}$, $\omega = 2\pi\nu$	
$\omega = kv_\varphi$	$\omega = \dfrac{\hbar k^2}{2m}$
Dispersionsrelation	**Dispersionsrelation**

Klassisch	**Quantenmechanisch**
$v_\varphi = \text{const}$ (s. (8.1a)	$v_\varphi = \frac{\omega}{k} = \frac{\hbar k}{2m}$
unabhängig von k	abhängig von k
$\frac{\partial y}{\partial x} = -Ak\sin(kx - \omega t)$	$\frac{\partial \psi}{\partial x} = ike^{i(kx - \omega t)}$
$\frac{\partial^2 y}{\partial x^2} = -Ak^2\cos(kx - \omega t)$	$\frac{\partial^2 \psi}{\partial x^2} = -k^2 e^{i(kx - \omega t)}$
$\frac{\partial y}{\partial t} = A\omega\sin(kx - \omega t)$	$\frac{\partial \psi}{\partial t} = -i\omega e^{i(kx - \omega t)}$
$\frac{\partial^2 y}{\partial t^2} = -A\omega^2\cos(kx - \omega t)$	$\frac{\partial^2 \psi}{\partial t^2} = -\omega^2 e^{i(kx - \omega t)}$
Da $\omega = kv_\varphi \Rightarrow$	Da $\omega = \frac{\hbar k^2}{2m} \Rightarrow$
$\frac{\partial^2 y}{\partial t^2} = v^2 \frac{\partial^2 y}{\partial x^2}$	$\frac{\partial \psi}{\partial t} = \frac{i\hbar}{2m}\frac{\partial^2 \psi}{\partial x^2}$

Wir postulieren, dass die so konstruierte Wellengleichung für ψ tatsächlich die gesuchte Differentialgleichung, d.h. die SCHRÖDINGER-Gleichung im einfachen Fall (kräftefreies Teilchen, eindimensionale Bewegung) ist. Durch Multiplikation mit $i\hbar$ erhält man die allgemein übliche Form der Gl. (8.2). Also lautet die SCHRÖDINGER-Gleichung für ein kräftefreies Teilchen; Bewegung eindimensional (nichtrelativistisch):

$$\boxed{-\frac{\hbar^2}{2m}\frac{\partial^2 \psi}{\partial x^2} = i\hbar\frac{\partial \psi}{\partial t}} \tag{8.2}$$

Zur weiteren Untermauerung der Plausibilitätsbetrachtung soll hier noch explizit ausgeführt werden, dass ein Wellenpaket, d.h. die Wellenfunktion für ein kräftefreies Teilchen, tatsächlich Lösung der Differentialgleichung (8.2) ist: $\psi(x,t)$ läßt sich als FOURIER-Integral darstellen:

$$\psi(x,t) = \int_{-\infty}^{+\infty} f(k) e^{i(kx - \omega t)} \cdot \mathrm{d}k$$

Das ergibt:

$$\frac{\partial^2 \psi}{\partial x^2} = -\int k^2 f(k) e^{i(kx - \omega t)} \cdot \mathrm{d}k$$

$$\frac{\partial \psi}{\partial t} = -i\int \omega f(k) e^{i(kx - \omega t)} \cdot \mathrm{d}k$$

Da für jede einzelne DE BROGLIE-Welle im FOURIER-Integral die Dispersionsrelation $\omega = (\hbar k^2)/(2m)$ erfüllt sein muss, sieht man, dass das Wellenpaket tatsächlich Lösung der SCHRÖDINGER-Gleichung (8.2) ist.

Allgemeiner Fall, Teilchen mit potentieller Energie $V(\boldsymbol{r}, t)$; räumliche Bewegung (nichtrelativistisch)

Zunächst werde die Verallgemeinerung von (8.2) (kräftefreies Teilchen) auf 3 Koordinaten (Freiheitsgrade) vorgenommen. Die DE BROGLIE-Welle in Richtung des Wellenvektors $\boldsymbol{k}$, wobei die allgemeine Richtung im Raum nicht unbedingt parallel zur x, y- oder z-Achse sein muss, läßt sich schreiben:

$$\psi = e^{i(\boldsymbol{kr} - \omega t)}$$

$$\text{mit} \qquad \boldsymbol{r} = x\boldsymbol{u}_x + y\boldsymbol{u}_y + z\boldsymbol{u}_z \quad \text{und} \quad \boldsymbol{k} = k_x\boldsymbol{u}_x + k_y\boldsymbol{u}_y + k_z\boldsymbol{u}_z$$

Für ein freies Teilchen lautet die Energie-Impuls-Beziehung:

$$E = \frac{p^2}{2m}$$

Daher ist

$$\hbar\omega = \frac{\hbar^2 k_x^2}{2m} + \frac{\hbar^2 k_y^2}{2m} + \frac{\hbar^2 k_z^2}{2m}$$

Verfährt man nun wie vorher, so läßt sich entsprechend plausibel machen, dass die SCHRÖDINGER-Gleichung für ein freies nichtrelativistisches Teilchen allgemein lautet:

$$\boxed{-\frac{\hbar^2}{2m} \cdot \nabla^2 \psi = i\hbar \frac{\partial \psi}{\partial t}} \tag{8.2a}$$

Hierin ist ∇ der "Nabla-Operator":

$$\nabla = \boldsymbol{u}_x \frac{\partial}{\partial x} + \boldsymbol{u}_y \frac{\partial}{\partial y} + \boldsymbol{u}_z \frac{\partial}{\partial z}$$

$$\text{mit} \quad \nabla^2 = \Delta = \frac{\partial^2}{\partial x^2} + \frac{\partial^2}{\partial y^2} + \frac{\partial^2}{\partial z^2}$$

Um eine Verwechselung mit Δ als Symbol für eine Schwankungsbreite zu vermeiden, wird der LAPLACE-Operator Δ hier mit ∇^2 bezeichnet.
In der Beziehung $E = p^2/(2m)$ kann man natürlich auch noch eine konstante potentielle Energie berücksichtigen, da diese ja nur bis auf eine additive Konstante festgelegt ist: $E = p^2/(2m) + V$. Auch hier muss daher die DE BROGLIE-Welle eine spezielle Lösung sein:

$$-\frac{\hbar^2}{2m} \cdot \nabla^2 \psi + V\psi = i\hbar \frac{\partial \psi}{\partial t}$$

Schließlich postulieren wir:
Die Wellenfunktion eines nichtrelativistischen Teilchens ist Lösung der folgenden Differentialgleichung: SCHRÖDINGER-Gleichung im allgemeinen Fall:

$$\boxed{-\frac{\hbar^2}{2m} \cdot \nabla^2 \psi(\boldsymbol{r}, t) + V(\boldsymbol{r}, t)\psi(\boldsymbol{r}, t) = i\hbar \frac{\partial \psi(\boldsymbol{r}, t)}{\partial t}} \tag{8.3}$$

Da die im Atom vorkommenden Elektronengeschwindigkeiten ausschließlich im nichtrelativistischen Bereich liegen, können wir uns hier auf diesen Fall beschränken. Es sei jedoch angemerkt, dass man unter Verwendung der relativistischen Energie-Impuls-Beziehung $E^2 = p^2c^2 + m^2c^4$ für ein freies Teilchen entsprechend der Plausibilitätsbetrachtung auf die sogenannte "KLEIN-GORDON-Gleichung" kommt. Sie spielt in der relativistischen Quantenmechanik eine gewisse Rolle.

8.4 Eigenschaften der Schrödinger-Gleichung und allgemeine Konsequenzen für ihre Lösungen

Zur allgemeinen Charakterisierung der SCHRÖDINGER-Gleichung im Vergleich zur klassischen Wellengleichung läßt sich folgendes sagen:

(A) Die SCHRÖDINGER-Gleichung ist eine lineare homogene Differentialgleichung.
(B) Sie ist von 1. Ordnung in der Zeit; es kommt nur die partielle Ableitung 1. Ordnung nach der Zeit vor.
(C) Die SCHRÖDINGER-Gleichung enthält die imaginäre Zahl i.

Die Eigenschaft (A) hat sie mit der klassischen Wellengleichung gemeinsam. Durch (B) und (C) ist sie von dieser unterschieden. Wir wollen jetzt zeigen, dass sich hieraus folgende Konsequenzen ergeben:

(A) $\rightarrow$ Superpositionsprinzip
(B) $\rightarrow$ Aus $\psi(\boldsymbol{r}, 0)$ folgt eindeutig $\psi(\boldsymbol{r}, t)$
(C) $\rightarrow$ ψ allgemein komplex.

Aussage (A): Die SCHRÖDINGER-Gleichung ist eine lineare homogene Differentialgleichung. Hieraus folgt die Gültigkeit des Superpositionsprinzips für die Wellenfunktion.

Einschub aus der Mathematik: Eine Differentialgleichung heißt **lineare Differentialgleichung**, wenn alle hierin vorkommenden partiellen Ableitungen nur als lineare Größe vorkommen. Sie enthält keine gemischten Glieder wie etwa $(\partial f/\partial x)(\partial f/\partial y)$ oder quadratische Glieder wie etwa $(\partial f/\partial x)^2$. Zum Beispiel kann man die allgemeine lineare Differentialgleichung für eine allein von x abhängige Funktion schreiben:

$$c_0(x)f(x) + c_1(x)\frac{\mathrm{d}f}{\mathrm{d}x} + c_2(x)\frac{\mathrm{d}^2 f}{\mathrm{d}x^2} + \ldots + c_n(x)\frac{d^n f}{dx^n} = c$$

$c_0(x), \ldots, c_n(x)$ sind dabei i.a. beliebige Funktionen von x, c ist eine beliebige Konstante. Allgemein können wir die linke Seite durch Df abkürzen, wobei D ein **linearer Differentialoperator** ist, der nur linear von allen möglichen partiellen Ableitungen abhängt. Die allgemeine lineare Differentialgleichung heißt dann

$$Df(x_1,\ldots,x_n) = c = \begin{cases} \neq 0 & \text{inhomogene lin. Differentialgleichung} \\ = 0 & \text{homogene lin. Differentialgleichung} \end{cases}$$

Die meisten Differentialgleichungen der Physik sind lineare Differentialgleichungen: **Beispiele**:

$\boldsymbol{F} = m\dfrac{\mathrm{d}^2r}{\mathrm{d}t^2}$ NEWTONsche Bewegungsgleichung

$\Delta\varphi = -\dfrac{\varrho}{\varepsilon_0}$ Potentialgleichung für ein Gebiet mit Raumladung $\varrho \neq 0$ $\left(\Delta = \dfrac{\partial^2}{\partial x^2} + \dfrac{\partial^2}{\partial y^2} + \dfrac{\partial^2}{\partial z^2}\right)$

$\mathrm{rot}\ \boldsymbol{E} = -\dfrac{\partial \boldsymbol{B}}{\partial t}$ FARADAY-HENRY-Satz (Induktionsgesetz)

Viele Differentialgleichungen der Physik sind homogen: **Beispiele**:

$\dfrac{\mathrm{d}^2x}{\mathrm{d}t^2} + \omega^2 x = 0$ Differentialgleichung der linearen harmonischen Schwingung

$\Delta\varphi = 0$ Potentialgleichung im Vakuum ($\varrho = 0$)

$\dfrac{\partial^2\psi}{\partial t^2} - v^2\dfrac{\partial^2\psi}{\partial x^2} = 0$ Wellengleichung der klassischen Physik für lineare Wellen

$-\dfrac{\hbar^2}{2m}\cdot\nabla^2\psi + V\psi - i\hbar\dfrac{\partial\psi}{\partial t} = 0$ SCHRÖDINGER-Gleichung: Wellengleichung der Quantenmechanik ($\nabla^2 = \Delta$)

Für die Lösungen **jeder** linearen homogenen Differentialgleichung gilt nun das Superpositionsprinzip.
Man sieht das sofort im einfachsten Fall einer nur von einer Variablen abhängigen Funktion $f(x)$ ein, wobei in der Differentialgleichung nur die Ableitung 1. Ordnung vorkommen soll. Die allgemeine Differentialgleichung dieser Art lautet

$$\text{(i)} \qquad c_0(x)f(x) + c_1(x)\frac{\mathrm{d}f(x)}{\mathrm{d}x} = 0$$

Sind nun sowohl die Funktionen $f_1(x)$ wie auch $f_2(x)$ spezielle Lösungen dieser Differentialgleichung, dann ist sicher auch $a_1 f_1(x) + a_2 f_2(x)$ (a_1, a_2 sind beliebige Konstanten) eine Lösung, denn es gilt

$$c_0(x)\Big[a_1 f_1(x) + a_2 f_2(x)\Big] + c_1(x)\frac{\mathrm{d}}{\mathrm{d}x}\Big[a_1 f_1(x) + a_2 f_2(x)\Big]$$

$$= a_1 \underbrace{\Big[c_0(x) f_1(x) + c_1(x)\frac{\mathrm{d}f_1(x)}{\mathrm{d}x}}_{=0\ nach\ (i), denn\ f_1(x) soll\ Loesung\ sein}$$

$$+ a_2 \underbrace{\left[c_0(x) f_2(x) + c_2(x) \frac{\mathrm{d} f_2(x)}{\mathrm{d}x}\right]}_{=0 \text{ nach (i),denn } f_2(x) \text{soll Loesung sein}} = 0$$

Ich hoffe, jeder sieht, dass sich dieser Rechengang auf beliebige lineare homogene Differentialgleichungen übertragen läßt, also auch auf die SCHRÖDINGER-Gleichung, die explizit ausgeschrieben lautet:

$$\begin{aligned}
-\frac{\hbar^2}{2m}\frac{\partial^2 \psi(x,y,z,t)}{\partial x^2} - \frac{\hbar^2}{2m}\frac{\partial^2 \psi(x,y,z,t)}{\partial y^2} - \frac{\hbar^2}{2m}\frac{\partial^2 \psi(x,y,z,t)}{\partial z^2}& \\
+ V(x,y,z,t)\psi(x,y,z,t) - i\hbar \frac{\partial \psi(x,y,z,t)}{\partial t}& \\
= 0&
\end{aligned}$$

Da jeder der linear vorkommenden Summanden der Linearitätsbedingung genügt, also etwa

$$\begin{aligned}
\frac{\partial^2}{\partial x^2}\Big[\psi_1(x,y,z,t) + \psi_2(x,y,z,t)\Big] &= \frac{\partial^2 \psi_1(x,y,z,t)}{\partial x^2} \\
&+ \frac{\partial^2 \psi_2(x,y,z,t)}{\partial x^2} \\
V(x,y,z,t)\Big[\psi_1(x,y,z,t) + \psi_2(x,y,z,t)\Big] &= V_1(x,y,z,t) \\
&\quad \psi_1(x,y,z,t) \\
&+ V_2(x,y,z,t) \\
&\quad \psi_2(x,y,z,t) \\
\frac{\partial}{\partial t}\Big[\psi_1(x,y,z,t) + \psi_2(x,y,z,t)\Big] &= \frac{\partial \psi_1(x,y,z,t)}{\partial t} \\
&+ \frac{\partial \psi_2(x,y,z,t)}{\partial t}
\end{aligned}$$

ergibt sich wie für jede andere lineare homogene Differentialgleichung:
Mit $\psi_1(\boldsymbol{r},t), \psi_2(\boldsymbol{r},t)$ ist auch $a_1\psi_1(\boldsymbol{r},t) + a_2\psi_2(\boldsymbol{r},t)$ (a_1, a_2 sind beliebige Konstanten) eine Lösung der SCHRÖDINGER-Gleichung. Dies ist aber der Inhalt des Superpositionsprinzips.

Der Sachverhalt ist hier deshalb so ausführlich hingeschrieben worden, da ich den Eindruck habe, dass viele Studenten noch (verständliche) Schwierigkeiten im Umgang mit etwas komplizierteren mathematischen Ausdrücken dieser Art haben.

Aussage (B): Die SCHRÖDINGER-Gleichung ist eine Differentialgleichung von 1. Ordnung in der Zeit. Es kommt nur die partielle Ableitung 1. Ordnung nach der Zeit vor. Hieraus folgt: Aus $\psi(\boldsymbol{r},0)$ ergibt sich $\psi(\boldsymbol{r},t)$ eindeutig. Dies soll i.f. für denjenigen Spezialfall der SCHRÖDINGER-Gleichung gezeigt werden, bei dem die potentielle Energie nicht explizit von der Zeit abhängig ist: $V(\boldsymbol{r},t) = V(\boldsymbol{r})$, ist aber keineswegs hierauf beschränkt. Allgemeiner Beweis siehe Mathematik.

Allgemeine Bemerkungen zum Spezialfall $V(r,t) = V(r)$

Wir denken etwa an die Bewegung eines Elektrons in der Atomhülle des H-Atoms. Die potentielle Energie wird solange aus dem zeitunabhängigen Coulomb-Potential allein bestimmt, solange keine "zeitabhängige Störung" das Atom von außen beeinflusst. Eine solche zeitabhängige Störung kann z.B. durch eine elektromagnetische Welle, d.h. eingestrahltes Licht, oder ein durch das Atom hindurchfliegendes geladenes Teilchen bewirkt werden. Wir sehen also: Jede Wechselwirkung und damit auch jede am System durchgeführte Messung ist mit einer zeitabhängigen Störung verknüpft. Der Spezialfall zeitunabhängiger potentieller Energie beschreibt also einen idealisierten Grenzfall. Obwohl nach diesen Ausführungen klar sein sollte, dass zeitabhängige Störungen, d.h. Wechselwirkungen, von großer Bedeutung sind, erscheint es doch interessant, zunächst den einfachen Grenzfall einer rein ortsabhängigen potentiellen Energie zu untersuchen. Es ist dies ja ein Vorgehen, was Physiker allgemein bevorzugen: In einem ersten Schritt wird der idealisierte Grenzfall betrachtet. Vorteil: Er ist einfach. Nachteil: Er ist nur näherungsweise realisierbar. In einem zweiten Schritt versucht man dann, die Komplikationen, die sich im realen Fall gegenüber dem idealisiertern Grenzfall ergeben, zu erfassen. Wir wollen uns in dieser Vorlesung auf den ersten Schritt beschränken und den allgemeinen Fall zeitabhängiger Potentiale einer Spezialvorlesung zur Quantenmechanik überlassen.

Zeitunabhängige Potentiale, stationäre Lösungen

Für $V(\boldsymbol{r},t) = V(\boldsymbol{r})$ lautet die SCHRÖDINGER-Gleichung

$$\boxed{-\frac{\hbar^2}{2m}\cdot\nabla^2\Psi(\boldsymbol{r},t) + V(\boldsymbol{r})\Psi(\boldsymbol{r},t) = i\hbar\frac{\partial\Psi(\boldsymbol{r},t)}{\partial t}} \tag{8.4}$$

Der Mathematik entnehmen wir, dass die allgemeine Lösung dieser Differentialgleichung als beliebige Linearkombination (Superpositionsprinzip!) von einzelnen Lösungen darstellbar ist, die aus einem Produktansatz hervorgehen:

$$\boxed{\Psi(\boldsymbol{r},t) = \psi(\boldsymbol{r})\varphi(t)} \tag{8.5}$$

Mit (8.5) erhalten wir aus (8.4)

$$\text{(i)} \qquad \left[-\frac{\hbar^2}{2m}\cdot\nabla^2\psi(\boldsymbol{r})\right]\varphi(t) + V(\boldsymbol{r})\psi(\boldsymbol{r})\varphi(t) = i\hbar\psi(\boldsymbol{r})\frac{\mathrm{d}\varphi(t)}{\mathrm{d}t}$$

Dividieren wir die Gleichung durch $\Psi(\boldsymbol{r},t) = \psi(\boldsymbol{r})\varphi(t)$, dann wird aus (i):

$$\text{(ii)} \qquad \underbrace{\frac{-\frac{\hbar^2}{2m}\cdot\nabla^2\psi(\boldsymbol{r})}{\psi(\boldsymbol{r})} + V(\boldsymbol{r})}_{=f(\boldsymbol{r})} = \underbrace{i\hbar\frac{\frac{\mathrm{d}\varphi(t)}{\mathrm{d}t}}{\varphi(t)}}_{=g(t)}$$

Mit den hier eingeführten Abkürzungen, wobei $f(\boldsymbol{r})$ eine ausschließlich vom Ort $\boldsymbol{r}$ abhängige, $g(t)$ eine ausschließlich von der Zeit t abhängige Funktion ist, wird

$$\text{(iii)} \qquad f(\boldsymbol{r}) = g(t)$$

Diese Gleichung soll für alle Orte $\boldsymbol{r}$ und alle Zeiten t gelten. Das kann offenbar nur dann der Fall sein, wenn beide Funktionen gleich einer gemeinsamen Konstante sind, da $\boldsymbol{r}, t$ zwei völlig unabhängige Variablen sind. Diese gemeinsame Konstante bezeichnen wir als **Separationsparameter** E. Aus (ii) bekommen wir damit zwei getrennte Differentialgleichungen, die eine enthält nur die Ortskoordinaten, die andere nur die Zeit:

$$\text{(iv)} \qquad \frac{\dfrac{\hbar^2}{2m} \cdot \nabla^2 \psi(\boldsymbol{r})}{\psi(\boldsymbol{r})} + V(\boldsymbol{r}) = E$$

$$\text{(v)} \qquad \frac{i\hbar \dfrac{\mathrm{d}\varphi(t)}{\mathrm{d}t}}{\varphi(t)} = E$$

(iv) und (v) müssen gemeinsam gelöst werden, d.h. mit derselben Konstante E. Dann lassen sich die Lösungen $\varphi(t)$ und $\psi(\boldsymbol{r})$ zur Wellenfunktion $\Psi(\boldsymbol{r}, t) = \psi(\boldsymbol{r})\varphi(t)$ nach (8.5) zusammensetzen, und die so konstruierte Wellenfunktion ist dann Lösung der SCHRÖDINGER-Gleichung (8.4). Durch Multiplikation mit $\psi(\boldsymbol{r})$ bzw. $\varphi(t)$ gewinnen wir nun aus (iv) bzw. (v) die folgenden linearen homogenen Differentialgleichungen für $\psi(\boldsymbol{r})$ bzw. $\varphi(t)$:

$$\boxed{-\frac{\hbar^2}{2m} \cdot \nabla^2 \psi(\boldsymbol{r}) + V(\boldsymbol{r})\psi(\boldsymbol{r}) = E\psi(\boldsymbol{r})} \tag{8.6}$$

$$\boxed{i\hbar \frac{\mathrm{d}\varphi(t)}{\mathrm{d}t} = E\varphi(t)} \tag{8.7}$$

Die Lösungen $\psi(\boldsymbol{r})$ von (8.6) hängen noch von der jeweiligen konkreten Situation bezüglich $V(\boldsymbol{r})$ ab; Beispiele werden in Abschn. 11 behandelt. Die Differentialgleichung (8.7) ist aber von $V(\boldsymbol{r})$ unabhängig. Die Lösungen $\varphi(t)$ können daher auch **allgemein** angegeben werden: Aus (8.7) erhält man:

$$\frac{\mathrm{d}\varphi}{\varphi} = \frac{E}{i\hbar} \cdot \mathrm{d}t = -i\frac{E}{\hbar} \cdot \mathrm{d}t \qquad \left(\frac{1}{i} = -i\right)$$

Integration liefert:

$$\varphi(t) = Ae^{-i\frac{E}{\hbar}t}$$

wobei A eine zunächst beliebige Interpretationskonstante ist. Da die Gesamtwellenfunktion stets normiert sein muss, kann A mit dem Gesamtnormierungsfaktor von $\Psi(\boldsymbol{r}, t) = \psi(\boldsymbol{r})\varphi(t)$ zusammengefasst werden. Der Betrag von A folgt dann eindeutig aus der Normierung der Wellenfunktion, und der

Phasenfaktor in $A = |A|e^{i\alpha}$ ist uninteressant, da die Wellenfunktion stets nur bis auf einen Phasenfaktor festgelegt ist. Wir erhalten damit: Der zeitabhängige Teil $\varphi(t)$ der allgemeinen Lösung (8.5) von (8.4) wird beschrieben durch

$$\varphi(t) = e^{-i\frac{E}{\hbar}t}$$

so dass die Gesamtwellenfunktion $\Psi(\boldsymbol{r}, t)$ nach (8.5) wird:

$$\boxed{\Psi(\boldsymbol{r}, t) = \psi(\boldsymbol{r})e^{-i\frac{E}{\hbar}t}} \tag{8.8}$$

Hiermit ist zunächst einmal gezeigt, dass jedenfalls im hier vorgestellten Spezialfall $V(\boldsymbol{r}, t) = V(\boldsymbol{r})$ die Funktion $\Psi(\boldsymbol{r}, t)$ aus $\Psi(\boldsymbol{r}, 0)$ berechnet werden kann: $\Psi(\boldsymbol{r}, 0) = \psi(\boldsymbol{r})$. Wie bereits bemerkt, läßt sich dies auch im allgemeinen Fall eines zeitabhängigen Potentials zeigen.

Zusammenfassung: Für ein zeitunabhängiges Potential, wo die potentielle Energie ausschließlich vom Ort abhängig ist, stellt (8.8) die allgemeinen Lösungen der SCHRÖDINGER-Gleichung (8.4) dar, wobei sich $\psi(\boldsymbol{r})$ als Lösung der **zeitunabhängigen** SCHRÖDINGER-Gleichung (8.6) ergibt. Die Lösungen (8.8) der SCHRÖDINGER-Gleichung heißen stationäre Lösungen, da die Wahrscheinlichkeitsdichte $\Psi^*(\boldsymbol{r}, t)\Psi(\boldsymbol{r}, t) = \psi^*(\boldsymbol{r})\psi(\boldsymbol{r})$ von der Zeit unabhängig ist. Die allgemeinste Lösung läßt sich dann durch Superposition aller stationären Lösungen der Form (8.8), die jeweils durch einen verschiedenen Wert des Separationsparameters E gekennzeichnet sind, darstellen. Abhängig vom konkreten Einzelfall $V(\boldsymbol{r})$ kann E diskrete oder kontinuierlich verschiedene Werte annehmen.

Bedeutung des Separationsparameters E = Energie

Ein bedeutender Spezialfall zeitunabhängiger Potentiale ist das auch räumlich konstante Potential, d.h. die Bewegung eines freien Teilchens. Die Lösung der SCHRÖDINGER-Gleichung muss in diesem Fall durch ein Wellenpaket beschrieben werden:

$$\Psi(\boldsymbol{r}, t) = \int f(k)e^{i(\boldsymbol{kr} - \omega t)} \cdot \mathrm{d}k$$

d.h. sich aus "stationären Lösungen" der Form $e^{i(\boldsymbol{kr}-\omega t)}$ zusammensetzen lassen. Wir können dies nun auch so formulieren:

Für den Fall eines orts- und zeitunabhängigen Potentials, d.h. eines freien Teilchens, sind die stationären Lösungen der SCHRÖDINGER-Gleichung die DE BROGLIE-Wellen. Diese haben zwar selbst keinen Realitätsgehalt, der tatsächliche Zustand eines freien Teilchens läßt sich aber stets durch Überlagerung von DE BROGLIE-Wellen beschreiben.
Es ist

$$e^{i(\boldsymbol{kr} - \omega t)} = e^{i\boldsymbol{kr}} e^{-i\omega t}$$

Durch Vergleich mit der allgemeinen Form (8.8) der stationären Lösung erkennen wir, dass $E = \hbar\omega$ sein muss, d.h. der *Separationsparameter E ist mit der Teilchenenergie zu identifizieren.* Im Fall des freien Teilchens kann E kontinuierlich verschiedene Werte annehmen. Die Verteilung hängt wegen $E = p^2/(2m) = (\hbar^2 k^2)/(2m)$ eindeutig mit der Verteilung der k-Werte im Wellenpaket zusammen. In Abschn. 11 werden Beispiele für Teilchen in einem ortsabhängigen Potential behandelt.

Aussage (C): Die SCHRÖDINGER-Gleichung enthält die imaginäre Zahl i. Hieraus folgt, dass die Wellenfunktion allgemein komplex sein muss. Wir wollen auch bezüglich dieses Sachverhalts nochmals den prinzipiellen Unterschied zwischen der klassischen Wellengleichung und derjenigen der Quantenmechanik verdeutlichen. Der einfachen Darstellung wegen soll in beiden Fällen eine eindimensionale Funktion behandelt werden.

Klassische Wellengleichung:

$$\frac{\partial^2 \psi}{\partial x^2} = \frac{1}{v_\varphi^2} \frac{\partial^2 \psi}{\partial t^2}, \quad v_\varphi = \frac{\omega}{k}$$

Zwei Fundamentallösungen, aus denen sich alle anderen jeweils für ein bestimmtes k, ω durch Superposition (Linearkombination) ergeben, lauten:

$$\psi_1 = \cos(kx - \omega t), \ \psi_2 = \sin(kx - \omega t)$$

Allgemeine Lösung:

$$\psi = a_1 \cos(kx - \omega t) + a_2 \sin(kx - \omega t)$$

oder unter Weglassen eines Amplitudenfaktors $a_2/\cos\alpha$ mit $\tan\alpha = a_1/a_2$

$$\begin{aligned} & \psi = \sin\alpha \cdot \cos(kx - \omega t) + \cos\alpha \cdot \sin(kx - \omega t) \\ \Rightarrow \quad & \psi = \sin(kx - \omega t + \alpha) \end{aligned}$$

Aus Gründen der Rechenbequemlichkeit benutzt man häufig stattdessen die komplexe Funktion

$$\varphi = e^{i(kx - \omega t + \alpha)}$$

die ebenfalls Lösung der Wellengleichung ist. Eine **physikalische Bedeutung** haben aber ausschließlich die Größen $\Re(\varphi) = \cos(kx - \omega t + \alpha)$ oder $\Im(\varphi) = \sin(kx - \omega t + \alpha) = \Psi$. Da α willkürlich gewählt werden kann, sind $\Re(\varphi)$ und $\Im(\varphi)$ keine wesentlich verschiedenen Funktionen. Sie unterscheiden sich um eine Phasendifferenz von $\pi/2$.

Schrödinger-Gleichung: Einfachster Fall, freies Teilchen:

$$-\frac{\hbar^2}{2m} \frac{\partial^2 \psi}{\partial x^2} = i\hbar \frac{\partial \psi}{\partial t}$$

$\psi_1 = \cos(kx - \omega t)$ ist **keine** Lösung, denn

$$-\frac{\hbar^2}{2m}\frac{\partial^2\psi_1}{\partial x^2} = \frac{\hbar^2 k^2}{2m}\cos(kx-\omega t) \qquad \textbf{reell}$$

$$i\hbar\frac{\partial\psi_1}{\partial t} = i\hbar\omega\sin(kx-\omega t) \qquad \textbf{imaginär} \text{ und } \sin \neq \cos$$

$\psi_2 = \sin(kx - \omega t)$ ist **keine** Lösung, denn

$$-\frac{\hbar^2}{2m}\frac{\partial^2\psi_2}{\partial x^2} = \frac{\hbar^2 k^2}{2m}\sin(kx-\omega t) \qquad \textbf{reell}$$

$$i\hbar\frac{\partial\psi_2}{\partial t} = -i\hbar\omega\cos(kx-\omega t) \qquad \textbf{imaginär}$$

Die **komplexe Linearkombination**: $\psi = \psi_1 + i\psi_2$ ist aber **eine Lösung**, denn

$$-\frac{\hbar^2}{2m}\frac{\partial^2\psi}{\partial x^2} = \frac{\hbar^2 k^2}{2m}\Big[\cos(kx-\omega t) + i\sin(kx-\omega t)\Big]$$

$$i\hbar\frac{\partial\psi}{\partial t} = \hbar\omega\Big[\cos(kx-\omega t) + i\sin(kx-\omega t)\Big]$$

Diese beiden Ausdrücke sind einander gleich, da $\hbar\omega = (\hbar^2 k^2)/(2m)$ ist.

9 Erwartungswerte, Operatoren, Eigenwerte, Eigenfunktionen

9.1 Erwartungswerte

Erinnerung an Fehlerrechnung, Mittelwerte, etc.: Es werde eine Größe x fünfmal gemessen, die Messergebnisse seien x_1, x_2, x_3, x_4, x_5. Dann wird als Mittelwert definiert: $\overline{x} = \frac{1}{5}(x_1 + x_2 + x_3 + x_4 + x_5)$. Allgemein definiert man als **Mittelwert**, das ist das gewichtete arithmetische Mittel, deren Messgröße x aus einer Messreihe:

$$\boxed{\overline{x} = \frac{1}{N} \sum n_i x_i} \tag{9.1}$$

Hierin ist $N = \sum n_i$ die Gesamtzahl der vorgenommenen Messungen, und der Messwert x_i ist genau n_i-mal gemessen worden. In (9.1) ist vorausgesetzt, dass die Messwerte **diskrete** Werte sind, d.h. dass die Variable x nur diskrete Werte annehmen kann. Ein Beispiel ist die Augenzahl auf der Oberseite eines Würfels. Es kommen als Messgröße nur die Zahlen 1 bis 6 vor.
Nehmen wir an, dass die Messgröße eine "**kontinuierliche Variable**" ist, z.B. der Momentanstrom in einem elektrischen Leiter, so läßt sich entsprechend (9.1) der Mittelwert definieren:

$$\boxed{\overline{x} = \frac{1}{N} \int x \cdot \mathrm{d}N = \int x \frac{\mathrm{d}N}{N}} \tag{9.2}$$

$\mathrm{d}N$ ist die Anzahl der Messungen mit einem Messergebnis im Intervall $[x, x+\mathrm{d}x]$, $\mathrm{d}N/N$ ist deren **relative Häufigkeit**, wobei $N = \int \mathrm{d}N$ wiederum die Gesamtzahl der Messungen ist.
Bei endlicher Anzahl N der Messungen wird i.a. der Mittelwert verschiedener Messreihen noch zufälligen Schwankungen unterliegen – systematische und subjektive Fehler sollen ausgeschaltet sein –, so dass man den allein messbaren Mittelwert durch einen "Erwartungswert" als Grenzwert für $N \to \infty$ ersetzt:

$$<x> = \lim_{N\to\infty} \overline{x} = \int x \cdot \underbrace{\lim_{N\to\infty} \frac{\mathrm{d}N}{N}}_{=\mathrm{d}P} = \int x \cdot \mathrm{d}P$$

Als Erwartungswert $<x>$ von x bzw. $<f(x)>$, eine eindeutige Funktion von x, definiert man also:

$$\boxed{<x> = \int x \cdot \mathrm{d}P; \; <f(x)> = \int f(x) \cdot \mathrm{d}P} \tag{9.3}$$

$\mathrm{d}P$ ist die Wahrscheinlichkeit dafür, bei einer Messung der Größe x im Intervall $[x, x+\mathrm{d}x]$ zu finden.

Mittlerer Fehler: Der mittlere Fehler wird zur Charakterisierung der Schwankungsbreite der Resultate der Einzelmessungen innerhalb einer Messreihe benutzt. Der Mittelwert von $x - \overline{x}$ ist hierzu sicherlich nicht geeignet ($\overline{x - \overline{x}} = \overline{x} - \overline{x} = 0$), da die Abweichungen vom Mittelwert mit gleicher Wahrscheinlichkeit positive wie negative Werte annehmen können. Man verwendet daher den Mittelwert der quadratischen Abweichungen, d.h. die sogenannte **mittlere quadratische Abweichung** Δx^2:

$$\begin{aligned} \Delta x^2 &= \overline{(x - \overline{x})^2} = \overline{(x - \overline{x})(x - \overline{x})} \\ &= \overline{x^2 - 2x\overline{x} + \overline{x}^2} = (\overline{x^2}) - 2\overline{x}^2 + \overline{x}^2 \end{aligned}$$

oder

$$\boxed{\begin{array}{ll} \Delta x^2 = (\overline{x^2}) - \overline{x}^2 & N \text{ endlich} \\ \Delta x^2 = <x^2> - <x>^2 & N \to \infty \end{array}} \tag{9.4}$$

Quantenmechanik

Bei Kenntnis der Wellenfunktion = **Ortswahrscheinlichkeitsamplitude**, d.h. $\mathrm{d}P = \psi^*(\boldsymbol{r}, t)\psi(\boldsymbol{r}, t) \cdot \mathrm{d}V$ = Wahrscheinlichkeit, das Teilchen bei einer Messung zur Zeit t am Ort $\boldsymbol{r}$ im Volumenelement $\mathrm{d}V$ anzutreffen, erhalten wir für den Erwartungswert des Ortes nach (9.3) und entsprechend für denjenigen einer eindeutigen Funktion von $\boldsymbol{r}$:

$$\boxed{<\boldsymbol{r}> = \int \psi^*(\boldsymbol{r}, t)\boldsymbol{r}\psi(\boldsymbol{r}, t) \cdot \mathrm{d}V} \tag{9.5}$$

$$<f(\boldsymbol{r}, t)> = \int \psi^*(\boldsymbol{r}, t) f(\boldsymbol{r}) \psi(\boldsymbol{r}, t) \cdot \mathrm{d}V$$

Bemerkungen:

(a) Die besondere Schreibweise in (9.5) ist zunächst rein willkürlich. Natürlich ist

$$\int \psi^*(\boldsymbol{r}, t)\boldsymbol{r}\psi(\boldsymbol{r}, t) \cdot \mathrm{d}V = \int \boldsymbol{r}\psi^*(\boldsymbol{r}, t)\psi(\boldsymbol{r}, t) \cdot \mathrm{d}V$$

(b) Da $\psi(\boldsymbol{r}, t)$ eine eindeutige Funktion von t ist, so ist auch der *Erwartungswert* $<\boldsymbol{r}>$ *des Ortes eine eindeutige Funktion von* t. Es ist dies die Größe, die wir in der klassischen Physik als Teilchenort bezeichnen. $<\boldsymbol{r}>(t)$ beschreibt also die klassische Teilchenbahn.

Bei tatsächlichen Messungen erhalten wir in der Quantenmechanik jeweils Abweichungen hiervon aufgrund der HEISENBERGschen Unschärferelation. In Kap. 10 kommen wir hierauf zurück.

Erwartungswert für den Impuls eines Teilchens: Die **naive** Formel

$$<\boldsymbol{p}> = \int \psi^*(\boldsymbol{r},t)\boldsymbol{p}\psi(\boldsymbol{r},t) \cdot \mathrm{d}V$$

ist sicherlich falsch, da $\boldsymbol{p}$ in der Quantenmechanik keine eindeutige Funktion des Ortes $\boldsymbol{r}$ ist.

Es wurde bereits mehrfach darauf hingewiesen, dass man die Wellenfunktion eines freien Teilchens als Wellenpaket aus De Broglie-Wellen $e^{i(\boldsymbol{kr}-\omega t)}$ mit impulsabhängigen Amplituden $f(k)$ darstellen kann. Dies gilt nicht nur für das freie Teilchen, sondern allgemein für **jede** Wellenfunktion, wie der Fourier-Integralsatz der Mathematik aussagt. Die hierzu notwendigen Voraussetzungen sind für $\psi(\boldsymbol{r},t)$ automatisch erfüllt.
Entsprechend der **Ortswahrscheinlichkeitsamplitude** $\psi(\boldsymbol{r},t)$ einer Wellenfunktion ("Darstellung im Ortsraum"), führen wir also eine **Impulswahrscheinlichkeitsamplitude** $\phi(\boldsymbol{p},t)$ ("Darstellung im Impulsraum") ein.
$\phi^*(\boldsymbol{p},t)\phi(\boldsymbol{p},t)\cdot \mathrm{d}^3p$ ($\mathrm{d}^3p = \mathrm{d}p_x\cdot \mathrm{d}p_y\cdot \mathrm{d}p_z$ = Volumenelement im Impulsraum. Entsprechend schreibt man häufig auch $\mathrm{d}^3r = \mathrm{d}x\cdot \mathrm{d}y\cdot \mathrm{d}z = \mathrm{d}V$) ist die Wahrscheinlichkeit, das Teilchen zur Zeit t mit einem Impuls im Impulsraumvolumenelement $\mathrm{d}p_x\cdot \mathrm{d}p_y\cdot \mathrm{d}p_z$ anzutreffen, d.h. p_x in $[p_x, p_x+ \mathrm{d}p_x]$, p_y in $[p_y, p_y+ \mathrm{d}p_y]$ und p_z in $[p_z, p_z+ \mathrm{d}p_z]$. $\psi(\boldsymbol{r},t)$ und $\phi(\boldsymbol{p},t)$ sind in jedem Zeitpunkt durch eine Fourier-Transformation miteinander verknüpft. Es interessiert in vielen Fällen ausschließlich der Zusammenhang zwischen Orts- und Impulsverteilung, die Zeit tritt nur als Parameter auf, wir betrachten nur eine Momentaufnahme. Ohne Beschränkung darf dann, bei willkürlicher Wahl des Zeitnullpunkts, $t = 0$ gesetzt werden. Es gilt

$$\boxed{\begin{aligned}\psi(\boldsymbol{r},0) &= \frac{1}{\sqrt{2\pi\hbar}^3}\int \phi(\boldsymbol{p})e^{+\frac{i}{\hbar}\boldsymbol{pr}} \cdot \mathrm{d}^3p \\ \phi(\boldsymbol{p}) &= \frac{1}{\sqrt{2\pi\hbar}^3}\int \psi(\boldsymbol{r},0)e^{-\frac{i}{\hbar}\boldsymbol{pr}} \cdot \mathrm{d}^3r\end{aligned}} \tag{9.6}$$

Bemerkungen:

(a) Häufig findet man (9.6) in der Schreibweise $\psi(\boldsymbol{r}), \phi(\boldsymbol{p})$. Dies würde zumindest suggerieren, dass für $\psi(\boldsymbol{r},t)$ ein Produktansatz der Form $\psi(\boldsymbol{r},t) = \psi(\boldsymbol{r})\varphi(t)$ gemacht werden kann, was eine unzulässige Beschränkung auf zeitunabhängige Potentiale wäre. $\phi(\boldsymbol{p},t)$ ist dagegen stets separierbar: $\phi(\boldsymbol{p},t) = \phi(\boldsymbol{p})e^{-i\omega t}$, da De Broglie-Welle $= e^{i(\boldsymbol{kr}-\omega t)}$.

(b) Es wurde hier die allgemein übliche symmetrische Schreibweise gewählt, wobei der Normierungsfaktor vor dem Integral in beiden Fällen die gleiche Größe hat. Dies ist nur eine kosmetische Modifizierung und ohne physikalischen Belang. Die Darstellung (9.6) stellt aber automatisch sicher, dass $\phi(\boldsymbol{p})$ normiert ist, wenn $\psi(\boldsymbol{r})$ normiert ist (hier ohne Beweis).

Mit $\phi(\boldsymbol{p})$ als Wahrscheinlichkeitsamplitude für den Impuls $\boldsymbol{p}$ läßt sich nun der *Erwartungswert für den Impuls* entsprechend (9.5) schreiben:

$$\boxed{<\boldsymbol{p}> = \int \phi^*(\boldsymbol{p})\boldsymbol{p}\phi(\boldsymbol{p}) \cdot \mathrm{d}^3 p} \tag{9.7}$$

Auch hier ist die symmetrische Schreibweise: $\phi^* \boldsymbol{p} \phi$ statt $\boldsymbol{p}\phi^*\phi$ zunächst ohne mathematischen Belang. Wir können nun $\phi(\boldsymbol{p})$ nach (9.6) aus $\psi(\boldsymbol{r}, 0)$ ausrechnen und damit gleich $<\boldsymbol{p}>$ durch $\psi(\boldsymbol{r}, 0)$ ausdrücken. Das Ergebnis wäre

$$<\boldsymbol{p}> = \int \psi^*(\boldsymbol{r}, 0)\frac{\hbar}{i} \cdot \nabla\psi(\boldsymbol{r}, 0) \cdot \mathrm{d}^3 r$$

Es kann aber sofort auch durch $\psi(\boldsymbol{r}, t)$ ausgedrückt werden, wobei der betrachtete Zeitpunkt beliebig gewählt werden kann:

$$\boxed{<\boldsymbol{p}> = \int \psi^*(\boldsymbol{r}, t)\frac{\hbar}{i} \cdot \nabla\psi(\boldsymbol{r}, t) \cdot \mathrm{d}^3 r} \tag{9.8}$$

Der Beweis wird hier nur für eine eindimensionale Wellenfunktion und ohne Beschränkung der Allgemeinheit (s.o.) für $t = 0$ geführt.
Es soll also bewiesen werden: Aus

$$\text{(i)} \qquad <p> = \int \phi^*(p)p\phi(p) \cdot \mathrm{d}p$$

und dem Zusammenhang zwischen $\phi(p)$ und $\psi(x, 0)$, nämlich

$$\text{(ii)} \qquad \phi(p) = \frac{1}{\sqrt{2\pi\hbar}} \int_x \psi(x, 0) e^{-i\frac{p}{\hbar}x} \cdot \mathrm{d}x$$

$$\psi(x) = \frac{1}{\sqrt{2\pi\hbar}} \int_p \phi(p) e^{+i\frac{p}{\hbar}x} \cdot \mathrm{d}p$$

folgt

$$\text{(iii)} \qquad <p> = \int \psi^*(x, 0)\frac{\hbar}{i}\frac{\partial}{\partial x}\psi(x, 0) \cdot \mathrm{d}x$$

Zur Berechnung von $<p>$ nach (i) drücken wir zunächst $\phi(p)$ aus $\psi(x, 0)$ und $\partial\psi/\partial x$ explizit aus durch partielle Integration:

$$\text{Aus} \qquad u = \psi(x, 0) \quad \text{und} \quad v' = -e^{-i\frac{p}{\hbar}x}$$

$$\text{folgt} \qquad u' = \frac{\partial\psi}{\partial x} \qquad \text{und} \qquad v = -\frac{\hbar}{ip} e^{-i\frac{p}{\hbar}x}$$

Mit $uv' = (uv)' - vu'$ wird

$$\phi(p) = \frac{1}{\sqrt{2\pi\hbar}} \left[-\frac{\hbar}{ip} \psi(x,0) e^{-i\frac{p}{\hbar}x} \right]_{x=-\infty}^{x=+\infty} + \frac{1}{\sqrt{2\pi\hbar}} \frac{\hbar}{ip} \int\limits_x \frac{\partial \psi}{\partial x} e^{-i\frac{p}{\hbar}x} \cdot \mathrm{d}x$$

Der erste Term verschwindet wegen der allgemeinen Bedingung für ψ. Also verbleibt

$$\text{(iv)} \qquad \phi(p) = \frac{1}{\sqrt{2\pi\hbar}} \frac{\hbar}{ip} \int\limits_x \frac{\partial \psi}{\partial x} e^{-i\frac{p}{\hbar}x} \cdot \mathrm{d}x$$

Also folgt

$$\text{(i),(iv)} \qquad <p> = \frac{1}{\sqrt{2\pi\hbar}} \int\limits_p \phi^*(p) \left[\frac{\hbar}{i} \int\limits_x \frac{\partial \psi}{\partial x} e^{-i\frac{p}{\hbar}x} \cdot \mathrm{d}x \right] \cdot \mathrm{d}p$$

$$= \frac{1}{\sqrt{2\pi\hbar}} \int\limits_p \int\limits_x \phi^*(p) \frac{\hbar}{i} \frac{\partial \psi}{\partial x} e^{-i\frac{p}{\hbar}x} \cdot \mathrm{d}x \cdot \mathrm{d}p$$

Ohne weitere Begründung benutzen wir, dass man die Integration nach x mit derjenigen nach p vertauschen darf. Das ergibt

$$\text{(v)} \qquad <p> = \frac{1}{\sqrt{2\pi\hbar}} \int\limits_x \left[\int\limits_p \phi^*(p) e^{-i\frac{p}{\hbar}x} \cdot \mathrm{d}p \right] \frac{\hbar}{i} \frac{\partial \psi}{\partial x} \cdot \mathrm{d}x$$

so dass nach (ii) mit

$$\psi^* = \frac{1}{\sqrt{2\pi\hbar}} \int\limits_p \phi^* e^{-i\frac{p}{\hbar}x} \cdot \mathrm{d}p$$

(iii) folgt, was zu beweisen war!

9.2 Operatoren, Korrespondenzprinzip

Zusammenfasssung für Erwartungswert von Ort und Impuls (9.5) und (9.8): In einer die Gleichungen (9.5) und (9.8) verallgemeinernden symbolischen Schreibweise fassen wir zusammen:

$$\boxed{\begin{aligned} <\boldsymbol{r}> &= \int \psi^* \widehat{\boldsymbol{r}} \psi \cdot \mathrm{d}^3 r \\ <\boldsymbol{p}> &= \int \psi^* \widehat{\boldsymbol{p}} \psi \cdot \mathrm{d}^3 r \end{aligned}} \tag{9.9}$$

Hierbei soll $\widehat{\boldsymbol{r}}\psi$ ("Operator $\widehat{\boldsymbol{r}}$ angewandt auf ψ") bedeuten: *Multiplikation von ψ mit Ortsvektor $\boldsymbol{r}$*. Ebenso soll $\widehat{\boldsymbol{p}}\psi$ ("Operator $\widehat{\boldsymbol{p}}$ angewandt auf ψ") bedeuten: *Ausführung der Operation grad $\psi = \nabla\psi$ und Multiplikation mit $\hbar/i$.*
Hinweis: Die Schreibweise $\psi^*\widehat{\boldsymbol{r}}\psi$ ist auch mit $\widehat{\boldsymbol{r}}$ als Operator mathematisch ohne Bedeutung, denn es gilt $\psi^*\widehat{\boldsymbol{r}}\psi = \widehat{\boldsymbol{r}}\psi^*\psi$; diejenige von $\psi^*\widehat{\boldsymbol{p}}\psi$ ist jetzt aber mit der Bedeutung des Impulsoperators $\widehat{\boldsymbol{p}} = \hbar/i \cdot \nabla$ notwendig, denn $\psi^*\hbar/i \cdot \nabla\psi \neq \hbar/i \cdot \nabla\psi^*\psi$.
Wir vergleichen die **naive** Formel, die in der Form $<\boldsymbol{p}> = \int \psi^*\boldsymbol{p}\psi \cdot \mathrm{d}^3r$ falsch ist, mit dem Ergebnis (9.9) und sehen, dass wir aus der naiven Formel die richtige erhalten, wenn wir hierin $\boldsymbol{p}$ durch den Operator $\widehat{\boldsymbol{p}}$ ersetzen.
Den Erwartungswert des Ortes und des Impulses haben wir aus der Ortswellenfunktion $\psi(\boldsymbol{r}, t)$ – die Lösung der SCHRÖDINGER-Gleichung ist in jedem konkreten Fall bekannt – ausgerechnet. Wie lassen sich nun entsprechend andere Erwartungswerte für andere, das dynamische Verhalten des Teilchens charakterisierende Größen berechnen, z.B. Drehimpuls, kinetische Energie, x-Komponente des Impulses, etc.? In der klassischen Physik sind derartige messbare Größen stets aus Ort $\boldsymbol{r}$ und Impuls $\boldsymbol{p}$ eindeutig zu berechnen. In der Quantenmechanik gilt als **Übersetzungsschlüssel**, d.h. als weiteres **Axiom** der Quantenmechanik neben der SCHRÖDINGER-Gleichung und der Bedeutung der Wellenfunktion als Wahrscheinlichkeitsamplitude, das **Korrespondenzprinzip**:

Korollar 9.1 *Jeder physikalischen Messgröße ("Observable") F, die in der klassischen Physik durch $F(\boldsymbol{r}, \boldsymbol{p})$ beschrieben wird, entspricht in der Quantenmechanik ein Operator $\widehat{F}$, den man erhält, wenn man in $F(\boldsymbol{r}, \boldsymbol{p})$ $\boldsymbol{r}$ durch $\widehat{\boldsymbol{r}} = \boldsymbol{r}$ und $\boldsymbol{p}$ durch $\widehat{\boldsymbol{p}} = \hbar/i \cdot \nabla$ ersetzt.* *(9.10)*

Für den *Erwartungswert der Observablen F* gilt:

$$\boxed{<F> = \int \psi^* \widehat{F} \psi \cdot \mathrm{d}^3 r} \tag{9.11}$$

Das Messresultat einer physikalischen messbaren Größe muss stets **reell** sein.

Zusatzbemerkungen über "Operatoren": Mathematik

(a) **Operator $\widehat{A}$** = Vorschrift, durch die jeder Funktion $f(x_1, \ldots, x_n)$ eindeutig eine Funktion $g(x_1, \ldots, x_n)$ zugeordnet wird. Man schreibt $g = \widehat{A}f$ (Beispiel c, $\sqrt{\ }, \partial/\partial x_1$ etc.)

(b) **Produkt $\widehat{A}\widehat{B}$ von Operatoren**

$$\widehat{A}\widehat{B}f = \widehat{A}(\widehat{B}f)$$

Achtung: Operatoren sind nicht immer vertauschbar

$$\widehat{A}\widehat{B} = \widehat{B}\widehat{A}, \text{ d.h. } \widehat{A}\widehat{B} - \widehat{B}\widehat{A} = 0 \quad \text{vertauschbar}$$

$$\widehat{A}\widehat{B} \neq \widehat{B}\widehat{A}, \text{ d.h. } \widehat{A}\widehat{B} - \widehat{B}\widehat{A} \neq 0 \quad \text{nicht vertauschbar}$$

z.B. x (Multiplikation mit x) und $\partial/\partial x$ (partielle Differentiation nach x) sind nicht vertauschbar:

$$\frac{\partial}{\partial x}\left[x \cdot f(x)\right] = f(x) + x\frac{\partial f}{\partial x}$$
$$x\frac{\partial}{\partial x}f(x) = x\frac{\partial f}{\partial x}$$

(c) **Lineare Operatoren**: $\widehat{A}$ heißt linearer Operator, wenn gilt

$$\begin{aligned} \widehat{A}(\psi_1 + \psi_2) &= \widehat{A}\psi_1 + \widehat{A}\psi_2, \text{ dann gilt auch :} \\ \widehat{A}(c\psi) &= c\widehat{A}\psi \\ \text{z.B} \quad \psi_1 = \psi_2 \to c = 2 \end{aligned}$$

Man beachte: In der Physik vorkommende Operatoren sind meistens linear (Zusammenhang mit Superpositionsprinzip). Zum Beispiel sind $\partial/\partial x, \partial^2/\partial x^2, \partial/\partial t$ und alle Linearkombinationen hiervon lineare Operatoren.

(d) **Hermitesche Operatoren**: Durch die Bedingung $\int \psi^* \widehat{F}\psi \cdot \mathrm{d}^3 r =$ **reell**, (s. (9.11)), wird eine ganz bestimmte Klasse, die sogenannten **hermiteschen Operatoren** aus allen möglichen mathematischen Operatoren ausgesondert. *In der Physik haben offenbar nur hermitesche Operatoren einen vernünftigen Sinn.*

	Klassische Größe F	Operator $\widehat{F}$	
Ort	x $\boldsymbol{r}$	$\widehat{x} = x$ $\widehat{\boldsymbol{r}} = \boldsymbol{r}$	(9.12)
Impuls	p_x $\boldsymbol{p}$	$\widehat{p}_x = \frac{\hbar}{i}\frac{\partial}{\partial x}$ $\widehat{\boldsymbol{p}} = \frac{\hbar}{i}\cdot\nabla$ $= \frac{\hbar}{i}\left(\frac{\partial}{\partial x}\frac{\partial}{\partial y}, \frac{\partial}{\partial z}\right)$	(9.13)
kin.Energie	$\frac{p^2}{2m}$	$\frac{\widehat{p}^2}{2m} = -\frac{\hbar^2}{2m}\cdot\nabla^2$ $= -\frac{\hbar^2}{2m}\left(\frac{\partial^2}{\partial x^2} + \frac{\partial^2}{\partial y^2} + \frac{\partial^2}{\partial z^2}\right)$	(9.14)
Drehimpuls	$L_x = yp_z - zp_y$ $\boldsymbol{L} = \boldsymbol{r}\times\boldsymbol{p}$	$\widehat{L}_x = \frac{\hbar}{i}\left(y\frac{\partial}{\partial z} - z\frac{\partial}{\partial y}\right)$ $\widehat{\boldsymbol{L}} = \frac{\hbar}{i}\boldsymbol{r}\times\nabla$	(9.15)
HAMILTON-Funktion	$H = \frac{p^2}{2m} + V(\boldsymbol{r}, t)$	$\widehat{H} = -\frac{\hbar^2}{2m}\cdot\nabla^2 + V(\boldsymbol{r}, t)$	(9.16)

H ist die Gesamtenergie des Teilchens zur Zeit t; ist $V(\boldsymbol{r}, t)$ explizit nicht von der Zeit abhängig, so gilt Energieerhaltung $H = \text{const} = E$.

9.3 Eigenwertgleichung, Eigenwerte und Eigenfunktionen

"Scharfe" und "unscharfe" Werte von Observablen, d.h. Messgrößen:

Korollar 9.2 *"Scharf" heißt ein Wert dann, wenn bei wiederholten Messungen ein- und derselben Messgröße identische Werte herauskommen. Ist dies nicht der Fall, streuen also die Messwerte um einen Mittelwert, heißen sie "unscharf".*

Beispiel: Die Energie eines stationären Zustands ist scharf.
Nach (8.8) wird ein stationärer Zustand beschrieben durch:

$$\text{(i)} \qquad \Psi(\boldsymbol{r},t) = \psi(\boldsymbol{r})e^{-i\frac{E}{\hbar}t}$$

und für $\psi(\boldsymbol{r})$ gilt die zeitunabhängige SCHRÖDINGER-Gleichung (8.6), wobei $V(\boldsymbol{r},t) = V(\boldsymbol{r})$ nicht von der Zeit abhängig ist. Unter Verwendung von $\widehat{H}$ aus obiger Tabelle ist:

$$\text{(ii)} \qquad \widehat{H}\psi = E\psi$$

Der Erwartungswert der Energie ist tatsächlich gleich dem vorher eingeführten Separationsparameter E, denn nach Gl. (9.11) ist

$$\begin{aligned} <E> &= \int \psi^* \widehat{H}\psi \cdot \mathrm{d}^3r \underbrace{=}_{\text{nach (ii)}} \int \psi^* E\psi \cdot \mathrm{d}^3r \\ &= E\int \psi^*\psi \cdot \mathrm{d}^3r = E, \quad \text{da} \quad \psi \quad \text{normiert ist.} \end{aligned}$$

Andererseits ist der Messwert scharf, denn nach (i) ist

$$\Psi^*\Psi = \psi^*(\boldsymbol{r})\psi(\boldsymbol{r})$$

zeitlich konstant.
Die Messdauer kann daher im nicht realisierbaren idealisierten Grenzfall beliebig lang sein, d.h. $\Delta t \to \infty \Rightarrow \Delta E \to 0$ aus HEISENBERGscher Unschärferelation.
Nach (9.4) ist F genau dann "scharf", wenn die in einer Messreihe von F (Anzahl der Messungen $N \to \infty$) auftretende mittlere quadratische Abweichung, also die Schwankungsbreite $= 0$ ist:

$$\boxed{\begin{aligned} \Delta F^2 &= <F^2> - <F>^2 = 0 \\ &\leftrightarrow F \quad \text{ist scharf} \end{aligned}} \qquad (9.17)$$

Bemerkung: Wie wir im Beispiel der Energie eines stationären Zustandes gesehen haben, gibt es scharf messbare Werte einer Observablen. Nur muss die Bedeutung des Begriffs Messung hierbei in einem idealisierten Sinn aufgefasst werden: $\Delta t = \infty$, d.h. eine unendlich lange Messdauer ist nicht realisierbar, wir leben in einer endlichen Welt. Selbst das bisherige Alter des Universums: $\approx 10^9$ Jahre ist endlich! Abhängig von der gemessenen Energie ist allerdings in quantenmechanischen Systemen kein großer Unterschied zwischen etwa $\Delta t = 1$ s und $\Delta t \to \infty$. Beispiel: Eine Messdauer von $\Delta t = 1$ s ist, nach $\Delta E \cdot \Delta t \geq \hbar$ noch mit einer Energieunschärfe von $\Delta E \approx 10^{-15}$ eV verträglich, immer noch eine phantastische "Energieschärfe" für typische Anregungsenergien im atomaren Bereich. Ein Beispiel ist der erste angeregte Zustand des H-Atoms: $E = 10$ eV, also $\Delta E/E = 10^{-16}$. Auch die sehr kurze Zeit von $\Delta t = 10^{-8}$ s -10^{-7} s (Lebensdauer atomarer Zustände) führt im praktischen

Fall immer noch zu einer kaum messbaren Energieunschärfe $\Delta E/E \approx 10^{-8}$. Nach der Definition Gl. (9.17) gilt nun der Satz:

Korollar 9.3 *Befindet sich ein Teilchen in einem durch ψ beschriebenen Zustand, so hat die Observable F den scharfen Wert F_0 genau dann, wenn die Gleichung $\widehat{F}\psi = F_0\psi$ erfüllt ist.* *(9.18)*

Solange das Teilchen im Zustand ψ ist, führt jede Messung von F mit absoluter Sicherheit zum gleichen Messresultat F_0.
Diese Gleichung heißt **Eigenwertgleichung** des Operators $\widehat{F}$, F_0 heißt **Eigenwert** und ist eine reelle Größe. Eine Funktion, die diese Gleichung erfüllt, heißt **Eigenfunktion** von $\widehat{F}$.
Der Beweis von (9.18) wird nun in der Richtung

$$\widehat{F}\psi = F_0\psi \rightarrow \langle F^2\rangle - \langle F\rangle^2 = 0$$

geführt. Nach (9.11) gilt:

$$\text{(i)} \qquad \langle F^2\rangle = \int \psi^*(\widehat{F})^2\psi \cdot \mathrm{d}^3r;$$

$$\text{(ii)} \qquad \langle F\rangle^2 = \left[\int \psi^*\widehat{F}\psi \cdot \mathrm{d}^3r\right]^2$$

Nach Definition des Produkts $(\widehat{F})^2 = \widehat{F}\widehat{F}$ und wegen (9.18) wird

$$(\widehat{F})^2\psi = \widehat{F}(\widehat{F}\psi) = \widehat{F}(F_0\psi) = F_0\widehat{F}\psi = F_0^2\psi$$

Einsetzen in (i) ergibt

$$\langle F^2\rangle = F_0^2\int \psi^*\psi \cdot \mathrm{d}^3r = F_0^2$$

da $\int \psi^*\psi\cdot \mathrm{d}^3r = 1$ gilt (Normierung).
Einsetzen von $\widehat{F}\psi = F_0\psi$ in (ii) ergibt:

$$\langle F\rangle^2 = \left[F_0\int \psi^*\psi \cdot \mathrm{d}^3r\right]^2 = F_0^2$$

so dass

$$\Delta F^2 = \langle F^2\rangle - \langle F\rangle^2 = F_0^2 - F_0^2 = 0$$

was zu zeigen war.

Es folgt eine Zwischenbetrachtung zum besseren Verständnis der neuen ungewohnten Begriffe und Zusammenhänge.

Eigenwertgleichung, Eigenwerte, Eigenfunktionen in der klassischen Physik

In dem hier vorgestellten Zusammenhang werden Studenten im 3. Semester in den meisten Fällen erstmalig mit den hier eingeführten Begriffen wie Eigenwertgleichung, Eigenwerte, Eigenfunktionen, konfrontiert. Erfahrungsgemäß werden die hierbei auftretenden begrifflichen Schwierigkeiten der Quantenmechanik angelastet. Dies ist aber ganz falsch! Die Bedeutung der Eigenwertgleichung bei der Behandlung physikalischer Probleme ist keineswegs auf die Quantenmechanik beschränkt. Eine derartige Beschreibung war vielmehr bereits bei Entwicklung der Quantenmechanik von der klassischen Physik her wohlbekannt. Sie kennen die physikalischen Sachverhalte auch längst, nur nicht unter diesem Namen:

Beispiel 1: **Harmonische Schwingung**

Lineares Kraftgesetz $F = -Dx$ (Feder) und NEWTONsche Bewegungsgleichung $F = m\,\mathrm{d}^2x/\mathrm{d}t^2$ führen zur Differentialgleichung der harmonischen Schwingung:

$$\frac{\mathrm{d}^2x}{\mathrm{d}t^2} + \frac{D}{m}x = 0$$

Zum "Operator $\mathrm{d}^2/\mathrm{d}t^2$" können wir allgemein eine "**Eigenwertgleichung**" hinschreiben:

$$\frac{\mathrm{d}^2}{\mathrm{d}t^2}x = (-\omega^2)x$$

Die "**Eigenwerte**" dieser Gleichung sind beliebige negative reelle Werte $-\omega^2$. Die zugehörigen "**Eigenfunktionen**", bei denen zu jedem Wert von ω zwei linear unabhängige Fundamentallösungen gehören, sind:

$$x_1 = \sin\omega t;\ x_2 = \cos\omega t$$

Wird nach denjenigen Eigenfunktionen gesucht, die gleichzeitig die NEWTONsche Bewegungsgleichung $F = m\,\mathrm{d}^2x/\mathrm{d}t^2$ mit $F = -Dx$, also $\mathrm{d}^2x/\mathrm{d}t^2 + (D/m)x = 0$ erfüllen, so ist nur ein **einziger Eigenwert** des Operators $\mathrm{d}^2/\mathrm{d}t^2$ zugelassen, nämlich $\omega^2 = D/m$.

Beispiel 2: **Stehende Welle einer freischwingenden Saite**

Es gilt die Wellengleichung

$$\frac{\partial^2 y}{\partial t^2} = v_\varphi^2\frac{\partial^2 y}{\partial x^2}$$

Da die Saite an beiden Enden fest eingespannt ist, gelten entsprechende Randbedingungen:

$$y(0) = y(\ell) = 0$$

Die **Eigenwertgleichung** lautet:

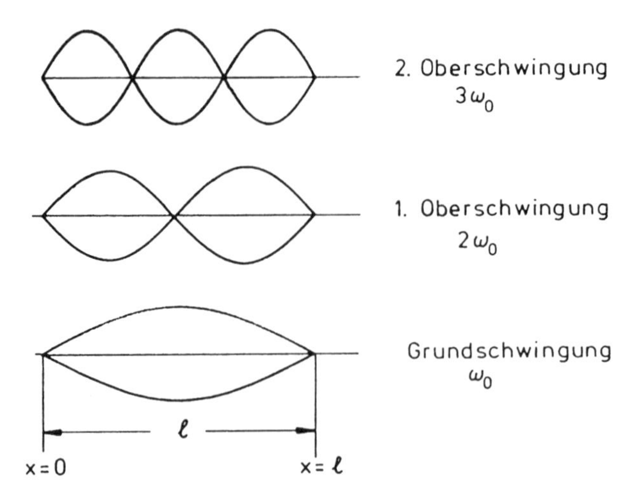

Abb. 9.1. Eigenschwingungen einer eingespannten Saite

$$\frac{\partial^2 y}{\partial t^2} = -\omega^2 y \qquad \text{(siehe oben)}$$

Entsprechend werden hier wieder diejenigen Eigenfunktionen gesucht, die gleichzeitig Lösungen der Wellengleichung mit ihren Randbedingungen sind. Die Lösung ist bekannt (Band 1, II):
Es gibt einen Satz von **diskreten Eigenwerten** = Eigenfrequenzen $\omega = n\omega_0$. Die zugehörigen **Eigenfunktionen** sind die Eigenschwingungen $\sin(n\omega_0 t + \alpha_n)$. Die Gesamtschwingung der Saite läßt sich darstellen als *Superposition aus den Eigenfunktionen* mit frequenzabhängigen Amplitudenfaktoren (Frequenzspektrum) und Phasen: $\sum_n A_n \sin(n\omega_0 t + \alpha_n)$. In der Gesamtschwingung kommen nur die Frequenzen $n\omega_0$ $(n = 1, 2, 3, \ldots)$ vor. Das Ergebnis jeder einzelnen Frequenzmessung, etwa mit einem durchstimmbaren Resonator, kann also nur eine der Eigenfrequenzen sein. Nacheinander können natürlich verschiedene Eigenfrequenzen ermittelt werden.
Ohne Modifizierung gilt auch in der Quantenmechanik:

Korollar 9.4 *Die einzigen möglichen Messwerte der Observablen F sind die Eigenwerte des zugehörigen Operators $\widehat{F}$.*

Es muss dieser Satz als weiteres Axiom aufgefasst werden, obwohl er nach dem parallelen Sachverhalt der klassischen Physik sehr plausibel erscheint.
Wird der *quantenmechanische Zustand durch eine Eigenfunktion von $\widehat{F}$* beschrieben und ist F_0 der zugehörige Eigenwert, erhält man bei einer Messung stets den scharfen Wert F_0. Entsprechend in der klassischen Physik: Schwingt die Saite ausschließlich in einer ihrer Eigenschwingungen, d.h. in der Grund- oder einer ihrer möglichen Oberschwingungen, so

führt eine Frequenzmessung immer zu der dieser Eigenschwingung eigentümlichen Eigenfrequenz.
Im allgemeinen ist ψ **keine Eigenfunktion** von $\widehat{F}$. Wiederholte Messungen von F ergeben zwar auch Eigenwerte von $\widehat{F}$, aber i.a. verschiedene. Die verschiedenen Eigenwerte treten mit unterschiedlicher Wahrscheinlichkeit auf. Entsprechend in der klassischen Physik: Die Schwingung der Saite ist i.a. keine Eigenschwingung, sondern eine Superposition von Eigenschwingungen. Eine Frequenzmessung kann dann immer nur eine der möglichen Eigenfrequenzen herausfiltern.

9.4 Entwicklung einer Wellenfunktion nach Eigenfunktionen eines hermiteschen Operators

Derartige Entwicklungen sind bereits bekannt. Zum Beispiel haben wir gesehen, dass man das ein **freies Teilchen** beschreibende Wellenpaket als FOURIER-Integral über DE BROGLIE-Wellen darstellen kann. Die DE BROGLIE-Wellen sind Eigenfunktionen des Impulsoperators, was man sofort einsieht. Der Einfachheit halber im eindimensionalen Fall ist $\widehat{p} = (\hbar/i)(\partial/\partial x)$. Also lautet die Eigenwertgleichung von $\widehat{p}$:

$$\frac{\hbar}{i}\frac{\partial\psi}{\partial x} = p\psi$$

mit der allgemeinen Lösung:

$$\psi(x,t) = f(t)e^{\frac{i}{\hbar}px}$$

$f(t)$ ist bereits aus der zeitabhängigen SCHRÖDINGER-Gleichung bestimmt worden: $f(t) = e^{-i\omega t}$, so dass folgt

$$\psi(x,t) = e^{i(kx-\omega t)}$$

Diese Eigenfunktionen bilden einen "vollständigen Satz linear unabhängiger" Funktionen, entsprechend den Basisvektoren eines Raumes, aus denen die Wellenfunktion zusammengesetzt werden kann (FOURIER-Integral). Die möglichen Eigenwerte p mit $\hbar k = p$, $\hbar\omega = p^2/(2m)$ sind nicht diskret, sondern kontinuierlich verteilt. Jeder reelle Wert p ist möglich. Für den hier beschriebenen Sachverhalt sagen wir auch: Das FOURIER-Integral stellt eine *Entwicklung der Wellenfunktion nach den Eigenfunktionen des Impulsoperators* dar.
Klassisches Analogon: Jede "freie" Seilwelle, d.h. das Seil ist nicht eingespannt und unendlich ausgedehnt, läßt sich darstellen als Überlagerung (FOURIER-Integral) von harmonischen Wellen $\cos(kx - \omega t), \sin(kx - \omega t)$ mit einem *kontinuierlichen Spektrum von Wellenzahlen* k bzw. *Frequenzen* ω mit $\omega/k = v_\varphi =$ Phasengeschwindigkeit.
Ferner haben wir im klassischen Fall eines beidseitig fest eingespannten Seils folgendes gesehen: Jede Schwingung läßt sich darstellen als Überlagerung von

Eigenschwingungen. In diesem Fall gibt es ein *diskretes Spektrum von Eigenfrequenzen* $\omega_n = n\omega_0$, $k_n = (n\pi)/\ell$. Die ortsabhängige Auslenkung des Seils wird beschrieben durch die Eigenfunktionen

$$y_k = \sin\left(\frac{n\pi}{\ell}x\right)\sin(n\omega_0 t + \alpha_n) \quad \text{mit} \quad \frac{\omega_n}{k_n} = v_\varphi$$

Diese bilden einen "vollständigen Satz linear unabhängiger Funktionen", d.h. jede Seilschwingung läßt sich als Überlagerung hieraus darstellen. In diesem Fall sind die Eigenfunktionen bereits "**orthogonal**", d.h. es gilt:

$$\int_0^\pi \sin\left(\frac{n\pi}{\ell}x\right)\sin\left(\frac{m\pi}{\ell}x\right)\cdot \mathrm{d}x = \begin{cases} 1 \text{ für } n = m \\ 0 \text{ für } n \neq m \end{cases}$$

Man rechnet dies sofort nach. Mit

$$2\sin(nz)\sin(mz) = \cos\Big[(n-m)z\Big] - \cos\Big[(n+m)z\Big] \quad \text{und} \quad z = \frac{\pi x}{\ell}$$

(ℓ = Länge der Saite) wird

$$\begin{aligned}\int_0^\pi \sin(nz)\sin(mz)\cdot \mathrm{d}z &= -\frac{1}{n-m}\sin(n-m)\cdot z\Big|_0^\pi \\ &+ \frac{1}{n+m}\sin(n+m)\cdot z\Big|_0^\pi \\ &= 0 \qquad \text{für} \qquad n \neq m\end{aligned}$$

und für $n = m$:

$$\begin{aligned}\int_0^\pi \sin^2(nz)\cdot \mathrm{d}z &= -\frac{1}{2n}\sin(nz)\cos(nz)\Big|_0^\pi + \frac{z}{2}\Big|_0^\pi \\ &= \frac{\pi}{2} \neq 0 \qquad \text{für} \qquad n = m\end{aligned}$$

Entsprechendes gilt nun in der Quantenmechanik. Ohne Beweis wird hier zunächst als Satz aus der Mathematik angeführt:

Korollar 9.5 *Die Eigenfunktionen eines hermiteschen Operators bilden einen vollständigen Satz orthogonaler und damit natürlich auch linear unabhängiger Funktionen, nach denen jede Funktion entwickelt werden kann.*

Da die den physikalischen Messgrößen, den sogenannten Observablen F zugeordneten Operatoren $\widehat{F}$ stets hermitesche Operatoren, also solche mit reellen Eigenwerten sind, ergibt sich hiermit als Lösung der SCHRÖDINGER-Gleichung ein Rezept für die Wellenfunktion ψ:
Man verwendet hierzu der Bequemlichkeit wegen ein System von normierten Eigenfunktionen. Funktionen, die orthogonal und normiert sind, heißen

orthonormiert, zwei Funktionen ψ_n, ψ_m sind also genau dann orthonormiert, wenn folgende Bedingung erfüllt ist:

$$\boxed{\int \psi_n^* \psi_m \cdot \mathrm{d}^3 r = \begin{cases} 1 & n = m \\ 0 & n \neq m \end{cases}} \tag{9.19}$$

$\psi_1, \psi_2, \ldots, \psi_n, \ldots$ sei ein vollständiger Satz **orthonormierter Eigenfunktionen** des Operators $\widehat{F}$, dann läßt sich die den Zustand des Teilchens beschreibende Wellenfunktion ψ, die im allgemeinen keine Eigenfunktion von $\widehat{F}$ ist, stets als Entwicklung nach diesen Eigenfunktionen beschreiben:

$$\boxed{\psi = \sum_n c_n \psi_n} \tag{9.20}$$

Das ist eine Anwendung des Satzes aus der Mathematik von oben.
Klassisches Analogon (Beispiel stehende Seilwelle): Die Entwicklung (9.20) entspricht vollständig der Superposition der allgemeinen stehenden Welle eines beidseitig eingespannten Seils aus Eigenfunktionen $y_n = \sin([n\pi/\ell]x)\sin(n\omega_0 t + \alpha_n)$, d.h. es ist

$$y = \sum_n A_n y_n$$

Die *Bedeutung der Entwicklungskoeffizienten* c_n soll nun näher untersucht werden. Diese liegt vor allem in der Vorhersagbarkeit der Messgröße F bei Kenntnis der Wellenfunktion ψ. Wir haben bereits gelernt: Ist ψ eine Eigenfunktion von $\widehat{F}$, so führt eine Messung von F stets zu dem dieser Eigenfunktion zugeordneten, scharf definierten Eigenwert. Im allgemeinen ist aber ψ keine Eigenfunktion von $\widehat{F}$. In diesem Fall kann man dann aber wenigstens die **Wahrscheinlichkeit** P_n angeben, mit der bei einer Messung von F das **Messresultat** F_n erhalten wird, wo F_n der zur Eigenfunktion ψ_n gehörige Eigenwert von $\widehat{F}$ ist (Gl. (9.20)):

$$\boxed{P_n = c_n^* c_n} \tag{9.21}$$

Der Beweis geschieht durch Berechnung des Erwartungswertes von F. Nach (9.11), (9.20) und nach Definition der Eigenwerte F_n durch die Eigenwertgleichung (9.18), nämlich $\widehat{F}\psi_n = F_n \psi_n$, erhält man

$$\begin{aligned} \langle F \rangle = \int \psi^* \widehat{F} \psi \cdot \mathrm{d}^3 r &= \int (c_1^* \psi_1^* + c_2^* \psi_2^* + \ldots) \\ &\quad \widehat{F}(c_1 \psi_1 + c_2 \psi_2 + \ldots) \cdot \mathrm{d}^3 r \\ &= \int (c_1^* \psi_1^* + c_2^* \psi_2^* + \ldots)(c_1 \widehat{F} \psi_1 + c_2 \widehat{F} \psi_2 + \ldots) \cdot \mathrm{d}^3 r \\ &= \int (c_1^* \psi_1^* + c_2^* \psi_2^* + \ldots)(c_1 F_1 \psi_1 + c_2 F_2 \psi_2 + \ldots) \cdot \mathrm{d}^3 r \\ &= c_1^* c_1 F_1 \int \psi_1^* \psi_1 \cdot \mathrm{d}^3 r + c_2^* c_2 F_2 \int \psi_2^* \psi_2 \cdot \mathrm{d}^3 r + \ldots \end{aligned}$$

Es kommen nur die Produkte mit gleichem Index vor, da die Funktionen $\psi_1, \psi_2, \ldots$ **orthogonal** sind, und da sie **normiert** sind (Gl. (9.19)), gilt:

$$<F> = \sum_n c_n^* c_n \cdot F_n$$

Andererseits ist

$$<F> = \sum_n P_n \cdot F_n = 1$$

was allgemein aus der Definition des Erwartungswertes folgt, falls als Ergebnis nur die diskreten Werte F_n vorkommen, vgl. (9.3). Koeffizientenvergleich liefert $P_n = c_n^* c_n$, also Gl. (9.21).

9.5 Zusammenfassung der Axiome der Quantenmechanik

1. **Korrespondenzprinzip**:

   Korollar 9.6 *Jeder physikalischen Messgröße ("Observable") F, die in der klassischen Physik durch die Funktion $F(\boldsymbol{r}, \boldsymbol{p})$ des Ortes $\boldsymbol{r}$ und des Impulses $\boldsymbol{p}$ beschrieben wird, entspricht ein Operator $\widehat{F}$, den man erhält, wenn man in $F(\boldsymbol{r}, \boldsymbol{p})$ $\boldsymbol{p}$ durch den Impulsoperator $\widehat{\mathbf{p}} = (\hbar/i) \cdot \nabla$ ersetzt.*

   Das Korrespondenzprinzip ist der Übersetzungsschlüssel, der angibt, wie man die in der klassischen Physik bekannten Zusammenhänge in solche der Quantenmechanik umsetzen kann, vgl. (9.10).
2. **Eigenwerte des Operators**:

   Korollar 9.7 *Die allein möglichen Messwerte, die eine physikalische Messgröße ("Observable") F bei einer Messung annehmen kann, sind die Eigenwerte des Operators $\widehat{F}$.*

   Ein bereits in der klassischen Physik bekannter Sachverhalt, der hier ebenfalls für die Quantenmechanik postuliert wird.
3. **Interpretation der Wellenfunktion**:

   Korollar 9.8 *Für einen durch die Wellenfunktion ψ beschriebenen Zustand erhält man die Wahrscheinlichkeit P_n dafür, durch eine Messung den Messwert F_n, den Eigenwert von $\widehat{F}$, zu finden durch $P_n = c_n^* c_n$, wobei c_n die Koeffizienten in der Entwicklung von ψ nach Eigenfunktionen von $\widehat{F}$ sind.*

   Diese Interpretation umfasst sowohl (9.21) – dieser Satz war aus Axiom 1 und 2 und der ursprünglichen axiomatischen Interpretation der Wellenfunktion als Ortswahrscheinlichkeitsamplitude gefolgert worden – als auch dieses ursprüngliche Postulat: $\psi^* \psi$ = Ortswahrscheinlichkeitsdichte selbst. Um dieses einzusehen, müssten nähere Ausführungen über die

Eigenfunktionen des Ortsoperators gemacht werden. Es sind dies die sogenannten "δ-Funktionen". Hierzu soll auf Spezialvorlesungen verwiesen werden.

4. **Schrödinger-Gleichung**: Die zeitliche Entwicklung eines Zustandes wird durch die Differentialgleichung

$$\widehat{H}\psi = i\hbar\frac{\partial\psi}{\partial t}$$

beschrieben. Der HAMILTON-Operator $\widehat{H}$ ist nach (9.16):

$$\text{(i)} \qquad \widehat{H} = -\frac{\hbar^2}{2m}\cdot\nabla^2 + V(\boldsymbol{r},t)$$

so dass unmittelbar klar ist, dass die in 4. genannte Differentialgleichung identisch mit der SCHRÖDINGER- Gleichung ist (vgl. (8.3)).
Dass mit Axiom 4 nach Kenntnis der Axiome 1, 2 und 3 nun noch die zeitliche Entwicklung der Wellenfunktion beschrieben wird, sei am Beispiel der stationären Lösungen verdeutlicht. Die Eigenwertgleichung des in diesem Fall zeitunabhängigen HAMILTON-Operators

$$\text{(ii)} \qquad \widehat{H}\psi = E\psi$$

liefert zeitlich konstante, scharf definierte Energieeigenwerte. Die Wellenfunktion läßt sich nach den zugehörigen Eigenfunktionen

$$\text{(iii)} \qquad \psi_E(\boldsymbol{r},t) = \psi_E(\boldsymbol{r})\varphi(t)$$

entwickeln. Die $\psi_E(\boldsymbol{r})$ sind Lösungen der sich aus (ii) und (iii) ergebenden "zeitunabhängigen SCHRÖDINGER-Gleichung" – das ist die Eigenwertgleichung des HAMILTON-Operators, so dass man nach Axiom 4 und (iii) eine Differentialgleichung für den allein noch unbekannten zeitabhängigen Teil $\varphi(t)$ der Wellenfunktion mit (ii) erhält:

$$\text{(iv)} \qquad \hbar i\frac{\partial\varphi}{\partial t} = E\varphi(t)$$

aus der $\varphi(t) = e^{-i\frac{E}{\hbar}t}$ folgt.

10 Heisenbergsche Unschärferelation und Ehrenfest-Theorem als Konsequenz der Axiome

10.1 Heisenbergsche Unschärferelation

Wir haben bisher kennengelernt:

$$\left.\begin{array}{lcl} \Delta x \cdot \Delta p_x & \geq & \hbar/2 \\ \Delta y \cdot \Delta p_y & \geq & \hbar/2 \\ \Delta z \cdot \Delta p_z & \geq & \hbar/2 \end{array}\right\} \qquad \text{und} \qquad \Delta E \cdot \Delta t \geq \hbar \quad \text{vgl. (5.2)}$$

Diese Beziehungen müssen sich natürlich als Konsequenz aus den quantenmechanischen Axiomen herleiten lassen. Dies würde aber mit dem bislang in der Vorlesung behandelten Formalismus recht kompliziert sein, und der Beweis wird daher der weiterführenden Vorlesung Quantenmechanik überlassen. Dort ist er in einfacher Weise zu führen. In Vorwegnahme hierauf wird aber hier schon auf einen allgemeinen Sachverhalt hingewiesen.
A, B seien zwei physikalische Messgrößen mit den zugeordneten Operatoren $\widehat{A}, \widehat{B}$. Der **Kommutator** ist durch

$$\boxed{[\widehat{A}, \widehat{B}] = \widehat{A} \cdot \widehat{B} - \widehat{B} \cdot \widehat{A}} \tag{10.1}$$

definiert. Dieser Kommutator kann nun entweder eine Zahl $= 0$ oder eine von 0 verschiedene Konstante oder selbst wieder ein Operator sein. Für die mittleren Fehler ΔA, ΔB, die nach (9.17) und (9.11) durch

$$\Delta A^2 = <A^2> - <A>^2$$
$$<A^2> = \int \psi^* \widehat{A}^2 \psi \cdot \mathrm{d}^3 r$$
$$<A>^2 = \left\{ \int \psi^* \widehat{A} \psi \cdot \mathrm{d}^3 r \right\}^2$$

(entsprechend für ΔB) zu berechnen sind, gelten dann für die verschiedenen Fälle die folgenden – hier nicht bewiesenen – Aussagen:

1. Sei $[\widehat{A}, \widehat{B}] = 0$. Dann folgt: A und B *sind gleichzeitig scharf messbar.*
   Beispiel: $[y, \widehat{p}_x] = 0$. Die y-Komponente des Ortsvektors und die x-Komponente des Impulses sind gleichzeitig scharf messbar!
2. Sei $[\widehat{A}, \widehat{B}] = i\hbar$. Dann folgt: $\Delta A \cdot \Delta B \geq \hbar/2$. A und B *sind also nicht gleichzeitig scharf messbar.*
   Beispiel: $[x, \widehat{p}_x] = i\hbar$. Es gilt $\Delta x \cdot \Delta p_x \geq \hbar/2$.

3. Sei $[\widehat{A}, \widehat{B}] = i\hbar\widehat{C}$. Dann folgt $\Delta A \cdot \Delta B \geq \hbar/2|C|$. Also sind A und B *sind nicht gleichzeitig scharf messbar.*
   Beispiel: $\widehat{L}_x, \widehat{L}_y, \widehat{L}_z$ seien die Operatoren der x-, y- und z-Komponente des Drehimpulses. Für sie gilt $[\widehat{L}_x, \widehat{L}_y] = i\hbar\widehat{L}_z$.
   Dann läßt sich nachrechnen: $\Delta L_x \cdot \Delta L_y \geq \hbar/2L_z$, eine Beziehung, die später noch benutzt wird.

10.2 Ehrenfest-Theorem

In der NEWTONschen Mechanik wird vorausgesetzt, dass Ort $\boldsymbol{r}$ und Impuls $\boldsymbol{p}$ eines Teilchens mit Masse m unabhängig voneinander scharf messbar sind. Es wird definiert:

$$\boxed{\boldsymbol{p} = m\frac{\mathrm{d}\boldsymbol{r}}{\mathrm{d}t}}$$

und es gilt dann als wichtigstes Axiom die NEWTONsche Bewegungsgleichung

$$\boldsymbol{F} = \frac{\mathrm{d}\boldsymbol{p}}{\mathrm{d}t}$$

In Fällen, in denen eine potentielle Energie $V(\boldsymbol{r})$ definierbar ist, z.B. bei konservativen Kräften, kann man wegen $\boldsymbol{F} = -\mathrm{grad}\ V(\boldsymbol{r})$ auch schreiben:

$$\boxed{\frac{\mathrm{d}\boldsymbol{p}}{\mathrm{d}t} = -\mathrm{grad}\ V(\boldsymbol{r})}$$

In der **Quantenmechanik** sind grundsätzlich nur Wahrscheinlichkeitsaussagen möglich. Es sind "Erwartungswerte" angebbar, und die Schwankungsbreiten der Messwerteverteilungen gehorchen den Bedingungen nach 10.1. So ist etwa

$$\Delta x \cdot \Delta p_x \geq \frac{\hbar}{2} \Rightarrow \frac{\Delta p_x}{p_x} \geq \frac{\frac{\hbar}{2}}{\Delta x \cdot p_x}$$

Bei vorgebbarer Ortsunschärfe Δx wird daher die relative Impulsunschärfe um so geringer, je größer die Teilchenmasse bei vorgegebener Geschwindigkeit des Teilchens ist. Im Grenzfall $\Delta x \cdot p_x \gg \hbar$ wird $\hbar/(\Delta x \cdot p_x) \to 0$, so dass dann Ort und Impuls praktisch gleichzeitig scharf messbar sind. Damit ist klar, dass in dem so beschriebenen Grenzfall der Quantenmechanik die quantenmechanisch definierten Erwartungswerte in die klassisch scharf definierten entsprechenden Größen übergehen müssen, $\langle\boldsymbol{r}\rangle \to \boldsymbol{r}$, $\langle\boldsymbol{p}\rangle \to \boldsymbol{p}$, etc.

Die NEWTONsche Mechanik ergibt sich mithin dann als Grenzfall der Quantenmechanik, wenn folgendes sogenanntes "**Ehrenfest-Theorem**" gilt:

$$\boxed{\begin{aligned} \langle\boldsymbol{p}\rangle &= m\frac{\mathrm{d}}{\mathrm{d}t}\langle\boldsymbol{r}\rangle \\ \frac{\mathrm{d}}{\mathrm{d}t}\langle\boldsymbol{p}\rangle &= \langle -\mathrm{grad}\ V(\boldsymbol{r})\rangle \end{aligned}} \tag{10.2}$$

Auch der Beweis dieser beruhigenden Konsequenz aus den quantenmechanischen Axiomen soll hier unterbleiben, da er mit dem bislang in der Vorlesung dargestellten Formalismus zu umständlich wäre.

11 Lösung der Schrödinger-Gleichung in einfachen Beispielen

11.1 Streuung freier Teilchen an einer Potentialstufe

Wir behandeln hier den einfachsten Spezialfall von allgemein in der Physik häufig vorkommenden Problemen, die man unter dem Begriff "**Streuprobleme**" zusammenfasst. Beispiele hierfür sind die Streuung von Ionen an Ionen (Coulomb- Potential), von Nukleonen am Atomkern (Coulomb- und Kernpotential), von Elektronen an einer geladenen Metalloberfläche, etc. In vielen Fällen handelt es sich hierbei bereits um relativ komplizierte Feldverteilungen, z.B. um das Zentralkraftfeld einer Punktladung, deren Behandlung den Rahmen dieser Vorlesung übersteigt. Es lassen sich aber bereits aus dem hier behandelten einfachsten Beispiel wichtige Schlüsse auf physikalisch beobachtbare Phänomene ziehen. Zudem benutzen wir das Beispiel als wichtige Vorübung auf die weiteren Fälle.

Weitere Vorbemerkungen:

(a) Die potentielle Energie ist in den hier behandelten Fällen zeitunabhängig: $V(\boldsymbol{r},t) = V(\boldsymbol{r})$. Die Lösung wird daher durch einen Produktansatz $\psi(\boldsymbol{r},t) = \psi(\boldsymbol{r})e^{i\omega t}$ geliefert – besser durch die allgemeine Superposition von Wellenfunktionen dieser Art, wobei $\psi(\boldsymbol{r})$ Lösung der *zeitunabhängigen* SCHRÖDINGER-*Gleichung* $\widehat{H}\psi = E\psi$ und $\omega = E/h$ ist.

(b) Wir werden sehen, dass man in den Beispielen 11.1 und 11.2 Lösungen für alle Werte der kontinuierlichen Variablen E (Energie) bzw. p (Impuls) des Teilchens erhält. Da der Impuls nicht scharf definiert sein kann – sonst wäre der Teilchenort beliebig unscharf, die Wellenfunktion nicht normiert, müsste man das Teilchen eigentlich durch Superposition aller möglichen Lösungen, d.h. durch ein Wellenpaket aus DE BROGLIE-Wellen darstellen. Wir wollen hier aber einen **homogenen Teilchenstrahl** mit konstanter Teilchenzahldichte längs seiner Strahlrichtung betrachten. Diesen können wir durch eine nicht normierte DE BROGLIE-Welle beschreiben:

$$\psi = Ae^{\frac{i}{a}(\boldsymbol{p}\cdot\boldsymbol{r} - Et)} \quad \text{mit} \quad E = \frac{p^2}{2m}$$

und mit $\psi^*\psi\cdot\, \mathrm{d}V = |A|^2\cdot\, \mathrm{d}V$ = Teilchenzahl im Volumenelement $\mathrm{d}V$ ($\psi^*\psi$ = **Teilchenzahldichte**).

Der Teilchenstrahl bewege sich in x-Richtung mit der Geschwindigkeit v und werde in x, y, z-Richtung näherungsweise als unendlich ausgedehnt betrachtet, d.h. in einem im Verhältnis zur DE BROGLIE-Wellenlänge großen Volumenbereich möge sich die Teilchenzahldichte nicht ändern. Da wir nun statt eines Teilchens eine sehr große Anzahl von Teilchen beschreiben, ist der Ort irgend eines Teilchens natürlich in der gesamten, näherungsweise als groß zu betrachtenden Ausdehnung des Teilchenstrahls beliebig unbestimmt, so dass die HEISENBERGsche Unschärferelation nicht mehr verbietet, den Impuls entsprechend relativ scharf zu bestimmen, d.h. die Repräsentation näherungsweise durch eine einzige DE BROGLIE-Welle zu wählen.

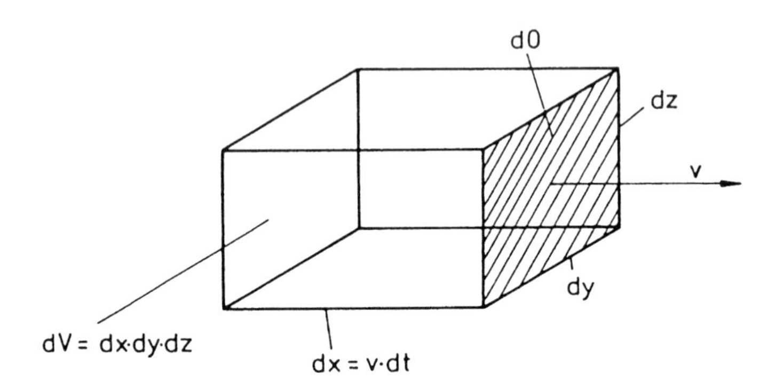

Durch die Fläche $\mathrm{d}O = \mathrm{d}y \cdot \mathrm{d}z$, senkrecht zur Teilchenstrahlgeschwindigkeit $\boldsymbol{v}$, treten im Zeitintervall $\mathrm{d}t$

$$\mathrm{d}^2N = \psi^*\psi \cdot \mathrm{d}O \cdot v \cdot \mathrm{d}t$$

Teilchen hindurch. Entsprechend den aus der Elektrizitätslehre her geläufigen Definitionen, bezeichnet man

$\dfrac{\mathrm{d}N}{\mathrm{d}t}$ als den **Teilchenstrom und**

$\dfrac{\mathrm{d}^2N}{\mathrm{d}O \cdot \mathrm{d}t}$ als die **Teilchenstromdichte**

Die Wellenfunktion ψ ergibt also eine Aussage über den Teilchentransport. Es ist nämlich

$$\boxed{\psi^*\psi \cdot v = \text{Teilchenstromdichte}} \tag{11.1}$$

Damit lassen sich dann offenbar die experimentell beobachtbaren Phänomene Reflexion und Transmission beschreiben (s. auch 11.2).

(c) Es soll der einfachste, d.h. "eindimensionale" Fall behandelt werden: $V(\boldsymbol{r}) = V(x)$. Natürlich ist ein physikalisches immer ein räumliches, also ein dreidimensionales Problem, d.h. von x, y und z abhängig. Wir stellen uns aber vor, dass etwa, als Beispiel betrachtet, eine geladene Metallplatte eine ebene Platte senkrecht zur x-Achse ist und eine sehr große Ausdehnung in y- und z-Richtung besitzt, größer als der Teilchenstrahl-Durchmesser, so dass die potentielle Energie der auf sie zufliegenden Elektronen praktisch nur von x allein abhängt. Natürlich ist mit einer geladenen Metallplatte kein Potentialsprung zu realisieren, ein konkretes Beispiel ist aber in Bild 11.1 angedeutet.

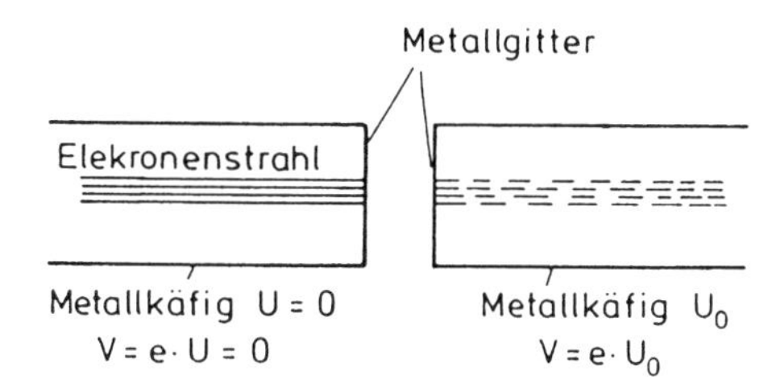

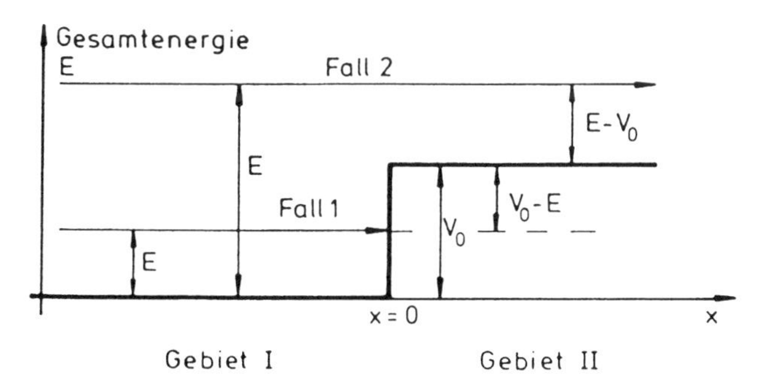

Abb. 11.1. Streuung von Teilchen an einer Potentialstufe

Durchführung der Berechnung von $\psi(x)$: Die zeitunabhängige SCHRÖDINGER-Gleichung für eine allein von x abhängige potentielle Energie $V(x)$ lautet:

$$-\frac{\hbar^2}{2m}\frac{\mathrm{d}^2\psi(x)}{\mathrm{d}x^2} + V(x)\psi(x) = E\psi(x)$$

Dies läßt sich umschreiben zu:

$$\boxed{\frac{\mathrm{d}^2\psi(x)}{\mathrm{d}x^2} + \frac{2m[E - V(x)]}{\hbar^2}\psi(x) = 0} \qquad (11.2)$$

Im vorliegenden Fall ist

$$V(x) = \begin{cases} 0 & \text{für} \quad x < 0 \quad \text{Gebiet I} \\ V_0 & \text{für} \quad x \geq 0 \quad \text{Gebiet II} \end{cases}$$

Damit ergeben sich aus (11.2) zwei verschiedene Differentialgleichungen, nämlich

$$\boxed{\frac{\mathrm{d}^2\psi(x)}{\mathrm{d}x^2} + \frac{2mE}{\hbar^2}\psi(x) = 0} \quad \text{für} \quad x < 0 \quad (\text{Lösung } \psi_1) \tag{11.3}$$

und

$$\boxed{\frac{\mathrm{d}^2\psi(x)}{\mathrm{d}x^2} + \frac{2m(E - V_0)}{\hbar^2}\psi(x) = 0} \text{ für } x \geq 0 \quad (\text{Lösung } \psi_2) \tag{11.4}$$

In der Gesamtlösung ψ müssen wir Stetigkeit und ebenso Stetigkeit von $\mathrm{d}\psi/\mathrm{d}x$ voraussetzen. Dies muss insbesondere auch bei $x = 0$ gelten, woraus wir als Randbedingungen

$$\boxed{\begin{aligned} \psi_1(x = 0) &= \psi_2(x = 0) \\ \frac{\mathrm{d}\psi_1}{\mathrm{d}x}(x = 0) &= \frac{\mathrm{d}\psi_2}{\mathrm{d}x}(x = 0) \end{aligned}} \tag{11.5}$$

erhalten.

Fall 1: $\boxed{E < V_0}$

E ist die kinetische Energie der Teilchen im Gebiet I, da dort $V = 0$ ist. Die **Gesamtenergie** ist stets $= E$ (Energieerhaltung). Im Gebiet II ist $V = V_0$. Dort hätten die Teilchen eine "negative kinetische Energie" $E - V_0$. Kinetische Energien sind stets positiv. Die Teilchen können daher klassisch nicht in das Gebiet II gelangen.

Quantenmechanisch gilt folgendes:

$$\text{Gebiet I} \qquad \frac{\mathrm{d}^2\psi(x)}{\mathrm{d}x^2} + \frac{2mE}{\hbar^2}\psi(x) = 0; \qquad \text{siehe (11.3)}$$

Allgemeine Lösung (ortsabhängiger Teil der Wellenfunktion):

$$\psi_1(x) = Ae^{ikx} + Be^{-ikx} \qquad \text{mit} \quad k^2 = \frac{2mE}{\hbar^2}$$

Zeitabhängiger Teil:

$$\varphi_1(t) = e^{-i\omega t} \quad \text{mit} \quad \hbar\omega = E$$

Gesamtlösung:

$$\psi_1(x,t) = Ae^{i(kx - \omega t)} + Be^{i(-kx - \omega t)}$$

Die beiden Anteile beschreiben eine von links nach rechts, d.h. in positive x-Richtung (= einlaufende) DE BROGLIE-Welle und eine von rechts nach links, d.h. in negative x-Richtung (= reflektierte) DE BROGLIE-Welle.

$$\text{Gebiet II} \qquad \frac{\mathrm{d}^2\psi(x)}{\mathrm{d}x^2} - \frac{2m(V_0 - E)}{\hbar^2}\psi(x) = 0 \quad \text{siehe (11.4)}$$

(Beachte $E < V$, daher $V_0 - E > 0$!)

Allgemeine Lösung (ortsabhängiger Teil der Wellenfunktion):

$$\psi_2(x) = Ce^{-\alpha x} + De^{+\alpha x} \quad \text{mit} \quad \alpha^2 = \frac{2m(V_0 - E)}{\hbar^2}$$

Zeitabhängiger Teil:

$$\psi_2(t) = e^{-i\omega t} \quad \text{mit} \quad \hbar\omega = E$$

Gesamtlösung:

$$\psi_2(x,t) = Ce^{-\alpha x}e^{-i\omega t} + De^{+\alpha x}e^{-i\omega t}$$

Da $\psi^*\psi$ endlich ist – auch bei der modifizierten Interpretation als Teilchenzahldichte, d.h. insbesondere auch für $x \to \infty$ zu fordern ist, muss $D = 0$ sein!

Zusammenfassung (nur ortsabhängiger Teil der Wellenfunktion)

$$\psi(x) = \begin{cases} \psi_1(x) = Ae^{ikx} + Be^{-ikx};\ x < 0;\ k = \frac{1}{\hbar}\sqrt{2mE} \\ \psi_2(x) = Ce^{-\alpha x};\ x \geq 0;\ \alpha = \frac{1}{\hbar}\sqrt{2m(V_0 - E)} \end{cases}$$

Anwendung der Randbedingungen (11.5):

$$\psi_1(0) = \psi_2(0) \Rightarrow A + B = C$$
$$\frac{\mathrm{d}\psi_1}{\mathrm{d}x}(0) = \frac{\mathrm{d}\psi_2}{\mathrm{d}x}(0) \Rightarrow Aik - Bik = -C\alpha$$

Damit läßt sich die Amplitude B der reflektierten Welle und die Konstante C, die die Aufenthaltswahrscheinlichkeit der Teilchen im Gebiet II bestimmt, aus der Amplitude der einlaufenden Welle berechnen. Man erhält

$$\boxed{B = A\frac{ik + \alpha}{ik - \alpha}, \quad C = A\frac{2ik}{ik - \alpha}} \tag{11.6}$$

Beachtet man

$$\sin z = \frac{e^{iz} - e^{-iz}}{2i}, \quad \cos z = \frac{e^{iz} + e^{-iz}}{2}$$

so kann man mit (11.6) die Lösung sofort umformen in:

$$\psi = \begin{cases} \psi_1(x) = \frac{2ik}{ik - \alpha}A\left[\cos(kx) - \frac{\alpha}{k}\sin(kx)\right]; x < 0 \\ \psi_2(x) = \frac{2ik}{ik - \alpha}Ae^{-\alpha x}; \qquad x \geq 0 \end{cases} \tag{11.7}$$

mit

$$k = \frac{1}{\hbar}\sqrt{2mE} \quad \text{und} \quad \alpha = \frac{1}{\hbar}\sqrt{2m(V_0 - E)}$$

Interpretation von (11.6), (11.7): Reflexionskoeffizient R:
Nach (11.1) definieren wir den Reflexionskoeffizienten R durch

$$R = \frac{\text{Teilchenstromdichte der reflektierten Welle}}{\text{Teilchenstromdichte der einfallenden Welle}}$$

also

$$\boxed{R = \frac{(\psi^*\psi)_{\text{reflekt.}} v_{\text{reflekt.}}}{(\psi^*\psi)_{\text{einfall.}} v_{\text{einfall.}}}} \qquad (11.8)$$

Natürlich sind die Geschwindigkeiten der einfallenden und reflektierten Welle identisch, daher wird

$$R = \frac{|B|^2}{|A|^2} = \left|\frac{ik + \alpha}{ik - \alpha}\right|^2 = \frac{\alpha^2 + k^2}{\alpha^2 + k^2} = 1$$

Man erhält also Totalreflexion wie auch im klassischen Fall.

Endliche Aufenthaltswahrscheinlichkeit im klassisch verbotenen Gebiet II: Nach (11.7) erhält man

$$\psi_2^*\psi_2 = \frac{4k^2}{k^2 + \alpha^2}|A|^2 e^{-2\alpha x}$$

Die Teilchen dringen also in das klassisch verbotene Gebiet ein. Ihre Aufenthaltswahrscheinlichkeit nimmt aber exponentiell mit x ab – völlig analog den Verhältnissen für die elektromagnetischen Wellen bei Totalreflexion (vgl. Optik).

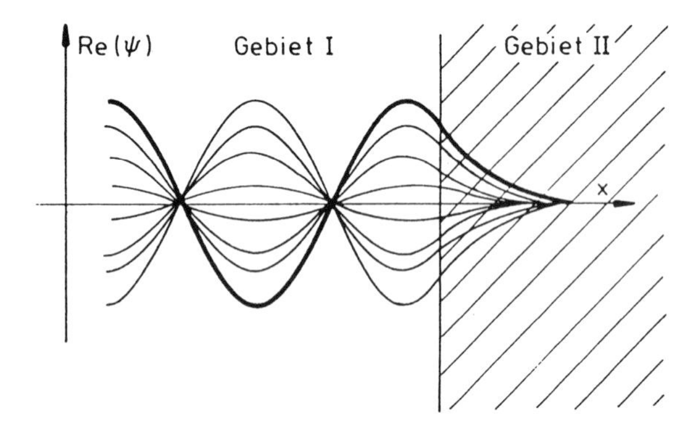

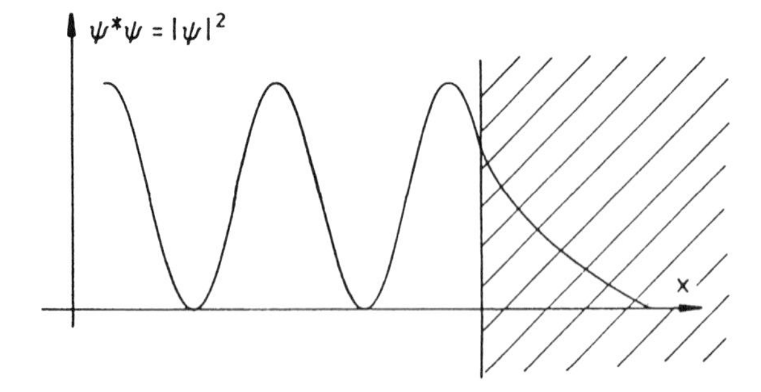

Abb. 11.2. Graphische Darstellung der Lösung

In dem Bild dargestellt ist jeweils $\Re\left[\psi(r,t)\right] = \Re\left[\psi(x)e^{i\omega t}\right]$ in mehreren Momentaufnahmen. Durch Überlagerung von einlaufender und reflektierter Welle erhält man im Gebiet I eine stehende Welle. Beobachtbar ist nicht ψ oder der Realteil von ψ, sondern allein $\psi^*\psi = |\psi|^2$! $|\psi|^2$ ist nicht zeitabhängig, also **stationär**.

Fall 2: $\boxed{E > V_0}$

Nach der ausführlichen Behandlung von Fall 1 kann man sich hier auf eine abgekürzte Darstellung beschränken. Die **Differentialgleichungen** (11.3) bzw. (11.4) lauten:

$$\begin{aligned}
\text{Gebiet I}: &\ \frac{\mathrm{d}^2\psi}{\mathrm{d}x^2} + \frac{2mE}{\hbar^2}\psi = 0 \\
\text{Gebiet II}: &\ \frac{\mathrm{d}^2\psi}{\mathrm{d}x^2} + \frac{2m(E-V_0)}{\hbar^2}\psi = 0 \quad \text{mit} \quad E - V_0 > 0
\end{aligned}$$

(Positive kinetische Energie im Gebiet II). Lösungen sind:

$$\begin{aligned}
\text{Gebiet I}: &\ \psi_1 = Ae^{ik_1x} + Be^{-ik_1x} \ \text{mit}\ k_1^2 = \frac{2mE}{\hbar^2} \\
\text{Gebiet II}: &\ \psi_2 = Ce^{ik_2x} + De^{-ik_2x} \ \text{mit}\ k_2^2 = \frac{2m(E-V_0)}{\hbar^2}
\end{aligned}$$

Hier ist $D = 0$, da eine von rechts einlaufende Welle nicht existiert. Es soll ausschließlich ein Primärstrahl von links auf den Potentialsprung zulaufen. Randbedingungen:

$$\begin{aligned}
\psi_1(0) = \psi_2(0) &\Rightarrow A + B = C \\
\frac{\mathrm{d}\psi_1}{\mathrm{d}x}(0) = \frac{\mathrm{d}\psi_2}{\mathrm{d}x}(0) &\Rightarrow Aik_1 - Bik_1 = Cik_2
\end{aligned}$$

Das ergibt

$$\boxed{B = \frac{k_1 - k_2}{k_1 + k_2},\ C = \frac{2k_1}{k_1 + k_2}A} \tag{11.9}$$

Mit (11.9) wird:

$$\boxed{\psi = \begin{cases} \psi_1 = A\left[e^{ik_1x} + \dfrac{k_1 - k_2}{k_1 + k_2}e^{-ik_1x}\right], & x < 0 \\ \psi_2 = A\dfrac{2k_1}{k_1 + k_2}e^{ik_2x}; & x \geq 0 \end{cases}} \tag{11.10}$$

mit

$$k_1 = \frac{1}{\hbar}\sqrt{2mE} \quad \text{und} \quad k_2 = \frac{1}{\hbar}\sqrt{2m(E - V_0)}$$

für den **Reflexionskoeffizienten** R erhalten wir entsprechend (11.8)

$$\boxed{R = \frac{|B|^2}{|A|^2} = \frac{(k_1 - k_2)^2}{(k_1 + k_2)^2}} \tag{11.11}$$

und für den **Transmissionskoeffizienten** T bei entsprechender Definition

$$T = \frac{\psi_2^* \psi_2 v_2}{\psi_1^* \psi_1 v_1}, \quad \text{also} \quad \boxed{T = \frac{4k_1 k_2}{(k_1 + k_2)^2}} \tag{11.12}$$

Im allgemeinen ist also $R < 1$ und $T > 0$. Aus (11.11) und (11.12) ergibt sich aber stets

$$\boxed{R + T = 1} \quad \text{(Erhaltung der Teilchenzahl)} \tag{11.13}$$

Hinweis: Gl. (11.11) ist identisch mit dem Reflexionskoeffizienten, den man in der Optik bei senkrechter Inzidenz an der Grenze zwischen einem Medium 1 (Brechungsindex n_1) und einem Medium 2 (n_2) erhält:

$$R = \left[\frac{n_1 - n_2}{n_1 + n_2}\right]^2$$

In der graphischen Darstellung der Lösung (Bild 11.3) ist nur der ortsabhängige Teil der Wellenfunktion (Realteil) dargestellt. ψ bzw. der Realteil von ψ sind nicht messbar. Messbar ist allein $\psi^*\psi$, das zeitunabhängig ist.

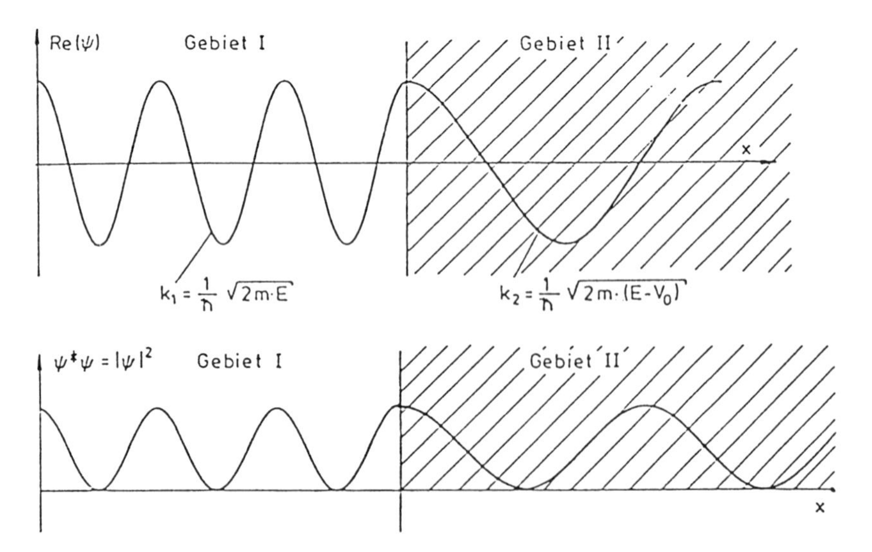

Abb. 11.3. Graphische Darstellung der Lösung

Es sei darauf hingewiesen, dass die in den beiden letzten Bildern 11.2 und 11.3 dargestellten "stehenden Wellen" **nicht** primär durch die Überlagerung der einlaufenden und reflektierten Welle zustandekommen, wie dies im Falle der klassischen Physik denkbar wäre. Im Gebiet II des Bildes 11.3 gibt es ja z.B. nur eine auslaufende Welle! Es ist dies vielmehr eine grundsätzliche Erscheinung jeder, deshalb auch so genannten, **stationären Lösung**. Erst die Überlagerung von zu verschiedenen Energieeigenwerten bzw. Impulsen gehörenden, wie sie z.B. im Wellenpaket realisiert ist, führt zu einer zeitabhängigen Aufenthalts wahrscheinlichkeit. Entsprechendes gilt in der klassischen Physik: Die Überlagerung von z.B. zwei Schwingungen mit etwas unterschiedlicher Frequenz führt zu Schwebungen.

11.2 Tunneleffekt durch eine Potentialbarriere

Die in 11.1 angestellten Überlegungen sind für eine Reihe von interessanten, mit dem Wellencharakter der Teilchenstrahlung zusammenhängenden Effekten von grundsätzlicher Bedeutung und wurden deshalb auch ausführlich dargestellt. Eine der wichtigsten und verblüffendsten Konsequenzen ist der Tunneleffekt: Teilchen können eine Potentialbarriere mit endlicher Wahrscheinlichkeit durchdringen, auch dann, wenn ihre kinetische Energie dazu nicht ausreicht ($E < V_0$). Die Lösung dieses Problems aus der SCHRÖDINGER-Gleichung wird zunächst in Bild 11.4 dargestellt und dann einige Beispiele angeführt.

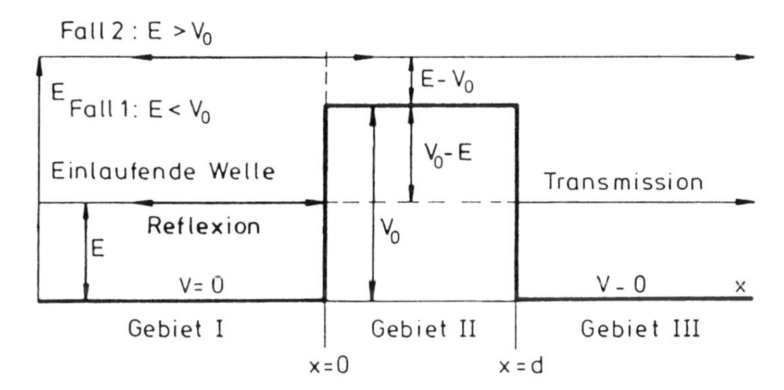

Abb. 11.4. Situation beim Tunneleffekt

Fall 1: $\boxed{E < V_0}$

Entsprechend 11.1 lauten die Lösungen:

$$\text{Gebiet I:} \qquad \psi_1 = A_1 e^{ikx} + B_1 e^{-ikx} \qquad \text{mit} \quad k^2 = \frac{2mE}{\hbar^2}$$

einlaufende Welle reflektierte Welle

$$\text{Gebiet II:} \qquad \psi_2 = A_2 e^{\alpha x} + B_2 e^{-\alpha x} \qquad \text{mit} \quad \alpha^2 = \frac{2m(V_0 - E)}{\hbar^2}$$

(A_2 ist im Gegensatz zu 11.1 i.a. $\neq 0$, da die Breite der Potentialbarriere endlich, also $A_2 \neq 0$ nicht verboten ist).

$$\text{Gebiet III :} \qquad \psi_3 = A_3 e^{ikx} \qquad \text{mit} \quad k^2 = \frac{2mE}{\hbar^2}$$

Es gibt höchstens eine **auslaufende** Welle, da der Teilchenstrahl von links in positiver x-Richtung auf die Potentialbarriere auftreffen soll. Wenn überhaupt Teilchen in das Gebiet III gelangen, dann muss Energieerhaltung gelten, daher ist $E_{\text{III}} = E_{\text{I}} = E$!

Die Vorstellung von DE BROGLIE-Wellen im Gebiet I (einlaufender und reflektierter Teilchenstrahl) und im Gebiet III (auslaufender Teilchenstrahl) bedeutet jede für sich genommen keine Schwierigkeit. Natürlich erwarten wir aus unseren, an den Erfahrungen der makroskopischen Welt geprägten Vorstellungen $A_3 = 0$. Schwierig, wie auch bereits in 11.1, ist die Vorstellung einer endlichen Aufenthaltswahrscheinlichkeit der Teilchen im Gebiet II. Die Teilchen könnten ja nach unseren klassischen Vorstellungen nur hierin gelangen, wenn bei Energieerhaltung $E_{\text{kinII}} = E - V_0$ negativ wäre, was keinen Sinn ergibt. Entsprechend wird statt einer sinnlosen imaginären Wellenzahl $k_{\text{II}} = 1/\hbar\sqrt{2m(E - V_0)}$ rein rechnerisch die reelle positive Größe $\alpha = 1/\hbar\sqrt{2m(V_0 - E)}$ eingeführt. Dies bedeutet zunächst nur eine konsequente Durchführung der Lösung der SCHRÖDINGER-Gleichung.
Die **Randbedingungen** (11.5) sind jetzt auf $x = 0$ und $x = d$ anzuwenden. Man erhält:

$$\text{(i)} \qquad \psi_1(0) = \psi_2(0) \Rightarrow A_1 + B_1 = A_2 + B_2$$

$$\text{(ii)} \qquad \frac{\mathrm{d}\psi_1}{\mathrm{d}x}(0) = \frac{\mathrm{d}\psi_2}{\mathrm{d}x}(0) \Rightarrow A_1 ik - B_1 ik = A_2\alpha - B_2\alpha$$

$$\text{(iii)} \qquad \psi_2(d) = \psi_3(d) \Rightarrow A_2 e^{\alpha d} + B_2 e^{-\alpha d} = A_3 e^{ikd}$$

$$\text{(iv)} \qquad \frac{\mathrm{d}\psi_2}{\mathrm{d}x}(d) = \frac{\mathrm{d}\psi_3}{\mathrm{d}x}(d) \Rightarrow A_2\alpha e^{\alpha d} - B_2\alpha e^{-\alpha d} = A_3 ik e^{ikd}$$

Dies ist ein Gleichungssystem von 4 linearen Gleichungen für die 4 Unbekannten B_1, A_2, B_2, A_3. Die Amplitude A_1, die die Intensität der einlaufenden Welle bestimmt, wird dabei als bekannt vorausgesetzt. Für die Lösung des Gleichungssystems geht man am besten von (iii), (iv) aus: Durch Multiplikation der erste Gleichung mit ik und Subtraktion beider Gleichungen voneinander erhält man:

$$\text{(v)} \qquad A_2 = \frac{\alpha + ik}{\alpha - ik} e^{-2\alpha d} B_2$$

und damit aus einer der beiden Gleichungen

$$\text{(vi)} \qquad A_3 = \frac{2\alpha}{\alpha - ik} e^{-\alpha d} e^{-ikd} B_2$$

Den Ausdruck für A_2 kann man nun in (i), (ii) einsetzen und erhält 2 Gleichungen mit den 2 Unbekannten B_1, B_2. Diese lassen sich lösen, B_2 setzt

man in A_3 in (vi) ein und ist damit fertig. Dies ist ein umständliches und zur Verallge meinerung bei entsprechenden Problemen nicht empfehlenswertes Verfahren. Die Lösung derartiger Gleichungssysteme erfolgt viel leichter und übersichtlicher mit der **Cramerschen Regel** unter Benutzung der Matrizenschreibweise und Berechnung der entsprechenden Determinanten. Bevor die allgemeine Lösung besprochen wird, soll hier ein wichtiger Spezialfall behandelt werden:
In vielen Fällen ist $e^{-\alpha d} \ll 1$, *d.h.* $\alpha d \gg 1$. Bedeutung dieses Grenzfalls: Es sei $E \ll V_0$. Dann gilt

$$\alpha = \frac{1}{\hbar}\sqrt{2m(V_0 - E)} \approx \frac{1}{\hbar}\sqrt{2mV_0} = \frac{2\pi}{\lambda_0}$$

$\lambda_0/2\pi$ ist die zu einem Teilchen der Energie $E = V_0$ gehörige DE BROGLIE-Wellenlänge. Für ein derartiges Teilchen wäre klassisch Transmission gerade möglich. $\alpha d \gg 1 \leftrightarrow \pi/\lambda_0 \ll d$. Für $e^{-\alpha d} \ll 1$ kann man wegen $|A_2| \cong e^{-2\alpha d}|B_2|$ nach (v) A_2 näherungsweise vernachlässigen und erhält aus (i), (ii), (vi):

$$A_3 \cong -\frac{4i\alpha k}{(\alpha - ik)^2} e^{-\alpha d} e^{-ikd} A_1$$

Der Transmissionskoeffizient ergibt sich aus

$$T = \frac{|A_3|^2 v_{\mathrm{III}}}{|A_1|^2 v_{\mathrm{I}}}$$

Man erhält wegen $v_{\mathrm{III}} = v_{\mathrm{I}}$:

$$\boxed{T \approx 16\left(1 - \frac{E}{V_0}\right)\frac{E}{V_0} e^{-2\alpha d} \quad \text{für} \quad e^{-\alpha d} \ll 1} \tag{11.14}$$

Als **allgemeine Lösung** erhält man:

$$\boxed{\begin{aligned} T &= \frac{1}{1 + \dfrac{(\alpha^2 + k^2)^2}{4\alpha^2 k^2}\sinh^2(\alpha d)} \\[2ex] R &= \frac{\sinh^2(\alpha d)}{\dfrac{4\alpha^2 k^2}{(\alpha^2 + k^2)^2} + \sinh^2(\alpha d)} \end{aligned}} \tag{11.15}$$

$$\left[\sinh z = \frac{e^z - e^{-z}}{2}\right]$$

Man rechnet sofort nach, dass

$$\boxed{R + T = 1} \tag{11.16}$$

gilt (vgl. (11.13): Erhaltung der Teilchenzahl)

Fall 2: $\boxed{E > V_0}$

Auch im Gebiet II erhält man eine positive kinetische Energie $E - V_0$. Die Lösungen lauten:

$$
\begin{aligned}
\text{Gebiet I}: \quad & \psi_1 = A_1 e^{ik_1 x} + B_1 e^{-ik_1 x} \\
\text{mit} \quad & k_1 = \frac{1}{\hbar}\sqrt{2mE} \\
\text{Gebiet II}: \quad & \psi_2 = A_2 e^{ik_2 x} + B_2 e^{-ik_2 x} \\
\text{mit} \quad & k_2 = \frac{1}{\hbar}\sqrt{2m(E - V_0)} \\
\text{Gebiet III}: \quad & \psi_3 = A_3 e^{ik_1 x} \\
\text{mit} \quad & k_1 = \frac{1}{\hbar}\sqrt{2mE}
\end{aligned}
$$

Wieder müssen die entsprechenden Randbedingungen, z.B. Stetigkeit von ψ und $\mathrm{d}\psi/\mathrm{d}x$ bei $x = 0$ und $x = d$, beachtet werden. Das Ergebnis der Rechnung ist dann:

$$
\boxed{
\begin{aligned}
T &= \frac{1}{1 + \dfrac{(k_1^2 - k_2^2)^2}{4k_1^2 k_2^2}\sin^2(k_2 \cdot d)} \\[2ex]
R &= \frac{\sin^2(k_2 d)}{\dfrac{4k_1^2 k_2^2}{(k_1^2 - k_2^2)^2} + \sin^2(k_2 d)}
\end{aligned}
}
\tag{11.17}
$$

und wiederum gilt natürlich Erhaltung der Teilchenzahl, d.h. $R + T = 1$.

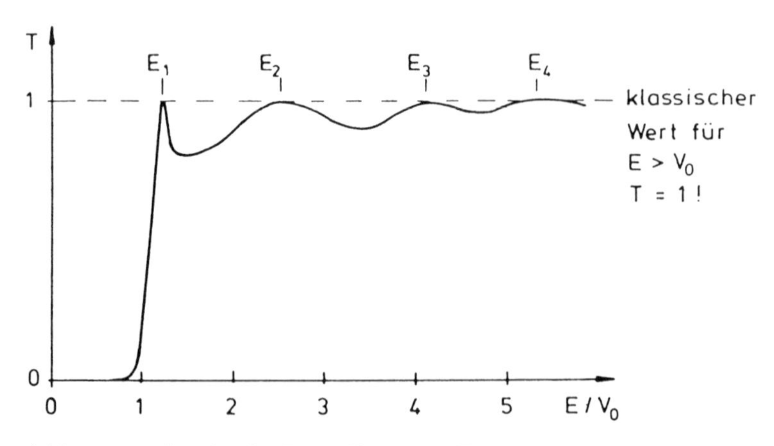

Abb. 11.5. Graphische Darstellung von T

Diskussion von Bild 11.5: Für $E < V_0$ würde man klassisch $T = 0$ erwarten, quantenmechanisch erhält man für das "Durchtunneln" durch die klassisch verbotene Zone eine Wahrscheinlichkeit, die etwa exponentiell mit $E \cdot d$ ansteigt.
Für $E > V_0$ ist ebenfalls i.a. $T < 1$, man erhält aber den klassisch erwarteten Wert 1 für $E \gg V_0$. Für relativ kleine Energien oberhalb von V_0 wird $T = 1$ nur für ganz bestimmte Energiewerte $E_1, E_2, E_3, \ldots$ Diese sind nach (11.17) durch die Bedingung $\sin(k_2 \cdot d) = 0$ gegeben, d.h. für $k_2 d = n\pi$ mit $n = 1, 2, 3, \ldots$, d.h. für

$$\boxed{E_n - V_0 = n^2 \frac{\hbar^2}{2m} \frac{\pi^2}{d^2} \quad \text{mit} \quad n = 1, 2, 3, \ldots} \tag{11.18}$$

Die hierdurch ausgezeichneten Energien E_n entsprechen den "Eigenzuständen" im Potentialtopf, vgl. 11.3. Wenn die Energie der einlaufenden Teilchen im Gebiet II gerade einem Eigenwert entspricht ($d = n(\lambda/2)$), erhält man maximale Transmission ($T = 1$) ("Resonanz"). Es ist dies bereits ein Ergebnis, das bei vielen Streuproblemen eine große Rolle spielt.

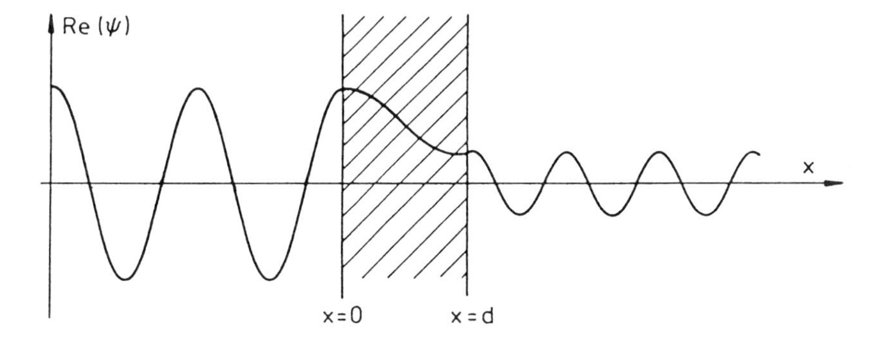

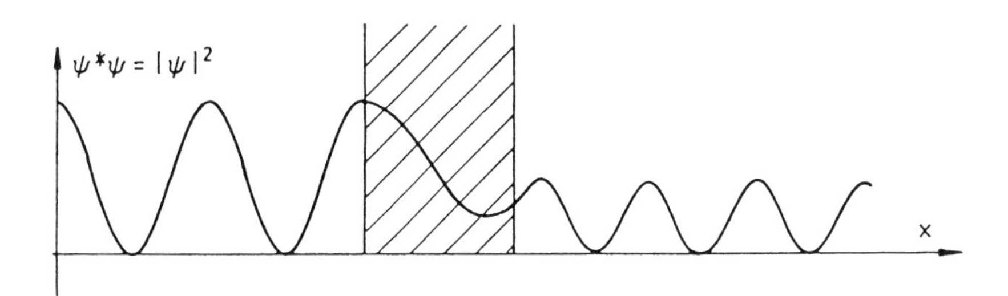

Abb. 11.6. Zum Tunneleffekt

Beispiel für die Bedeutung des Tunneleffekts

1. **Feldemission, Spitzenentladung**:
Elektronen sind im Metall frei beweglich. Um aber aus der Metalloberfläche austreten zu können, muss eine bestimmte Energie aufgewandt werden, die sogenannte Austrittsarbeit ϕ_e. Diese können einzelne Elektronen dadurch erhalten, dass sie aufgrund der thermischen Energieverteilung eine ausreichende kinetische Energie besitzen: **Temperaturabhängige Glühemission**. Andererseits kann bei einer geladenen Metalloberfläche – vorzugsweise bei einer Spitze, kleiner Krümmungsradius → hohe Feldstärke, d.h. großer Potentialgradient – ein Potentialverlauf im Außenraum entstehen, der zu einem Tunneleffekt führt, d.h. zur Emission.

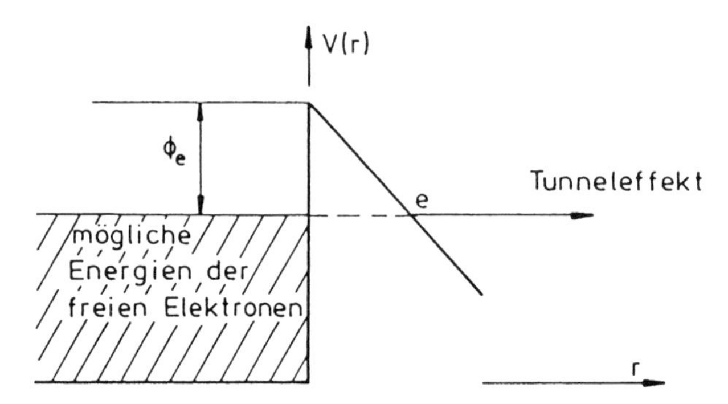

Abb. 11.7. Potentialbarriere an einer Metalloberfläche

2. **Zenerdurchbruch in Halbleitern**:
Im idealen Halbleiter ist das "Valenzband" mit Elektronen gefüllt, das "Leitungsband" ist leer. Durch ein im Innern des Halbleiters vorhandenes elektrisches Feld kann u.U. das Potentialgefälle so groß werden, dass die Elektronen durch den verbotenen Energiebereich zwischen Valenz- und Leitungsband hindurchtunneln (Zenerdurchbruch, "Tunneldiode").

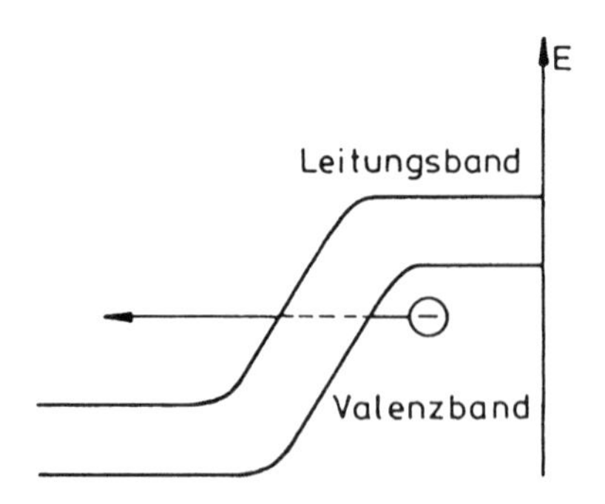

Abb. 11.8. Potentialverlauf bei einer "Tunneldiode"

3. **α-Zerfall radioaktiver Kerne**:
   Die Nukleonen sind im Kern gebunden wie die Elektronen im Metall; auch bei Kernen ist also eine bestimmte "Austrittsarbeit" für die Nukleonen zu definieren. Die positive Ladung des Kerns führt zu einem abfallenden Potentialverlauf im Außenraum für z.B. die positiv geladenen α-Teilchen. Die Halbwertszeit (Zerfallswahrscheinlichkeit) wird durch den Tunneleffekt durch den Potentialwall bestimmt.

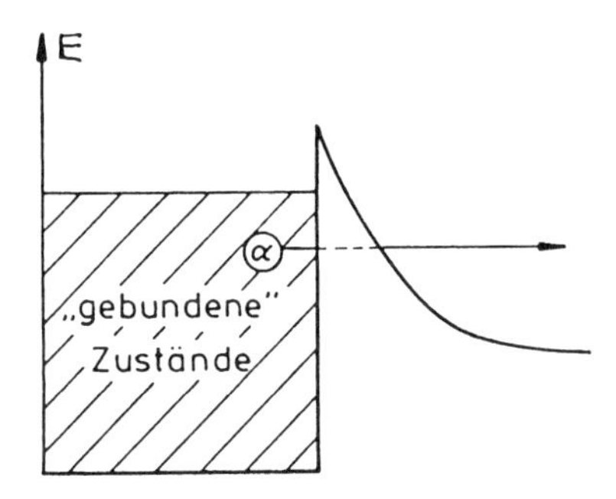

Abb. 11.9. Potentialbarriere beim α-Zerfall

11.3 Kastenpotential, gebundene Zustände

In den Abschnitten 11.1 und 11.2 wurden Beispiele behandelt, bei denen die Wellenfunktion freie Teilchen repräsentierte, und wir haben gesehen, dass man Reflexions- und Transmissionswahrscheinlichkeiten bei Streuung von Teilchen an Potentialwellen berechnen kann.
Andererseits befinden sich die Teilchen (Nukleonen, Elektronen, Atome, Moleküle) meist in einem bestimmten Volumen eingeschlossen, das sie nur bei erheblicher Energiezufuhr verlassen können, etwa die Elektronen im Metall (Austrittsarbeit), Nukleonen im Kern (Kernkräfte), Elektronen in einer Atomhülle (Coulombkraft) oder klassisch: Eine Kugel in einer Schüssel. In all diesen Fällen geschieht die räumliche Begrenzung durch einen entsprechenden Verlauf der potentiellen Energie. Die Teilchen im Innern sind "gebunden", ihre Energie ist zu klein, um den Anstieg der potentiellen Energie am Rande zu kompensieren, ihre kinetische Energie im Außenraum wäre negativ. Derartige Fälle sollen in 11.3 und 11.4 behandelt werden. Allgemeine Bemerkungen zu gebundenen Zuständen folgen in 11.5.

Zunächst wird der einfachste Fall eines eindimensionalen Potentialkastens mit unendlich hohen "Wänden" behandelt. Natürlich ist dies wiederum ein nicht realisierbarer idealisierter Grenzfall. Realisierbar ist nur V_0 = endlich. Wir betrachten nur solche Teilchenenergien E mit $E \ll V_0$ und nehmen an,

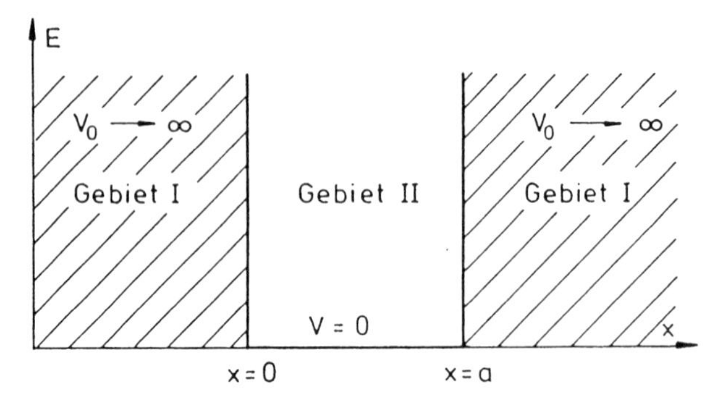

Abb. 11.10. Zum Kastenpotential

dass diese Situation hinreichend genau durch die Lösung der SCHRÖDINGER-Gleichung im Grenzfall $V_0 \to \infty$ beschrieben wird.
Wir benutzen die ausführlichen Betrachtungen zu 11.1. Wegen $\alpha \to \infty$ in unserem Fall, wird $\psi_2 = 0$, so dass wir als allgemeine Lösung schreiben können:

$$\psi = \begin{cases} Ae^{ikx} + Be^{-ikx} & \text{für } 0 \leq x \leq a \\ 0 & \text{sonst} \end{cases}$$

Stetigkeit von ψ bei $x = 0$ ergibt:

$$\text{(i)} \quad A + B = 0 \Rightarrow B = -A \Rightarrow \psi = A(e^{ikx} - e^{-ikx}) = 2iA \sin kx$$

und bei $x = a$ mit (i):

$$\sin ka = 0, \quad \text{d.h.} \quad \boxed{ka = n\pi \quad \text{mit} \quad n = 1, 2, 3, \ldots} \tag{11.19}$$

A ist nicht frei wählbar, da die Wellenfunktion *normiert sein muss*. D.h. es muss gelten

$$\int_0^a \psi^* \psi \cdot \mathrm{d}x = 1 \quad \text{mit} \quad \psi = N \sin\left(\frac{n\pi}{a} x\right)$$

$$= |N|^2 \frac{a}{n\pi} \int_0^{n\pi} \sin^2 z \cdot \mathrm{d}z \quad \text{mit} \quad z = \frac{n\pi}{a} x$$

$$= |N|^2 \frac{a}{n\pi} \left[-\frac{1}{2} \sin z \cos z + \frac{z}{2} \right]_0^{n\pi} = |N|^2 \frac{a}{2} \overset{!}{=} 1$$

Also folgt

$$|N| = \sqrt{\frac{2}{a}}$$

Da die Wellenfunktion stets nur bis auf einen Phasenfaktor bestimmt ist, genügt es, in $N = |N|e^{i\gamma}$ allein $|N|$ als Normierungskonstante zu bestimmen.

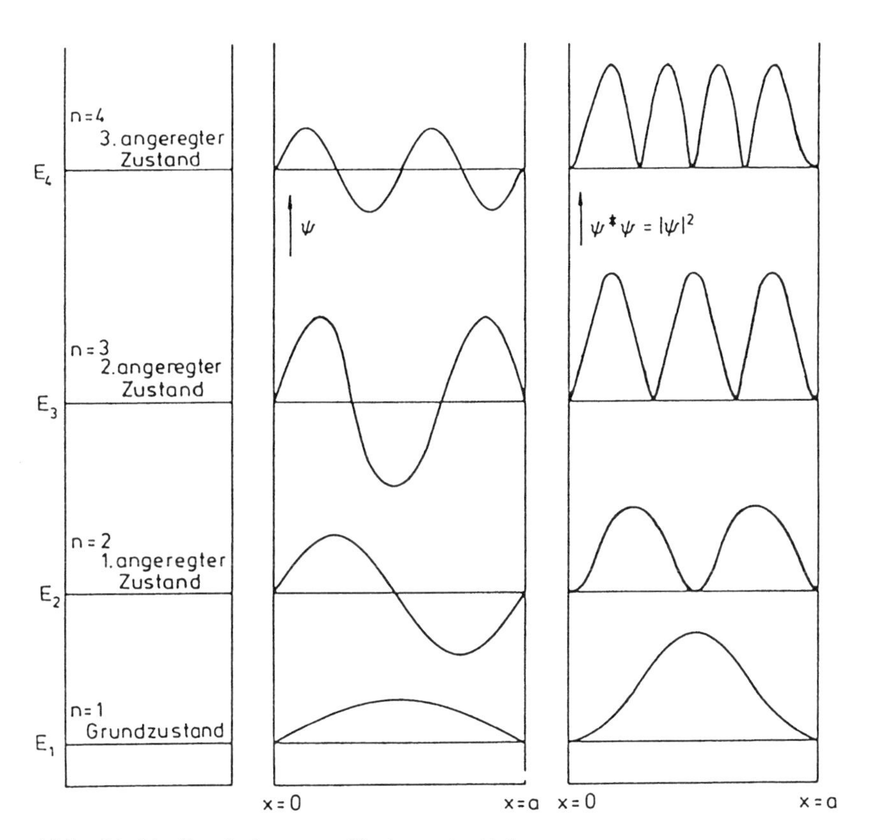

Abb. 11.11. Ergebnisse zum Kastenpotential

Als Lösung erhalten wir also:

$$\boxed{\begin{aligned} \psi_n &= \sqrt{\frac{2}{a}}\sin\left(\frac{n\pi}{a}x\right) \\ E_n &= n^2\frac{\hbar^2\pi^2}{2ma^2} \end{aligned}} \qquad \begin{aligned} &\text{für } 0 \le x \le a \\ &\text{da } k = \frac{n\pi}{a}, \\ &E = \frac{p^2}{2m} = \frac{\hbar^2k^2}{2m}, \\ &n = 1, 2, 3, \ldots \end{aligned} \tag{11.20}$$

Diskussion der Lösung (11.20) und der zugehörigen Figur (Bild 11.11) Es gibt nur **diskrete Energiezustände** E_n. Es ist dies eine direkte Folge der Randbedingungen, die zu k_n, d.h. $a = n\lambda/2$ geführt haben. $a = n\lambda/2$ ist ebenfalls die aus der klassischen Physik für stehende Seilwellen geläufige Bedingung. Dort erhält man allerdings entsprechend für die Eigenfrequenzen $\omega_n = n\omega_1$ mit ω_1 = Grundfrequenz. Im quantenmechanischen Fall des Teilchens im Potentialkasten ist $\omega_n = E_n/\hbar = n^2\omega_1$ mit $\omega_1 = E_1/\hbar$. Man muss also bei der Analogie mit einer stehenden Seilwelle vorsichtig sein.

Nullpunktsenergie: Die Energie des Grundzustandes ist $E_1 = (\hbar^2\pi^2)/(2ma^2)$. Der Zustand niedrigster Energie ist in der klassischen Physik, etwa bei einer Kugel in einer Schüssel, $E_1 = 0$. In der Quantenmechanik erhalten wir $E_1 \neq 0$. Man nennt E_1 auch die Nullpunktsenergie. $E_1 = 0$ ist quantenmechanisch nicht erlaubt, da nicht mit der HEISENBERGschen Unschärferelation verträglich: $E = 0$ scharf $\Rightarrow p = 0$ scharf $\Rightarrow \Delta p = 0 \Rightarrow \Delta x = \infty$ im Gegensatz zu $\Delta x \leq a$. Der Teilchenort ist auf Potentialkasten beschränkt!

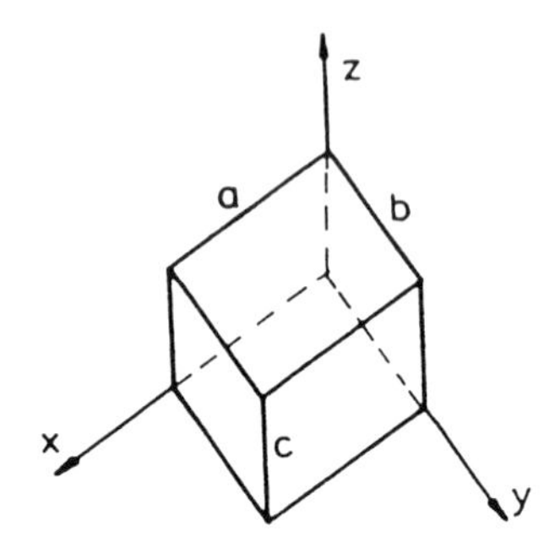

Dreidimensionaler Potentialkasten Die Erweiterung des eindimensionalen auf den physikalisch sinnvollen dreidimensionalen Fall ist sehr einfach und soll hier kurz besprochen werden. Der Potentialkasten habe die Breiten a in x-Richtung, b in y-Richtung und c in z-Richtung. Ein Teilchen im Innern dieses Kastens habe die potentielle Energie $V = 0$, außerhalb $V_0 \to \infty$. Dann gilt wieder $\psi = 0$ im Außenraum, und im Innern ist ψ Lösung der SCHRÖDINGER-Gleichung:

$$-\frac{\hbar^2}{2m}\left[\frac{\partial^2\psi}{\partial x^2} + \frac{\partial^2\psi}{\partial y^2} + \frac{\partial^2\psi}{\partial z^2}\right] = E\psi$$

Produktansatz:

$$\psi = \psi_1(x)\psi_2(y)\psi_3(z)$$

Man erhält mit $\psi_1'' = \frac{\mathrm{d}^2\psi_1}{\mathrm{d}x^2}$ etc.:

$$-\frac{\hbar^2}{2m}\left[\psi_1''\psi_2\psi_3 + \psi_2''\psi_1\psi_3 + \psi_3''\psi_1\psi_2\right] = E\psi_1\psi_2\psi_3$$

Dividiert man durch das Produkt $\psi_1\psi_2\psi_3$, dann folgt:

$$-\frac{\hbar^2}{2m}\left[\underbrace{\frac{\psi_1''}{\psi_1}}_{nur\ von\ x\ abh.} + \underbrace{\frac{\psi_2''}{\psi_2}}_{nur\ von\ y\ abh.} + \underbrace{\frac{\psi_3''}{\psi_3}}_{nur\ von\ z\ abh.}\right] = E$$

Die linke Seite ist eine Summe von 3 Termen, deren jeder nur von x, y oder z allein abhängig ist. Dann muss sich die Gleichung separieren lassen. Mit $E = E_x + E_y + E_z$ ist dann:

$$-\frac{\hbar^2}{2m}\frac{\psi_1''}{\psi_1} = E_x, \; -\frac{\hbar^2}{2m}\frac{\psi_2''}{\psi_2} = E_y, \; -\frac{\hbar^2}{2m}\frac{\psi_3''}{\psi_3} = E_z$$

$$\text{oder} \quad \psi_1'' + \frac{2m}{\hbar^2}E_x\psi_1 = 0, \; \psi_2'' + \frac{2m}{\hbar^2}E_y\psi_2 = 0,$$

$$\psi_3'' + \frac{2m}{\hbar^2}E_z\psi_3 = 0$$

Jede dieser Gleichungen ist identisch mit der entsprechenden für den eindimensionalen Fall. Für die Gesamtlösung erhält man daher entsprechend (11.20):

$$\psi = \psi_1\psi_2\psi_3 = \sqrt{\frac{8}{abc}}\sin(k_x x)\sin(k_y y)\sin(k_z z)$$

mit den entsprechenden Bedingungen für k_x, k_y, k_z (vgl. (11.19)):

$$k_x = n_1\frac{\pi}{a}, \; k_y = n_2\frac{\pi}{b}, \; k_z = n_3\frac{\pi}{c}$$

mit $n_1, n_2, n_3 = 1, 2, 3, \ldots$. Damit wird:

$$\boxed{E_{n_1,n_2,n_3} = \frac{\hbar^2\pi^2}{2m}\left[\frac{n_1^2}{a^2} + \frac{n_2^2}{b^2} + \frac{n_3^2}{c^2}\right]} \tag{11.21}$$

Im Fall des Würfels $a = b = c$ wird:

$$\boxed{E_{n_1,n_2,n_3} = \frac{\hbar^2\pi^2}{2ma^2}(n_1^2 + n_2^2 + n_3^2)} \tag{11.21a}$$

Entartung Die Bedeutung dieses Begriffs läßt sich sehr gut am Beispiel des würfelförmigen Potentialkastens mit den durch (11.21a) gegebenen Energiezuständen verdeutlichen.
Die Nullpunktsenergie (= Energie des Grundzustandes) entspricht dem niedrigst möglichen Energiezustand. n_1, n_2, n_3 können nicht $= 0$ sein, da sonst für die entsprechende Komponente die HEISENBERGsche Unschärferelation $\Delta x \cdot \Delta p_x \geq \frac{\hbar}{2}$ nicht erfüllbar wäre (siehe eindimensionaler Fall). Nach (11.21a) erhält man

$$E_{111} = \frac{3\hbar^2\pi^2}{2ma^2}$$

und die hierzu gehörige Wellenfunktion ist eindeutig bestimmt. Der erste angeregte, zunächst höhere Zustand kann durch 3 verschiedene Kombinationen von n_1, n_2, n_3 gebildet werden.

$$E_{211} = E_{121} = E_{112} = 3\frac{\hbar^2\pi^2}{ma^2}$$

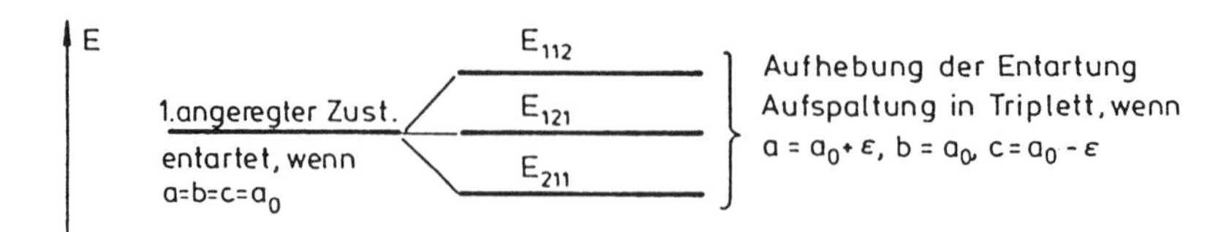

Hier fallen die bei $a \neq b \neq c$ verschiedenen Energiezustände $E_{211}, E_{121}, E_{112}$ wegen $a = b = c$ zusammen. Die hierzu gehörigen Wellenfunktionen sind aber verschieden! Man sagt: Der *Zustand ist 3-fach entartet.* Eine *Aufhebung der Entartung* erhält man, wenn a, b, c nur wenig verschieden voneinander sind.

Beispiel für dreidimensionales Kastenpotential: Farbzentren in Alkalihalogenid-Kristallen: In Alkalihalogenid-Kristallen, das sind Ionenkristalle mit kubischem Gitter, etwa Na^+Cl^-, K^+Br^-, K^+J^-, Na^+J^-, etc., können durch Aufheizung oder Strahlenschädigung Gitterlücken entstehen. Eine Gitterlücke gibt es dann, wenn ein Gitterplatz von einem Alkali$^+$-Ion oder einem Halogen$^-$-Ion nicht besetzt ist. Im Mittel gibt es genau so viele +-Ionen- wie −-Ionen-Lücken, so dass die elektrische Neutralität des Kristalls als Ganzes gewährleistet bleibt. Bei einer Temperatur von ca. 600°C gibt es z.B. im KBr etwa 10^{18} Leerstellen pro cm^3! In einem derartigen Kristall kann man mit der skizzierten Anordnung Elektronen injizieren, die dann eventuell in den −Ionen-Lücken eingefangen werden. Sie werden dort durch dieselben Bindungskräfte am Platz gehalten wie die Br^--, J^-- oder Cl^--Ionen vorher (Coulomb-Kraft). Da der Kristall eine kubische Gitterstruktur hat, befindet sich das eingefangene Elektron in einem näherungsweise kubischen Potentialkasten. Die Würfelseite a ist etwa gleich der Gitterkonstanten.

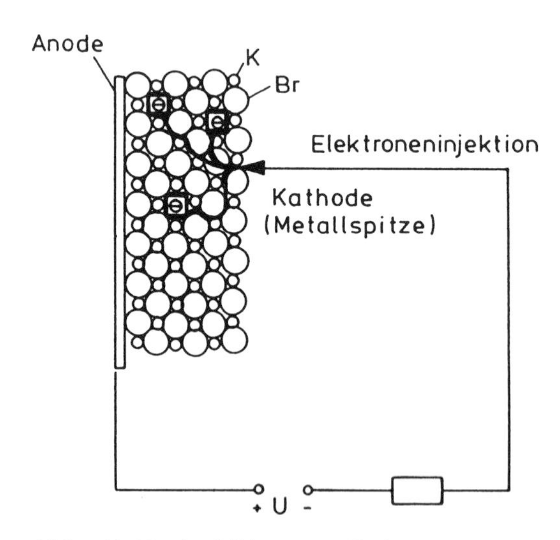

Abb. 11.12. Ausbildung von Farbzentren

Im KB-Kristall ist $a \approx 4 \cdot 10^{-10}$ m. Mit m = Elektronenmasse kann man die Energiezustände des eingefangenen Elektrons berechnen. Es ist

$$E_{111} = 3\frac{\hbar^2\pi^2}{2ma^2} \quad \text{und} \quad E_{211} = E_{121} = E_{112} = 6\frac{\hbar^2\pi^2}{2ma^2}$$

Die entsprechenden Differenzen sind damit auch die kleinsten Energien, die das im Grundzustand befindliche Elektron durch Übergang in den nächst höheren Zustand absorbieren kann. Elektromagnetische Strahlung der entsprechenden Frequenz

$$\Delta E = \hbar\omega = E_{211} - E_{111} = \frac{3}{2}\frac{\hbar^2\pi^2}{ma^2}$$

wird resonanzartig absorbiert. Dies entspricht einer Wellenlänge (m = Elektronenmasse, $a \approx 4 \cdot 10^{-10}$ m) von $\lambda \approx 0.2\mu$m. Die Abschätzung ist größenordnungsmäßig richtig. Tatsächlich liegt die Absorptionswellenlänge im Bereich des sichtbaren Lichts. Aus weißem Licht wird ein bestimmter Wellenlängenbereich absorbiert, bei dem λ nicht scharf ist, da die Wärmebewegung der Atome zu einem unscharfen Wert von a führt. Der Kristall erscheint farbig. Daher nennt man diese in Leerstellen eingefangenen Elektronen auch **Farbzentren**. Verschiedene Kristalle haben unterschiedliche Gitterkonstanten. Wegen $\lambda \propto 1/\omega$ erwartet man ($\hbar\omega \propto 1/a^2$):

$$\lambda_{\text{abs}} \propto a^2; \quad \text{experimentell findet man} \quad \lambda_{\text{abs}} \propto a^{1.84}$$

Die sehr idealisierte Beschreibung gibt also bereits eine gute Näherungsformel für die experimentellen Resultate.

11.4 Eindimensionaler harmonischer Oszillator

Für die harmonische Schwingung gilt klassisch (Teil 1,2):

$$\left.\begin{array}{rl} F = -Dx & \text{lin. Kraftgesetz} \\ \Rightarrow V(x) = \frac{D}{2}x^2 & \text{pot. Energie} \end{array}\right\} \Rightarrow \begin{array}{c} x = x_0 \sin(\omega_0 t + \alpha) \\ \text{mit} \quad \omega_0^2 = \frac{D}{m} \end{array}$$

Quantenmechanisch ist mit $V(x) = (D/2)x^2 = (1/2)m\omega_0^2x^2$ die Schrödinger-Gleichung zu lösen. Sie lautet dann:

$$\boxed{-\frac{\hbar^2}{2m}\frac{\mathrm{d}^2\psi}{\mathrm{d}x^2} + \frac{1}{2}m\omega_0^2x^2\psi = E\psi} \tag{11.22}$$

Zur Lösung von (11.22) verwandelt man diese zunächst in eine etwas einfachere Form. Als neue Variable wählt man:

(i) $\quad z = ax \quad \text{mit} \quad a^2 = \dfrac{\omega_0 m}{\hbar}$

und als neuen Energieparameter

(ii) $\quad \lambda = \dfrac{2E}{\hbar\omega_0}$

Damit wird aus (11.22) wegen

$$\frac{\mathrm{d}^2\psi(x)}{\mathrm{d}x^2} = \frac{\mathrm{d}^2\psi}{\mathrm{d}z^2}\left(\frac{\mathrm{d}z}{\mathrm{d}x}\right)^2 = \psi'' a^2$$

$$\boxed{\psi''(z) - z^2\psi(z) + \lambda\psi(z) = 0} \tag{11.23}$$

Gl. (11.23) ist äquivalent zu (11.22). Die Lösungen der Differentialgleichung (11.23) und damit (11.22) lassen sich darstellen als **Linearkombinationen** aus den Eigenfunktionen:

$$\boxed{\psi_n(ax) = N_n H_n(ax) e^{-\dfrac{a^2x^2}{2}}} \tag{11.24}$$

wobei die $H_n(ax)$ die sogenannten "hermiteschen Polynome" sind und N_n der sich aus der Normierungsbedingung der Wellenfunktion ergebende Normierungsfaktor ist. Die $H_n(ax)$ sind Polynome n-ten Grades in ax, und zwar kommen hierin für n = gerade nur gerade, für n = ungerade nur ungerade Potenzen von (ax) vor. Die einfachsten Lösungen sind in der folgenden Tabelle und dem nachfolgenden Bild 11.13 zusammengestellt (Verifizierung durch Einsetzen in Gl. (11.23)). Die Energien und Wellenfunktionen der ersten 4 Zustände sind:

n	E_n	ψ_n
0	$\frac{1}{2}\,\hbar\omega_0$	$\left(\dfrac{a}{\sqrt{\pi}}\right)^{1/2} e^{-\dfrac{a^2x^2}{2}}$
1	$\frac{3}{2}\,\hbar\omega_0$	$\left(\dfrac{a}{2\sqrt{\pi}}\right)^{1/2} 2ax e^{-\dfrac{a^2x^2}{2}}$
2	$\frac{5}{2}\,\hbar\omega_0$	$\left(\dfrac{a}{8\sqrt{\pi}}\right)^{1/2} (4a^2x^2 - 2) e^{-\dfrac{a^2x^2}{2}}$
3	$\frac{7}{2}\,\hbar\omega_0$	$\left(\dfrac{a}{48\sqrt{\pi}}\right)^{1/2} (8a^3x^3 - 12ax) e^{-\dfrac{a^2x^2}{2}}$

Für den Grundzustand betrachten wir die Lösung explizit. Es ist

$$\psi_0(ax) = N_0 e^{-\dfrac{a^2x^2}{2}} = \text{Ansatz}$$

d.h.

$$\psi_0(z) = N_0 e^{-\frac{z^2}{2}}$$

Damit folgt

$$\psi_0''(z) = N_0(z^2 - 1)e^{-\frac{z^2}{2}}$$

Einsetzen in (11.23) liefert

$$N_0 \left[(z^2 - 1)e^{-\frac{z^2}{2}} - z^2 e^{-\frac{z^2}{2}} + \lambda e^{-\frac{z^2}{2}} \right] = 0$$

Für $\lambda = 1$ ist

$$E = \frac{1}{2}\,\hbar\omega_0$$

Dies ist die Energie des Grundzustandes. Die zu den Eigenfunktionen (11.24) gehörigen Energieeigenwerte sind – den Normierungsfaktor N_0 bestimmt man aus $\int\limits_0^\infty \psi_0^* \psi_0 \cdot \,\mathrm{d}x = 1$:

$$\boxed{E_n = \left(n + \frac{1}{2}\right)\hbar\omega_0 \quad \text{mit} \quad n = 0, 1, 2, \ldots} \tag{11.25}$$

Die möglichen diskreten Energiewerte liegen also **äquidistant**. Es ist $E_{n+1} - E_n = \hbar\omega_0$, anders als im eindimensionalen Potentialkasten, wo $E_n \propto n^2 E_1$ gilt.

Nullpunktsenergie: Der Zustand $E = 0$ für das Teilchen ist klassisch erlaubt, und der niedrigst mögliche Zustand, bei dem das Teilchen bei $x = 0$ "am Boden des Potentialtopfes liegt". Quantenmechanisch ist er aber verboten, da hier wegen $E = 0$ auch $x = 0, p = 0$ wäre, d.h. x und p sind gleichzeitig scharf. Dies wäre aber im Widerspruch zur HEISENBERGschen Unschärferelation. Offenbar ist der Grundzustand der energetisch niedrigste Zustand, der mit der HEISENBERGschen Unschärferelation verträglich ist. Der Unterschied zwischen der quantenmechanisch exakten Formel (11.25) und der PLANCKschen Hypothese $E_n = n\hbar\omega_0$ (siehe Strahlung eines schwarzen Körpers) ist gerade die durch die Energie des Grundzustandes gegebene **Nullpunktsenergie** $\frac{1}{2}\hbar\omega_0$ (Nullpunktsschwingungen bei $T = 0$). Die Wellenfunktion des Grundzustandes ist eine **Gauß-Funktion** $\psi_0 \propto e^{-(a^2x^2)/2}$. Eine derartige Wellenfunktion ist stets mit einer minimalen **Orts-Impuls-Unschärfe** verknüpft, d.h. es ist $\Delta x \cdot \Delta p_x = \hbar/2$. Wir zeigen, dass dann gerade $E_0 = \frac{1}{2}\,\hbar\omega_0$ gelten muss. Klassisch gilt für die Gesamtenergie:

$$E = \frac{p^2}{2m} + \frac{D}{2}x^2$$

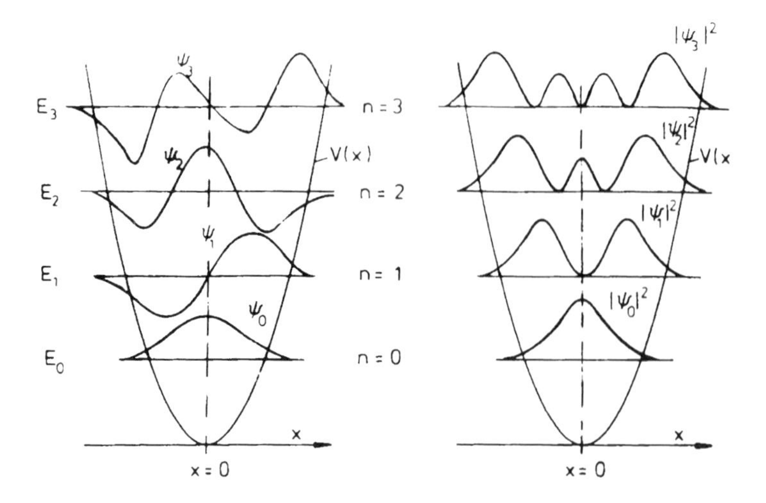

Abb. 11.13. Energieniveaus und Eigenfunktionen beim harmonischen Oszillator

quantenmechanisch entsprechend für die Erwartungswerte:

$$<E> = \frac{<p^2>}{2m} + \frac{D}{2}<x^2>$$

Nun ist $<x> = 0$ ($\psi^*\psi$ ist stets symmetrisch zu $x = 0$) und ebenso ist $<p> = 0$. Damit gilt für die mittleren quadratischen Fehler:

$$\Delta x^2 = <x^2> - <x>^2 = <x^2>$$
$$\Delta p^2 = <p^2> - <p>^2 = <p^2>$$

Also folgt

$$<E> = \frac{\Delta p^2}{2m} + \frac{D}{2} \cdot \Delta x^2 = \frac{1}{2}\,\Delta x \cdot \Delta p \left(\frac{1}{m}\frac{\Delta p}{\Delta x} + D\frac{\Delta x}{\Delta p}\right)$$

Wir suchen nach derjenigen Energie, die unter der Bedingung $\Delta x \cdot \Delta p = \hbar/2$ den niedrigsten Wert besitzt und bei der es sich um einen Eigenwert handelt; daher ist $<E> = E_0$. Somit gilt

$$\begin{aligned} E_0 &= \frac{\hbar}{4}\left(\frac{1}{m}\frac{\Delta p}{\Delta x} + D\frac{\Delta x}{\Delta p}\right) \\ &= \frac{\hbar}{4}\left(\frac{1}{m}s + D\frac{1}{s}\right) \quad \text{mit} \quad s = \frac{\Delta p}{\Delta x} \end{aligned}$$

Also muss das Minimum der Funktion $E_0(s)$ gesucht werden, d.h. es muss gefordert werden

$$\frac{\mathrm{d}E_0(s)}{\mathrm{d}s} = \frac{\hbar}{4}\left(\frac{1}{m} - D\frac{1}{s^2}\right) = 0$$

Das ergibt $s^2 = Dm$ oder $s = \sqrt{Dm}$, woraus folgt

$$E_0 = \frac{\hbar}{4}\left(\sqrt{\frac{D}{m}} + \sqrt{\frac{D}{m}}\right) = \frac{1}{2}\,\hbar\omega_0$$

was zu zeigen war.

$\psi_n^*\psi_n$ für hohe Quantenzahlen, klassischer Grenzfall

Der Grund dafür, dass bei einer klassischen harmonischen Schwingung, z.B. beim Fadenpendel oder Federpendel, quantenmechanische Effekte nicht beobachtbar sind, liegt darin, dass die Gesamtenergie E sehr viel größer als $\frac{1}{2}\,\hbar\omega_0$ ist! Es werde beispielsweise in einem realistischen Fall eine Schwingung mit $\omega_0 \approx 1\ \mathrm{s}^{-1}$ und einer Energie $E \approx 1$ J betrachtet. Mit $\hbar\omega_0 \approx 10^{-34}$ J erhält man für die Quantenzahl n dieses Zustandes $n \approx 10^{34}$, also $n \gg 1$. Dies ist mithin der klassische Grenzfall. Im Bild 11.14 wird $\psi^*\psi$ für $n = 0$ bis $n = 5$ dargestellt und mit dem klassischen Wert verglichen.

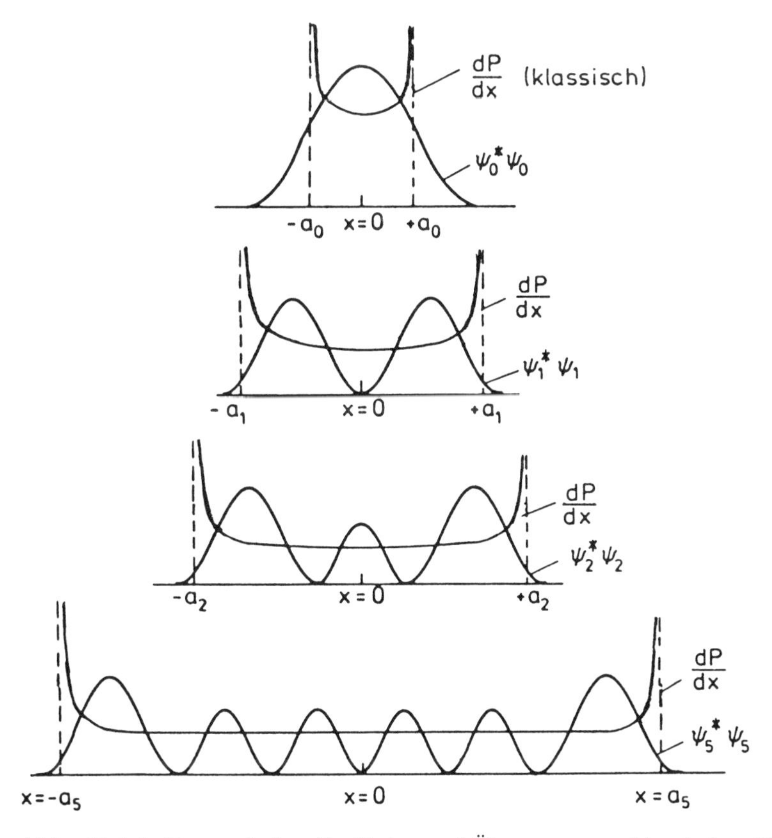

Abb. 11.14. Harmonischer Oszillator und Übergang zum klassischen Fall

Klassisch ist $\mathrm{d}P = \mathrm{d}t/T$ mit $\mathrm{d}t$ = Zeitintervall pro Schwingung und T = Schwingungsdauer die Wahrscheinlichkeit dafür, dass sich das Teilchen am Ort x im Intervall $x, x + dx$ aufhält. Also gilt für die klassische Wahrscheinlichkeitsdichte

$$\frac{\mathrm{d}P}{\mathrm{d}x} = \frac{\mathrm{d}t}{\mathrm{d}x}\frac{1}{T} = \frac{1}{v(x)T}$$

$v(x)$ ist die Momentangeschwindigkeit am Ort x und ist aus $x = a \sin \omega t$ zu berechnen. Die Energie ist klassisch $E = D/2a^2$. Aus der Darstellung läßt sich bereits erahnen, dass $\psi_n^* \psi_n \to \mathrm{d}P/\mathrm{d}x_{(\mathrm{klassisch})}$ für $n \to \infty$.

Vibrationszustände zweiatomiger Moleküle

Die beiden Atome eines zweiatomigen Moleküls können Schwingungen längs der gemeinsamen Verbindungslinie um die Gleichgewichtslage ausführen. Der Gleichgewichtsabstand ergibt sich dadurch, dass dort die attraktive Kraft durch eine bei kleinen Abständen wirkende repulsive Kraft gerade kompensiert wird. In der Nähe der Gleichgewichtslage ist die Wechselwirkungskraft $F \propto -x$ (Auslenkung), so dass man für kleine Amplituden, d.h. kleine Gesamtenergie, das Potential eines harmonischen Oszillators erhält. Derartige Vibrationen gehören also zu einem diskreten Energiespektrum mit äquidistanten Anregungsenergien, wie sie auch tatsächlich beobachtet werden. Äquidistante Vibrationsniveaus gibt es nicht nur in der Molekül-, sondern beispielsweise auch in der Kernphysik.

11.5 Gebundene und ungebundene Zustände, allgemeines

Aus der Behandlung der speziellen Beispiele von 11.1 bis 11.4 sollen die mit den stationären Zuständen zusammenhängenden gemeinsamen Phänomene hervorgehoben werden. Typisch dafür ist der Verlauf der potentiellen Energie, z.B. bei der Wechselwirkung der beiden Atome in einem zweiatomigen Molekül. Für große Abstände $x \to \infty$ sei $F \to 0$, so dass wir für $x \to \infty$ willkürlich $V = 0$ setzen. Für kleiner werdende Abstände erhält man zunächst eine zunehmend negative potentielle Energie (attraktive Wechselwirkung), die bei sehr kleinen Abständen durch eine stark ansteigende repulsive Wechselwirkung überlagert wird. Das Minimum der potentiellen Energie V_0 entspricht dem **klassischen Gleichgewichtsabstand** x_0. Bei **negativer Gesamtenergie** erhält man klassisch eine Oszillation zwischen den **klassischen Umkehrpunkten** x_1 und x_2. Bei **positiver Gesamtenergie** können sich die Wechselwirkungspartner frei gegeneinander bewegen bis zum Abstand x_3 = **klassischer Umkehrpunkt**. Zustände mit negativer Gesamtenergie $E < 0$ sind gebundene Zustände (vgl. Teil 1,2: Gesamtenergie eines Planeten bei Bewegung um die Sonne). Zustände mit positiver Gesamtenergie sind ungebundene Zustände (Quantenmechanik):

$E > 0$, *ungebundene Zustände:* Es existiert nur eine Randbedingung bei x_3 (vgl. Reflexion am Potentialsprung, 11.1). Es sind alle Energien $E > 0$ erlaubt, man erhält ein **kontinuierliches Energiespektrum**.

$E < 0$, *gebundene Zustände:* Die Randbedingungen bei x_1 und x_2 führen dazu,dass die SCHRÖDINGER-Gleichung nur für ganz bestimmte Energiewerte lösbar ist (vgl. Kastenpotential, 11.3, harmonischer Oszillator, 11.4). Man erhält ein **diskretes Energiespektrum**. Die Energie E_B heißt **Bindungsenergie**.

12 Das Wasserstoff-Atom, Ein-Elektron-Systeme

12.1 Aufstellung und Lösung der Schrödinger-Gleichung

"**Ein-Elektron-Systeme**": Wir betrachten ausschließlich Atome, allgemein mit der Kernladungszahl Z, mit einem einzigen, in der Hülle vorhandenen Elektron, d.h. im strengen Sinne $(Z-1)$-fach geladene Ionen. Es wird sich später (Kap. 14) ergeben, dass die hierfür gemachten Aussagen zumindest auch auf die den innersten "Elektronenschalen" entsprechenden Energiezustände übertragen werden können. Da die folgenden Betrachtungen für ein Elektronensystem im Coulomb-Feld eines Z-fach geladenen Kerns kaum komplizierter sind als die für das einfachste Atom, das Wasserstoff-Atom, wird die SCHRÖDINGER-Gleichung gleich für diesen verallgemeinerten Fall hingeschrieben.

Reduzierung des Zwei-Körper-Problems auf ein Ein-Körper-Problem

Elektronen und Kern bewegen sich um ihren gemeinsamen Schwerpunkt (vgl. Band 1, I). Wir interessieren uns nicht für die Bewegung des Schwerpunktes, sondern nur für die Relativbewegung des Elektrons gegenüber dem Kern. Die Separation gelingt durch Einführung der **Relativkoordinaten** $\boldsymbol{r} = \boldsymbol{r}_{\text{Elektr.}} - \boldsymbol{r}_{\text{Kern}}$ und der **reduzierten Masse** $\mu = (m_e M_{\text{Kern}})/(m_e + M_{\text{Kern}})$. Die Relativbewegung der beiden Körper (Elektron und Kern) ist dann durch die Bewegung des einen Körpers (Masse μ) mit Ortsvektor $\boldsymbol{r}$ vollständig beschrieben.

Potentielle Energie im Coulomb-Feld Das Coulomb-Feld ist ein reines **Zentralkraftfeld**, d.h. es gilt

$$V(\boldsymbol{r}) = V(r)$$

mit $r = \sqrt{x^2 + y^2 + z^2}$.

Im kartesischen Koordinatensystem hängt V entsprechend von x, y und z in recht komplizierter Weise ab, in Polarkoordinaten ausschließlich von der Koordinate r. Bekanntlich ist

$$\boxed{V(r) = -\frac{1}{4\pi\varepsilon_0}\frac{Ze^2}{r}} \tag{12.1}$$

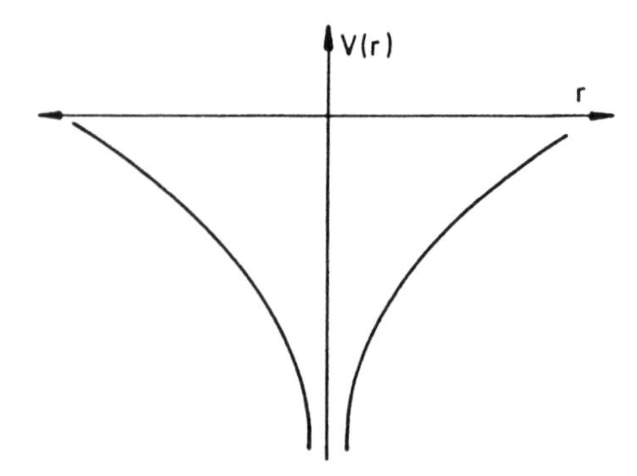

Es wird daher nützlich sein, auch die SCHRÖDINGER-Gleichung nicht in kartesischen x, y, z-Koordinaten, sondern in Polarkoordinaten r, ϑ, φ zu schreiben.

Schrödinger-Gleichung in Polarkoordinaten Transformations-Gleichungen:

$$\boxed{\begin{aligned} x &= r \sin\vartheta \cdot \cos\varphi \\ y &= r \sin\vartheta \cdot \sin\varphi \\ z &= r \cos\vartheta \end{aligned}} \tag{12.2}$$

$\vartheta =$ "Polarwinkel", $\varphi =$ "Azimutalwinkel"

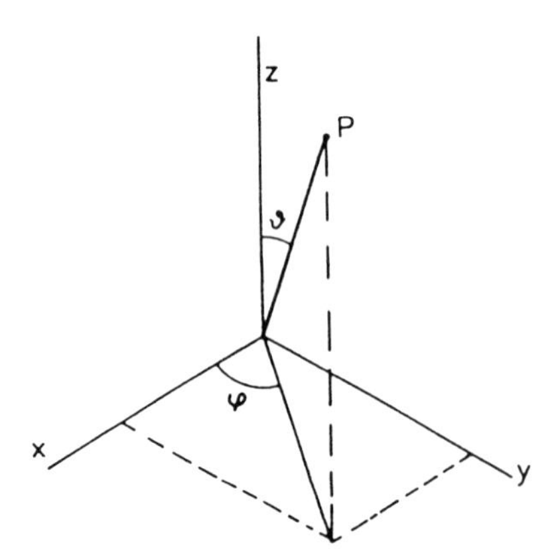

Abb. 12.1. Polarkoordinaten

Für das Volumenelement gilt in Polarkoordinaten

$$\boxed{\mathrm{d}^3 r = r^2 \cdot \mathrm{d}r \cdot \sin\vartheta \cdot \mathrm{d}\vartheta \cdot \mathrm{d}\varphi} \tag{12.3}$$

Die Transformation des LAPLACE-Operators lautet, wie man einer Formelsammlung entnehmen kann:

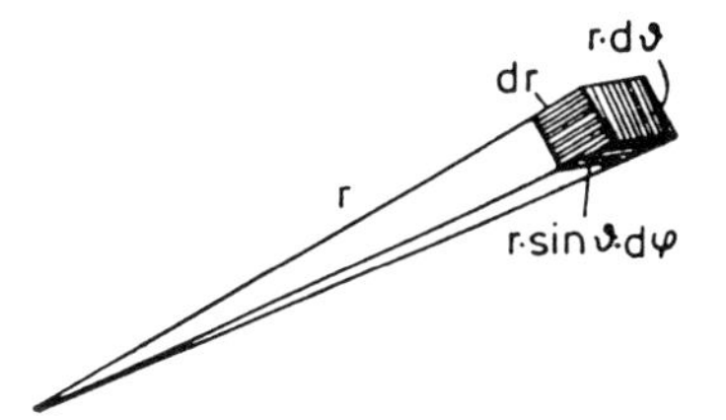

Abb. 12.2. Volumenelement in Polarkoordinaten

$$\boxed{\nabla^2 = \frac{1}{r^2}\frac{\partial}{\partial r}\left(r^2\frac{\partial}{\partial r}\right) + \frac{1}{r^2}\frac{1}{\sin^2\vartheta}\frac{\partial^2}{\partial\varphi^2} + \frac{1}{r^2}\frac{1}{\sin\vartheta}\frac{\partial}{\partial\vartheta}\left(\sin\vartheta\cdot\frac{\partial}{\partial\vartheta}\right)} \quad (12.4)$$

Die zeitunabhängige SCHRÖDINGER-Gleichung lautet damit für die reine ortsabhängige Wellenfunktion $\psi(r,\vartheta,\varphi)$ – der zeitabhängige Anteil wird ja für jede Lösung durch den Faktor $e^{-iE/\hbar t}$ gegeben

$$-\frac{\hbar^2}{2\mu}\frac{1}{r^2}\frac{\partial}{\partial r}\left(r^2\frac{\partial\psi}{\partial r}\right) - \frac{\hbar^2}{2\mu}\frac{1}{r^2}\frac{1}{\sin^2\vartheta}\frac{\partial^2\psi}{\partial\varphi^2}$$
$$-\frac{\hbar^2}{2\mu}\frac{1}{r^2}\frac{1}{\sin\vartheta}\frac{\partial}{\partial\vartheta}\left(\sin\vartheta\cdot\frac{\partial\psi}{\partial\vartheta}\right) - \frac{1}{4\pi\varepsilon_0}\frac{Ze^2}{r}\psi = E\psi$$

Diese Differentialgleichung erscheint zunächst gegenüber derjenigen in kartesischen Koordinaten $\left(\nabla^2 = \frac{\partial^2}{\partial x^2} + \frac{\partial^2}{\partial y^2} + \frac{\partial^2}{\partial z^2}\right)$ sehr viel komplizierter und man vermag nicht ohne weiteres einzusehen, dass die Ersetzung der potentiellen Energie in kartesischen Koordinaten (Gl. 12.1 mit $r = \sqrt{x^2+y^2+z^2}$) durch die Schreibweise in Polarkoordinaten die entscheidende Vereinfachung bringt. Ich schreibe deshalb die o.a. SCHRÖDINGER-Gleichung in Polarkoordinaten in eine *physikalisch einfach zu interpretierende Form* um:
Statt die formale mathematische Koordinatentransformation anzuwenden, wie dies oben geschehen ist, denken wir daran, dass der HAMILTON-Operator der Operator der Gesamtenergie ist und dass entsprechend $-(\hbar^2)/(2m)\cdot\nabla^2$ der *Operator der kinetischen Energie* ist. Die Bewegung eines Teilchens im Zentralkraftfeld (Drehimpuls $\boldsymbol{L}$ = const, Teilchenbahn in einer Ebene) läßt sich nun stets in eine reine Radialbewegung, die durch den Radialimpuls $\boldsymbol{p}_r = \mu\ (\mathrm{d}r)/(\mathrm{d}t)\boldsymbol{\mu}_r$ beschrieben wird, und eine reine Rotation, die durch den Drehimpuls $\boldsymbol{L} = \boldsymbol{r}\times\boldsymbol{p}$, d.h. durch die Impulskomponente senkrecht zu $\boldsymbol{r}$ beschrieben wird, aufteilen. Entsprechend gilt für die kinetische Energie klassisch:

$$E_{\text{kin}} = \frac{\boldsymbol{p_r^2}}{2\mu} + \frac{\boldsymbol{L^2}}{2\mu r^2}$$

Nach dem Korrespondenzprinzip erhalten wir also den Operator der kinetischen Energie

$$\boxed{\widehat{E}_{\text{kin}} = -\frac{\hbar^2}{2\mu} \cdot \nabla^2 = \frac{\widehat{\boldsymbol{p}_{\boldsymbol{r}}^{\boldsymbol{2}}}}{2\mu} + \frac{\widehat{\boldsymbol{L}^{\boldsymbol{2}}}}{2\mu r^2}} \tag{12.5}$$

Wenn man hierin $\widehat{\boldsymbol{p}_{\boldsymbol{r}}^{\boldsymbol{2}}}$ und $\widehat{\boldsymbol{L}^{\boldsymbol{2}}}$ nach dem Korrepondenzprinzip aus p_r und $\boldsymbol{L}$ jeweils in Polarkoordinaten ausrechnet, so gelangt man wiederum zum gleichen Ergebnis, wie schon früher angegeben. Wir schreiben daher die SCHRÖDINGER-Gleichung in der physikalisch besser interpretierbaren Form:

$$\boxed{\frac{\widehat{p_r^2}}{2\mu}\psi(r,\vartheta,\varphi) + \frac{\widehat{\boldsymbol{L}^{\boldsymbol{2}}}}{2\mu r^2}\psi(r,\vartheta,\varphi) - \frac{Ze^2}{4\pi\varepsilon_0 r}\psi(r,\vartheta,\varphi) = E\psi(r,\vartheta,\varphi)} \tag{12.6}$$

Operator des Radialanteils der kineti-schen Energie	Operator des Rotationsanteils der kineti-schen Energie	potentielle Energie	Gesamtenergie (Eigenwert E)

Da wir in (12.6) auch noch die explizite Form von $\widehat{p_r^2}$ und $\widehat{\boldsymbol{L}^{\boldsymbol{2}}}$ benötigen werden, seien diese hier noch einmal angeführt. Man erhält sie sofort aus dem Vergleich mit früheren Ergebnissen:

$$\boxed{\begin{aligned} \widehat{p_r^2} &= -\hbar^2 \frac{1}{r^2}\frac{\partial}{\partial r}\left(r^2 \frac{\partial}{\partial r}\right) \\ \widehat{\boldsymbol{L}^{\boldsymbol{2}}} &= -\hbar^2 \left[\frac{1}{\sin^2\vartheta}\frac{\partial^2}{\partial\varphi^2} + \frac{1}{\sin\vartheta}\frac{\partial}{\partial\vartheta}\left(\sin\vartheta\frac{\partial}{\partial\vartheta}\right)\right] \end{aligned}} \tag{12.7}$$

Separationsansatz zur Lösung der Schrödinger-Gleichung

Die SCHRÖDINGER-Gleichung (12.6) hat eine "recht einfache" Form (dies ist kein Hohn!). Der Operator $\widehat{p_r^2}$ wirkt nämlich nur auf die Koordinate r. $\widehat{\boldsymbol{L}^{\boldsymbol{2}}}$ wirkt nur auf ϑ und φ. Daher ist ein Separationsansatz der Form

$$\boxed{\psi(r,\vartheta,\varphi) = R(r)Y(\vartheta,\varphi)} \tag{12.8}$$

erfolgreich. Hiermit erhält man aus (12.6):

$$\underbrace{\left[-r^2\widehat{p_r^2} + 2\mu r^2\left(E + \frac{Ze^2}{4\pi\varepsilon_0 r}\right)\right]}_{\text{Wirkt nur auf } r \text{, d.h. enthält Funktionen von } r \text{ und Differentiation nach } r} R(r)Y(\vartheta,\varphi) = \underbrace{\widehat{\boldsymbol{L}^{\boldsymbol{2}}}R(r)Y(\vartheta,\varphi)}_{\text{Wirkt nur auf } \vartheta,\varphi \text{, d.h. enthält Funktionen von } \vartheta,\varphi \text{ und Differentiation nach } \vartheta \text{ und } \varphi}$$

Nach leichter Umstellung ist

$$Y(\vartheta,\varphi)\left[-r^2\widehat{p_r^2}+2\mu r^2\left(E+\frac{Ze^2}{4\pi\varepsilon_0 r}\right)\right]R(r)=R(r)\widehat{\boldsymbol{L}^2}Y(\vartheta,\varphi)$$

Division durch $\psi(r,\vartheta,\varphi)=R(r)Y(\vartheta,\varphi)$ führt auf

$$\underbrace{\frac{\left[-r^2\widehat{p_r^2}+2\mu r^2\left(E+\frac{Ze^2}{4\pi\varepsilon_0 r}\right)\right]R(r)}{R(r)}}_{\textit{Nur von } r \textit{ abh.}}=\underbrace{\frac{\widehat{\boldsymbol{L}^2}Y(\vartheta,\varphi)}{Y(\vartheta,\varphi)}}_{\textit{Nur von } \vartheta,\varphi \textit{ abh.}}$$

Diese Gleichung ist für alle r,ϑ,φ nur dann zu lösen, wenn die linke und rechte Seite gleich einer gemeinsamen **Separationskonstanten** ist. Wir nennen diese zunächst L^2 und erhalten die beiden Differentialgleichungen:

$$\text{(i)}\qquad \left[-r^2\widehat{p_r^2}+2\mu r^2\left(E+\frac{Ze^2}{4\pi\varepsilon_0 r}\right)\right]R(r)=L^2R(r)$$

$$\text{(ii)}\qquad \widehat{\boldsymbol{L}^2}Y(\vartheta,\varphi)=L^2Y(\vartheta,\varphi)$$

Die zweite dieser beiden Differentialgleichungen kann nochmals in eine rein ϑ- und eine rein φ-abhängige Differentialgleichung separiert werden. Ansatz:

$$\boxed{Y(\vartheta,\varphi)=\Theta(\vartheta)\phi(\varphi)} \qquad (12.9)$$

Aus (ii) erhält man mit $\widehat{\boldsymbol{L}^2}$ aus (12.7):

$$-\hbar^2\frac{\Theta(\vartheta)}{\sin^2\vartheta}\frac{\mathrm{d}^2\phi}{\mathrm{d}\varphi^2}-\hbar^2\phi(\varphi)\frac{1}{\sin\vartheta}\frac{\mathrm{d}}{\mathrm{d}\vartheta}\left(\sin\vartheta\frac{\mathrm{d}\Theta}{\mathrm{d}\vartheta}\right)=L^2\Theta(\vartheta)\phi(\varphi)$$

Multiplikation mit $\sin^2\vartheta$ und Division durch $\Theta(\vartheta)\phi(\varphi)$ führt nach Umordnen zu

$$\underbrace{-\frac{1}{\phi(\varphi)}\frac{\mathrm{d}^2\phi}{\mathrm{d}\varphi^2}}_{\textit{Nur von } \varphi \textit{ abh.}}=\underbrace{\frac{L^2}{\hbar^2}\sin^2\vartheta+\sin\vartheta\cdot\frac{\mathrm{d}}{\mathrm{d}\vartheta}\left(\sin\vartheta\cdot\frac{\mathrm{d}\Theta}{\mathrm{d}\vartheta}\right)\cdot\frac{1}{\Theta(\vartheta)}}_{\textit{Nur von } \vartheta \textit{ abh.}}$$

Die Gleichung kann für alle ϑ,φ wiederum nur dann gültig sein, wenn beide Seiten gleich einer gemeinsamen Separationskonstanten sind. Wir nennen diese hier m^2.

Zusammenfassung aus (12.8), (12.9):
Für ein Zentralkraftfeld, hier speziell Coulomb-Feld, ist die Lösung der **Schrödinger**-Gleichung:

$$-\frac{\hbar^2}{2m}\cdot\nabla^2\psi+V(r)\psi=E\psi$$

mit dem Produktansatz:

$$\boxed{\psi(r,\vartheta,\varphi)=R(r)\Theta(\vartheta)\phi(\varphi)}$$

Gleichbedeutend mit der Lösung der folgenden Differentialgleichungen:

"Radialgleichung":

$$\boxed{\hbar^2 \frac{\mathrm{d}}{\mathrm{d}r}\left(r^2 \frac{\mathrm{d}R}{\mathrm{d}r}\right) + 2\mu r^2 \left(E + \frac{Ze^2}{4\pi\varepsilon_0 r} - \frac{L^2}{2\mu r^2}\right) R(r) = 0} \tag{12.10}$$

"Polargleichung":

$$\boxed{\sin\vartheta \frac{\mathrm{d}}{\mathrm{d}\vartheta}\left(\sin\vartheta \frac{\mathrm{d}\Theta}{\mathrm{d}\vartheta}\right) + \left(\frac{L^2}{\hbar^2}\sin^2\vartheta - m^2\right)\Theta(\vartheta) = 0} \tag{12.11}$$

"Azimutalgleichung":

$$\boxed{\frac{\mathrm{d}^2\phi}{\mathrm{d}\varphi^2} + m^2\phi(\varphi) = 0} \tag{12.12}$$

Bemerkungen zu (12.10), (12.11), (12.12): Polargleichung und Azimutalgleichung enthalten nicht die potentielle Energie $V(r)$, d.h. die Lösungen dieser Gleichungen $Y(\vartheta, \varphi) = \Theta(\vartheta)\phi(\varphi)$ sind für alle Zentralkraftfelder dieselben! Die Azimutalgleichung ist die einfachste der drei Differentialgleichungen und enthält nur die Separationskonstante m^2. Die Polargleichung enthält zwei Separationskonstanten, nämlich m^2 und L^2. Die Radialgleichung enthält ebenfalls L^2. Die Energieeigenwerte E, für die allein diese Gleichungen nur lösbar sind, werden daher von L^2 abhängen.

Lösung der Azimutalgleichung (12.12)

Die allgemeine Lösung lautet (vgl. Differentialgleichung einer harmonischen Schwingung):

$$\phi = Ae^{im\varphi} + Be^{-im\varphi}$$

Das Zentralkraftfeld zeichnet sich durch vollständige Symmetrie aus. Bei der Wahl unseres Koordinatensystems haben wir die z-Achse willkürlich gewählt. $\psi^*\psi$ muss vollständig rotationssymmetrisch bezüglich der z-Achse, also unabhängig von φ sein, d.h. $\phi^*\phi$ unabhängig von φ. Wegen

$$\phi^*\phi = |A|^2 + |B|^2 + A^*Be^{-2im\varphi} + AB^*e^{2im\varphi}$$

ist Unabhängigkeit von φ nur dann gewährleistet, wenn A oder $B = 0$ ist. Wir setzen etwa $B = 0$ und erhalten:

$$\phi = Ae^{im\varphi}$$

Die Wellenfunktion muss eindeutig sein, also verlangen wir

$$\begin{aligned} \phi(\varphi) &= \phi(\varphi + 2\pi) \\ \text{oder} \quad e^{im\varphi} &= e^{im(\varphi+2\pi)} = e^{im\varphi}e^{im2\pi} \\ \text{Wegen} \quad e^{im2\pi} &= 1,\ e^{im2\pi} = \cos(m2\pi) + i\sin(m2\pi) = 1 \end{aligned}$$

ist die Forderung nur dann erfüllbar, wenn gilt $m = 0, \pm 1, \pm 2, \ldots$. Die Wellenfunktion muss normiert sein. Wir verlangen, dass Radialteil, Polarteil und Azimutalteil jeder für sich normiert sind:

$$\int_0^{2\pi} \phi^* \phi \cdot \mathrm{d}\varphi = 1 \Rightarrow |A|^2 2\pi = 1 \Rightarrow |A| = \frac{1}{\sqrt{2\pi}}$$

Da die Wellenfunktion insgesamt nur bis auf einen willkürlichen Phasenfaktor festliegt, braucht für die Lösung nur $|A|$ in $A = |A|e^{i\alpha}$ angegeben zu werden. α ist willkürlich und kann daher $= 0$ gesetzt werden. Insgesamt erhält man:

$$\boxed{\phi(\varphi) = \frac{1}{\sqrt{2\pi}} e^{im\varphi} \quad \text{mit} \quad m = 0, \pm 1, \pm 2, \ldots} \tag{12.13}$$

m heißt **magnetische Quantenzahl** (Begründung: s. Kap. 13).

Lösung der Polargleichung (12.11)

Die Differentialgleichung (12.11) heißt auch **Legendresche Differentialgleichung**. Die allgemeine Lösung kann als Potenzreihe in $\cos\vartheta$ geschrieben werden (hier ohne Beweis, der der Mathematik überlassen wird). Physikalisch sinnvolle Lösungen müssen eindeutig, stetig, überall endlich und normierbar ($\int \Theta^* \Theta \sin\vartheta \cdot \mathrm{d}\vartheta =$ endlich) sein. Derartige Lösungen existieren nur für ganz bestimmte Werte von L^2, und zwar für:

$$\boxed{\begin{aligned} &L^2 = \ell(\ell+1)\hbar^2 \quad \text{mit} \quad \ell = 0, 1, 2, \ldots \\ &\qquad \text{und jeweils } |m| \leq \ell \end{aligned}} \tag{12.14}$$

Die Lösungen sind also allgemein durch ℓ und m charakterisiert:

$$\boxed{\Theta_\ell^m(\vartheta) = N_\ell^m P_\ell^m(\cos\vartheta)} \tag{12.15}$$

Die $P_\ell^m(\cos\vartheta)$ heißen für $m = 0$ **Legendre-Polynome** und werden dann auch einfach mit $P_\ell(\cos\vartheta)$ bezeichnet, für $m \neq 0$ zugeordnete LEGENDRE-Polynome. N_ℓ^m ist der Normierungsfaktor.

Bemerkung zur Normierung der Wellenfunktion in Polarkoordinaten:

Das Volumenelement in Polarkoordinaten ist: $\mathrm{d}^3 r = r^2 \sin\vartheta \cdot \mathrm{d}r \cdot \mathrm{d}\vartheta \cdot \mathrm{d}\varphi$, also das Normierungsintegral:

$$\boxed{\begin{aligned} &\int \psi^*(r,\vartheta,\varphi) \cdot \psi(r,\vartheta,\varphi) \cdot r^2 \cdot \sin\vartheta \cdot \mathrm{d}r \cdot \mathrm{d}\vartheta \cdot \mathrm{d}\varphi \\ &= \int_0^\infty |R(r)|^2 r^2 \cdot \mathrm{d}r \int_0^\pi |\Theta(\vartheta)|^2 \sin\vartheta \cdot \mathrm{d}\vartheta \int_0^{2\pi} |\phi(\varphi)|^2 \cdot \mathrm{d}\varphi \end{aligned}} \tag{12.16}$$

Es ist sicher vernünftig, jeden Anteil, d.h. $R(r), \Theta(\vartheta)$ und $\phi(\varphi)$ – dieses ist bereits geschehen – für sich zu normieren. Dann ist z.B. $|R(r)|^2 r^2 \cdot \mathrm{d}r$

die Wahrscheinlichkeit, das Elektron im Abstandsintervall $r, r+\mathrm{d}r$ anzutreffen. Entsprechendes gilt für $\Theta(\vartheta)$ und $\phi(\varphi)$. Die Wahrscheinlichkeit für den Aufenthalt des Elektrons im Raumwinkelelement $d\Omega = \sin\vartheta \cdot \mathrm{d}\vartheta \cdot \mathrm{d}\varphi$ ist dann $|\Theta(\vartheta)|^2 |\phi(\varphi)|^2 \sin\vartheta \cdot \mathrm{d}\vartheta \cdot \mathrm{d}\varphi$. Wir fassen nun den winkelabhängigen Teil der Wellenfunktion wieder zusammen (s. (12.9)) und bezeichnen die durch (12.13), (12.14), (12.15) charakterisierten Lösungen als Kugelflächenfunktionen $Y_{\ell,m}(\vartheta, \varphi)$:

$$\boxed{Y_{\ell,m}(\vartheta, \varphi) = \frac{1}{\sqrt{2\pi}} N_\ell^m P_\ell^m(\cos\vartheta) e^{im\varphi}} \tag{12.17}$$

Es sei nochmals darauf hingewiesen, dass die Kugelflächenfunktionen die universell gültigen, winkelabhängigen Lösungsfunktionen für jedes Zentralpotential, nicht nur für das Coulomb-Potential, darstellen! In der folgenden Tabelle sind diese Funktionen für die einfachsten Fälle dargestellt:

ℓ	m	$Y_{\ell,m}(\vartheta, \varphi)$
0	0	$Y_{00} = \frac{1}{\sqrt{4\pi}}$
1	0	$Y_{10} = \sqrt{\frac{3}{4\pi}} \cos\vartheta$
	± 1	$Y_{1\pm1} = \mp\sqrt{\frac{3}{8\pi}} \sin\vartheta \cdot e^{\pm i\varphi}$
2	0	$Y_{20} = \sqrt{\frac{5}{16\pi}} (3\cos^2\vartheta - 1)$
	± 1	$Y_{2\pm1} = \mp\sqrt{\frac{15}{8\pi}} \sin\vartheta \cdot \cos\vartheta \cdot e^{\pm i\pi}$
	± 2	$Y_{2\pm2} = \sqrt{\frac{15}{32\pi}} \sin^2\vartheta e^{\pm i2\varphi}$

Interpretation von m und ℓ, Quantelung des Drehimpulses, Eigenwertgleichung von $\widehat{\boldsymbol{L}^2}$, Betrag des Drehimpulses

$\widehat{\boldsymbol{L}^2}$ ist der Operator des Betragsquadrates des Drehimpulses. Da $\widehat{\boldsymbol{L}^2}$ nur auf die Winkel ϑ, φ wirkt, ist die Eigenwertgleichung von $\widehat{\boldsymbol{L}^2}$ identisch mit der Gleichung (ii):

$$\boxed{\widehat{\boldsymbol{L}^2} Y(\vartheta, \varphi) = L^2 Y(\vartheta, \varphi)} \tag{12.18}$$

Wir haben gesehen, dass diese Gleichung für ganz bestimmte Eigenwerte Lösungen hat, und zwar für

$$L^2 = \ell(\ell+1)\hbar^2 \quad \text{mit} \quad \ell = 0, 1, 2, \ldots$$

und die Lösungen, die Kugelflächenfunktionen $Y_{\ell,m}(\vartheta, \varphi)$, stellen den winkelabhängigen Teil der Eigenfunktionen der SCHRÖDINGER-Gleichung dar. D.h. in einem durch ℓ, m charakterisierten Zustand des Ein-Elektron-Systems hat der *Betrag des Drehimpulses den scharfen Wert*:

$$\boxed{L = \sqrt{\ell(\ell+1)}\hbar \quad \text{mit} \quad \ell = 0, 1, 2, \ldots} \tag{12.19}$$

L heißt **Bahndrehimpuls** des Elektrons – zur Unterscheidung vom im Kap. 13 zu besprechenden Eigendrehimpuls = "Spin", ℓ die **Bahndrehimpulsquantenzahl**. In den Eigenzuständen des Ein-Elektron-Systems und allgemein eines Teilchens im Zentralkraftfeld ist also der Bahndrehimpuls eine scharf messbare Größe, kann aber nur ganz bestimmte diskrete Werte annehmen. Der Bahndrehimpuls ist genauso wie die Energie **quantisiert**. In der klassischen Physik ist der Bahndrehimpuls L stets $\gg \hbar$, so dass die Quantisierung nicht messbar ist.

Eigenwertgleichung von $\widehat{L}_z$, z-Komponente des Drehimpulses

Für die z-Komponente des Drehimpulses gilt klassisch in kartesischen Koordinaten

$$L_z = xp_y - yp_x$$

Entsprechend (Korrespondenzprinzip) folgt für den Operator in der Quantenmechanik:

$$\widehat{L}_z = \frac{\hbar}{i}\left(x\frac{\partial}{\partial y} - y\frac{\partial}{\partial x}\right)$$

In Polarkoordinaten erhält man die einfache Darstellung:

$$\boxed{\widehat{L}_z = \frac{\hbar}{i}\frac{\partial}{\partial \varphi}} \tag{12.20}$$

Man bestätigt dies sofort durch Nachrechnen:

$$x = r\sin\vartheta \cdot \cos\varphi; \quad \frac{\partial x}{\partial \varphi} = -r\sin\vartheta \cdot \sin\varphi = -y$$

$$y = r\sin\vartheta \cdot \sin\varphi; \quad \frac{\partial y}{\partial \varphi} = r\sin\vartheta \cdot \cos\varphi = +x$$

$$z = r\cos\vartheta; \quad \frac{\partial z}{\partial \varphi} = 0$$

$$\frac{\partial \psi}{\partial \varphi} = \underbrace{\frac{\partial \psi}{\partial x}\frac{\partial x}{\partial \varphi}}_{-y} + \underbrace{\frac{\partial \psi}{\partial y}\frac{\partial y}{\partial \varphi}}_{+x} + \underbrace{\frac{\partial \psi}{\partial z}\frac{\partial z}{\partial \varphi}}_{0}$$

Somit ist

$$\frac{\partial \psi}{\partial \varphi} = x\frac{\partial \psi}{\partial y} - y\frac{\partial \psi}{\partial x}$$

was zu beweisen war. Die Eigenwertgleichung zu $\widehat{L}_z$ lautet daher

$$\boxed{\widehat{L}_z Y(\vartheta,\varphi) = L_z Y(\vartheta,\varphi)} \tag{12.21}$$

oder wegen (12.20):

$$\frac{\hbar}{i}\frac{\partial\left[Y(\vartheta,\varphi)\right]}{\partial\varphi} = L_z Y(\vartheta,\varphi)$$

Wir setzen die allgemeine Lösung derSCHRÖDINGER-Gleichung (12.17) ein und erhalten wegen (12.14):

$$\boxed{L_z = m\hbar \quad \text{mit} \quad m = 0, \pm 1, \pm 2, \ldots, \pm \ell} \tag{12.22}$$

D.h. in jedem durch ℓ, m charakterisierten Eigenzustand des Ein-Elektron-Systems ist ebenfalls die z-Komponente des Drehimpulses scharf und kann nur einen der durch (12.22) bestimmten diskreten Werte annehmen. Auch dieser Sachverhalt gilt natürlich für **jedes** Zentralkraftfeld.

Zusammenfassung: Die Kugelflächenfunktionen $Y_{\ell,m}(\vartheta,\varphi)$, das ist der winkelabhängige Teil der Lösungen der SCHRÖDINGER-Gleichung für ein Zentralkraftfeld, sind Eigenfunktionen der Operatoren $\widehat{\boldsymbol{L}^2}$ und $\widehat{L}_z$. In den Eigenzuständen des Systems ist daher der Betrag des Drehimpulses L und die z-Komponente L_z scharf definiert. Es gibt aber nur physikalisch sinnvolle Lösungen der SCHRÖDINGER-Gleichung für bestimmte diskrete Werte von L und L_z. Betrag L und z-Komponente L_z sind quantisiert: $L = \sqrt{\ell(\ell+1)}\hbar$, $L_z = m\hbar$! (vgl. (12.19), (12.22)).

Lösung der Radialgleichung (12.10)

Wir schreiben die Gl. (12.10) nochmals, aber in leicht modifizierter Form, indem durch $\hbar^2$ und ebenfalls durch r dividiert wird, auf:

$$\frac{1}{r}\frac{\mathrm{d}}{\mathrm{d}r}\left[r^2\frac{\mathrm{d}R}{\mathrm{d}r}\right] + \frac{2\mu}{\hbar^2}\left[E + \frac{Ze^2}{4\pi\varepsilon_0 r} - \frac{\ell(\ell+1)\hbar^2}{2\mu r^2}\right]R(r)r = 0$$

Zur Erinnerung: μ = reduzierte Masse $= \frac{m_e M}{m_e + M}$
(m_e = Elektronenmasse, M = Masse des Kerns und r = Abstand zwischen Elektron und Kern).
Zur Vereinfachung der Differentialgleichung führen wir die mit der Radialfunktion $R(r)$ direkt zusammenhängende Funktion $u(r)$ ein:

$$\boxed{u(r) = rR(r)} \tag{12.23}$$

mit der physikalisch sinnvollen einfachen Interpretation:

$$|u(r)|^2 \cdot \mathrm{d}r = |R(r)|^2 r^2 \cdot \mathrm{d}r$$

= Aufenthaltswahrscheinlichkeit des Elektrons im Abstandsintervall $r, r+\mathrm{d}r$
= Wahrscheinlichkeit dafür, dass sich das Elektron in einer Kugelschale mit dem Innenradius r und Außenradius $r+\mathrm{d}r$ aufhält. Damit geht die Radialgleichung mit $R(r) = u(r)/r$ über in:

$$\frac{1}{r}\frac{\mathrm{d}}{\mathrm{d}r}\left[r^2 \frac{\mathrm{d}}{\mathrm{d}r}\left(\frac{u}{r}\right)\right] + \frac{2\mu}{\hbar^2}\left[E + \frac{Ze^2}{4\pi\varepsilon_0 r} - \frac{\ell(\ell+1)\hbar^2}{2\mu r^2}\right] u = 0$$

Wegen

$$r^2 \cdot \frac{\mathrm{d}}{\mathrm{d}r}\left(\frac{u}{r}\right) = r^2\left[\frac{u'}{r} - \frac{u}{r^2}\right] = ru' - u$$

und

$$\frac{1}{r}\frac{\mathrm{d}}{\mathrm{d}r}(ru' - u) = \frac{1}{r}(u' + ru'' - u') = u''$$

erhält man also die mit (12.10) äquivalente Differentialgleichung für $u(r)$:

$$\boxed{\frac{\mathrm{d}^2 u}{\mathrm{d}r^2} + \frac{2\mu}{\hbar^2}\left[E + \frac{Ze^2}{4\pi\varepsilon_0 r} - \frac{\ell(\ell+1)\hbar^2}{2\mu r^2}\right] u(r) = 0} \qquad (12.24)$$

Die drei Terme in der eckigen Klammer sind die Gesamtenergie, die potentielle Energie und die Rotationsenergie.
Es ist $\ell(\ell+1)\hbar^2 = L^2$ (Quadrat des Drehimpulses), also $V_\ell = L^2/(2\mu r^2) =$ die Rotationsenergie des Systems (siehe Teil 1 mit μr^2 = Trägheitsmoment). Gl. (12.24) hat damit eine einfache Interpretation: $E - V(r) - V_\ell(r)$ = kinetische Energie aufgrund der radialen Bewegung.
Da die Rotationsenergie $V_\ell(r)$ in Gl. (12.24) wie eine zusätzliche potentielle Energie auftritt, bezeichnet man sie auch als potentielle Energie aufgrund eines "**Zentrifugalpotential**". Die potentielle Energie des **Coulombfeldes** ist negativ und nimmt mit abnehmendem Radius ab:

$$V_c = -\frac{Ze^2}{4\pi\varepsilon_0 r}$$

Die Kraft ist daher **anziehend**, nämlich

$$\boldsymbol{F} = -\mathrm{grad}\, V_c = -\frac{Ze^2}{4\pi\varepsilon_0 r^2}\boldsymbol{u}_r$$

Die **Rotationsenergie** ist positiv und nimmt mit abnehmendem Radius zu. Die Kraft ist daher **abstoßend**, nämlich

$$\boldsymbol{F} = -\mathrm{grad}\, V_\ell = +\frac{\ell(\ell+1)\hbar^2}{\mu r^3}\boldsymbol{u}_r$$

Wegen der unterschiedlichen Abhängigkeit von r überwiegt für *große Radien das anziehende Coulomb-Potential*, für *kleine Radien das abstoßende Zentrifugalpotential*. Natürlich existiert für $\ell = 0$ kein Zentrifugalpotential, so dass dann die Lösungen von (12.24) durch das Coulomb-Potential allein bestimmt werden. In den Fällen $\ell \neq 0$ hat die *effektive potentielle Energie* die in Bild 12.3 angegebene Form:

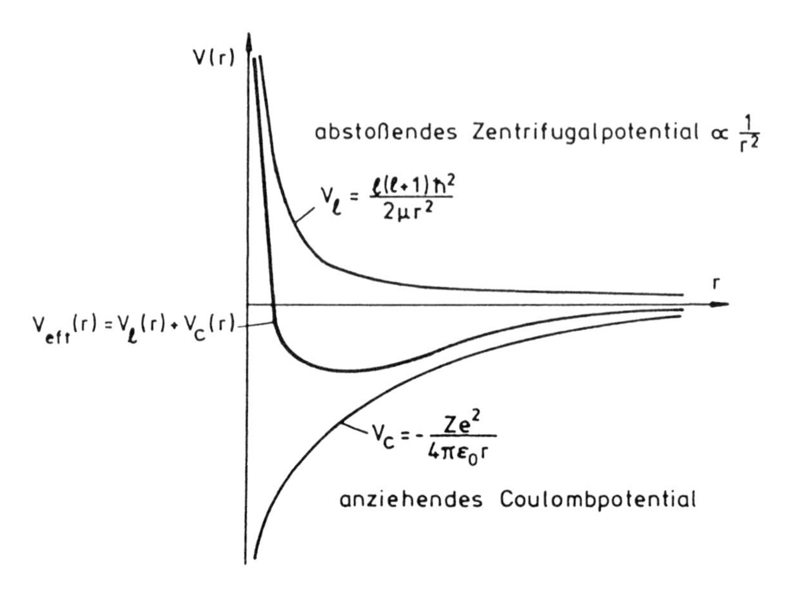

Abb. 12.3. Radialpotential

Bezeichnet $V_{\text{eff}}(r)$ das effektive Radialpotential, dann lautet die Differentialgleichung (12.24):

$$\frac{\mathrm{d}^2u}{\mathrm{d}r^2} + \frac{2\mu}{\hbar^2}\Big[E - V_{\text{eff}}(r)\Big]u = 0$$

Die Lösung der Differentialgleichung (12.24) soll hier wieder nicht explizit ausgeführt werden. Dies bleibe der Mathematik vorbehalten. Es wird nur das Ergebnis mitgeteilt:

Für Interessierte: Für $r \to \infty$ ist Gl. (12.24) näherungsweise mit

$$\frac{\mathrm{d}^2u}{\mathrm{d}r^2} + \frac{2\mu}{\hbar^2}Eu = 0$$

identisch. Da Lösungen für die negativen reellen E_n gesucht werden, lautet die allgemeine Lösung für $r \to \infty$ näherungsweise:

$$u(r) = Ae^{-ar} + Be^{+br}$$

Da $u(r) \to 0$ für $r \to \infty$ gelten muss und da die Aufenthaltswahrscheinlichkeit $\to 0$ gehen muss für $r \to \infty$, folgt:

$$u(r) = Ae^{-ar}$$

Die allgemeine Lösung erhält man durch Multiplikation von e^{-ar} mit einer Potenzreihe in r. Die allgemeinen Forderungen an die Wellenfunktionen (endlich, stetig, eindeutig) schränken dann die Lösungen auf bestimmte Werte von E ein. Die zugehörigen Polynome heißen LAGUERREsche Polynome.

Für gebundene Zustände ($E < 0$) erhält man physikalisch sinnvolle Lösungen, bei denen ψ endlich, stetig, eindeutig und $|\psi|^2 \to 0$ für $r \to \infty$ ist, nur für ganz bestimmte diskrete Werte der Energie. Dies ist **identisch** mit dem Resultat von BOHR:

$$E_n = -\frac{1}{(4\pi\varepsilon_0)^2}\frac{\mu Z^2 e^4}{2\hbar^2}\frac{1}{n^2} \quad \text{mit} \quad n = 1, 2, 3 \ldots \tag{12.25}$$

wobei ℓ eingeschränkt ist auf $\ell = 0, 1, 2, \ldots, n-1$.
Für die Energieeigenwerte der gebundenen Zustände sind also wieder nur **diskrete Werte** zugelassen in prinzipiell ähnlicher Weise, wie wir dies schon bei den einfacheren Potentialen, wie eindimensionaler Kasten, eindimensionaler harmonischer Oszillator (vgl. Kap. 11.3. 11.4) kennengelernt haben. Bild 12.4 dient zur Erinnerung und zum Vergleich:

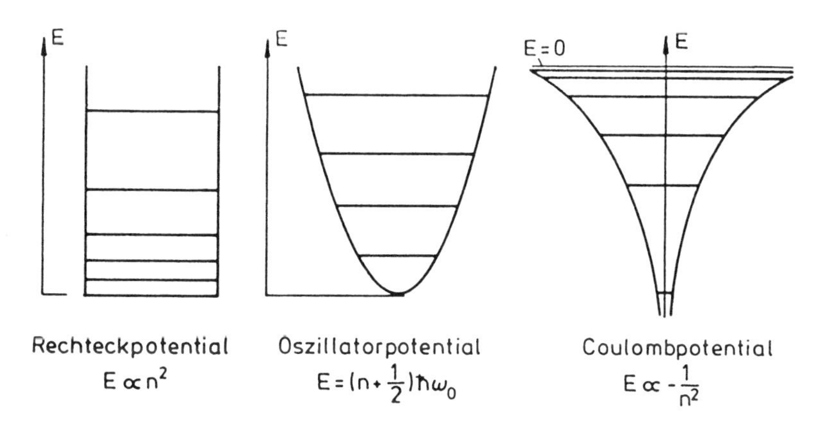

Abb. 12.4. Energieniveaus bei verschiedenen Potentialen

Die zu den Energieeigenwerten nach Gl. (12.25) gehörenden radialen Wellenfunktionen $R_{n,\ell}(r)$ sind in der folgenden Tabelle in den einfachsten Fällen $n = 1, 2, 3$ dargestellt. Dabei wird üblicherweise zur einfacheren Darstellung der Radius r durch die eindimensionale Variable ϱ ersetzt gemäß

$$\varrho = \frac{2Zr}{na_0} \quad \text{mit} \quad a_0 = \frac{4\pi\varepsilon_0\hbar^2}{\mu e^2} \tag{12.26}$$

a_0 = BOHRscher Radius = $5.3 \cdot 10^{-11}$ m (vgl. BOHRsches Atommodell).

n	ℓ	$R_{n,\ell}(r)$
1	0	$R_{10} = 2\left[\frac{Z}{a_0}\right]^{3/2} e^{-\varrho/2}$
2	0	$R_{20} = \frac{1}{2\sqrt{2}}\left[\frac{Z}{a_0}\right]^{3/2} (2-\varrho)e^{-\varrho/2}$
	1	$R_{21} = \frac{1}{2\sqrt{6}}\left[\frac{Z}{a_0}\right]^{3/2} \varrho e^{-\varrho/2}$
3	0	$R_{30} = \frac{1}{9\sqrt{3}}\left[\frac{Z}{a_0}\right]^{3/2} (6-6\,\varrho+\varrho^2)e^{-\varrho/2}$
	1	$R_{31} = \frac{1}{9\sqrt{6}}\left[\frac{Z}{a_0}\right]^{3/2} \varrho(4-\varrho)e^{-\varrho/2}$
	2	$R_{32} = \frac{1}{9\sqrt{30}}\left[\frac{Z}{a_0}\right]^{3/2} \varrho^2 e^{-\varrho/2}$

Gesamtlösung der Schrödinger-Gleichung

Die Lösungen der SCHRÖDINGER-Gleichung (12.6) für das Ein-Elektron-System im Coulomb-Potential mit der potentiellen Energie $V_c = -(Ze^2)/(4\pi\varepsilon_0 r)$ lassen sich darstellen durch den Ansatz (12.8):

$$\boxed{\psi_{n,\ell,m}(r,\vartheta,\varphi) = R_{n,\ell}(r)Y_{\ell,m}(\vartheta,\varphi)} \tag{12.27}$$

Physikalisch sinnvolle Lösungen, bei denen ψ endlich, stetig, eindeutig, und $\psi^*\psi \to 0$ für $r \to \infty$ ist, existieren nur für bestimmte Kombinationen der **Quantenzahlen** n, ℓ und m:

Gl. (12.25) Hauptquantenzahl $n = 1, 2, 3, \ldots$
Gl. (12.14) Bahndrehimpuls-Quantenzahl $\ell = 0, 1, 2, \ldots, n-1$
Gl. (12.22) Magnetische Quantenzahl $m = 0, \pm 1, \pm 2, \ldots, \pm \ell$

(12.28)

Der radiale Teil der Wellenfunktion $R_{n,\ell}(r)$ hängt ausschließlich von der Hauptquantenzahl n und der Bahndrehimpuls-Quantenzahl ℓ ab. Der winkelabhängige Teil $Y_{\ell,m}(\vartheta,\varphi)$ ist für jedes Zentralpotential, also nicht nur für das Coulomb-Feld, durch die Kugelflächenfunktionen gegeben und hängt ausschließlich von der Bahndrehimpulsquantenzahl ℓ und der magnetischen Quantenzahl m ab.

Die Lösungen (12.27) gehören zu ganz bestimmten *diskreten Energiewerten* (Gl. (12.25)):

$$\boxed{E_n = -\frac{1}{(4\pi\varepsilon_0)^2}\frac{\mu e^4}{2\hbar^2}\frac{Z^2}{n^2}} \qquad n = 1, 2, 3, \ldots \tag{12.29}$$

und zu ganz bestimmten *diskreten Werten des Bahndrehimpulses* (Gl. (12.19)):

$$\boxed{L = \sqrt{\ell(\ell+1)}\hbar} \qquad \ell = 0, 1, 2, \ldots, n-1 \tag{12.30}$$

und zu ganz bestimmten *diskreten Werten der z-Komponente des Bahndrehimpulses* (Gl. (12.22)):

$$\boxed{L_z = m\hbar} \qquad m = 0, \pm 1, \pm 2, \ldots, \pm \ell \tag{12.31}$$

Zu jedem Energiewert E_n, der allein von n abhängig ist, gibt es $\ell = 0, \ldots$, $n-1 = n$ verschiedene ℓ-Werte. Zu jedem ℓ-Wert gibt es $2\ell+1$ verschiedene m-Werte. Insgesamt existieren also zu jeder Energie E_n

$$\sum_{\ell=0}^{n-1}(2\ell+1) = n^2$$

verschiedene Eigenfunktionen $\psi_{n,\ell,m}$, d.h. jeder *Energiezustand* E_n *ist* n^2-*fach entartet.*

12.2 Wellenfunktionen des Ein-Elektron-Systems

Radialteil der Wellenfunktion

Wie bereits dargelegt, ist $\mathrm{d}P = |R(r)|^2 r^2 \cdot \mathrm{d}r$ die Wahrscheinlichkeit dafür, das Elektron in einer Kugelschale mit Innenradius r und Außenradius $r + \mathrm{d}r$ anzutreffen. $\mathrm{d}P/\mathrm{d}r = |R(r)|^2 r^2$ ist die entsprechende Wahrscheinlichkeitsdichte. Es ist also vernünftig, $|R(r)|^2 r^2$ statt $|R(r)|^2$ darzustellen (s. Bild 12.5). Mit dieser Wahrscheinlichkeitsdichte läßt sich der mittlere Radius = *Erwartungswert des Radius*

$$<r_{n,\ell}> = \int_0^\infty r|R_{n,\ell}(r)|^2 r^2 \cdot \mathrm{d}r$$

ausrechnen. Allgemein findet man (hier ohne Beweis):

$$<r_{n,\ell}> = \frac{n^2 a_0}{Z}\left[1 + \frac{1}{2}\left(1 - \frac{\ell(\ell+1)}{n^2}\right)\right]$$

also für $\ell = 0$:

$$<r_{n,\ell}> = \frac{3}{2}\, n^2 a_0 \frac{1}{Z}$$

und für $\ell = n - 1$:

$$<r_{n,\ell}> = \frac{n^2 a_0}{Z}\left[\frac{3}{2} - \frac{1}{2}\frac{n-1}{n}\right]$$

Für $\ell = n - 1$ wird somit

$$<r_{n,\ell}> = \frac{n^2 a_0}{Z}\left[1 + \frac{1}{2n}\right] \approx \frac{n^2 a_0}{Z}$$

$r_n = n^2 a_0/Z$ ist der vom BOHRschen Atommodell vorhergesagte Bahnradius. Die Quantenmechanik gestattet nur Wahrscheinlichkeitsaussagen. Deshalb können wir hier nur einen mittleren Radius $<r_{n,\ell}>$ angeben.
Ferner läßt sich aus $|R_{n,\ell}(r)|^2 r^2 = \mathrm{d}P/\mathrm{d}r$ der **wahrscheinlichste Radius** berechnen, d.h. derjenige Radius, bei dem $\mathrm{d}P/\mathrm{d}r$ maximal wird. Das ist dort der Fall, wo

$$\frac{\mathrm{d}}{\mathrm{d}r}\left(|R_{n,\ell}(r)|^2 r^2\right) = 0$$

wird. Für $n = 1, \ell = 0$ erhält man

$$\frac{\mathrm{d}}{\mathrm{d}\varrho}(\varrho^2 e^{-\varrho}) = (2\varrho - \varrho^2)e^{-\varrho} = 0,$$

also $\varrho = 2 \Rightarrow r = \dfrac{a_0}{Z}$ = BOHRscher Radius für $n = 1$

Allgemein gilt für $\ell = n - 1$ (leicht aus $R_{n,\ell}$ zu berechnen):

$$r_n = \frac{n^2 a_0}{Z}$$

d.h. der wahrscheinlichste Radius ist für $\ell = n - 1$ (maximaler ℓ-Wert: Kreisbahn) der BOHRsche Radius (BOHRsche Theorie).

Vergleich mit der Bohrschen Theorie

Neben der quantenmechanischen Beschreibung lassen sich also dem Elektron keine definierten Bahnen, so wie im BOHRschen Atommodell zunächst angenommen, zuordnen. Die Wahrscheinlichkeitsaussagen für den Mittelwert $<r_{n,\ell}>$ und den wahrscheinlichsten Wert r_n mit maximalem $\mathrm{d}P/\mathrm{d}r$ sind aber sehr eng mit dem jeweiligen BOHRschen Radius verknüpft. Diese Verknüpfung mit den klassischen Vorstellungen wird noch deutlicher, wenn wir das *Minimum der effektiven potentiellen Energie*

$$V_{\mathrm{eff}}(r) = -\frac{1}{4\pi\varepsilon_0}\frac{Ze^2}{r} + \frac{\ell(\ell+1)\hbar^2}{2\mu r^2}$$

berechnen. Aus der Forderung

$$\frac{\mathrm{d}V_{\mathrm{eff}}(r)}{\mathrm{d}r} = 0 \qquad \text{folgt} \qquad r_\ell = \ell(\ell+1)\frac{a_0}{Z}$$

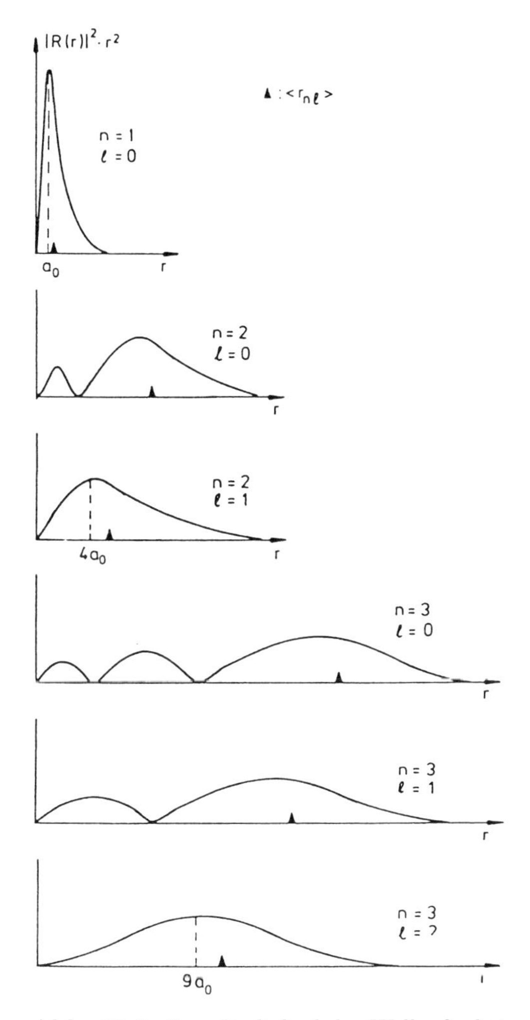

Abb. 12.5. Zum Radialteil der Wellenfunktion

Auch dieser Wert entspricht für $\ell = n - 1$ $\left(r_\ell = n(n-1)\,\frac{a_0}{Z} \approx n^2\frac{a_0}{Z}\right)$ näherungsweise dem BOHRschen Radius.

Klassisch würde das Elektron in einem Gleichgewichtsabstand um den Kern rotieren, bei dem gerade $V_{\text{eff}} = 0$ ist. Quantenmechanisch ist dies zumindest für $\ell = n-1$ näherungsweise der wahrscheinlichste Abstand. Ein weiterer Vergleich ist in Bild 12.6 dargestellt. Hier ist die radiale Wahrscheinlichkeitsdichte, wie sie sich aus der Quantenmechanik ergibt, verglichen mit der klassischen Erwartung. Wir tragen hier in Ergänzung zum BOHRschen Atommodell nach, dass in einer Erweiterung nicht nur Kreisbahnen ($\ell = n - 1$), sondern auch Ellipsenbahnen ($\ell < n - 1$) zugelassen wurden. Die reine Oszillation ($\ell = 0$) ist dann eine entartete Ellipse, bei der die kleine Halbachse

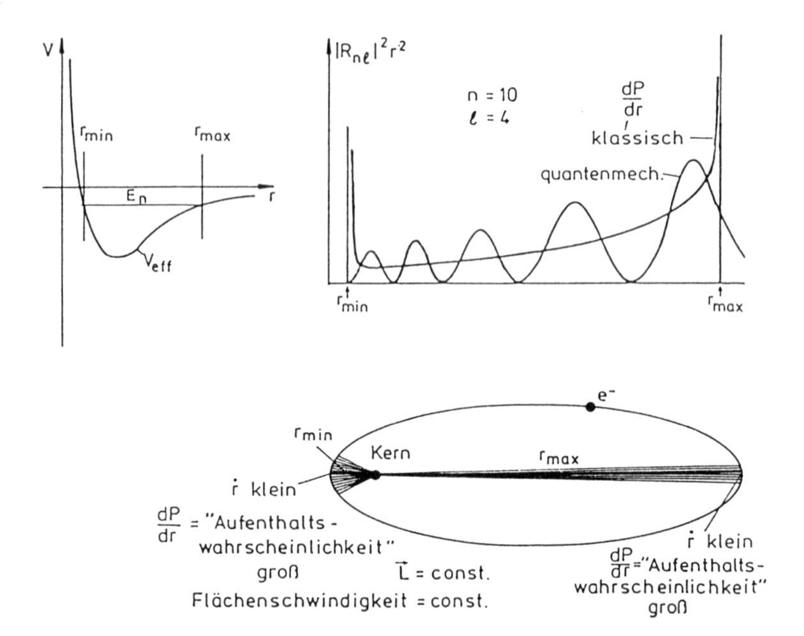

Abb. 12.6. Erläuterungen zum Radialteil der Wellenfunktion

$= 0$ ist. In Bild 12.6 ist das Beispiel $n = 10, \ell = 4$ dargestellt. $r_{\min}$ und $r_{\max}$ sind minimaler und maximaler Radius, wie sie sich aus der Potentialkurve ergeben.

Winkelabhängiger Teil der Wellenfunktion

Die Wahrscheinlichkeit, das Elektron in der durch ϑ und φ gegebenen Richtung im Raumwinkelelement $\mathrm{d}\Omega = \sin\vartheta \cdot \mathrm{d}\vartheta \cdot \mathrm{d}\varphi$ anzutreffen, ist $|Y_{\ell,m}|^2 \sin\vartheta \cdot \mathrm{d}\vartheta \cdot \mathrm{d}\varphi$. In den Bildern 12.7 und 12.8 ist die Wahrscheinlichkeitsdichte $\mathrm{d}P/\mathrm{d}\Omega$ dargestellt.

Nach (12.17) ist

$$|Y_{\ell,m}|^2 = \frac{1}{2\pi}|O_{\ell,m}|^2 \quad \text{mit} \quad O_{\ell,m}(\vartheta) = N_\ell^m P_\ell^m(\cos\vartheta)$$

ausschließlich von ϑ abhängig. Die Wahrscheinlichkeitsdichte ist rotationssymmetrisch um die z-Achse.

Allgemein erhält man für $m = 0$ maximale Wahrscheinlichkeitsdichte bei $\vartheta = 0°$ und π, d.h. parallel zur z-Achse. Dies entspricht klassisch einer Oszillation längs der z-Achse. Für $m = \pm\ell$ erhält man die maximale Wahrscheinlichkeitsdichte bei $\vartheta = \pi/2$, d.h. senkrecht zur z-Achse. Dies entspricht klassisch einer Rotation. Es ist sehr gefährlich, die klassischen Vorstellungen von der "Bewegung eines Elektrons auf einer Bahn" selbst bei Zulassung von Unschärfen in Radius und Richtung zu verwenden, denn ein stationärer Zustand

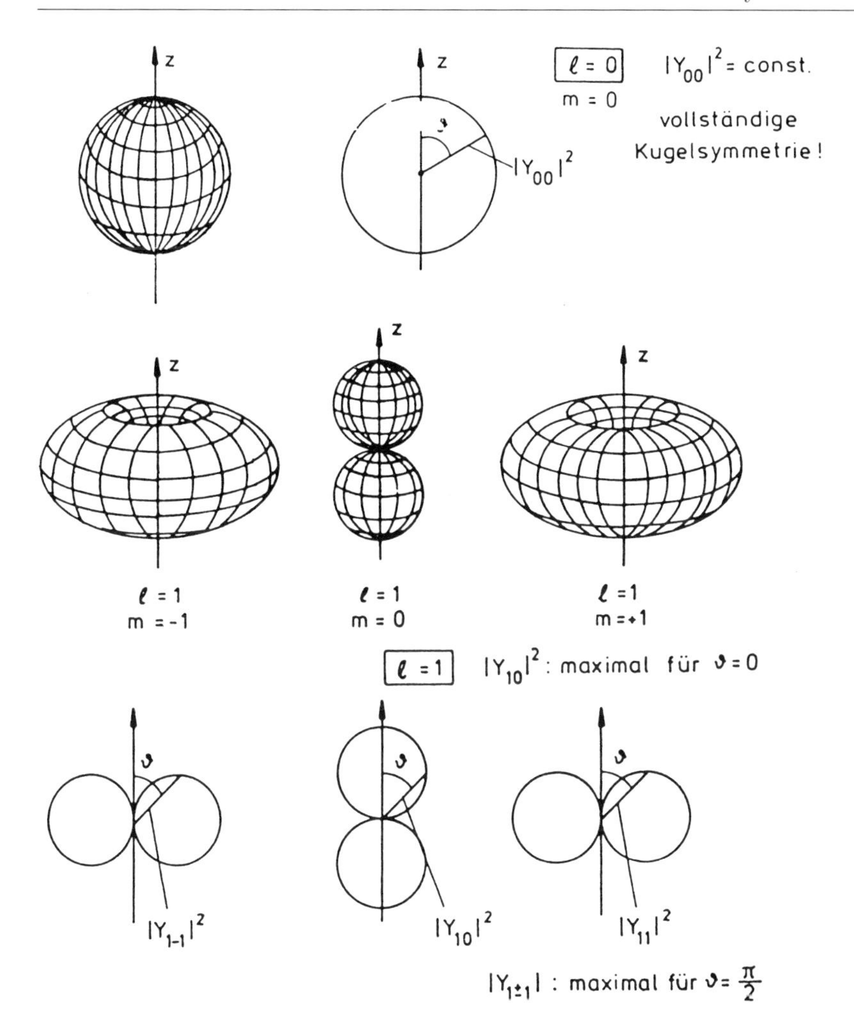

Abb. 12.7. Winkelabhängigkeit der Wellenfunktion

ist durch die vollständige Wellenfunktion $\psi(r, \vartheta, \varphi, t) = \psi(r, \vartheta, \varphi)e^{-iE/\hbar t}$ beschrieben. Nur $\psi^*\psi = |\psi(r, \vartheta, \varphi)|^2$ (zeitunabhängig) wird eine Bedeutung als Aufenthaltswahrscheinlichkeit zugeschrieben.
Die Wahrscheinlichkeitsdichte $Y^*_{\ell,m}Y_{\ell,m}$ ist für $\ell = 0$, dann auch für $m = 0$, kugelsymmetrisch, d.h. unabhängig von ϑ und φ. Für höhere ℓ-Werte gilt entsprechend:

$$\sum_{m=-\ell}^{m=+\ell} Y^*_{\ell,m}Y_{\ell,m} = \text{const} \quad (\text{unabhängig von } \vartheta \text{ und } \varphi)$$

Dies ist auch zu erwarten. Die z-Achse ist willkürlich festgelegt worden und nicht durch eine innere Eigenschaft des Atoms ausgezeichnet. Bei jeder Mes-

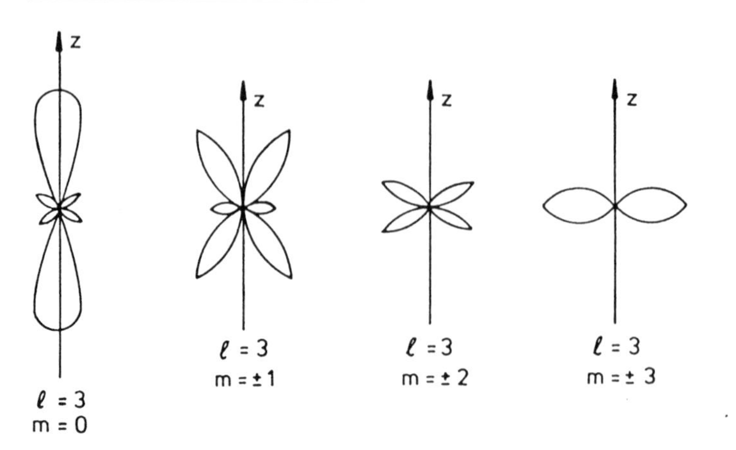

Abb. 12.8. Zur Winkelabhängigkeit der Wahrscheinlichkeitsdichte

sung von L_z wird man zwar einen bestimmten Wert $m \cdot \hbar$ messen. Da aber die Orientierung der z-Achse willkürlich ist, darf das Ergebnis im Mittel (Summation über alle gleich wahrscheinlichen m-Werte) nicht von der Wahl der z-Achse abhängen. Bei einem kugelsymmetrischen Potential muss die Wahrscheinlichkeitsdichte im Mittel auch kugelsymmetrisch sein.

Gesamtwellenfunktion; Charakterisierung der Zustände durch Symbole

Die wesentlichen Eigenschaften der Gesamtwellenfunktion $\psi_{n,\ell,m}(r,\vartheta,\varphi)$ werden durch die r- und ϑ-Abhängigkeit beschrieben und sind abhängig von der Hauptquantenzahl n und der Bahndrehimpulsquantenzahl ℓ. Die φ-Abhängigkeit ist von geringerer Bedeutung, die Wahrscheinlichkeitsdichte hängt ausschließlich von r und ϑ ab. Man charakterisiert daher die Zustände auch durch die Quantenzahlen n und ℓ.

ℓ	s	p	d	f	g	h	
n	0	1	2	3	4	5	etc.
1	$1s$	–	–	–	–	–	
2	$2s$	$2p$	–	–	–	–	
3	$3s$	$3p$	$3d$	–	–	–	
4	$4s$	$4p$	$4d$	$4f$	–	–	
5	$5s$	$5p$	$5d$	$5f$	$5g$	–	
6	$6s$	$6p$	$6d$	$6f$	$6g$	$6h$	etc.

Die vorangestellte Ziffer wird also zur Bezeichnung der Hauptquantenzahl, der nachgestellte Buchstabe zur Kennzeichnung der Bahndrehimpulsquantenzahl benutzt (beachte: $\ell \leq n-1$!). Die Verwendung von Buchstaben zur Bezeichnung von ℓ ist historisch bedingt.

12.3 Emission und Absorption elektromagnetischer Strahlung, Auswahlregeln für Dipolstrahlung, Termschema

Bislang haben wir nur die stationären Zustände des Ein-Elektron-Systems behandelt, aber nichts darüber ausgesagt, wie es zur Emission oder Absorption elektromagnetischer Strahlung beim Übergang von einem zum anderen Zustand kommen kann und welche Bedingungen hierfür erfüllt sein müssen. Bei derartigen Übergängen muss man unterscheiden:

1. **Spontane Übergänge**: Ein höherenergetischer **Anfangszustand** ψ_i (Energie E_i; i = "initial") geht spontan, d.h. ohne äußere Einwirkung in einen niederenergetischen **Endzustand** ψ_f (Energie E_f; f = "final") über, wobei die Energiedifferenz als Quant eines elektromagnetischen Feldes abgestrahlt wird: $E_i - E_f = \hbar\omega$. Da die Übergänge ohne äußere Einwirkung erfolgen, werden sie bei den einzelnen angeregten Atomen zeitlich statistisch verteilt sein. Die Phasen der emittierten elektromagnetischen Strahlung sind nicht korreliert. Es wird eine **inkohärente Strahlung** emittiert. Spontane Übergänge sind nicht mit der bisher besprochenen Quantenmechanik, sondern ausschließlich mit der **Quantenelektrodynamik** zu beschreiben. In der Quantenelektrodynamik ordnet man nicht nur den Teilchen einen Wellencharakter, sondern konsequenterweise (vgl. Kap. 5: Teilchen-Welle-Dualismus) auch den elektromagnetischen Wellen einen Teilchencharakter zu, d.h. auch das elektromagnetische Feld wird quantisiert. Die auch nur ansatzweise Behandlung dieser Theorie geht über den Rahmen dieser Vorlesung weit hinaus.
2. **Induzierte Übergänge**: In diesem Fall wird der Übergang zwischen dem stationären Anfangszustand und dem stationären Endzustand durch eine äußere zeitabhängige Einwirkung, etwa durch eine elektromagnetische Welle mit der Frequenzbedingung $\hbar\omega = |E_i - E_f|$ hervorgerufen. Man nennt diesen Vorgang **Resonanzabsorption**, wenn die meisten Atome sich vor Einstrahlung der Welle im energetisch niedrigeren Zustand befanden, im umgekehrten Fall **Resonanzemission**. Eingestrahlte und emittierte Strahlung sind für alle entsprechenden Atome in Phase, und vorausgesetzt, dass die Kohärenzlänge, das ist die Länge des eingestrahlten Wellenzuges, groß genug ist, so wird eine insgesamt **kohärente Strahlung** emittiert. Man erhält eine Verstärkung der eingestrahlten Welle, d.h. eine konstruktive Überlagerung der Amplituden. Dies ist das Grundprinzip des **Lasers**: **L**ight **A**mplification by **S**timulated **E**mission of **R**adiation. Induzierte Übergänge können in **halbklassischer Näherung** beschrieben werden: Das Atom wird quantenmechanisch, die elektromagnetische Strahlung wird klassisch, d.h. als elektromagnetische Welle beschrieben und durch die Feldvektoren $\boldsymbol{E}(\boldsymbol{r},t), \boldsymbol{B}(\boldsymbol{r},t)$ behandelt. Die Bedingungen, die einen bestimmten Übergang $\psi_i \to \psi_f$, charakterisiert durch die Quantenzahlen n, ℓ, m, mit der Art der emittierten bzw. absorbierten

elektromagnetischen Strahlung, deren einfachste Typen linear polarisierte und zirkular polarisierte Dipolstrahlung sind (s. Band 2, II), verknüpfen, nennt man **Auswahlregeln**. Diese sind, wie hier nicht bewiesen werden soll, für spontane Übergänge dieselben wie für induzierte Übergänge.
Im folgenden wird zunächst anhand eines Beispiels die oben erwähnte BOHRsche Frequenzbedingung $\hbar\omega = |E_i - E_f|$ für den Übergang zwischen Anfangszustand ψ_i (Energie E_i) und Endzustand ψ_f (Energie E_f) erläutert und dann in einem weiteren Schritt die Grundlage für die Auswahlregeln entwickelt.

3. **Beispiel für einen nichtstationären Zustand**: Oszillierende Ladungsverteilung für einen geladenen harmonischen Oszillator, Bohrsche Bedingung $\hbar\omega = |E_i - E_f|$: Es werde ein Elektron im eindimensionalen Oszillatorpotential beschrieben. Die Ladungsdichte ϱ im durch die Wellenfunktion ψ beschriebenen Zustand ist durch

$$\varrho = e\psi^*\psi$$

gegeben. Wir betrachten den Grundzustand $n = 0$:

$$\text{(i)} \qquad \Psi_0(x,t) = \psi_0(x)e^{-\frac{i}{\hbar}E_0 t}$$

und den 1. angeregten Zustand $n = 1$:

$$\text{(ii)} \qquad \Psi_1(x,t) = \psi_1(x)e^{-\frac{i}{\hbar}E_1 t}$$

ψ_0 und ψ_1 sind jeweils reelle Funktionen. Grundzustand und 1. angeregter Zustand sind – wie natürlich auch alle höheren angeregten Zustände – **stationäre Zustände**, d.h. $\Psi^*_{0,1}(x,t)\Psi_{0,1}(x,t)$ sind jeweils zeitunabhängig. Wir betrachten nun einen **nichtstationären Zustand**, der durch eine Linearkombination von ψ_0 und ψ_1 beschrieben werde:

$$\text{(iii)} \qquad \Psi(x,t) = c_0\Psi_0(x,t) + c_1\Psi_1(x,t)$$

Diese ist natürlich auch Lösung der SCHRÖDINGER-Gleichung.
c_0, c_1 seien reelle Koeffizienten mit $c_0^2 + c_1^2 = 1$. Dann bedeutet c_0^2 die Wahrscheinlichkeit, das Elektron im Zustand Ψ_0, c_1^2 diejenige Wahrscheinlichkeit, das Elektron im Zustand Ψ_1 anzutreffen. Es werde zwar allgemein angenommen, dass c_0 und c_1 zeitabhängig sind (s. weiter im nächsten Unterabschnitt: Störungstheorie). Die zeitliche Änderung soll aber so klein sein, dass sie für die i.f. betrachteten Zeitintervalle vernachlässigt werden kann. Ebenso wird hier noch nicht auf die Ursache für einen derartigen nichtstationären Zustand eingegangen (s. ebenfalls im Abschnitt "Störungstheorie").
Wir betrachten nun die zu $\Psi(x,t)$ gehörige zeitabhängige Ladungsdichte $\varrho = e\Psi^*\Psi$ für zwei bestimmte Zeitpunkte:

$$\boxed{t' = 0}: \quad \Psi(x,t') = c_0\psi_0 + c_1\psi_1 \quad \text{und} \quad \varrho = e(c_0\psi_0 + c_1\psi_1)^2$$

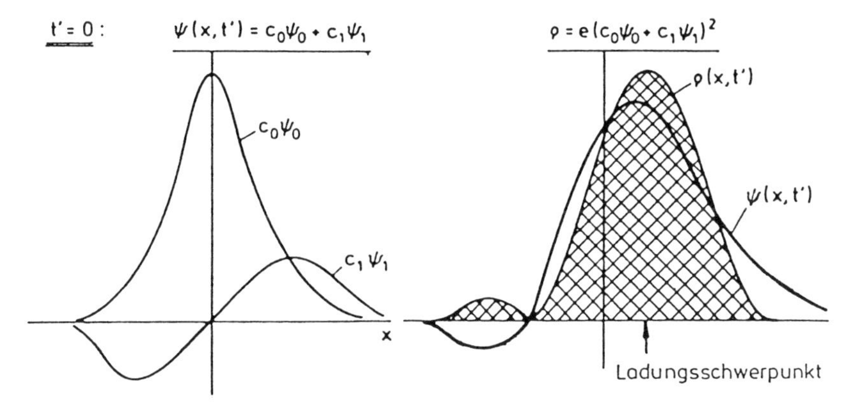

Abb. 12.9. Oszillierende Ladungsverteilung (Zeitpunkt t')

Es sei etwa $c_0 = c_1 = 1/\sqrt{2}$ gewählt. Der Ladungsschwerpunkt liegt bei einem Wert $x > 0$, **nicht** bei $x = 0$, wie es sich bei jedem stationären Zustand ergeben würde (siehe Bild 12.9).

$$\boxed{t'' = \frac{\pi\hbar}{E_1 - E_0}}\,:$$

$$\begin{aligned}\Psi &= c_0\psi_0(x)e^{-\frac{i}{\hbar}E_0\frac{\pi\hbar}{E_1 - E_0}} \\ &\quad + c_1\psi_1(x)e^{-\frac{i}{\hbar}E_1\frac{\pi\hbar}{E_1 - E_0}} \\ &= e^{-i\pi\frac{E_0}{E_1 - E_0}}\left(c_0\psi_0 + c_1\psi_1 e^{-i\cdot\pi}\right)\end{aligned}$$

Wegen $e^{-i\pi} = 1$ folgt

$$\Psi(x, t'') = e^{-i\pi\frac{E_0}{E_1 - E_0}}(c_0\psi_0 - c_1\psi_1)$$

Die Ladungsverteilung $\varrho = e(c_0\psi_0 - c_1\psi_1)^2$ bei t'' ist offenbar gerade die an $x = 0$ zu derjenigen bei t' gespiegelte (siehe Bild 12.10).
Für **beliebiges** t erhält man:

$$\begin{aligned}\Psi &= c_0\psi_0 e^{-\frac{i}{\hbar}E_0 t} + c_1\psi_1 e^{-\frac{i}{\hbar}E_1 t} \\ &= e^{-\frac{i}{\hbar}E_0 t}\left(c_0\psi_0 + c_1\psi_1 e^{-\frac{i}{\hbar}(E_1 - E_0)t}\right)\end{aligned}$$

$$\text{und } \Psi^*\Psi = c_0^2\psi_0^2 + c_1^2\psi_1^2 + c_0\psi_0 c_1\psi_1\left\{e^{+\frac{i}{\hbar}\cdot(E_1 - E_0)t}\right.$$

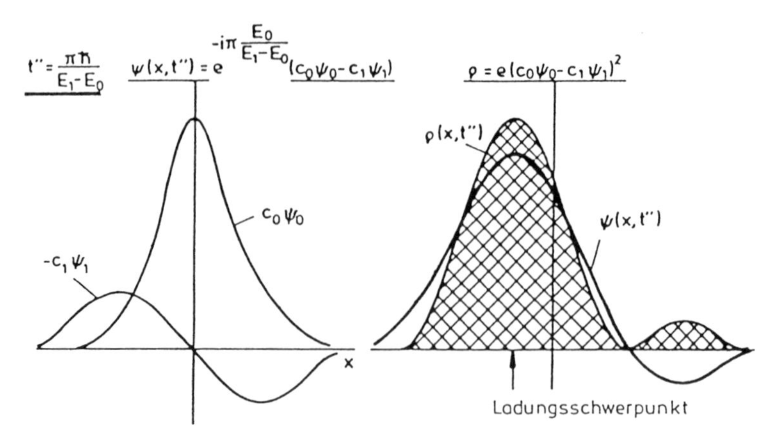

Abb. 12.10. Oszillierende Ladungsverteilung (Zeitpunkt t''

$$+e^{-\frac{i}{\hbar}(E_1 - E_0)t}\Bigg\}$$

Somit ist

$$\text{(iv)}\ \varrho(x,t) = e\left[c_0^2\psi_0^2 + c_1^2\psi_1^2 + 2c_0c_1\psi_0\psi_1 \cos\left(\frac{E_1 - E_0}{\hbar}t\right)\right]$$

Da ψ_0^2 und ψ_1^2 symmetrisch um $x = 0$ sind, oszilliert der Ladungsschwerpunkt

$$<x> = \int_{-\infty}^{+\infty} \Psi^* x \Psi \cdot \mathrm{d}x$$

um $x = 0$, und zwar mit der Frequenz $\omega = (E_1 - E_0/\hbar$, die durch die BOHRsche Frequenzbedingung gegeben ist. Wir erhalten damit das ganz wesentliche Ergebnis:

Korollar 12.1 *In allen stationären Zuständen ist das Dipolmoment* $\mathbf{p} = 0$*, d.h.* $\psi^*\psi$ *ist stets symmetrisch um* $x = 0$*. Hingegen hat der durch (iii) beschriebene nichtstationäre Zustand ein oszillierendes Dipolmoment. Für die Oszillationsfrequenz gilt:* $\hbar\omega = E_1 - E_0$.

Damit wird zumindest klassisch plausibel, dass

Korollar 12.2 *im Gegensatz zu einem stationären Zustand ein nichtstationärer Zustand, d.h. ein Mischzustand zwischen* ψ_0 *und* ψ_1 *im o.a. Beispiel, zur Emission elektromagnetischer Strahlung mit der Frequenz* $\hbar\omega = E_1 - E_0$ *führen kann.*

Es sei angemerkt, dass im hier behandelten Fall des **eindimensionalen** Oszillators nur das **Dipolmoment** eine Rolle spielt. Im allgemeinen Fall dreidimensionaler Gebilde, wie z.B. im H-Atom, gibt es natürlich

auch höhere Multipolmomente. Die Argumentation kann übertragen werden. Bisher war angenommen worden, dass die Koeffizienten c_0, c_1 zeitlich konstant sind. Dies ist sicherlich nicht möglich, falls elektromagnetische Strahlung emittiert wird. Wir denken an die Bedeutung von c_0, c_1 (c_0^2 und c_1^2 sind die Wahrscheinlichkeiten, das Elektron in den Zuständen ψ_0 bzw. ψ_1 anzutreffen) und daran, dass elektromagnetische Strahlung ebenfalls quantisiert ist. Emission und Absorption findet nur in Energiequanten $\hbar\omega$ statt. Bei Emission eines Quants $\hbar\omega = E_1 - E_0$ wird die Anzahl der Elektronen im Zustand ψ_1 um 1 vermindert, diejenige im Zustand ψ_0 um 1 erhöht. c_1 und c_0 ändern sich also zeitlich. Wir nehmen nun an, dass ursprünglich $c_1 = 1$ und $c_0 = 0$ ist, d.h. alle Elektronen befinden sich im stationären "**Anfangszustand**" ψ_1. Durch irgendeine äußere Störung V' wird nun c_1, c_0 zeitlich geändert. Solange $c_1 \neq 1, c_0 \neq 1$ ist und die zeitliche Änderung klein ist, ändert sich an der o.a. Argumentation nichts wesentliches, und es kann elektromagnetische Strahlung emittiert werden. Dabei wird jeweils c_1 verringert und c_0 erhöht, bis schließlich $c_1 = 0$ und $c_0 = 1$, d.h. der stationäre "**Endzustand**" ψ_0 erreicht ist.
Anhand des harmonischen Oszillators ist die wesentliche **Energiebedingung** $\hbar\omega = E_1 - E_0$ für den Übergang von einem stationären Anfangszustand $\psi_1(E_1)$ zu einem stationären Endzustand $\psi_0(E_0)$ dargestellt worden. Dabei wurde zunächst die Bedeutung des Störpotentials V' für das Zustandekommen des Übergangs $\psi_1 \to \psi_0$ nicht behandelt.
Im nächsten Unterabschnitt sollen allgemein die Bedingungen untersucht werden, durch die das Störpotential V' mit der Möglichkeit des Übergangs vom Anfangszustand ψ_i zum Endzustand ψ_f verknüpft sind (**Auswahlregeln**).

4. **Störungsrechnung zur Berechnung des Übergangs zwischen stationären Zuständen, Auswahlregeln**:
Der stationäre Anfangszustand werde durch die Wellenfunktion ψ_i beschrieben, der stationäre Endzustand durch ψ_f. Die Funktionen ψ_i und ψ_f sind stationäre Lösungen der SCHRÖDINGER-Gleichung:

$$\text{(i)} \qquad \widehat{H}_0\psi = E_0\psi$$

wobei $\widehat{H}_0$ der HAMILTON-Operator des Systems im "ungestörten" Fall sein soll. Es gilt also

$$\text{(ii)} \qquad \widehat{H}_0\psi_i = E_{0,i}\psi_i \quad \text{und} \quad \widehat{H}_0\psi_f = E_{0,f}\psi_f$$

Zu irgendeinem Zeitpunkt ($t = 0$) werde eine Störung eingeschaltet, so dass die potentielle Energie um ein additives zeitabhängiges Zusatzglied $V'(t)$ verändert wird. Damit ist der HAMILTON-Operator im gestörten Fall:

$$\text{(iii)} \qquad \widehat{H} = \widehat{H}_0 + V'(t)$$

und die zeitabhängige SCHRÖDINGER-Gleichung für das durch $V'(t)$ gestörte System lautet:

(iv) $$\boxed{\left\{\widehat{H}_0 + V'(t)\right\}\psi = i\hbar\frac{\partial\psi}{\partial t}}$$

V' sei nach Voraussetzung so beschaffen, dass der Zustand $\psi_i(t=0)$ in den Zustand $\psi_f(t=\infty)$ übergeht. *Welche Bedingung muss $V'(t)$ erfüllen?* Aus 3. wissen wir bereits, dass die **Zeitabhängigkeit** von $V'(t)$ durch eine Oszillation mit der Frequenz ω_{if} gegeben sein kann mit

$$\boxed{\hbar\omega_{if} = |E_{0,i} - E_{0,f}|} \tag{12.32}$$

Diese Bedingung reicht aber nicht aus. Im folgenden wird die Konsequenz der **Ortsabhängigkeit** von V' auf den Übergang $\psi_i \to \psi_f$ näher untersucht.

Die Lösungen der SCHRÖDINGER-Gleichung (iv) sind natürlich nicht mit denjenigen von (i) identisch. Wir machen die wesentliche Annahme, dass V' hinreichend klein gegenüber $\widehat{H}_0$, d.h. $|V'\psi| \ll |\widehat{H}_0\psi|$, ist und setzen als Näherungslösung von (iv) an:

(v) $$\psi = c_i(t)\psi_i(\boldsymbol{r})e^{-\frac{i}{\hbar}E_i t} + c_f(t)\psi_f(\boldsymbol{r})e^{-\frac{i}{\hbar}E_f t}$$

Wegen $V' \ll \widehat{H}_0$ wird man erwarten dürfen, dass sich die zeitabhängigen Koeffizienten $c_i(t)$, $c_f(t)$ relativ langsam ändern, verglichen mit den Frequenzen $\omega_i = E_i/\hbar$ und $\omega_f = E_f/\hbar$. Die Größe $|c_i|^2$ ist die Wahrscheinlichkeit, das System im Anfangszustand ψ_i, $|c_f|^2$ diejenige, es im Endzustand ψ_f anzutreffen. Einsetzen des Ansatzes (v) in die SCHRÖDINGER-Gleichung (iv) ergibt:

$$\begin{aligned} &c_i\widehat{H}_0\psi_i e^{-\frac{i}{\hbar}E_i t} + c_f\widehat{H}_0\psi_f e^{-\frac{i}{\hbar}E_f t} \\ &+ c_i V'\psi_i e^{-\frac{i}{\hbar}E_i t} + c_f V'\psi_f e^{-\frac{i}{\hbar}E_f t} \\ &= i\hbar\frac{\mathrm{d}c_i}{\mathrm{d}t}\psi_i e^{-\frac{i}{\hbar}E_i t} + c_i E_i\psi_i e^{-\frac{i}{\hbar}E_i t} \\ &+ i\hbar\frac{\mathrm{d}c_f}{\mathrm{d}t}\psi_f e^{-\frac{i}{\hbar}E_f t} + c_f E_f\psi_f e^{-\frac{i}{\hbar}E_f t} \end{aligned}$$

Anmerkung:

a) ψ_i und ψ_f sind die allein ortsabhängigen Wellenfunktionen; die Zeitabhängigkeit ist angegeben, s. (v).

b) Da $\widehat{H}_0\psi_i = E_i\psi_i$ und $\widehat{H}_0\psi_f = E_f\psi_f$ ist (s. (ii)), erhält man:

(vi) $$\begin{aligned} &c_i V'\psi_i e^{-\frac{i}{\hbar}E_i t} + c_f V'\psi_f e^{-\frac{i}{\hbar}E_f t} \\ &= i\hbar\frac{\mathrm{d}c_i}{\mathrm{d}t}\psi_i e^{-\frac{i}{\hbar}E_i t} + i\hbar\frac{\mathrm{d}c_f}{\mathrm{d}t}\psi_f e^{-\frac{i}{\hbar}E_f t} \end{aligned}$$

Diese Gleichung wird nun von links mit ψ_i^* bzw. ψ_f^* multipliziert und über den gesamten Raum integriert, ein häufig angewandter Rechentrick. ψ_i und ψ_f sind orthonormierte Funktionen, also gilt:

$$\int \psi_i^* \psi_i \cdot \mathrm{d}\tau = 1; \quad \int \psi_f^* \psi_f \cdot \mathrm{d}\tau = 1; \quad \int \psi_i^* \psi_f \cdot \mathrm{d}\tau = 0$$

Man erhält:

$$\begin{aligned}
& c_i(t) e^{-\frac{i}{\hbar} E_i t} \int \psi_i^*(\boldsymbol{r}) V'(\boldsymbol{r}, t) \psi_i(\boldsymbol{r}) \cdot \mathrm{d}\tau \\
& + c_f(t) e^{-\frac{i}{\hbar} E_f t} \int \psi_i^*(\boldsymbol{r}) V'(\boldsymbol{r}, t) \psi_f(\boldsymbol{r}) \cdot \mathrm{d}\tau \\
& = i\hbar \frac{\mathrm{d}c_i}{\mathrm{d}t} e^{-\frac{i}{\hbar} E_i t}; \\
& c_f(t) e^{-\frac{i}{\hbar} E_f t} \int \psi_f^*(\boldsymbol{r}) V'(\boldsymbol{r}, t) \psi_f(\boldsymbol{r}) \cdot \mathrm{d}\tau \\
& + c_i(t) e^{-\frac{i}{\hbar} E_i t} \int \psi_f^*(\boldsymbol{r}) V'(\boldsymbol{r}, t) \psi_i(\boldsymbol{r}) \cdot \mathrm{d}\tau \\
& = i\hbar \frac{\mathrm{d}c_f}{\mathrm{d}t} e^{-\frac{i}{\hbar} E_f t}
\end{aligned}$$

Da $\psi_i, \psi_f, V'(r,t)$ als bekannte Funktionen vorausgesetzt werden, sind die hierin vorkommenden Integrale berechenbar. Sie werden als **"Matrixelemente" der Störungselemente** $V'(\boldsymbol{r}, t)$ bezeichnet. Die orthonormierten Eigenfunktionen der SCHRÖDINGER-Gleichung (i) werden im ungestörten Fall allgemein mit $\psi_1, \psi_2, \psi_3, \ldots, \psi_k, \ldots, \psi_n, \ldots$ bezeichnet. Dann wird das zu den Indizes k, n gehörige Matrixelelement V'_{kn} definiert durch

$$\boxed{V'_{kn} = \int \psi_k^*(\boldsymbol{r}) V'(\boldsymbol{r}, t) \psi_n(\boldsymbol{r}) \cdot \mathrm{d}\tau} \tag{12.33}$$

Mit dieser Abkürzung schreiben wir die obigen Gleichungen in der Form

$$\begin{aligned}
\text{(vii)} \qquad & \frac{\mathrm{d}c_i}{\mathrm{d}t} = \frac{1}{i\hbar} \left\{ c_i(t) V'_{ii}(t) + c_f(t) V'_{if}(t) e^{\frac{i}{\hbar}(E_i - E_f)t} \right\} \\
& \frac{\mathrm{d}c_f}{\mathrm{d}t} = \frac{1}{i\hbar} \left\{ c_f(t) V'_{ff}(t) + c_i(t) V'_{fi}(t) e^{-\frac{i}{\hbar}(E_i - E_f)} \right\}
\end{aligned}$$

Die Gleichungen (vii) stellen gekoppelte Differentialgleichungen für die Koeffizienten $c_i(t)$ und $c_f(t)$ dar. Die Kopplung wird dadurch bewirkt, dass in der ersten Gleichung außer c_i und $\mathrm{d}c_i/\mathrm{d}t$ auch c_f, in der zweiten außer c_f und $\mathrm{d}c_f/\mathrm{d}t$ auch c_i vorkommt.

Näherung zu Lösungen von (vii)

Im Zeitpunkt $t = 0$ sei $c_i = 1$ und $c_f = 0$, d.h. alle Atome befinden sich im Anfangszustand. Wir streben natürlich einen Übergang vom Anfangszustand in den Endzustand an, also $c_i(t \to \infty) = 0, c_f(t \to \infty) = 1$. Wegen $V' \ll \widehat{H}_0$ ist aber $c_i(t)$ nur schwach von der Zeit abhängig, so dass wir für nicht zu große Zeiten setzen können:

$$\text{(viii)} \qquad c_i(t) \approx c_i(0) = 1$$

Dann ist nach (vii)

$$\frac{\mathrm{d}c_f}{\mathrm{d}t} = \frac{1}{i\hbar} V'_{fi} e^{-\frac{i}{\hbar}(E_i - E_f)t}$$

d.h. der Endzustand wird sich nur dann bevölkern ($\mathrm{d}c_f/\mathrm{d}t \neq 0$), wenn $V'_{fi} \neq 0$ ist. Wir erhalten also das wichtige Ergebnis:

Korollar 12.3 *Ein Übergang zwischen dem Anfangszustand ψ_i und dem Endzustand ψ_f ist nur dann möglich, wenn das "***Übergangsmatrixelement***" für das den Übergang induzierende Störpotential $\neq 0$ ist:*

$$\boxed{V'_{fi} = \int \psi_f^* V' \psi_i \cdot \mathrm{d}\tau \neq 0} \tag{12.34}$$

Weiteres wird in den Spezialvorlesungen zur Quantenmechanik erläutert. Wegen (12.34) sind Übergänge zwischen verschiedenen Zuständen nur dann möglich ("erlaubt"), wenn $V'(\boldsymbol{r}, t)$ – und hier kommt es allein auf die Ortsabhängigkeit an – abhängig von der speziellen Form von ψ_i und ψ_f bestimmte Bedingungen erfüllt. Diese Konsequenzen nennt man **Auswahlregeln**.

Auswahlregeln für Übergänge zwischen H-Atom-Zuständen

Für ein **elektrisches Dipolfeld** und die Wellenfunktion des H-Atoms ergibt sich, dass Übergänge nur dann erlaubt sind, wenn $\Delta\ell = \pm 1$ ist. $\Delta m = 0$ ist mit dem Feld einer linear polarisierten Strahlung verknüpft. $\Delta m = \pm 1$ hingegen mit zirkular polarisierter Strahlung. Unter der hier nicht bewiesenen Annahme, dass die Verhältnisse bei spontanen Übergängen mit denen bei induzierten Übergängen gleich sind, gelten also die folgenden *Auswahlregeln für Emission und Absorption* elektrischer Dipolstrahlung:

		(12.35)
$\Delta\ell = \pm 1$	elektrische Dipolstrahlung	
$\Delta m = 0$	linear polarisierte Strahlung	
$\Delta m = \pm 1$	zirkular polarisierte Strahlung	

Unter Einbeziehung des Elektronenspins müssen diese Regeln noch modifiziert werden.

5. **Termschema des H-Atoms und erlaubte Übergänge in Emission oder Absorption durch elektrische Dipolstrahlung**:
   Bild 12.11 enthält eine Zusammenfassung der bisherigen vorläufigen Kenntnisse über die **Energieniveaus** mit der *Charakterisierung der einzelnen Zustände* durch Hauptquantenzahl n und Bahndrehimpulsquantenzahl ℓ sowie mit den durch die **Auswahlregeln** erlaubten Übergängen (Gl. (12.35)). Man beachte, dass jedes Energieniveau n^2-fach bezüglich des Bahndrehimpulses entartet ist. Die durch Emission oder Absorption elektromagnetischer Strahlung (elektrische Dipolstrahlung) erlaubten Übergänge sind in einigen Beispielen durch Pfeile gekennzeichnet. Vorläufig soll heißen: Keine Berücksichtigung des "Elektronenspins".

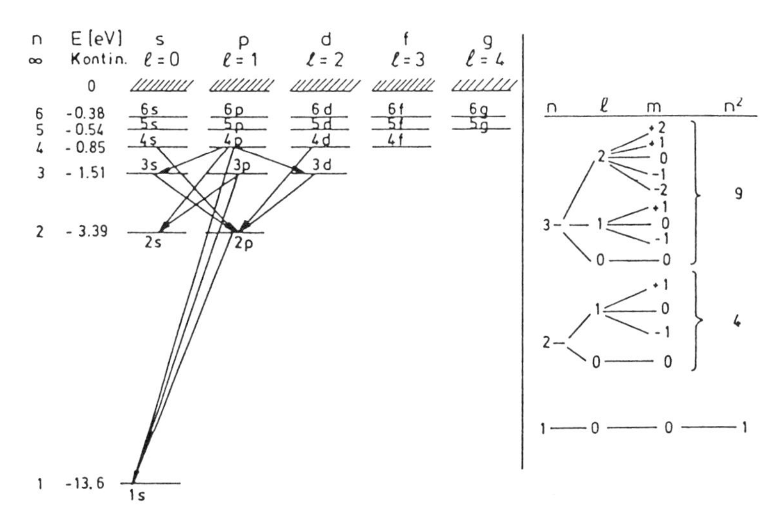

Abb. 12.11. Zu den Auswahlregeln bei Übergängen im H-Atom

Abschließender Überblick:

$$
\begin{aligned}
\ell &= 0, 1, 2, \ldots, n-1; && n\text{-Werte für } \ell \\
m &= 0, \pm 1, \pm 2, \ldots, \pm \ell; && (2\ell+1)\text{-Werte für } m \\
\Delta \ell &= \pm 1; && \text{elektrische Dipolstrahlung} \\
\Delta m &= 0; && \text{linear polarisiert} \\
\Delta m &= \pm 1; && \text{zirkular polarisiert}
\end{aligned}
$$

13 Magnetisches Dipolmoment von Bahndrehimpuls und Eigendrehimpuls des Elektrons

13.1 Bahndrehimpuls und magnetisches Moment, Zeeman-Effekt

Wiederholung aus Band 2, I: Für das magnetische Moment einer Stromschleife (Kreisstrom) gilt:

$$\boldsymbol{M} = AI\boldsymbol{u}_n = \pi r^2 I\boldsymbol{u}_n$$

Für das magnetische Moment eines auf einer Kreisbahn umlaufenden Elektrons gilt entsprechend:

$$I = \frac{-e}{T}, \; \omega = \frac{2\pi}{T}; \quad \boldsymbol{M} = -\frac{1}{2}\, e\omega r^2\boldsymbol{u}_n$$

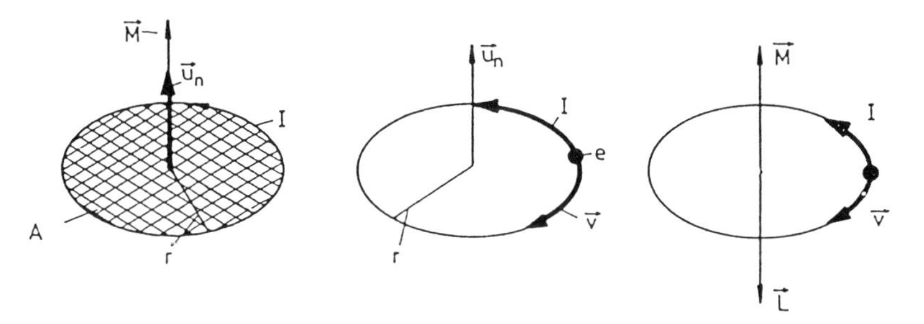

Abb. 13.1. Magnetisches Dipolmoment umlaufender Ladungen

Der Bahndrehimpuls des Elektrons beträgt

$$\boldsymbol{L} = m_e v r\boldsymbol{u}_n = m_e\omega r^2\boldsymbol{u}_n$$

Daher gilt klassisch:

$$\text{(i)} \qquad \boldsymbol{M} = -\frac{e}{2m_e}\boldsymbol{L}$$

Dieselbe Beziehung, wie sie aufgrund der klassischen Physik zwischen Bahndrehimpuls $\boldsymbol{L}$ und magnetischem Moment $\boldsymbol{M}$ hergeleitet wurde, gilt auch in der Quantenmechanik (hier ohne Beweis).

Das H-Atom besitzt also in jedem u.a. durch einen definierten Bahndrehimpuls $|\boldsymbol{L}| = \sqrt{\ell(\ell+1)}\hbar$ charakterisierten Zustand ein definiertes magnetisches Moment $\boldsymbol{M}_L$ mit

$$\boxed{\boldsymbol{M}_L = -\frac{e}{2m_e}\boldsymbol{L}} \tag{13.1}$$

$\boldsymbol{M}_L$ ist antiparallel zu $\boldsymbol{L}$ und entsprechend wie $\boldsymbol{L}$ quantisiert. Für die messbare z-Komponente von $\boldsymbol{M}_L$ gilt daher:

$$\begin{aligned} \boldsymbol{M}_{L_z} &= -\frac{e}{2m_e}L_z\boldsymbol{u}_z \quad \text{mit} \quad L_z = m_\ell\hbar \\ \text{und} \quad M_{L_z} &= -\frac{e\hbar}{2m_e}m_\ell \quad \text{mit} \quad m_\ell = 0, \pm 1, \ldots, \pm\ell \end{aligned}$$

Die Benennung von m_ℓ als **magnetische Quantenzahl** wird durch diese Beziehung nachträglich gerechtfertigt. Statt wie bisher m, verwenden wir für die mit dem Bahndrehimpuls verknüpfte magnetische Quantenzahl besser m_ℓ, zur Unterscheidung von einer im Zusammenhang mit dem Elektronenspin noch einzuführenden magnetischen Quantenzahl m_s. Die Größe $\mu_B = e\hbar/(2m_e)$ bezeichnet man als **Bohrsches Magneton**. Dies ist eine historische Bezeichnung aus der BOHRschen Atomtheorie. Heute nennt man μ_B das magnetische Moment zur Bahndrehimpulskomponente $L_z = 1\hbar$. Es ist

$$\boxed{\begin{aligned} \mu_B = \frac{e\hbar}{2m_e} &= 9.273 \cdot 10^{-24}\ \mathrm{J\ T^{-1}} \\ &= 5.656 \cdot 10^{-5}\ \mathrm{eV\ T^{-1}} \end{aligned}} \tag{13.2}$$

Damit wird

$$\boxed{\begin{aligned} M_L^2 &= \mu_B^2\ell(\ell+1) \\ M_{L_z} &= -\mu_B m_\ell \quad \text{mit} \quad m_\ell = 0,\ \pm 1, \ldots, \pm\ell \end{aligned}} \tag{13.3}$$

Zeeman-Effekt, Aufspaltung der Spektrallinien im Magnetfeld

Zunächst Anknüpfung an die klassische Physik (Band 2, I):
Auf ein magnetisches Moment $\boldsymbol{M}$ wird im Magnetfeld $\boldsymbol{B}$ ein **Drehmoment** τ ausgeübt, und es gilt:

$$\text{(ii)} \qquad \boldsymbol{\tau} = \boldsymbol{M} \times \boldsymbol{B}\,.$$

$$\text{Wegen} \quad \text{(iii)} \qquad \boldsymbol{\tau} = \frac{\mathrm{d}\boldsymbol{L}}{\mathrm{d}t}$$

wird hierdurch eine Änderung des Drehimpulses $\boldsymbol{L}$ bewirkt. Da $\boldsymbol{M} \parallel \boldsymbol{L}$, ist nach (i) $\boldsymbol{\tau} \perp \boldsymbol{L}$, so dass sich nicht der Betrag, sondern nur die Richtung von $\boldsymbol{L}$ ändert. $\boldsymbol{L}$ führt eine **Präzessionsbewegung** um $\boldsymbol{B}$ aus (siehe Kreisel). Für die **Präzessionswinkelgeschwindigkeit** ω_L ergibt sich aus den Zusammenhängen (siehe Bild 13.2):

$$\frac{|\mathrm{d}\boldsymbol{L}|}{L\sin\vartheta} = \mathrm{d}\varphi,\ \omega_L = \frac{\mathrm{d}\varphi}{\mathrm{d}t};\quad \left|\frac{\mathrm{d}\boldsymbol{L}}{\mathrm{d}t}\right| = L\sin\vartheta\cdot\omega_L$$

Aus (i), (ii), (iii) folgt

$$L\sin\vartheta\cdot\omega_L = MB\sin\vartheta = \frac{e}{2m_e}L\sin\vartheta\cdot B$$

also

$$\text{(iv)}\qquad \omega_L = \frac{e}{2m_e}B \quad \text{(Larmor-Frequenz)}$$

Ferner besitzt ein magnetisches Moment $\boldsymbol{M}$ im Magnetfeld $\boldsymbol{B}$ die potentielle Energie

$$\text{(v)}\qquad V_{\text{magn.}} = -\boldsymbol{M}\boldsymbol{B}$$

Die Beziehungen (iv) und (v) müssen wir nun sinngemäß unter Beachtung von (13.1), (13.2), (13.3) in die Quantenmechanik übersetzen. Dies ist glücklicherweise relativ einfach:
Ohne äußeres Magnetfeld lautet die Schrödinger-Gleichung für das H-Atom:

$$\text{(vi)}\qquad \widehat{H}\psi_{n,\ell,m} = E_n\psi_{n,\ell,m}$$

Diese Gleichung ist identisch mit Gl. (12.6), $\widehat{H}$ ist der "ungestörte" Hamilton-Operator (siehe linke Seite der Gl. (12.6)). $\psi_{n,\ell,m}$ sind die von den Quantenzahlen n, ℓ, m abhängigen Eigenfunktionen des H-Atoms (Lösungen der Gl. (12.6), siehe z.B. Gl. (12.27)). E_n sind die nach der bisherigen vorläufigen Darstellung von ℓ und m unabhängigen Energieeigenwerte (Entartung bezüglich ℓ und m). Für die gilt (s. Gl. (12.29)):

$$\text{(vii)}\qquad E_n = -R_H\hbar c\frac{1}{n^2}$$

Wir schalten nun ein äußeres Magnetfeld $\boldsymbol{B}$ (konstant, homogen) ein und wählen die z-Achse parallel zu $\boldsymbol{B}$. Die z-Achse ist jetzt physikalisch sinnvoll ausgezeichnet.

Als zusätzliche potentielle Energie muss nun V_{magn} nach (v) berücksichtigt werden, so dass die Schrödinger-Gleichung lautet:

$$\text{(viii)}\qquad (\widehat{H} - \boldsymbol{M}\cdot\boldsymbol{B})\psi = E\psi$$

Wir nehmen an, dass $V_{\text{magn.}} = -\boldsymbol{M}\cdot\boldsymbol{B}$ hinreichend klein gegenüber $\widehat{H}$ ist, so dass man $V_{\text{magn.}}$ als kleine "Störung" behandeln kann ($V_{\text{magn.}} \ll V_{\text{Coul.}}$). Dann lassen sich die Energieeigenwerte von (viii) in einfacher Weise nach der "zeitunabhängigen Störungstheorie" berechnen. Man erhält:

$$\boxed{E'_{n,\ell,m} = E_{n,\ell,m} + m_\ell\mu_B B} \tag{13.4}$$

$E_{n,\ell,m}$ sind die Energieeigenwerte des ungestörten Atoms (Gl. (vii), $E'_{n,\ell,m}$ die Eigenwerte des durch $\boldsymbol{B}$ gestörten Atoms. Man beachte, dass

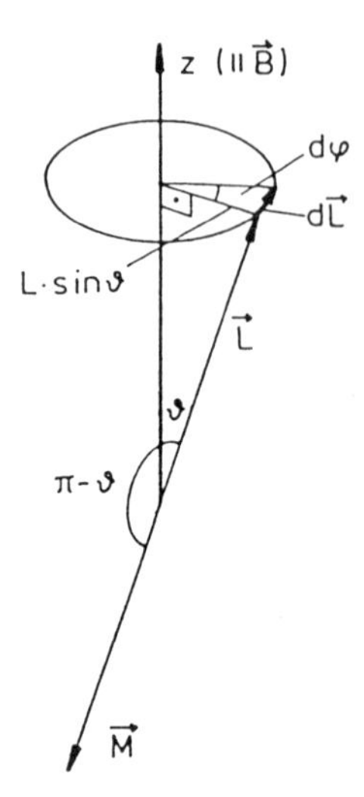

Abb. 13.2. Zur Wechselwirkung mit einem B-Feld

$$V_{\text{magn.}} = -\boldsymbol{M} \cdot \boldsymbol{B} = -M_{L_z} B = m_L \mu_B B$$

ist. Die der Störung entsprechende potentielle Energie ist also gleich der Änderung des Energieeigenwertes.

Durch Einschaltung eines äußeren Magnetfeldes $\boldsymbol{B}$ wird also entsprechend Gl. (13.4) die Entartung bezüglich der Quantenzahl m_ℓ aufgehoben: Entsprechend (13.4) spaltet jedes Niveau in $(2\ell + 1)$ äquidistante Niveaus auf. Der Unterschied zwischen zwei benachbarten Niveaus mit $\Delta m = 1$ beträgt $\Delta E = \mu_B B$. Entsprechend (iv) und Gl. (13.2) können wir hierfür schreiben:

$$\boxed{\begin{aligned} \Delta E &= \mu_B B = \hbar\omega_L \\ \omega_L &= \frac{\mu_B}{\hbar} B \end{aligned}} \qquad \omega_L = \text{Larmor-Frequenz} \tag{13.5}$$

ω_L entspricht der Änderung der Kreisfrequenz des klassisch betrachteten umlaufenden Elektrons beim Einschalten eines äußeren Magnetfeldes. Die Energieaufspaltung der Zustände im Magnetfeld (Gl. (13.4)) führt zu einer entsprechenden Frequenzaufspaltung der in Emission oder Absorption zu beobachtenden Spektrallinien (**Zeeman-Effekt**). Die Herleitung der Gl. (13.4) beinhaltet noch nicht die Einbeziehung des Eigendrehimpulses ("Spin") des Elektrons und das hiermit verknüpfte magnetische Moment. Wir wollen uns der Einfachheit halber auch auf den Fall beschränken, bei dem der Elektronenspin $S = 0$ ist, d.h. wir betrachten ein Mehrelektronenatom, bei dem die einzelnen Elektronenspins gerade zum Gesamtspin $S = 0$ koppeln. Dies ist im H-Atom nicht realisierbar, da es hier nur **ein** Elektron gibt und $S \neq 0$ ist (vgl. Kap. 13.2). Ferner betrachten wir ausschließlich den Zeeman-Effekt für die Übergänge zwischen $\ell = 1$ (p-Zustand) und $\ell = 0$ (s-Zustand).

Beim sogenannten **normalen** ZEEMAN-Effekt spaltet die Linie mit der Frequenz ν in ein ZEEMAN-Triplett ν_1, ν_2, ν_3 auf (s. Bild 13.3). Die Bezeichnung "normal" ist nur historisch zu verstehen, in Wirklichkeit ist dieser Fall die Ausnahme.
Die Größe der Aufspaltung ist zwar sehr klein, aber messbar. Zahlenbeispiel:

$$B = 1\,T(= 10^4 \text{ Gauß}); \; \Delta E = \mu_B B = 5.7 \cdot 10^{-5}\text{eV}$$

Mit $h\nu \approx 1$ eV wird also $\Delta\nu/\nu \approx 10^{-4}$.

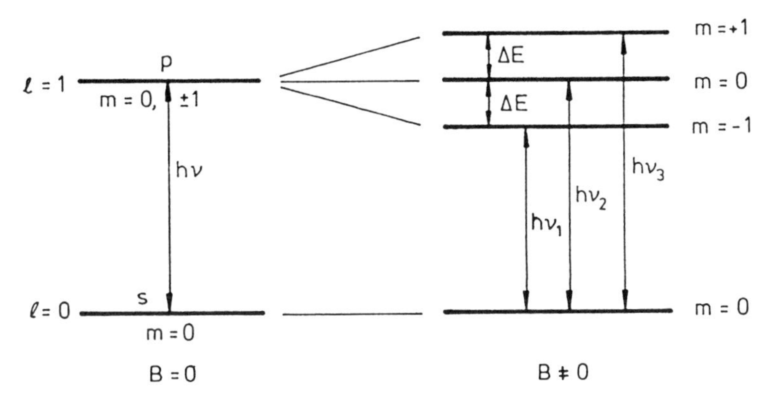

Abb. 13.3. ZEEMAN-Effekt

13.2 Spin und magnetisches Moment des Elektrons, Stern-Gerlach-Experiment und Richardson-Einstein-de-Haas-Effekt

Klassische Physik: Der Eigendrehimpuls eines starren Körpers, etwa einer Kugel um eine ihrer Achsen, ist berechenbar, falls die Massenverteilung und die Umdrehungsfrequenz bekannt sind. So hat z.B. die Erde einen bestimmten Eigendrehimpuls $\boldsymbol{S}$. Andererseits durchläuft sie eine KEPLER-Bahn um die Sonne mit einem Bahndrehimpuls $\boldsymbol{L}$ (siehe Bild 13.4).

Drehimpulse addieren sich vektoriell, so dass man für den Gesamtdrehimpuls erhält

$$\boldsymbol{J} = \boldsymbol{L} + \boldsymbol{S}$$

Entsprechendes gilt in der **Quantenmechanik**. Schon früh war in der Spektroskopie atomarer Übergänge eine "Feinstrukturaufspaltung" (s. Abschnitt 13.3) in den einzelnen Linien beobachtet worden, aus der die Existenz eines Eigendrehimpulses (= Spin) des Elektrons und ein damit verknüpftes magnetisches Moment vermutet wurde. Ein direkter Nachweis gelang erstmals im

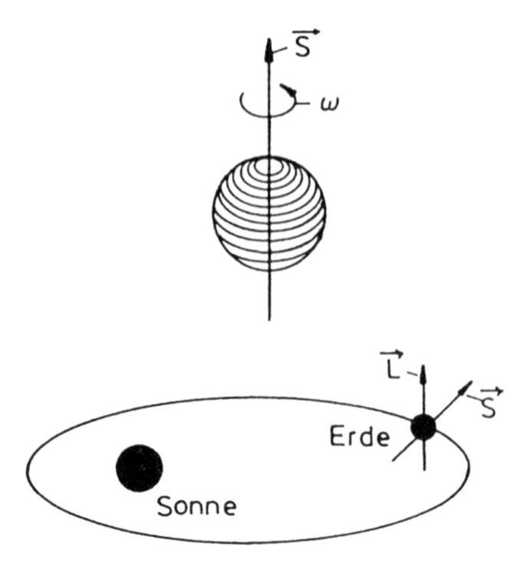

Abb. 13.4. Spin und klassisches Analogon

Stern-Gerlach-Experiment (1922). Der Elektronenspin kann **nicht**, wie dies für einen klassischen starren Körper gilt, aus Massenverteilung und Umdrehungsfrequenz berechnet werden: Das Elektron ist nach heutiger Kenntnis punktförmig! *Der Elektronenspin ist genauso eine das Elementarteilchen Elektron charakterisierende Naturkonstante wie seine Masse und Ladung.*

Spin und magnetisches Moment des Elektrons

Für den Spin ergeben sich formal die gleichen Beziehungen wie für den Bahndrehimpuls, mit dem Unterschied, dass die Spinquantenzahl des Elektrons nur einen einzigen Wert hat, nämlich $s = \frac{1}{2}$, im Gegensatz zum Bahndrehimpuls, der jeden ganzzahligen Wert $\ell = 0, 1, 2, \ldots$ annehmen kann. Für Betrag und z-Komponente des Spins $\boldsymbol{S}$ gilt also:

$$\boxed{\begin{array}{lll} |\boldsymbol{S}| = \sqrt{s(s+1)}\hbar & \text{mit} & s = \frac{1}{2} \\ S_z = m_s \hbar & \text{mit} & m_s = \pm\frac{1}{2} \end{array}} \tag{13.6}$$

Entsprechend den $(2\ell + 1)$ verschiedenen Einstellmöglichkeiten des Bahndrehimpulses gegenüber einer ausgezeichneten z-Achse ($L_z = m_\ell \hbar$; $m_\ell = 0, \pm 1, \pm 2, \ldots, \pm \ell$) hat der Spin $(2s + 1) = 2$ verschiedene Einstellmöglichkeiten ($m_s = \pm\frac{1}{2}$).
Mit dem Bahndrehimpuls $\boldsymbol{L}$ ist ein magnetisches Moment $\boldsymbol{M}_L$ nach Gl. (13.1) verbunden, nämlich $\boldsymbol{M}_L = -e\boldsymbol{L}/(2m_e)$. Die naive Vermutung, dass auch der Spin $\boldsymbol{S}$ zu einem entsprechenden magnetischen Moment, also $\boldsymbol{M}_s = -e\boldsymbol{S}/(2m_e)$ führt, ist falsch. Schon das Stern-Gerlach-Experiment ergab stattdessen $\boldsymbol{M}_s = -2e\boldsymbol{S}/(2m_e)$. Sehr genaue spektroskopische Messungen der Feinstruktur führten schließlich zu $\boldsymbol{M}_s = -2.00232 \cdot e\boldsymbol{S}/(2m_e)$. Es ist also

$$\boxed{\begin{aligned} \boldsymbol{M}_s &= -\frac{1}{\hbar} g_s \mu_B \boldsymbol{S} \quad \text{mit} \quad g_s = 2.00232 \\ M_{s_z} &= -g_s \mu_B m_s \quad \text{mit} \quad m_s = \pm\tfrac{1}{2} \end{aligned}} \tag{13.7}$$

g_s heißt **gyromagnetisches Verhältnis** oder "g-Faktor" des Elektrons. Formal führt man häufig auch einen g-Faktor für den Bahndrehimpuls ein, so dass man entsprechend (13.1) und (13.3) schreibt:

$$\boxed{\begin{aligned} \boldsymbol{M}_L &= -\frac{1}{\hbar} g_\ell \mu_B \boldsymbol{L} \quad \text{mit} \quad g_\ell = 1 \\ M_{L_z} &= -g_\ell \mu_B m_\ell \quad \text{mit} \quad m_\ell = 0, \pm 1, \ldots, \pm \ell \end{aligned}} \tag{13.8}$$

Der experimentell gefundene Zusammenhang zwischen Spin $\boldsymbol{S}$ und magnetischem Moment $\boldsymbol{M}_s$ läßt sich theoretisch begründen: Die DIRAC-Theorie des Elektrons liefert $g_s = 2$, und die Quantenelektrodynamik führt schließlich zu $g_s = 2.00232$.

Stern-Gerlach-Experiment

STERN und GERLACH haben die möglichen Werte des magnetischen Dipolmoments (z-Komponente) von neutralen Silberatomen in folgender Weise gemessen: Ein Ag-Atomstrahl wird durch Verdampfung in einem Ofen und nachfolgende Kollimation durch Blenden erzeugt. In einem zu z parallelen inhomogenen Magnetfeld B senkrecht zur Strahlachse mit $\partial B/\partial z > 0$ findet eine Ablenkung des Atomstrahls infolge der in z-Richtung wirkenden Kraft

$$\boxed{F_z = M_z \frac{\partial B}{\partial z}} \tag{13.9'}$$

statt. Bei vorliegender Quantisierung von M_z erhält man eine Aufspaltung des Strahls in entsprechende Teilstrahlen. Auf diese Weise gelingt es, das magnetische Moment, d.h. die Stärke der Ablenkung und den verantwortlichen Drehimpuls, d.h. die Anzahl der diskreten Teilstrahlen, zu bestimmen. Das Experiment ergab eine *Aufspaltung in zwei Teilstrahlen*. Dies konnte nicht durch ein mit dem Bahndrehimpuls verbundenes magnetisches Moment erklärt werden, da ℓ stets ganzzahlig, also die Anzahl der Teilstrahlen $= (2\ell+1)$ stets ungeradzahlig wäre. Die Erklärung ist nur durch Annahme eines halbzahligen Elektronenspins und des zugehörigen magnetischen Moments möglich. Heute wissen wir, dass das neutrale Silberatom mit 47 Elektronen im Grundzustand 23 spinabgesättigte Elektronenpaare mit $S = 0$ hat, deren resultierender Bahndrehimpuls ebenfalls Null ist. So ist allein das restliche Elektron mit $\ell = 0$ für das magnetische Moment verantwortlich. Gl. (13.7), (13.9′) ergeben

$$\boxed{F_z = -g_s \mu_B m_s \frac{\partial B}{\partial z} \quad \text{mit} \quad m_s = \pm \frac{1}{2}} \tag{13.9}$$

1927 wurde das Experiment von PHIPPS und TAYLOR u.a. mit einem H-Atom-Strahl wiederholt. Da die H-Atome im Grundzustand $\ell = 0$ haben, ist die Zuordnung der Aufspaltung zum magnetischen Moment des Elektronenspins eindeutig. Die Deutung von STERN und GERLACH wurde voll bestätigt.

Richardson-Einstein-de-Haas-Effekt

Hierdurch gelingt ein sehr direkter Nachweis des Elektronenspins (siehe Bild 13.5). Ein ferromagnetischer Zylinder hängt an einem Torsionsfaden in einer Spule. Durch Umpolen des durch die Spule bewirkten äußeren Magnetfeldes erfolgt eine Ummagnetisierung. Wird dies mit der Eigenfrequenz des am Torsionsfaden hängenden Zylinders (Drehschwingung) synchronisiert, so erhält man eine messbare Resonanzamplitude. Eine Erklärung gelingt auf folgende Weise: Bei Sättigungsmagnetisierung sind die Elektronenspins und damit die magnetischen Momente der frei beweglichen Elektronen vollständig ausgerichtet. Eine Ummagnetisierung führt dann zum Umklappen der Elektronenspins. Drehimpulserhaltung bewirkt einen entsprechenden makroskopisch messbaren Drehimpuls des gesamten Zylinders.

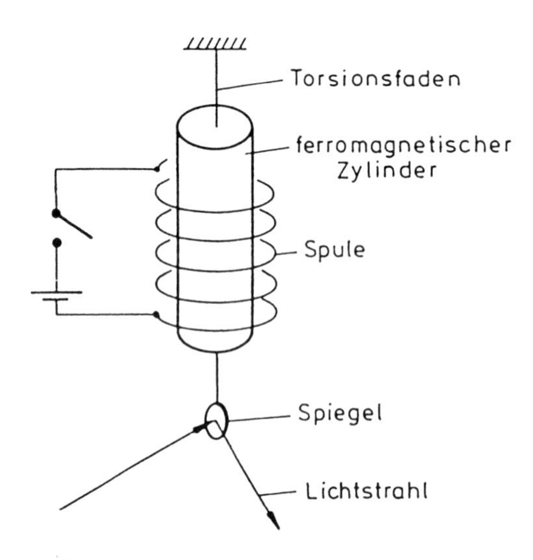

Abb. 13.5. Anordnung zum RICHARDSON-EINSTEIN-DE-HAAS-Effekt

13.3 Spin-Bahn-Wechselwirkung, Feinstruktur

Es wird ausschließlich das H-Atom als einfachstes Beispiel betrachtet. Jeder Zustand ist u.a. durch einen bestimmten Bahndrehimpuls $\boldsymbol{L}$ mit Bahndrehimpulsquantenzahl ℓ und durch den Elektronenspin $\boldsymbol{S}$ mit Spinquantenzahl s

ausgezeichnet. Wir betrachten das H-Atom ohne Einfluss eines äußeren Magnetfeldes, wählen also die z-Achse beliebig. $\boldsymbol{L}$ und $\boldsymbol{S}$ sind allerdings nicht unabhängig voneinander. Die Spin-Bahn-Wechselwirkung führt zu einer Kopplung derart, dass die Vektorsumme von $\boldsymbol{L}$ und $\boldsymbol{S}$ den konstanten Gesamtdrehimpuls $\boldsymbol{J}$

$$\boxed{\boldsymbol{J} = \boldsymbol{L} + \boldsymbol{S}} \tag{13.10}$$

ergibt (siehe Bild 13.6).

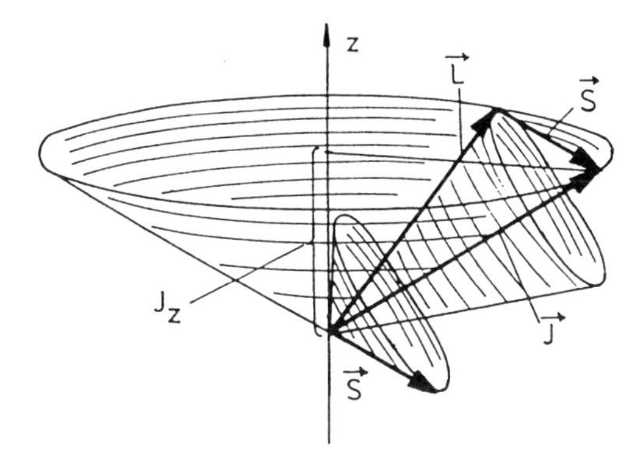

Abb. 13.6. Kopplung von Drehimpulsen

$\boldsymbol{L}$ und $\boldsymbol{S}$ liegen, klassisch gesprochen, auf Präzessionskegeln um $\boldsymbol{J}$, d.h. nicht mehr auf solchen um die z-Achse! In jedem Zeitpunkt liegt daher eine feste Orientierung zwischen $\boldsymbol{L}$ und $\boldsymbol{S}$ vor, so dass Gl. (13.10) erfüllt ist. Klassisch würden $\boldsymbol{L}$ und $\boldsymbol{S}$ gemeinsam um $\boldsymbol{J}$ präzidieren. Dies bedeutet:

Die z-Komponente von $\boldsymbol{L}$ und $\boldsymbol{S}$ sind nicht mehr beobachtbar. $\boldsymbol{L}^2, \boldsymbol{S}^2, \boldsymbol{J}^2$ und die z-Komponente J_z des Gesamtdrehimpulses sind jedoch gleichzeitig scharf messbar.

Für den Gesamtdrehimpuls $\boldsymbol{J}$ gilt entsprechend zur Quantisierung von $\boldsymbol{L}$ und $\boldsymbol{S}$:

$$\boxed{\begin{aligned} |\boldsymbol{J}| &= \sqrt{j(j+1)}\hbar \\ J_z &= m_j\hbar \quad \text{mit} \quad m_j = -j, -j+1, \ldots, j-1, j \end{aligned}} \tag{13.11}$$

Es gibt also entsprechend den Verhältnissen beim Bahndrehimpuls und Spin insgesamt $2j+1$ Einstellmöglichkeiten des Gesamtdrehimpulses gegenüber der z-Achse. Da der Spin halbzahlig ist, ist im Fall des H-Atoms auch j halbzahlig. Gl. (13.11) und die dargestellte Vektoraddition gilt aber auch allgemein in der Quantenmechanik für zwei beliebige Drehimpulse, z.B. für zwei Bahndrehimpulse. Dann ist j ganzzahlig. Allgemein kann also j halbzahlige oder ganzzahlige Werte annehmen im Gegensatz zu ℓ und s. Im hier behandelten Fall des H-Atoms ist j immer halbzahlig. Nach Gl. (13.10) muss auch für die z-Komponenten gelten:

$$J_z = L_z + S_z$$

Es ist $j\hbar = J_{z,\max}$, $\ell\hbar = L_{z,\max}$, $s\hbar = \pm\frac{1}{2}\ \hbar = S_z$, so dass wir für die zugeordneten Quantenzahlen ℓ, s, j erhalten:

$$\boxed{j = \ell \pm \frac{1}{2}} \tag{13.12}$$

Anmerkung zur Drehimpulsaddition in der Quantenmechanik:
Zwei Drehimpulse, die zu einem Gesamtdrehimpuls koppeln, können **nie parallel** stehen. Bei Drehimpulsen mit **gleichem Betrag** ist jedoch eine **antiparallele Einstellung** zueinander möglich.

Energie der Spin-Bahn-Wechselwirkung

In klassischer Betrachtungsweise rotiert das Elektron um den Kern mit dem Bahndrehimpuls $\boldsymbol{L}$. Vom Elektron aus gesehen, rotiert aber der Kern um das Elektron mit derselben Winkelgeschwindigkeit. Der H-Atomkern hat eine Ladung $+e$, so dass durch den hierdurch bewirkten Kreisstrom am Ort des Elektrons ein Magnetfeld $\boldsymbol{B}'_{\text{Kern}} \parallel \boldsymbol{L}$ erzeugt wird. Die korrekte Rechnung, die hier nicht durchgeführt werden soll, liefert:

$$\text{(i)} \qquad \boldsymbol{B}'_{\text{Kern}} = -\frac{1}{e m_e c^2}\frac{1}{r}\frac{\partial V}{\partial r}\boldsymbol{L}$$

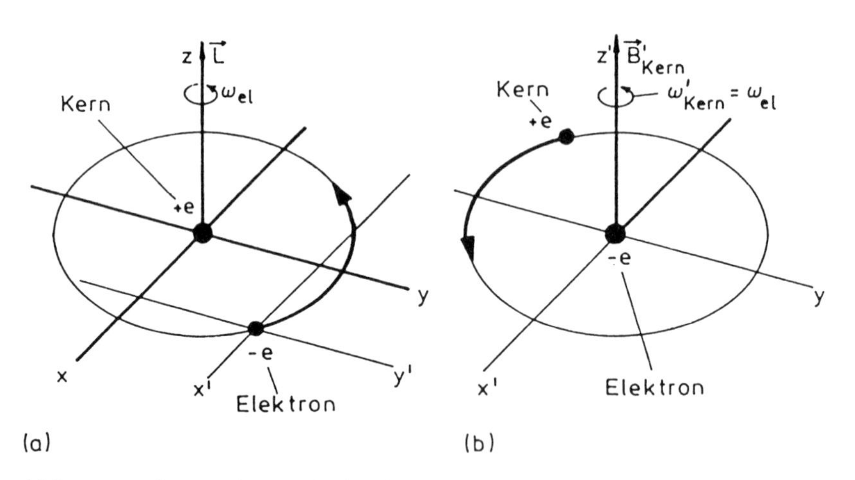

Abb. 13.7. Spin-Bahn-Wechselwirkung

V ist das COULOMB-Potential des Kerns, in dem sich das Elektron bewegt. Mit diesem zu $\boldsymbol{L}$ parallelen Magnetfeld wechselwirkt das magnetische Moment des Elektrons $\boldsymbol{M}_s$. Die potentielle Energie der Wechselwirkung beträgt im System des ruhenden Elektrons:

(ii) $\quad V'_{LS} = -\boldsymbol{M}_s \cdot \boldsymbol{B}'_{\text{Kern}}$

Mit $\boldsymbol{M}_s = -se\boldsymbol{S}/(2m_e)$ und nach Rücktransformation in das System des ruhenden Kerns – dieses bewirkt Faktor 1/2, hier ohne Beweis – erhält man:

$$\boxed{V_{LS} = \frac{1}{2}\frac{1}{m_e^2c^2}\frac{1}{r}\frac{\partial V}{\partial r}\boldsymbol{L}\cdot\boldsymbol{S}} \tag{13.13}$$

Diese Formel wurde von THOMAS 1926 erstmals abgeleitet. Sie ist für die Atomphysik exakt gültig. Der Nachweis erfolgt im Rahmen der DIRAC-Theorie. Sie wird aber auch im Bereich der Kernphysik als gültig angenommen. Dort ist sie allerdings nur durch den Erfolg der mit dem Experiment übereinstimmenden Konsequenzen zu rechtfertigen.

Feinstruktur aufgrund der Spin-Bahn-Wechselwirkung

Die Wechselwirkungsenergie V_{LS} nach Gl. (13.13) stellt nur eine sehr kleine Störung ($\approx 10^{-4}$ eV) gegenüber den Energieeigenwerten E_n (≈ 10 eV) des H-Atoms ohne Berücksichtigung der Spin-Bahn-Wechselwirkung dar. Die durch Lösung der exakten SCHRÖDINGER-Gleichung unter Einbeziehung von V_{LS} errechneten Energieverschiebungen ΔE gegenüber E_n können daher mithilfe einer einfachen Störungstheorie näherungsweise berechnet werden. Man erhält ΔE als Erwartungswert von V_{LS}, wobei als Wellenfunktion die ungestörten H-Atom-Wellenfunktionen angenommen werden:

$$\boxed{\begin{aligned}\Delta E &= \int \psi^*_{n,\ell,m} V_{LS} \psi_{n,\ell,m} \cdot \mathrm{d}\tau \\ &= \frac{1}{2m_e^2c^2} < \frac{1}{r}\frac{\partial V}{\partial r} > < \boldsymbol{L}\cdot\boldsymbol{S} > \end{aligned}} \tag{13.14}$$

Der Erwartungswert von $\boldsymbol{L}\cdot\boldsymbol{S}$ ist sehr leicht zu berechnen: Da $\boldsymbol{L}^2, \boldsymbol{S}^2, \boldsymbol{J}^2$ gleichzeitig messbar sind, ist auch $\boldsymbol{L}\cdot\boldsymbol{S}$ eine für jeden Zustand des H-Atoms charakteristische scharfe Größe. Diese erhält man aus

$$\begin{aligned} \boldsymbol{J} &= \boldsymbol{L} + \boldsymbol{S} \\ \Rightarrow \quad \boldsymbol{J}^2 &= \boldsymbol{L}^2 + \boldsymbol{S}^2 + 2\boldsymbol{L}\cdot\boldsymbol{S} \\ \Rightarrow \quad \boldsymbol{L}\cdot\boldsymbol{S} &= \frac{1}{2}(\boldsymbol{J}^2 - \boldsymbol{L}^2 - \boldsymbol{S}^2) \end{aligned}$$

Mit

$$\boldsymbol{J}^2 = j(j+1)\hbar^2,\ \boldsymbol{L}^2 = (\ell(\ell+1)\hbar^2,\ \boldsymbol{S}^2 = s(s+1)\hbar^2$$

folgt

$$<\boldsymbol{L}\cdot\boldsymbol{S}> = \frac{1}{2}\Big\{j(j+1) - \ell(\ell+1) - s(s+1)\Big\}\hbar^2$$

Wegen $s = \frac{1}{2}$ und $j = \ell \pm \frac{1}{2}$ (Gl. (13.12)) wird:

$$\boxed{\begin{aligned} <\boldsymbol{L}\cdot\boldsymbol{S}>_{j=\ell+1/2} &= \frac{1}{2}\ell\hbar^2 \\ <\boldsymbol{L}\cdot\boldsymbol{S}>_{j=\ell-1/2} &= -\frac{1}{2}(\ell+1)\hbar^2 \end{aligned}} \tag{13.15}$$

Die Berechnung von $<\frac{1}{r}\frac{\partial V}{\partial r}>$ ist etwas schwieriger. Im Fall des H-Atoms ist

$$V(r) = -\frac{e^2}{4\pi\varepsilon_0}\frac{1}{r}, \quad \text{und somit} \quad \frac{\partial V}{\partial r} \propto \frac{1}{r^2}$$

Also ist

$$<\frac{1}{r^3}> = \int \psi^*_{n,\ell,m}\frac{1}{r^3}\psi_{n,\ell,m}\cdot \mathrm{d}\tau$$

zu berechnen, wobei $\psi_{n,\ell,m}$ die Wellenfunktionen des ungestörten H-Atoms (H-Atom ohne Spin-Bahn-Wechselwirkung) sind. Ohne Beweis sei hier das Ergebnis angeführt:

$$<\frac{1}{r^3}> = \frac{1}{a_0^3}\frac{1}{n^3\ell(\ell+\frac{1}{2})(\ell+1)}$$

$$\text{mit} \qquad a_0 = 4\pi\varepsilon_0\frac{\hbar}{m_e e^2} = \text{BOHRscher Radius}$$

Damit wird:

$$\frac{1}{2m_e c^2}<\frac{1}{r}\frac{\partial V}{\partial r}> = \frac{m_e e^8}{4\pi\varepsilon_0)^4 2c^2\hbar^6}\frac{1}{n^3\ell(\ell+\frac{1}{2})(\ell+1)}$$

Diesen Ausdruck vereinfachen wir durch Benutzung der Energieeigenwerte ohne Berücksichtigung der Spin-Bahn-Kopplung, nämlich

$$E_n = -\frac{1}{(4\pi\varepsilon_0)^2}\frac{m_e e^4}{2\hbar^2}\frac{1}{n^2}$$

und der sogenannten "SOMMERFELDschen Feinstrukturkonstanten"

$$\boxed{\alpha = \frac{e^2}{4\pi\varepsilon_0\hbar c} = \frac{1}{a_0}\frac{\hbar}{m_e c} \approx \frac{1}{137}} \tag{13.16}$$

Damit wird:

$$\boxed{\frac{1}{2m_e^2 c^2}<\frac{1}{r}\frac{\partial V}{\partial r}> = \frac{|E_n|\alpha^2}{\hbar^2}\frac{1}{n\ell\left(\ell+\frac{1}{2}\right)(\ell+1)}} \tag{13.17}$$

(13.14), (13.15) und (13.17) ergeben:

$$\begin{aligned}
\Delta E_{n,j=\ell+1/2} &= |E_n|\frac{\alpha^2}{2}\frac{1}{n\left(\ell+\frac{1}{2}\right)(\ell+1)} \\
&= \delta E_{n,\ell}\frac{\ell}{2\ell+1} \\
\Delta E_{n,j=\ell-1/2} &= -|E_n|\frac{\alpha^2}{2}\frac{1}{n\ell\left(\ell+\frac{1}{2}\right)} \\
&= -\delta E_{n,\ell}\frac{\ell+1}{2\ell+1}
\end{aligned} \tag{13.18}$$

wobei $\delta E_{n,\ell}$ die Gesamtaufspaltung ist:

$$\begin{aligned}
\delta E_{n,\ell} &= \Delta E_{n,j=\ell+1/2} + |\Delta E_{n,j=\ell-1/2}| \\
&= |E_n|\frac{\alpha^2}{n\ell(\ell+1)}
\end{aligned} \tag{13.19}$$

Diskussion von (13.18) und (13.19):

Korollar 13.1 *Die Energieaufspaltung ist proportional zu α^2, daher der Name 'Feinstrukturkonstante'. Die Feinstrukturaufspaltung ist entsprechend sehr gering: $\alpha \approx \frac{1}{137} \Rightarrow \alpha^2 \approx 5.32 \cdot 10^{-5}$!*

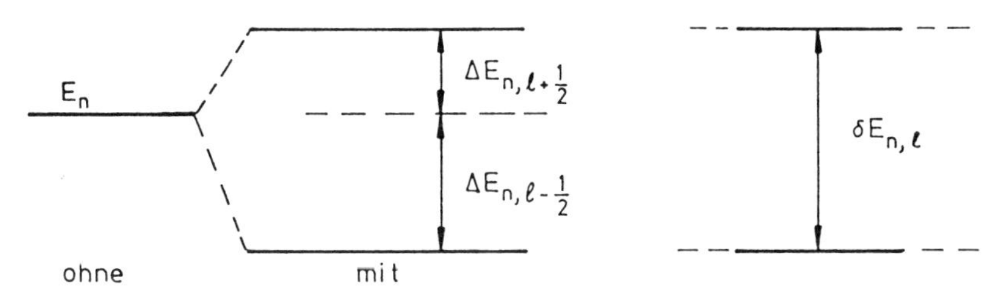

Abb. 13.8. Einfluss der LS-Kopplung

Die relative Energieaufspaltung

$$\frac{\delta E_{n,\ell}}{|E_n|} = \frac{\alpha^2}{n\ell(\ell+1)}$$

nimmt mit wachsender Hauptquantenzahl n ab, ist also für das $3p$-Niveau kleiner als für das $2p$-Niveau, und nimmt bei gleichem n mit zunehmendem Bahndrehimpuls ab, ist also für das $3d$-Niveau kleiner als für das $3p$-Niveau.

Relativistische Korrektur

Die kinetische Energie des Elektrons beträgt, abhängig vom jeweils betrachteten Energiezustand, größenordnungsmäßig 10 eV, d.h. $2 \cdot 10^{-5} m_e c^2$, wobei $m_e c^2 = 511$ keV die Ruheenergie des Elektrons ist. Relativistische Effekte, wie z.B. die geschwindigkeitsabhängige Masse, sind damit zwar klein, aber – hier ohne eingehende Begründung – von etwa gleicher Größe wie diejenigen der Feinstrukturaufspaltung durch LS-Kopplung. Dies ist allerdings nur für das H-Atom und sehr leichte Atome richtig, denn die relativistische Korrektur ist stets von der Größenordnung $\approx 10^{-4} E_n$, während die Korrektur durch die LS-Kopplung relativ stark mit zunehmender Ordnungszahl des Atoms ansteigt (hier ohne Beweis). Für die relativistische Korrektur erhält man:

$$<\Delta E_{\text{rel}}> = \frac{|E_n|\alpha^2}{n}\left[\frac{3}{4n} - \frac{1}{\ell + 1/2}\right] \tag{13.20}$$

Die gesamte Feinstrukturaufspaltung ergibt sich beim H-Atom schließlich durch Addition der Aufspaltung durch LS-Kopplung (Gl. (13.18)) und relativistische Korrektur (Gl. (13.20)). Dabei ergibt sich – und man rechnet dies sofort nach –, dass die gesamte Energiekorrektur neben n nicht mehr explizit von ℓ, sondern nur noch von j abhängt, so dass man für die Energiewerte des H-Atoms schließlich erhält:

$$\boxed{E_{n,j} = E_n\left[1 + \frac{\alpha^2}{n}\left(\frac{1}{j+\frac{1}{2}} - \frac{3}{4n}\right)\right]} \tag{13.21}$$

Die Verhältnisse ohne und mit den besprochenen Korrekturen sind am Beispiel der $n = 2$-Zustände im Bild 13.9 dargestellt.

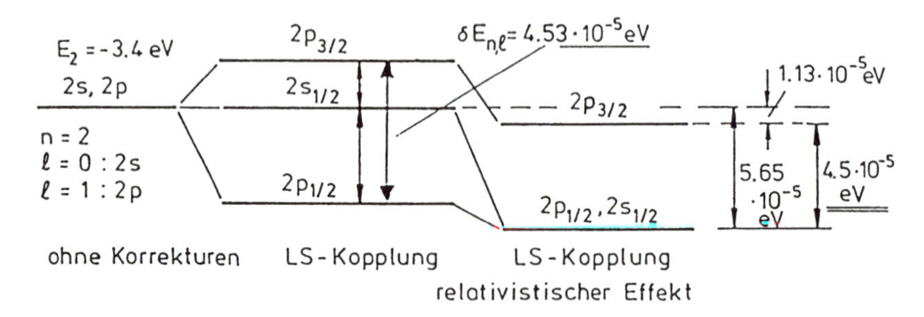

Abb. 13.9. LS-Kopplung und relativistischer Effekt

Die Effekte Spin-Bahn-Kopplung einerseits und relativistische Korrektur andererseits wurden hier getrennt behandelt. Tatsächlich ist auch die Spin-Bahn-Kopplung ein nur relativistisch korrekt zu beschreibender Effekt. Bei Verwendung der relativistisch adäquaten Dirac-Theorie erhält man direkt das Ergebnis Gl. (13.21).

Lamb-Shift: Bislang wurde zur Beschreibung der H-Atom-Zustände von der unbeschränkten Gültigkeit des COULOMB-Gesetzes ausgegangen. Die schon bei der Emission und Absorption elektromagnetischer Strahlung erwähnte Quantenelektrodynamik lehrt aber, dass das COULOMBsche Gesetz nur eine Näherung für hinreichend große Distanzen ist. Für kleine Distanzen führt die quantenelektrodynamische Beschreibung zu einer Reduktion der effektiven Ladung durch die sogenannte **Vakuum-Polarisation**. Normalerweise, d.h. zumindest für ($\ell \geq 1$)-Zustände, ist die hierdurch bewirkte Korrektur der Energieeigenwerte zu vernachlässigen, da das Elektron im Mittel weit weg vom Zentrum (Kern) ist. Nur für s-Zustände ($\ell = 0$) ist dies entscheidend anders. Besonders ausgeprägt ist der Effekt für $n = 1, \ell = 0$ bzw. $\ell = 1$. Der $s_{\frac{1}{2}}$-Zustand ist etwas lockerer gebunden als der $p_{\frac{1}{2}}$-Zustand, wodurch die ℓ-Entartung aus Bild 13.9 wieder aufgehoben wird. Die $s_{\frac{1}{2}} - p_{\frac{1}{2}}$-Energiedifferenz wird als **Lamb-Shift** bezeichnet, 1947 experimentell bestätigt durch LAMB und RUTHERFORD. Sie ist im Fall der ($n = 2$)-Zustände nochmals um einen Faktor 10 kleiner als die Feinstruktur ($4.5 \cdot 10^{-5}$ eV, siehe Bild 13.9).

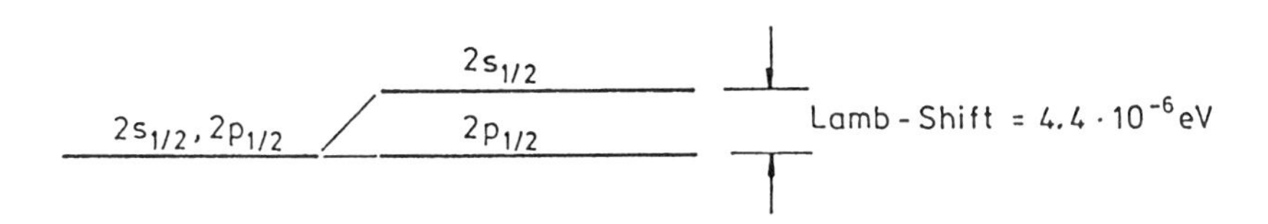

Hyperfeinstruktur: Bislang wurde nur die COULOMB-Wechselwirkung zwischen Kern und Elektron und das magnetische Moment des Elektrons berücksichtigt. Das Proton und das Neutron wie i.a. auch jeder schwere Kern besitzt aber ebenfalls einen Eigendrehimpuls (**Kernspin**) mit einem zugehörigen magnetischen Moment, so dass man zusätzlich eine magnetische Wechselwirkung zwischen Kern und Elektron zu berücksichtigen hat. Allerdings ist das magnetische Moment des Protons 658mal kleiner als das des Elektrons, so dass die hierdurch bewirkte Wechselwirkungsenergie, die als weitere Korrektur berücksichtigt werden muss, entsprechend klein ist. Der Effekt heißt **Hyperfeinstruktur**. Zum Beispiel beträgt die Hyperfeinstrukturaufspaltung für den Grundzustand des H-Atoms ($1s_{\frac{1}{2}}$-Zustand) $5.9 \cdot 10^{-6}$ eV.

Experimentelle Messmethoden zur Feinstruktur und Hyperfeinstruktur: Das Niveauschema des H-Atoms inklusive der Feinstruktur ist für die ersten 3 Zustände $n = 1, 2, 3$ in Bild 13.10 dargestellt. Die Feinstrukturaufspaltung ist hierbei gegenüber der normalen Energieskala um einen Faktor $1/\alpha^2 = 137^2 = 1.88 \cdot 10^4$ gedehnt eingezeichnet. Die Aufspaltungseffekte sind also stets sehr klein. Sie lassen sich dennoch heute mit der hochauflösenden Laserspektroskopie oder mit Mikrowellenresonanzexperimenten untersuchen.

Bild 13.10 entnimmt man, dass die benötigte Auflösung größenordnungsmäßig $\Delta\lambda/\lambda \approx 10^{-6}$ betragen muss.

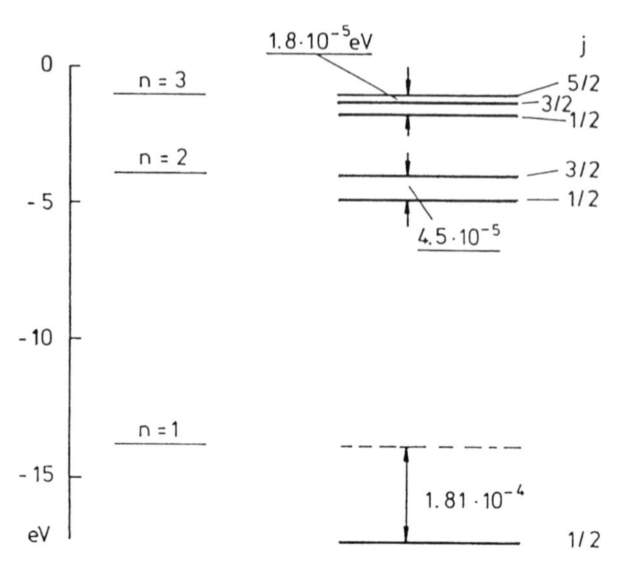

Abb. 13.10. Zur Fein- und Hyperfein-Struktur

Nomenklatur der H-Atom-Zustände inklusive Feinstruktur und Auswahlregeln für optische Übergänge: Die Spin-Bahn-Kopplung hat dazu geführt, dass jedes Niveau außer durch die **Hauptquantenzahl** n und die **Bahndrehimpulsquantenzahl** ℓ auch durch die **Gesamtdrehimpulsquantenzahl** j charakterisiert ist. Im Fall der Ein-Elektron-Systeme wie H-Atom und H-ähnliche Ionen ist nur der Spin des einzigen Elektrons zu berücksichtigen, so dass stets $j = \ell \pm \frac{1}{2}$ ist (vgl. Gl. (13.12)). Entsprechend wird die Nomenklatur der H-Atom-Zustände modifiziert:

	$\ell = 0$	$\ell = 1$	$\ell = 2$	
n	$n \downarrow j$	$n \downarrow j$	$n \downarrow j$	...
1	$1s_{1/2}$	–	–	
		$2p_{1/2}$		
2	$2s_{1/2}$		–	
		$2p_{3/2}$		
		$3p_{1/2}$	$3d_{3/2}$	
3	$3s_{1/2}$			
		$3p_{3/2}$	$3d_{5/2}$	

Wie wir gesehen haben, sind die Energiezustände des H-Atoms bezüglich des Bahndrehimpulses bei gleicher Hauptquantenzahl und gleicher Gesamtdrehimpulsquantenzahl entartet. Sie hängen nur von n und j ab. So gibt es z.B. für $n = 3$ nur 3 verschiedene Energiezustände, nämlich für $j = \frac{1}{2}, \frac{3}{2}$ und $\frac{5}{2}$ (vgl. Bild 13.10).

Auswahlregeln: Unter Berücksichtigung des Elektronenspins müssen die in Abschnitt 12.3 durch Gl.(12.35) angegebenen Auswahlregeln modifiziert werden. Zusätzlich muss für elektrische Dipolübergänge $\Delta j = 0, \pm 1$ gefordert werden, wobei der Übergang $j = 0 \to j = 0$ **verboten** ist. $j = 0$ ist ein Spezialfall für ganzzahligen Gesamtdrehimpuls. Er kommt beim H-Atom nicht vor, sondern nur bei Mehrelektronenatomen mit einer geraden Anzahl von Elektronen.

Die Auswahlregeln lauten (hier ohne weitere zusätzliche Begründung):

$$\boxed{\begin{aligned} \Delta j &= 0, \pm 1 \\ \Delta \ell &= \pm 1 \\ \Delta m &= 0, \pm 1 \end{aligned}} \tag{13.22}$$

Ein Übergang mit $\Delta j = 0$ bedeutet wegen $\Delta \ell = \pm 1$ stets eine Umorientierung des Spins:

$$\begin{aligned} &j_i \to j_f = j_i \\ &\ell_i \to \ell_f = \ell_i + 1 \\ &j_i = \ell_i + \frac{1}{2} \to j_f = \ell_f - \frac{1}{2} \end{aligned}$$

Entsprechendes gilt für $j_i = \ell_i - \frac{1}{2}$. Derartige Übergänge sind also mit einem "**Spinflip**" verbunden. Sie sind sehr unwahrscheinlich. Die Intensität der entsprechenden Strahlung ist sehr schwach (siehe Bild 13.11).

Dem Photon kann – wie hier nicht näher begründet werden soll – der Spin 1 zugeordnet werden. Setzt man dies voraus, so können wir die *Auswahlregeln als Drehimpulserhaltung* begreifen.

In Bild 13.11 sind die aufgrund der Auswahlregeln (13.22) möglichen Übergänge zwischen $n = 1, 2, 3$-Zust"anden schematisch dargestellt.

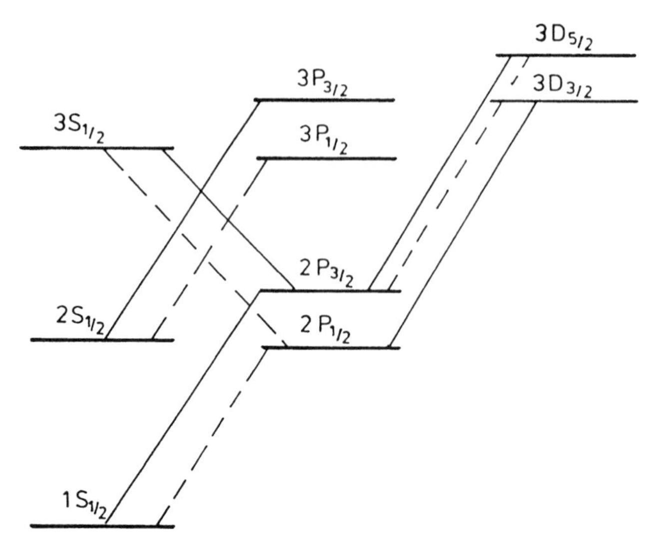

Abb. 13.11. Schematische Darstellung der erlaubten Dipolübergänge im Termschema des H-Atoms mit Feinstruktur und LAMB-Shift. Gestrichelt ist der Spinflip eingezeichnet

14 Mehr-Elektronen-Atome

Im folgenden werden die grundsätzliche Modifikationen besprochen, die gegenüber dem H-Atom als Ein-Elektron-Atom für das Verständnis der Eigenschaften von Mehr-Elektronen-Atomen beachtet werden müssen. Es handelt sich hierbei nicht einfach nur um Komplikationen, etwa derart, dass die Wellenfunktion nicht um den Koordinaten eines Elektrons, sondern mehrerer Elektronen abhängt. Es müssen vielmehr u.a. ganz neue, bisher nicht besprochene Phänomene berücksichtigt werden. In vielen Fällen wird das Helium-Atom als einfachstes Mehr-Elektronen-Atom als Beispiel verwendet. Die dargestellten prinzipiellen Zusammenhänge sind aber stets verallgemeinbar.

14.1 Modell unabhängiger Teilchen

Wir betrachten als Beispiel das Helium-Atom. Die potentielle Energie setzt sich zusammen aus derjenigen zwischen den Elektronen und dem Kern einerseits, d.h. durch anziehende Wechselwirkung wie beim H-Atom, und derjenigen zwischen den beiden Elektronen andererseits, d.h. durch abstoßende Wechselwirkung, die hier erstmals auftritt und die bei allen Mehr-Elektronen-Atomen von wesentlicher Bedeutung ist:

$$V(r_1, r_2, r_{12}) = \underbrace{-\frac{2e^2}{4\pi\varepsilon_0 r_1}}_{V(r_1)} \underbrace{-\frac{2e^2}{4\pi\varepsilon_0 r_2}}_{V(r_2)} + \underbrace{\frac{e^2}{4\pi\varepsilon_0 r_{12}}}_{V(r_{12})} \tag{14.1}$$

Da die potentielle Energie die Relativkoordinate r_{12}, d.h. den Abstand der beiden Elektronen voneinander, enthält, werden sich die beiden Elektronen **nicht unabhängig** voneinander bewegen. Die Wellenfunktion wird in komplexer Weise sowohl von den Koordinaten des einen ($\boldsymbol{r}_1$) wie des anderen Elektrons ($\boldsymbol{r}_2$) abhängen: $\psi = \psi(\boldsymbol{r}_1, \boldsymbol{r}_2)$. Diese Wellenfunktion muss als Lösung der SCHRÖDINGER-Gleichung berechnet werden. Entsprechend der Wellenfunktion und der potentiellen Energie werden auch nur *Eigenwerte für die Gesamtenergie* des Atoms erwartet werden dürfen. Eine Separation in die den einzelnen Elektronen zuzuordnende Eigenwerte wird bei exakter Beschreibung nicht möglich sein. Die SCHRÖDINGER-Gleichung lautet:

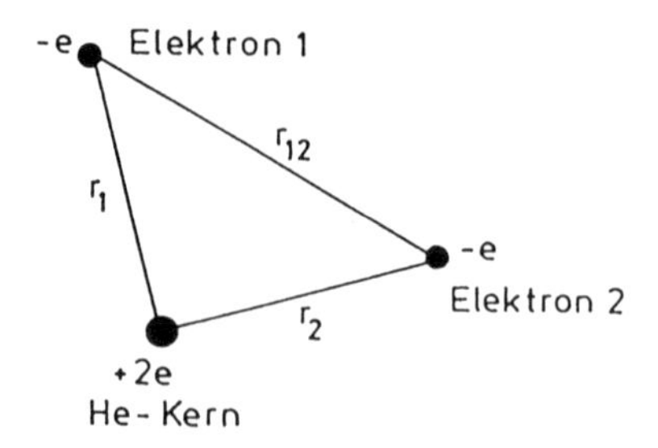

$$-\frac{\hbar^2}{2m} \cdot \nabla_{1,2}^2 \psi(\boldsymbol{r}_1, \boldsymbol{r}_2) + V(r_1, r_2, r_{12}) \psi(\boldsymbol{r}_1, \boldsymbol{r}_2) = E\psi(\boldsymbol{r}_1, \boldsymbol{r}_2) \tag{14.2}$$

Hierin bedeutet (mit Differentiation bezüglich $\boldsymbol{r}_1$ und $\boldsymbol{r}_2$):

$$\nabla_{1,2}^2 = \nabla_1^2 + \nabla_2^2 = \frac{\partial^2}{\partial x_1^2} + \frac{\partial^2}{\partial y_1^2} + \frac{\partial^2}{\partial z_1^2} + \frac{\partial^2}{\partial x_2^2} + \frac{\partial^2}{\partial y_2^2} + \frac{\partial^2}{\partial z_2^2}$$

Die Lösung der SCHRÖDINGER-Gleichung (14.2) ist ungleich komplizierter als diejenige im Fall des H-Atoms. Vor allem die Abhängigkeit der potentiellen Energie von der Relativkoordinate r_{12} bereitet große Schwierigkeiten. Wir betrachten folgende Näherung:

$$V(r_{12}) \approx 0 \tag{14.3}$$

Diese Näherung ist sicher dann gerechtfertigt, wenn der Abstand der beiden Elektronen voneinander im zeitlichen Mittel relativ groß ist. Eine Begründung hierzu wird später erfolgen (Abschnitt 14.5). Bei Erfüllung der Bedingung (14.3) erfolgt die Bewegung der beiden Elektronen unabhängig voneinander. Deshalb bezeichnet man diese Näherung auch als *Modell unabhängiger Teilchen (independent particle model)*. Die SCHRÖDINGER-Gleichung (14.2) lautet bei Berücksichtigung der Näherung (14.3):

$$\begin{aligned} -\frac{\hbar^2}{2m} \cdot \nabla_{1,2}^2 \psi(\boldsymbol{r}_1, \boldsymbol{r}_2) + V(r_1) \psi(\boldsymbol{r}_1, \boldsymbol{r}_2) + V(r_2) \psi(\boldsymbol{r}_1, \boldsymbol{r}_2) \\ = E\psi(\boldsymbol{r}_1, \boldsymbol{r}_2) \end{aligned} \tag{14.4}$$

Die Lösung dieser Gleichung gelingt durch den Produktansatz:

$$\psi(\boldsymbol{r}_1, \boldsymbol{r}_2) = \psi_1(\boldsymbol{r}_1) \psi_2(\boldsymbol{r}_2) \tag{14.5}$$

Einschub:
Da es zunächst vielleicht unklar erscheinen mag, dass das *Modell unabhängiger Teilchen* mit dem Ansatz (14.5) einer **Produktwellenfunktion** identisch ist, folgt hier eine hoffentlich allgemein verständliche Erklärung:
Wahrscheinlichkeiten für unabhängige Einzelergebnisse und **Gesamtwahrscheinlichkeit** im Beispiel des Würfels:

(a) Jeder Würfel hat 6 Seiten mit Zahlen 1–6. Bei einem "guten" Würfel, und nur solche sollen betrachtet werden, ist die Wahrscheinlichkeit, mit einem Wurf eine der Zahlen 1–6 zu würfeln, gleich groß: $P = \frac{1}{6}$.
(b) Es werden 2 Würfel benutzt. Die Wahrscheinlichkeit, mit Würfel 1 eine "6" zu würfeln, ist $P_1 = \frac{1}{6}$, ebenso die Wahrscheinlichkeit, mit Würfel 2 eine "6" zu würfeln, $P_2 = \frac{1}{6}$. Bei gleichzeitigem Würfeln seien P_1, P_2 unabhängig voneinander, d.h. es gibt keine Wechselwirkung zwischen den Würfeln. Dann ist die Wahrscheinlichkeit, mit einem Wurf zweimal die "6" zu würfeln

$$P = P_1 P_2 = \frac{1}{36}$$

Dies ist ein bekannter Satz der Wahrscheinlichkeitslehre:

Korollar 14.1 *Bei voneinander unabhängigen Ereignissen 1 und 2 ist die Gesamtwahrscheinlichkeit für das gleichzeitige Eintreffen von Ereignis 1 und 2 gleich dem Produkt der Einzelwahrscheinlichkeiten:* $P = P_1 P_2$.

Anwendung auf das Helium-Atom im Modell unabhängiger Teilchen: Wellenfunktionen sind als Wahrscheinlichkeitsamplituden definiert:

$$\psi^*(\boldsymbol{r}_1, \boldsymbol{r}_2)\psi(\boldsymbol{r}_1, \boldsymbol{r}_2) = \frac{\mathrm{d}P}{\mathrm{d}V}(\boldsymbol{r}_1, \boldsymbol{r}_2)$$

Dies ist die Wahrscheinlichkeitsdichte dafür, dass sich das Elektron 1 am Ort $\boldsymbol{r}_1$ und gleichzeitig das Elektron 2 am Ort $\boldsymbol{r}_2$ aufhält. $\mathrm{d}P_1/\mathrm{d}V(\boldsymbol{r}_1)$ sei die Wahrscheinlichkeitsdichte dafür, das Elektron 1 am Ort $\boldsymbol{r}_1$ und das Elektron 2 irgendwo anzutreffen.
$\mathrm{d}P_2/\mathrm{d}V(\boldsymbol{r}_2)$ sei die Wahrscheinlichkeitsdichte dafür, das Elektron 2 am Ort $\boldsymbol{r}_2$ und das Elektron 1 irgendwo anzutreffen.
Das *Modell unabhängiger Teilchen* setzt voraus, dass

$$\frac{\mathrm{d}P_1}{\mathrm{d}V}(\boldsymbol{r}_1) \quad \text{und} \quad \frac{\mathrm{d}P_2}{\mathrm{d}V}(\boldsymbol{r}_2)$$

unabhängig voneinander sind. Dann muss gelten:

$$\frac{\mathrm{d}P}{\mathrm{d}V}(\boldsymbol{r}_1, \boldsymbol{r}_2) = \frac{\mathrm{d}P_1}{\mathrm{d}V}(\boldsymbol{r}_1)\frac{\mathrm{d}P_2}{\mathrm{d}V}(\boldsymbol{r}_2)$$

Die Wahrscheinlichkeitsdichte $\mathrm{d}P_1/\mathrm{d}V(\boldsymbol{r}_1)$ können wir durch eine nur vom Teilchen 1 abhängige Wellenfunktion $\psi_1(\boldsymbol{r}_1)$, $\mathrm{d}P_2/\mathrm{d}V(\boldsymbol{r}_2)$ durch eine Wellenfunktion $\psi_2(\boldsymbol{r}_2)$ beschreiben und erhalten entsprechend:

$$\psi^*(\boldsymbol{r}_1, \boldsymbol{r}_2)\psi(\boldsymbol{r}_1, \boldsymbol{r}_2) = \psi_1^*(\boldsymbol{r}_1)\psi_1(\boldsymbol{r}_1)\psi_2^*(\boldsymbol{r}_2)\psi_2(\boldsymbol{r}_2)$$

woraus unmittelbar der Ansatz (14.5) folgt. *Mathematisch verfahren wir nun folgendermaßen:*
Mit dem Ansatz Gl. (14.5) läßt sich die SCHRÖDINGER-Gleichung (14.4) in zwei voneinander unabhängige Gleichungen separieren. Mit (14.5) wird aus (14.4):

$$\left[-\frac{\hbar^2}{2m}\cdot\nabla_1^2\psi_1(\boldsymbol{r}_1)\right]\psi_2(\boldsymbol{r}_2)+\left[-\frac{\hbar^2}{2m}\cdot\nabla_2^2\psi_2(\boldsymbol{r}_2)\right]\psi_1(\boldsymbol{r}_1)$$

$$+V(r_1)\psi_1(\boldsymbol{r}_1)\psi_2(\boldsymbol{r}_2)+V(r_2)\psi_1(\boldsymbol{r}_1)\psi_2(\boldsymbol{r}_2)=E\psi_1(\boldsymbol{r}_1)\psi_2(\boldsymbol{r}_2)$$

Division durch $\psi_1(\boldsymbol{r}_1)\psi_2(\boldsymbol{r}_2)$ ergibt:

$$\underbrace{\frac{-\frac{\hbar^2}{2m}\cdot\nabla_1^2\psi_1(r_1)}{\psi_1(\boldsymbol{r}_1)}+V(r_1)}_{\text{nur von Teilchen 1 abh.}}+\underbrace{\frac{-\frac{\hbar^2}{2m}\cdot\nabla_2^2\psi_2(\boldsymbol{r}_2)}{\psi_2(\boldsymbol{r}_2)}+V(r_2)}_{\text{nur von Teilchen 2 abh.}}=E$$

Da die Gleichung für alle $\boldsymbol{r}_1, \boldsymbol{r}_2$ erfüllt sein muss, läßt sich dies nur erreichen, wenn die folgenden beiden Gleichungen erfüllt sind:

$$\boxed{\begin{aligned}-\frac{\hbar^2}{2m}\cdot\nabla_1^2\psi_1(\boldsymbol{r}_1)+V(r_1)\psi_1(\boldsymbol{r}_1)&=E_1\psi_1(\boldsymbol{r}_1)\\-\frac{\hbar^2}{2m}\cdot\nabla_2^2\psi_2(\boldsymbol{r}_2)+V(r_2)\psi_2(\boldsymbol{r}_2)&=E_2\psi_2(\boldsymbol{r}_2)\end{aligned}}\tag{14.6}$$

und die **Gesamtenergie** $E = E_1 + E_2$ ist.
Jede der beiden Gleichungen (14.6) ist identisch mit der SCHRÖDINGER-Gleichung für das H-Atom. Einziger Unterschied ist, die Kernladung in $V(r_1), V(r_2) = +2e =$ Ladung des He-Kerns zu setzen. Entsprechend sind $\psi_1(\boldsymbol{r}_1), \psi_2(\boldsymbol{r}_2)$ identisch mit den H-Atom-Wellenfunktionen für $Z = 2$. E_1 und E_2 sind die entsprechenden Energieeigenwerte, so dass man schließlich für die Energiezustände des Helium-Atoms ohne Feinstruktur erhält:

$$\boxed{E_{n_1,n_2}=E_{n_1}+E_{n_2}=-13.6\text{ eV}\cdot 4\left(\frac{1}{n_1^2}+\frac{1}{n_2^2}\right)}\tag{14.7}$$

mit $n_1, n_2 = 1, 2, 3$ usw. und $Z^2 = 4$ für Helium.
n_1, n_2 sind die vom H-Atom her bekannten Hauptquantenzahlen. Für den Grundzustand des Helium-Atoms ($n_1 = 1, n_2 = 1$) erhält man nach (14.7): $E_{\text{He,gs}} = -108.8$ eV im Gegensatz zum experimentell bestimmten Wert von $E_{\text{He,gs}} = -78.98$ eV. Die hier benutzte krasse Näherung des Modells unabhängiger Teilchen scheint also doch nicht ausreichend zu sein. Ein befriedigendes Ergebnis kann durch eine im nächsten Abschnitt zu besprechende, relativ einfache Korrektur erzielt werden.

14.2 Zentralfeld-Näherung, Abschirmung des Kernpotentials durch die Elektronenhülle

Bisher wurde die Wechselwirkung zwischen den Elektronen vernachlässigt. Dies war offenbar eine zu grobe Näherung. Im Mittel wird die Anziehungskraft durch den Kern durch die Abstoßungskraft des jeweils anderen Elektrons reduziert, ein Effekt, der sicherlich beim He-Atom wie bei allen Mehr-Elektronen-Systemen ($Z \geq 2$) berücksichtigt werden (siehe folgende Skizze) muss.

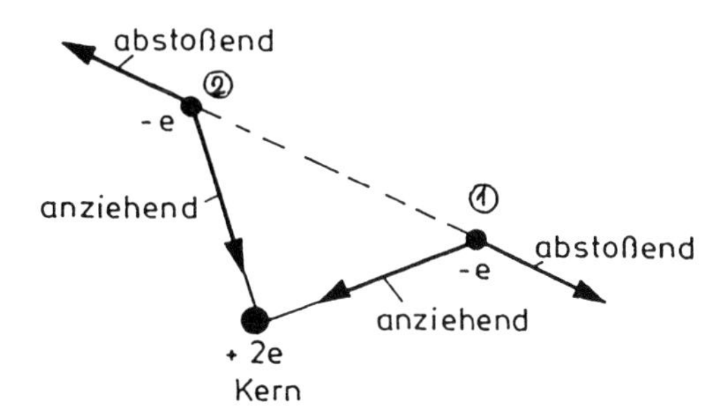

Im Fall des He-Atoms kann man in einfachster Näherung versuchen, die Reduktion des Kern-Coulomb-Feldes durch folgenden Ansatz zu berücksichtigen: Elektron 1 wird im Feld der vollen Kernladung ($Z_{\text{eff},1} = 2e$), Elektron 2 im Feld der durch Elektron 1 abgeschirmten Kernladung ($Z_{\text{eff},2} = 1e$) betrachtet. Es wird also nach wie vor davon ausgegangen, dass die effektiven Wechselwirkungskräfte Zentralkräfte sind. Für die Grundzustandsenergie des He-Atoms erhält man mit

$$V(r_1) = -\frac{Z_{\text{eff},1}e^2}{4\pi\varepsilon_0 \cdot r_1}; \qquad Z_{\text{eff},1} = 2$$

$$\text{und} \qquad V(r_2) = -\frac{Z_{\text{eff},2}e^2}{4\pi\varepsilon_0 r_2} \qquad Z_{\text{eff},2} = 1$$

$$E_{\text{He,gs}} = -13.6\ \text{eV} \cdot \left[\frac{Z_{\text{eff},1}^2}{n_1^2} + \frac{Z_{\text{eff},2}^2}{n_2^2}\right]$$

$$= -68\ \text{eV} \quad \text{für} \quad n_1 = 1; n_2 = 1 \quad \text{(Grundzustand)}$$

ein Ergebnis, das wesentlich besser mit dem experimentellen Wert (–79 eV) übereinstimmt, als das zuvor angegebene.

Das tatsächliche Vorgehen ist noch etwas anders und läßt sich auch quantenmechanisch besser begründen als die o.g. primitive Näherung. Man behält den grundsätzlichen Ansatz bei, der darin besteht, die Wechselwirkung der Elektronen untereinander pauschal durch eine teilweise Abschirmung des Kernpotentials zu beschreiben. Das effektive Feld, in dem sich die Elektronen bewegen, wird nach wie vor als Zentralkraftfeld beschrieben. Daher der Name **Zentralfeld-Näherung**. Der Abschirmungseffekt wird auf folgende Weise berücksichtig (siehe Bild 14.1).

Die Ladungsdichte der Atomhülle werde durch $\varrho(r)$ beschrieben. Für die potentielle Energie eines Elektrons im Abstand r vom Kern ist dann nur eine effektive Kernladung $Z_{\text{eff}}(r)e$ maßgeblich mit

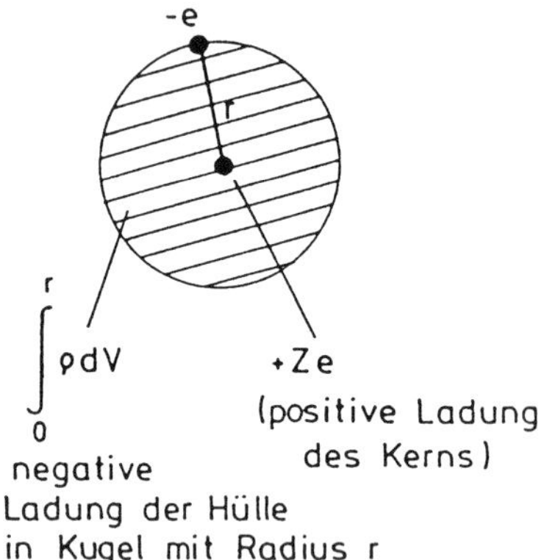

Abb. 14.1. Zur Abschirmung des Kern-Coulombfeldes

$$\boxed{\begin{aligned} Z_{\text{eff}}(r)e &= +Ze + \int_0^r \varrho \cdot \mathrm{d}V \\ V_{\text{eff}}(r) &= -\frac{Z_{\text{eff}}(r)e^2}{4\pi\varepsilon_0 r} \end{aligned}} \tag{14.8}$$

Wesentliche Eigenschaften des effektiven Potentials kann man sich sehr leicht klarmachen: Für sehr kleine Abstände r ist

$$\int_0^r \varrho \cdot \mathrm{d}V \to 0$$

so dass man das unabgeschirmte Kernpotential $-(Ze^2)/(4\pi\varepsilon_0 r)$ erhält. Für $r \to \infty$ (Abstände $\geq$ Atomradius) ist

$$\int_0^r \varrho \cdot \mathrm{d}V = -(Z-1)e$$

Das betrachtete Elektron befindet sich bei r, alle anderen Elektronen näherungsweise innerhalb der Kugel mit Radius r, so dass man als potentielle Energie $-e^2/(4\pi\varepsilon_0 r)$ erhält. Das Atom, und hier im Beispiel das He-Atom, wird nach wie vor im *Modell unabhängiger Teilchen* beschrieben. Die Gesamtwellenfunktion läßt sich also als Produkt der Wellenfunktion von Elektron 1 und Elektron 2 schreiben:

$$\psi_{\text{ges}} = \psi_1(\boldsymbol{r}_1)\psi_2(\boldsymbol{r}_2)$$

Die Wellenfunktionen ψ_1 und ψ_2 („**Einteilchen-Wellenfunktionen**") sind Lösungen der SCHRÖDINGER-Gleichung, wobei das reine COULOMB-Potential durch das effektive Potential $V_{\text{eff}}(r)$ (siehe Bild 14.2) ersetzt werden muss. Die Einteilchen-Wellenfunktionen $\psi_i (i = 1, 2)$ lassen sich wieder genauso separieren wie im Fall des H-Atoms:

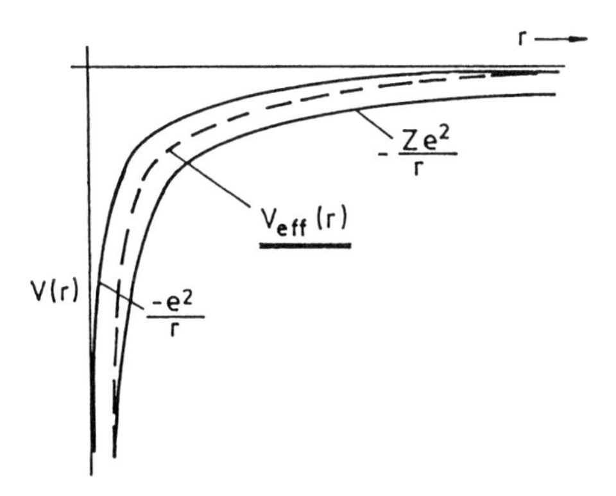

Abb. 14.2. Radialer Potentialverlauf

$$\psi_i = R_{n_i\ell_i}(r)Y_{\ell_i m_i}(\vartheta, \varphi)$$

Der winkelabhängige Teil wird wieder durch die Kugelflächenfunktionen beschrieben (Zentralpotential!). Die radialen Wellenfunktionen $R_{n_i\ell_i}(r)$ sind aber **nicht** identisch mit den H-Atom-Wellenfunktionen, da das Potential nicht mehr ein reines COULOMB-Potential ist. Ohne detaillierte Beschreibung sei hier noch angeführt, dass zur Berechnung von $V_{\text{eff}}(r)$ ja die Kenntnis der Ladungsdichtefunktion $\varrho(r)$ benötigt wird. Diese ergibt sich aber erst aus der Wellenfunktion. Ladungsdichte $\varrho(r)$ bzw. effektives Potential $V_{\text{eff}}(r)$ und Wellenfunktion sind also nur gemeinsam in einem Iterationsverfahren zu bestimmen. Hierbei geht man etwa von einer plausiblen Ladungsdichte $\varrho_0(r)$ aus, berechnet aus der SCHRÖDINGER-Gleichung die Wellenfunktion, hiermit wiederum eine verbesserte Näherung für die Ladungsdichte $\varrho_1(r)$ bzw. für das effektive Potential, damit dann eine zweite Näherung für die Wellenfunktion etc. Man führt das Verfahren solange fort, bis sich keine Veränderungen mehr für Ladungsdichte bzw. effektives Potential und Wellenfunktion ergeben. Das auf diese Weise erhaltene Potential heißt **selbstkonsistent**. Das Verfahren nennt man **Hartree-Verfahren**. Die auf diese Weise erhaltene Grundzustandsenergie für das Helium-Atom ist näherungsweise:

$$\boxed{E_{\text{He,gs}} = -2(Z-S)^2 \cdot 13.6 \text{ eV}} \quad \text{mit } Z = 2 \text{ und } S = 0.32 \tag{14.9}$$

Die Gleichung ist hier speziell für das He-Atom angegeben, kann aber entsprechend verallgemeinert werden. S heißt **Abschirmfaktor**. Mit $S = 0.32$ erhält man $E_{\text{He,gs}} = -76.7$ eV in schon recht guter Übereinstimmung mit dem experimentellen Wert (– 79 eV).

14.3 Elektronen als ununterscheidbare = identische Teilchen. Antisymmetrische und symmetrische Wellenfunktion. Austausch-Wechselwirkung

Bislang waren wir davon ausgegangen, dass für jedes als individuell betrachtete Elektron ("Elektron 1, Elektron 2") eine individuelle, eindeutig zugeordnete Wellenfunktion existiert: Elektron 1 am Ort $\boldsymbol{r}_1$, im Zustand 1: $\psi_1(\boldsymbol{r}_1)$, etc. Dies erscheint uns aus unserer Erfahrung mit makroskopischen Objekten so selbstverständlich, dass man zunächst versucht ist, dies auf quantenmechanische Phänomene kritiklos zu übertragen. Das ist jedoch nicht statthaft. In der **klassischen Physik** können wir zwei Objekte, die sich in allen für die Beschreibung des jeweiligen Vorgangs wichtigen Eigenschaften nicht unterscheiden, trotzdem individuell kennzeichnen, etwa durch eine weder die Oberflächeneigenschaften noch die Masse verschieden beeinflussende Farbe. Wir können sie daher mühelos auch auf komplizierten Bahnen mit Wechselwirkung untereinander individuell verfolgen. So sind die beiden Stoßpartner (a) und (b) in Bild 14.3 wohl voneinander zu unterscheiden.

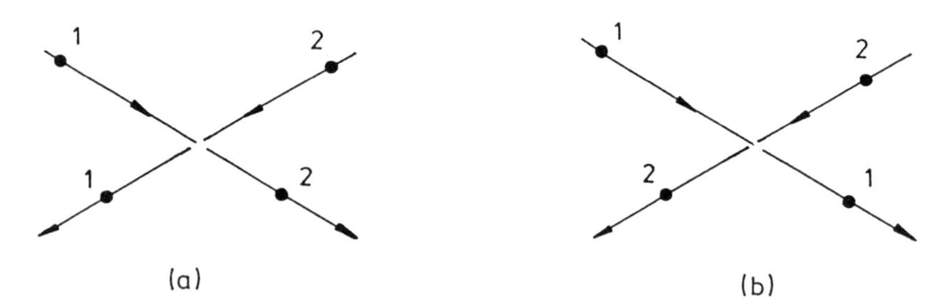

Abb. 14.3. Zur Unterscheidbarkeit von Teilchen

In der Quantenmechanik ist die entsprechende Situation für identische **mikroskopische Teilchen** grundverschieden. Die Elektronen sind durch Masse, Ladung, Spin, magnetisches Moment usw. vollständig gekennzeichnet. Es gibt keine individuelle Eigenschaft, die man einem einzelnen Elektron anheften könnte, ohne die Eigenschaften des zusammengesetzten Teilchens gegenüber dem Elektron dramatisch zu verändern. Durch Ankettung eines Protons erhält man etwa ein neutrales H-Atom mit 2000-facher Elektronenmasse und der Ladung $q = 0$. *Identische mikroskopische Teilchen* sind also tatsächlich **ununterscheidbar**. Diese Einsicht führt zu sehr weitreichenden Konsequenzen: Nach einem Stoß zwischen zwei Elektronen, wie in Bild 14.3 skizziert, kann man prinzipiell nicht mehr sagen, ob das nach rechts unten fliegende Teilchen vor dem Stoß von links oben, wie in (b) dargestellt, oder von rechts oben, wie in (a), kam. Die Situation (a) nach dem Stoß sei durch $\psi_1(1)\psi_2(2)$ dargestellt. Dann wird (b) beschrieben durch $\psi_1(2)\psi_2(1)$, d.h.

durch dieselbe Wellenfunktion, bei der aber Elektron 1 und 2 ausgetauscht sind. Die hier dargestellte Konsequenz aus der Ununterscheidbarkeit der Elektronen muss auf das He-Atom, entsprechend für alle Mehr-Elektronen-Atome, angewendet werden. $\psi_a(1)$ sei eine Lösung der Einteilchen-SCHRÖDINGER-Gleichung (14.6), in der $V(r)$ durch $V_{\text{eff}}(r)$ entsprechend Abschnitt 14.2 ersetzt wurde, für das bisher als Teilchen 1 bezeichnete Elektron mit willkürlicher Indizierung der Koordinaten entsprechend $\psi_b(2)$. Die Indizes a, b mögen einen bestimmten Eigenzustand kennzeichnen, der zu den Quantenzahlen n_a, ℓ_a, m_a **und** n_b, ℓ_b, m_b gegeben ist. Die Gesamtwellenfunktion des He-Atoms ist dann in diesem Zustand nach dem Produktansatz Gl. (14.5):

$$\widetilde{\psi}_{\text{ges}} = \psi_a(1)\psi_b(2)$$

Diese Lösung müssen wir nun modifizieren. Zwar ist $\widetilde{\psi}_{\text{ges}}$ eine mathematische Lösung der SCHRÖDINGER-Gleichung, sie ist aber *keine physikalisch sinnvolle Lösung*. Bei einer solchen muss die *Wahrscheinlichkeitsdichte invariant gegenüber Teilchenaustausch* sein. Dieser führt auf

$$\widetilde{\widetilde{\psi}}_{\text{ges}} = \psi_a(2)\psi_b(1)$$

Dann aber ist

$$\widetilde{\psi}^*_{\text{ges}}\widetilde{\psi}_{\text{ges}} \neq \widetilde{\widetilde{\psi}^*}_{\text{ges}}\widetilde{\widetilde{\psi}}_{\text{ges}}$$

Mit den beiden den Zustand a, b kennzeichnenden Lösungen $\widetilde{\psi}_{\text{ges}}, \widetilde{\widetilde{\psi}}_{\text{ges}}$ ist aber auch jede Linearkombination Lösung der SCHRÖDINGER-Gleichung. Unter allen möglichen Linearkombinationen haben nur die beiden folgenden die geforderte Invarianzeigenschaft:

$$\boxed{\begin{aligned} \psi_{\text{symm.}} &= \psi_a(1)\psi_b(2) + \psi_a(2)\psi_b(1) \\ \psi_{\text{antisymm.}} &= \psi_a(1)\psi_b(2) - \psi_a(2)\psi_b(1) \end{aligned}} \tag{14.10}$$

Man rechnet dies sofort nach:

$$\begin{aligned} \psi^*_{\text{symm.}}(1,2)\psi_{\text{symm.}}(1,2) &= \left\{\psi^*_a(1)\psi^*_b(2) + \psi^*_a(2)\psi^*_b(1)\right\} \times \\ &\quad \left\{\psi_a(1)\psi_b(2) + \psi_a(2)\psi_b(1)\right\} \\ &= \left\{\psi^*_a(2)\psi^*_b(1) + \psi^*_a(1)\psi^*_b(2)\right\} \times \\ &\quad \left\{\psi_a(2)\psi_b(1) + \psi_a(1)\psi_b(2)\right\} \\ &= \psi^*_{\text{symm.}}(2,1)\psi_{\text{symm.}}(2,1) \end{aligned}$$

Entsprechendes folgt für $\psi_{\text{antisymm.}}$.
Die beiden in Gl. (14.10) genannten, physikalisch sinnvollen Lösungen heißen symmetrische und antisymmetrische Lösung, da sie gegenüber Elektronenaustausch symmetrisch bzw. antisymmetrisch sind:

$$\boxed{\begin{aligned}\psi_{\text{symm.}}(1,2) &= \psi_{\text{symm.}}(2,1)\\ \psi_{\text{antisymm.}}(1,2) &= -\psi_{\text{antisymm.}}(2,1)\end{aligned}} \tag{14.11}$$

$|\psi_{\text{ges}}|^2$ ist dagegen in beiden Fällen symmetrisch, d.h. invariant gegenüber Elektronenaustausch, wie gefordert. Gl. (14.10) läßt sich symbolisch auch folgendermaßen darstellen: Jeder Zustand a, b ist charakterisiert durch die Quantenzahlen $n_a, \ell_a, m_a, \ldots$ und $n_b, \ell_b, m_b, \ldots$ Ein solcher mit a, b bezeichneter Zustand kann nur bedeuten:

ein Elektron (1 oder 2) in $a : n_a, \ell_a, m_a, \ldots$
anderes Elektron (2 oder 1) in $b : n_b, \ell_b, m_b, \ldots$

also in graphischer Darstellung:

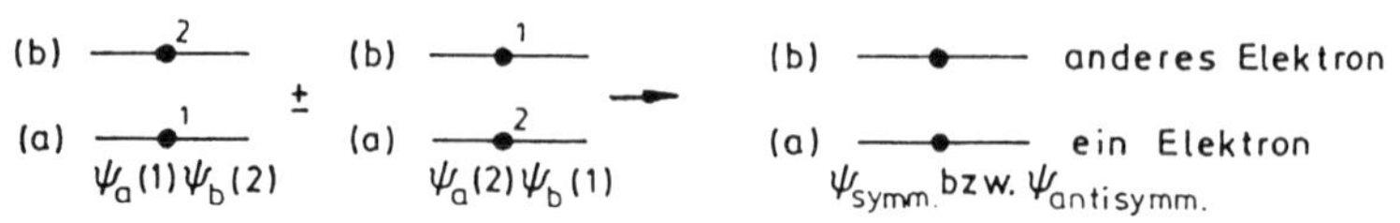

(b) 2 (a) 1 $\psi_a(1)\psi_b(2)$ $\pm$ (b) 1 (a) 2 $\psi_a(2)\psi_b(1)$ → (b) anderes Elektron (a) ein Elektron $\psi_{\text{symm.}}$ bzw. $\psi_{\text{antisymm.}}$

Konsequenzen für die Energiezustände des He-Atoms: Zu jedem Paar von Einteilchenzuständen a, b gibt es zwei verschiedene Wellenfunktionen mit entsprechend verschiedenen Energieeigenwerten. Hieraus folgt:

Korollar 14.2 *Das Helium-Atom hat zwei verschiedene Sätze von Wellenfunktionen und zugehörigen Energieeigenwerte der stationären Zustände.*

Es sei betont, dass dies als ausschließlich quantenmechanischer Effekt aufgrund der Ununterscheidbarkeit der Teilchen verstanden werden muss.

Wir wollen nun kurz plausibel machen, dass für ein bestimmtes Paar von Einteilchenzuständen a, b die symmetrische bzw. antisymmetrische Lösung zu verschiedenen Energieeigenwerten gehören:
Die Wahrscheinlichkeit dafür, die beiden Elektronen am selben Ort anzutreffen, ist für die beiden möglichen Fälle (symmetrisch: ψ_S und antisymmetrisch: ψ_A) sehr unterschiedlich:
Aus

$$\psi_S(\boldsymbol{r}_1 = \boldsymbol{r}_2 = \boldsymbol{r}) = \psi_a(\boldsymbol{r})\psi_b(\boldsymbol{r}) + \psi_a(\boldsymbol{r})\psi_b(\boldsymbol{r}) = 2\psi_a(\boldsymbol{r})\psi_b(\boldsymbol{r})$$

folgt

$$|\psi_S(\boldsymbol{r}_1 = \boldsymbol{r}_2 = \boldsymbol{r})|^2 = 4|\psi_a(\boldsymbol{r})|^2|\psi_b(\boldsymbol{r})|^2$$

Aus

$$\psi_A(\boldsymbol{r}_1 = \boldsymbol{r}_2 = \boldsymbol{r}) = \psi_a(\boldsymbol{r})\psi_b(\boldsymbol{r}) - \psi_a(\boldsymbol{r})\psi_b(\boldsymbol{r}) = 0$$

folgt

$$|\psi_A(\boldsymbol{r}_1 = \boldsymbol{r}_2 = \boldsymbol{r})|^2 = 0$$

Im Fall der antisymmetrischen Wellenfunktion ist die Wahrscheinlichkeit dafür, dass sich die beiden Elektronen sehr nahekommen, offenbar sehr gering. Daher wird die abstoßende Wechselwirkung der beiden Elektronen untereinander keine so große Rolle spielen. Der antisymmetrische Zustand ist relativ fest gebunden.

Für die symmetrische Wellenfunktion gilt dies nicht. Die Aufenthaltswahrscheinlichkeit der beiden Elektronen am selben Ort ist ungleich Null. Daher erhält man einen größeren Effekt durch die gegenseitige Abstoßung der beiden Elektronen, der Zustand ist schwächer gebunden (siehe folgende Skizze).

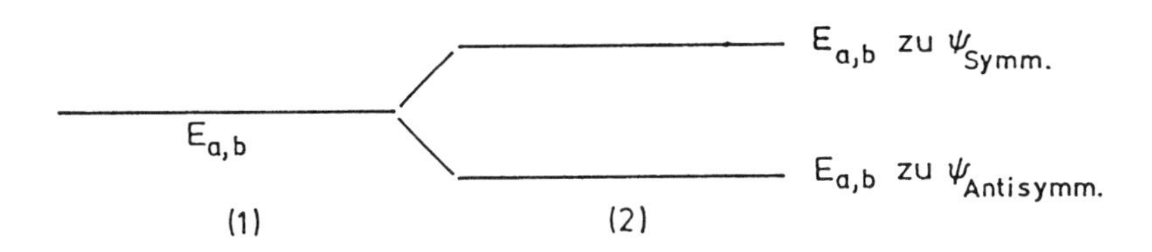

14.4 Berücksichtigung des Elektronenspins. Ortswellenfunktion, Spinwellenfunktion und Gesamtwellenfunktion. Antisymmetrie der Gesamtwellenfunktion. Elektronen als Fermionen

Wir bleiben im Modell unabhängiger Teilchen, müssen aber für eine vollständige Beschreibung zusätzlich zu den bisherigen Überlegungen den Elektronenspin mitberücksichtigen. Ohne auf die quantenmechanisch korrekte Einführung der sogenannten "**Spinwellenfunktion** χ" hier näher einzugehen, erinnern wir uns zunächst daran, dass die z-Komponente des Elektronenspins nur zwei verschiedene Werte annehmen kann, nämlich $s_z = \pm\frac{1}{2}\hbar$, entsprechend $m_s = \pm\frac{1}{2}$. Wir wollen das durch die zwei voneinander verschiedenen Spinwellenfunktionen χ_+, χ_- ausdrücken:

$$\boxed{\chi_{m_s} = \begin{cases} \chi_+ \text{ für } s_z = +\frac{1}{2}\hbar \\ \chi_- \text{ für } s_z = -\frac{1}{2}\hbar \end{cases}} \tag{14.12}$$

χ_+, χ_- sind für den Gebrauch in dieser Vorlesung nur symbolische Schreibweisen. Die bisher allein betrachtete, nur von den Ortskoordinaten abhängige Wellenfunktion bezeichnet man auch als **Ortswellenfunktion**. Die vollständige Beschreibung geschieht dann durch die **Gesamtwellenfunktion**, die neben der Ortswellenfunktion auch die Spinwellenfunktion enthalten muss.

Gesamtwellenfunktion eines Ein-Elektron-Systems (H-Atom):

$$\boxed{\psi_{\text{total}} = \psi_{\text{Ort}}\chi_{m_s} = R_{n,\ell}(r)Y_{\ell,m_\ell}(\vartheta,\varphi)\chi_{m_s}} \tag{14.13}$$

Interpretation: $\psi^*_{\text{tot}}\psi_{\text{tot}}$ ist die Wahrscheinlichkeitsdichte für das Elektron am Ort $\boldsymbol{r}(r,\vartheta,\varphi)$ im Zustand n,ℓ,m_ℓ,m_s. Jeder Zustand ist durch einen vollständigen Satz n,ℓ,m_ℓ,m_s von Quantenzahlen charakterisiert.

Spinwellenfunktion des Helium-Atoms: Wie für die Ortswellenfunktion

$$\psi(\boldsymbol{r}_1,\boldsymbol{r}_2) = \psi_a(\boldsymbol{r}_1)\psi_b(\boldsymbol{r}_2)$$

gilt auch für die Spinwellenfunktion ein Produktansatz:

$$\chi(1,2) = \chi_a(1)\chi_b(2)$$

Da es für $\chi_{a,b}$ jeweils nur die beiden Möglichkeiten $\chi_+(s_z = +\frac{1}{2}\hbar)$ bzw. $\chi_-(s_z = -\frac{1}{2}\hbar)$ gibt, existieren nur folgende Kombinationen, die genauso wie bei der Ortswellenfunktion die zu fordernde Invarianzbedingung

$$|\chi(1,2)|^2 = |\chi(2,1)|^2$$

gegenüber Elektronenaustausch erfüllen. Es sind dies:

$$\begin{array}{lll} \chi_+(1)\chi_+(2) & \uparrow\uparrow\ s_z = 1\hbar & \text{symm.} \\ \chi_-(1)\chi_-(2) & \downarrow\downarrow\ s_z = -1\hbar & \text{symm.} \\ \chi_+(1)\chi_-(2) + \chi_+(2)\chi_-(1) & \uparrow\downarrow\ s_z = 0 & \text{symm.} \\ \chi_+(1)\chi_-(2) - \chi_+(2)\chi_-(1) & \uparrow\downarrow\ s_z = 0 & \text{antisymm.} \end{array} \tag{14.14}$$

($\uparrow\downarrow$: Einzelelektronenspins, s_z: Gesamtspin)

Es gibt also drei *symmetrische Kombinationen* mit: $S = 1, m_s = +1, 0, -1$ und eine *antisymmetrische Kombination* mit $S = 0, m_s = 0$.

Zusammenfassung: Die Gesamtwellenfunktion ψ_{tot} kann als Produkt der reinen Ortswellenfunktion und der Spinwellenfunktion geschrieben werden, vgl. (14.13):

$$\boxed{\psi_{\text{tot}} = \psi_{\text{Ort}}\chi} \tag{14.15}$$

Dabei sind für ψ_{Ort} die symmetrischen und antisymmetrischen Funktionen Gl. (14.10) möglich, für χ die symmetrischen und antisymmetrischen Funktionen Gl. (14.14). ψ_{total} muss der Bedingung für identische Teilchen genügen:

$$\boxed{|\psi_{\text{tot}}(1,2)|^2 = |\psi_{\text{tot}}(2,1)|^2} \tag{14.16}$$

Unter dieser Bedingung gibt es nun die folgenden Kombinationen für die Gesamtwellenfunktion:

$$\boxed{\begin{aligned} \psi_{\text{Ort,symm}}\chi_{\text{symm}} &= \psi_{\text{tot,symm}} \\ \psi_{\text{Ort,antisymm}}\chi_{\text{antisymm}} &= \psi_{\text{tot,symm}} \\ \psi_{\text{Ort,symm}}\chi_{\text{antisymm}} &= \psi_{\text{tot,antisymm}} \\ \psi_{\text{Ort,antisymm}}\chi_{\text{symm}} &= \psi_{\text{tot,antisymm}} \end{aligned}} \tag{14.17}$$

Bei den Kombinationen mit antisymmetrischer Spinwellenfunktion mit Gesamtspin $S = 0$ gibt es jeweils nur eine, bei denen mit symmetrischer Spinwellenfunktion mit Gesamtspin $S = 1$ gibt es jeweils drei verschiedene Kombinationen, vgl. Gl. (14.14).
Die in Gl. (14.17) zusammengefassten Kombinationsmöglichkeiten für die Gesamtwellenfunktion – hier am Beispiel des He-Atoms dargestellt, entsprechendes gilt auch für Atome mit $Z > 2$ – waren ausschließlich unter der Bedingung konstruiert, die sich als *Konsequenz der Ununterscheidbarkeit der Elektronen* ergab. Wir sehen, dass unter dieser Bedingung die Gesamtwellenfunktion nur symmetrisch oder antisymmetrisch sein kann. Andere Möglichkeiten existieren nicht. Es gilt aber, das können wir widerspruchsfrei aus allen bekannten experimentellen Daten ableiten, ein weitaus schärferer, überaus bedeutsamer Satz:

Korollar 14.3 *In der Natur kommen nur solche Teilchen vor, bei denen die Gesamtwellenfunktion entweder immer symmetrisch oder immer antisymmetrisch ist.* *(14.18)*

Das schränkt die in (14.17) skizzierten Möglichkeiten auf die Hälfte ein! **Definition**:

Korollar 14.4 *Teilchen mit antisymmetrischer Gesamtwellenfunktion heißen* **Fermionen**. *Teilchen mit symmetrischer Gesamtwellenfunktion heißen* **Bosonen**. *(14.19)*

Beispiel für Fermionen:

$$\begin{array}{ll} \text{Elektronen} & S = \frac{1}{2} \\ \text{Protonen} & S = \frac{1}{2} \\ \text{Neutronen} & S = \frac{1}{2} \end{array}$$

Beispiel für Bosonen:

$$\begin{array}{ll} \text{Photonen} & S = 1 \\ \text{Mesonen} & S = 0 \end{array}$$

Atome sind Fermionen-Systeme, die Gesamtwellenfunktion ist also stets antisymmetrisch.

14.5 Das Niveauschema des He-Atoms

Ausgehend von Abschnitt 14.4 betrachten wir jetzt die Konsequenzen der *antisymmetrischen Gesamtwellenfunktion* im Beispiel des He-Atoms. Nach (14.17) und (14.14) gibt es zwei wesentlich verschiedene Sätze von Zuständen:

$$\begin{aligned} S = 0: \quad \psi_{\text{Singulett}} &= \text{symm.} && \times \text{ antisymm.} \\ & \quad\ \text{Ortswellenfkt.} && \quad \text{Spinwellenfkt.} \\[1em] S = 1\hbar: \quad \psi_{\text{Triplett}} &= \text{antisymm.} && \times \text{ symm.} \\ & \quad\ \text{Ortswellenfkt.} && \quad \text{Spinwellenfkt.} \end{aligned} \tag{14.20}$$

Es gibt zu den gleichen Einteilchenquantenzahlen $n_1, \ell_1, m_{\ell_1}; n_2, \ell_2, m_{\ell_2}$ jeweils *einen Singulett-Zustand* – die Elektronenspins koppeln zum Gesamtspin $S = 0$ – und *drei Triplett-Zustände* – die Elektronenspins koppeln zum Gesamtspin $S = 1\hbar$ mit $m_s = +1, 0, -1$. Für die Energieeigenwerte ist allein der Radialteil der Ortswellenfunktion maßgeblich. Wir erinnern an die vorangegangene Diskussion. Bei sonst gleichen Quantenzahlen für den Singulett- und Triplett-Zustand erhält man eine stärkere Bindung für den Fall der antisymmetrischen Ortswellenfunktion. Die Triplett-Zustände sind also stärker gebunden als der entsprechende Singulett-Zustand:

$$\boxed{E_{\text{Triplett}} < E_{\text{Singulett}}} \tag{14.21}$$

Man beachte aber: Der tiefste energetisch mögliche Zustand ist sicher durch die Einteilchenquantenzahlen $n_1 = n_2 = 1 \rightarrow \ell_1 = \ell_2 = 0 \rightarrow m_{\ell_1} = m_{\ell_2} = 0$ (vgl. H-Atom) gekennzeichnet, d.h. die beiden Elektronen müssen im selben Einteilchenzustand sitzen: $a = b$. Dann ist – siehe Gl. (14.10) – $\psi_{\text{Ort,antisym}} = 0$. Der Grundzustand des He-Atoms hat daher eine symmetrische Ortswellenfunktion, also eine antisymmetrische Spinwellenfunktion; es handelt sich um einen **Singulett-Zustand** ($S = 0$). Diese wenigen Erläuterungen mögen genügen, um das Niveauschema des He-Atoms ansatzweise verständlich zu machen siehe Bild 14.4. Es sind nur diejenigen Energieniveaus eingezeichnet, bei denen das eine Elektron im Einteilchengrundzustand $n = 1, \ell = 0, m_\ell = 0$ sitzt und das andere entsprechend angeregt ist. Doppelanregungen sind weggelassen. Übergänge zwischen Triplett- und Singulett-Zuständen sind sehr stark unterdrückt, da sie nur bei Spinumorientierung (Spinflip) möglich sind. Daher spricht man von zwei verschiedenen Klassen des Heliums: **Para-Helium** (Singulett-Zustände) und **Ortho-Helium** (Triplett-Zustände).
Und wie läßt sich nun die Gesamtbindungsenergie des Grundzustandes aus diesem Bild ablesen? Der experimentell ermittelte, sehr genau bekannte Wert ist ja $E_{\text{He,gs}} = -78.98$ eV. Aus Bild 14.4 erhalten wir für die Bindungsenergie des einen Elektrons im Grundzustand: $E_1 = -24.8$ eV. Nachdem dieses eine Elektron abgetrennt ist, liegt aber kein 2-Elektronen-System mehr vor, sondern ein He-Ion ($Z = 2$) mit einem Elektron in der Hülle. Die Bindungsenergie hierfür ist $E_2 = -Z^2 \cdot 13.56 = -54.2$ eV, so dass man insgesamt $E_{\text{gs}} = E_1 + E_2 = -79$ eV erhält in exzellenter Übereinstimmung mit dem experimentellen Wert.

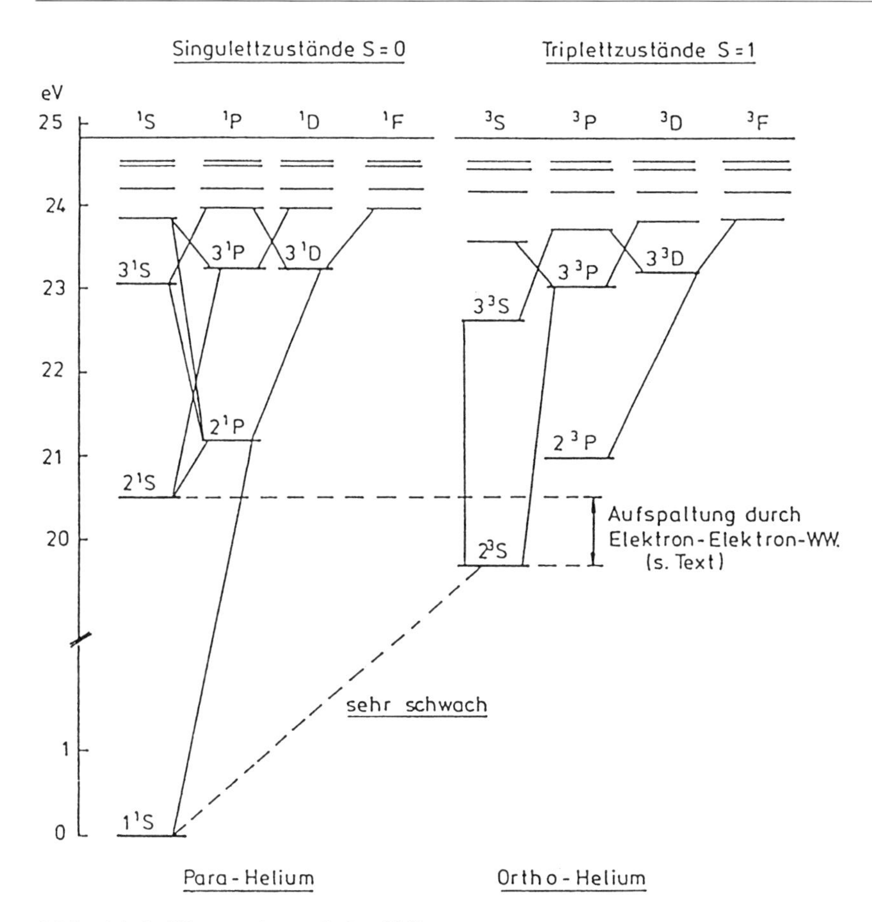

Abb. 14.4. Niveauschema beim Helium

14.6 Pauli-Prinzip, Grundzustände der Viel-Elektronen-Atome. Periodisches System der Elemente

Wir knüpfen wiederum an Abschnitt 14.4 an. Darin wurde folgendes ausgeführt: *Elektronen sind Fermionen, die Gesamtwellenfunktion eines Atoms ist also stets antisymmetrisch.* Im folgenden soll am Beispiel des He-Atoms ausgeführt werden, dass hieraus das für alle Fermionen-Systeme fundamentale Pauli-Prinzip folgt:
Die Gesamtwellenfunktion ist antisymmetrisch, es gibt also nur die beiden Möglichkeiten:

1. $\psi_{\text{Ort,symm}}\chi_{\text{antisymm}}$
2. $\psi_{\text{Ort,antisymm}}\chi_{\text{symm}}$

1. $\psi_{\text{total}} = \psi_{\text{Ort,symm}}\chi_{\text{antisymm}}$:

$$\psi_{\text{Ort,symm}} = \psi_a(1)\psi_b(2) + \psi_a(2)\psi_b(1)$$

$a = b$ ist möglich, da $\psi_{Ort,symm\ a=b} \neq 0$, d.h. $n_a = n_b$, $\ell_a = \ell_b$, $m_{\ell_a} = m_{\ell_b}$. Die beiden Einteilchenzustände unterscheiden sich nicht in den Quantenzahlen n, ℓ, m. Es muss aber $\psi_{\text{Ort,symm}}$ mit χ_{antisymm} verknüpft werden, d.h. $S = 0$, die beiden Elektronenspins koppeln zum Gesamtspin $= 0$, also $m_{s,1} = +\frac{1}{2} \leftrightarrow m_{s,2} = -\frac{1}{2}$. Daraus folgt $m_{s,a} \neq m_{s,b}$.

2. $\psi_{\text{total}} = \psi_{\text{Ort,antisymm}}\chi_{\text{symm}}$:

$$\psi_{\text{Ort,antisymm}} = \psi_a(1)\psi_b(2) - \psi_a(2)\psi_b(1)$$

$a = b$ ist unmöglich, da dann $\psi_{\text{Ort,antisymm}} = 0$, also stets $a \neq b$, d.h. entweder $n_a \neq n_b, \ell_a \neq \ell_b$ oder $m_{\ell,a} \neq m_{\ell,b}$. Wegen χ_{symm} ist $S = 1$, also $m_{s,a} = m_{s,b}$.

Zusammenfassung: Konsequenz der Antisymmetrie der Gesamtwellenfunktion ist, dass die beiden Einteilchenzustände nicht in allen Quantenzahlen n, ℓ, m_ℓ, m_s übereinstimmen dürfen.
Dieses Ergebnis ist zu verallgemeinern:

Pauli-Prinzip (1925).

Korollar 14.5 *In einem Atom müssen sich zwei jeweils durch ein Elektron besetzte Einteilchenzustände mindestens in einer Quantenzahl unterscheiden.*

Äquivalent hiermit ist:

Korollar 14.6 *Jeder Ein-Elektron-Zustand, der durch n, ℓ, m_ℓ, m_s charakterisiert ist, kann höchstens durch ein Elektron besetzt sein.*

(14.22)

Das PAULI-Prinzip ist vollständig äquivalent dem vorher formulierten Satz: Die Gesamtwellenfunktion von Fermionen-Systemen muss stets antisymmetrisch sein. Da die magnetische Spinquantenzahl m_s nur zwei Werte annehmen kann ($m_s = \pm\frac{1}{2}$), können wir gleichzeitig mit (14.22) formulieren:

Korollar 14.7 *Jeder durch die Quantenzahlen n, ℓ, m_ℓ der Ortswellenfunktion charakterisierte Einteilchenzustand kann maximal durch 2 Elektronen besetzt sein.*

Grundzustände der Viel-Elektronen-Zustände und periodisches System

Wir fassen die bisherigen Ergebnisse zusammen:

1. Jeder Einteilchenzustand n, ℓ, m_ℓ, m_s ist maximal durch 1 Elektron besetzt ($m_s = \pm\frac{1}{2}$) (PAULI-Prinzip).
2. Die Energien der Einteilchenzustände sind hauptsächlich durch die Hauptquantenzahlen n bestimmt, vgl. H-Atom. Die Gesamtenergie ergibt sich als Summe der Einteilchenenergien, siehe Modell unabhängiger Teilchen.
3. Bei gleicher Hauptquantenzahl n (Beispiel He-Atom und Gl. (14.21)) ist

$$\begin{aligned} E_n(\psi_{\text{Ort,antisymm}}) &< E_n(\psi_{\text{Ort,symm}}) \\ E_n(\chi_{\text{symm}}) &< E_n(\chi_{\text{antisymm}}) \\ E_n(S=1) &< E_n(S=0) \end{aligned}$$

Die Verallgemeinerung hiervon ist die **Hundsche Regel**: Im Grundzustand koppeln die Elektronenspins zum maximalen Gesamtspin.

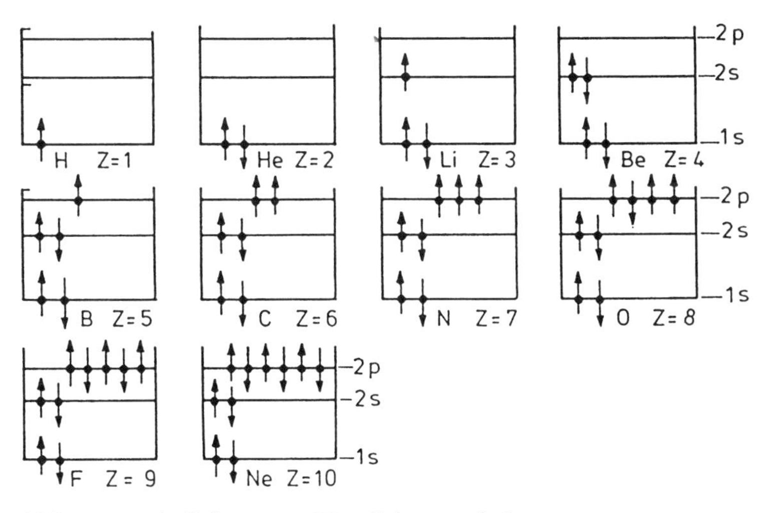

Abb. 14.5. Auffüllung von Einteilchenzuständen

Zumindest für die leichten Atome bis etwa Neon, $Z = 10$, kann man hiermit die Niveaufolge für das jeweils zuletzt eingebaute Elektron im Grundzustand verstehen. Hierbei haben wir stillschweigend vorausgesetzt (siehe 3.), dass die Elektronenspins zunächst zum Gesamtspin S, die Bahndrehimpulse zum Gesamtbahndrehimpuls L und dann L und S zum Gesamtdrehimpuls J koppeln (LS-Kopplung). Bei sehr schweren Atomen, etwa bei Pb, liegt ein ganz anderes Kopplungsschema, die sogenannte **jj-Kopplung** vor, die die Niveaufolge verändert. Hierbei koppelt der Bahndrehimpuls des einzelnen Elektrons und sein Spin zum Gesamtdrehimpuls j des einzelnen Elektrons und die j der Elektronen wiederum zum Gesamtdrehimpuls J des Atoms. Im Übergangsbereich mittelschwerer Atome gibt es schließlich die sogenannte **intermediäre Kopplung**. In jedem Fall ergibt sich aber eine Niveaufolge mit stark unterschiedlichen Abständen. Bei charakteristischen Z-Werten treten sehr große Niveauabstände zum jeweils folgenden besetzbaren Niveau auf:

$Z =$	2	10	18	36	54	86
Edelgase	He	Ne	Ar	Kr	Xe	Rn

Diese Atome mit "abgeschlossenen Schalen" sind besonders stark gebunden, was durch eine besonders hohe Ionisierungsenergie dokumentiert wird. Die Auffüllung der Einteilchenzustände in den Grundzuständen leichter Atome ist in Bild 14.5 wiedergegeben und sollte aus den vorhergegangenen Erläuterungen verständlich sein.

Teil II

Statistische Physik

1 Quantenmechanische Grundlagen

Betrachtet werde ein System aus N Teilchen, die hinsichtlich ihres physikalischen Aufbaus **identisch** sind. Sie bevölkern die s möglichen und diskret verteilten Energieniveaus

$$W_1, W_2, \cdots, W_i, \cdots, W_s$$

mit den Besetzungszahlen

$$N_1, N_2, \cdots, N_i, \cdots, N_s$$

Die Gesamtzahl der Teilchen ist dann

$$N = \sum_{i=1}^{s} N_i \tag{1.1}$$

Entsprechend ist

$$W_0 = \sum_{i=1}^{s} W_i N_i \tag{1.2}$$

die Gesamtenergie des Teilchensystems.
Die Energien W_i sind die **Eigenwerte** eines entsprechenden HAMILTON-Operators $\widehat{H}$. Die Wellenfunktionen $\varphi_n(i)$ als Lösungen der **Eigenwertgleichung**

$$\widehat{H}\varphi_n(i) = W_i \varphi_n(i)$$

heißen die **Eigenfunktionen** des HAMILTON-Operators zum Eigenwert W_i. Sie beschreiben die möglichen **Quantenzustände** der Teilchen im Energieniveau W_i. Die Anzahl g_i der voneinander unabhängigen Eigenfunktionen $\varphi_n(i)$ heißt der **Entartungsgrad** oder die **Entartung** des Energieniveaus W_i. Das Niveau selbst bezeichnet man dann als g_i-fach entartet.

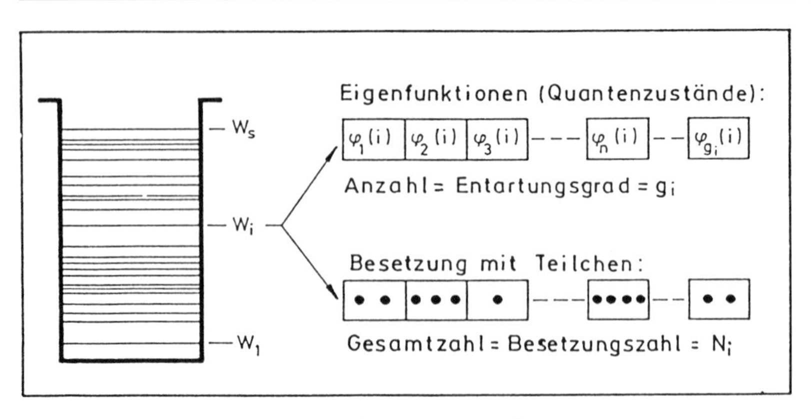

Abb. 1.1. Energieniveaus und Quantenzustände.

2 Verteilungen und Mikrozustände

Die durch eine **vorgegebene** Folge von Besetzungszahlen $N_1, \cdots, N_i, \cdots, N_s$ festgelegte Situation nennt man **eine Verteilung** des N-Teilchen-Systems. Durch Vertauschungen von Teilchen **ohne** Veränderung der Besetzungszahlen lassen sich zu jeder **Verteilung** mehrere sogenannte **Mikrozustände** gewinnen. Die für die folgenden Betrachtungen grundlegende Frage ist:
Wie groß ist die Zahl $M(N_1, \cdots, N_s)$ der Vertauschungsmöglichkeiten, wobei jede Vertauschung zu einem **geänderten** Mikrozustand führen soll?
Oder:
Wie viele Mikrozustände gibt es zu einer vorgegebenen Verteilung?
Es ist klar, dass die Antwort auf diese Frage entscheidend davon abhängen wird, ob die Teilchen **unterscheidbar** sind oder nicht und **wie viele** Teilchen jeder einzelne Quantenzustand aufnehmen kann.
Von physikalischer Bedeutung, wie noch erläutert werden wird, sind die folgenden drei Fälle:

1. Fall: Die Teilchen sind **unterscheidbar**. In jeden Quantenzustand passen **beliebig viele** Teilchen.
2. Fall: Die Teilchen sind **ununterscheidbar**. In jeden Quantenzustand passen **beliebig viele** Teilchen.
3. Fall: Die Teilchen sind **ununterscheidbar**. In jeden Quantenzustand passt nur ein **einziges** Teilchen.

Quantitative Aussagen über M liefert die Mathematik, genauer gesagt, das Spezialgebiet der **Kombinatorik**. Die zuständigen Formeln sollen hier nicht hergeleitet, sondern lediglich zitiert und an einfachen Beispielen illustriert werden. Sie lauten:

1. Fall:

$$M = N! \prod_{i=1}^{s} \frac{g_i^{N_i}}{N_i!} \tag{2.1}$$

2. Fall:

$$M = \prod_{i=1}^{s} \frac{(N_i + g_i - 1)!}{N_i!(g_i - 1)!} \tag{2.2}$$

3. Fall:

$$M = \prod_{i=1}^{s} \frac{g_i!}{N_i!(g_i - N_i)!} \tag{2.3}$$

Nun zu den **Beispielen**: Betrachtet wird ein physikalisches System mit zwei Energiezuständen oder Energieniveaus W_1 und W_2. Beide Niveaus sind jeweils zweifach entartet, d.h. es ist $g_1 = g_2 = 2$. Mit den Bezeichnungen von Bild 1.1 gehören dann zum W_1-Niveau die beiden Quantenzustände oder Eigenfunktionen $\varphi_1(1)$ und $\varphi_2(1)$ und zum W_2-Niveau die beiden Quantenzustände $\varphi_1(2)$ und $\varphi_2(2)$. Das System wird von insgesamt $N = 3$ identischen Teilchen bevölkert. Die vorgegebene Verteilung ist $N_1 = 1, N_2 = 2$. Das W_1-Niveau ist also von einem, das W_2-Niveau von zwei Teilchen besetzt. Unter diesen Voraussetzungen ergeben die Formeln (2.1), (2.2) und (2.3):

1. Fall:

$$M = N! \frac{g_1^{N_1}}{N_1!} \frac{g_2^{N_2}}{N_2!} = 3! \frac{2^1}{1!} \frac{2^2}{2!} = 6 \cdot 2 \cdot 2 = 24$$

2. Fall:

$$M = \frac{(N_1 + g_1 - 1)!}{N_1!(g_1 - 1)!} \frac{(N_2 + g_2 - 1)!}{N_2!(g_2 - 1)!} = \frac{2!}{1! \cdot 1!} \cdot \frac{3!}{2! \cdot 1!} = 2 \cdot 3 = 6$$

3. Fall:

$$M = \frac{g_1!}{N_1!(g_1 - N_1)!} \frac{g_2!}{N_2!(g_2 - N_2)!} = \frac{2!}{1! \cdot 1!} \frac{2!}{2! \cdot 0!} = 2 \cdot 1 = 2$$

Der Vergleich der Resultate für den ersten und den zweiten Fall verdeutlicht den starken Einfluss der Unterscheidbarkeit auf die Anzahl M der Mikrozustände. Welche Rolle außerdem die Einschränkung in der Besetzbarkeit der Quantenzustände spielt, zeigt der Übergang vom zweiten zum dritten Fall. In den Bildern 2.1 und 2.2 sind die sich für diese Beispiele ergebenden Mikrozustände schematisch dargestellt.

Von **Physik** war bisher noch keine Rede, allenfalls von Mathematik bzw. Kombinatorik. Natürlich muss jetzt die Frage diskutiert werden, auf welche realen physikalischen Teilchensysteme diese drei erwähnten Fälle anwendbar sind.

Generell wird vorausgesetzt, dass die Teilchen des Systems **identisch** sind, was bedeuten soll, dass sie sich unter den vorgegebenen Bedingungen und Zielsetzungen für ein Experiment oder eine Betrachtung in **physikalisch gleicher Weise** verhalten. Teilchen gleicher Masse sind, wenn man etwa nur ihren freien Fall im Schwerefeld der Erde untersuchen möchte, identisch, auch wenn sie unterschiedliche Formen oder Farben haben. Möchte man allerdings zusätzlich zum freien Fall auch noch Rotationsbewegungen der Teilchen studieren, dann sind sie nicht mehr identisch, da sie bei unterschiedlichen Formen im allgemeinen auch unterschiedliche Trägheitsmomente haben werden. Will man sie auch bezüglich Rotationen zu identischen Teilchen machen, dann muss man ihnen eine einheitliche Form und die gleiche

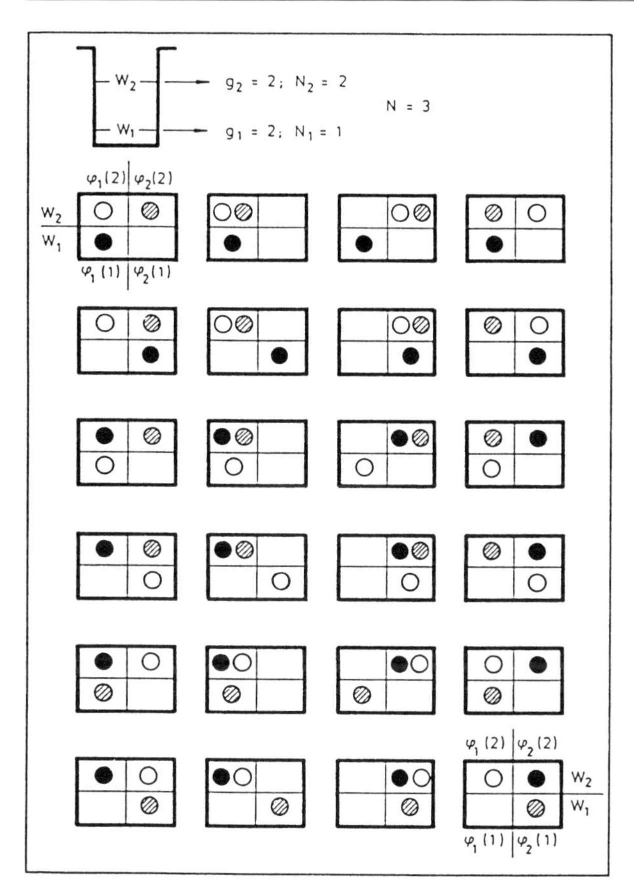

Abb. 2.1. Mikrozustände bei **unterscheidbaren** Teilchen.

interne Dichteverteilung geben. Interessiert man sich schließlich auch noch etwa für ihr optisches Reflexionsvermögen, dann müssen sie ferner dieselbe Farbe und dieselbe Oberflächenbeschaffenheit haben, wenn sie weiterhin identisch bleiben sollen, und so weiter, und so weiter... Gemeint ist: Der Begriff der Identität von Teilchen hängt eng mit der physikalischen Fragestellung zusammen, die dem geplanten Experiment unterliegt.

Nun zur **Unterscheidbarkeit**: Sicher sind **makroskopische** Teilchen stets unterscheidbar, auch wenn sie im oben erläuterten Sinne identisch sind. Man kann immer einen Weg finden, um sie durch Ziffern, Buchstaben oder sonstige Merkmale stets so zu kennzeichnen, dass diese Markierungen deren physikalisches Verhalten nicht beeinflussen. Für die Unterscheidbarkeit hat aber die **Größe** der Teilchen keine **prinzipielle** Bedeutung. Entscheidend hierfür ist vielmehr die Voraussetzung, dass sie als **klassische** Teilchen betrachtet werden können, also als solche, die den Gesetzmäßigkeiten der NEWTONschen Mechanik folgen und sich auf wohldefinierten Bahnen im

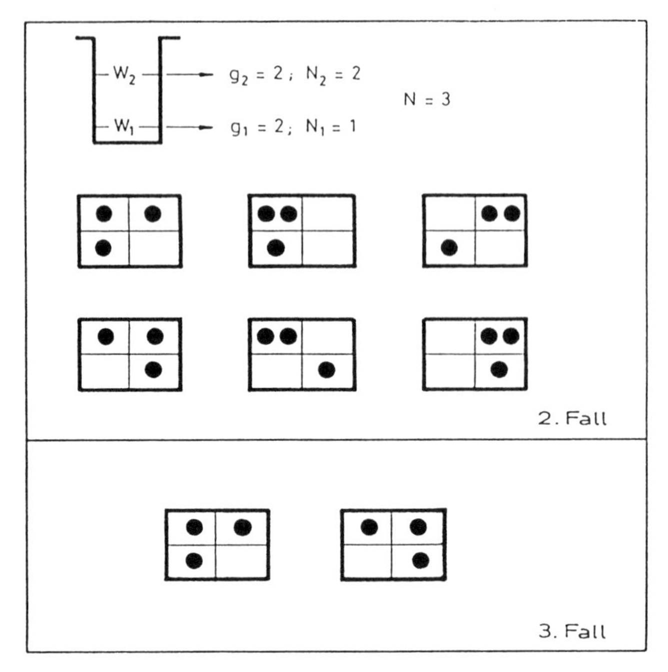

Abb. 2.2. Mikrozustände bei **ununterscheidbaren** Teilchen.

Raum bewegen, deren Verlauf durch die wirkenden Kräfte eindeutig bestimmt wird. Selbst wenn sie subatomare Dimensionen hätten, wäre es dann zumindest grundsätzlich stets möglich, sie mit Hilfe eines Supermikroskops mit beliebig hoch einstellbarer Vergrößerung "sichtbar" zu machen und ihre individuellen Bewegungen im Raum beobachtend oder messend zu verfolgen. Sogar Massen-**Punkte** wären "im Prinzip" individuell beobachtbar, gäbe es nämlich ein Mikroskop, das auf das Gravitationsfeld einer Punktmasse anspricht. Auch sie müssen somit grundsätzlich als voneinander unterscheidbar gelten. Unterscheidbarkeit wird man also immer dann zugrunde legen müssen, wenn das Teilchensystem in klassischer Weise oder Näherung behandelt werden kann. Diese Betrachtungsweise hat bekanntlich ihre Grenzen. Entscheidend in dem hier diskutierten Zusammenhang ist der Umstand, dass beim Übergang zu einer **quantenmechanischen** Beschreibung der Begriff der Unterscheidbarkeit seinen Sinn oder Inhalt verliert. Identische Teilchen werden dann **grundsätzlich ununterscheidbar**. Das liegt an folgenden fundamentalen Aussagen: Die Quantenmechanik ist nicht in der Lage, präzise Angaben über den Ort eines Teilchens zu liefern. Sie kann lediglich angeben, mit welcher **Wahrscheinlichkeit** ein Teilchen innerhalb eines vorgegebenen Volumenelements angetroffen werden kann. Um **welches** Teilchen des Systems es sich dabei handelt, bleibt auch unbeantwortet. Zwangsläufig fehlt damit im Wortschatz der Quantenmechanik auch der Begriff der **Bahn** eines Teilchens. Dieser Begriff setzt ja voraus, dass der Ort und die Geschwindig-

keit bzw. der Impuls des Teilchens zu jedem Zeitpunkt wohldefinierte Größen besitzen. Gerade das aber verbietet die bekannte HEISENBERGsche Unschärferelation, wonach gleichzeitige Werte von Ort und Impuls stets mit Unsicherheiten behaftet sind, deren Produkt konstant ist. Das hat nichts mit der Grobheit oder Unzulänglichkeit der zur Verfügung stehenden Messverfahren zu tun, sondern ist prinzipiell so. Hier hilft auch kein Supermikroskop. Bei der quantenmechanischen Behandlung von Systemen identischer Teilchen muss also **Ununterscheidbarkeit** der Teilchen vorausgesetzt werden.
Auf die Frage schließlich, wie viele identische Teilchen maximal in einen bestimmten Quantenzustand hineinpassen, vermittelt das **Pauli-Prinzip** eine ebenso eindeutige wie einfache Antwort. Maßgebend ist hier der Spin der Teilchen, genauer gesagt, die Tatsache, ob dieser ganz- oder halbzahlig ist. Dieses Prinzip sagt aus, dass jeder Quantenzustand von **höchstens einem** Teilchen besetzt werden darf, wenn die Teilchen des Systems einen **halbzahligen** Spin haben. Für Teilchen mit ganzzahligem Spin – und für klassische Teilchen ohnehin – gilt keinerlei Beschränkung. Hier kann jeder Quantenzustand beliebig viele Teilchen aufnehmen.
Damit ist klar, auf welche physikalischen Systeme die eingangs diskutierten drei Fälle anzuwenden sind, nämlich auf Teilchensysteme aus identischen

klassischen Teilchen, auch **Boltzmann-Teilchen** genannt
(1. Fall),
Teilchen mit **ganzzahligem** Spin, auch **Bosonen** genannt
(2. Fall),
Teilchen mit **halbzahligem** Spin, auch **Fermionen** genannt
(3. Fall).

Die Formeln (2.1), (2.2) und (2.3) bilden die Ausgangsbeziehungen für die MAXWELL-BOLTZMANN-Statistik, kurz **Boltzmann-Statistik**, die BOSE-EINSTEIN-Statistik, kurz **Bose-Statistik**, und die FERMI-DIRAC-Statistik, kurz **Fermi-Statistik**.

3 Die Wahrscheinlichkeit für einen Zustand

3.1 Grundsätzliches zum Begriff der Wahrscheinlichkeit

Tritt in insgesamt n gleichartigen Versuchen, Messungen oder Beobachtungen, die nacheinander oder auch gleichzeitig durchgeführt werden können, ein bestimmtes Ereignis A in $n(A)$ Fällen auf, dann nennt man den Quotienten

$$H_n(A) = \frac{n(A)}{n}$$

die **relative Häufigkeit** für das Ereignis A. Den Grenzwert von $H_n(A)$ für $n \to \infty$, also

$$P(A) = \lim_{n \to \infty} \frac{n(A)}{n}$$

bezeichnet man als die **Wahrscheinlichkeit** für das Ereignis A. Diese Definition setzt natürlich voraus, dass ein solcher Grenzwert überhaupt existiert.
Beispiel: Bei $n = 10$ Würfen mit einem "Spiel-Würfel" erscheint das Ereignis A = "Die Ziffer 5 liegt oben" dreimal, d.h. es ist $n(A) = 3$. Also ist $H(A) = 3/10$. Man stellt fest, dass sich bei ständiger Vergrößerung der Anzahl n der Würfe $H_n(A)$ dem Wert $1/6$ nähert. Also ist $P(A) = 1/6$.
Wahrscheinlichkeiten sind Zahlen zwischen 0 und 1: $0 \leq P(A) \leq 1$. Ist A ein stets auftretendes Ereignis, dann ist $n(A) = n$ und $P(A) = 1$. Ist A ein nie auftretendes Ereignis, dann ist $n(A) = 0$ und $P(A) = 0$.
Für die **Verknüpfung** von Wahrscheinlichkeiten gelten drei grundlegende und einfache Beziehungen:

a.) Sind A und B **voneinander unabhängige** Ereignisse in dem Sinne, dass A auftreten kann, unabhängig davon, ob B auftritt, und umgekehrt, und sind $P(A)$ und $P(B)$ die Wahrscheinlichkeiten für A und B, dann folgt als Wahrscheinlichkeit $P(A, B)$ dafür, dass sowohl A als auch B auftritt:

$$P(A, B) = P(A)P(B) \tag{3.1}$$

Beispiel: Beim Werfen zweier identischer Spielwürfel sind die beiden Ereignisse A = "Die Ziffer 1 liegt oben bei Würfel 1" und B = "Die Ziffer 4 liegt oben bei Würfel 2" voneinander unabhängig und haben die Wahrscheinlichkeiten $P(A) = P(B) = 1/6$. Die Wahrscheinlichkeit $P(A, B)$ dafür, dass sowohl A als auch B auftritt, beträgt:

$$P(A,B) = P(A)P(B) = \frac{1}{6} \cdot \frac{1}{6} = \frac{1}{36}$$

b.) Sind A und B **miteinander unvereinbare** Ereignisse in dem Sinne, dass A nur dann auftreten kann, wenn B nicht auftritt und umgekehrt, dann folgt als Wahrscheinlichkeit $P(A,B)$ dafür, dass entweder A oder B auftritt:

$$P(A,B) = P(A) + P(B) \tag{3.2}$$

Beispiel: Beim Werfen eines Spielwürfels sind die Ereignisse A = "Die Ziffer 2 liegt oben" und B = "Die Ziffer 6 liegt oben" miteinander unvereinbar. Die Wahrscheinlichkeit $P(A,B)$ dafür, dass entweder A oder B auftritt, beträgt:

$$P(A,B) = P(A) + P(B) = \frac{1}{6} + \frac{1}{6} = \frac{1}{3}$$

c.) Wahrscheinlichkeiten sind auf Eins normiert. Diese aus (3.2) folgende Aussage bedeutet: Sind A_1 bis A_n miteinander unvereinbare und gleichzeitig auch **alle möglichen** Ereignisse mit den Wahrscheinlichkeiten $P(A_1)$ bis $P(A_n)$, dann gilt:

$$P(A_1) + P(A_2) + \cdots + P(A_n) = \sum_{i=1}^{n} P(A_i) = 1 \tag{3.3}$$

Diese Normierungsbedingung drückt die selbstverständliche Tatsache aus, dass eines aller möglichen Ereignisse mit Sicherheit auftreten muss. **Beispiel**: Beim Werfen eines Spielwürfels sind die Ereignisse A_i = "Die Ziffer i liegt oben" für $i = 1$ bis $i = 6$ alle möglichen und miteinander unvereinbaren Ereignisse mit den Wahrscheinlichkeiten $P(A_i) = 1/6$. Die Summe ergibt:

$$\sum_{i=1}^{6} P(A_i) = 6 \cdot \frac{1}{6} = 1$$

Irgendeine der sechs Ziffern muss ja stets erscheinen.

3.2 Die Wahrscheinlichkeits-Hypothese

Die Frage, wie sich die Zahl M der Mikrozustände bei vorgegebener Verteilung auf das physikalische Geschehen auswirkt oder wie sie sich überhaupt bemerkbar macht, ist bisher noch nicht erörtert worden. Die Antwort kann leider nur in Form einer **Hypothese** gegeben werden, also einer Annahme, die nicht weiter begründbar ist und die ihre Berechtigung einzig und allein aus der Tatsache schöpft, dass die aus ihr ableitbaren Formeln oder Zusammenhänge das physikalische Verhalten von Systemen identischer Teilchen erfolgreich zu beschreiben vermögen. Diese Hypothese lautet:

Die **Wahrscheinlichkeit** $P(N_1, \cdots, N_s)$ dafür, dass das Teilchensystem eine bestimmte Verteilung, d.h. einen durch eine vorgegebene Folge N_1 bis N_s von Besetzungszahlen festgelegten Zustand aufweist, ist **proportional** zur Anzahl $M(N_1, \cdots, N_s)$ seiner Mikrozustände, d.h. der Möglichkeiten, diesen Zustand aus N identischen Teilchen zu kombinieren. Es wird also angenommen:

$$P(N_1, \cdots, N_s) = \lambda \cdot M(N_1, \cdots, N_s)$$

Die Annahme erscheint **plausibel**. Im Umgangston heißt sie etwa so viel wie: Wenn es viele Möglichkeiten dafür gibt, dass "irgendetwas" eintreten kann, dann wird das "höchstwahrscheinlich" auch passieren. Oder: Wenn es viele Wege gibt, auf denen man durch ein Labyrinth gelangen kann, dann wird man "sehr wahrscheinlich" schon beim ersten Versuch hindurchkommen, und so weiter ...
Die Proportionalitätskonstante λ kann zur Normierung von P auf Eins ausgenutzt werden. Sie ergibt sich aus der Forderung (3.3), also aus:

$$\sum P = \sum \lambda M = \lambda \sum M = 1 \tag{3.4}$$

Die Summation ist dabei über **alle möglichen** Verteilungen, also über alle möglichen Folgen N_1 bis N_s von Besetzungszahlen zu erstrecken, die mit der Forderung (1.1) nach Erhaltung der Teilchenzahl N vereinbar sind.
Für ein Teilchensystem etwa, das der Gleichung (2.1) gehorcht (BOLTZMANN-Statistik), lautet die Normierungsbedingung (3.3):

$$\lambda \sum M = \lambda \sum N! \prod_{i=1}^{s} \frac{g_i^{N_i}}{N_i!} = 1$$

Die Summe läßt sich mit Hilfe des sogenannten *Polynomischen Lehrsatzes der Mathematik* umformen und vereinfachen. Seine Anwendung ergibt:

$$\sum N! \prod_{i=1}^{s} \frac{g_i^{N_i}}{N_i!} = \left[\sum_{i=1}^{s} g_i \right]^N$$

Damit folgt für ein BOLTZMANN-System:

$$\lambda = \left[\sum_{i=1}^{s} g_i \right]^{-N} \tag{3.5}$$

Zur Illustration der Zusammenhänge zwischen M und P sollen die folgenden beiden **Beispiele** dienen.

a.) Zu verteilen sind $N = 4$ Teilchen auf $s = 2$ Niveaus mit $g_1 = g_2 = 1$. Aus (3.5) folgt zunächst: $\lambda = (1+1)^{-4} = 1/16$. Die möglichen Verteilungen (N_1, N_2), die sich aus der Formel (2.1) ergebende Zahl M der Mikrozustände und die zugehörigen Wahrscheinlichkeiten $P = \lambda M$ sind in der folgenden Tabelle zusammengestellt:

N_1	0	1	2	3	4
N_2	4	3	2	1	0
$M(N_1, N_2)$	1	4	6	4	1
$P(N_1, N_2)$	$\frac{1}{16}$	$\frac{1}{4}$	$\frac{3}{8}$	$\frac{1}{4}$	$\frac{1}{16}$

Aus vier Teilchen lassen sich also fünf Verteilungen kombinieren. Die wahrscheinlichste ist mit P = 3/8 diejenige mit $N_1 = N_2 = 2$.

b.) Zu verteilen sind $N = 3$ Teilchen auf $s = 2$ Niveaus mit $g_1 = 1$ und $g_2 = 3$. Das ergibt $\lambda = 4^{-3} = 1/64$. Die weiteren Ergebnisse zeigt die nachstehende Tabelle.

N_1	0	1	2	3
N_2	3	2	1	0
$M(N_1, N_2)$	27	27	9	1
$P(N_1, N_2)$	$\frac{27}{64}$	$\frac{27}{64}$	$\frac{9}{64}$	$\frac{1}{64}$

Hier ergeben sich vier Verteilungen. Die ersten beiden sind mit $P = 27/64$ gleich wahrscheinlich.

4 Der Gleichgewichtszustand

4.1 Allgemeine Vorbemerkungen

Eine Verteilung wird sich sicher immer dann verändern, wenn man dem Teilchensystem Energie zuführt oder entzieht. Aber auch in **abgeschlossenen** Systemen, also solchen mit konstanter Teilchenzahl N und konstantem Energieinhalt W_0, können derartige Zustandsänderungen ablaufen. Interne Wechselwirkungen der Teilchen untereinander und Transport- bzw. Ausgleichsvorgänge, wie etwa die Wärmeleitung, können Änderungen der Besetzungszahlen N_i unter Wahrung der Energiebilanz, d.h. bei festem W_0, bewirken.
Die Frage, die nun diskutiert werden soll, lautet: Verlaufen in einem abgeschlossenen Teilchensystem die möglichen Zustandsänderungen – und gemeint sind jetzt immer Änderungen von Verteilungen – völlig regellos und willkürlich ab oder gibt es dabei irgendeine Vorzugsrichtung bzw. zumindest einen "Trend" in eine bestimmte Richtung? Die Antwort kann wiederum nur in Form einer **Hypothese** gegeben werden, welche besagt:
Ein abgeschlossenes System strebt stets gegen Zustände **größerer** Wahrscheinlichkeit.
Auch diese Behauptung erscheint plausibel. Die Umkehrung der Aussage würde ja bedeuten, dass ein System von sich aus und ohne äußeres Zutun in immer unwahrscheinlichere Situationen gerät, was der "landläufigen" Erfahrung über den Ablauf von Geschehnissen doch wohl widerspricht.
Der Hypothese folgend werden sich also die Teilchen des Systems solange umordnen, die Besetzungszahlen N_i sich also solange ändern, bis der Zustand **maximaler** Wahrscheinlichkeit P_m erreicht ist. Dieser wahrscheinlichste Zustand ist dann der stationäre Endzustand oder **Gleichgewichtszustand**. Nur von diesem ist nachfolgend die Rede. Das nächste Ziel ist die Bestimmung der Besetzungszahlen für den Gleichgewichtszustand.

4.2 Das Auffinden des Gleichgewichtszustandes

Aus mathematischer Sicht ist die Problemstellung klar: Gesucht wird das Maximum P_m der Funktion $P(N_1, \cdots, N_s)$. Wie man prinzipiell vorzugehen

hat, ist von den einfachen "Kurvendiskussionen" bei Funktionen einer einzigen Variablen her bekannt. Man muss die Nullstellen der ersten Ableitung finden. Sie sind die Abszissenwerte der Maxima (oder Minima). In Verallgemeinerung dieser Prozedur auf Funktionen **mehrerer** Variabler geht man von der Forderung aus, dass im Maximum das totale Differential der Funktion verschwinden muss.
Hier lautet die Maximums-Bedingung somit $\mathrm{d}P(N_1, \cdots, N_s) = 0$. Wegen $P = \lambda M$ ist damit gleichbedeutend die Bedingung $\mathrm{d}M(N_1, \cdots, N_s) = 0$. Rein vom Rechenaufwand her ist es zweckmäßiger, anstelle der Funktion M deren Logarithmus $\ln M$ zu behandeln, der ja monoton mit M verläuft und deshalb eventuelle Maxima an denselben Stellen haben muss wie M selbst. Den Ausgangspunkt für die nachfolgenden Betrachtungen der Besetzungszahlen im Gleichgewichtszustand bildet deswegen, ohne dass dieses die Allgemeingültigkeit der angestrebten Resultate einschränkt, die modifizierte Bedingung $\mathrm{d}(\ln M) = 0$, also

$$\mathrm{d}(\ln M) = \frac{\partial(\ln M)}{\partial N_1} \cdot \mathrm{d}N_1 + \cdots \frac{\partial(\ln M)}{\partial N_i} \cdot \mathrm{d}N_i + \cdots \frac{\partial(\ln M)}{\partial N_s} \cdot \mathrm{d}N_s = 0$$

oder

$$\mathrm{d}(\ln M) = \sum_{i=1}^{s} \frac{\partial(\ln M)}{\partial N_i} \cdot \mathrm{d}N_i = 0 \tag{4.1}$$

Wären die Besetzungszahlen N_i **voneinander unabhängige** Variable, dann würde aus (4.1) zwangsläufig folgen, dass jeder der partiellen Differentialquotienten gleich Null sein muss. Warum das so sein müsste, ist leicht einzusehen. Man könnte dann nämlich in (4.1) **jede beliebige** Folge $\mathrm{d}N_1, \cdots, \mathrm{d}N_s$ von Differentialen vorgeben. So erhielte man beispielsweise für ein differentielles Fortschreiten von $\mathrm{d}N_k$ nur in Richtung der N_k-Achse die spezielle Folge

$$\mathrm{d}N_k \neq 0 \qquad \text{und} \qquad \mathrm{d}N_i = 0 \qquad \text{für} \qquad i \neq k \tag{4.2}$$

Einsetzen in (4.1) ergäbe dann

$$\mathrm{d}(\ln M) = \frac{\partial(\ln M)}{\partial N_k} \cdot \mathrm{d}N_k = 0 \quad \text{oder} \quad \frac{\partial(\ln M)}{\partial N_k} = 0$$

Da (4.1) für jede mögliche – hier also jede beliebige – Differentialfolge erfüllt sein muss, würde dasselbe für **alle** N_i gelten müssen.
Nun sind aber leider die Besetzungszahlen N_i **nicht** unabhängig voneinander, sondern durch zwei Nebenbedingungen miteinander verknüpft, die aus der geforderten **Abgeschlossenheit** des Teilchensystems resultieren, also die Konstanz der Teilchenzahl N und der Gesamtenergie W_0 berücksichtigen. Sie lauten

$$\sum_{i=1}^{s} N_i = N = \text{const} \quad \text{und} \quad \sum_{i=1}^{s} W_i N_i = W_0 = \text{const} \tag{4.3}$$

Zwangsläufig sind damit auch die Differentiale $\mathrm{d}N_i$ voneinander abhängig, also nicht mehr in beliebiger Weise vorgebbar. Aus (4.3) folgt nämlich

$$\mathrm{d}N = \mathrm{d}\left[\sum_{i=1}^{s} N_i\right] = \sum_{i=1}^{s} \mathrm{d}N_i = 0 \tag{4.4}$$

und

$$\mathrm{d}W_0 = \mathrm{d}\left[\sum_{i=1}^{s} W_i N_i\right] = \sum_{i=1}^{s} W_i \cdot \mathrm{d}N_i = 0 \tag{4.5}$$

So ist nun etwa die Differentialfolge (4.2) nicht mehr möglich, da ihre Summe entgegen der Forderung (4.4) nicht verschwinden würde.
Für das weitere Vorgehen bietet die Mathematik einen einfachen Trick an, genannt die **Methode der Lagrange'schen Multiplikatoren**. Damit ist es möglich, die beiden Bedingungen (4.4) und (4.5) so in das totale Differential (4.1) einzubauen, dass es um zwei auf $s - 2$ Summanden reduziert wird und dann nur noch voneinander unabhängige Variable enthält. Das geht so: Man multipliziert (4.4) und (4.5) mit zunächst nicht näher festgelegten Faktoren α und β. Das ergibt

$$\alpha \sum_{i=1}^{s} \mathrm{d}N_i = \sum_{i=1}^{s} \alpha \cdot \mathrm{d}N_i = 0 \quad \text{und} \quad \beta \sum_{i=1}^{s} W_i \cdot \mathrm{d}N_i = \sum_{i=1}^{s} \beta W_i \cdot \mathrm{d}N_i = 0$$

Dieses Ergebnis zieht man vom totalen Differential (4.1) ab. Dabei kann nichts passieren. Man subtrahiert ja Nullen. Damit ist

$$\mathrm{d}(\ln M) = \sum_{i=1}^{s} \left[\frac{\partial(\ln M)}{\partial N_i} - \alpha - \beta W_i\right] \cdot \mathrm{d}N_i = 0 \tag{4.6}$$

Nun legt man α und β fest, und zwar so, dass sie den beiden Gleichungen

$$\frac{\partial(\ln M)}{\partial N_1} - \alpha - \beta W_1 = 0 \quad \text{und} \quad \frac{\partial(\ln M)}{\partial N_2} - \alpha - \beta W_2 = 0 \tag{4.7}$$

genügen. Damit fallen die ersten beiden Summanden von (4.6) fort, und es verbleibt

$$\mathrm{d}(\ln M) = \sum_{i=3}^{s} \left[\frac{\partial(\ln M)}{\partial N_i} - \alpha - \beta W_i\right] \cdot \mathrm{d}N_i = 0$$

Wohlgemerkt, die Summation beginnt jetzt mit $i = 3$. Da diese Darstellung des totalen Differentials die beiden zu beachtenden Bedingungen (4.4) und (4.5) bereits berücksichtigt, sind nun die restlichen $s - 2$ Variablen N_3 bis N_s voneinander unabhängig. Ihre Differentialfolge $\mathrm{d}N_3$ bis $\mathrm{d}N_s$ ist somit beliebig vorgebbar, so dass mit der im Zusammenhang mit (4.1) und (4.2) erläuterten Argumentation folgt:

$$\frac{\partial(\ln M)}{\partial N_i} - \alpha - \beta W_i = 0 \tag{4.8}$$

Zusammen mit den beiden Gleichungen (4.7) gilt (4.8) dann für **alle** $i = 1$ bis s.
Um das noch einmal zu betonen: Das Ziel, die Berechnung der Besetzungszahlen im Gleichgewichtszustand, ist dann erreicht, wenn es gelingt, die Gleichung (4.8) nach N_i aufzulösen.
Auf dem Wege dorthin kommen Ausdrücke der Form $\ln m!$ vor, also die Logarithmen der Fakultäten von Zahlen. Sie lassen sich mit Hilfe von Näherungsformeln ausdrücken, die den rein rechnerischen Umgang mit solchen Größen wesentlich erleichtern und deren Genauigkeit mit wachsendem m zunimmt. Die einfachste dieser sogenannten **Stirlingschen Formeln**, die im folgenden auch angewendet wird, lautet:

$$\ln m! = m \cdot \ln m - m \tag{4.9}$$

Wie gut sie funktioniert, geht aus Bild 4.1 hervor. Aufgetragen sind die Werte von $\ln m!$ als Kreise, die Funktion $S(m) = m \cdot \ln m - m$ als durchgezogene Kurve und die relativen Abweichungen oder **relativen Fehler** $\Delta(m) = [\ln m! - S(m)] / \ln m!$ als Punkte.

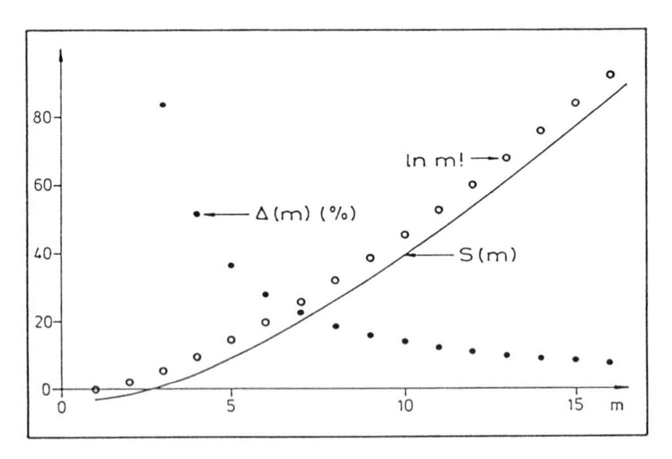

Abb. 4.1. Zur STIRLINGschen Näherung.

Der erste Eindruck ist enttäuschend. Es ist nicht ersichtlich, dass sich $S(m)$ den $\ln m!$-Werten annähert. Die quantitative Auswertung ergibt sogar, dass der **absolute** Fehler $\ln m! - S(m)$ mit m – wenn auch nur langsam – anwächst. Wichtig für die Anwendung ist jedoch der relative Fehler $\Delta(m)$, und der sinkt stetig mit wachsendem m, wie die Abbildung zeigt. Für $m = 15$ beträgt er zwar noch rund 8%, für $m = 100$ aber nur noch etwa 0.8%.

In den nachfolgenden Diskussionen wird stets vorausgesetzt, dass die betrachteten Systeme aus **sehr vielen** Teilchen bestehen. "Sehr viele" soll heißen, dass sich die Gesamtteilchenzahl N in der Größenordnung der Teilchenzahl in einem Mol bewegen soll, welches bekanntlich abgerundet $6 \cdot 10^{23}$ Teilchen enthält. Selbst wenn dann – um eine weitere Größenordnung zu nennen – 10^{10} Energieniveaus beteiligt wären, läge die "durchschnittliche" Besetzungszahl pro Niveau immerhin noch deutlich oberhalb von 10^{10}. Für solche Zahlen aber ist die STIRLINGsche Formel (4.9) eine sehr gute Näherung.

4.3 Der Gleichgewichtszustand bei der Boltzmann-Statistik

Für die BOLTZMANN-Statistik wird die Zahl M der Mikrozustände durch die Formel (2.1), also durch

$$M = N! \prod_{n=1}^{s} \frac{g_n^{N_n}}{N_n!}$$

angegeben. Aufgrund der vertrauten Tatsache, dass der Logarithmus eines Produkts von Zahlen gleich der Summe der Logarithmen dieser Zahlen ist, folgt daraus zunächst

$$\ln M = \ln N! + \sum_{n=1}^{s} \ln \frac{g_n^{N_n}}{N_n!} = \ln N! + \sum_{n=1}^{s} (N_n \cdot \ln g_n - \ln N_n!)$$

Die Anwendung der STIRLINGschen Formel (4.9) auf den Term $\ln N_n!$ führt auf:

$$\ln M = \ln N! + \sum_{n=1}^{s} (N_n \cdot \ln g_n - N_n \cdot \ln N_n + N_n)$$

oder

$$\ln M = \ln N! + \sum_{n=1}^{s} N_n \left[1 - \ln \frac{N_n}{g_n} \right] \tag{4.10}$$

Die partielle Differentiation nach N_i ergibt, da der erste Term konstant ist und von der Summe nur noch der Summand mit $n = i$ beiträgt,

$$\frac{\partial(\ln M)}{\partial N_i} = 1 - \ln \frac{N_i}{g_i} + N_i \frac{\partial}{\partial N_i} \left[1 - \ln \frac{N_i}{g_i} \right] = 1 - \ln \frac{N_i}{g_i} - N_i \frac{g_i}{N_i} \frac{1}{g_i}$$

oder

$$\frac{\partial(\ln M)}{\partial N_i} = - \ln \frac{N_i}{g_i}$$

Setzt man dieses Ergebnis in die allgemeine Gleichgewichtsbedingung (4.8) ein, dann erhält man

$$- \ln \frac{N_i}{g_i} - \alpha - \beta W_i = 0 \quad \text{oder} \quad \frac{N_i}{g_i} = e^{-\alpha - \beta W_i}$$

Der Quotient $f_i = N_i/g_i$, der die Besetzungszahlen bezüglich der insgesamt im Energieniveau W_i zur Verfügung stehenden Zahl der Quantenzustände angibt, heißt **Besetzungsindex**. Das gesuchte Ergebnis lautet also

$$N_i = g_i e^{-\alpha - \beta W_i} \tag{4.11}$$

Im Gleichgewichtszustand sind also die Niveaus keineswegs etwa "gleichmäßig" besetzt. Die Besetzungszahlen sind zum einen proportional zum Entartungsgrad des betrachteten Niveaus und sinken zum anderen exponentiell mit der Höhe des Niveaus. Die durch (4.11) beschriebene Verteilung der Teilchen auf die Energieniveaus heißt **Boltzmann-Verteilung**, genauer MAXWELL-BOLTZMANN-Verteilung oder auch **kanonische Verteilung**.

4.4 Der Gleichgewichtszustand bei der Bose-Statistik

Der Ausgangspunkt ist hier die Formel (2.2), also

$$M = \prod_{n=1}^{s} \frac{(N_n + g_n - 1)!}{N_n!(g_n - 1)!}$$

Logarithmieren ergibt

$$\ln M = \sum_{n=1}^{s} [\ln(N_n + g_n - 1)! - \ln N_n! - \ln(g_n - 1)!]$$

Nach Anwendung der STIRLING-Formel (4.9) auf die ersten beiden Logarithmen-Terme erhält man

$$\ln M = \sum_{n=1}^{s} \Bigg\{ N_n + g_n - 1) \ln(N_n + g_n - 1) \\ - N_n \cdot \ln N_n - \ln(g_n - 1)! - g_n + 1 \Bigg\}$$

Die partielle Differentiation nach N_i liefert

$$\frac{\partial(\ln M)}{\partial N_i} = \ln(N_i + g_i - 1) - \ln N_i = \ln \frac{N_i + g_i - 1}{N_i}$$

oder wegen $N_i \gg 1$:

$$\frac{\partial(\ln M)}{\partial N_i} = \ln \frac{N_i + g_i}{N_i}$$

Einsetzen in (4.8) führt dann auf

$$\ln \frac{N_i + g_i}{N_i} = \alpha + \beta W_i \quad \text{oder} \quad \frac{N_i + g_i}{N_i} = e^{\alpha + \beta W_i}$$

und schließlich auf

$$N_i = \frac{g_i}{e^{\alpha + \beta W_i} - 1} \tag{4.12}$$

Auch hier wächst N_i mit g_i und sinkt mit W_i. Die Beziehung (4.12) heißt **Bose-Verteilung**, genauer BOSE-EINSTEIN-Verteilung.

4.5 Der Gleichgewichtszustand bei der Fermi-Statistik

Aus der hierfür geltenden Formel (2.3), also aus

$$M = \prod_{n=1}^{s} \frac{g_n!}{N_n!(g_n - N_n)!}$$

folgt

$$\ln M = \sum_{n=1}^{s} [\ln g_n! - \ln N_n! - \ln(g_n - N_n)!]$$

Das weitere Vorgehen bedarf einer kritischen Anmerkung. Die hier betrachteten Teilchen sind Fermionen. Sie unterliegen dem PAULI-Prinzip, was aussagt, dass die Besetzungszahl N_n eines Niveaus nicht größer sein kann als die Zahl g_n der dort zur Verfügung stehenden Quantenzustände, d.h. es ist stets $N_n \leq g_n$. Ist ein Niveau mit $N_n = g_n$ voll besetzt, was – wie sich noch zeigen wird – in Grenzfällen eintreten kann, dann verschwindet wegen $\ln(g_n - N_n)! = \ln 0! = \ln 1 = 0$ dessen Beitrag zur obigen Summe. Wenn also im folgenden die STIRLING-Formel auch auf den Term $\ln(g_n - N_n)!$ angewendet wird, dann geschieht das unter der Voraussetzung, dass N_n deutlich kleiner als g_n ist. Die Anwendung der STIRLING-Näherung (4.9) auf den zweiten und dritten Logarithmen-Term liefert dann

$$\ln M = \sum_{n=1}^{s} [\ln g_n! + g_n - N_n \cdot \ln N_n - (g_n - N_n)\ln(g_n - N_n)]$$

Das ergibt

$$\frac{\partial(\ln M)}{\partial N_i} = \ln(g_i - N_i) - \ln N_i = \ln \frac{g_i - N_i}{N_i}$$

und nach Einsetzen in (4.8):

$$\ln \frac{g_i - N_i}{N_i} = \alpha + \beta W_i \quad \text{oder} \quad \frac{g_i - N_i}{N_i} = e^{\alpha + \beta W_i}$$

Die Auflösung nach N_i führt dann schließlich auf

$$N_i = \frac{g_i}{e^{\alpha + \beta W_i} + 1} \tag{4.13}$$

Wiederum steigt N_i mit g_i an und fällt mit W_i ab. (4.13) heißt **Fermi-Verteilung**, genauer FERMI-DIRAC-Verteilung.

4.6 Formaler Vergleich der drei Verteilungen

Mit der Abkürzung $x = \alpha + \beta W_i$ lauten die Gleichgewichtsbedingungen (4.11), (4.12) und (4.13):

$$\left[\frac{N_i}{g_i}\right]_{MB} = \frac{1}{e^x} \qquad \textbf{Maxwell-Boltzmann-Verteilung}$$

$$\left[\frac{N_i}{g_i}\right]_{BE} = \frac{1}{e^x - 1} \qquad \textbf{Bose-Einstein-Verteilung}$$

$$\left[\frac{N_i}{g_i}\right]_{FD} = \frac{1}{e^x + 1} \qquad \textbf{Fermi-Dirac-Verteilung}$$

Im oberen Teil des Bildes 4.2 sind diese drei Funktionen graphisch dargestellt. Der erste allgemeine Eindruck zeigt, dass die BOSE-Verteilung steiler und die FERMI-Verteilung flacher abfällt als die BOLTZMANN-Verteilung. Für $x \to 0$ streben die Funktionen gegen 1 bzw. ∞ bzw. 0.5. Mit wachsendem x nähern sich die BOSE- und die FERMI-Verteilung der BOLTZMANN-Verteilung. Für $x \gg 1$ sind alle drei Verteilungen praktisch identisch. Die Art des Übergangs in einen gemeinsamen Verlauf ist deutlich zu erkennen, wenn man die Funktionswerte, wie im unteren Teil des Bildes 4.2 geschehen, logarithmisch aufträgt.

Mit $x \gg 1$ ist auch $e^x \gg 1$ und damit für alle drei Fälle $(N_i/g_i) \ll 1$ oder $N_i \ll g_i$. Das bedeutet, dass in diesem Grenzbereich von den g_i zur Verfügung stehenden Quantenzuständen pro Niveau W_i nur sehr wenige von Teilchen besetzt sind. Das System ist dann also stark "verdünnt" und kann in diesem Fall durch die BOLTZMANN-Statistik beschrieben werden, selbst wenn es aus Bosonen oder Fermionen besteht.

Eine für alle drei Fälle gemeinsame Eichung der x-Achse von Bild 4.2 in Energien W_i ist solange nicht möglich, wie die physikalische Bedeutung der beiden Parameter α und β und deren Größe nicht bekannt sind. Davon wird im folgenden Abschnitt die Rede sein. Insofern ist der hier angestellte Vergleich sehr formal.

4.7 Zur Bedeutung der Parameter α und β

Von den beiden Parametern α und β, die als "LAGRANGEschen Multiplikatoren" eingeführt wurden, um die Erhaltung der Gesamtteilchenzahl N und der Gesamtenergie W_0 zu berücksichtigen, ist α eine **Zahl** und β eine **reziproke Energie**. x muss ja als Exponent der e-Funktion dimensionslos sein.

Die Größe β bestimmt das Verhältnis der Besetzungsindizes $f_i = N_i/g_i$ und $f_k = N_k/g_k$ zweier Niveaus mit den Energien W_i und W_k. Für die BOLTZMANN-Verteilung (4.11) ergibt sich

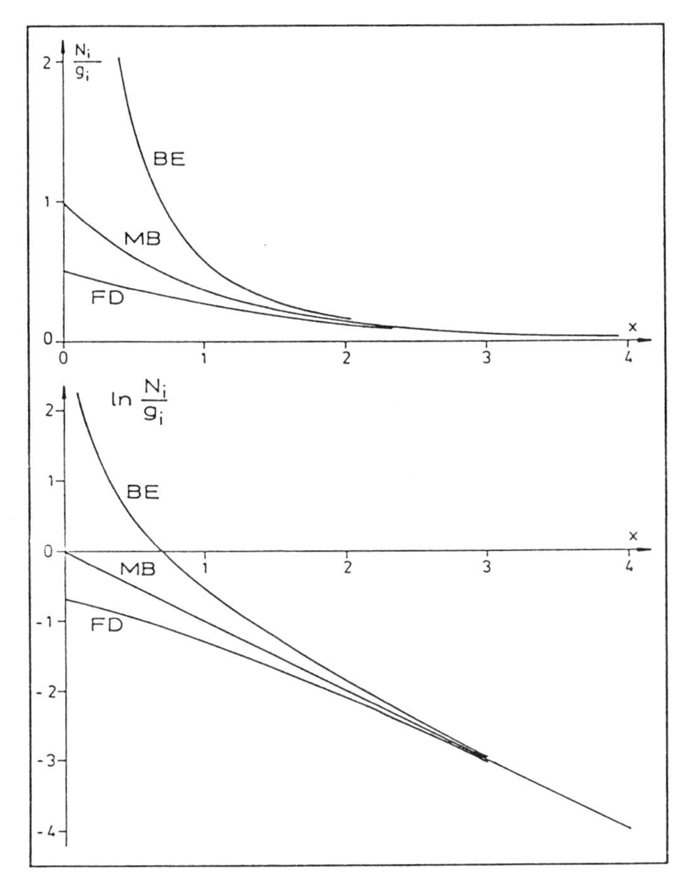

Abb. 4.2. Vergleichende Darstellung der MAXWELL-BOLTZMANN (MB)-, BOSE-EINSTEIN (BE)- und FERMI-DIRAC (FD)-Verteilung.

$$\frac{f_i}{f_k} = \frac{e^{-\alpha - \beta W_i}}{e^{-\alpha - \beta W_k}} = e^{\beta(W_k - W_i)} \quad \text{oder} \quad \ln \frac{f_i}{f_k} = \beta(W_k - W_i)$$

Für $\beta \to 0$ bei vorgegebener und endlicher Energiedifferenz $W_k - W_i$ folgt $f_i/f_k \to 1$ oder $f_i \to f_k$. Bezüglich der Besetzungsindizes strebt das System dann also gegen eine "Gleichverteilung", was bedeutet, dass sich für $g_i = g_k$ die Besetzungszahlen N_i und N_k einander nähern ($N_i \approx N_k$). Für $\beta \to \pm\infty$ dagegen folgt $f_i/f_k \to \infty$ oder $f_i/f_k \to 0$, was nun heißt, dass eines der beiden Niveaus im Vergleich zum anderen "praktisch leer" wäre. Die Annahme $g_i = g_k$ ergäbe für diesen Grenzfall $N_i \gg N_k$ oder $N_i \ll N_k$.
Bei Addition aller Besetzungszahlen N_i erhält man aus (4.11):

$$\sum_{i=1}^{s} N_i = N = \sum_{i=1}^{s} g_i e^{-\alpha} e^{-\beta W_i} = e^{-\alpha} \cdot \sum_{i=1}^{s} g_i e^{-\beta W_i} \tag{4.14}$$

Die Summe

$$Z = \sum_{i=1}^{s} g_i e^{-\beta W_i} \tag{4.15}$$

heißt **Zustandssumme**. Der Name ist etwas ungeschickt gewählt, da er die eigentliche Bedeutung dieser für ein System charakteristischen und wichtigen Größe nicht klar genug zum Ausdruck bringt. Z ist sicher nicht die Gesamtzahl der Quantenzustände – die wäre ja gleich der Summe über die g_i – und auch nicht die Zahl der Mikrozustände bei vorgegebener Verteilung – die wäre ja gleich M. Addiert werden müssen vielmehr die mit den entsprechenden "BOLTZMANN-Faktoren" $e^{-\beta W_i}$ **gewichteten** Zahlen g_i der Quantenzustände der einzelnen Niveaus. Für ein vorgegebenes System, d.h. bei festgelegten g_i und W_i, ist Z allein von β abhängig. Somit bestimmt β auch die relative Verteilung **aller** Teilchen auf die vorhandenen Energieniveaus, also die auf die Gesamtteilchenzahl N bezogenen Besetzungszahlen, denn es ist

$$\frac{N_i}{N} = \frac{g_i e^{-\alpha - \beta W_i}}{\sum_{i=1}^{s} g_i e^{-\alpha - \beta W_i}} = \frac{e^{-\alpha} g_i e^{-\beta W_i}}{e^{-\alpha} \sum_{i=1}^{s} g_i e^{-\beta W_i}} = \frac{g_i e^{-\beta W_i}}{Z(\beta)} \tag{4.16}$$

Die Größe β spielt demnach die Rolle eines **Verteilungsparameters** oder "Verteilerschlüssels".

Natürlich muss β, der ursprünglichen Bedeutung gemäß, bei vorgegebener Gesamtteilchenzahl N auch die Gesamtenergie W_0 direkt beeinflussen. Der Zusammenhang zwischen W_0 und β läßt sich mit Hilfe der Zustandssumme ausdrücken. Die Differentiation von (4.15) nach β ergibt

$$\frac{\mathrm{d}Z}{\mathrm{d}\beta} = -\sum_{i=1}^{s} W_i g_i e^{-\beta W_i} = -e^{\alpha} \sum_{i=1}^{s} W_i g_i e^{-\alpha - \beta W_i}$$

Mit (4.11) ist dann

$$\frac{\mathrm{d}Z}{\mathrm{d}\beta} = -e^{\alpha} \sum_{i=1}^{s} W_i N_i = -e^{\alpha} W_0$$

Aus (4.14) folgt

$$e^{\alpha} = \frac{\sum_{i=1}^{s} g_i e^{-\beta W_i}}{N} = \frac{Z}{N} \tag{4.17}$$

Das führt schließlich zum Ergebnis

$$W_0 = -\frac{N}{Z} \frac{\mathrm{d}Z}{\mathrm{d}\beta} = -N \frac{\mathrm{d}(\ln Z)}{\mathrm{d}\beta} \tag{4.18}$$

Bezeichnet $\overline{W} = W_0/N$ die auf ein Teilchen **im Mittel** entfallende Energie, dann ist

$$\overline{W} = -\frac{1}{Z} \frac{\mathrm{d}Z}{\mathrm{d}\beta} = -\frac{\mathrm{d}(\ln Z)}{\mathrm{d}\beta}$$

Schließlich sei darauf hingewiesen, dass β auch auf die **Wahrscheinlichkeit** des Gleichgewichtszustandes einwirkt. Zur Erinnerung: Der Gleichgewichtszustand ist die Verteilung maximaler Wahrscheinlichkeit $P_{\max} = \lambda M_{\max}$. Die Verteilungen (4.11), (4.12) und (4.13) geben lediglich an, **wo**, d.h. bei welchen Besetzungszahlen, dieses Maximum liegt. Von der "Höhe" des Maximums, also von $P_{\max}$ bzw. $M_{\max}$ selbst, war bislang noch keine Rede.

Ausgehend von der Formel (4.10) für die BOLTZMANN-Statistik erhält man nach Anwendung der STIRLING-Formel (4.9) auf den ersten Term

$$\ln M = N\cdot \ln N - N + \sum_{i=1}^{s} N_i - \sum_{i=1}^{s} N_i\cdot \ln \frac{N_i}{g_i} = N\cdot \ln N - \sum_{i=1}^{s} N_i\cdot \ln \frac{N_i}{g_i}$$

Im Gleichgewichtszustand ist gemäß (4.11):

$$\ln \frac{N_i}{g_i} = -\alpha - \beta W_i$$

und damit

$$\ln M_{\max} = N\cdot \ln N + \sum_{i=1}^{s} N_i(\alpha + \beta W_i) = N\cdot \ln N + \alpha\sum_{i=1}^{s} N_i + \beta\sum_{i=1}^{s} W_i N_i$$

oder

$$\ln M_{\max} = N \cdot \ln N + \alpha N + \beta W_0$$

Aus (4.17) folgt

$$\alpha = \ln \frac{Z}{N} = \ln Z - \ln N \tag{4.19}$$

Damit ergibt sich

$$\ln M_{\max} = N \cdot \ln Z + \beta W_0$$

oder schließlich

$$P_{\max} = \lambda M_{\max} = \lambda e^{N \cdot \ln Z + \beta W_0} \tag{4.20}$$

Für ein vorgegebenes und abgeschlossenes System, also für feste Werte von g_i, N_i, N und W_0, wird somit auch die **Wahrscheinlichkeit des Gleichgewichtszustandes** oder dessen "Gewicht" bis auf die Normierungskonstante λ allein durch β bestimmt.
Über den Parameter α ist nicht so vieles zu sagen. Seine Bedeutung geht aus der einfachen Beziehung (4.19) hervor. Danach ist α der Logarithmus der auf die Gesamtteilchenzahl bezogenen Zustandssumme oder der "Zustandssumme pro Teilchen". Den Quotienten $\mu = -\alpha/\beta$ nennt man das **Chemische Potential**. Wie der Name andeutet, ist μ eine sehr wichtige Größe bei der Beschreibung von Systemen, deren Teilchen (Atome, Moleküle) chemische Reaktionen miteinander eingehen können, so dass sich als Folge davon Teilchen-**Zahlen** und **-Arten** verändern.

Anstelle des Parameters β verwendet man im Rahmen der Thermodynamik ausschließlich eine andere, durch die Relation

$$T = \frac{1}{k\beta} \qquad \text{bzw.} \qquad \beta = \frac{1}{kT} \tag{4.21}$$

definierte Größe T, genannt die (absolute) Temperatur. Die Maßeinheit der Temperatur ist das **Kelvin** (K). Die Konstante k heißt **Boltzmann-Konstante** und hat den Wert

$$k = 1.3805 \cdot 10^{-23}\text{J K}^{-1} = 8.6178 \cdot 10^{-5}\text{eV K}^{-1}$$

Es mag verwundern, dass der von den Anfängen einer jeden Wärmelehre her wohlvertraute Begriff der Temperatur hier in Form einer **Definition** auftaucht. In der Tat aber ist dieses der physikalisch fundierteste und allgemeinste Weg, die Temperatur einzuführen. Alle anderen bekannten Definitionen orientieren sich an idealisierten experimentellen oder zumindest gedachten experimentellen Abläufen, wie beispielsweise an der Wärmeausdehnung eines idealen Gases, am Kreisprozess einer CARNOTschen Wärmekraftmaschine, der später noch behandelt wird, usw. Mit (4.21), also mit T anstelle von β, lauten dann die Formeln (4.15) für die Zustandssumme, (4.16) für die Besetzungszahlen und (4.20) für die Wahrscheinlichkeit im Gleichgewichtszustand:

$$Z = \sum_{i=1}^{s} g_i e^{-\frac{W_i}{kT}}, \tag{4.22}$$

$$N_i = \frac{N}{Z} g_i e^{-\frac{W_i}{kT}}, \tag{4.23}$$

$$P_{\max} = \lambda e^{N \cdot \ln Z + \frac{W_0}{kT}}$$

Mit

$$\frac{\mathrm{d}Z}{\mathrm{d}\beta} = \frac{\mathrm{d}Z}{\mathrm{d}T}\frac{\mathrm{d}T}{\mathrm{d}\beta} \quad \text{und} \quad \frac{\mathrm{d}\beta}{\mathrm{d}T} = \frac{\mathrm{d}}{\mathrm{d}T}\left[\frac{1}{kT}\right] = -\frac{1}{kT^2}$$

geht ferner die Beziehung (4.18) über in

$$W_0 = \frac{kNT^2}{Z}\frac{\mathrm{d}Z}{\mathrm{d}T} = kNT^2\frac{\mathrm{d}(\ln Z)}{\mathrm{d}T}$$

Zur Illustrierung der oben diskutierten Zusammenhänge werde das folgende einfache Beispiel betrachtet: Den insgesamt $N = 100$ Teilchen eines Systems mit der Gesamtenergie von $W_0 = 15$ eV stehen zwei Niveaus mit den Energien $W_1 = 0.1$ eV und $W_2 = 0.2$ eV und den Entartungsgraden $g_1 = 10$ und $g_2 = 20$ zur Verfügung. Die Zustandssumme lautet dann gemäß (4.22): $Z(T) = 10e^{-0.1/kT} + 20e^{-0.2/kT}$. Ihr Verlauf ist in Bild 4.3 aufgetragen. Sie steigt von Null aus stetig an und erreicht bei rund $T = 3000$ K den Wert 16. Die Temperaturabhängigkeit der Besetzungszahlen N_1 und N_2 ist im unteren Teil von Bild 4.3 dargestellt. Mit wachsendem T wird das höhere Niveau

W_2 zunehmend bevölkert, natürlich auf Kosten des tieferen Niveaus W_1, da stets $N_1 + N_2 = 100$ sein muss. Bei rund $T = 1700$ K sind beide Niveaus gleich stark besetzt. Die (unnormierte) Wahrscheinlichkeit P_{max}, aufgezeichnet in der Form $\ln P_{\text{max}}$, durchläuft an dieser Stelle ein Minimum. Dieser spezielle Gleichgewichtszustand hat also das kleinste Gewicht. Aufgetragen ist schließlich noch der Verlauf $\alpha(T)$.

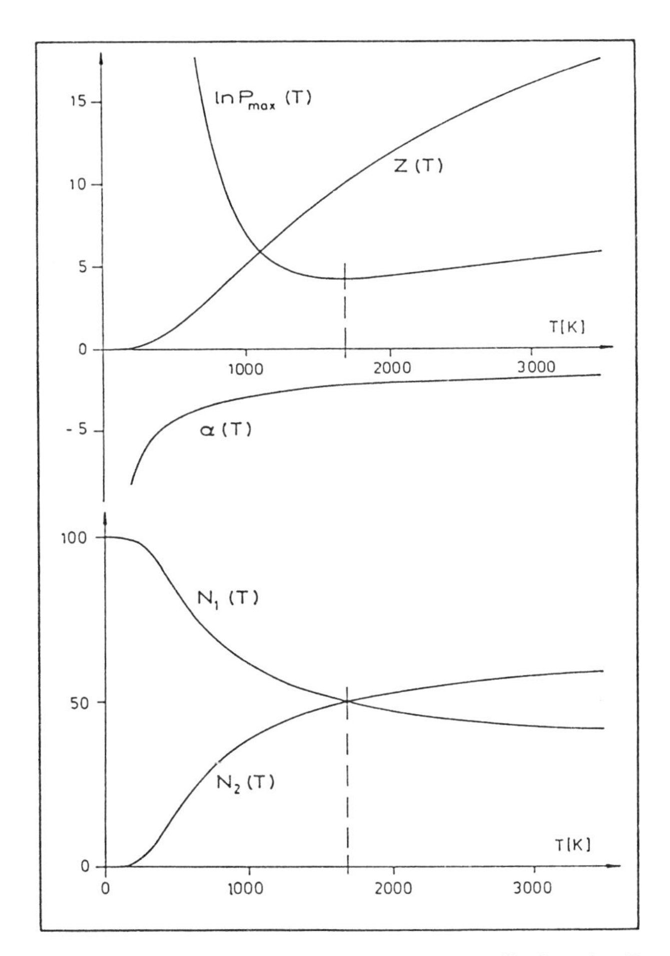

Abb. 4.3. Temperaturabhängigkeit einiger Größen der BOLTZMANN-Statistik.

Einen Überblick über die Verhältnisse bei **fester** Temperatur und damit fester Zustandssumme vermittelt Bild 4.4. Im oberen Teil ist, um den Einfluss von T zu demonstrieren, der Besetzungsindex $f_i = N_i/g_i$ als Funktion der als kontinuierlich variierend angenommenen Energie W_i dargestellt. Bei einer Erhöhung von W_i um jeweils kT sinkt f_i um jeweils $1/\mathrm{e} = 36.8\%$. Der mittlere Teil zeigt als "Balkendiagramm" die Besetzungsindizes für eine willkürlich angenommene Folge diskreter Energieniveaus W_i. Die Besetzungszahlen N_i

selbst lassen sich nur dann angeben, wenn die g_i bekannt sind. Würden – um ein willkürlich konstruiertes Beispiel zu nennen – die g_i proportional zu W_i anwachsen, dann ergäbe sich für die N_i das Balkendiagramm im unteren Teil der Abbildung.

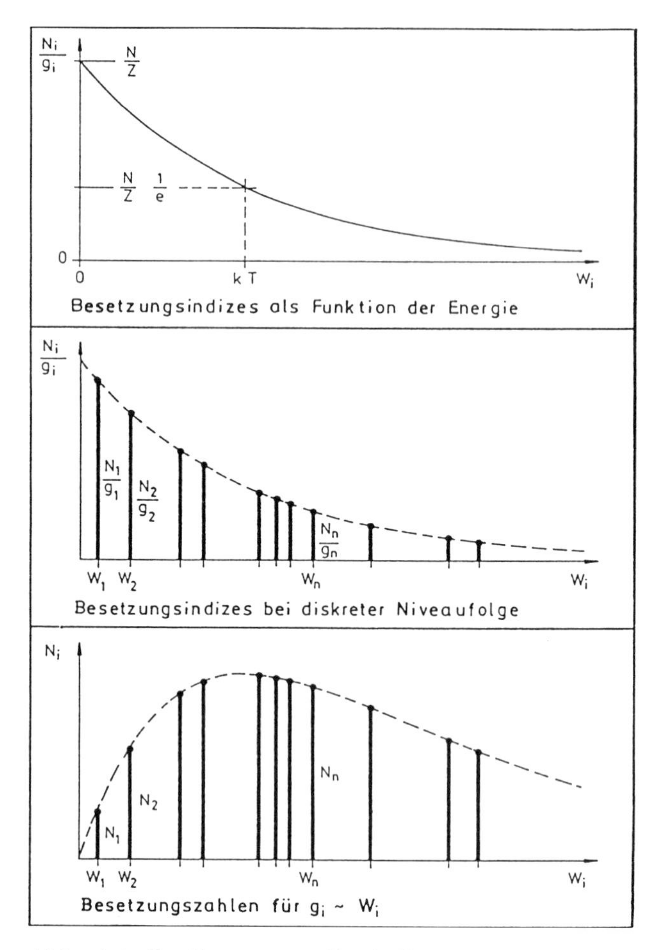

Abb. 4.4. Zur BOLTZMANN-Statistik.

Bisher ist in diesem Abschnitt nur über die Verhältnisse bei der BOLTZMANN-Statistik gesprochen worden. Entsprechende Beziehungen oder Formeln lassen sich – zumindest prinzipiell – auch für die BOSE- und FERMI-Statistik gewinnen. Allerdings sind sie im allgemeinen wesentlich komplizierter. Besondere Schwierigkeiten bereitet hier die Darstellung des Parameters α. Er sollte sich generell aus der Forderung nach Erhaltung der Gesamtteilchenzahl N bestimmen lassen. Addiert man etwa für den Fall der FERMI-Verteilung (4.13) alle Besetzungszahlen N_i, dann ist

$$\sum_{i=1}^{s} N_i = N = \sum_{i=1}^{s} \frac{g_i}{e^{\alpha+\beta W_i}+1}$$

Die Auflösung dieser Gleichung nach α stößt auf erhebliche mathematische Probleme und ist nur näherungsweise möglich. Ein gangbarer Weg, der hier nur vage angedeutet werden soll, ist, die Summation durch eine Integration zu ersetzen und das resultierende Integral in eine konvergierende Reihe zu entwickeln. Aus den verschiedenen Teilsummen dieser Reihe lassen sich dann verschieden gute Näherungen für α berechnen. Diese Prozedur führt bei der FERMI-Verteilung in **erster Näherung** auf eine Proportionalität zwischen $|\alpha|$ und $1/(kT)$. Bezeichnet W_f den Proportionalitätsfaktor, dann ist $\alpha = -W_f/(kT)$. Glücklicherweise ist für einige wichtige und reale Fermionen-Systeme, wie etwa für das System der Nukleonen in einem Atomkern oder für das System der Leitungselektronen in einem Metall, diese erste Näherung eine bereits recht gute. Sie soll deswegen näher betrachtet werden. Die FERMI-Verteilung (4.13) lautet dann

$$N_i = \frac{g_i}{e^{\frac{W_i - W_F}{kT}}+1} \tag{4.24}$$

W_F ist eine Energie und heißt **Fermi-Energie**. Die durch (4.24) beschriebene Abhängigkeit der Besetzungszahlen N_i oder des Besetzungsindex' $f_i = N_i/g_i$ von der Energie W_i läßt sich besonders leicht für den **Grenzfall** $T \to 0$ überblicken oder angeben. Dann nämlich strebt im Bereich $W_i > W_F$

$\frac{W_i - W_F}{kT}$ gegen $+\infty$ und damit

$e^{\frac{W_i - W_F}{kT}}$ gegen $+\infty$ und damit

N_i gegen 0 bzw. f_i gegen 0

Oberhalb der Fermi-Energie W_F sind also alle Quantenzustände **leer. Unterhalb** von W_F dagegen, also im Bereich $W_i < W_F$, läuft für $T \to 0$

$\frac{W_i - W_F}{kT}$ gegen $-\infty$ und damit

$e^{\frac{W_i - W_F}{kT}}$ gegen 0 und damit

N_i gegen g_i bzw. f_i gegen 1

Dieser Verlauf für den Grenzwert $T = 0\ K$ ist in Bild 4.5 als erster aufgetragen. Mit zunehmender Energie W_i springt also der Quotient $f_i = N_i/g_i$ bei der FERMI-Energie W_F (an der "FERMI-Kante") vom Wert 1 auf den Wert 0. Der Wert $W_F = 10\ eV$ wurde willkürlich angenommen.

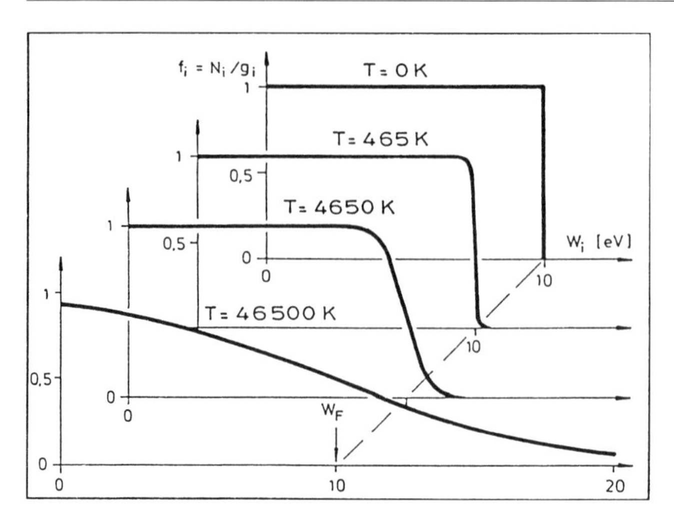

Abb. 4.5. FERMI-Verteilungen bei verschiedenen Temperaturen

$f_i = 1$ bedeutet, dass jeder verfügbare Quantenzustand mit **genau einem** Teilchen belegt ist. Andererseits läßt das PAULI-Prinzip **höchstens ein** Teilchen pro Quantenzustand zu. Damit sind also im Grenzfall $T = 0\ K$ alle Zustände unterhalb der FERMI-Kante **voll besetzt**. Die "Rechteck-Form" der Verteilung folgt somit zwangsläufig aus der Gültigkeit des PAULI-Prinzips und der Forderung nach minimaler Gesamtenergie W_0 des Systems. Im Gegensatz dazu würden die Teilchen eines Systems, das der BOLTZMANN- oder der BOSE-Statistik gehorcht, bei $T = 0\ K$ **alle gemeinsam** das tiefste Energieniveau bevölkern.
Mit wachsender Temperatur T wird der ursprünglich steile Abfall bei $W_i = W_F$ zunehmend flacher, was bedeutet, dass auch die Zustände oberhalb der FERMI-Kante in steigendem Maße besetzt werden. Diese Entwicklung zeigen die weiteren drei in Bild 4.5 dargestellten Verläufe. Die angegebenen Temperaturen entsprechen den (willkürlich angenommenen) thermischen Energien $kT = 0.04$, 0.4 und 4.0 eV. Starke Abweichungen von der Rechteckform treten ersichtlich erst bei sehr hohen Temperaturen auf.
Ergänzend sei angeführt, dass die Bestimmung von α für die BOSE-Verteilung (4.12) in erster Näherung den Zusammenhang $\alpha = \ln\left[(kT)^{3/2}/N\right] + \text{const}$ ergibt.

5 Energieniveaus bei einem idealen Gas

5.1 Vorbemerkung

Ein ideales Gas ist bekanntlich ein System aus identischen Teilchen **ohne Wechselwirkung untereinander**. Dieses Modell findet mannigfache und erfolgreiche Anwendungen für eine Reihe realer Teilchensysteme. Zu diesen gehören insbesondere:

a.) Gase im eigentlichen Sinne, also Substanzen im gasförmigen Zustand, bei hoher Verdünnung, also bei genügend kleinen Drucken.
b.) Das System elektromagnetischer Strahlungsquanten innerhalb eines abgeschlossenen Volumens (Hohlraum-Strahlung; Photonen-Gas).
c.) Das System der Schwingungsquanten oder -zustände im Kristallgitter eines festen Körpers (Phonen-Gas).
d.) Das System der zur elektrischen Stromleitung beitragenden Elektronen in Metallen (Leitungselektronen; Elektronen-Gas).
e.) Das System der Nukleonen im Atomkern (Fermi-Gas-Modell der Atomkerne).

Diese hier genannten Fälle werden in den nachfolgenden Abschnitten behandelt. Zuvor aber wird die grundsätzliche Frage diskutiert, welche Energieniveaus und Quantenzustände einem **freien** Teilchen innerhalb eines abgeschlossenen Volumens zugänglich sind.

5.2 Energieniveaus in einem eindimensionalen Potentialtopf

Betrachtet wird ein Teilchen der Masse m innerhalb eines eindimensionalen und rechteckigen Potentialtopfes der Breite a mit unendlich hohen Wänden bei $x = 0$ und $x = a$. Letzteres bedeutet, dass die (Orts-) Wellenfunktionen $\varphi(x)$ in den Bereichen $x \leq 0$ und $x \geq a$ verschwinden müssen. Die Wände sind "undurchlässig". Die Funktionen $\varphi(x)$ sind Lösungen der Eigenwertgleichung $\widehat{H}\varphi(x) = W\varphi(x)$ des HAMILTON-Operators $\widehat{H}$, auch "stationäre SCHRÖDINGER-Gleichung" genannt. Gesucht werden die Eigenwerte W oder – physikalisch ausgedrückt – die möglichen Energien, welche das Teilchen innerhalb des Potentialtopfes annehmen kann. Ohne Beschränkung der Allgemeinheit der Aussagen kann vorausgesetzt werden, dass die potentielle Energie im Bereich $0 < x < a$ den Wert $W_p = 0$ besitzt. Alle Energien werden also vom "Boden" des Potentialtopfes aus gerechnet. $\widehat{H}$ besteht dann nur aus dem Operator für die kinetische Energie, so dass die Eigenwertgleichung übergeht in

$$-\frac{\hbar^2}{2m}\frac{\mathrm{d}^2\varphi}{\mathrm{d}x^2} = W\varphi \tag{5.1}$$

Eine solche Differentialgleichung läßt sich bekanntlich durch den Ansatz

$$\varphi(x) = Ae^{Kx}$$

lösen. Einsetzen von

$$\frac{\mathrm{d}^2\varphi}{\mathrm{d}x^2} = K^2 Ae^{Kx} = K^2\varphi$$

in (5.1) führt auf die Bestimmungsgleichung

$$-\frac{\hbar^2 K^2}{2m} = W$$

für den Exponentialfaktor K. Sie hat die beiden Lösungen

$$K_1 = ik \quad \text{und} \quad K_2 = -ik \quad \text{mit} \quad k = +\sqrt{\frac{2mW}{\hbar^2}} \tag{5.2}$$

Die **allgemeine** Lösung von (5.1) ist dann die Linearkombination der beiden voneinander linear unabhängigen Lösungen

$$\varphi_1 = Ae^{ikx} \qquad \text{und} \qquad \varphi_2 = Ae^{-ikx}$$

also

$$\varphi(x) = A_1 e^{ikx} + A_2 e^{-ikx} \tag{5.3}$$

mit beliebigen Amplitudenfaktoren A_1 und A_2. Aus der Randbedingung $\varphi(0) = 0$ folgt $A_1 + A_2 = 0$. Damit lautet (5.3):

$$\varphi(x) = A_1(e^{ikx} - e^{-ikx})$$

Die Anwendung des **Moivreschen Theorems**

$$e^{i\alpha} - e^{-i\alpha} = 2i\sin\alpha$$

ergibt

$$\varphi(x) = B\sin kx$$

mit der Abkürzung $B = 2iA_1$. Die zweite Randbedingung $\varphi(a) = 0$ führt auf

$$\sin ka = 0 \quad \text{oder} \quad ka = n\pi \quad \text{oder} \quad k = \frac{\pi n}{a}$$

mit $n = 1, 2, 3, 4, ...$ Damit erhalten die Lösungen die endgültige Form

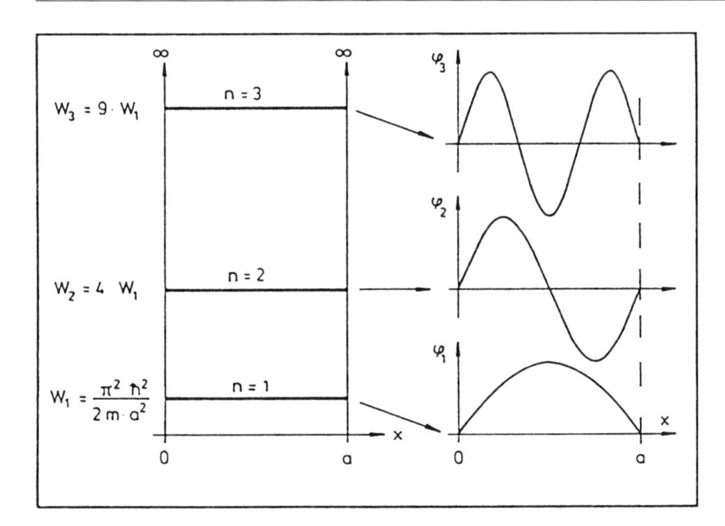

Abb. 5.1. Energieniveaus und Eigenfunktionen beim eindimensionalen Potentialtopf.

$$\varphi_n(x) = B \sin\left[\frac{\pi n}{a} x\right] \tag{5.4}$$

Es gibt somit unendlich viele durch den Laufindex n gekennzeichnete Lösungen der Eigenwertgleichung (5.1). Jede von ihnen beschreibt einen bestimmten Quantenzustand. Die zugehörigen und gesuchten Energien gewinnt man schließlich mit $k = \pi n/a$ und $\hbar = h/(2\pi)$ aus (5.2) zu

$$W_n = \frac{\pi^2 \hbar^2}{2ma^2} n^2 \tag{5.5}$$

Die möglichen Energien sind also **diskret** verteilt. Der Abstand der Niveaus vom Boden des Potentialtopfes wächst **quadratisch** mit n. Lösungen $\varphi_n(x)$ mit **unterschiedlichen** Indizes n führen stets auch auf **unterschiedliche** Energien. Die Niveaus sind demnach **nicht entartet**. Es ist $g_n = 1$.
Das tiefste Niveau hat die Energie $W_1 = \pi^2 \hbar^2/(2ma^2)$. Sie betrüge beispielsweise für ein Elektron ($mc^2 = 0.5$ MeV), eingesperrt in einen Potentialtopf der Breite $a = 1$ nm $= 10^{-9}$ m mit $\hbar c = 2 \cdot 10^{-13}$ MeV m:

$$W_1 = \frac{\pi^2 \hbar^2 c^2}{2mc^2 a^2} = \frac{\pi^2 \cdot 4 \cdot 10^{-26}}{2 \cdot 0.5 \cdot 10^{-18}} \text{ MeV} = 0.39 \text{ eV}$$

Einen Überblick vermittelt Bild 5.1. Aufgetragen sind die ersten drei Energieniveaus und die zugehörigen Eigenfunktionen.

5.3 Energieniveaus in einem dreidimensionalen Potentialtopf

Vorausgesetzt wird nun ein dreidimensionaler Potentialtopf mit undurchlässigen Wänden. Er soll der Einfachheit halber die Form eines Würfels haben und so in ein $x - y - z$-Koordinatensystem eingebettet sein, wie es Bild 5.2 angibt.
Die (Orts-) Wellenfunktionen φ hängen jetzt von den drei Ortskoordinaten x, y und z bzw. vom Ortsvektor $\boldsymbol{r} = x\boldsymbol{u}_x + y\boldsymbol{u}_y + z\boldsymbol{u}_z$ ab, wobei $\boldsymbol{u}_x, \boldsymbol{u}_y$ und $\boldsymbol{u}_z$ die Einheitsvektoren bezeichnen. Die nachfolgende Argumentation verläuft weitgehend analog zu der im vorangehenden Abschnitt.
Die Eigenwertgleichung des HAMILTON-Operators lautet

$$-\frac{\hbar^2}{2m}\Delta\varphi = -\frac{\hbar^2}{2m}\left[\frac{\partial^2\varphi}{\partial x^2} + \frac{\partial^2\varphi}{\partial y^2} + \frac{\partial^2\varphi}{\partial z^2}\right] = W\varphi \tag{5.6}$$

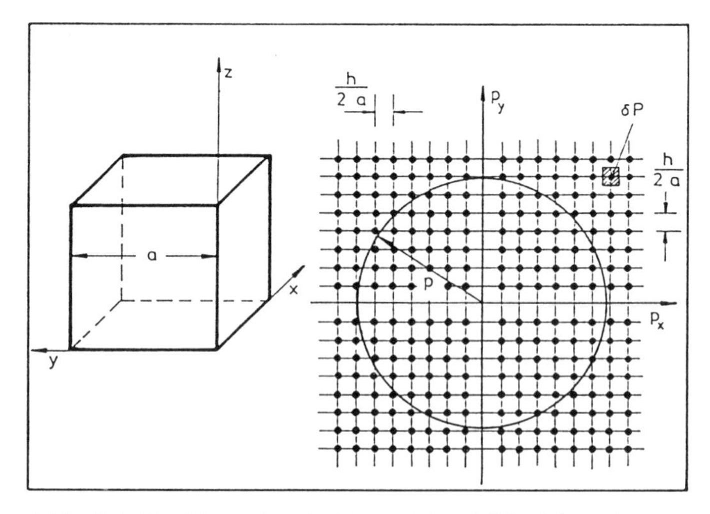

Abb. 5.2. Dreidimensionaler Potentialtopf (Würfel) und Quantenzustände im Impulsraum.

Als Randbedingung gilt, dass die Lösungen $\varphi(x, y, z)$ auf den sechs Würfelflächen und somit natürlich auch in den acht Würfelecken gleich Null sein müssen. Die allgemeine Lösung (5.3) für den eindimensionalen Fall hat im dreidimensionalen Fall die Form

$$\varphi(\boldsymbol{r}) = A_1 e^{i\boldsymbol{kr}} + A_2 e^{-i\boldsymbol{kr}}$$

Aus der Randbedingung $\varphi(0, 0, 0) = 0$ für die Würfelecke im Koordinatenursprung, d.h. für $\boldsymbol{r} = 0$, folgt zunächst $A_1 + A_2 = 0$. Damit ist

$$\varphi(\boldsymbol{r}) = A_1(e^{i\boldsymbol{kr}} - e^{-i\boldsymbol{kr}}) = B\sin(\boldsymbol{kr})$$

wobei abkürzend wieder $2iA_1 = B$ gesetzt wurde. Verwendet man die Komponentenschreibweise $\boldsymbol{k} \cdot \boldsymbol{r} = k_x x + k_y y + k_z z$ für das Skalarprodukt, dann erhält die Lösung die Gestalt

$$\varphi(x, y, z) = B \sin(k_x x + k_y y + k_z z)$$

Die Anwendung des Additionstheorems für Sinus-Funktionen führt auf

$$\frac{\varphi(x, y, z)}{B} = \sin(k_x x) \cdot \cos(k_y y + k_z z) + \cos(k_x x) \cdot \sin(k_y y + k_z z)$$

Aufgrund der Randbedingung $\varphi(0, y, z) = 0$ für die Würfelfläche in der $y-z$-Ebene ergibt sich hieraus $\sin(k_y y + k_z z) = 0$. Also verbleibt

$$\frac{\varphi(x, y, z)}{B} = \sin(k_x x) \cdot \cos(k_y y + k_z z)$$

Das Additionstheorem für Cosinus-Funktionen liefert

$$\begin{aligned} \frac{\varphi(x, y, z)}{B} &= \sin(k_x x) \cdot \cos(k_y y) \cdot \cos(k_z z) \\ &- \sin(k_x x) \cdot \sin(k_y y) \cdot \sin(k_z z) \end{aligned}$$

Die Randbedingung $\varphi(x, 0, z) = 0$ für die Würfelfläche in der $x - z$-Ebene verlangt $\sin(k_x x) \cdot \cos(k_z z) = 0$. Somit bleibt

$$\varphi(x, y, z) = -B \sin(k_x x) \cdot \sin(k_y y) \cdot \sin(k_z z)$$

übrig. In dieser Form genügt die Lösung bereits auch der Randbedingung $\varphi(x, y, 0) = 0$ für die Würfelfläche in der $x - y$-Ebene, da diese indirekt in der schon ausgeschöpften ersten Bedingung $\varphi(0, 0, 0) = 0$ mit enthalten ist. Die Komponenten k_x, k_y und k_z des Vektors $\boldsymbol{k}$ werden durch die Randbedingungen für die restlichen drei Würfelflächen festgelegt. Die Bedingung $\varphi(a, y, z) = 0$ für die Würfelfläche parallel zur $y-z$-Ebene im Abstand $x = a$ von ihr bedeutet, dass die Forderung

$$\sin(k_x a) \cdot \sin(k_y y) \cdot \sin(k_z z) = 0$$

erfüllt werden muss. Da diese Beziehung **stets**, d.h. für alle möglichen Werte von y und z gelten soll, muss zwangsläufig

$$\sin(k_x a) = 0 \qquad \text{oder} \qquad k_x = n_x \frac{\pi}{a}$$

sein. Entsprechend folgt aus den letzten beiden Randbedingungen $\varphi(x, a, z) = 0$ und $\varphi(x, y, a) = 0$:

$$\sin(k_y a) = 0 \qquad \text{oder} \qquad k_y = n_y \frac{\pi}{a}$$

und

$$\sin(k_z a) = 0 \qquad \text{oder} \qquad k_z = n_z \frac{\pi}{a}$$

n_x, n_y und n_z sind ganze Zahlen größer als Null. Die endgültige und allen geforderten Randbedingungen genügende Lösung lautet also

$$\varphi_n = -B \sin\left[n_x \frac{\pi}{a} x\right] \cdot \sin\left[n_y \frac{\pi}{a} y\right] \cdot \sin\left[n_z \frac{\pi}{a} z\right] \tag{5.7}$$

Der Index n kennzeichnet abkürzend die Abhängigkeit von n_x, n_y und n_z. Die möglichen Energien W erhält man durch Einsetzen der Lösung in die Eigenwertgleichung (5.6). Mit

$$\frac{\partial^2 \varphi_n}{\partial x^2} = -n_x^2 \frac{\pi^2}{a^2} \varphi_n$$

und den entsprechenden Ausdrücken für die partiellen zweiten Ableitungen nach y und z ergibt das

$$-\frac{\hbar^2}{2m}\left[-n_x^2 \frac{\pi^2}{a^2} - n_y^2 \frac{\pi^2}{a^2} - n_z^2 \frac{\pi^2}{a^2}\right] \varphi_n = W_n \varphi_n$$

oder

$$W_n = \frac{\pi^2 \hbar^2}{2ma^2}(n_x^2 + n_y^2 + n_z^2) \tag{5.8}$$

Die Energien sind also wieder **diskret** verteilt. Anders als im eindimensionalen Fall aber wird hier die Höhe eines Niveaus durch ein **Tripel** $(n_x, n_y, n_z) = (i, j, \ell)$ von positiven ganzen Zahlen größer als Null bestimmt. Das hat zur Folge, dass die meisten Niveaus **entartet** sind. Warum das so ist, läßt sich leicht einsehen: Bei **vorgegebenen** Zahlen i, j, ℓ bleibt W_n bei Permutationen dieser drei Zahlen, d.h. bei Änderungen in ihrer **Reihenfolge** selbstverständlich unverändert. Die Summe ihrer Quadrate ist stets dieselbe. Wohl aber können sich dabei die den jeweiligen Quantenzustand charakterisierenden Wellenfunktionen $\varphi(x, y, z)$ ändern. Bei drei Zahlen sind bekanntlich $3! = 6$ Permutationen möglich. Sind alle drei Zahlen voneinander verschieden $(i \neq j \neq \ell)$, dann sind es auch alle sechs Permutationen, und es gibt sechs unterschiedliche Quantenzustände zum selben Niveau. Es ist dann sechsfach entartet $(g_n = 6)$. Sind zwei Zahlen gleich $(i = j \neq \ell)$, dann verbleiben von den sechs möglichen nur noch drei unterschiedliche Permutationen, d.h. es ist $g_n = 3$. Sind schließlich alle drei Zahlen gleich $(i = j = \ell)$, dann ergibt jede Permutation denselben Quantenzustand. Es ist $g_n = 1$. Solche Niveaus sind somit nicht entartet. Hinzu kommt, dass auch Zahlentripel (i_1, j_1, ℓ_1) und (i_2, j_2, ℓ_2), die sich **nicht** durch Permutationen ineinander überführen lassen, aber der Bedingung $i_1^2 + j_1^2 + \ell_1^2 = i_2^2 + j_2^2 + \ell_2^2$ folgen, zum selben Niveau führen. Beispiele solcher Tripel sind (1,1,5) und (3,3,3) oder (1,2,6) und (3,4,4), usw.

In Bild 5.3 ist die Niveaufolge für einen Potentialwürfel als "horizontale Niveau-Leiter" zur Energie $W = 51W'$ dargestellt. Dabei ist $W' = \pi^2\hbar^2/(2ma^2)$ die durch die Teilchenmasse m und die Kantenlänge a des Würfels festgelegte Energiekonstante. Das tiefste Niveau liegt bei $W_1 = 3W'$. Die ersten vier Niveaus gehören zu den Tripeln (1,1,1), (1,1,2), (1,2,2) und (1,1,3). Es ist also $g_1 = 1$ und $g_2 = g_3 = g_4 = 3$. Als Punktreihen aufgetragen sind ferner die Summe $G = \sum g_n$ aller Quantenzustände und die Summe M aller

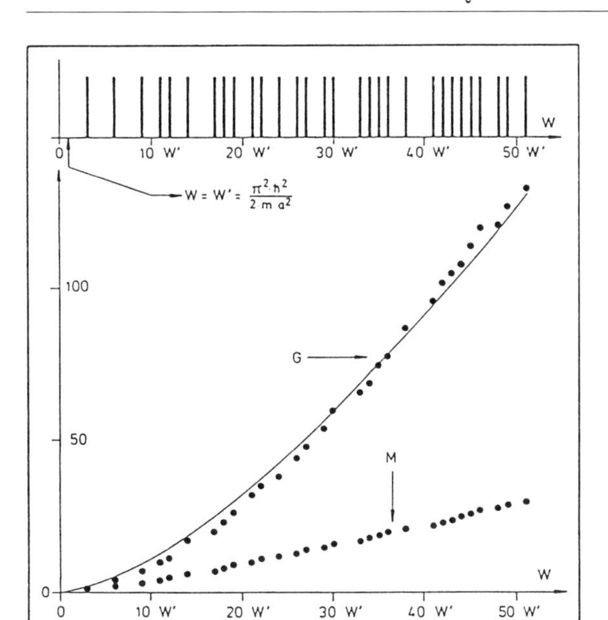

Abb. 5.3. Energie- und Quantenzustände beim dreidimensionalen Potentialtopf (Würfel).

Energieniveaus bis zur jeweiligen Energie W. Die durchgezogene Kurve folgt der Funktion $G \sim W^{3/2}$. Hierauf wird noch zurückgegriffen werden.
Ergänzend sei noch angefügt, dass sich für den allgemeineren Fall eines **quaderförmigen** Potentialtopfes mit den Kantenlängen a, b und c in $x-$, y- und z-Richtung die Eigenfunktionen und Energieniveaus aus den Formeln

$$\varphi_n(x,y,z) = -B \sin\left[n_x \frac{\pi}{a} x\right] \cdot \sin\left[n_y \frac{\pi}{b} y\right] \cdot \sin\left[n_z \frac{\pi}{c} z\right]$$

und

$$W_n = \frac{\pi \hbar^2}{2m}\left[\frac{n_x^2}{a^2} + \frac{n_y^2}{b^2} + \frac{n_z^2}{c^2}\right]$$

berechnen.

5.4 Quantenzustände im Impulsraum

Besonders übersichtlich lassen sich die Quantenzustände im **Impulsraum** darstellen. Darunter versteht man den von den drei Komponenten p_x, p_y und p_z des Impulses $\boldsymbol{p}$ aufgespannten (dreisimensionalen) Raum. Der im Zusammenhang mit der Lösung der Eigenwertgleichung (5.4) eingeführte Vektor

$$\boldsymbol{k} = k_x \boldsymbol{u}_x + k_y \boldsymbol{u}_y + k_z \boldsymbol{u}_z = \frac{\pi}{a}(n_x \boldsymbol{u}_x + n_y \boldsymbol{u}_y + n_z \boldsymbol{u}_z)$$

wird auch **Wellenvektor** genannt. Er hängt bekanntlich über die einfache **DeBroglie-Beziehung** $\boldsymbol{p} = \hbar\boldsymbol{k}$ mit dem Impuls zusammen. Also ist

$$\boldsymbol{p} = \frac{h}{2a}(n_x\boldsymbol{u}_x + n_y\boldsymbol{u}_y + n_z\boldsymbol{u}_z) \tag{5.9}$$

An dieser Stelle muss ein wichtiger Kommentar eingeschoben werden: Die ganzen Zahlen n, n_x, n_y und n_z sind bisher als positiv und größer als Null, also als sogenannte **natürliche** Zahlen vorausgesetzt worden, obwohl die im Zusammenhang mit dem Auffinden der Lösungen (5.4) und (5.7) genannten Randbedingungen auch durch negative ganze Zahlen einschließlich der Null erfüllt werden können. Die Beschränkung auf die natürlichen Zahlen bedeutet dennoch keinerlei Einschränkung der Allgemeingültigkeit der gewonnenen Aussagen. Wegen des antisymmetrischen Charakters der Sinus-Funktion bedingt ein Vorzeichenwechsel der n-Zahlen in (5.4) und (5.7) allenfalls eine Vorzeichenänderung der Wellenfunktionen. Das aber führt weder auf einen anderen Quantenzustand noch hat es überhaupt irgendwelche physikalischen Konsequenzen. Die in einer Wellenfunktion enthaltene physikalische Information besteht bekanntlich darin, dass das Produkt $\varphi^*\varphi = |\varphi|^2$ die Wahrscheinlichkeitsdichte angibt. Dieses Produkt aber ist unempfindlich gegen einen Vorzeichenwechsel von φ und stets positiv. In den Formeln (5.5) und (5.8) treten die n-Zahlen quadratisch auf. Hier spielt deren Vorzeichen ohnehin keine Rolle. Die n-Werte Null konnten ausgeschlossen werden, weil sie die trivialen und physikalisch inhaltslosen Fälle $\varphi(x) = 0$ bzw. $\varphi(x, y, z) = 0$ ergeben. Abgesehen hiervon dürfen Nullen aber auch aus folgenden prinzipiellen physikalischen Gründen nicht auftreten: Für $n = 0$ ergäbe die Formel (5.5) die Energie $W_0 = 0$. Das tiefste Niveau läge somit "auf dem Boden" Potentialtopfes. Ein im Potentialtopf eingesperrtes Teilchen hätte dann auch den scharf definierten Impuls $p = 0$ mit $\Delta p = 0$. Andererseits ergibt sich für das Teilchen eine endliche, durch die Topfbreite a festgelegte Ortsunschärfe von $\Delta x = a$. Daraus aber resultiert ein Widerspruch zur HEISENBERGschen Unschärferelation $\Delta p \cdot \Delta x \approx \hbar$. Danach ist ein **endliches** Δx stets mit einem **endlichen** Δp verknüpft. Anschaulich ausgedrückt heißt das: Ein Teilchen in einem wie auch immer geformten Potentialtopf kann nie in Ruhe sein, sondern muss mindestens eine mit der Unschärferelation gerade noch verträgliche Energie, die sogenannte **Nullpunktsenergie**, besitzen. In der Formel (5.8) für den dreidimensionalen Fall tritt die Energie $W = 0$ nur für das Tripel (0,0,0) auf. Da aber die Unschärferelation für alle voneinander unabhängigen Koordinatenrichtungen getrennt gelten muss, bleiben auch alle diejenigen Tripel ausgeschlossen, bei denen überhaupt eine Null vorkommt.

Soviel zur **bisherigen** Situation. In der Darstellung (5.9) für den Impuls dagegen bedeutet die Einschränkung auf die natürlichen n-Zahlen sehr wohl eine Einschränkung in den physikalischen Aussagen. Die möglichen Impulse würden dann ja lediglich einen Oktanten des gesamten Impulsraums ausfüllen. Also müssen für die nachfolgenden Diskussionen dieses Abschnitts auch **negative** ganze Zahlen für n_x, n_y und n_z zugelassen werden. Ein Vorzeichenwechsel bedingt Richtungsänderungen des Impulses und damit – anders als bisher – Änderungen der physikalischen Konfiguration, d.h. des Quantenzustandes. Nullen bleiben weiterhin durch die Unschärferelation verboten. Natürlich läßt sich die physikalische Notwendigkeit für die Zulassung auch negativer n-Zahlen im Zusammenhang mit Impulsbetrachtungen quantenmechanisch exakt begründen. Auf welchem Wege das geschehen kann, soll hier nur andeutungsweise für den einfachen Fall des eindimensionalen Potentialtopfes gezeigt werden. Die möglichen Werte p des Impulses $\boldsymbol{p} = p\boldsymbol{u}_x$ sind die Eigenwerte in der Eigenwertgleichung $\widehat{p}\phi = p\phi$ für den Impulsoperator $\widehat{p} = (\hbar/i)\cdot\mathrm{d}/\mathrm{d}x$. Die Differentialgleichung für die Eigenfunktionen ϕ lautet also

$$\frac{\hbar}{i}\frac{\mathrm{d}\phi}{\mathrm{d}x} = p\phi$$

Der Ansatz

$$\phi = Ae^{\alpha x} \qquad \text{mit} \qquad \frac{\mathrm{d}\phi}{\mathrm{d}x} = \alpha Ae^{\alpha x} = \alpha\phi$$

führt auf $\alpha = ip/\hbar$ und somit auf die Lösung

$$\phi(p,x) = Ae^{i\frac{px}{\hbar}}$$

An den Wänden des Potentialtopfes wird – anschaulich ausgedrückt – das Teilchen reflektiert. Der Impuls p ändert dabei sein Vorzeichen, und folglich geht ϕ dort in die Funktion

$$\phi'(p,x) = Be^{i\frac{(-p)x}{\hbar}} = Be^{-i\frac{px}{\hbar}}$$

mit eventuell geänderter Amplitude $B \neq A$ über. Als Randbedingung muss also verlangt werden, dass an den Stellen $x = 0$ und $x = a$ beide Funktionen übereinstimmen, d.h. es muss gelten

$$\phi(p,0) = \phi'(p,0) \qquad \text{und} \qquad \phi(p,a) = \phi'(p,a)$$

Die erste Forderung ergibt $B = A$. Der Reflexionskoeffizient beträgt also 100%, wie es selbstverständlich bei unendlich hohen Potentialwänden zu erwarten ist. Die zweite Forderung führt unter Anwendung des Moivreschen Theorems auf

$$e^{i\frac{pa}{\hbar}} - e^{-i\frac{pa}{\hbar}} = 2i\sin\left[\frac{pa}{\hbar}\right] = 0$$

und damit auf

$$\frac{pa}{\hbar} = n\pi \qquad \text{bzw.} \qquad p_n = n\frac{\pi\hbar}{a}$$

mit $n = \pm1, \pm2, \pm3, \ldots$ Die Niveauleiter der Impulseigenwerte hat also konstante Sprossenabstände der Größe $\pi\hbar/a = h/(2a)$. Sie erstreckt sich sowohl nach "oben" ($n \geq 1$), als auch nach "unten" ($n \leq 1$), wobei aus den bereits erläuterten Gründen die Sprosse $n = 0$ fehlt. Für die Eigenfunktionen des Impulsoperators folgt somit

$$\phi_n(x) = Ae^{in\frac{\pi}{a}x}$$

Jedem Impulsniveau ist eindeutig eine Eigenfunktion zugeordnet. Die Niveaus sind also nicht entartet.
Nach dieser Einblendung zurück zum dreidimensionalen Fall (5.9), d.h. zur dreidimensionalen Überlagerung dreier oben beschriebener Impulsniveau-Leitern. Jeder durch ein Zahlentripel (n_x, n_y, n_z) charakterisierte Quantenzustand ($\boldsymbol{p}$-Zustand)

$$\boldsymbol{p}_n = \frac{hn_x}{2a}\boldsymbol{u}_x + \frac{hn_y}{2a}\boldsymbol{u}_y + \frac{hn_z}{2a}\boldsymbol{u}_z$$

wird im Impulsraum durch einen Punkt mit den Koordinaten $hn_x/(2a), hn_y/(2a)$ und $hn_z/(2a)$ repräsentiert. Der Abstand benachbarter Punkte in p_x-, p_y- und p_z-Richtung beträgt demnach $h/(2a)$ und wird allein durch die Kantenlänge a des Potentialwürfels bestimmt. Mit anderen Worten: Die möglichen Quantenzustände bevölkern im Impulsraum die Gitterpunkte eines primitiven kubischen Gitters mit der Gitterkonstante $h/(2a)$, wobei allerdings die Koordinatenebenen $p_x = 0, p_y = 0$ und $p_z = 0$ unbesetzt bleiben. Bild 5.2 zeigt schematisch die Verteilung der Zustandspunkte in einer zu $p_z = 0$ parallelen Ebene. Die $p_z = 0$-Ebene selbst ist ja unbesetzt. Jedem $\boldsymbol{p}$-Zustand steht also im Impulsraum ein Volumenelement der Größe

$$\delta P = \left[\frac{h}{2a}\right]^3 = \frac{h^3}{8V}$$

zur Verfügung, wobei $V = a^3$ das Volumen des Potentialwürfels ist. Als Abstand eines Zustandspunktes vom Koordinatenursprung ergibt sich

$$p_n = \frac{h}{2a}(n_x^2 + n_y^2 + n_z^2)^{1/2} \tag{5.10}$$

d.h. der Betrag des Impulses. Da hier die n-Zahlen quadratisch auftreten, geht deren Vorzeichen nicht ein. Zu einem durch das Tripel (n_x, n_y, n_z) gekennzeichneten Quantenzustand, der lediglich den **Betrag** des Impulses beschreibt (p-Zustand), tragen demzufolge insgesamt **acht** $\boldsymbol{p}$-Zustände bei, und zwar diejenigen mit

$$\begin{aligned}(n_x, n_y, n_z) = {} & (i, j, \ell), (-i, j, \ell), (i, -j, \ell), (i, j, -\ell) \\ & (-i, -j, \ell), (-i, j, -\ell), (i, -j, -\ell), (-i, -j, -\ell)\end{aligned}$$

Jeder dieser Zustände stammt aus jeweils einem Oktanten des Impulsraums. Einem p-Zustand steht damit achtmal mehr Platz zur Verfügung als einem $\boldsymbol{p}$-Zustand, nämlich

$$\Delta P = 8\delta P = \frac{h^3}{V}$$

Alle p-Zustände mit Impulsbeträgen zwischen 0 und p liegen innerhalb einer Kugel um den Koordinatenursprung mit dem Radius p (siehe Bild 5.2). Ihr Volumen beträgt $P_k = 4\pi p^3/3$. Da andererseits bekannt ist, dass ein einziger p-Zustand das Volumen ΔP einnimmt, ergibt sich die **Anzahl** n der p-Zustände innerhalb der Kugel in einfacher Weise zu

$$n(p) = \frac{P_k}{\Delta P} = \frac{P_k V}{h^3} = \frac{4\pi}{3h^3} V p^3 \tag{5.11}$$

Diese Beziehung enthält zusätzlich eine grundsätzliche physikalische Aussage. V ist ein Volumen im Ortsraum; P_k ist ein Volumen im Impulsraum. $Q = P_k V$ ist dann ein Volumen in einem **sechs-dimensionalen**, von den drei Ortskoordinaten x, y, z und den drei Impulskomponenten p_x, p_y, p_z aufgespannten Raum, dem sogenannten **Phasenraum**. Aus (5.11) folgt dann

$$\frac{Q}{n} = h^3 \qquad \text{oder} \qquad nh^3 = Q$$

Der Quotient Q/n ist das "Phasenraumvolumen pro Quantenzustand", genauer pro p-Zustand. Diese Größe ist offensichtlich eine **Naturkonstante**, nämlich h^3.
Bei einer Aufteilung des Phasenraums in Zellen der **endlichen** Größe

$$\Delta Q = \Delta x \cdot \Delta y \cdot \Delta z \cdot \Delta p_x \cdot \Delta p_y \cdot \Delta p_z = h^3 \tag{5.12}$$

passt demzufolge in jede dieser Zellen genau ein solcher Quantenzustand. Eine noch **feinere** Aufteilung des Phasenraums ist physikalisch somit sinnlos. Sie brächte keine zusätzlichen Informationen oder Erkenntnisse. Das ist auch richtig so, denn schließlich ist (5.12) nichts weiter als die dreidimensionale Formulierung der HEISENBERGschen Unschärferelation, welche für jedes einzelne der in (5.12) vorkommenden Produkte aus Orts- und Impuls-Streuungen prinzipiell als untere Grenze der Genauigkeit den Wert h vorschreibt. In diesem Sinne bestimmt also die Natur selbst die optimale Einteilung des Phasenraums.

5.5 Zustandsdichte und Besetzungsdichte

Die Rückkehr von den Impuls- zu den Energieniveaus ergibt sich auf direktem Wege durch einen Vergleich der beiden Formeln (5.8) und (5.10). Danach ist $p_n^2 = 2mW_n$. Jedem n-Tripel ist somit eindeutig sowohl ein p-Zustand als auch ein Quantenzustand auf der Energieniveau-Leiter zugeordnet. Es gilt also der von der klassischen Mechanik her bekannte Zusammenhang

$$p^2 = 2mW \qquad \text{oder} \qquad W = \frac{p^2}{2m}$$

Einsetzen in (5.11) führt auf die Beziehung

$$n(W) = \frac{4\pi}{3h^3}(2m)^{3/2} V W^{3/2} \tag{5.13}$$

$n(W)$ ist die **Gesamtzahl** aller Quantenzustände entlang der Energieniveau-Leiter bis hinauf zur (Grenz-) Energie W. Sie wächst also proportional zur 1.5-ten Potenz von W. Die in Bild 5.3 eingezeichnete Kurve $G(W)$ zeigt, wie gut sich bereits die relativ wenigen dort erfassten Quantenzustände in diesem Trend einordnen lassen. Wohlgemerkt, $n(W)$ ist **nicht** die Zahl der Energieniveaus. Diese ist wegen der auftretenden Entartungen kleiner als $n(W)$, was ebenfalls deutlich aus Bild 5.3 hervorgeht. Ein Zahlenbeispiel soll einen Eindruck von der Größenordnung vermitteln: Wie im folgenden noch gezeigt wird, beträgt die (mittlere kinetische) Energie der Atome in einem (einatomigen) Gas $\overline{W} = (3/2)kT$. Bei Zimmertemperatur ($T = 293$ K $= 20°$C) ist also $\overline{W} = 606.7 \cdot 10^{-23}$ J $= 37.87 \cdot 10^{-3}$ eV. In einem Volumen von nur $V = a^3 = 1$ mm^3 gibt es dann gemäß Formel (5.13) für He-Atome ($m = 6.7 \cdot 10^{-27}$ kg) bereits $n = 10^{22}$ Quantenzustände bis zur angegebenen Energie.
Bezeichnet Δn die Zahl der Quantenzustände im Energieintervall ΔW, dann heißt der Quotient $g(W) = \Delta n/\Delta W$ die **Zustandsdichte**. Die enorm hohe Zahl von Quantenzuständen innerhalb makroskopischer Volumina rechtfertigt es, diesen Differenzquotienten mathematisch wie einen Differentialquotienten zu behandeln, so dass aus (5.13) folgt:

$$g(W) = \frac{\mathrm{d}n}{\mathrm{d}W} = \frac{\pi(32)^{1/2}}{h^3} m^{3/2} V W^{1/2} \tag{5.14}$$

Die Zustandsdichte bei einem idealen Gas wächst also proportional zur **Wurzel aus der Energie**. Mit den Zahlen aus dem obigen Beispiel erhält man an der Stelle $W = \overline{W}$ den Wert $g(\overline{W}) = 4 \cdot 10^{23}$ (eV)$^{-1}$ $= 4 \cdot 10^{17}$ (μ eV)$^{-1}$. Aufgrund der hohen Zustandsdichte empfiehlt es sich, die "Buchführung" für das Abzählen der Quantenzustände g_i, der Energieniveaus W_i und der Besetzungszahlen N_i diesen Gegebenheiten so anzupassen, wie es Bild 5.4 schematisch darstellt.

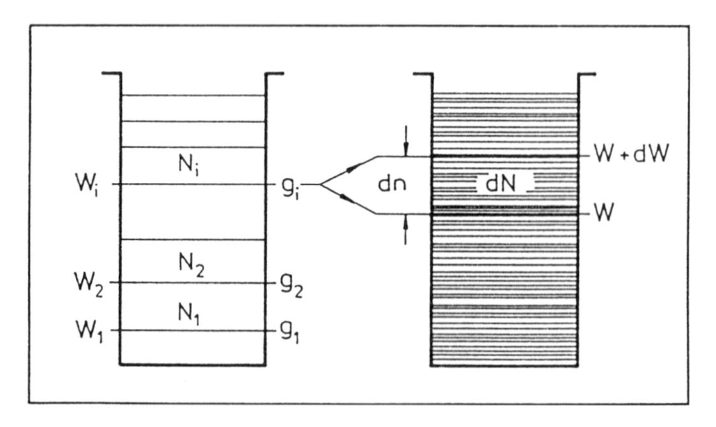

Abb. 5.4. Abzählen der Energieniveaus bei hoher Zustandsdichte.

Anstelle eines isolierten Energieniveaus W_i wird ein Band der Breite dW von mehreren Niveaus mit Energien zwischen W und $W+$ dW wie ein Niveau behandelt. Folgerichtig tritt an die Stelle des Entartungsgrades g_i, der die Anzahl der Quantenzustände eines **einzelnen** Energieniveaus angibt, die Zahl dn der Quantenzustände innerhalb des Energiebandes und an die Stelle der Besetzungszahl N_i die Teilchenzahl dN, also

$$g_i \to dn = g(W) \cdot \mathrm{d}W; \quad N_i \to \mathrm{d}N(W)$$

Die Größe $\mathrm{d}N/\mathrm{d}W$ nennt man auch die **Besetzungsdichte**. Mit dieser Absprache und der Abkürzung

$$C = \pi(32)^{1/2} h^{-3} m^{3/2} V \tag{5.15}$$

lauten dann die Besetzungsdichten für die drei Verteilungen (4.23), (4.12) und (4.24)

Boltzmann-Vert.: $$\frac{\mathrm{d}N}{\mathrm{d}W} = C\frac{N}{Z} W^{1/2} e^{-\frac{W}{kT}} \tag{5.16}$$

Bose-Verteilung: $$\frac{\mathrm{d}N}{\mathrm{d}W} = C\frac{W^{1/2}}{e^{\alpha + \frac{W}{kT}} - 1} \tag{5.17}$$

Fermi-Verteilung $$\frac{dN}{dW} = C\frac{W^{1/2}}{e^{\frac{W - W_F}{kT}} + 1} \tag{5.18}$$

Die in (5.16) auftretende und durch (4.22) definierte Zustandssumme Z kann bei hoher Zustandsdichte in guter Näherung durch eine Integration berechnet werden. Integrale werden ja bekanntlich als Grenzwerte von Summen in folgender Weise eingeführt:
Teilt man den Variablenbereich $0 \leq x \leq a$ so in n Intervalle $(\Delta x)_i$ auf, dass $(\Delta x)_i \to 0$ für $n \to \infty$ gilt, dann ist, unabhängig von der gewählten Einteilung der x-Achse

$$\lim_{n\to\infty} \left[\sum_{i=1}^{n} f(u_i) \cdot (\Delta x)_i \right] = \int_0^a f(x) \cdot \mathrm{d}x \equiv I(a)$$

wobei u_i innerhalb des Intervalls $(\Delta x)_i$ liegt. Demzufolge kann jede Summe näherungsweise durch ein Integral dargestellt werden, wobei die Näherung um so besser ist, je feiner der Variablenbereich eingeteilt wird. Dem sind allerdings durch den vorgegebenen Abstand der Summanden – hier der Energieniveaus – Grenzen gesetzt. In diesem Sinne folgt für die Zustandssumme (4.22) mit $g_i \to g(W) \cdot$ dW:

$$Z = \sum_{i=1}^{s} g_i e^{-\frac{W_i}{kT}} = \int_0^\infty g(W) e^{-\frac{W}{kT}} \cdot \mathrm{d}W$$

$$= C \int_0^\infty W^{1/2} e^{-\frac{W}{kT}} \cdot \mathrm{d}W \tag{5.19}$$

Die obere Integrationsgrenze muss im Unendlichen liegen, da alle drei Verteilungen (5.16), (5.17) und (5.18) die Besetzung von Niveaus bis hinauf zu unendlich hohen Energien zulassen. Konkrete Berechnungen von Z folgen an entsprechender Stelle.

6 Mittelwerte und Streuungen physikalischer Größen

6.1 Mittelwerte

Für die nachfolgenden Betrachtungen wird an verschiedenen Stellen der Begriff des Mittelwertes benötigt. Abgesehen hiervon ist diese Größe für Teilchensysteme von grundlegender Bedeutung. Sie soll deswegen hier etwas eingehender diskutiert werden.
Es sei q eine durch eine physikalische Größe beschreibbare Eigenschaft der einzelnen Teilchen des Systems, also beispielsweise deren Ortskoordinaten, deren Geschwindigkeiten, deren Energien, deren Trägheitsmomente, deren elektrische oder magnetische Dipolmomente, und so weiter. Würde man alle N Teilchen nach dem **Wert** dieser Eigenschaft sortieren und dabei feststellen, dass N_1 Teilchen den Wert q_1, N_2 Teilchen den Wert q_2 und schließlich N_k Teilchen den Wert q_k besitzen, dann bezeichnet man den Ausdruck

$$\overline{q} = \frac{1}{N} \sum_{i=1}^{k} q_i N_i \tag{6.1}$$

als den **Mittelwert** von q. Diese Definition entspricht durchaus der vertrauten oder "landläufigen" Vorstellung vom "mittleren Wert" einer Größe. Haben etwa von den insgesamt $N = 20$ Teilchen eines Systems $N_1 = 8$ Teilchen Energien von $W_1 = 1$ eV, $N_2 = 7$ Teilchen Energien von $W_2 = 5$ eV und $N_3 = 5$ Teilchen Energien von $W_3 = 10$ eV, dann beträgt der Mittelwert der Energie

$$\overline{W} = \frac{1}{20} \sum_{i=1}^{3} W_i N_i = \frac{1}{20} \cdot (1 \cdot 8 + 5 \cdot 7 + 10 \cdot 5) = 4.65 \text{ eV}$$

Auf jedes einzelne Teilchen entfällt also "im Mittel" oder "im Durchschnitt" dieser Wert der Energie.
Schreibt man (6.1) in der Form

$$\overline{q} = \sum_{i=1}^{k} q_i \frac{N_i}{N} = \sum_{i=1}^{k} q_i H_N(q_i) \tag{6.2}$$

dann erkennt man, dass jeder einzelne Summand angibt, mit welcher relativen Häufigkeit $H_N(q_i) = N_i/N$ der Wert q_i auftritt. Nach den Erläuterungen im Abschnitt 3.1. ist der Grenzwert der relativen Häufigkeit eines Ereignisses oder eines Wertes q_i für $N \to \infty$ definitionsgemäß gleich der – bereits auf Eins normierten – Wahrscheinlichkeit $P(q_i) \equiv P_i$ für diesen Wert. Das führt auf die Darstellung

$$\overline{q} = \sum_{i=1}^{k} q_i P_i \tag{6.3}$$

Genaugenommen und aus der Sicht der Behandlung von Vielteilchen-Systemen ist (6.3) die **eigentliche** oder ursprünglichere Definition für den Mittelwert. (6.2) geht daraus hervor, wenn man die Wahrscheinlichkeit durch die relative Häufigkeit approximiert. Sind die Wahrscheinlichkeiten **nicht** auf Eins normiert, dann muss durch die Summe über alle Wahrscheinlichkeiten dividiert werden, d.h. es ist dann

$$\overline{q} = \frac{\sum_{i=1}^{k} q_i P_i}{\sum_{i=1}^{k} P_i} \tag{6.4}$$

Alle aufgeführten Zusammenhänge gelten gleichermaßen auch für jede beliebige Funktion $f(q)$. Für deren Mittelwert folgt also beispielsweise in der Darstellung (6.1):

$$\overline{f(q)} = \frac{1}{N} \sum_{i=1}^{k} f(q_i) N_i \tag{6.5}$$

Für den Mittelwert gelten eine Reihe einfacher Rechenregeln. So ist etwa – wie aus der Definition direkt hervorgeht – der Mittelwert aus der Summe zweier Funktionen gleich der Summe aus den Mittelwerten der beiden Funktionen, d.h. es ist

$$\overline{f_1(q) + f_2(q)} = \overline{f_1(q)} + \overline{f_2(q)} \tag{6.6}$$

Liegen die Werte q_i "sehr dicht" oder sind sie gar kontinuierlich verteilt ($q_i \to q$), dann können – der Argumentation am Schluss des Abschnitts 5.5. folgend – die Summen durch die entsprechenden Integrale ersetzt werden. Bezeichnet $\mathrm{d}N(q)$ die Zahl der Teilchen mit den Werten zwischen q und $q+\mathrm{d}q$ und $\mathrm{d}P(q)$ die Wahrscheinlichkeit dafür, dass der Wert zwischen q und $q+\mathrm{d}q$ liegt, dann lauten mit

$$N_i \to \mathrm{d}N(q),\ P_i \to \mathrm{d}P(q) \qquad \text{und} \qquad N = \int_q \mathrm{d}N(q)$$

beispielsweise die beiden Beziehungen (6.4) und (6.5):

$$\overline{q} = \frac{\int\limits_q q \cdot \mathrm{d}P(q)}{\int\limits_q \mathrm{d}P(q)} \quad \text{und} \quad \overline{f(q)} = \frac{\int\limits_q f(q) \cdot \mathrm{d}N(q)}{\int\limits_q \mathrm{d}N(q)} \tag{6.7}$$

Die Integrationsgrenzen richten sich nach dem physikalisch vorgegebenen Variationsbereich von q.

Von besonderer Bedeutung für die hier diskutierten physikalischen Probleme ist der Fall $q_i = W_i$. Das Sortieren der Teilchen nach den verschiedenen Werten W_i der Energie führt dann nämlich direkt auf die **Besetzungszahlen** N_i der verfügbaren Energieniveaus. Legt man die BOLTZMANN-Verteilung zugrunde, dann erhält man durch Einsetzen von (4.23) in (6.5):

$$\overline{f(W)} = \frac{1}{N}\sum_{i=1}^{\ell} f(W_i)\frac{N}{Z}g_i e^{-\frac{W_i}{kT}} = \frac{1}{Z}\sum_{i=1}^{\ell} f(W_i)g_i e^{-\frac{W_i}{kT}}$$

oder durch Einsetzen von (5.16) in (6.7) für ein ideales Gas bei hoher Zustandsdichte

$$\begin{aligned}\overline{f(W)} &= \frac{1}{N}\int\limits_W f(W)\frac{CN}{Z}W^{1/2}e^{-\frac{W}{kT}} \cdot \mathrm{d}W \\ &= \frac{C}{Z}\int\limits_W f(W)W^{1/2}e^{-\frac{W}{kT}} \cdot \mathrm{d}W \end{aligned} \tag{6.8}$$

6.2 Schwankungen und Streuungen

Bei einem realen System ist die Verteilung der Teilchen auf die verschiedenen Werte q_i der Eigenschaft q im allgemeinen kein **statischer** Zustand. Die Teilchenzahlen N_i werden durch Wahrscheinlichkeitsaussagen gewonnen und sind zeitlichen Schwankungen unterworfen. Als Folge davon weisen auch die Momentanwerte der auf die Teilchenzahl N bezogenen Eigenschaft q des Gesamtsystems entsprechende Schwankungen gegen den Mittelwert $\overline{q}$ auf. Es erscheint naheliegend, zur Charakterisierung dieser Schwankungen den Mittelwert $\overline{\Delta q}$ der Abweichungen $\Delta q = q - \overline{q}$ der Momentanwerte q von ihrem Mittelwert zu verwenden. Leider stellt sich heraus, dass diese Größe hierfür völlig ungeeignet ist. Aus (6.6) folgt nämlich unmittelbar

$$\overline{\Delta q} = \overline{(q - \overline{q})} = \overline{q} - \overline{\overline{q}} = \overline{q} - \overline{q} = 0$$

Das war zu erwarten. Die Abweichungen erfolgen gleichermaßen in positiver wie negativer Richtung, so dass sie sich im Mittel kompensieren. Als weitere und diesmal brauchbare Möglichkeit zur Kennzeichnung der Schwankungen bietet sich der Mittelwert $\overline{(\Delta q)^2}$ des Quadrats $(\Delta q)^2 = (q - \overline{q})^2$ der Abweichungen an. Diese Größe kann nie negativ werden und ist nur dann gleich Null, wenn **keinerlei** Abweichungen auftreten. Sie läßt sich nach den im vorangehenden Abschnitt vorgestellten Beziehungen berechnen. Beispielsweise führt die erste der beiden Formeln (6.7) auf

$$\overline{(\Delta q)^2} = \frac{\int\limits_q (q - \overline{q})^2 \cdot \mathrm{d}P(q)}{\int\limits_q \mathrm{d}P(q)} = \frac{\int\limits_q (\Delta q)^2 \cdot \mathrm{d}P(q)}{\int\limits_q \mathrm{d}P(q)} \tag{6.9}$$

Man nennt $\overline{(\Delta q)^2}$ die **Streuung** oder die **Varianz** oder auch die "mittlere quadratische Abweichung". Die Größe

$$\sigma = \sqrt{\overline{(\Delta q)^2}}$$

heißt **Standardabweichung**.

6.3 Die Streuung der Besetzungszahlen im Gleichgewichtszustand

Die inzwischen erworbenen Kenntnisse über Mittelwerte und Streuungen ermöglichen es nun endlich, die längst fällige und wichtige Frage nach der Streuung der Besetzungszahlen des Gleichgewichtszustandes zu beantworten. Dazu muss zunächst untersucht werden, wie sich die Wahrscheinlichkeit P einer Verteilung in der Umgebung ihres Maximums $P_{\max}$, d.h. im Bereich des Gleichgewichtszustandes verhält, wie sie sich also ändert, wenn die Besetzungszahlen um $\Delta N_1, \Delta N_2, \cdots, \Delta N_i, \cdots, \Delta N_s$ von den Gleichgewichtswerten $N_1, N_2, \cdots, N_i, \cdots, N_s$ abweichen. Für den Fall etwa der BOLTZMANN-Statistik wird P als Funktion der Besetzungszahlen durch (4.10) beschrieben. Mit $M = P/\lambda$ und $\ln M = \ln P - \ln \lambda$ ist also

$$\ln P = \ln \lambda + \ln N! + \sum_{i=1}^{s} n_i \left[1 - \ln \frac{n_i}{g_i}\right]$$

Die Besetzungszahlen sind hier ausnahmsweise mit n_i bezeichnet worden, um den Unterschied zu den Gleichgewichtszahlen N_i kenntlich zu machen. Für $n_i = N_i + \Delta N_i$ folgt dann

$$\ln P = \ln(\lambda N!) + \sum_{i=1}^{s} (N_i + \Delta N_i) \left[1 - \ln \frac{N_i + \Delta N_i}{g_i}\right]$$

Gestützt auf die Vermutung, dass die zu erwartende Standardabweichung $\sigma = \sqrt{\overline{(\Delta N_i)^2}}$ klein gegen N_i sein wird, so dass nur ein enger Bereich $\Delta N_i \ll N_i$ um $P_{\max}$ betrachtet zu werden braucht, soll es genügen, die Funktion $\ln P$

durch eine TAYLOR-Reihe bis zum quadratischen Glied zu approximieren. Die TAYLOR-Entwicklung bezüglich $P = P_{\max}$ bzw. $n_i = N_i$ lautet bekanntlich

$$\ln P = [\ln P]_{N_i} + \sum_{i=1}^{s} \left[\frac{\partial(\ln P)}{\partial n_i}\right]_{N_i} \cdot \Delta N_i + \frac{1}{2} \cdot \sum_{i=1}^{s} \left[\frac{\partial^2(\ln P)}{\partial n_i^2}\right]_{N_i} \cdot (\Delta N_i)^2 + \cdots$$

Der erste Term ist $\ln P_{\max}$. Der zweite Term ist nichts anderes als die totale Änderung der Funktion $\ln P$ an der Stelle ihres Maximums. Sie muss demnach verschwinden, wie das ja auch schon in der Forderung (4.6) zum Ausdruck gebracht wird. Die erste partielle Ableitung von $\ln P$ nach n_i ist – wenn man $P = \lambda M$ berücksichtigt – bereits im Anschluss an die Formel (4.10) berechnet worden. Sie beträgt

$$\frac{\partial(\ln P)}{\partial n_i} = -\ln \frac{n_i}{g_i}$$

Daraus folgt für die zweite Ableitung

$$\frac{\partial^2(\ln P)}{\partial n_i^2} = -\frac{g_i}{n_i}\frac{1}{g_i} = -\frac{1}{n_i}$$

und für den dritten Term

$$\frac{1}{2}\sum_{i=1}^{s} \left[\frac{\partial^2(\ln P)}{\partial n_i^2}\right]_{N_i} \cdot (\Delta N_i)^2 = -\sum_{i=1}^{s} \frac{(\Delta N_i)^2}{2 \cdot N_i}$$

Damit lautet die TAYLOR-Darstellung

$$\ln P = \ln P_{\max} - \sum_{i=1}^{s} \frac{(\Delta N_i)^2}{2N_i}$$

oder

$$P = P_{\max} e^{-\sum_{i=1}^{s} \frac{(\Delta N_i)^2}{2N_i}} = P_{\max} \prod_{i=1}^{s} e^{-\frac{(\Delta N_i)^2}{2N_i}}$$

Jeder einzelne Faktor im obigen Produkt ist proportional zur Wahrscheinlichkeitsdichte $dP_i/d(\Delta N_i)$, d.h. es ist

$$dP_i = A \cdot e^{-\frac{(\Delta N_i)^2}{2N_i}} \cdot d(\Delta N_i) = A \cdot e^{-\frac{(n_i - N_i)^2}{2N_i}} \cdot d(n_i - N_i) \qquad (6.10)$$

gleich der Wahrscheinlichkeit dafür, dass eine Abweichung ΔN_i der Besetzungszahl n_i im entsprechenden Energieniveau W_i von ihrem Gleichgewichtswert N_i in einem engen Intervall zwischen ΔN_i und $\Delta N_i + d(\Delta N_i)$ liegt. Die

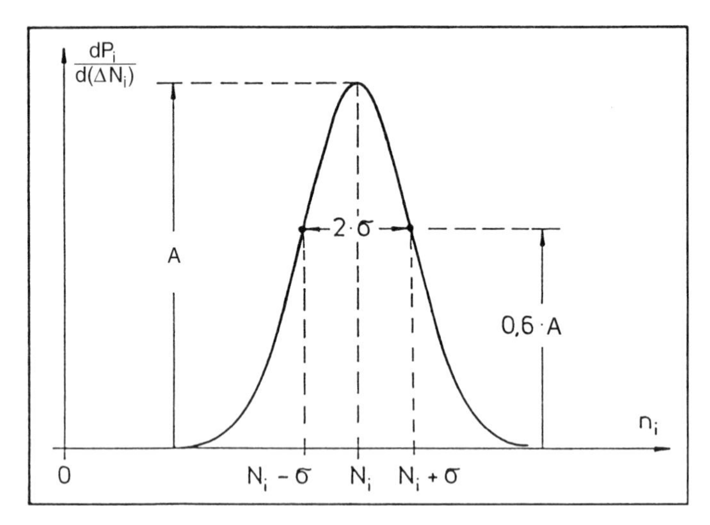

Abb. 6.1. Streuung der Besetzungszahlen (Gauß-Verteilung).

Wahrscheinlichkeitsdichte folgt also einer zu $\Delta N_i = 0$ bzw. $n_i = N_i$ symmetrischen Gauß-Verteilung, wie sie in Bild 6.1 aufgetragen ist. Ihr Maximalwert bei $n_i = N_i$ wird durch die Proportionalitätskonstante A festgelegt.

Mit der für große Teilchenzahlen gerechtfertigten Integraldarstellung (6.9) folgt dann als Varianz von ΔN_i:

$$\overline{(\Delta N_i)^2} = \frac{\int\limits_{-\infty}^{\infty} (\Delta N_i)^2 e^{-\frac{(\Delta N_i)^2}{2N_i}} \cdot \mathrm{d}(\Delta N_i)}{\int\limits_{-\infty}^{\infty} e^{-\frac{(\Delta N_i)^2}{2N_i}} \cdot \mathrm{d}(\Delta N_i)} \tag{6.11}$$

Die beiden hier vorkommenden Integrale gehören zu einer Klasse von Integralen der Form

$$I_n = \int\limits_0^{\infty} x^n e^{-x^2/a} \cdot \mathrm{d}x$$

mit positivem a und ganzzahligem $n = 0, 1, 2, 3, \cdots$ Die Mathematik liefert hierfür die einfache Rekursionsformel

$$I_n = \frac{n-1}{2} a I_{n-2} \tag{6.12}$$

mit den beiden Startwerten

$$I_0 = \int\limits_0^{\infty} e^{-x^2/a} \cdot \mathrm{d}x = \frac{\sqrt{\pi a}}{2} \quad \text{und} \quad I_1 = \int\limits_0^{\infty} x e^{-x^2/a} \cdot \mathrm{d}x = \frac{a}{2}$$

Da beide Integranden in (6.11) zu ΔN_i symmetrische Funktionen sind, ihr Vorzeichen also nicht ändern, wenn ΔN_i sein Vorzeichen wechselt, sind die Integrale von $-\infty$ bis ∞ doppelt so groß wie die von 0 bis ∞. Mit den Bezeichnungen $\Delta N_i = x$ und $2N_i = a$ lautet dann (6.11) unter Berücksichtigung von (6.12) mit $n = 2$:

$$\overline{x^2} = \frac{2\int\limits_0^\infty x^2 e^{-x^2/a} \cdot \mathrm{d}x}{2\int\limits_0^\infty e^{-x^2/a} \cdot \mathrm{d}x} = \frac{I_2}{I_0} = \frac{a}{2}$$

d.h. es ist

$$\overline{(\Delta N_i)^2} = N_i$$

Die Streuung oder Varianz der Besetzungszahlen ist also ebenso groß wie deren Gleichgewichtswert. Für die Standardabweichung als dem linearen Maß für die Streuung ergibt sich somit

$$\sigma \equiv \sqrt{\overline{(\Delta N_i)^2}} = \sqrt{N_i} \tag{6.13}$$

Ihr relativer Wert $\sigma/N_i = 1/\sqrt{N_i}$ beträgt demnach beispielsweise für $N_i = 100$ zwar noch 10%, für $N_i = 10^6$ dagegen nur noch $1°/\circ\circ$.

Die Standardabweichung äußert sich als Breite der Gauß-Verteilung von Bild 6.1. Unter Verwendung des Resultats (6.13) lautet dann (6.10):

$$\frac{dP_i}{d(\Delta N_i)} = A \cdot e^{-\frac{(\Delta N_i)^2}{2\sigma^2}} = A \cdot e^{-\frac{(n_i - N_i)^2}{2\sigma^2}}$$

Im Abstand $\Delta N_i = \pm\sigma$ vom Maximum bei N_i, d.h. an den Stellen $n_i = N_i \pm \sigma$, ist $dP_i/d(\Delta N_i) = A \cdot e^{-1/2} = 0.607 \cdot A$. Das bedeutet, wie es auch in Bild 6.1 eingetragen ist, dass die Breite der Gauß-Verteilung bei rund 60% ihres Maximalwertes gleich der doppelten Standardabweichung ist.

7 Anwendungen des Modells des idealen Gases

7.1 Ideales Gas aus Massenpunkten

7.1.1 Zustandssumme und Energie-Verteilung

Die einzige Energieform, die ein **Massenpunkt** besitzen kann, ist die **kinetische Energie der Translation**

$$W = \frac{p^2}{2m} = \frac{1}{2}mv^2 \tag{7.1}$$

Mit

$$W^{1/2} = \frac{p}{\sqrt{2m}} \qquad \text{und} \qquad \mathrm{d}W = \frac{p \cdot \mathrm{d}p}{m}$$

ergibt sich dann für die Zustandssumme (5.19):

$$Z = C\int_0^\infty W^{1/2} e^{-\frac{W}{kT}} \cdot \mathrm{d}W = \frac{C}{\sqrt{2}m^{3/2}}\int_0^\infty p^2 e^{-\frac{p^2}{2mkT}} \cdot \mathrm{d}p$$

Für das Integral folgt nach Formel (6.12) mit n = 2 und $a = 2mkT$:

$$\int_0^\infty p^2 e^{-\frac{p^2}{2mkT}} \cdot \mathrm{d}p = I_2 = \frac{2mkT}{2} I_0$$

$$= mkT\frac{1}{2}\sqrt{2\pi mkT} = \sqrt{\frac{\pi}{2}}(mkT)^{3/2}$$

Ersetzt man die Größe C durch deren ursprüngliche Bedeutung (5.15), dann erhält man schließlich

$$Z = \frac{\pi\sqrt{32}m^{3/2}V}{\sqrt{2}m^{3/2}h^3}\frac{\sqrt{\pi}}{\sqrt{2}}(mkT)^{3/2}$$

oder

$$Z = \frac{V}{h^3}(2\pi mkT)^{3/2} \tag{7.2}$$

Aus der Zustandssumme läßt sich bekanntlich mittels der Formel (4.18) die **Gesamtenergie** W_0 des Teilchensystems berechnen. Mit $kT = 1/\beta$ ist

$$\frac{dZ}{d\beta} = \frac{V(2\pi m)^{3/2}}{h^3}\frac{d\beta^{-3/2}}{d\beta} = -\frac{3}{2}\frac{V(2\pi m)^{3/2}}{h^3}\beta^{-5/2}$$
$$= -\frac{3}{2}\frac{V(2\pi mkT)^{3/2}}{h^3}kT = -\frac{3}{2}ZkT$$

Damit ergibt (4.18):

$$W_0 = -\frac{N}{Z}\frac{dZ}{d\beta} = -\frac{N}{Z}\left[-\frac{3}{2}ZkT\right]$$

oder

$$W_0 = \frac{3}{2}NkT \tag{7.3}$$

Die gesamte (kinetische) Energie eines idealen Massenpunkt-Gases ist also proportional zur Teilchenzahl N und zur Temperatur T, und sie ist **unabhängig** von der Teilchenmasse m.

Der **Mittelwert** der Energie läßt sich mit Hilfe der Beziehung (6.8) berechnen. Sie führt mit $f(W) = W$ und mit (7.1) auf

$$\overline{W} = \frac{C}{Z}\int_0^\infty WW^{1/2}e^{-\frac{W}{kT}} \cdot dW = \frac{C}{\sqrt{8}m^{5/2}Z}\int_0^\infty p^4 e^{-\frac{p^2}{2mkT}} \cdot dp$$

Die wiederholte Anwendung der Rekursionsformel (6.12) mit $a = 2mkT$ und, beginnend mit $n = 4$, liefert für das Integral

$$\int_0^\infty p^4 e^{-\frac{p^2}{2mkT}} \cdot dp = I_4 = 3mkTI_2$$
$$= 3(mkT)^2 I_0 = 3\sqrt{\frac{\pi}{2}}(mkT)^{5/2}$$

Also ist

$$\overline{W} = \frac{3}{4}\sqrt{\pi}\frac{C}{Z}(kT)^{5/2}$$

Nach Einsetzen von C und Z gemäß (5.15) und (7.2) verbleibt schließlich als einfaches Resultat

$$\overline{W} = \frac{3}{2}kT \tag{7.4}$$

Nun, im Zusammenhang mit dem hier interessierenden Fall, hätte man sich die ganze Rechnerei sparen können. Sie ist allenfalls als Übung im Umgang mit Mittelwerts-Formeln zu betrachten. Da nämlich die Gesamtenergie W_0 bereits bekannt ist, ergibt sich natürlich der Mittelwert $\overline{W}$, also die im Mittel auf ein einzelnes Teilchen entfallende Energie, einfach aus der Division von W_0 durch die Teilchenzahl N, was der Vergleich von (7.3) und (7.4) auch bestätigt.

Für die Besetzungsdichte $\mathrm{d}N/\mathrm{d}W$ bezüglich der kinetischen Translationsenergie bei einem idealen Massenpunkt-Gas, welche die Verteilung der Teilchen auf die zugänglichen Energiewerte beschreibt ("Energie-Verteilung"), folgt aus (5.16) mit (5.15) und (7.2):

$$\frac{\mathrm{d}N}{\mathrm{d}W} = \frac{2\pi N}{(\pi kT)^{3/2}} W^{1/2} e^{-\frac{W}{kT}} \tag{7.5}$$

Auch hier spielt die Teilchenmasse m keine Rolle. Einzig maßgebender Funktionsparameter ist die Temperatur T. Da der Faktor $W^{1/2}$ mit W ansteigt, der BOLTZMANN-Faktor dagegen mit W abfällt, wird die Funktion $F(W) \equiv \mathrm{d}N/\mathrm{d}W$ ein Maximum durchlaufen, dessen Lage durch T bestimmt wird. Im oberen Teil von Bild 7.1 sind zwei Energieverteilungen für zwei unterschiedliche Temperaturen aufgetragen, und zwar für $T_1 = 100$ K, entsprechend $-173°$C, und für $T_2 = 400$ K, entsprechend $+127°$C. Mit steigender Temperatur verlagert sich also das vorhergesagte Maximum zu höheren Energien hin, und der Verlauf wird zunehmend "flacher".
Der zum Maximum gehörende Energiewert W_m ist die am häufigsten vorkommende oder **wahrscheinlichste** Energie. Sie ergibt sich aus der Maximums-Bedingung

$$\left[\frac{\mathrm{d}F(W)}{\mathrm{d}W}\right]_{W_m} = 0 \qquad \text{bzw.} \qquad \left[\frac{\mathrm{d}}{\mathrm{d}W}\left(W^{1/2} e^{-\frac{W}{kT}}\right)\right]_{W_m} = 0$$

Die Ausführung der Differentiation liefert

$$\frac{1}{2W_m^{1/2}} e^{-\frac{W_m}{kT}} - \frac{W_m^{1/2}}{kT} e^{-\frac{W_m}{kT}} = e^{-\frac{W_m}{kT}} \left[\frac{1}{2W_m^{1/2}} - \frac{W_m^{1/2}}{kT}\right] = 0$$

Daraus erhält man

$$\frac{1}{2W_m^{1/2}} - \frac{W_m^{1/2}}{kT} = 0 \qquad \text{oder} \qquad W_m = \frac{1}{2} kT$$

Die mittlere Energie $\overline{W}$ ist somit dreimal größer als die wahrscheinlichste Energie W_m. Die Positionen von W_m und $\overline{W}$ sind in Bild 7.1 für die Energieverteilung bei $T = 100$ K angedeutet.

Aus der Energieverteilung läßt sich unmittelbar auch die **Geschwindigkeitsverteilung** $F(v) \equiv \mathrm{d}N/\mathrm{d}v$ gewinnen, welche die Zuordnung der Teilchen zu den möglichen Geschwindigkeitsbeträgen beschreibt, die also – konkreter formuliert – die Zahl $\mathrm{d}N$ der Teilchen im Intervall $\mathrm{d}v$ zwischen v und $v+\mathrm{d}v$ als Funktion von v angibt. Mit

$$W = \frac{1}{2} m v^2 \qquad \text{und} \qquad \mathrm{d}W = mv \cdot \mathrm{d}v$$

folgt aus (7.5)

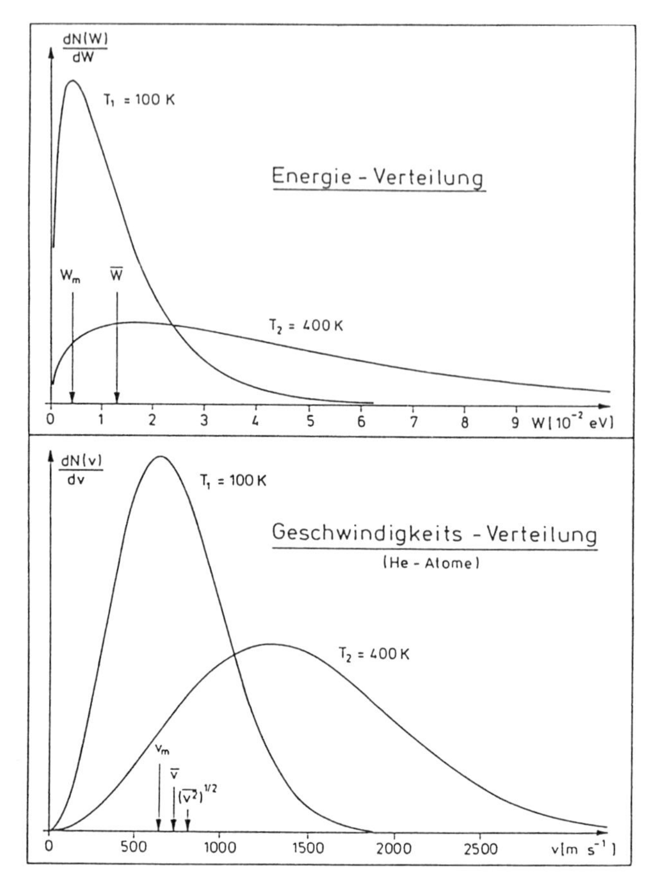

Abb. 7.1. Energie- und ("MAXWELLsche") Geschwindigkeitsverteilung für ein ideales Gas.

$$\frac{\mathrm{d}N}{\mathrm{d}v} = \sqrt{\frac{2}{\pi}} N \left[\frac{m}{kT}\right]^{3/2} v^2 e^{-\frac{m}{2kT}v^2} \tag{7.6}$$

Diesen Zusammenhang nennt man auch die **Maxwellsche Geschwindigkeitsverteilung**. Anders als bei der Energieverteilung (7.5) ist hier die Teilchenmasse m sehr wohl von Einfluss, genauer gesagt, das Verhältnis m/T. Bei einer zu m proportionalen Nachführung von T bleibt also die Verteilung ungeändert. Der untere Teil von Bild 7.1 zeigt zwei Geschwindigkeitsverteilungen für **He-Atome**, ebenfalls bei Temperaturen $T_1 = 100$ K und $T_2 = 400$ K. Auch hier tritt ein Maximum auf, das sich wiederum mit steigendem T zu höheren Geschwindigkeiten v hin verschiebt. Seine Lage v_m, also die **wahrscheinlichste** Geschwindigkeit, erhält man aus der Forderung

$$\left[\frac{\mathrm{d}F(v)}{\mathrm{d}v}\right]_{v_m} = 0 \quad \text{bzw.} \quad \left[\frac{\mathrm{d}}{\mathrm{d}v}\left(v^2 e^{-\frac{m}{2kT}v^2}\right)\right]_{v_m} = 0$$

Die Differentiation ergibt

$$2v_m e^{-\frac{m}{2kT}v_m^2} - 2v_m^3 \frac{m}{2kT} e^{-\frac{m}{2kT}v_m^2} = 0$$

oder

$$2v_m e^{-\frac{m}{2kT}v_m^2} \left[1 - v_m^2 \frac{m}{2kT}\right] = 0$$

Daraus folgt – die Lösungen $v_m = 0$ und $v_m = \infty$ ausgeschlossen –:

$$1 - v_m^2 \frac{m}{2kT} = 0 \qquad \text{oder} \qquad v_m = \left[\frac{2kT}{m}\right]^{1/2}$$

Der Mittelwert $\overline{v}$ der Geschwindigkeit läßt sich beispielsweise nach Formel (6.7) berechnen. Mit $f(q) = q = v$ lautet sie unter Einbeziehung von (7.6):

$$\overline{v} = \frac{1}{N}\int_0^\infty v \cdot \mathrm{d}N(v) = \sqrt{\frac{2}{\pi}}\left[\frac{m}{kT}\right]^{3/2}\int_0^\infty v^3 e^{-\frac{m}{2kT}v^2} \cdot \mathrm{d}v$$

Die Integration kann wieder anhand der Rekursionsformel (6.12) durchgeführt werden. Mit $a = 2kT/m$ und $n = 3$ findet man:

$$\int_0^\infty v^3 e^{-\frac{m}{2kT}v^2} \cdot \mathrm{d}v = I_3 = \frac{2kT}{m} I_1$$

$$= \frac{2kT}{m}\frac{kT}{m} = 2\left[\frac{kT}{m}\right]^2$$

Damit ist

$$\overline{v} = \left[\frac{8kT}{\pi m}\right]^{1/2}$$

Nachfolgend wird im Zusammenhang mit Erläuterungen zum "Druck" eines Gases auch der Mittelwert $\overline{v^2}$ für das Quadrat des Geschwindigkeitsbetrages benötigt. Er ließe sich ebenfalls aus der Mittelwerts-Formel (6.7) gewinnen. Direkter und einfacher erhält man ihn über den Mittelwert $\overline{W}$ der kinetischen Energie. Aus

$$\overline{W} = \overline{\frac{1}{2}mv^2} = \frac{m}{2}\overline{v^2} \qquad \text{folgt} \qquad \overline{v^2} = \frac{2}{m}\overline{W}$$

Mit $\overline{W}$ aus (7.4) ist dann

$$\overline{v^2} = 3\frac{kT}{m} \tag{7.7}$$

Zwischen den drei Geschwindigkeitswerten $v_m, \overline{v}$ und $\overline{(v^2)}^{1/2}$ besteht also offenbar die Beziehung

$$v_m < \overline{v} < \overline{(v^2)}^{1/2}$$

Der quantitative Vergleich ergibt

$$\overline{v} = 1.13\, v_m \qquad \text{und} \qquad \overline{(v^2)}^{1/2} = 1.22\, v_m$$

Die Lage dieser drei Geschwindigkeiten für den Fall $T_1 = 100\ K$ ist in Bild 7.1 durch die Pfeile angedeutet.
Da nach (7.3) der Mittelwert einer Summe gleich der Summe der Mittelwerte der einzelnen Summanden ist, folgt für die Komponenten v_x, v_y und v_z der Geschwindigkeit

$$\overline{v^2} = \overline{v_x^2 + v_y^2 + v_z^2} = \overline{v_x^2} + \overline{v_y^2} + \overline{v_z^2}$$

Ohne die Einwirkung äußerer Kräfte oder Kraftfelder ist in einem Gas selbstverständlich keine Richtung in irgendeiner Weise physikalisch ausgezeichnet. Somit muss gelten

$$\overline{v_x^2} = \overline{v_y^2} = \overline{v_z^2} \qquad \text{oder} \qquad \overline{v^2} = 3\overline{v_x^2} \tag{7.8}$$

7.1.2 Betrachtungen im Phasenraum

Bislang stand die **Energie** als Ausgangs- oder Grundgröße im Mittelpunkt aller Diskussionen. Die zentrale Frage war letzten Endes stets: Wie verteilen sich die N Teilchen des Systems auf die vorhandenen Energieniveaus oder die möglichen Energien? Es ist bemerkenswert, dass die Fülle aller bisher gesammelten Informationen und Erkenntnisse offensichtlich nicht ausreicht, um die simple Frage zu beantworten: Wie verteilen sich eigentlich innerhalb eines vorgegebenen Volumens V und im Gleichgewichtszustand die Teilchen eines (idealen) Gases **räumlich** oder "im Ortsraum"? Gibt es vielleicht Bereiche, in denen sich die Teilchen bevorzugt aufhalten oder anhäufen oder ist etwa die räumliche Verteilung **gleichmäßig** in dem Sinne, dass die Teilchenzahl dN innerhalb eines Volumenelements $\mathrm{d}V$ proportional zur Größe von $\mathrm{d}V$ und damit die Teilchen $n = \mathrm{d}N/\mathrm{d}V$ überall konstant ist? Natürlich vermutet man, dass letzteres der Fall ist, zumindest dann, wenn keinerlei äußere Kraftfelder einwirken. Nur: Das muss sich ja wohl auch durch eine schlüssige physikalische Argumentation bestimmen, berechnen oder bestätigen lassen. Tatsache ist, dass man Aussagen über räumliche Verteilungen **zusätzlich** zu solchen über Energie- oder Impulsverteilungen nur dann erhält, wenn man von vornherein neben der Energie oder dem Impulsraum auch den Ortsraum in die Diskussion einbezieht, die Betrachtungen also in dem aus Impuls- und Ortsraum kombinierten **Phasenraum** anstellt. Nun soll hier nicht von diesem neuen Blickwinkel aus alles noch einmal von vorn aufgerollt werden. Wohl aber soll der Argumentationsweg skizziert werden, und zwar anhand von Bild 7.2, welche – stilisiert oder schematisiert – die Prozedur für den Fall eines (endlichen, rechteckigen) zweidimensionalen $p_x - x$-Phasenraums darstellen soll. Die erforderlichen sechs Dimensionen lassen sich ja leider nicht graphisch und anschaulich darstellen. Ausreichend für die Beschreibung eines Systems wäre ein zweidimensionaler Phasenraum dann, wenn sich die Teilchen aufgrund von Zwangsbedingungen nur entlang der x-Achse bewegen könnten.

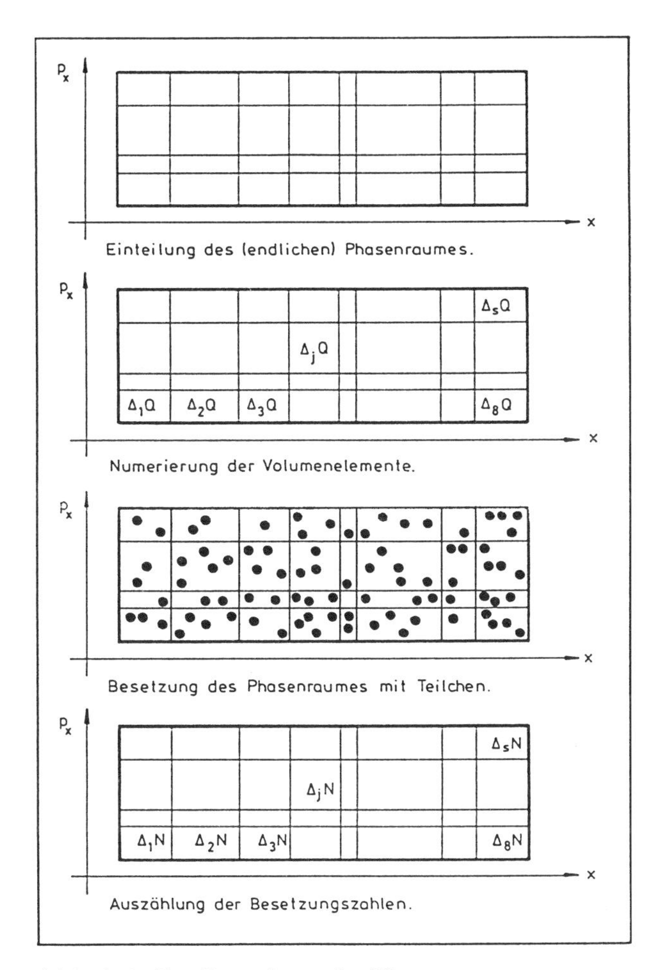

Abb. 7.2. Zur Betrachtung im Phasenraum.

Ausgangspunkt der Betrachtungen ist die Einteilung des Phasenraums in s numerierte Volumenelemente oder Phasenraumzellen der Größe

$$(\varDelta Q)_i \equiv \varDelta_i Q = (\varDelta P \cdot \varDelta V)_i = (\varDelta p_x \cdot \varDelta p_y \cdot \varDelta p_z \cdot \varDelta x \cdot \varDelta y \cdot \varDelta z)_i$$

P bezeichnet hier also – wie auch schon in Abschnitt 5.4. – ein Volumen im Impulsraum. Zwischen der Anzahl g_i der Quantenzustände in der i-ten Zelle und deren Größe $\varDelta_i Q$ besteht ein einfacher Zusammenhang. Wie bereits ebenfalls im Abschnitt 5.4. erläutert und durch (5.12) zum Ausdruck gebracht wurde, benötigt ein **einzelner** Quantenzustand im Phasenraum einen Platz der Größe h^3. In eine Phasenraumzelle $\Delta_i Q$ passen demnach also

$$g_i = h^{-3} \cdot \Delta_i Q \tag{7.9}$$

Quantenzustände. Was den Einfluss der Energie auf die Verteilung der Teilchen im Phasenraum angeht, so bleibt alles beim alten. Das soll heißen: Die Zahl $\Delta_i N$ der Teilchen innerhalb der i-ten Zelle hängt von der dortigen Energie W_i im Gleichgewichtszustand in derselben Weise ab, wie es die aus Energie-Betrachtungen gewonnenen Grundbeziehungen (4.11), (4.12) und (4.13) für die drei Statistiken angeben. Für ein der BOLTZMANN-Verteilung gehorchendes Teilchensystem folgt somit aus (4.23) mit (7.9):

$$\Delta_i N = \frac{N}{h^3 Z} e^{-\frac{W_i}{kT}} \cdot \Delta_i Q$$

Entsprechend erhält man für die Zustandssumme (4.22):

$$Z = \frac{1}{h^3} \sum_{i=1}^{s} e^{-\frac{W_i}{kT}} \cdot \Delta_i Q$$

Bei hohen Zustandsdichten und einer daran angepassten bzw. dadurch ermöglichten, genügend feinen Unterteilung des Phasenraums können $\Delta_i N$ und $\Delta_i Q$ wie **differentielle** Größen und die Summe wie ein Integral behandelt werden. Das führt auf die Schreibweise

$$\mathrm{d}N = \frac{N}{h^3 Z} e^{-\frac{W}{kT}} \cdot \mathrm{d}Q \tag{7.10}$$

und

$$Z = \frac{1}{h^3} \int_Q e^{-\frac{W}{kT}} \cdot \mathrm{d}Q \tag{7.11}$$

Das Integralzeichen steht für eine Sechsfach-Integration über die drei Impulskomponenten p_x, p_y, p_z und die drei Ortskoordinaten x, y, z. Um das noch einmal pedantisch genau auszudrücken:

$$\mathrm{d}N \equiv \mathrm{d}N(p_x, p_y, p_z, x, y, z)$$

ist die Besetzungszahl des differentiellen Phasenraum-Volumenelements

$$\mathrm{d}Q = \mathrm{d}p_x \cdot \mathrm{d}p_y \cdot \mathrm{d}p_z \cdot \mathrm{d}x \cdot \mathrm{d}y \cdot \mathrm{d}z$$

also die Anzahl der Teilchen mit Impulskomponenten zwischen

$$p_x \quad \text{und} \quad p_x + \mathrm{d}p_x, \quad p_y \quad \text{und} \quad p_y + \mathrm{d}p_y, \quad p_z \quad \text{und} \quad p_z + \mathrm{d}p_z$$

und Ortskoordinaten zwischen

$$x \quad \text{und} \quad x + \mathrm{d}x, \quad y \quad \text{und} \quad y + \mathrm{d}y, \quad z \quad \text{und} \quad z + \mathrm{d}z$$

Natürlich müssen die vom Begriff des Phasenraums ausgehenden Überlegungen zu denselben Schlussfolgerungen und Resultaten hinführen, wie sie bislang aus Diskussionen über die Verteilung von Teilchen auf Energie- oder Impulsniveaus erhalten wurden. Das ist auch so, wie sich allgemein zeigen läßt. Nachfolgend soll dieses lediglich anhand eines Beispiels demonstriert werden, und zwar an der – zur Übung in detaillierten Schritten ausgeführten – Berechnung der Zustandssumme gemäß (7.11):
In einem ersten Schritt muss zunächst der Integrand als Funktion der Integrationsvariablen, also der Phasenraumkoordinaten ausgedrückt werden. Das geht sehr einfach, denn es ist

$$W = \frac{p^2}{2m} = \frac{1}{2m}(p_x^2 + p_y^2 + p_z^2)$$

und damit

$$e^{-\frac{W}{kT}} = e^{-\frac{1}{2mkT}(p_x^2 + p_y^2 + p_z^2)} = e^{-\frac{p_x^2}{a}} e^{-\frac{p_y^2}{a}} e^{-\frac{p_z^2}{a}}$$

wobei abkürzend $2mkT = a$ gesetzt wurde. Damit folgt

$$Z = \frac{1}{h^3} \int\limits_Q e^{-\frac{p_x^2}{a}} e^{-\frac{p_y^2}{a}} e^{-\frac{p_z^2}{a}} \cdot \mathrm{d}p_x \cdot \mathrm{d}p_y \cdot \mathrm{d}p_z \cdot \mathrm{d}x \cdot \mathrm{d}y \cdot \mathrm{d}z$$

Der Integrand ist offensichtlich unabhängig von den Ortskoordinaten. Also kann in einem zweiten Schritt das Sechsfach-Integral in ein Produkt aus zwei **Dreifach**-Integralen über jeweils die drei Impulskomponenten und Ortskoordinaten zerlegt werden, d.h es ist

$$Z = \frac{1}{h^3} \int\limits_P e^{-\frac{p_x^2}{a}} e^{-\frac{p_y^2}{a}} e^{-\frac{p_z^2}{a}} \cdot \mathrm{d}p_x \cdot \mathrm{d}p_y \cdot \mathrm{d}p_z \int\limits_V \mathrm{d}x \cdot \mathrm{d}y \cdot \mathrm{d}z \tag{7.12}$$

Das zweite der beiden Integrale ergibt das Volumen V des Gases oder des Behälters, in welchem das Gas eingeschlossen ist. Das erste Integral – zur Abkürzung mit I_p bezeichnet – läßt sich wiederum aufspalten. Jeder der drei Faktoren seines Integranden ist jeweils von nur einer der drei Impulskomponenten abhängig. Also kann I_p in ein Produkt aus drei **Einfach**-Integralen zerlegt werden. Da es für die Impulse der Teilchen eines idealen Gases, wie schon betont wurde, keinerlei physikalische Zwangs- oder Randbedingungen gibt, die deren Variationsbereich einschränken könnten, muss die Integration von $-\infty$ bis $+\infty$ erfolgen. Somit ist

$$I_p = \int\limits_{-\infty}^{+\infty} e^{-\frac{p_x^2}{a}} \cdot \mathrm{d}p_x \cdot \int\limits_{-\infty}^{+\infty} e^{-\frac{p_y^2}{a}} \cdot \mathrm{d}p_y \cdot \int\limits_{-\infty}^{+\infty} e^{-\frac{p_z^2}{a}} \cdot \mathrm{d}p_z$$

Diese drei Integrale unterscheiden sich lediglich in der **Bezeichnung** der Integrationsvariablen voneinander. Diese aber hat natürlich keinerlei Einfluss auf den Wert eines Integrals. Also sind diese drei Integrale untereinander gleich. Bezeichnet man die Integrationsvariablen einheitlich mit u, dann erhält man folglich unter zusätzlicher Berücksichtigung des Umstandes, dass der Integrand eine zu $u = 0$ symmetrische Funktion ist:

$$I_p = \left(\int_{-\infty}^{+\infty} e^{-\frac{u^2}{a}} \cdot \mathrm{d}u \right)^3 = \left(2 \int_{0}^{+\infty} e^{-\frac{u^2}{a}} \cdot \mathrm{d}u \right)^3$$

Das verbleibende Integral ist das im Zusammenhang mit der Rekursionsformel (6.12) explizit angegebene Start-Integral $I_0 = \sqrt{\pi a}/2$. Damit folgt:

$$I_p = (\sqrt{\pi a})^3 = (2\pi m k T)^{3/2} \tag{7.13}$$

Für die Zustandssumme (7.12) ergibt sich also

$$Z = \frac{V}{h^3} I_p = \frac{V}{h^3} (2\pi m k T)^{3/2} \tag{7.14}$$

in Übereinstimmung mit dem aus Energiebetrachtungen gewonnenen Resultat (7.2).

Die eingangs aufgeworfene Frage nach der **räumlichen** Verteilung der Teilchen in einem kräftefreien idealen Gas läßt sich nun leicht beantworten. (7.10) gibt die Zahl der Teilchen innerhalb eines Volumenelements dQ des **Phasenraums** an, also quasi die nach Orten **und** Impulsen "sortierten" Teilchenzahlen. Gesucht wird aber lediglich die Zahl $\mathrm{d}N(x, y, z)$ der Teilchen innerhalb eines Volumenelements $\mathrm{d}V = \mathrm{d}x \cdot \mathrm{d}y \cdot \mathrm{d}z$ im **Ortsraum**, ungeachtet dessen, wie groß die Impulse der Teilchen dort sind. Also müssen die Teilchen hinsichtlich ihrer Impulse zusammengefasst werden, d.h. es muss über die möglichen Impulswerte integriert werden. Das bedeutet, es ist

$$\mathrm{d}N(x, y, z) = \int_P \mathrm{d}N(p_x, p_y, p_z, x, y, z)$$

Man beachte, dass sich die Integration nur über den **Impulsraum** allein erstreckt. Mit (7.10) und den vorangehend verwendeten Umformungen und Abkürzungen ergibt sich somit

$$\begin{aligned} \mathrm{d}N(x, y, z) &= \int_P \frac{N}{h^3 Z} e^{-\frac{p_x^2}{a}} e^{-\frac{p_y^2}{a}} e^{-\frac{p_z^2}{a}} \\ &\quad \cdot \mathrm{d}p_x \cdot \mathrm{d}p_y \cdot \mathrm{d}p_z \cdot \mathrm{d}x \cdot \mathrm{d}y \cdot \mathrm{d}z \\ &= \frac{N}{h^3 Z} \cdot \mathrm{d}x \cdot \mathrm{d}y \cdot \mathrm{d}z \cdot \int_P e^{-\frac{p_x^2}{a}} e^{-\frac{p_y^2}{a}} e^{-\frac{p_z^2}{a}} \\ &\quad \cdot \mathrm{d}p_x \cdot \mathrm{d}p_y \cdot \mathrm{d}p_z \end{aligned}$$

Das Integral ist das oben berechnete Impulsintegral I_p. Aus (7.14) folgt $I_p = h^3 Z/V$. Mit $\mathrm{d}x\cdot \mathrm{d}y\cdot \mathrm{d}z = \mathrm{d}V$ ist damit

$$\mathrm{d}N(x,y,z) = \frac{N}{V}\cdot \mathrm{d}V \quad \text{oder} \quad n(x,y,z) = \frac{\mathrm{d}N(x,y,z)}{\mathrm{d}V} = \frac{N}{V}$$

Dieses Resultat sagt aus, dass die **Teilchendichte** n unabhängig vom Ort und gleich dem Verhältnis aus der vorgegebenen Gesamtzahl N der Teilchen und dem vorgegebenen Gesamtvolumen V, also **konstant** ist. Im Gleichgewicht sind die Teilchen – wie erwartet – **gleichmäßig** im Raum verteilt.

7.1.3 Druck und Zustandsgleichung

Bei ihrer thermischen Translationsbewegung prallen die Teilchen des Gases auf die Innenseiten der Behälterwände und übertragen auf diese eine zeitlich statistische Folge von Stoßkräften F_s, deren zeitlicher Mittelwert zu einer mittleren Kraft $\overline{F}$ führt, die sich als Druck p des Gases äußert. Um das gleich vorweg klarzustellen: Der Buchstabe p bezeichnet im folgenden den **Druck**, also nicht etwa den Impuls der Teilchen.

Ziel der Betrachtungen ist die Berechnung von p, wobei vorausgesetzt wird, dass die Wechselwirkung der Teilchen mit den Behälterwänden den Gesetzmäßigkeiten des **elastischen Stoßes** folgt. Des weiteren werde angenommen, dass der Behälter quaderförmig ist und seine Kanten mit den Längen a, b und c parallel zu den Achsen eines kartesischen $x-y-z$-Koordinatensystems orientiert sind, wie es Bild 7.3 darstellt. Diese Annahme dient nur zur Vereinfachung des Rechenganges. Sie hat keinerlei Einfluss auf die Allgemeingültigkeit der anvisierten Resultate.

Bei einem elastischen Zusammenstoß mit der Wand wird ein als Massenpunkt angesehenes Teilchen lediglich "reflektiert", was bedeutet, dass die Normalkomponente der Geschwindigkeit v ihr Vorzeichen wechselt, während die Tangentialkomponenten von v unverändert bleiben. Greift man die parallel zur $y-z$-Ebene bei $x = a$ liegende Quaderfläche $A = bc$ heraus, dann gilt der von der Behandlung der Gesetzmäßigkeiten elastischer Stöße her vertraute Zusammenhang

$$\int\limits_{\Delta t} F_s \cdot \mathrm{d}t = 2mv_x \tag{7.15}$$

Das Integral auf der linken Seite wird **Kraftstoß** genannt. Die Integration erstreckt sich über die Dauer Δt des Wechselwirkungsprozesses zwischen Teilchen und Wand. Die **Stoßkraft** F_s weist in x-Richtung; m bezeichnet die Masse des Teilchens. (7.15) ist nichts weiter als die Integraldarstellung des 2. NEWTONschen Axioms, welches bekanntlich die wirkende Kraft mit der resultierenden Impulsänderung verknüpft.

Von den insgesamt N Teilchen des Gases sollen zunächst nur diejenigen betrachtet werden, deren Geschwindigkeitskomponenten in x-Richtung zwischen den vorgegebenen Werten v_x und $v_x + \mathrm{d}v_x$ liegen. Ihre Anzahl sei

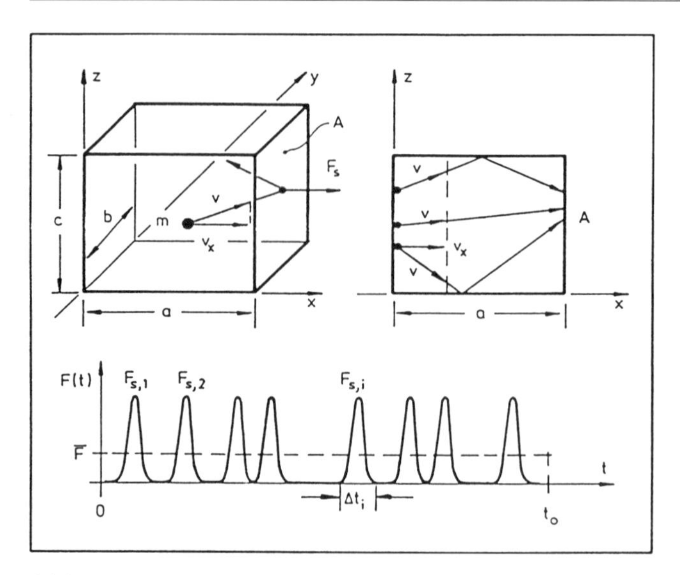

Abb. 7.3. Zum Druck eines Gases.

$\mathrm{d}N(v_x)$. Da keine Richtung im Raume physikalisch ausgezeichnet ist, wird sich nur die **Hälfte** von ihnen zur Fläche A hin bewegen. Die andere Hälfte läuft in die negative x-Richtung. Diesen $\mathrm{d}N(v_x)/2$ Teilchen, die auf A zulaufen, ist gemeinsam, dass sie die volle Länge a des Quaders innerhalb einer Zeit $t_0 = a/v_x$ zu durchqueren vermögen, unabhängig davon, ob sie unterwegs – wie in Bild 7.3 angedeutet – gegen die Seitenwände stoßen oder nicht. Dabei ändert sich ja v_x nicht. Das aber wiederum bedeutet, dass alle diese Teilchen innerhalb des Zeitintervalls zwischen $t = 0$ und $t = t_0$ auch bei A eintreffen, egal wo sie sich zum Zeitpunkt $t = 0$ innerhalb des Quadervolumens befinden. Die aus der Umgebung von $x = a$ kommen zuerst, die aus der Umgebung von $x = 0$ zuletzt an. Bis zum Zeitpunkt t_0 werden somit von diesen ausgewählten Teilchen insgesamt $\mathrm{d}N(v_x)/2$ Stoßkräfte auf A wirken. Der zeitliche Verlauf $F(t)$ der Kraft auf A folgt also dem in Bild 7.3 schematisch dargestellten Verlauf, schematisch insbesondere insofern, als hierbei die Zeitabhängigkeit einer einzelnen Stoßkraft $F_{s,i}$ nicht quantitativ wiedergegeben, sondern durch eine Art "Glockenkurve" approximiert wird. Der **zeitliche** Mittelwert $\overline{F}$ dieser Kraft oder die "mittlere Kraft" errechnet sich in Analogie zu den im Abschnitt 6.1. vorgestellten Mittelwertsformeln zu

$$\overline{F} = \frac{1}{t_0} \int\limits_0^{t_0} F(t) \cdot \mathrm{d}t$$

Da $F(t)$ die additive Überlagerung individueller Stoßkräfte $F_{s,i}$ mit den Stoßdauern Δt_i ist, kann das Integral in eine Summe von Integralen über jeweils eine dieser Stoßkräfte zerlegt werden, d.h. es ist

$$\overline{F} = \frac{1}{t_0} \sum_{i=1}^{n} \left[\int\limits_{\Delta t_i} F_{s,i}(t) \cdot \mathrm{d}t \right]$$

mit $n = \mathrm{d}N(v_x)/2$. Die einzelnen Integrale sind die Kraftstöße gemäß (7.15) und danach bei vorgegebenem v_x alle gleich groß. Also folgt mit (7.15) und $t_0 = a/v_x$:

$$\overline{F} = \frac{1}{t_0} \sum_{i=1}^{n} 2mv_x = \frac{v_x}{a} n 2mv_x = \frac{m}{a} v_x^2 \cdot \mathrm{d}N(v_x)$$

Für den (mittleren) Druck $\mathrm{d}p(v_x) = \overline{F}/A = \overline{F}/(bc)$ ergibt sich dann mit $V = abc$:

$$\mathrm{d}p(v_x) = \frac{m}{V} v_x^2 \cdot \mathrm{d}N(v_x)$$

Die Schreibweise $\mathrm{d}p(v_x)$ soll klarstellen, dass dieses derjenige Anteil am Gesamtdruck p ist, welcher durch die hinsichtlich ihrer Geschwindigkeitskomponente v_x ausgewählten Teilchen auf A ausgeübt wird. p selbst erhält man daraus erst durch Integration über alle möglichen v_x-Werte, d.h. es ist

$$p = \int\limits_{v_x} \mathrm{d}p(v_x) = \frac{m}{V} \int\limits_{v_x} v_x^2 \cdot \mathrm{d}N(v_x) = \frac{mN}{V} \left[\frac{1}{N} \int\limits_{v_x} v_x^2 \cdot \mathrm{d}N(v_x) \right]$$

Ein Rückblick auf die allgemeine Mittelwertsformeln (6.7) zeigt unmittelbar, wenn man dort nämlich $q = v_x$ und $f(q) = f(v_x) = v_x^2$ setzt, dass der Ausdruck in der eckigen Klammer der obigen Beziehung nichts anderes ist als der Mittelwert $\overline{v_x^2}$. Er ergibt sich gemäß (7.8) zu $\overline{v_x^2} = \overline{v^2}/3$. Somit folgt schließlich

$$p = \frac{1}{3} \frac{N}{V} m\overline{v^2} \tag{7.16}$$

Der Mittelwert $\overline{v^2}$ ist nach (7.7) proportional zur Temperatur. Einsetzen von (7.7) führt auf die sogenannte **Zustandsgleichung idealer Gase**

$$pV = NkT \tag{7.17}$$

Aus ihr lassen sich – konstante Teilchenzahl N vorausgesetzt – die folgenden Tatsachen ablesen:

Bei **konstantem Volumen** ("isochore" Zustandsänderungen) ändert sich der Druck proportional zur Temperatur.

Bei **konstanter Temperatur** ("isotherme" Zustandsänderungen) variiert der Druck umgekehrt proportional zum Volumen. Bei einer Kompression des Gases beispielsweise auf die Hälfte seines Ausgangsvolumens verdoppelt sich dann der Druck.

Bei **konstantem Druck** ("isobare" Zustandsänderungen) sind Volumen und Temperatur einander proportional. Eine Verdoppelung der Temperatur etwa

führt zu einer Ausdehnung des Gases auf das Zweifache seines Anfangsvolumens, wenn man durch geeignete Versuchsbedingungen einen festen Wert für den Druck vorgibt.
Dividiert man (7.17) durch die im Volumen V eingeschlossene Gesamtmasse $M = Nm$ des Gases, dann ist $pV/M = kT/m$. Der Quotient $M/V = \varrho$ ist die (Massen-) Dichte. Damit folgt

$$\frac{p}{\varrho} = \frac{kT}{m} \tag{7.18}$$

Bei konstanter Temperatur sind also Druck und Dichte einander proportional.
(7.16) und (7.4) lassen sich, wenn man im ersten Fall den Zusammenhang $m\overline{v^2} = \overline{mv^2} = 2\overline{W}$ ausnutzt, in die Form

$$p = \frac{2}{3}\frac{N}{V}\overline{W} \qquad \text{und} \qquad T = \frac{2}{3k}\overline{W}$$

bringen. Diese beiden Formeln sind insofern erwähnenswert, als sie die mit Barometern oder Thermometern im allgemeinen problemlos messbaren makroskopischen Zustandsgrößen p und T auf die (mittlere) Translationsenergie der Teilchen zurückführen.

7.1.4 Ideales Gas im Schwerefeld

Die bisher gewonnenen Einsichten in die **räumliche** Verteilung der Teilchen in einem idealen Gas legen natürlich die Frage nahe: Wie beeinflusst ein **äußeres Kraftfeld** diese Verteilung? Als Beispiel hierfür soll im folgenden die Wirkung eines **homogenen** Schwerefeldes untersucht werden. Dieser Fall ist von durchaus realer oder praktischer Bedeutung, da er sich unter Beachtung einiger einschränkender und noch zu erläuternder Nebenbedingungen auf die Verhältnisse in der Erdatmosphäre übertragen läßt.
Betrachtet wird – wie in Bild 7.4 skizziert – eine mit ihrer Grundfläche A auf der als $x-y$-Ebene gewählten Erdoberfläche ruhende Luft-Säule, die in vertikaler (z-) Richtung keine Begrenzung hat. Neben der kinetischen Translationsenergie $W_t = p^2/(2m)$ besitzt nun jedes Teilchen auch noch eine **potentielle** Energie, die für ein homogenes Feld mit der Schwerebeschleunigung g bekanntlich durch den einfachen Zusammenhang $W_p = mgz$ beschrieben wird, so dass die Gesamtenergie eines Teilchens

$$W_g = \frac{p^2}{2m} + mgz$$

beträgt. Für die Verteilung (7.10) der Teilchen im Phasenraum folgt nun also

$$\mathrm{d}N = \frac{N}{h^3 Z_g} e^{-\frac{1}{kT}\left[\frac{p^2}{2m} + mgz\right]} \cdot \mathrm{d}Q \tag{7.19}$$

mit der entsprechenden Zustandssumme

$$Z_g = \frac{1}{h^3} \int\limits_Q e^{-\frac{1}{kT}\left[\frac{p^2}{2m} + mgz\right]} \cdot \mathrm{d}Q \tag{7.20}$$

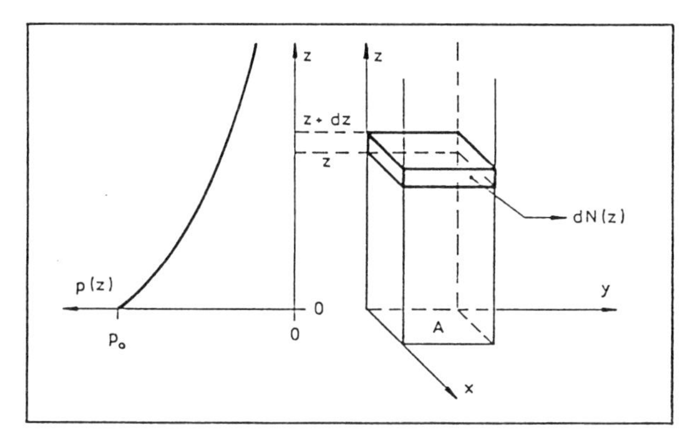

Abb. 7.4. Ideales Gas im Schwerefeld (Barometrische Höhenformel).

Gesucht wird die Verteilung der Teilchen in **vertikaler Richtung**, d.h. die Anzahl $dN(z)$ der Teilchen zwischen den Höhenniveaus z und $z+$ dz. Dazu müssen nach der zuvor erläuterten Verfahrensweise die Teilchen hinsichtlich ihrer Impulse und ihrer horizontalen Lage zusammengefasst werden, was bedeutet, dass über die möglichen Impulswerte und Horizontalkoordinaten innerhalb der Säule integriert werden muss. Damit folgt aus (7.19) zusammen mit (7.20):

$$\mathrm{d}N(z) = N \frac{\int\limits_{P,A} e^{-\frac{1}{kT}\left[\frac{p^2}{2m} + mgz\right]} \cdot \mathrm{d}P \cdot \mathrm{d}A \cdot \mathrm{d}z}{\int\limits_Q e^{-\frac{1}{kT}\left[\frac{p^2}{2m} + mgz\right]} \cdot \mathrm{d}Q}$$

dA = dx· dy ist ein horizontales Flächenelement. Das Zähler-Integral erstreckt sich über drei Impulskomponenten und zwei Ortskoordinaten, ist also ein Fünffach-Integral. Über z wird hier **nicht** integriert! Das Nenner-Integral ist bekanntlich ein Sechsfach-Integral. Zerlegt man nach dem zuvor geübten Muster diese Integrale in Produkte, dann erhält man

$$\mathrm{d}N(z) = N \frac{e^{-\frac{mgz}{kT}} \cdot \mathrm{d}z \cdot \int\limits_P e^{-\frac{p^2}{2mkT}} \cdot \mathrm{d}p \cdot \int\limits_A \mathrm{d}A}{\int\limits_P e^{-\frac{p^2}{2mkT}} \cdot \mathrm{d}p \cdot \int\limits_A \mathrm{d}A \cdot \int\limits_0^\infty e^{-\frac{mgz}{kT}} \cdot \mathrm{d}z}$$

Übrig bleibt somit

$$\mathrm{d}N(z) = N \frac{e^{-\frac{mgz}{kT}} \cdot \mathrm{d}z}{\int\limits_0^\infty e^{-\frac{mgz}{kT}} \cdot \mathrm{d}z}$$

Wegen

$$\int\limits_0^\infty e^{-\frac{mgz}{kT}} \cdot \mathrm{d}z = -\frac{kT}{mg}\left[e^{-\frac{mg}{kT}z}\right]_0^\infty = \frac{kT}{mg}$$

ergibt sich schließlich

$$\mathrm{d}N(z) = \frac{Nmg}{kT} e^{-\frac{mg}{kT}z} \cdot \mathrm{d}z$$

Das führt auf die **Teilchendichte**

$$n(z) = \frac{\mathrm{d}N(z)}{\mathrm{d}V} = \frac{\mathrm{d}N(z)}{A \cdot \mathrm{d}z} = \frac{Nmg}{AkT} e^{-\frac{mg}{kT}z}$$

und, nach Multiplikation mit der Teilchenmasse m, auf die **(Massen) Dichte**

$$\varrho(z) = mn(z) = \frac{Nm^2g}{AkT} e^{-\frac{mg}{kT}z} \tag{7.21}$$

Die Werte am Erdboden, d.h. bei $z = 0$, betragen

$$n(0) = \frac{Nmg}{AkT} \qquad \text{und} \qquad \varrho(0) = \frac{Nm^2g}{AkT}$$

Unter der Wirkung eines vertikal gerichteten und homogenen Schwerefeldes nehmen beide Dichten also **exponentiell** mit der Höhe ab. Der Verlauf des Luftdrucks mit der Höhe läßt sich aus (7.21) durch eine einfache Umformung gewinnen. N ist die Gesamtzahl der Teilchen in der betrachteten Luft-Säule. Folglich ist $G = Nmg$ deren Gesamtgewicht und $G/A = p(0) \equiv p_0$ der von ihr am Erdboden erzeugte Druck. Setzt man ferner gemäß (7.18) $\varrho(z) = p(z)m/(kT)$, dann erhält man

$$\boxed{p(z) = p_0 e^{-\frac{mg}{kT}z}}$$

also die bekannte **barometrische Höhenformel**. Auch der Druck fällt demnach exponentiell mit der Höhe ab. Sein Verlauf ist ebenfalls in Bild 7.4 aufgetragen.

Bei der Übertragung der hier erhaltenen Resultate auf die reale Situation in der Erdatmosphäre stellen sich die folgenden Probleme: Zum ersten wurde in den Diskussionen durchweg und stillschweigend die Temperatur wie ein **konstanter Parameter** behandelt. In Wirklichkeit aber ändert sich natürlich die Temperatur mit der Höhe. Ihr Verlauf $T(z)$ läßt sich nicht allgemein angeben. Er hängt in verwickelter Weise von den aktuellen "meteorologischen" Gegebenheiten ab. Also gelten die abgeleiteten Formeln allenfalls für eine **isotherme Atmosphäre**. Zum zweiten ist das Gravitationsfeld der Erde – großräumig gesehen – kein homogenes Feld. Es kann lediglich innerhalb horizontal und vertikal begrenzter Bereiche durch ein solches angenähert werden. Wie gut die Näherung im Einzelfall für einen vorgegebenen Raumbereich ist, läßt sich prinzipiell aus dem Gravitationsgesetz entnehmen, wenn man von zusätzlichen Schwankungen der Stärke und Richtung des Feldes in Erdnähe absieht, welche durch die Massenverteilung in der Erdkruste und durch die Struktur der Erdoberfläche hervorgerufen werden. Zum dritten schließlich muss gefragt werden, ob Luft als **ideales Gas** vorausgesetzt werden kann. Diese Voraussetzung ist erfüllt. Bei den in der Atmosphäre vorkommenden Drucken folgt Luft der Zustandsgleichung (7.17).

7.2 Ideales Gas aus zweiatomigen Molekülen

7.2.1 Allgemeines

Als Schritt in Richtung auf eine realistischere Beschreibung der Gase soll nun die Voraussetzung aufgegeben werden, dass die Teilchen **Massenpunkte** sind. "Richtige" Gase bestehen – mit Ausnahme der Edelgase – aus **Molekülen**, also aus Teilchen mit einer räumlichen Ausdehnung und Struktur. Solche Teilchen können dann aber außer einer kinetischen Translationsenergie W_t oder einer potentiellen Energie W_p in einem Gravitationsfeld auch noch Energien anderen Ursprungs aufweisen:
Sie können um ihre Hauptträgheitsachsen rotieren und damit eine kinetische **Rotationsenergie** W_r besitzen.
Die Atome des Moleküls können Schwingungen verschiedener Art und unterschiedlicher Frequenzen gegeneinander ausführen, was zu einer **Schwingungsenergie** W_s führt.
Die Ladungsverteilung (oder Ladungsbewegung) innerhalb eines Moleküls kann ein permanentes elektrisches (oder magnetisches) Dipolmoment ergeben. In einem äußeren elektrischen (oder magnetischen) Feld erhält dann ein solches Molekül eine von der **Ausrichtung** seines Dipolmoments gegen das angelegte Feld abhängige Energie W_a.

Schließlich kann eine dem Molekül zugeführte Energie auch eine Anhebung von Hüllenelektronen in höhere Energieniveaus bewirken. Da diese **Anregungsenergie** in sehr individueller und recht komplizierter Weise von dem speziellen Aufbau der Molekülhülle abhängt und zudem im Rahmen statistischer Betrachtungen von Vielteilchensystemen, wie sie hier von Interesse sind, nicht erfasst werden kann, soll sie nachfolgend nicht weiter berücksichtigt werden.
Aus Ausgangspunkt der Diskussionen soll die Frage dienen: Mit welcher Wahrscheinlichkeit $P(W)$ findet man in einem Gas Moleküle in Zuständen mit einer bestimmten Energie W, zu der **alle** genannten Energieformen mit bestimmten Werten W_t, W_r, W_s und W_a **gleichzeitig** beitragen? Es soll vorausgesetzt werden, dass die Translation, die Rotation, die Schwingung und die Ausrichtung **voneinander unabhängige** Prozesse oder Ereignisse sind, die sich also nicht gegenseitig beeinflussen. Das hat zwei Folgen: Zum einen setzt sich dann die Gesamtenergie eines Teilchens **additiv** aus den Einzelenergien zusammen, d.h. es ist

$$W = W_t + W_r + W_s + W_a \tag{7.22}$$

Zum anderen ergibt sich nach Formel (3.1) über die Verknüpfung der Wahrscheinlichkeiten voneinander unabhängiger Ereignisse die Gesamtwahrscheinlichkeit als **Produkt** der Einzelwahrscheinlichkeiten, d.h. es ist

$$P(W) = P(W_t)P(W_r)P(W_s)P(W_a)$$

Wären also in einem Gas – um ein einfaches Beispiel zu konstruieren – die Energien $W_t = W_r = W_s = W_a = 1$ eV mit jeweils den gleichen Wahrscheinlichkeiten $P(W_t) = P(W_r) = P(W_s) = P(W_a) = 10\%$ vertreten, dann betrüge die Chance, ein Molekül mit einer Gesamtenergie von $W = 4$ eV anzutreffen, das sich mit der angegebenen Energie von 1 eV **sowohl** translatorisch bewegt, **als auch** rotiert, **als auch** schwingt, **als auch** in einem äußeren Feld ausgerichtet ist, nur noch $P(W) = 0.1^\circ/_{\circ\circ}$. Geht man im Sinne der Erläuterungen im Abschnitt 3.1 von den Wahrscheinlichkeiten zu den relativen Häufigkeiten über, dann folgt

$$\frac{N(W)}{N} = \frac{N(W_t)}{N}\frac{N(W_r)}{N}\frac{N(W_s)}{N}\frac{N(W_a)}{N}$$

Die Zähler geben die Zahlen derjenigen Teilchen an, die sich in den als Argument aufgeführten Energiezuständen befinden. Des weiteren soll vorausgesetzt werden, dass die Einzelhäufigkeiten durch die BOLTZMANN-Verteilung (4.23) geregelt werden. Dann ist

$$\begin{aligned}\frac{N(W)}{N} &= \frac{g_t}{Z_t}e^{-\frac{W_t}{kT}}\frac{g_r}{Z_r}e^{-\frac{W_r}{kT}}\frac{g_s}{Z_s}e^{-\frac{W_s}{kT}}\frac{g_a}{Z_a}e^{-\frac{W_a}{kT}}\\ &= \frac{g_t g_r g_s g_a}{Z_t Z_r Z_s Z_a}e^{-\frac{1}{kT}(W_t + W_r + W_s + W_a)}\end{aligned} \tag{7.23}$$

Die resultierende Verteilung ist also wieder eine BOLTZMANN-Verteilung

$$N(W) = \frac{N}{Z} g e^{-\frac{W}{kT}}$$

mit dem Entartungsgrad $g = g_t g_r g_s g_a$, der Zustandssumme $Z = Z_t Z_r Z_s Z_a$ und der Energie W gemäß (7.22). g und Z setzen sich also multiplikativ aus den entsprechenden Termen der Einzelverteilungen zusammen.
Der Translationsterm von (7.24) ist bereits im Abschnitt 7.1. ausführlich diskutiert worden. Die weiteren drei Terme werden in den nachfolgenden drei Abschnitten behandelt. Dabei werden der Einfachheit halber die Moleküle als **zwei-atomig** und die beiden Atome als **Massenpunkte** vorausgesetzt. Letzteres geschieht mit der Rechtfertigung, dass die Massen der Atomkerne rund viertausendmal größer sind als die Massen der Elektronenhüllen und dass die Ausdehnung des Kerns vernachlässigbar klein gegen die des gesamten Atoms ist.

7.2.2 Ideales Gas aus rotierenden zweiatomigen Molekülen

Ein zweiatomiges Molekül, wie es schematisch in Bild 7.5 als "Hantel-Modell" dargestellt ist, besitzt zwei Hauptträgheitsachsen. Die eine ist die Gerade durch die Kerne der beiden Atome. Die andere ist jede Gerade senkrecht zur Kernverbindungsachse durch den Schwerpunkt S des Moleküls.

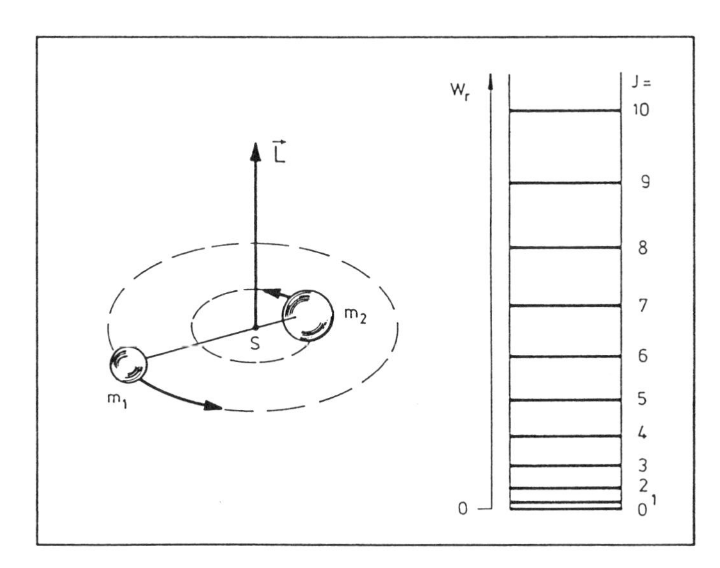

Abb. 7.5. Rotation eines zweiatomigen Moleküls.

Unter der genannten Voraussetzung, dass die beiden Atome als Massenpunkte angenommen werden können, sind das Trägheitsmoment und damit die Rotationsenergie bezüglich der ersten Achse gleich Null. Rotationen um diese Achse brauchen also nicht weiter betrachtet zu werden. Das Trägheitsmoment bezüglich der zweiten Achse beträgt

$$I = m_1 r_1^2 + m_2 r_2^2 = \mu \cdot R^2$$

m_1 und m_2 sind die Massen der beiden Atome, r_1 und r_2 deren Abstände vom Schwerpunkt. $\mu = m_1 m_2 / (m_1 + m_2)$ ist die **reduzierte** Masse des Moleküls. $R = r_1 + r_2$ ist der Abstand der beiden Atome voneinander. Dieser wird als **konstant** angesetzt, d.h. es werden eventuelle Dehnungen des Moleküls unter der Wirkung von Zentrifugalkräften vernachlässigt. Das Molekül wird als sogenannter "Starrer Rotator" behandelt.
Für die kinetische Energie bei einer Rotation mit dem Drehimpuls $\boldsymbol{L}$ ergibt sich bekanntlich

$$W_r = \frac{L^2}{2I}$$

Die Quantenmechanik in ihrer Anwendung auf rotierende Systeme lehrt, dass zum einen der Drehimpuls gequantelt ist, und zwar gilt

$$L^2 = J(J+1)\hbar^2$$

und dass zum anderen jeder Rotationszustand $(2J+1)$-fach entartet ist, d.h. es ist

$$g_r \equiv g(J) = 2J + 1$$

Zu jedem Zustand mit einer bestimmten Rotationsenergie tragen also jeweils $2J+1$ unterschiedliche Quantenzustände bei. Die **Rotationsquantenzahl** J durchläuft die Werte $J = 0, 1, 2, 3,$ u.s.f. Für die Rotationsenergie oder die Energie eines Rotationszustandes folgt somit

$$W_r \equiv W(J) = \frac{\hbar^2}{2I} J(J+1)$$

Bild 7.5 zeigt die "Niveau-Leiter" dieser Zustände bis $J = 10$. Der Abstand **benachbarter** Niveaus beträgt

$$W(J+1) - W(J) = \frac{\hbar^2}{2I}\left[(J+1)(J+2) - J(J+1)\right] = \frac{\hbar^2}{I}(J+1)$$

Er wächst also **linear** mit J.
Der Rotationsterm von (7.24) hat demnach die Form

$$\frac{N(W_r)}{N} \equiv \frac{N(J)}{N} = \frac{2J+1}{Z_r} \cdot e^{-\frac{\hbar^2}{2Ik}\frac{J(J+1)}{T}} \tag{7.24}$$

mit der (Rotations-) Zustandssumme

$$Z_r = \sum_{J=0}^{\infty} g(J) e^{-\frac{W(J)}{kT}} = \sum_{J=0}^{\infty} (2J+1) e^{-\frac{\hbar^2}{2Ik}\frac{J(J+1)}{T}} \tag{7.25}$$

Die Größe $\hbar^2/(2Ik) \equiv \Theta_r$ nennt man die **charakteristische Rotationstemperatur**. Sie ist umgekehrt proportional zum Trägheitsmoment I des Moleküls. Zahlenwerte für einige Moleküle sind in der folgenden Tabelle zusammengestellt.

Molekül	H_2	CO	O_2	Cl_2	Br_2
Θ_r [K]	85.5	2.77	2.09	0.347	0.117

Es fällt auf, dass selbst beim leichtesten aller Moleküle, beim H_2-Molekül nämlich, Θ_r immer noch deutlich unter der "Zimmertemperatur" liegt, also unterhalb einer Temperatur von rund 300 K oder rund 25°C. Erst recht ist das bei den anderen Molekülen der Fall. Das hat die folgende Konsequenz: Mit Θ_r lautet die Verteilung (7.24):

$$\frac{N(J)}{N} = \frac{2J+1}{Z_r} e^{-\frac{\Theta_r}{T} J(J+1)} \tag{7.26}$$

Für $\Theta_r \ll T$, d.h. für $\Theta_r/T \ll 1$, klingt die e-Funktion nur sehr langsam mit wachsendem J ab, was bedeutet, dass in der Verteilung Rotationsenergien bis zu entsprechend hohen J-Werten hin mit nennenswertem Anteil vertreten sind. Da somit im realen Fall schon bei Zimmertemperatur relativ viele Rotationszustände angeregt werden, erscheint es gerechtfertigt, im Bereich dieser Temperatur und natürlich erst recht bei höheren Werten die Zustandssumme Z_r im Sinne der Erläuterungen im Abschnitt 5.5. näherungsweise durch eine Integration zu berechnen, also (7.25) durch

$$Z_r = \int_0^\infty (2J+1) e^{-\frac{\Theta_r}{T} J(J+1)} \cdot \mathrm{d}J$$

zu ersetzen. Die Substitution $\Theta_r J(J+1)/T = u$ mit

$$\frac{\mathrm{d}u}{\mathrm{d}J} = (2J+1)\frac{\Theta_r}{T} \quad \text{oder} \quad \mathrm{d}J = \frac{T}{\Theta_r}\frac{\mathrm{d}u}{2J+1}$$

führt dann auf

$$Z_r = \frac{T}{\Theta_r}\int_0^\infty e^{-u} \cdot \mathrm{d}u = \frac{T}{\Theta_r}$$

Anders als die Translations-Zustandssumme (7.2), die mit $T^{3/2}$ ansteigt, wächst die Rotations-Zustandssumme proportional zu T. Damit erhält man schließlich für die Verteilung (7.26):

$$\frac{N(J)}{N} = \Theta_r \frac{2J+1}{T} e^{-\frac{\Theta_r}{T} J(J+1)} \tag{7.27}$$

Da mit zunehmendem J der Faktor $2J+1$ ansteigt, der Exponentialterm dagegen abfällt, wird die Verteilung ein Maximum durchlaufen. Behandelt

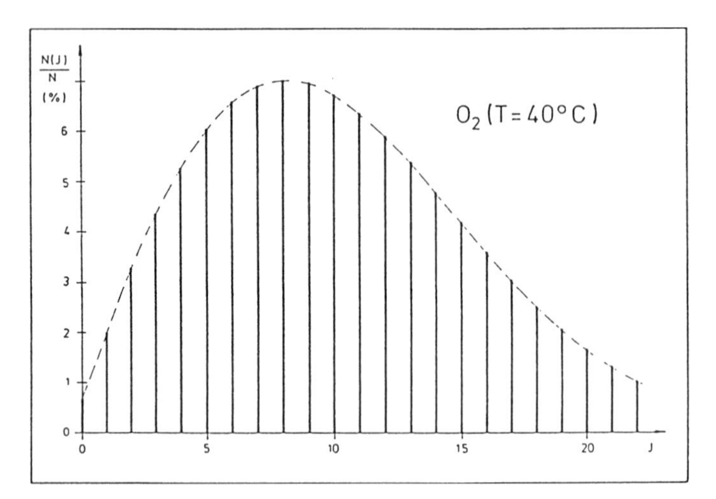

Abb. 7.6. Zur Besetzung von Rotationszuständen.

man vorübergehend – nur um differenzieren zu können – die Quantenzahl J wie eine kontinuierliche Variable, dann ist

$$\frac{\mathrm{d}N(J)}{\mathrm{d}J} = N\frac{\Theta_r}{T}\left[2e^{-\frac{\Theta_r}{T}J(J+1)} - (2J+1)^2\frac{\Theta_r}{T}e^{-\frac{\Theta_r}{T}J(J+1)}\right]$$

$$= N\frac{\Theta_r}{T}e^{-\frac{\Theta_r}{T}J(J+1)}\left[2-(2J+1)^2\frac{\Theta_r}{T}\right]$$

Für die Abszisse J_m der Nullstelle des Differentialquotienten und somit des Maximums der Verteilung ergibt sich dann aus der Forderung $[\mathrm{d}N(J)/\mathrm{d}J]_{J=J_m} = 0$ die Bestimmungsgleichung

$$2-(2J_m+1)^2\frac{\Theta_r}{T} = 0$$

Daraus folgt

$$J_m = \sqrt{\frac{T}{2\Theta_r}} - \frac{1}{2} \tag{7.28}$$

Die diesem Wert am nächsten liegende ganze Zahl ist dann die Rotationsquantenzahl des am häufigsten vorkommenden, also des **wahrscheinlichsten** Rotationszustandes.

Ein konkretes Beispiel soll abschließend die Zusammenhänge illustrieren: Für O_2-Moleküle ist laut Tabelle $\Theta_r = 2.09$ K. Dem Wert $T/\Theta_r = 150$ entspricht damit eine Temperatur von $T = 313.5$ K, also rund 40°C. Der wahrscheinlichste Zustand hat dann gemäß (7.28) die Quantenzahl $J_m = 8$. Nach (7.27) befinden sich in diesem Zustand 7% aller Moleküle, im Grundzustand ($J = 0$) nur 0.7%. Die gesamte Verteilung $N(J)/N$ ist in Bild 7.6 als Balkendiagramm aufgetragen. Dieselbe Verteilung würden H_2-Moleküle erst bei einer Temperatur von $T = 12825$ K, dagegen Br_2-Moleküle bereits bei einer Temperatur von $T = 17.6$ K aufweisen.

7.2.3 Ideales Gas aus schwingenden zweiatomigen Molekülen

Die Atome in einem Molekül sind nicht, wie im vorangehenden Abschnitt vorausgesetzt, völlig starr aneinander gebunden. Der Abstand $r = R$ der beiden Atome in einem zweiatomigen Molekül etwa ist vielmehr als **Gleichgewichtsabstand** in dem Sinne zu verstehen, dass bei "Dehnung" oder "Stauchung" des Moleküls rücktreibende oder quasielastische Kräfte auftreten, unter deren Wirkung die beiden Atome Schwingungen gegeneinander ausführen können. Der detaillierte Verlauf der bindenden Kräfte als Funktion des Abstandes r ist natürlich spezifisch von der Art und dem Aufbau der beiden beteiligten Atome abhängig. Grundsätzlich aber zeigt die potentielle Energie $W_p(r)$ der Wechselwirkung zweier Atome bei einer stabilen Molekülbindung den in Bild 7.7 skizzierten Verlauf mit einer Potentialmulde bei $r = R$. Hieraus erhält man bekanntlich die Kraft über den allgemeinen Zusammenhang $F = -dW_p/dr$. Mit derselben Berechtigung, mit welcher $W_p(r)$ in der Umgebung der Mulde durch einen **parabelförmigen** Verlauf, wie er in Bild 7.7 gestrichelt eingezeichnet ist, approximiert werden kann, lassen sich die Schwingungen bei Amplituden, die klein gegen R sind, als **harmonisch** betrachten. Die rücktreibende Kraft ist ja dann proportional zur Auslenkung $r - R$.

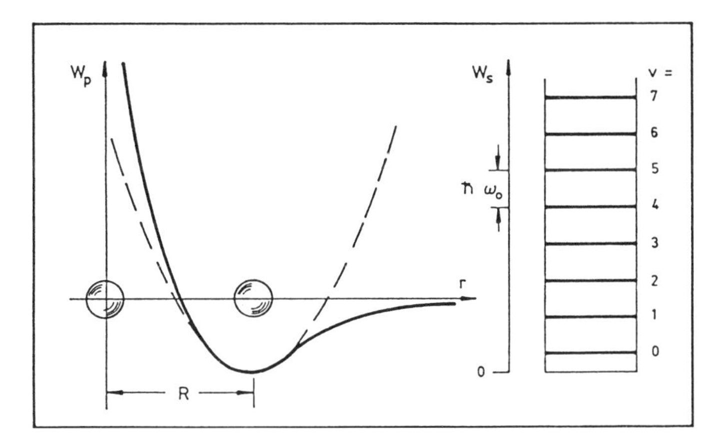

Abb. 7.7. Schwingungen eines zweiatomigen Moleküls.

Ein zu $r = R$ symmetrisches Parabel-Potential wird durch die Funktion

$$W_p(r) = \frac{1}{2}D(r - R)^2$$

beschrieben. Die "Federkonstante" D der Bindungskraft bestimmt die Frequenz der Schwingungen, und zwar gilt für die Kreisfrequenz

$$\omega_0 = \sqrt{D/\mu}$$

Damit ist

$$W_p(r) = \frac{1}{2}\mu\omega_0^2(r-R)^2$$

Wiederum bedeutet μ die reduzierte Masse. Die quantenmechanische Behandlung eines solchen "Harmonischen Oszillators" liefert bekanntlich für die Schwingungsenergien oder die Energien der Schwingungszustände

$$W_s \equiv W(v) = \left[v + \frac{1}{2}\right]\hbar\omega_0$$

Diese Zustände sind **nicht** entartet, d.h. es ist $g_s \equiv g(v) = 1$.
Die **Schwingungs-** oder **Vibrationsquantenzahl** v durchläuft die Werte $v = 0, 1, 2, 3$ u.s.f. Der Abstand **benachbarter** Zustände beträgt

$$W(v+1) - W_v = \hbar\omega_0$$

Er ist also **konstant**. Die Niveau-Leiter hat – wie in Bild 7.7 dargestellt – konstante Sprossenabstände der Größe $\hbar\omega_0$. Im Gegensatz zu "klassischen" harmonischen Oszillatoren hat hier die **tiefste** Energie ($v = 0$) nicht den Wert Null, sondern die (endliche) Größe $W(0) = \hbar\omega_0/2$ ("Nullpunktsenergie"). Für den Schwingungsterm von (7.24) ergibt sich somit

$$\frac{N(W_s)}{N} \equiv \frac{N(v)}{N} = \frac{1}{Z_s} e^{-\frac{\hbar\omega_0}{k}\frac{v+1/2}{T}} \tag{7.29}$$

mit der (Schwingungs-) Zustandssumme

$$Z_s = \sum_{v=0}^{\infty} g(v) e^{-\frac{W(v)}{kT}} = \sum_{v=0}^{\infty} e^{-\frac{\hbar\omega_0}{k}\frac{v+1/2}{T}} \tag{7.30}$$

Der Quotient $\hbar\omega_0/k \equiv \Theta_s$ heißt **charakteristische Schwingungstemperatur**. Sie ist proportional zu ω_0 und wird also durch die Molekülparameter D und μ bestimmt. Einige repräsentative Werte für Θ_s sind in der nachstehenden Tabelle aufgeführt.

Molek.	H_2	CO	O_2	Cl_2	Br_2
$\Theta_s\,[K]$	6140	3120	2260	810	470
$\frac{N(1)}{N}$	$1.29 \cdot 10^{-9}$	$3.04 \cdot 10^{-5}$	$5.35 \cdot 10^{-4}$	$6.27 \cdot 10^{-2}$	0.165

Anders als die charakteristischen Rotationstemperaturen Θ_r liegen die Werte für Θ_s deutlich über der Zimmertemperatur von rund $T = 300$ K.

Die Zustandssumme (7.30) braucht hier nicht durch ein Integral approximiert zu werden. Sie läßt sich direkt ausrechnen. Setzt man vorübergehend zur Vereinfachung der Schreibweise $e^{-\Theta_s/T} = x$, dann folgt

$$Z_s = \sum_{v=0}^{\infty} e^{-\frac{\Theta_s}{T}(v+1/2)} = e^{-\frac{\Theta_s}{2T}} \sum_{v=0}^{\infty} e^{-\frac{\Theta_s}{T}v} = e^{-\frac{\Theta_s}{2T}} \sum_{v=0}^{\infty} x^v$$

Die Mathematik lehrt, dass die verbleibende Summe für $x < 1$, was hier zutrifft, konvergiert, d.h. einen wohldefinierten Wert hat, und zwar gilt

$$\sum_{x=0}^{\infty} x^v = 1 + x + x^2 + x^3 + \cdots = \frac{1}{1-x}$$

Damit ist

$$Z_s = e^{-\frac{\Theta_s}{2T}} \left[1 - e^{-\frac{\Theta_s}{T}}\right]^{-1}$$

Die Verteilung (7.29) lautet somit schließlich

$$\frac{N(v)}{N} = e^{\frac{\Theta_s}{2T}} \left[1 - e^{-\frac{\Theta_s}{T}}\right] e^{-\frac{\Theta_s}{T}(v+1/2)}$$

oder

$$\frac{N(v)}{N} = \left[1 - e^{-\frac{\Theta_s}{T}}\right] e^{-\frac{\Theta_s}{T}v} \tag{7.31}$$

Sie zeigt kein eigentliches Maximum, sondern fällt bei festgelegter Temperatur exponentiell mit v ab, und das umso schneller, je kleiner T im Verhältnis zu Θ_s ist.

Auch hierzu ein paar konkrete Aussagen: Berechnet man nach (7.31) mit den Tabellenwerten für Θ_s und für Zimmertemperatur die relative Besetzung $N(1)/N$ für das erste angeregte Schwingungsniveau, also dasjenige für $v = 1$, dann ergeben sich die in der dritten Zeile der Tabelle angegebenen Zahlenwerte. Beim Br_2 bevölkern demnach im Mittel 16.5% aller Teilchen diesen Zustand. Beim H_2 dagegen ist er fast leer. Praktisch alle Moleküle befinden sich im Grundzustand. Die Zahlen belegen deutlich den Einfluss der charakteristischen Schwingungstemperatur auf die Verteilung. Schließlich zeigt Bild 7.8 – wiederum als Balkendiagramm und wiederum für O_2-Moleküle bei rund 40°C – die Verteilung gemäß (7.31) bis hinauf zur Quantenzahl $v = 6$. Man beachte den Ordinatenmaßstab! Er ist logarithmisch geeicht, so dass sich der exponentielle Abfall als geneigte Gerade darstellt, und er umfasst einen Bereich von 21 Zehnerpotenzen. Auch hier reicht die Temperatur nicht aus, um höhere Schwingungszustände merklich anzuregen.

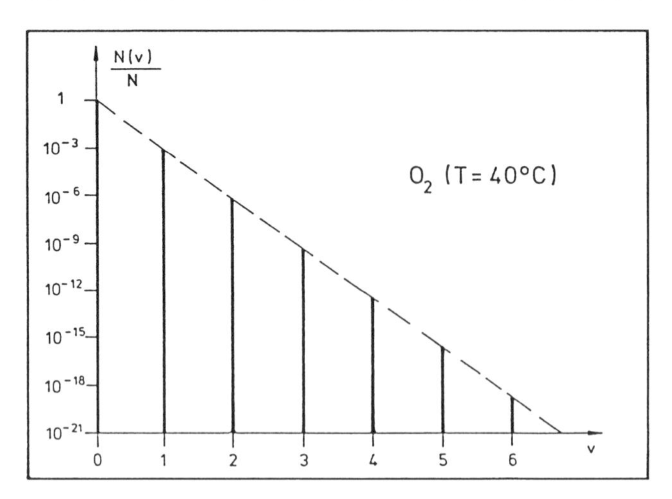

Abb. 7.8. Zur Besetzung von Schwingungszuständen.

7.2.4 Ideales Gas aus elektrischen Dipolen im elektrischen Feld

Das ideale Gas, das nun betrachtet wird, soll aus Molekülen bestehen, die ein elektrisches Dipolmoment $\boldsymbol{p}$ vom konstanten Betrage p besitzen. Nicht weiter von Interesse ist der Aufbau der Moleküle. Sie brauchen also nicht, wie es in den beiden vorangehenden Abschnitten angenommen wurde, zweiatomig zu sein, sondern sie können eine durchaus kompliziertere Struktur aufweisen. Das Gas soll sich ferner innerhalb eines zeitlich konstanten und **homogenen** elektrischen Feldes der Feldstärke $\boldsymbol{E}$ befinden, die in x-Richtung weist, d.h. es ist $\boldsymbol{E} = E\boldsymbol{u}_x$.

Die potentielle Energie W_a der Wechselwirkung eines Dipols mit einem Feld ist bekanntlich vom Winkel Θ zwischen $\boldsymbol{p}$ und $\boldsymbol{E}$ abhängig, und zwar gilt

$$W_a = -\boldsymbol{p} \cdot \boldsymbol{E} = -pE \cos\Theta$$

W_a ist minimal für $\Theta = 0$, also bei Ausrichtung des Dipols in Feldrichtung. Somit lautet der vierte Term von (7.23):

$$\frac{N(W_a)}{N} \equiv \frac{N(\Theta)}{N} = \frac{g_a}{Z_a} e^{\frac{pE}{kT}\cos\Theta}$$

Für die weiteren Diskussionen wird vorausgesetzt, dass sehr viele oder praktisch alle Richtungen Θ zwischen 0° und 180° bzw. 0 und π physikalisch möglich sind, was heißt, dass keinerlei Richtungsquantelung auftreten soll. Das Problem wird also "klassisch" behandelt und Θ als kontinuierliche Variable betrachtet. Folgt man der im Abschnitt 5.5. erläuterten und hohen Zustandsdichten angepassten Argumentation und ersetzt man $N(\Theta)$ durch $\mathrm{d}N(\Theta)$, g_a durch $\mathrm{d}n(\Theta)$ und die Zustandssumme durch das Zustandsintegral, dann folgt mit der Abkürzung $a \equiv pE/(kT)$:

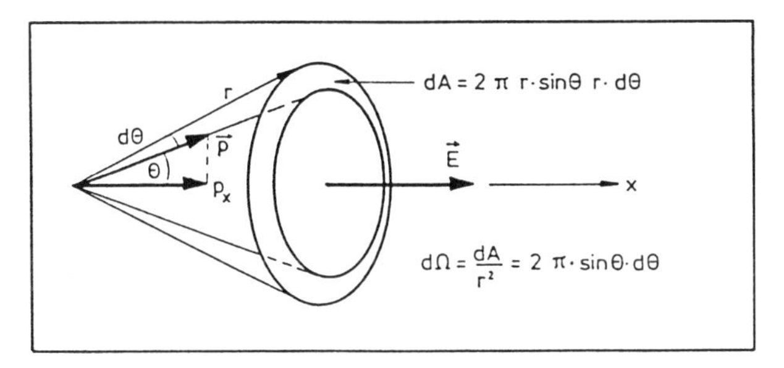

Abb. 7.9. Dipol im Feld (geometrische Zusammenhänge).

$$\frac{\mathrm{d}N(\Theta)}{N} = \frac{1}{Z_a} e^{a\cos\Theta} \cdot \mathrm{d}n(\Theta) \tag{7.32}$$

und

$$Z_a = \int_{\Theta=0}^{\Theta=\pi} e^{a\cos\Theta} \cdot \mathrm{d}n(\Theta) \tag{7.33}$$

Hier bedeutet jetzt $\mathrm{d}N(\Theta)$ die Zahl der Moleküle mit Dipolrichtungen zwischen Θ und $\Theta+\mathrm{d}\Theta$ gegen die x-Achse und $\mathrm{d}n(\Theta)$ die **mögliche** Zahl der Dipolrichtungen in demselben Winkelintervall $\mathrm{d}\Theta$. Diese Zahl aber ist direkt proportional zur Größe $\mathrm{d}\Omega(\Theta)$ des zugehörigen **Raumwinkelelements**, d.h. es ist $\mathrm{d}n(\Theta) = C\cdot\,\mathrm{d}\Omega(\Theta)$, wobei die Größe der Proportionalitätskonstante C für die Endergebnisse ohne Bedeutung ist. Bild 7.9 bringt die bekannten geometrischen Zusammenhänge in Erinnerung.
Aus ihm ist unmittelbar abzulesen, dass das Raumwinkelelement zum Winkelintervall $\mathrm{d}\Theta$ die Größe

$$\mathrm{d}\Omega(\Theta) = 2\pi\sin\Theta\cdot\mathrm{d}\Theta$$

hat. Anschaulich ausgedrückt ist das der Flächeninhalt des durch $\mathrm{d}\Theta$ aus der Oberfläche der "Einheitskugel" herausgeschnittenen kreisförmigen Bandes. Damit folgt für das Zustandsintegral (7.33):

$$Z_a = 2\pi C \int_0^{\pi} e^{a\cos\Theta} \sin\Theta\cdot\mathrm{d}\Theta$$

Dieses Integral ist problemlos berechenbar. Die Substitution

$$a\cos\Theta = u \qquad \text{ergibt} \qquad \mathrm{d}u = -a\sin\Theta\cdot\mathrm{d}\Theta$$

Da Θ zwischen 0 und π variiert, ist die Integration bezüglich der neuen Variablen u von $+a$ bis $-a$ zu erstrecken. Also ist

$$Z_a = -\frac{2\pi C}{a}\int_a^{-a} e^u\cdot\mathrm{d}u = 2\pi C\frac{e^a - e^{-a}}{a}$$

Somit lautet die Verteilung (7.32) schließlich:

$$\frac{\mathrm{d}N(\Theta)}{N} = \frac{a}{e^a - e^{-a}} e^{a\cos\Theta} \sin\Theta \cdot \mathrm{d}\Theta \tag{7.34}$$

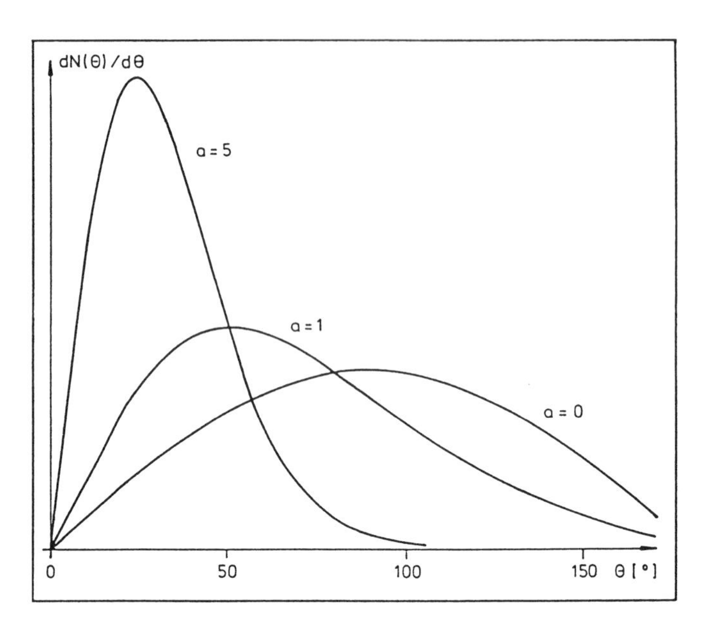

Abb. 7.10. Richtungsverteilungen von Dipolen im Feld.

Bild 7.10 zeigt drei solcher Verteilungen für die Werte $a = 0, a = 1$ und $a = 5$. Aufgetragen sind die Richtungsverteilungen – genauer gesagt – die Besetzungsdichten $\mathrm{d}N(\Theta)/\mathrm{d}\Theta$ bezüglich des Winkels Θ. Der Verlauf für $a = 0$ läßt sich aus (7.34) nicht so ohne weiteres durch einfaches Nullsetzen von a gewinnen, da dann im ersten Faktor sowohl der Zähler als auch der Nenner den Wert Null annehmen. Hier hilft die bekannte "Regel von DE L'HOSPITAL" weiter, die – grob gesprochen – für solche Situationen empfiehlt, den Zähler und den Nenner zu differenzieren und zu untersuchen, wie sich der Quotient aus diesen beiden Differentialquotienten beim Grenzübergang $a \to 0$ verhält. Die Anwendung auf die Verteilung (7.34) ergibt

$$\lim_{a\to 0} \frac{a}{e^a - e^{-a}} = \lim_{a\to 0} \frac{\frac{\mathrm{d}a}{\mathrm{d}a}}{\frac{\mathrm{d}}{\mathrm{d}a}(e^a - e^{-a})} = \lim_{a\to 0} \frac{1}{e^a + e^{-a}} = \frac{1}{2}$$

und damit

$$\frac{\mathrm{d}N(\Theta)}{\mathrm{d}\Theta} = \frac{N}{2} \sin\Theta \qquad \text{für} \qquad a = 0 \tag{7.35}$$

Die Größe a ist proportional zum Quotienten aus der Feldstärke E und der Temperatur T. Bei endlichen Temperaturen bedeutet $a = 0$ also auch $E = 0$.

In diesem feldfreien Zustand sind alle Dipolrichtungen regellos im Raum verteilt. Jede Richtung kommt mit gleicher Wahrscheinlichkeit vor. Dass die Besetzungsdichte (7.35), wie in Bild 7.10 dargestellt, in diesem Falle keinen konstanten, sondern einen sinusförmigen Verlauf aufweist, liegt einzig und allein an der Tatsache, dass die Größe $\mathrm{d}\Omega$ des Raumwinkelelements proportional zu $\sin\Theta$ ist. Dieser Sinus-Verlauf hat also nichts mit einer anisotropen Richtungsverteilung zu tun. $a = 1$ bedeutet $pE = kT$ oder $E = kT/p$. Für von Null verschiedene Temperaturen ist dann auch $E \neq 0$. Hier zeigt die Besetzungsdichte bereits deutlich eine Bevorzugung der Vorwärtswinkel ($0^\circ < \Theta < 90^\circ$) auf Kosten der Rückwärtswinkel ($90^\circ < \Theta < 180^\circ$). Die ordnende Wirkung des Feldes auf die Dipolrichtungen macht sich bemerkbar. Bei Verfünffachung des Verhältnisses E/T ($a = 5$), also beispielsweise bei Verfünffachung der Feldstärke unter Beibehaltung der Temperatur, ist dieser Effekt schon so stark ausgeprägt, dass praktisch alle molekularen Dipolmomente im Mittel in den Halbraum $x > 0$ weisen. Die Wahrscheinlichkeit für das Auftreten von Rückwärtswinkeln ist verschwindend gering.

Die bevorzugte Orientierung der Dipolmomente in x-Richtung aufgrund der vom Feld auf die Dipole ausgeübten Drehmomente hat zur Folge, dass das gesamte Gasvolumen V ein **makroskopisches** Dipolmoment p_G erhält. Die x-Komponente der (mikroskopischen) Dipolmomente $\boldsymbol{p}$ beträgt $p_x = p\cos\Theta$. Also folgt

$$p_G = N\overline{p_x} = N\overline{p\cos\Theta} = Np\overline{\cos\Theta}$$

Der Quotient $P = p_G/V$, also die "Dipolmomenten-Dichte", heißt die (elektrische) **Polarisation** des Mediums. Mit $n = N/V$ ist dann

$$P = np\overline{\cos\Theta} \tag{7.36}$$

Der erforderliche Mittelwert läßt sich nach der Formel (6.7) berechnen. Setzt man dort $q = \Theta$ und $f(q) = \cos\Theta$, dann ergibt sich mit (7.34):

$$\begin{aligned}\overline{\cos\Theta} &= \frac{1}{N}\int\limits_{\Theta=0}^{\Theta=\pi} \cos\Theta \cdot \mathrm{d}N(\Theta) \\ &= \frac{a}{e^a - e^{-a}}\int\limits_0^\pi \cos\Theta \cdot e^{a\cos\Theta} \sin\Theta \cdot \mathrm{d}\Theta \end{aligned} \tag{7.37}$$

Das Integral – zur Abkürzung mit I_Θ bezeichnet – läßt sich beispielsweise in folgenden und hier zur Übung detailliert ausgeführten Schritten berechnen: Zunächst ist $\sin\Theta\cdot\, \mathrm{d}\Theta = -\mathrm{d}(\cos\Theta)$. Das führt bei entsprechender Änderung der Integrationsgrenzen ($\Theta = 0 \mathrel{\widehat{=}} \cos\Theta = 1$; $\Theta = \pi \mathrel{\widehat{=}} \cos\Theta = -1$) auf

$$I_\Theta = -\int\limits_1^{-1} \cos\Theta \cdot e^{a\cos\Theta} \cdot \mathrm{d}(\cos\Theta)$$

Der Integrand läßt sich als Differentialquotient bezüglich a darstellen. Es ist nämlich

$$\cos\Theta e^{a\cos\Theta} = \frac{\mathrm{d}}{\mathrm{d}a}\left[e^{a\cos\Theta}\right]$$

Damit ist nach zusätzlicher Vertauschung der Integrationsgrenzen

$$I_\Theta = \int_{-1}^{1} \frac{\mathrm{d}}{\mathrm{d}a}\left[e^{a\cos\Theta}\right]\cdot\mathrm{d}(\cos\Theta)$$

Da a und Θ voneinander unabhängige Größen sind, können Integration und Differentiation vertauscht werden. Also folgt mit der Abkürzung $\cos\Theta \equiv u$:

$$I_\Theta = \frac{\mathrm{d}}{\mathrm{d}a}\left[\int_{-1}^{1} e^{au}\cdot\mathrm{d}u\right] = \frac{d}{da}\left[\frac{1}{a}e^{au}\right]_{-1}^{1} = \frac{\mathrm{d}}{\mathrm{d}a}\left[\frac{e^a - e^{-a}}{a}\right]$$

oder

$$I_\Theta = \frac{e^a + e^{-a}}{a} - \frac{e^a - e^{-a}}{a^2}$$

Für den Mittelwert (7.37) erhält man somit

$$\overline{\cos\Theta} = \frac{e^a + e^{-a}}{e^a - e^{-a}} - \frac{1}{a}$$

Die durch das Feld erzeugte Polarisation (7.36) des Gases beträgt dann

$$P = np\left[\frac{e^a + e^{-a}}{e^a - e^{-a}} - \frac{1}{a}\right]$$

Bei **vollständiger** Ausrichtung **aller** molekularen Dipolmomente in Feldrichtung betrüge die Polarisation $P_0 = Np/V = np$. Das ist gleichzeitig ihr **Maximalwert**. Ergänzend sei angemerkt, dass die Funktionen

$$\frac{1}{2}(e^a - e^{-a}) = \sinh(a), \quad \frac{1}{2}(e^a + e^{-a}) = \cosh(a)$$

$$\frac{e^a - e^{-a}}{e^a + e^{-a}} = \tanh(a), \quad \frac{e^a + e^{-a}}{e^a - e^{-a}} = \coth(a)$$

die **hyperbolische** Sinus-, Cosinus-, Tangens- und Cotangens-Funktion heißen und dass man die Funktion

$$\frac{e^a + e^{-a}}{e^a - e^{-a}} - \frac{1}{a} = \coth(a) - \frac{1}{a} \equiv L(a)$$

die **Langevin-Funktion** nennt. Ersetzt man schließlich die Größe a durch ihre ursprüngliche Bedeutung $a = pE/(kT)$, dann ist

$$\boxed{P = P_0\left[\coth\frac{pE}{kT} - \frac{kT}{pE}\right] = P_0 L\left[\frac{pE}{kT}\right]}$$

Diese Beziehung heißt **Langevin-Formel**. In Bild 7.11 ist das Verhältnis P/P_0 als Funktion von $pE/(kT)$ aufgetragen. Mit wachsendem E/T-Verhältnis nähert sich P seinem Maximal- oder Sättigungswert P_0. Approximiert man für kleine Feldstärken oder hohe Temperaturen, d.h. für $pE \ll kT$, die hyperbolische Cotangens-Funktion durch die ersten beiden Glieder ihrer Reihenentwicklung

$$\coth(a) = \frac{1}{a} + \frac{a}{3} - \frac{a^3}{45} + \cdots$$

dann ist $\coth(a) - 1/a = a/3$ und

$$\boxed{P = P_0 \frac{p}{3k} \frac{E}{T}}$$

In dieser Näherung wächst also P proportional zu E und fällt umgekehrt proportional zu T.

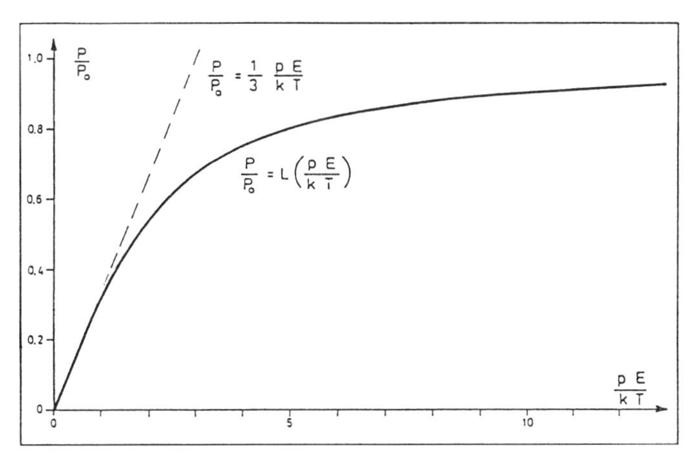

Abb. 7.11. Orientierungs-Polarisation.

Abschließend eine ergänzende Bemerkung: Stoffe aus Molekülen mit einem eigenen oder "permanenten" Dipolmoment heißen **polare** oder **parelektrische** Substanzen. Die Polarisation kommt hier – wie vorangehend ausführlich erläutert – infolge der Ausrichtung der Dipolmomente durch ein äußeres Feld zustande. Man nennt sie aus diesem Grunde auch die **Orientierungs-Polarisation**. Aber auch Stoffe aus Molekülen **ohne** ein permanentes Dipolmoment oder auch solche, die atomar aufgebaut sind, zeigen Polarisationserscheinungen in elektrischen Feldern. Diese haben folgenden Ursprung: Die auf die Atomkerne einerseits und die Elektronenhüllen andererseits in entgegengesetzte Richtungen wirkenden elektrischen Kräfte führen zu einer Trennung der ursprünglich gemeinsamen Schwerpunkte der positiven und negativen Ladungsverteilungen. Es entsteht ein durch das Feld

induziertes Dipolmoment in Feldrichtung. Seine Größe ist unabhängig von der Temperatur und in erster Näherung proportional zur Feldstärke. Diese Art der Polarisation heißt **dielektrische** Polarisation. Sie tritt natürlich zusätzlich zur Orientierungs-Polarisation auch in polaren Substanzen auf.
Die in diesem Abschnitt diskutierten Zusammenhänge lassen sich selbstverständlich auf analoge magnetische Erscheinungen übertragen.

7.3 Ideales Gas aus Photonen (Hohlraum-Strahlung)

Jeder Körper mit einer Temperatur $T > 0$ K emittiert elektromagnetische Strahlung. Das wird dann "augenfällig", wenn der Körper bei entsprechend hoher Temperatur glüht oder leuchtet, wenn also die von ihm emittierte Strahlung zumindest teilweise im sichtbaren Spektralbereich liegt. Mit abnehmender Temperatur verschiebt sich das Spektrum dieser sogenannten **Temperaturstrahlung** in den Bereich **Infrarot-** oder **Wärmestrahlung**.

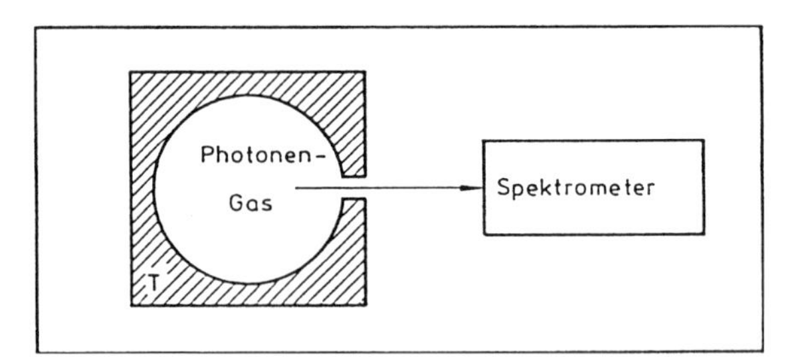

Abb. 7.12. Zur Hohlraumstrahlung.

Innerhalb eines Hohlraums, dessen Wand sich auf einer festen Temperatur T befindet, führt das Wechselspiel der Emission und Absorption von Strahlungsquanten (**Photonen**) durch die Wand zu einem **Gleichgewicht** des Strahlungsfeldes. Durch eine Öffnung im Hohlraum, die klein gegen die Wandfläche sein muss, um das Gleichgewicht nicht zu stören, kann diese **Hohlraum-Gleichgewichts-Strahlung**, wie es Bild 7.12 schematisch darstellt, nach außen geführt und mittels eines geeeigneten Spektrometers analysiert werden. Die experimentellen Untersuchungen dieser Hohlraumstrahlung lieferten fundamentale Erkenntnisse als Voraussetzung für die Formulierung der Quantenmechanik.
Strahlung, die von außen auf die Öffnung eines solchen Hohlraums fällt, wird von dieser praktisch vollständig absorbiert. Die Wahrscheinlichkeit für eine Re-Emission ist bei kleiner Öffnung verschwindend gering. Ein Körper, der auffallende Strahlung unabhängig von ihrer Wellenlänge total absorbiert, heißt "Schwarzer Körper". Die von ihm **emittierte** Strahlung nennt man deshalb auch "Schwarze Strahlung". Die Hohlraumstrahlung ist eine solche.

Unter der Voraussetzung, dass keine Wechselwirkungen zwischen den Strahlungsquanten stattfinden, läßt sich die Hohlraumstrahlung mit Hilfe des Modells eines **idealen Photonengases** quantitativ beschreiben.
Photonen haben einen **ganzzahligen** Spin mit der Spin-Quantenzahl 1. Sie unterliegen also nicht dem PAULI-Prinzip und sind **Bosonen**. Ein System aus Photonen folgt somit der BOSE-EINSTEIN-Statistik.
Ausgangspunkt der Betrachtungen sollte demnach die Verteilung (5.17) für ein ideales BOSE-Gas sein, also

$$\mathrm{d}N = \frac{\mathrm{d}n(W)}{e^{\alpha + \frac{W}{kT}} - 1} \tag{7.38}$$

mit

$$\mathrm{d}n(W) = CW^{1/2} \cdot \mathrm{d}W \tag{7.39}$$

Die Anwendung auf ein ideales Photonengas bedarf jedoch einiger grundsätzlicher Modifikationen:

a.) Von der Wand des Hohlraums werden Photonen emittiert und auch absorbiert. Die Photonenzahl N im Hohlraum ist zudem von der Temperatur T abhängig. Aus diesen Gründen ist N **keine** Erhaltungsgröße. Bei der Herleitung der Gleichgewichtsverteilung nach der LAGRANGEschen Methode, die im Abschnitt 4.2. ausführlich behandelt worden ist, entfällt also die Nebenbedingung, welche die Einführung des Parameters α erforderlich macht. Dieses kann rückwirkend dadurch berücksichtigt werden, dass in der Beziehung (7.38) $\alpha = 0$ gesetzt wird.

b.) Die Formel (7.39) gibt bekanntlich die Zahl der Quantenzustände mit Energien zwischen W und $W+\mathrm{d}W$ an. Sie stammt, wie ein Rückblick auf die Diskussionen in den Abschnitten 5.4. und 5.5. zeigt, aus Betrachtungen über die Quantenzustände im Impulsraum. Dabei wurde in der Beziehung (5.11) für die Anzahl $n(p)$ der Quantenzustände mit Impulsbeträgen zwischen 0 und p der Impuls über den "klassischen" Zusammenhang $p^2 = 2mW$ durch die Energie ersetzt. Dieser letztgenannte Zusammenhang aber gilt für Photonen nicht. Er verknüpft ja bekanntlich den Impuls eines Teilchen **endlicher** Masse mit der in der Teilchenbewegung steckenden, also **kinetischen** Energie. Für ein **Photon** aber ist eine kinetische Energie weder angebbar, noch definierbar. Seine Geschwindigkeit ist von der Energie **unabhängig**, nämlich gleich der Lichtgeschwindigkeit, und es hat keine Masse. Wohldefiniert sind dagegen dessen Gesamtenergie und dessen Impuls bzw. Impulsbetrag. Es ist nämlich

$$W = h\nu \qquad \text{und} \qquad p = \frac{h}{\lambda} = \frac{h\nu}{c} \tag{7.40}$$

λ, ν und c sind Wellenlänge, Frequenz und Geschwindigkeit des Photons. Betrachtungen zur Zustandsdichte für Photonen müssen also im Impulsraum erfolgen. Somit ist von Formel (5.11) auszugehen oder es muss, was natürlich auf dasselbe Resultat hinausläuft, die Formel (7.39) auf den Impuls rücktransformiert werden. Letzteres ergibt mit $W = p^2/(2m)$, mit $\mathrm{d}W = p\cdot \mathrm{d}p/m$ und mit C gemäß (5.15):

$$\mathrm{d}n(p) = \frac{4\pi V}{h^3} p^2 \cdot \mathrm{d}p$$

Noch etwas fehlt. Photonen sind "transversal schwingende" Strahlungsquanten. Sie können in jedem Impulszustand zusätzlich unterschiedliche **Polarisationszustände** besitzen. Grundsätzlich läßt sich, wie von der Wellenoptik her bekannt ist, jeder Polarisationszustand auf die Überlagerung zweier voneinander unabhängiger "Basiszustände" oder "Polarisationsmoden" zurückführen, und zwar entweder auf die beiden Fälle zirkularer Polarisation mit entgegengesetztem Drehsinn oder aber auf die beiden Fälle linearer Polarisation mit zueinander senkrechten Richtungen. Diese Tatsache verdoppelt die Zahl der Quantenzustände, so dass schließlich unter Ausnutzung der Impuls-Frequenz-Relation (7.40) für die Anzahl $\mathrm{d}n(\nu)$ der Photonenzustände im Frequenzintervall zwischen ν und $\nu + \mathrm{d}\nu$ folgt

$$\mathrm{d}n(\nu) = \frac{8\pi V}{c^3} \nu^2 \cdot \mathrm{d}\nu$$

c.) Die Energie W im Exponenten der e-Funktion des Nenners von (7.38) ist stets die sich aus den verschiedenen möglichen Energieformen zusammensetzende **totale** Energie eines Teilchens oder Quants des Systems. Für den Fall der BOLTZMANN-Statistik kommt das klar in den Erörterungen des Abschnitts 7.2 zum Ausdruck; bei Photonen ist hier also $W = h\nu$ einzusetzen.

Berücksichtigt man die unter a.), b.) und c.) genannten Tatsachen, dann ergibt die Übertragung der Beziehung (7.38) auf ein ideales Photonengas für die Anzahl $\mathrm{d}N(\nu)$ der Photonen mit Frequenzen zwischen ν und $\nu + \mathrm{d}\nu$ die Verteilung:

$$\mathrm{d}N(\nu) = \frac{8\pi V}{c^3} \frac{\nu^2 \cdot \mathrm{d}\nu}{e^{\frac{h\nu}{kT}} - 1} \tag{7.41}$$

Da ein einzelnes Photon die Energie $h\nu$ besitzt, tragen $\mathrm{d}N(\nu)$ Photonen die (Strahlungs-) Energie $h\nu\cdot \mathrm{d}N(\nu)$. Damit folgt für die Energie $\mathrm{d}W(\nu)$ im Intervall zwischen ν und $\nu + \mathrm{d}\nu$ die Verteilung

$$\mathrm{d}W(\nu) = \frac{8\pi V}{c^3} \frac{h\nu^3 \cdot \mathrm{d}\nu}{e^{\frac{h\nu}{kT}} - 1}$$

Geht man von der Energie W zur (räumlichen) **Energiedichte** $w = W/V$ über, dann erhält man für die "Energiedichte pro Frequenzintervall" $S(\nu) =$

$\mathrm{d}w(\nu)/\mathrm{d}\nu$ oder die "spektrale Verteilung" der Energiedichte oder das "Frequenzspektrum" der Energiedichte

$$S(\nu) = \frac{8\pi h}{c^3} \frac{\nu^3}{e^{\frac{h\nu}{kT}} - 1} \tag{7.42}$$

Diese Formel heißt **Plancksches Strahlungsgesetz**. In Bild 7.13 ist $S(\nu)$ zusammen mit der spektralen Verteilung $\mathrm{d}N(\nu)/\mathrm{d}\nu$ der Photonenzahl, wie sie sich aus (7.41) ergibt, aufgetragen. Die Koordinatenachsen sind nicht geeicht. Die Abbildung soll lediglich die Unterschiede beider Spektren verdeutlichen, insbesondere die Tatsache, dass deren Maxima bei verschiedenen Frequenzen liegen. Maximale Photonenzahl bedeutet also nicht auch gleichzeitig maximale Energiedichte.

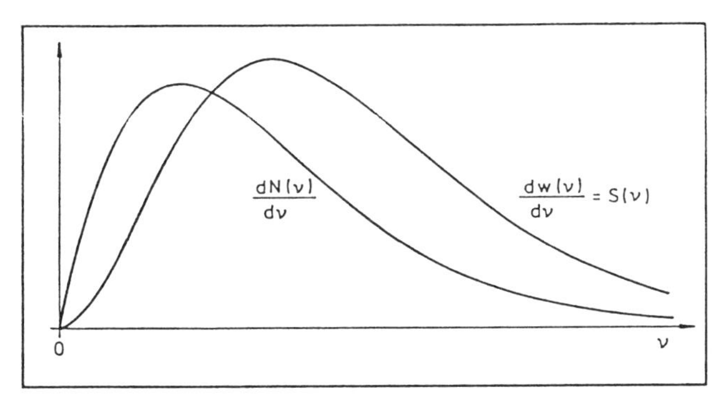

Abb. 7.13. Photonenzahl- und Energiedichte-Spektrum.

Im Bereich **kleiner** Frequenzen, dort wo $h\nu \ll kT$ ist und somit die Näherung

$$e^{\frac{h\nu}{kT}} = 1 + \frac{h\nu}{kT}$$

angewandt werden kann, geht (7.42) in das sogenannte **Rayleigh-Jeans'sche Strahlungsgesetz**

$$S(\nu) = \frac{8\pi kT}{c^3}\nu^2 \tag{7.43}$$

über. Hier wächst $S(\nu)$ also quadratisch mit der Frequenz. Im Bereich **hoher** Frequenzen, nämlich dort, wo

$$h\nu \gg kT \qquad \text{und damit} \qquad e^{\frac{h\nu}{kT}} \gg 1$$

vorausgesetzt werden kann, nähert sich (7.42) dem sogenannten **Wienschen Strahlungsgesetz**

$$S(\nu) = \frac{8\pi h}{c^3}\nu^3 e^{-\dfrac{h\nu}{kT}} \tag{7.44}$$

Wie gut sich die beiden Näherungen (7.43) und (7.44) in den Grenzbereichen dem wahren Verlauf anpassen, geht aus Bild 7.14 hervor.

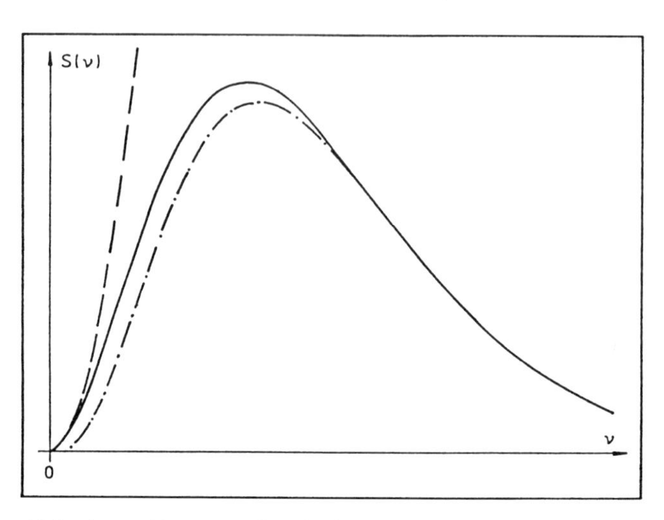

Abb. 7.14. PLANCKsches (—), RAYLEIGH-JEANS'sches (- -) und WIENsches (- · -) Strahlungsgesetz.

Setzt man abkürzend

$$\frac{8\pi k^3T^3}{c^3h^2} = A \qquad \text{und} \qquad \frac{h\nu}{kT} = u \tag{7.45}$$

dann folgt für (7.42):

$$S(\nu) = \frac{8\pi k^3T^3}{c^3h^2}\frac{\left[\dfrac{h\nu}{kT}\right]^3}{e^{\dfrac{h\nu}{kT}} - 1} = A\frac{u^3}{e^u - 1} = S(u)$$

Die Frequenz ν_m des Maximums von $S(\nu)$ bzw. der Wert $u_m = h\nu_m/(kT)$ für das Maximum von $S(u)$ ergibt sich in vertrauter Weise aus den Forderungen:

$$\left[\frac{\mathrm{d}S(\nu)}{\mathrm{d}\nu}\right]_{\nu=\nu_m} = 0 \qquad \text{bzw.} \qquad \left[\frac{\mathrm{d}S(u)}{\mathrm{d}u}\right]_{u=u_m} = 0 \tag{7.46}$$

Die Differentiation von $S(u)$ nach u liefert:

$$\frac{\mathrm{d}S(u)}{\mathrm{d}u} = A\frac{\mathrm{d}}{\mathrm{d}u}\left[\frac{u^3}{e^u - 1}\right] = A\frac{3u^2(e^u - 1) - u^3e^u}{(e^u - 1)^2}$$

$$= A\frac{u^2(3e^u - 3 - ue^u)}{(e^u - 1)^2}$$

Schließt man den Fall $u_m = 0$ aus, dann reduziert sich die Forderung (7.46) auf die Gleichung

$$3e^{u_m} - 3 - u_m e^{u_m} = e^{u_m}(3 - u_m) - 3 = 0$$

Diese Gleichung ist – wie die Mathematiker sagen – **transzendent**, was bedeutet, dass sich ihre Lösung nicht in "geschlossener Form" angeben läßt. Sie muss **numerisch** gefunden werden. Das Ergebnis lautet $u_m = 2.822$. Also ist gemäß (7.45):

$$\nu_m = \frac{2.822 \cdot k}{h} T = aT \tag{7.47}$$

mit $a = 2.822 \cdot k/h = 5.88 \cdot 10^{10}\ \mathrm{K}^{-1}\ \mathrm{s}^{-1}$.
Mit steigender Temperatur T verschiebt sich somit das Maximum von $S(\nu)$ **proportional** zu höheren Frequenzen. Es liegt beispielsweise für $T = 1500$ K bei $\nu_m = 0.88 \cdot 10^{14}\ \mathrm{s}^{-1}$ und für $T = 3000$ K bei $\nu_m = 1.76 \cdot 10^{14}\ \mathrm{s}^{-1}$. Den Verlauf von $S(\nu)$ für diese beiden Temperaturen zeigt Bild 7.15. Sie bringt zudem deutlich zum Ausdruck, dass die über alle Frequenzen **integrierte** Energiedichte $w = W_0/V$, also die "Fläche unter der Kurve", offenbar sehr rasch mit der Temperatur wächst. W_0 ist die **gesamte** Strahlungsenergie innerhalb des Hohlraums. Mit (7.42) ist

$$w = \int_0^\infty S(\nu) \cdot \mathrm{d}\nu = \frac{8\pi h}{c^3} \int_0^\infty \frac{\nu^3}{e^{\frac{h\nu}{kT}} - 1} \cdot \mathrm{d}\nu$$

Die Substitution

$$\nu = \frac{kT}{h} u \qquad \text{mit} \qquad \mathrm{d}\nu = \frac{kT}{h} \cdot \mathrm{d}u$$

führt auf

$$w = \frac{8\pi k^4}{c^3 h^3} T^4 \int_0^\infty \frac{u^3}{e^u - 1} \cdot \mathrm{d}u \tag{7.48}$$

Das hier auftretende Integral ist ein Spezialfall von Integralen der Klasse

$$I(z) = \int_0^\infty \frac{u^{z-1}}{e^u - 1} \cdot \mathrm{d}u \tag{7.49}$$

nämlich der für $z = 4$. Zur Berechnung empfiehlt die Mathematik folgendes Vorgehen: Zunächst läßt sich $I(z)$ durch eine unendliche Reihe der Form

$$I(z) = \sum_{n=0}^\infty \int_0^\infty u^{z-1} \cdot e^{-(n+1)u} \cdot \mathrm{d}u$$

darstellen. Die Substitution

$$u = \frac{x}{n+1} \qquad \text{mit} \qquad du = \frac{dx}{n+1}$$

ergibt

$$\begin{aligned} I(z) &= \sum_{n=0}^{\infty} \int_0^{\infty} \frac{x^{z-1}}{(n+1)^{z-1}} e^{-x} \frac{dx}{n+1} \\ &= \int_0^{\infty} x^{z-1} e^{-x} \cdot dx \cdot \sum_{n=0}^{\infty} \frac{1}{(n+1)^z} \end{aligned}$$

Das neue Integral

$$\Gamma(z) = \int_0^{\infty} x^{z-1} e^{-x} \cdot dx$$

ist die Integral-Definition der sogenannten **Gamma-Funktion**. Sie hat eine Reihe interessanter Eigenschaften. Unter anderem genügt sie der Gleichung $\Gamma(z+1) = z\Gamma(z)$ und hat für positive **ganzzahlige** z die Werte $\Gamma(z) = (z-1)!$ mit $\Gamma(1) = 1$. Die Summe

$$\zeta(z) = \sum_{n=0}^{\infty} \frac{1}{(n+1)^z} = \sum_{n=1}^{\infty} \frac{1}{n^z}$$

definiert die sogenannte **Riemannsche Zeta-Funktion**. Auch diese Funktion hat einige bemerkenswerte Charakteristika, die aber hier ebenfalls nicht näher erörtert werden sollen. Beispiele für Funktionswerte sind

$$\zeta(0) = -0.5, \quad \zeta(1) = \infty, \quad \zeta(2) = \pi^2/6, \quad \zeta(4) = \pi^4/90$$

Im übrigen findet man ausführliche Listen von Funktionswerten für $\Gamma(z)$ und $\zeta(z)$ in vielen Tabellenbüchern zur Mathematik, so etwa in den "Tafeln höherer Funktionen" von Jahnke-Emde-Lösch (B.G. Teubner Verlagsgesellschaft, Stuttgart). Damit ist $I(z) = \Gamma(z)\zeta(z)$ und speziell gemäß (7.49):

$$I(4) = \int_0^{\infty} \frac{u^3}{e^u - 1} \cdot du = \Gamma(4)\zeta(4) = (4-1)!\frac{\pi^4}{90} = \frac{\pi^4}{15}$$

Einsetzen in (7.48) ergibt dann schließlich

$$\boxed{w(T) = d\frac{8\pi^5 k^4}{15c^3h^3}T^4 = AT^4}$$

mit $A = 8\pi^5 k^4/(15c^3h^3) = 7.56 \cdot 10^{-16}$ J K^{-4} m^{-3}. Dieser Zusammenhang heißt **Stefan-Boltzmannsches Gesetz**. Verdoppelt man die Temperatur zum Beispiel, dann steigt also die Energiedichte um den Faktor 16.

Die von der Öffnung eines Hohlraums oder allgemein von einem schwarzen Körper **emittierte** Strahlungsenergie folgt der gleichen Gesetzmäßigkeit, lediglich mit einer anderen Proportionalitätskonstante. Für die von 1 m^2

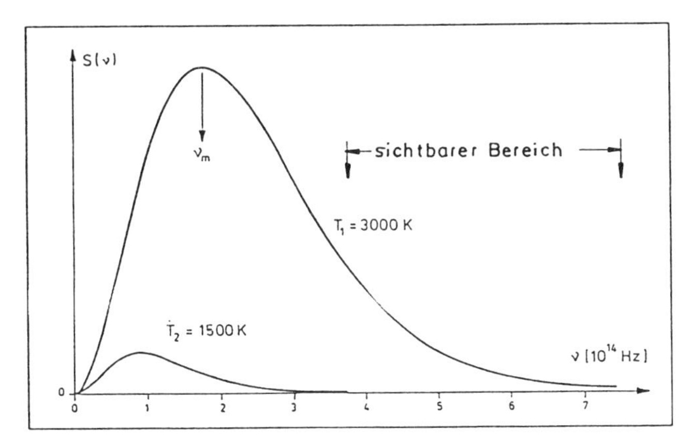

Abb. 7.15. Einfluss der Temperatur auf die spektrale Verteilung $S(\nu)$ der Energiedichte.

Strahlungsfläche in den Halbraum, d.h. in den Raumwinkel 2π, ausgehende **Strahlungsleistung**, die sogenannte **Strahlungs-Emittanz**, erhält man

$$M = \sigma T^4$$

mit $\sigma = 2\pi^5 k^4/(15c^2h^3) = 5.67 \cdot 10^{-8}$ W K^{-4} m^{-2}. Diese Konstante wird auch **Stefan-Boltzmann-Konstante** genannt.
Die Umrechnung des **Frequenzspektrums** $S(\nu)$ in das entsprechende **Wellenlängenspektrum** $S(\lambda) = \mathrm{d}w(\lambda)/\mathrm{d}\lambda$, wobei jetzt $\mathrm{d}w(\lambda)$ die Energiedichte im Wellenlängenintervall zwischen λ und $\lambda + \mathrm{d}\lambda$ bedeutet, gelingt auf einfache Weise über die Beziehungen

$$\nu = \frac{c}{\lambda} \quad \text{und} \quad \frac{\mathrm{d}\nu}{\mathrm{d}\lambda} = \frac{\mathrm{d}}{\mathrm{d}\lambda}\left[\frac{c}{\lambda}\right] = -\frac{c}{\lambda^2} \quad \text{bzw.} \quad \mathrm{d}\nu = -\frac{c}{\lambda^2} \cdot \mathrm{d}\lambda$$

Das Minuszeichen drückt aus, dass eine **Zunahme** in der Frequenz eine **Abnahme** in der Wellenlänge bedeutet und umgekehrt. Im folgenden sind nur die **Intervalle** $\mathrm{d}\nu$ und $\mathrm{d}\lambda$, also die **Beträge** der Differentiale $\mathrm{d}\nu$ und $\mathrm{d}\lambda$ von Interesse, nicht deren Richtung. Somit kann das Minuszeichen hier weggelassen werden. Also folgt aus (7.42) unter Verwendung obiger Transformationsformeln

$$\mathrm{d}w(\nu) = S(\nu) \cdot \mathrm{d}\nu = \frac{8\pi h}{c^3} \frac{\frac{c^3}{\lambda^3}}{e^{\frac{hc}{\lambda kT}} - 1} \frac{c}{\lambda^2} \cdot \mathrm{d}\lambda = \mathrm{d}w(\lambda) = S(\lambda) \cdot \mathrm{d}\lambda$$

oder

$$\boxed{S(\lambda) = \frac{8\pi hc}{\lambda^5} \cdot \frac{1}{e^{\frac{hc}{\lambda kT}} - 1}}$$

Die Bestimmung der Wellenlänge λ_m für das Maximum von $S(\lambda)$ kann in analoger Weise erfolgen wie die Berechnung von ν_m. Die Abkürzung

$$\frac{8\pi k^5 T^5}{h^4 c^4} = B \quad \text{und die Substutution} \quad \frac{hc}{\lambda kT} = u \tag{7.50}$$

ergeben

$$S(u) = B\frac{u^5}{e^u - 1} \quad \text{und} \quad \frac{\mathrm{d}S(u)}{\mathrm{d}u} = B\frac{u^4(5e^u - 5 - ue^u)}{(e^u - 1)^2}$$

Die Forderung $[\,\mathrm{d}S(u)/\mathrm{d}u]_{u=u_m} = 0$ führt dann auf die transzendente Gleichung

$$e^{u_m}(5 - u_m) - 5 = 0$$

Ihre Lösung ist $u_m = 4.965$. Das ergibt gemäß (7.50): $\lambda_m = hc/(u_m kT)$ oder

$$\lambda_m = \frac{hc}{4.965k}\frac{1}{T} = \frac{b}{T} \tag{7.51}$$

mit $b = hc/(4.965k) = 2.90 \cdot 10^{-3}$ K m.
Mit wachsender Temperatur T verschiebt sich also das Maximum des Wellenlängenspektrums $S(\lambda)$ umgekehrt proportional zu kleineren Wellenlängen hin. Es liegt beispielsweise für $T = 1500$ K bei $\lambda_m = 1.93 \cdot 10^{-6}$ m und für $T = 3000$ K bei $\lambda_m = 0.97 \cdot 10^{-6}$ m, in beiden Fällen also im infraroten Spektralbereich. Die Formeln (7.47) und (7.51) bilden das sogenannte **Wiensche Verschiebungsgesetz**.

7.4 Ideales Gas aus Phononen (Wärmekapazität fester Körper)

Von der elementaren Schwingungs- und Wellenlehre her ist bekannt, dass sich in einem festen Körper **longitudinale** und **transversale** elastische Wellen ausbreiten können und dass deren Ausbreitungsgeschwindigkeiten v_ℓ und v_t im allgemeinen voneinander verschieden sind. An den Grenzflächen des Mediums können diese Wellen reflektiert werden. Es bilden sich **stehende** Wellen aus. Stehen die Wellenlängen λ in einem bestimmten Verhältnis zu den Dimensionen des Körpers, dann können durch konstruktive Überlagerungen der gegeneinander laufenden Wellen Schwingungszustände mit großer Amplitude, sogenannte **Eigenschwingungen**, auftreten. Von solchen Schwingungszuständen ist im folgenden die Rede.
Ausgangspunkt allgemeiner Betrachtungen zur Dynamik solcher Schwingungszustände in einem Kristallgitter aus insgesamt s Atomen oder Molekülen ist ein System aus s **miteinander gekoppelten** Bewegungsgleichungen. Das Grundproblem ist von der Aufstellung der beiden Bewegungsgleichungen für zwei gekoppelte Pendel her bekannt. Durch eine geeignete Koordinatentransformation – Einzelheiten findet man in Lehrbüchern zur Festkörperphysik – läßt sich dieses System in ein anderes aus insgesamt $3s$ **entkoppelten**

Differentialgleichungen überführen, wobei jede einzelne die Bewegungsgleichung für einen **linearen harmonischen Oszillator** darstellt. In diesem Sinne kann also ein Kristallgitter als ein System aus $3s$ **voneinander unabhängigen** linearen harmonischen Oszillatoren aufgefasst werden. Wie bereits in einem vorangegangenen Abschnitt dargelegt wurde, sind die Energien eines solchen Oszillators gemäß

$$W_i(q) = \left[q + \frac{1}{2}\right] \hbar\omega_i \tag{7.52}$$

gequantelt. ω_i ist die Kreisfrequenz des Oszillators Nummer i. Die **Schwingungsquantenzahl**, hier q genannt, durchläuft die Folge der natürlichen Zahlen ($q = 0, 1, 2, 3, \ldots$). Die Energieniveaus sind äquidistant mit dem Abstand $\Delta W_i = \hbar\omega_i$ verteilt. Ein Kristallgitter kann also Energien nur in ganzzahligem Vielfachen der Energie ΔW_i aufnehmen oder abgeben.
In Analogie zum elektromagnetischen Schwingungsquant, dem Photon, bezeichnet man Schwingungs- oder Schallwellen-Quanten mit der Energie

$$W = \hbar\omega = h\nu$$

als **Phononen**.
Der Begriff des Phonons ist von großem Nutzen bei der Beschreibung von Wechselwirkungen zwischen Gitterschwingungen einerseits und Teilchen, wie etwa Elektronen und Neutronen bzw. Photonen andererseits. Viele dieser Prozesse lassen sich als einfache Stöße zwischen Phononen und Teilchen bzw. Photonen unter Zugrundelegung der Erhaltungssätze für Energie und Impuls verstehen, wenn man dem Phonon einen Impuls $\boldsymbol{p} = \hbar\boldsymbol{k}$ zugeordnet. Dabei ist $\boldsymbol{k}$ der bekannte **Wellenvektor** mit dem Betrag $k = 2\pi/\lambda$. Der Phononenimpuls hat **keine** dem vertrauten Teilchenimpuls äquivalente Bedeutung. Zur Betonung dessen bezeichnet man ihn auch als den "Quasi-Impuls" des Phonons.
Die weiteren Betrachtungen erfolgen im Rahmen der sogenannten **Debyeschen Näherungen**. Dabei wird das Kristallgitter zunächst wie ein Kontinuum behandelt. Die Merkmale des kristallinen Aufbaus werden im nachhinein als Korrektur berücksichtigt. Die Zahl der möglichen Schwingungszustände in einem elastischen Medium von begrenztem Volumen kann nach genau demselben Formalismus berechnet werden wie die Zahl der möglichen Energie- oder Impulszustände für ein freies Teilchen innerhalb eines abgeschlossenen Volumens. Wie das geht, steht in den Abschnitten 5.3 und 5.4. Dort mussten die **Wellenfunktionen** abgezählt werden, die in den Potentialkasten passen, also den geforderten Randbedingungen genügen. Hier treten an die Stelle der Wellenfunktionen die realen **elastischen Wellen**. Das Ergebnis, nämlich die Zahl $\mathrm{d}n(p)$ der Schwingungs- oder Phononenzustände mit Impulsen zwischen p und $p+\mathrm{d}p$, ist die unter dem Punkt b.) des Abschnitts 7.3 angegebene Formel

$$\mathrm{d}n(p) = \frac{4\pi V}{h^3} p^2 \cdot \mathrm{d}p$$

Sie gilt so allerdings nur für die Zustände **longitudinaler** Schwingungen. Mit $p = \hbar k = h/\lambda$ und $\nu\lambda = v_\ell$ ist dann

$$\mathrm{d}n_\ell(\nu) = \frac{4\pi V}{v_\ell^3}\nu^2 \cdot \mathrm{d}\nu$$

Bei den **transversalen** Schwingungen muss – wie schon bei den Photonen – beachtet werden, dass sie auf zwei voneinander unabhängige Polarisationszustände zurückgeführt werden können, was die Zahl der Schwingungszustände verdoppelt. Also folgt

$$\mathrm{d}n_t(\nu) = \frac{8\pi V}{v_t^3}\nu^2 \cdot \mathrm{d}\nu$$

Insgesamt erhält man somit für die Zahl der Phononenzustände mit Frequenzen zwischen ν und $\nu +\, \mathrm{d}\nu$, wobei $g(\nu)$ die zugehörige Zustandsdichte bezeichnet,

$$\mathrm{d}n(\nu) = g(\nu) \cdot \mathrm{d}\nu = \mathrm{d}n_\ell(\nu) + \mathrm{d}n_t(\nu) = 4\pi V \left[\frac{1}{v_\ell^3} + \frac{2}{v_t^3}\right] \nu^2 \cdot \mathrm{d}\nu$$

Im Rahmen der DEBYEschen Näherung wird ferner angenommen, dass sich die beiden Geschwindigkeiten v_ℓ und v_t durch eine mittlere und konstante Geschwindigkeit v_0 ersetzen lassen. Für $v_\ell = v_t = v_0$ ergibt sich dann

$$g(\nu) = \frac{12\pi V}{v_0^3}\nu^2 \tag{7.53}$$

Dieser Zusammenhang gilt – wohlgemerkt – für ein **Kontinuum**, also für ein elastisches Medium ohne jegliche Gitterstruktur oder ohne irgendwelche räumliche Ordnung im Gefüge seiner Teilchen, was bedeutet, dass keine obere Grenze für die Frequenz ν existiert und dass somit theoretisch beliebig hohe Frequenzen vorkommen können. Anders bei einem Kristallgitter, dessen Schwingungsdynamik sich – wie schon gesagt – durch ein System aus $3s$ voneinander unabhängigen Oszillatoren unterschiedlicher Eigenfrequenzen beschreiben läßt. Hier kann es dann nicht **mehr** unterschiedliche Frequenzen geben, als Oszillatoren vorhanden sind. Die Funktion (7.53) muss also, will man sie auf ein Kristallgitter anwenden, bei einer Maximalfrequenz ν_m abgeschnitten werden, die sich der aus Forderung

$$\int_0^{\nu_m} \mathrm{d}n(\nu) = \int_0^{\nu_m} g(\nu) \cdot \mathrm{d}\nu = 3s$$

ergibt.

Zustandsdichten **realer** kristalliner Substanzen können mit modernen numerischen Verfahren unter Vorgabe der Gitterstruktur berechnet werden. Sie lassen sich aber auch experimentell bestimmen. Die hierfür nötigen Gitterschwingungen können auf verschiedenen Wegen angefacht werden, etwa durch Stoßanregung über den Beschuss des zu untersuchenden Kristalls mit Teilchen, insbesondere mit Neutronen, oder bei Kristallen mit Ionenbindung,

auch durch die Einstrahlung elektromagnetischer Wellen entsprechender Frequenz. Welche Anregungsart im Einzelfall die optimale ist, richtet sich nach der speziellen physikalischen Fragestellung, der Struktur des vorliegenden Gitters usw. Allgemein fallen Vergleiche zwischen dem realen Verlauf $g_r(\nu)$ der Zustandsdichte und der Voraussage gemäß (7.53) nicht gerade ermutigend aus, wie Bild 7.16 am Beispiel des Silbers zeigt. Lediglich bei kleinen Frequenzen ist ein zu ν^2 proportionaler Anstieg erkennbar. Zu höheren Frequenzen hin gibt es dagegen erhebliche und in ihrer Struktur komplizierte Abweichungen. Die generelle Ursache dieser Tendenz ist qualitativ und anschaulich anhand der Bild 7.17 zu verstehen. Sie stellt schematisiert "Momentaufnahmen" von Schwingungen einer Gitterreihe bei zwei stark unterschiedlichen Frequenzen dar. Ist die Wellenlänge λ sehr groß gegen die Gitterkonstante d, die Frequenz ν also entsprechend klein, dann ist die Auslenkung **benachbarter** Gitterteilchen aus ihren Ruhelagen nicht sehr verschieden. Die Bindungskräfte werden kaum beansprucht. Der Kristall reagiert wie ein Kontinuum. Ist bei vergleichbarer Schwingungsamplitude andererseits λ mit d vergleichbar, die Frequenz ν also entsprechend hoch, dann erfahren benachbarte Teilchen stark unterschiedliche Auslenkungen. Die spezielle physikalische Natur der Bindungskräfte und ihre Richtungsabhängigkeit gewinnen an Einfluss und bestimmen zunehmend das Schwingungsverhalten.
Trotz aller hier erwähnten Unzulänglichkeiten vermag die Kontinuums-Näherung (7.53) einige grundsätzliche physikalische Eigenschaften von Festkörpern erfolgreich zu beschreiben, wie nachfolgend an einem Beispiel gezeigt wird.

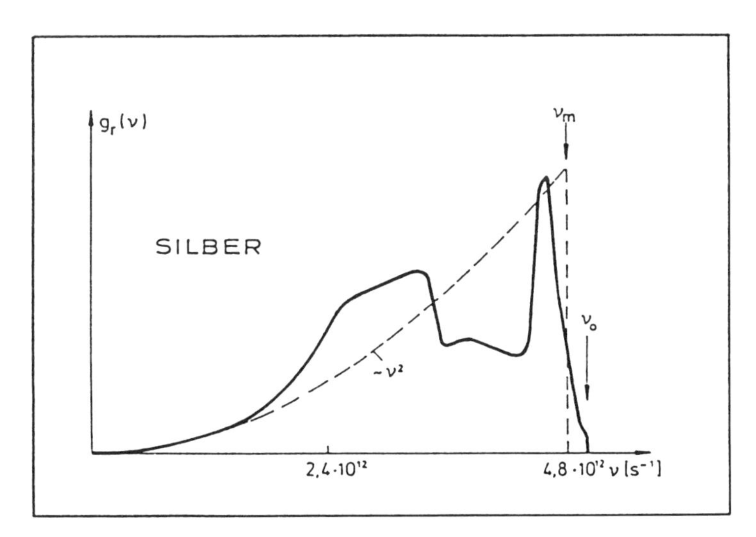

Abb. 7.16. Zustandsdichte für Silber und Kontinuums-Näherung. (Aus: G. Busch und H. Schade, Vorlesungen über Festkörperphysik, Birkhäuser Verlag, 1973).

Die oben bereits erwähnte und für die weiteren Diskussionen erforderliche Abschneide-Frequenz ν_m für (7.53) läßt sich aus dem gemessenen oder berechneten, also dem realen Verlauf $g_r(\nu)$ mit dessen oberer Frequenzgrenze ν_0 (siehe Bild 7.16) über die Forderung

$$\int_0^{\nu_m} g(\nu)\cdot \mathrm{d}\nu = \int_0^{\nu_0} g_r(\nu)\cdot \mathrm{d}\nu = n$$

nach Übereinstimmung der Gesamtzahl $n = 3s$ der Phononenzustände bestimmen, die desweiteren als eine aus den realen Daten gewonnene, d.h. **bekannte** Größe vorausgesetzt wird. Aus (7.53) folgt

$$\int_0^{\nu_m} g(\nu)\cdot \mathrm{d}\nu = \frac{12\pi V}{v_0^3}\int_0^{\nu_m} \nu^2\cdot \mathrm{d}\nu = \frac{4\pi V}{v_0^3}\nu_m^3 = n \quad \text{oder} \quad \frac{4\pi V}{v_0^3} = \frac{n}{\nu_m^3}$$

Die "abgeschnittene" Zustandsdichte (7.53) lautet dann

$$\begin{aligned} g(\nu) &= \frac{3n}{\nu_m^3}\nu^2 \qquad \text{für} \qquad \nu \le \nu_m, \\ g(\nu) &= 0 \qquad\qquad \text{für} \qquad \nu > \nu_m \end{aligned} \tag{7.54}$$

ν_m wird im Rahmen der DEBYEschen Theorie oder Näherung als freier Parameter zur Anpassung theoretischer Aussagen an experimentelle Resultate betrachtet.

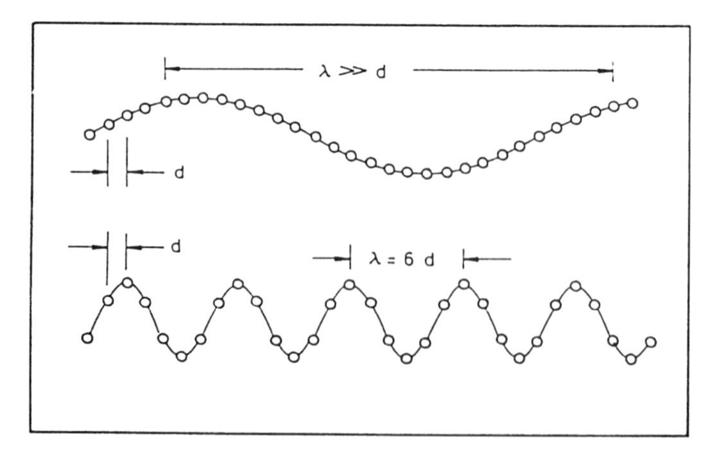

Abb. 7.17. "Gitterschwingungen" bei stark unterschiedlichen Frequenzen.

Gitterschwingungen besitzen keine dem Spin entsprechende Eigenschaft. Phononen sind also "spinlose Teilchen" und damit **Bosonen**. Phononensysteme folgen somit der BOSE-EINSTEIN-Statistik. Schließt man Wechselwirkungen zwischen Gitterschwingungen aus, dann erfüllt das System die Voraussetzungen eines **idealen Phononengases**. Wie beim Photonengas ist auch hier die Gesamtzahl der Phononen **keine** Erhaltungsgröße. Sie verändert sich mit der dem Festkörper zugeführten oder ihm entnommenen Energie. Dabei werden Phononen zusätzlich erzeugt oder wieder vernichtet. Für die Anzahl $dN(\nu)$ der Phononen im Frequenzintervall zwischen ν und $\nu +\, \mathrm{d}\nu$ gilt also im Gleichgewichtszustand die der Formel (7.41) für ein Photonengas entsprechende Beziehung

$$\mathrm{d}N(\nu) = \frac{g(\nu)\cdot \mathrm{d}\nu}{e^{\frac{h\nu}{kT}} - 1}$$

"Anzahl der Phononen" heißt hier: Anzahl der tasächlich auftretenden Gitterschwingungen oder – in der Sprechweise der Quantenmechanik – Anzahl der von Phononen "besetzten" Schwingungszustände. Mit der Zustandsdichte (7.54) ist dann

$$\mathrm{d}N(\nu) = \frac{3n}{\nu_m^3}\frac{\nu^2\cdot \mathrm{d}\nu}{e^{\frac{h\nu}{kT}} - 1}$$

Zur gesamten Schwingungsenergie W_0 des Gitters tragen ein einzelnes Phonon die Energie $h\nu$ und somit $\mathrm{d}N(\nu)$ Phononen die Energie

$$\mathrm{d}W_1(\nu) = h\nu\cdot \mathrm{d}N(\nu) = \frac{3nh}{\nu_m^3}\frac{\nu^3\cdot \mathrm{d}\nu}{e^{\frac{h\nu}{kT}} - 1}$$

bei. Unter Verwendung der Substitution

$$\nu = \frac{kT}{h}u \quad \text{mit} \quad \mathrm{d}\nu = \frac{kT}{h}\cdot \mathrm{d}u \quad \text{und} \quad \nu_m = \frac{kT}{h}u_m$$

erhält man also für den Beitrag **aller** Photonen zu W_0:

$$W_1 = \frac{3nh}{\nu_m^3}\int_0^{\nu_m}\frac{\nu^3\cdot \mathrm{d}\nu}{e^{\frac{h\nu}{kT}} - 1} = \frac{3nkT}{u_m^3}\int_0^{u_m}\frac{u^3\cdot \mathrm{d}u}{e^u - 1}$$

Die Größe $h\nu_m/k = Tu_m \equiv \Theta$ hat die Dimension einer Temperatur und heißt **Debye-Temperatur**. Mit diesem Parameter anstelle von ν_m ist dann

$$W_1 = \frac{3nk}{\Theta^3}T^4\int_0^{\Theta/T}\frac{u^3\cdot \mathrm{d}u}{e^u - 1} \tag{7.55}$$

Das Integral

$$D(\Theta/T) = \int_0^{\Theta/T}\frac{u^3\cdot \mathrm{d}u}{e^u - 1} \tag{7.56}$$

wird auch **Debye-Funktion** genannt. Ihr Verlauf ist in Bild 7.18 aufgetragen. Die Funktionswerte müssen numerisch ermittelt werden und sind in manchen Tabellenwerken zur Mathematik aufgeführt, beispielsweise in dem bereits im vorangehenden Abschnitt erwähnten. Läuft die Temperatur **gegen Null**, die obere Integrationsgrenze Θ/T also gegen Unendlich, dann strebt $D(\Theta/T)$ gegen das schon bekannte Integral (7.49) für $z = 4$, d.h. es ist

$$\lim_{T\to 0}[D(\Theta/T)] = \frac{\pi^4}{15} = 6.494 \tag{7.57}$$

Im Bereich **hoher** Temperaturen, d.h. für $T \gg \Theta$ und damit auch für $h\nu/(kT) = u \ll 1$, folgt mit der Näherung $e^u = 1 + u$:

$$D(\Theta/T) = \int_0^{\Theta/T} u^2 \cdot \mathrm{d}u = \frac{1}{3}\left[\frac{\Theta}{T}\right]^3 \qquad \text{für} \qquad \frac{\Theta}{T} \ll 1 \tag{7.58}$$

Der Phononen-Anteil (7.58) an W_0 lautet also

$$W_1 = \frac{3nk}{\Theta^3} T^4 D(\Theta/T)$$

Einen weiteren Beitrag W_2 zu W_0 liefern die **Nullpunktsenergien** der einzelnen Oszillatoren. Sie ergeben sich aus (7.52) für $q = 0$ zu $\hbar\omega/2 = h\nu/2$. Die $\mathrm{d}n(\nu) = g(\nu)\cdot \mathrm{d}\nu$ Oszillatoren mit Frequenzen zwischen ν und $\nu + \mathrm{d}\nu$ steuern somit zu W_2 unter Berücksichtigung von (7.54) die Nullpunktsenergie

$$\mathrm{d}W_2(\nu) = \frac{h\nu}{2} g(\nu) \cdot \mathrm{d}\nu = \frac{h\nu}{2}\frac{3n}{\nu_m^3}\nu^2 \cdot \mathrm{d}\nu = \frac{3nh}{2\nu_m^3}\nu^3 \cdot \mathrm{d}\nu$$

bei. Insgesamt erhält man somit

$$W_2 = \frac{3nh}{2\nu_m^3}\int_0^{\nu_m} \nu^3 \cdot \mathrm{d}\nu = \frac{3nh}{2\nu_m^3}\frac{\nu_m^4}{4} = \frac{3}{8}nh\nu_m = \frac{3}{8}nk\Theta$$

Dieser Anteil ist unabhängig von der Temperatur. Die gesamte Schwingungsenergie des Kristalls beträgt folglich

$$W_0 = W_1 + W_2 = \frac{3nk}{\Theta^3}\left[T^4 D(\Theta/T) + \frac{\Theta^4}{8}\right] \tag{7.59}$$

Als erstaunlich erfolgreich erweist sich die DEBYEsche Theorie bei der Beschreibung des Temperaturverlaufs der **Wärmekapazität** von Festkörpern, also derjenigen physikalischen Größe, welche die Temperaturveränderungen eines Körpers mit der ihm zugeführten oder entnommenen Wärmemenge verknüpft.

Für die Wärmekapazität bei **konstantem Volumen** gilt bekanntlich $C_V = \partial W_0/\partial T$. Die Differentiation von (7.59) nach T führt in einem ersten Schritt auf

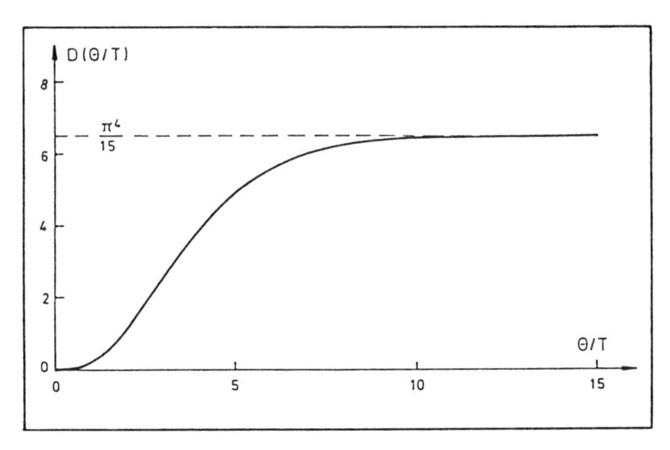

Abb. 7.18. Verlauf der DEBYE-Funktion.

$$\begin{aligned} C_V &= \frac{3nk}{\Theta^3}\left[4T^3 D(\Theta/T) + T^4 \frac{\mathrm{d}D(\Theta/T)}{\mathrm{d}T}\right] \\ &= \frac{3nk}{\Theta^3}T^3\left[4D(\Theta/T) + T\frac{\mathrm{d}D(\Theta/T)}{\mathrm{d}T}\right] \end{aligned}$$

In einem zweiten Schritt muss dann die DEBYE-Funktion (7.56) nach T abgeleitet werden. Den vertrauten Rechenregeln für das Differenzieren von Integralen folgend ist die gesuchte Ableitung gleich dem Integranden von (7.56) an der oberen Integrationsgrenze, multipliziert mit der Ableitung der oberen Integrationsgrenze nach T, d.h. es ist

$$\frac{\mathrm{d}D(\Theta/T)}{\mathrm{d}T} = \frac{(\Theta/T)^3}{e^{\Theta/T} - 1}\left[-\frac{\Theta}{T^2}\right] = -\frac{1}{T}\frac{(\Theta/T)^4}{e^{\Theta/T} - 1}$$

Damit folgt

$$C_V = 3nk\left[\frac{T}{\Theta}\right]^3\left[4D(\Theta/T) - \frac{(\Theta/T)^4}{e^{\Theta/T} - 1}\right] \tag{7.60}$$

Wie gut diese Formel experimentelle Daten zu beschreiben vermag, zeigt Bild 7.19 am Beispiel des Elements Yttrium. Eingetragen sind als Funktion des Quotienten T/Θ, also als Funktion der Temperatur "in Einheiten der Debye-Temperatur" die Messpunkte und die Voraussage der Debye-Theorie gemäß (7.60), wobei eine DEBYE-Temperatur von $\Theta = 200$ K zugrunde gelegt wurde. Die Ordinate gibt die sogenannte **Molwärme** an, also die auf die Stoffmenge von einem Mol bezogene Wärmekapazität. Von praktischem Interesse sind die Grenzbereiche tiefer und hoher Temperaturen.

Für $T \to 0$, also für $\Theta/T \to \infty$, läuft der zweite Term in der eckigen Klammer von (7.60) gegen Null, wie leicht einzusehen ist: Da bekanntlich die e-Funktion mit steigendem Exponenten stärker anwächst als jede Potenz

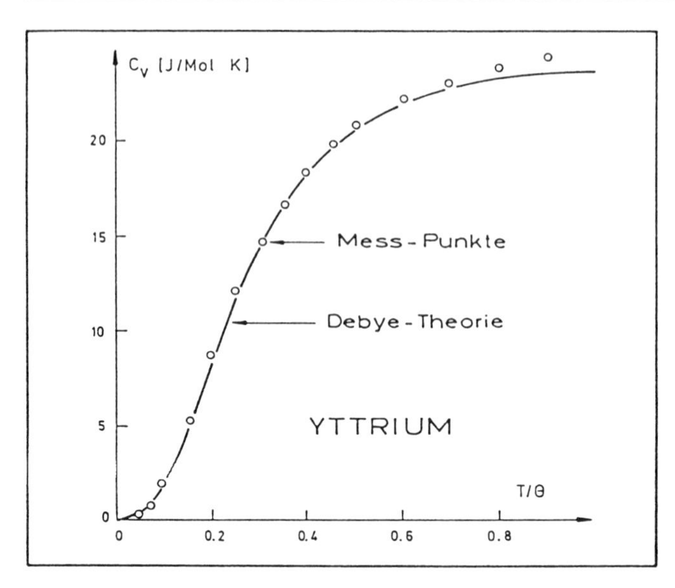

Abb. 7.19. Temperaturabhängigkeit der Molwärme von Yttrium. (Aus: J.S. Blakemore, Solid State Physics, 2nd ed., W.B. Saunders Co., 1974)

des Exponenten, strebt nämlich der Nenner dieses Terms schneller gegen Unendlich als der Zähler. Zusammen mit dem Grenzwert (7.57) für die Debye-Funktion ergibt sich somit

$$C_V = \frac{4}{5}\pi^4 nk \left[\frac{T}{\Theta}\right]^3 \qquad \text{für} \qquad T \ll \Theta$$

Im Bereich niedriger Temperaturen wächst C_V also **kubisch** mit der Temperatur. Dieser Zusammenhang heißt **Debyesches T^3-Gesetz**. Wieweit experimentell ermittelte Werte für C_V dieser theoretischen Voraussage folgen, demonstriert Bild 7.20 am Beispiel des Kalium-Chlorids. Aufgetragen ist der Quotient C_V/T aus Molwärme und Temperatur als Funktion von T^2. Diese beiden Größen sind nach Aussage des T^3-Gesetzes einander proportional. Wenn es also gilt, dann sollten in dieser Darstellung die Messpunkte auf einer Geraden durch den Koordinaten-Nullpunkt liegen, was die Abbildung eindrucksvoll bestätigt.

Für $T \to \infty$, also für $\Theta/T \to 0$, läuft der zweite Term in der eckigen Klammer von (7.60) bei Anwendung der Näherung

$$e^{\Theta/T} = 1 + \frac{\Theta}{T} \quad \text{gegen die Funktion} \quad \left[\frac{\Theta}{T}\right]^3$$

Zusammen mit dem durch (7.58) beschriebenen Verhalten der Debye-Funktion folgt dann

$$C_V = 3nk \left[\frac{T}{\Theta}\right]^3 \left(\frac{4}{3}\left[\frac{\Theta}{T}\right]^3 - \left[\frac{\Theta}{T}\right]^3\right)$$

oder

$$C_V = nk \qquad \text{für} \qquad T \gg \Theta$$

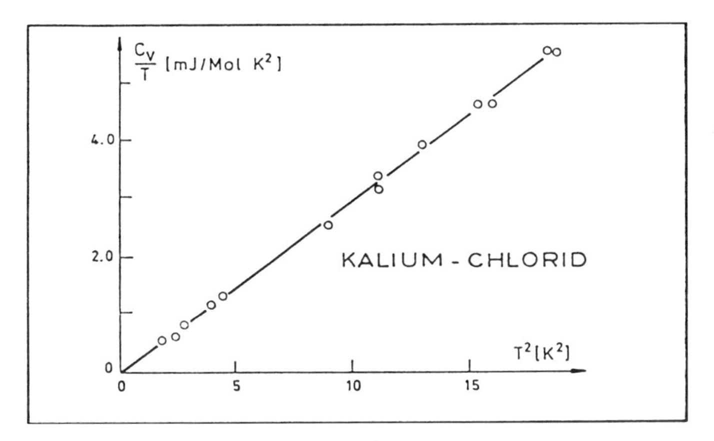

Abb. 7.20. Zum DEBYEschen T^3-Gesetz.
(Aus: F. REIF, Physikalische Statistik und Physik der Wärme, Walter de Gruyter-Verlag, 1976)

Im Bereich hoher Temperaturen nimmt die Wärmekapazität also einen konstanten Wert an. Diese Aussage ist die bekannte **Dulong-Petit'sche Regel**.

In der nachstehenden Tabelle sind die aus Anpassungen theoretischer Verläufe an Messergebnissen gewonnenen Debye-Temperaturen einiger Elemente zusammengestellt.

Elem.	Cs	Ar	Au	Ti	Fe	C (Graphit)	B	C (Diamant)
Θ [K]	45	90	180	355	460	760	1220	2050

(Aus: E.S. GOPAL, Specific Heats at Low Temperatures, Heywood, London, 1966)

7.5 Ideales Gas aus Elektronen (Leitungselektronen in Metallen)

Die hohe elektrische Leitfähigkeit der Metalle wird durch diejenigen Valenzelektronen bedingt, die aufgrund der speziellen Natur der Wechselwirkung

zwischen den Metall-Atomen in einem Gitter so schwach gebunden sind, dass sie sich unter der Wirkung eines von außen angelegten elektrischen Feldes praktisch frei durch das Gitter bewegen können. Diese Elektronen nennt man die **Leitungselektronen**.
Elektronen sind Teilchen mit einem **halbzahligen** Spin und somit **Fermionen**. Das System der Leitungselektronen folgt also der **Fermi-Statistik**. Vernachlässigt man die verbleibende Wechselwirkung der Leitungselektronen mit dem periodischen elektrischen Potential, das die positiven Atomrümpfe innerhalb des Gitters erzeugen, und die Wechselwirkung der Leitungselektronen untereinander, dann erfüllt dieses Teilchensystem die Voraussetzungen eines **idealen** Fermi-Gases. Die Ausgangsgleichung für alle weiteren Betrachtungen ist damit die Formel (5.18) für die Besetzungsdichte bezüglich der Energie, also die Energieverteilung. Das dort auftretende Produkt $CW^{1/2} = g(W)$ ist bekantlich die Zustandsdichte für ein wechselwirkungsfreies Teilchen innerhalb eines vorgegebenen Volumens V, wie sie explizit durch die Formel (5.14) beschrieben wird. Ausdrücklich muss jetzt darauf hingewiesen werden, dass diese Formel den Einfluss des **Teilchenspins** oder der **Spin-Entartung** der Energieniveaus noch nicht berücksichtigt. Die Quantenmechanik lehrt, dass jedes Niveau $(2s+1)$-fach entartet ist, also $2s+1$ Teilchen aufnehmen kann, wobei s die **Spinquantenzahl** der Teilchen ist. Die um diese Erkenntnis erweiterte Formel (5.14) lautet dann

$$g(W,s) = \frac{\pi(32)^{1/2}}{h^3} m^{3/2} V (2s+1) W^{1/2} = (2s+1) C W^{1/2}$$

Für Elektronen ist $s = 1/2$, also $2s+1 = 2$. Jedes Niveau kann von zwei Elektronen mit “entgegengesetztem” Spin (Quantenzahlen der z-Komponente: $m_s = \pm 1/2$) besetzt werden. Die Energieverteilung für ein **ideales Elektronengas** erhält man somit aus (5.18) durch Multiplikation mit dem Faktor 2, d.h. es ist

$$\frac{\mathrm{d}N}{\mathrm{d}W} = \frac{\pi(128)^{1/2}}{h^3} m^{3/2} V \frac{W^{1/2}}{e^{\frac{W-W_F}{kT}} + 1} \tag{7.61}$$

In Bild 7.21 ist eine Folge solcher Verteilungen für verschiedene Temperaturen aufgetragen. Die mit wachsendem T zunehmende Abflachung des Verlaufs in der Umgebung der FERMI-Energie W_F ist bereits im Abschnitt 4.7 im Zusammenhang mit Fragen zum Temperatureinfluss auf FERMI-Verteilungen diskutiert worden. Die für T und W_F angenommenen Zahlenwerte stimmen mit denen von Bild 4.4 überein.

Die Integration von (7.61) über alle Energien W muss natürlich auf die Gesamtzahl N der Leitungselektronen führen, d.h. es muss gelten

$$\frac{\pi(128)^{1/2}}{h^3} m^{3/2} V \int\limits_0^\infty \frac{W^{1/2} \cdot \mathrm{d}W}{e^{\frac{W-W_F}{kT}} + 1} = N$$

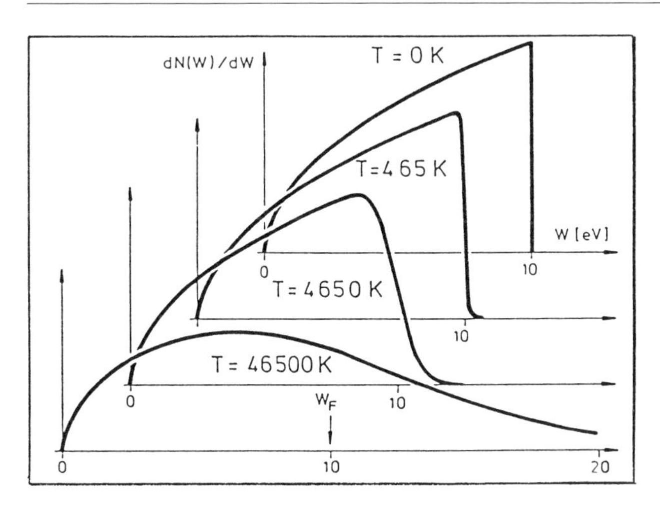

Abb. 7.21. Energieverteilungen für ein ideales Fermi-Gas

Bei vorgegebener Substanz und festgelegtem Volumen ist N hier wieder eine Erhaltungsgröße, also insbesondere unabhängig von der Temperatur. Letzteres muss somit auch für das Integral erfüllt sein, d.h. es kann, ohne dass dieses die Allgemeingültigkeit der Aussage tangiert, aus dem Grenzfall $T = 0$ K berechnet werden. Dann aber sind bekanntlich alle Energiezustände oberhalb von W_F leer, so dass die Integration nur zwischen Null und W_F ausgeführt zu werden braucht. Außerdem verschwindet in diesem Fall – was ebenfalls bereits im Abschnitt 4.7 erläutert wurde – im Energiebereich unterhalb von W_F die e-Funktion im Nenner des Integranden. Damit verbleibt

$$N = \frac{\pi(128)^{1/2}}{h^3} m^{3/2} V \int_0^{W_F} W^{1/2} \cdot \mathrm{d}W = \frac{\pi(128)^{1/2}}{h^3} m^{3/2} V \frac{2}{3} W_F^{3/2}$$

Hieraus ergibt sich ein für ein ideales FERMI-Gas wichtiger Zusammenhang zwischen der Teilchenzahl N bzw. der Teilchendichte $n = N/V$ und der FERMI-Energie W_F, nämlich

$$W_F = \left[\frac{3}{\pi}\right]^{2/3} \frac{h^2}{8m} n^{2/3} \tag{7.62}$$

Die durch (7.61) angegebene Anzahl dN an Elektronen mit Energien zwischen W und W+dW liefert zur Gesamtenergie W_0 des Elektronengases den Beitrag d$W_0 = W \cdot$ dN. Folglich ist

$$W_0 = \int_{W=0}^{W=\infty} W \cdot \mathrm{d}N(W) = \frac{\pi(128)^{1/2}}{h^3} m^{3/2} V \int_0^{\infty} \frac{W^{3/2} \cdot \mathrm{d}W}{e^{\frac{W - W_F}{kT}} + 1} \tag{7.63}$$

Bei der Berechnung von W_0 bzw. des Integrals kann hier nicht so verfahren werden wie oben, denn W_0 ist natürlich von T abhängig. Gleichwohl enthält bereits der Grenzfall $T = 0$ K eine interessante physikalische Aussage. Er zeigt zum einen, dass allgemein ein FERMI-Gas selbst beim absoluten Nullpunkt der Temperatur noch eine endliche Energie besitzt, und er erlaubt zum anderen quantitative Angaben über die Größe dieser **Nullpunktsenergie**. Geht man also doch so vor wie oben, dann erhält man

$$W_0(T = 0\ K) \equiv W_{00} = \frac{\pi(128)^{1/2}}{h^3} m^{3/2} V \int_0^{W_F} W^{3/2} \cdot \mathrm{d}W$$

oder

$$W_{00} = \frac{\pi(512)^{1/2}}{5h^3} m^{3/2} V W_F^{5/2} \tag{7.64}$$

Einsetzen von W_F gemäß (7.62) führt auf

$$W_{00} = \frac{3}{40} \left[\frac{3}{\pi}\right]^{2/3} \frac{h^2}{m} V n^{5/3} = \frac{3}{40} \left[\frac{3}{\pi}\right]^{2/3} \frac{h^2}{m} N n^{2/3} \tag{7.65}$$

Die nochmalige Anwendung von (7.62) ergibt schließlich den ebenso einfachen wie wichtigen Zusammenhang

$$W_{00} = \frac{3}{5} N W_F \tag{7.66}$$

Daraus folgt unmittelbar für die **mittlere** Energie $\overline{W_{00}} = W_{00}/N$ eines Elektrons beim absoluten Nullpunkt

$$\boxed{\overline{W_{00}} = \frac{3}{5} W_F}$$

Als Folge der Nullpunktsenergie hat das Elektronengas auch einen **Nullpunktsdruck** p_{00}. Ausgehend vom Zusammenhang (7.16) findet man

$$p_{00} = \frac{1}{3}\frac{N}{V} m(\overline{v^2})_{00} = \frac{2}{3}\frac{N}{V}\left[\frac{\overline{mv^2}}{2}\right]_{00} = \frac{2}{3}\frac{N}{V}\overline{W_{00}} = \frac{2}{5}\frac{N}{V} W_F = \frac{2}{5} n W_F$$

Soviel zu den Verhältnissen am absoluten Nullpunkt. Für Temperaturen $T > 0$ K läßt sich das Integral in der Beziehung (7.63) nicht in geschlossener Form angeben oder ausrechnen. Möglich aber ist eine Darstellung durch eine unendliche Reihe, die eine Approximation durch Einbeziehung endlich vieler Summanden dieser Reihe erlaubt. Natürlich ist die Näherung umso besser, je mehr Glieder man "mitnimmt". Nachfolgend soll der Gang der Rechnung aufgezeigt werden. Er mag etwas "langatmig" erscheinen, ist aber gleichermaßen lehrreich, weil er den Wert mathematischen "Rüstzeugs" für die Gewinnung physikalischer Aussagen demonstriert.

Setzt man zunächst zur Vereinfachung der Schreibweise

$$\frac{W}{kT} = a \qquad \text{und} \qquad \frac{W_F}{kT} = b \tag{7.67}$$

dann ist

$$\int_0^\infty \frac{W^{3/2}\cdot \mathrm{d}W}{e^{\frac{W-W_F}{kT}}+1} = (kT)^{5/2}\int_0^\infty \frac{a^{3/2}\cdot \mathrm{d}a}{e^{a-b}+1} = (kT)^{5/2} I(b) \tag{7.68}$$

Das Integral $I(b)$ kann offensichtlich in der Form

$$I(b) = \int_0^b \frac{a^{3/2}\cdot \mathrm{d}a}{e^{a-b}+1} + \int_b^\infty \frac{a^{3/2}\cdot \mathrm{d}a}{e^{a-b}+1} + \int_0^b a^{3/2}\cdot \mathrm{d}a - \int_0^b a^{3/2}\cdot \mathrm{d}a$$

geschrieben werden. Der "Trick", die Differenz zweier identischer Integrale anzufügen, ermöglicht es, die Nullpunktsenergie W_{00} von vornherein vom temperaturabhängigen Anteil an der Gesamtenergie W_0 abzutrennen, was noch klar wird. Die Zusammenfassung des ersten und vierten Integrals und die Auswertung des dritten ergeben

$$I(b) = \int_0^b a^{3/2}\left[\frac{1}{e^{a-b}+1} - 1\right]\cdot \mathrm{d}a + \int_b^\infty \frac{a^{3/2}\cdot \mathrm{d}a}{e^{a-b}+1} + \frac{2}{5}b^{5/2}$$

Mit

$$\frac{1}{e^{a-b}+1} - 1 = \frac{1}{e^{b-a}+1}$$

folgt

$$I(b) = \int_b^\infty \frac{a^{3/2}\cdot \mathrm{d}a}{e^{a-b}+1} - \int_0^b \frac{a^{3/2}\cdot \mathrm{d}a}{e^{b-a}+1} + \frac{2}{5}b^{5/2}$$

Den nächsten Schritt bilden die Substitutionen $a - b = x$ im ersten und $b - a = y$ im zweiten Integral. Dabei ändern sich die Integrationsgrenzen. Die alten Grenzen $a = 0, b$ und ∞ gehen über in die neuen Grenzen $x = 0$ und ∞ bzw. $y = b$ und 0. Ferner ist $\mathrm{d}a = \mathrm{d}x = -\mathrm{d}y$. Vertauscht man zusätzlich die Integrationsgrenzen des zweiten Integrals, wobei es dann bekanntlich sein Vorzeichen wechseln muss, so erhält man

$$I(b) = \int_0^\infty \frac{(b+x)^{3/2}\cdot \mathrm{d}x}{e^x+1} - \int_0^b \frac{(b-y)^{3/2}\cdot \mathrm{d}y}{e^y+1} + \frac{2}{5}b^{5/2}$$

Bis hierher ist alles genau und exakt. Die folgenden Betrachtungen dagegen bleiben auf den Bereich **niedriger** Temperaturen beschränkt. Gemeint ist, dass die Bedingung $kT \ll W_F$, also $b \gg 1$ erfüllt sein soll. Da der Nenner des Integranden im zweiten Integral exponentiell mit b ansteigt, der Zähler aber nur mit einer niedrigen Potenz von b wächst, läuft der Integrand insgesamt mit zunehmendem b sehr rasch gegen Null. Dann aber kann in guter Näherung die obere Grenze b des zweiten Integrals wegen $b \gg 1$ ins Unendliche verlegt werden. Berücksichtigt man dann noch, dass für ein **bestimmtes** Integral die **Bezeichnung** der Integrationsvariablen selbstverständlich überhaupt keine Bedeutung hat, also in beiden Integralen dieselbe sein kann, dann können beide Integrale zusammengefasst werden, so dass resultiert

$$I(b) = \int_0^\infty \frac{(b+x)^{3/2} - (b-x)^{3/2}}{e^x + 1} \cdot \mathrm{d}x + \frac{2}{5} b^{5/2} \qquad (7.69)$$

Nun kommt die bereits angekündigte Reihendarstellung zum Zuge. Sie beginnt mit der TAYLOR-Entwicklung des Integranden-Zählers

$$f(x) = (b+x)^{3/2} - (b-x)^{3/2}$$

in der Umgebung von $x = 0$. Die TAYLOR-Reihe lautet bekanntlich

$$f(x) = f(0) + \left[\frac{\mathrm{d}f}{\mathrm{d}x}\right]_0 x + \frac{1}{2}\left[\frac{\mathrm{d}^2 f}{\mathrm{d}x^2}\right]_0 x^2 + \frac{1}{6}\left[\frac{\mathrm{d}^3 f}{\mathrm{d}x^3}\right]_0 x^3 + \cdots \qquad (7.70)$$

Zunächst ist $f(0) = 0$. Die erste Ableitung ergibt

$$\frac{\mathrm{d}f}{\mathrm{d}x} = \frac{3}{2}(b+x)^{1/2} + \frac{3}{2}(b-x)^{1/2} \quad \text{mit} \quad \left[\frac{\mathrm{d}f}{\mathrm{d}x}\right]_0 = 3b^{1/2}$$

Die zweite Ableitung ergibt

$$\frac{\mathrm{d}^2 f}{\mathrm{d}x^2} = \frac{3}{4}(b+x)^{-1/2} - \frac{3}{4}(b-x)^{-1/2} \quad \text{mit} \quad \left[\frac{\mathrm{d}^2 f}{\mathrm{d}x^2}\right]_0 = 0$$

Die dritte Ableitung ergibt

$$\frac{\mathrm{d}^3 f}{\mathrm{d}x^3} = -\frac{3}{8}(b+x)^{-3/2} - \frac{3}{8}(b-x)^{-3/2} \quad \text{mit} \quad \left[\frac{\mathrm{d}^3 f}{\mathrm{d}x^3}\right]_0 = -\frac{3}{4}b^{-3/2}$$

Durch Einsetzen in (7.70) erhält man dann

$$f(x) = 3b^{1/2}x - \frac{1}{8}b^{-3/2}x^3 + \cdots$$

und somit für das Integral (7.69):

$$I(b) = \frac{2}{5}b^{5/2} + 3b^{1/2}\int_0^\infty \frac{x \cdot \mathrm{d}x}{e^x + 1} - \frac{1}{8}b^{-3/2}\int_0^\infty \frac{x^3 \cdot \mathrm{d}x}{e^x + 1} + \cdots$$

und schließlich für das eigentlich gesuchte Integral (7.68) unter Berücksichtigung von (7.67):

$$\int_0^\infty \frac{W^{3/2} \cdot \mathrm{d}W}{e^{\frac{W - W_F}{kT}} + 1} = \frac{2}{5}W_F^{5/2} + 3k^2 W_F^{1/2} T^2 \int_0^\infty \frac{x \cdot \mathrm{d}x}{e^x + 1} - \frac{k^4}{8} W_F^{-3/2} T^4 \int_0^\infty \frac{x^3 \cdot \mathrm{d}x}{e^x + 1} + \cdots$$

Die hier nun noch auftretenden Integrale erinnern von ihrer Form her an die der Art (7.49). Auch für sie weiß die Mathematik eine Lösung. Die Ergebnisse sollen hier nur zitiert werden. Es ist

$$\int_0^\infty \frac{x \cdot dx}{e^x + 1} = \frac{\pi^2}{12} \qquad \text{und} \qquad \int_0^\infty \frac{x^3 \cdot dx}{e^x + 1} = \frac{7\pi^4}{120}$$

Also folgt

$$\int_0^\infty \frac{W^{3/2} \cdot dW}{e^{\frac{W - W_F}{kT}} + 1} = \frac{2}{5} W_F^{5/2} + \frac{\pi^2}{4} k^2 W_F^{1/2} T^2 - \frac{7\pi^4}{960} k^4 W_F^{-3/2} T^4 + \cdots$$

Um nicht den Faden zu verlieren: Gesucht wird die durch (7.63) angegebene Gesamtenergie W_0 des Elektronengases. Einsetzen der obigen Reihenentwicklung führt für das erste Glied unter Berücksichtigung von (7.64) auf

$$\frac{\pi(128)^{1/2}}{h^3} m^{3/2} V \frac{2}{5} W_F^{5/2} = W_{00}$$

also die Nullpunktsenergie, für das zweite Glied unter Berücksichtigung von (7.62) auf

$$\frac{\pi(128)^{1/2}}{h^3} m^{3/2} V \frac{\pi^2}{4} k^2 W_F^{1/2} T^2 = \frac{3\pi^2}{8} \frac{Nk^2}{W_F} T^2$$

für das dritte Glied unter Berücksichtigung von (7.62) auf

$$\frac{\pi(128)^{1/2}}{h^3} m^{3/2} V \frac{7\pi^4}{960} k^4 W_F^{-3/2} T^4 = \frac{7\pi^4}{640} \frac{Nk^4}{W_F^3} T^4$$

und so fort. Somit lautet also die Reihendarstellung der Gesamtenergie im Bereich niedriger Temperaturen

$$W_0 = W_{00} + \frac{3\pi^2}{8} \frac{Nk^2}{W_F} T^2 - \frac{7\pi^4}{640} \frac{Nk^4}{W_F^3} T^4 + \cdots$$

Da alle geraden Ableitungen von $f(x)$ an der Stelle $x = 0$ verschwinden und folglich keinen Beitrag zur TAYLOR-Reihe (7.70) leisten, kommen in der obigen Darstellung nur gerade Potenzen von T vor. Wegen der Bedingung $kT \ll W_F$ können im Rahmen realistischer physikalischer Betrachtungen der dritte Term und erst recht alle folgenden als vernachlässigbar klein fortgelassen werden. Unter dieser zusätzlichen und "guten Gewissens" vertretbaren Voraussetzung ergibt sich dann für den **Anteil der Leitungselektronen** an der Wärmekapazität bei konstantem Volumen

$$C_V = \frac{\partial W_0}{\partial T} = \frac{3\pi^2}{4} \frac{Nk^2}{W_F} T$$

Er steigt also **proportional** mit der Temperatur. Der **Anteil der Phononen** dagegen wächst – wie im vorangehenden Abschnitt dargelegt wurde –

mit der **dritten Potenz** der Temperatur. Insgesamt erhält man somit für den Temperaturverlauf von C_V im Grenzbereich tiefer Temperaturen mit entsprechenden Abkürzungen

$$C_V = AT + BT^3 \tag{7.71}$$

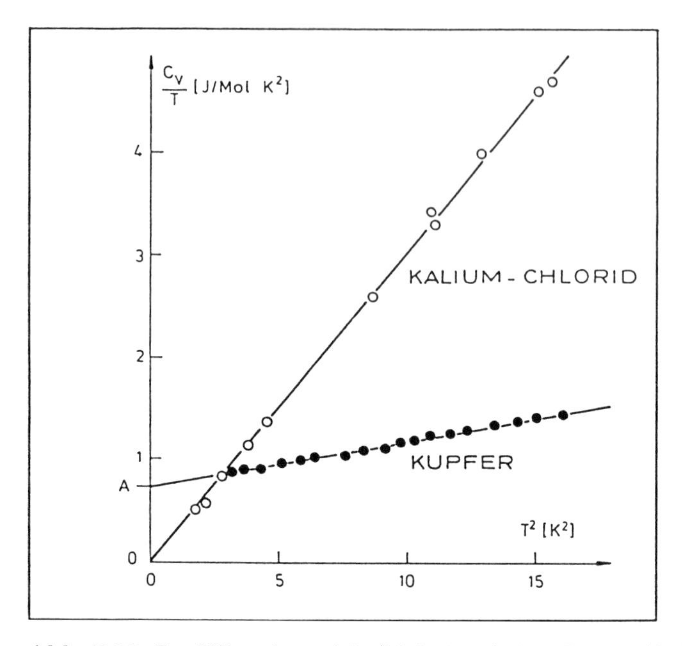

Abb. 7.22. Zur Wärmekapazität (Molwärme) eines Leiters (Cu) und eines Isolators (KCl). (Aus: J.S. Blakemore, Solid State Physics, 2nd ed., W.B. Saunders Co., 1974)

Trägt man wiederum – wie nämlich schon in Bild 7.20 – den Quotienten $C_V/T = A + BT^2$ als Funktion von T^2 auf, dann ergibt sich ebenfalls eine **Gerade** mit der Steigung B, die aber, anders als dort, einen **endlichen** und positiven Ordinatenabschnitt A besitzt. Aus der Auftragung experimenteller Ergebnisse in dieser Weise läßt sich damit aus der Größe von A der Elektronenbeitrag zu C_V bestimmen. Die Daten beispielsweise für das bekannteste aller Leitermaterialien, nämlich für Kupfer, bestätigen die Prognose (7.71) sehr gut, wie Bild 7.22 zeigt. Im Vergleich ist zusätzlich noch einmal das aus Bild 7.20 bekannte Ergebnis für den "Isolator" Kalium-Chlorid eingetragen, also für eine Substanz **ohne** Leitungselektronen. Erwartungsgemäß ist hier $A = 0$.

Als Beispiel für die Anwendung statistischer Gesetzmäßigkeiten auf das Elektronengas in einem Metall wird im folgenden die sogenannte **Thermo-Emission** von Elektronen betrachtet. Darunter versteht man das Austreten oder die "Verdampfung" von Elektronen aus Metallen oder auch anderen

Substanzen aufgrund ihrer thermischen Energie. Wichtige praktische Anwendungen findet diese Erscheinung bei der Erzeugung von freien Elektronen oder Elektronenstrahlen mittels sogenannter **Glühkathoden** in Elektronen-, Röntgen-, Fernseh-Röhren, usw. Die Grundsituation ist in Bild 7.23 skizziert.

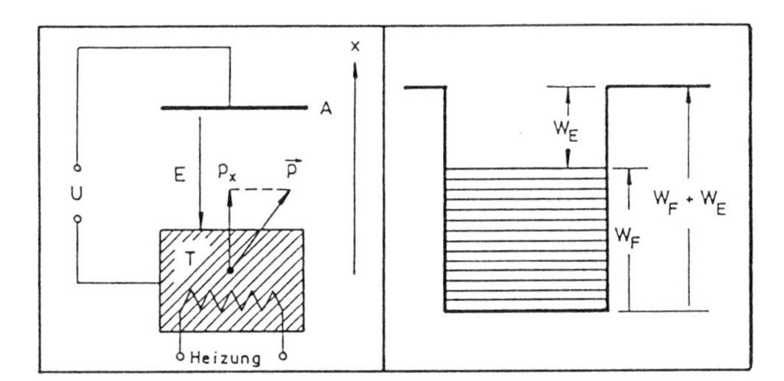

Abb. 7.23. Zur Thermo-Emission von Elektronen.

Ein Metallstück wird beispielsweise auf elektrischem Wege mittels einer Heizwendel erhitzt und auf einer konstanten Temperatur T gehalten. Die aus seiner senkrecht zur x-Richtung orientierten Oberfläche austretenden Elektronen werden durch ein elektrisches Feld ausreichend hoher Stärke E stets soweit abgesaugt, dass sich keine den Elektronenaustritt behindernde Raumladung vor dieser Glühkathode aufbauen kann. Dieses Ziehfeld wird durch eine Spannung U zwischen der Glühkathode und einer ihr gegenüberliegenden Anode A erzeugt. $\boldsymbol{p}$ ist der Impuls eines Elektrons im Innern des Kathodenmaterials, p_x dessen Komponente in x-Richtung.
Die Leitungselektronen sind zwar innerhalb des Gitters praktisch frei beweglich, jedoch insgesamt an das Volumen des Körpers gebunden. Um dieses Volumen verlassen zu können, müssen sie eine **Schwellenenergie** überwinden. Den Energieabstand W_E zwischen der Fermikante W_F und der "Außenwelt" nennt man die (effektive) **Austrittsarbeit**. Ein Elektron wird also nur dann austreten können, wenn die mit seiner Bewegung in x-Richtung verbundene kinetische Energie die Bedingung

$$\frac{p_x^2}{2m} > W_F + W_E \tag{7.72}$$

erfüllt. Das ergibt für den Schwellenimpuls:

$$p_{sx} = [2m(W_F + W_E)]^{1/2} \tag{7.73}$$

W_F und W_E liegen in der Größenordnung einiger eV. Die folgenden Tabellen geben einige Beispiele:

Element	Cs	K	Na	Cu	Li	Ag	Mg	Al
W_F [eV]	1.53	2.14	3.12	4.07	4.72	5.51	7.3	11.9

Element	Cs	Ba	$W(Th)^*$	Ca	Ta	Mo	W	Pt
W_E [eV]	1.8	2.5	2.6	3.2	4.1	4.4	4.5	5.3

(*: Mit Thorium bedampftes Wolfram).
W_E kann zudem empfindlich von der Form und der speziellen Beschaffenheit der Oberfläche und von der Orientierung der Gitterachsen relativ zur Oberfläche abhängen.
Die oben angegebenen Zahlenwerte für W_E erlauben eine die weiteren Berechnungen wesentlich vereinfachende Umformung der Energieverteilung (7.61): Ein Elektron kann gemäß (7.72) nur dann das Metall verlassen, wenn seine Energie mindestens $W = W_F + W_E$ beträgt, und auch das reicht lediglich dann gerade eben aus, wenn sein Impuls in x-Richtung weist. Die hier interessierenden Elektronenenergien liegen also alle im Bereich $W > W_F + W_E$. Somit ist auch $W - W_F > W_E$. Bei einem typischen Wert der Austrittsarbeit von $W_E = 4$ eV und einer durchaus realistischen Kathodentemperatur von beispielsweise $T = 2000$ K ist folglich

$$\frac{W - F_F}{kT} > \frac{W_E}{kT} \approx 23 \qquad \text{und} \qquad e^{\frac{W - W_F}{kT}} > e^{\frac{W_E}{kT}} \approx 10^{10} \gg 1$$

Diese Abschätzung rechtfertigt die exzellente Näherung

$$\frac{1}{e^{\frac{W - W_F}{kT}} + 1} = e^{-\frac{W - W_F}{kT}}$$

Damit lautet (7.61), wenn man zusätzlich die dort explizit angegebene Zustandsdichte rückschreitend und aus Gründen, die gleich noch verständlich werden, wieder durch den allgemeinen Ausdruck $g(W) = \mathrm{d}n(W)/\mathrm{d}W$ ersetzt

$$\mathrm{d}N = 2e^{\frac{W_F}{kT}} e^{-\frac{W}{kT}} \cdot \mathrm{d}n(W) \tag{7.74}$$

Der Faktor 2 berücksichtigt die Spin-Entartung. Man kann somit wie mit einer BOLTZMANN-Verteilung weiterrechnen, was natürlich viel einfacher ist als der Umgang mit einer FERMI-Verteilung.
Zur Bestimmung der Stromstärke bzw. der **Stromdichte** j der von der Kathode emittierten Elektronen muss zunächst die Anzahl $\mathrm{d}N(p_x)$ derjenigen Leitungselektronen im Innern des Metalls mit Impulskomponenten zwischen p_x und $p_x +\, \mathrm{d}p_x$ ausgerechnet werden. Da nun Impuls-**Komponenten** im Spiele sind, also nicht nur Impulsbeträge oder Energien, müssen die Berechnungen im **Phasenraum** erfolgen. Dazu muss als erstes die Verteilung (7.74) auf Phasenraumkoordinaten transformiert werden. Wie das geht, steht im Abschnitt 7.1. Die dortige Formel (7.9), nämlich $g_i = h^{-3} \cdot \Delta_i Q$, gibt bekanntlich die Zahl der Quantenzustände im Phasenraum-Volumenelement $\Delta_i Q$ an.

Beim Übergang zur differentiellen Darstellung wird g_i zu $\mathrm{d}n(p_x, p_y, p_z, x, y, z)$ und $\Delta_i Q$ zu $\mathrm{d}Q = \mathrm{d}p_x \cdot \mathrm{d}p_y \cdot \mathrm{d}p_z \cdot \mathrm{d}x \cdot \mathrm{d}y \cdot \mathrm{d}z$. Mit

$$\mathrm{d}n = \frac{\mathrm{d}Q}{h^3} \qquad \text{und} \qquad W = \frac{1}{2m}(p_x^2 + p_y^2 + p_z^2)$$

ist dann

$$\mathrm{d}N(p_x, p_y, p_z, x, y, z) = \frac{2}{h^3} e^{\frac{W_F}{kT}} e^{-\frac{p_x^2 + p_y^2 + p_z^2}{2m}} \cdot \mathrm{d}p_x \cdot \mathrm{d}p_y \cdot \mathrm{d}p_z \cdot \mathrm{d}x \cdot \mathrm{d}y \cdot \mathrm{d}z$$

Die Zusammenfassung aller Leitungselektronen hinsichtlich ihres Ortes, also die Integration über die Ortskoordinaten, ergibt das Volumen V. Die Zusammenfassung bezüglich ihrer Impulskomponenten p_y und p_z, also die Integration hierüber, führt auf

$$\mathrm{d}N(p_x) = \frac{2V}{h^3} e^{\frac{W_F}{kT}} e^{-\frac{p_x^2}{2mkT}} \cdot \mathrm{d}p_x \int_{-\infty}^{+\infty} e^{-\frac{p_y^2}{2mkT}} \cdot \mathrm{d}p_y \int_{-\infty}^{+\infty} e^{-\frac{p_z^2}{2mkT}} \cdot \mathrm{d}p_z$$

Die hier auftretenden Integrale sind ebenfalls bereits im Abschnitt 7.1 diskutiert worden. (7.13) ist das Ergebnis für das Produkt dreier solcher Integrale. Daraus folgt für das Produkt aus zweien: $I_p^{2/3} = 2\pi mkT$. Damit ist

$$\mathrm{d}N(p_x) = \frac{4\pi mVkT}{h^3} e^{\frac{W_F}{kT}} e^{-\frac{p_x^2}{2mkT}} \cdot \mathrm{d}p_x \tag{7.75}$$

Die Integration von dem durch (7.73) festgelegten Schwellenimpuls p_{sx} an aufwärts sollte die Gesamtzahl der aus der Kathode austretenden Elektronen liefern. Das allerdings wäre jedoch nur bei **klassischer** Betrachtungsweise richtig. Die Quantenmechanik jedoch verlangt eine prinzipielle Korrektur dieser Vorstellung. Sie lehrt bekanntlich, dass Teilchen auch dann von einem Potentialsprung reflektiert werden können, wenn dessen Höhe **kleiner** als die Teilchenenergie ist. Bild 7.24 erinnert an die vertrauten Grundlagen: Die Wellenfunktion ψ_1 beschreibt die Bewegung der Leitungselektronen in x-Richtung im Innern der Kathode. Sie besteht aus einem zur Oberfläche hinlaufenden Anteil der Amplitude a und einem an ihr reflektierten Anteil der Amplitude b. Die Wellenfunktion ψ_2 der austretenden Elektronen hat die Amplitude c. Der Quotient $\varrho = b^2/a^2$ heißt **Reflexionskoeffizient**. Die Differenz $\sigma = 1 - \varrho$ ist dann der **Transmissionskoeffizient**. Aus den Grenzbedingungen $\psi_1(0) = \psi_2(0)$ und $(\mathrm{d}\psi_1/\mathrm{d}x)_0 = (\mathrm{d}\psi_2/\mathrm{d}x)_0$ an der Kathodenoberfläche bei $x = 0$ erhält man für den Transmissionskoeffizienten

$$\sigma(p_x) = 4\frac{\left[p_x^2 \cdot (p_x^2 - p_{sx}^2)\right]^{1/2}}{\left[p_x + (p_x^2 - p_{sx}^2)^{1/2}\right]^2} \quad \text{für} \quad p_x > p_{sx}$$

und (7.76)

$$\sigma(p_x) = 0 \qquad \text{für} \qquad p_x < p_{sx}$$

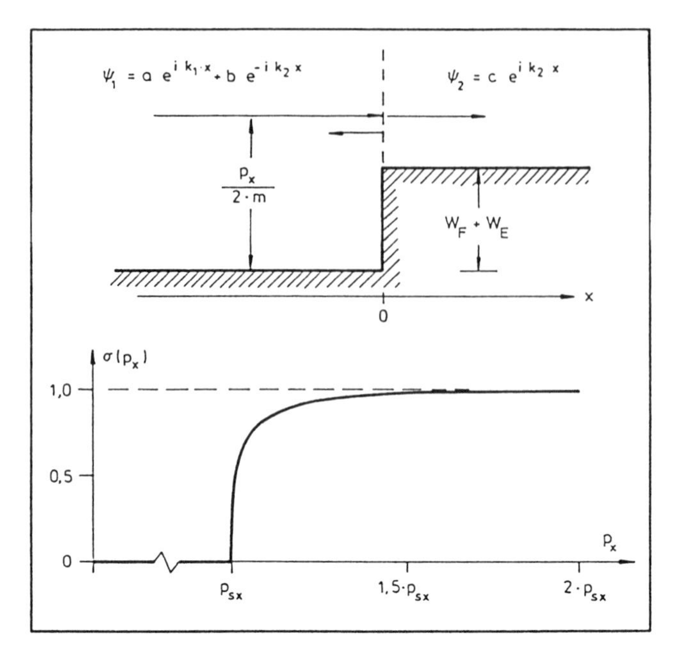

Abb. 7.24. Zur Wechselwirkung eines Teilchens mit einem Potentialsprung.

Der Weg zu diesem Ergebnis verläuft genauso wie beispielsweise der in den üblichen Diskussionen zum Tunneleffekt für eine eindimensionale und rechteckige Potentialbarriere. Wie Bild 7.24 zeigt, steigt σ nach Überschreiten der Schwelle p_{sx} sehr steil an. Bereits bei $p_x = 2p_{sx}$ beträgt der Abstand zum Grenzwert $\sigma(\infty) = 1$ nur noch rund $5^\circ/_{\circ\circ}$.
Unter Berücksichtigung dessen, d.h. nach Multiplikation von (7.75) mit $\sigma(p_x)$, beträgt dann die Zahl der emittierten Elektronen

$$N = \frac{4\pi mVkT}{h^3} e^{\frac{W_F}{kT}} \int\limits_{p_{sx}}^{\infty} \sigma(p_x) e^{-\frac{p_x^2}{2mkT}} \cdot \mathrm{d}p_x$$

Bekanntlich erzeugen N Teilchen der Ladung q, die sich innerhalb eines Volumens V mit der Geschwindigkeit v bewegen, die Stromdichte $j = qvN/V$. Bezeichnet e_0 die Elementarladung, dann liefert die Kathode also die Stromdichte

$$\begin{aligned} j &= \frac{e_0 v_x}{V} N = \frac{e_0 m v_x}{mV} N \\ &= \frac{4\pi e_0 kT}{h^3} e^{\frac{W_F}{kT}} \int\limits_{p_{sx}}^{\infty} p_x \sigma(p_x) e^{-\frac{p_x^2}{2mkT}} \cdot \mathrm{d}p_x \end{aligned}$$

Die nach (7.77) aus Zahlenwerten für W_F und W_E berechneten Transmissionskoeffizienten zeigen keine zufriedenstellende Übereinstimmung mit experimentellen Daten. Der Hauptgrund hierfür liegt in folgendem: Die Oberfläche stellt keinen so idealen Potentialsprung dar, wie ihn Bild 7.24 angibt. Vielmehr erfolgt der Übergang im Bereich interatomarer Abstände **stetig**. Die Form dieses Übergangs hängt in komplizierter Weise von der Struktur und der Reinheit der Oberfläche ab und ist quantitativ nur grob angebbar. Theoretische Abschätzungen und auch Messergebnisse deuten darauf hin, dass in dem für den Emissionsstrom wesentlichsten p_x-Bereich der Transmissionskoeffizient nur relativ schwach mit p_x variiert. Er kann in praktisch vertretbarer Näherung durch einen von p_x unabhängigen Mittelwert $\overline{\sigma}$ ersetzt werden und somit vor das Integral gezogen werden. Führt man außerdem die Substitution

$$\frac{p_x^2}{2mkT} = u \qquad \text{mit} \qquad du = \frac{p_x \cdot \mathrm{d}p_x}{mkT}$$

bei entsprechender Abänderung der unteren Integrationsgrenze durch, dann erhält man

$$j = \frac{4\pi e_0 \overline{\sigma} m k^2 T^2}{h^3} e^{\frac{W_F}{kT}} \int_{u_s}^{\infty} e^{-u} \cdot du$$

$$= \frac{4\pi e_0 m k^2}{h^3} \overline{\sigma} T^2 e^{\frac{W_F}{kT}} e^{-u_s}$$

Für u ergibt die obige Substitution zusammen mit (7.73):

$$u_s = \frac{p_{sx}^2}{2mkT} = \frac{2m(W_F + W_E)}{2mkT} = \frac{W_F + W_E}{kT}$$

Mit der Abkürzung

$$R = \frac{4\pi e_0 m k^2}{h^3} = 1.2 \cdot 10^6 \text{ A m}^{-2}\text{K}^2$$

folgt schließlich

$$\boxed{j(T) = R\overline{\sigma}T^2 e^{-\frac{W_E}{kT}}}$$

Die Formel heißt **Richardson-Dushman**- oder kurz **Richardson-Gleichung**. Logarithmierung dieses Ergebnisses führt auf

$$\ln\left[\frac{j}{T^2}\right] = \ln(R\overline{\sigma}) - \frac{W_E}{kT}$$

Die Auftragung von $\ln(j/T^2)$ als Funktion von $1/T$ ist also eine abfallende Gerade mit dem Ordinatenabschnitt $\ln(R\overline{\sigma})$ und der "Steigung" $(-W_E/k)$. Bild 7.25 zeigt einen solchen sogenannten **Richardson-Plot**, angepasst an experimentelle Werte für eine Wolfram-Kathode. Aus solchen Plots lassen sich Zahlenwerte für $R\overline{\sigma}$ und W_E entnehmen.

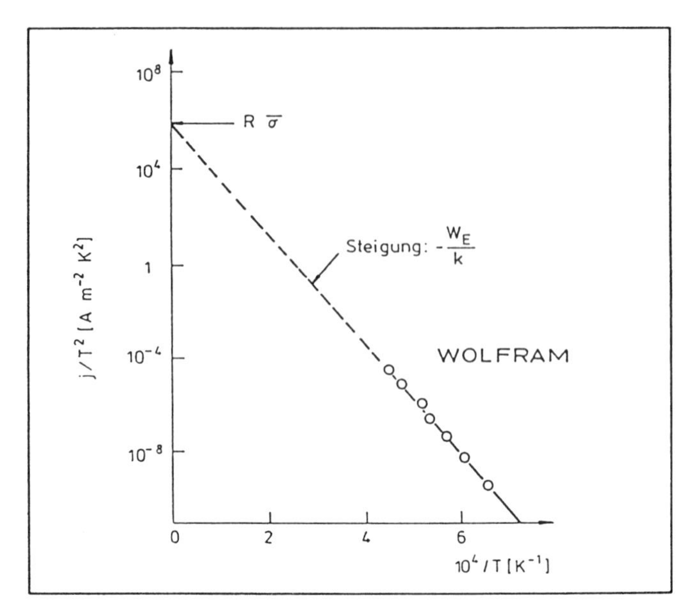

Abb. 7.25. Zur RICHARDSON-DUSHMAN-Gleichung. (Aus: G. HERRMANN und S. WAGNER, The Oxide Coated Cathode, Chapman and Hall, 1951).

7.6 Ideales Gas aus Nukleonen (Fermi-Gas-Modell der Atomkerne)

Atomkerne bestehen aus **Protonen** und **Neutronen**, den sogenannten **Nukleonen**. Diese sind Spin-1/2-Teilchen, also **Fermionen** und gehorchen somit der FERMI-Statistik.

Mit Hilfe des Modells eines **idealen** FERMI-Gases lassen sich eine Reihe grundsätzlicher Eigenschaften von Atomkernen im **Grundzustand** beschreiben. Der Erfolg dieses sogenannten **Fermi-Gas-Modells der Atomkerne** kommt insofern unerwartet und ist deswegen bemerkenswert, weil die Grundvoraussetzung für ein **ideales** Gas, nämlich die fehlende Wechselwirkung der Teilchen untereinander, bei einem Atomkern nicht erfüllt ist. Zwischen den Nukleonen besteht ganz im Gegenteil eine **starke** Wechselwirkung als Folge starker **Kernkräfte** kurzer Reichweite. Da aber im Grundzustand, der dem Grenzfall $T = 0$ K entspricht, alle möglichen Energieniveaus bis zu einer Maximalenergie, die auch hier FERMI-Energie genannt wird, voll besetzt sind, kann sich diese Wechselwirkung nicht bemerkbar machen. Das PAULI-Prinzip verbietet eine Veränderung der Besetzungszahlen und damit des Kernzustandes. Die Nukleonen können trotz der Wechselwirkung ihren "Bewegungszustand" nicht verändern. Dass man unter diesen Umständen so tun kann, als wäre die gegenseitige Wechselwirkung der Nukleonen wie ausgeschaltet, wird durch den überzeugenden Erfolg eines anderen Kernmodells, des sogenannten **Schalenmodells**, gestützt oder gerechtfertigt. Es geht von der Annahme aus,

dass sich ein herausgegriffenes einzelnes Nukleon innerhalb einer von allen anderen Nukleonen erzeugten Potentialmulde von den Dimensionen des Kerns frei bewegen kann. Ferner ist zu beachten, dass das Nukleonengas aus zwei Komponenten, dem **Protonengas** und dem **Neutronengas**, zusammengesetzt ist. Es ist ein **Gemisch** aus zwei FERMI-Gasen. Wie ein **einheitliches** FERMI-Gas läßt sich das Nukleonensystem ja nicht behandeln, denn Protonen und Neutronen sind sehr wohl **unterscheidbar**.
Übernommen werden können aus dem vorangehenden Abschnitt alle diejenigen Zusammenhänge, die sich auf den Fall $T = 0$ K beziehen. Die Energieverteilung zeigt also auch hier den in Bild 7.21 aufgetragenen $W^{1/2}$-Verlauf mit einem steilen Abfall an der FERMI-Kante bei $W = W_F$. Bezeichnet N die **Neutronenzahl** und Z die **Protonenzahl** und setzt man die Masse eines Protons in guter Näherung gleich der eines Neutrons, dann folgt aus (7.65) mit $n_N = N/V, n_Z = Z/V$ und der Abkürzung

$$C_1 = \frac{3}{40}\left[\frac{3}{\pi}\right]^{2/3}\frac{h^2}{m}$$

für die (Nullpunkts-) Energie W_{0N} des Neutronengases und W_{0Z} des Protonengases

$$W_{0N} = C_1\frac{N^{5/3}}{V^{2/3}} \qquad \text{und} \qquad W_{0Z} = C_1\frac{Z^{5/3}}{V^{2/3}} \tag{7.77}$$

Für die FERMI-Energien der beiden Gas-Komponenten erhält man aus (7.66):

$$W_{FN} = \frac{5}{3}\frac{W_{0N}}{N} \qquad \text{und} \qquad W_{FZ} = \frac{5}{3}\frac{W_{0Z}}{Z} \tag{7.78}$$

Das Volumen V eines Atomkerns ist proportional zu seiner Nukleonenzahl (**Massenzahl**) $A = N + Z$. Aus dieser Sicht verhält sich Kernmaterie also so wie eine inkompressible Flüssigkeit, und in der Tat liefert ein weiteres Modell, nämlich das sogenannte **Tröpfchenmodell**, welches den Atomkern wie einen Flüssigkeitstropfen behandelt, ebenfalls nützliche Informationen über eine Reihe von Kerneigenschaften. Mit $V = aA$ und $C_2 = C_1 a^{-2/3}$ beträgt dann die Gesamtenergie

$$W_0 = W_{0N} + W_{0Z} = C_2\frac{N^{5/3} + Z^{5/3}}{A^{2/3}} \tag{7.79}$$

Ein Zahlenbeispiel soll einen Eindruck von den Größenordnungen vermitteln: Experimentellen Daten entnimmt man für die Proportionalitätskonstante C_2 über einen weiten Bereich von Massenzahlen A einen Wert von rund $27 \cdot 10^6$ eV = 27 MeV. Für den Kern ^{56}Fe mit $A = 56, N = 30$ und $Z = 26$ ergeben sich dann gemäß (7.77) die Energien

$$W_{0N} = 536 \text{ MeV}, \quad W_{0Z} = 422 \text{ MeV}, \quad W_0 = 958 \text{ MeV}$$

und gemäß (7.78) für die FERMI-Kanten

$$W_{FN} = 30 \text{ MeV}, \quad W_{FZ} = 27 \text{ MeV}$$

Die Kernphysik lehrt, dass sich Unterschiede in den FERMI-Energien weitgehend dadurch ausgleichen, dass sich im Kerninnern durch den sogenannten β-Zerfall Neutronen in Protonen umwandeln können und umgekehrt. Die resultierende gemeinsame oder mittlere FERMI-Energie des Atomkerns, die sich dadurch einpegelt, liegt dann zwischen den beiden nach (7.78) berechneten Werten. Ferner sei darauf hingewiesen, dass die Gesamtenergie W_0 eines Atomkerns durch eine Reihe weiterer und hier nicht näher diskutierter Effekte beeinflusst wird, wodurch die nach (7.79) berechneten Werte zum Teil erheblich verändert werden.

Führt man in die Formel (7.79) anstelle von N und Z die Massenzahl $A = N + Z$ und den sogenannten **Neutronenüberschuss** $\Delta = N - Z$ ein, dann ist

$$W_0 = C_2 A \left(\left[\frac{N + Z + N - Z}{2A} \right]^{5/3} + \left[\frac{N + Z - N + Z}{2A} \right]^{5/3} \right)$$

oder

$$W_0 = \frac{C_2}{2^{5/3}} A \left(\left[1 + \frac{\Delta}{A} \right]^{5/3} + \left[1 - \frac{\Delta}{A} \right]^{5/3} \right)$$

Setzt man Δ als klein gegen A voraus – im obigen Zahlenbeispiel ist $\Delta = 4$ und $A = 56$ – dann können für die beiden Klammerausdrücke die Näherungen

$$\left[1 + \frac{\Delta}{A} \right]^{5/3} = 1 + \frac{5}{3} \frac{\Delta}{A} + \frac{5}{9} \frac{\Delta^2}{A^2} \quad \text{und} \quad \left[1 - \frac{\Delta}{A} \right]^{5/3} = 1 - \frac{5}{3} \frac{\Delta}{A} + \frac{5}{9} \frac{\Delta^2}{A^2}$$

verwendet werden, die man durch eine TAYLOR-Entwicklung gemäß (7.70) bis zum quadratischen Glied enthält. Das ergibt schließlich

$$W_0 = \frac{C_2}{2^{2/3}} A \left[1 + \frac{5}{9} \frac{\Delta^2}{A^2} \right]$$

bzw.

$$W_0 = \frac{C_2}{2^{2/3}} A + \frac{5 C_2}{9 \cdot 2^{2/3}} \frac{(N - Z)^2}{A}$$

Der erste Summand ist proportional zu A, also zum Kernvolumen. Der zweite Summand heißt **Asymmetrie-Term**. Er verschwindet für symmetrische Kerne, also solche mit $N = Z$.

8 Der Nullte Hauptsatz der Thermodynamik

Die Thermodynamik ist, wie der Name schon ausdrückt, diejenige Disziplin der Physik, welche die mit den Begriffen Wärme, Wärmeenergie, Wärmemenge oder Temperatur zusammenhängenden physikalischen Erscheinungen, insbesondere bei Gasen, zurückführt auf das dynamische Verhalten der einzelnen Teilchen des Systems. Die Ableitung der Zustandsgleichung (7.17) für ideale Gase im Abschnitt 7.1 ist ein typisches Beispiel für eine solche Betrachtungsweise. Die Grundlage der Thermodynamik bilden drei sogenannte **Hauptsätze**, der **Nullte**, der **Erste** und der **Zweite**. Der Nullte, der nun behandelt werden soll, macht eine Aussage über die Folgen eines Energieaustausches zwischen Teilchensystemen.
Betrachtet werden zwei zunächst voneinander getrennte klassische, d.h. der BOLTZMANN-Statistik folgende Systeme mit den Teilchenzahlen N und M, mit den Energieniveaus

$$W_{1N}, \cdots, W_{nN} \qquad \text{und} \qquad W_{1M}, \cdots, W_{mM},$$

den Entartungsgraden

$$g_{1N}, \cdots, g_{nN} \qquad \text{und} \qquad g_{1M}, \cdots, g_{mM}$$

und den Besetzungszahlen

$$N_1, \cdots, N_n \qquad \text{und} \qquad M_1, \cdots, M_m$$

Die Verteilungen haben gemäß Formel (2.1) die Wahrscheinlichkeiten

$$P_N = \lambda N! \prod_{i=1}^{n} \frac{g_{iN}^{N_i}}{N_i!} \quad \text{und} \quad P_M = \lambda M! \prod_{i=1}^{m} \frac{g_{iM}^{M_i}}{M_i!} \tag{8.1}$$

Beide Systeme sollen nun so aneinander gekoppelt werden, dass ein **Energieaustausch** zwischen ihnen möglich wird. Ein solcher Austausch kann, wie es Bild 8.1 schematisch andeutet, entweder über eine "energiedurchlässige" Trennwand geschehen (Fall A) oder aber durch eine Vermischung beider Systeme miteinander (Fall B).

Gesucht wird die **Gleichgewichtsverteilung** des **zusammengefügten** Systems, also diejenige mit der maximalen Wahrscheinlichkeit. Wie man sie findet, ist ausführlich im Abschnitt 4.2 erläutert worden. Die LAGRANGEsche Methode erfordert die Einführung von genau so vielen Multiplikatoren, wie es Nebenbedingungen gibt. Hier sind es die folgenden:

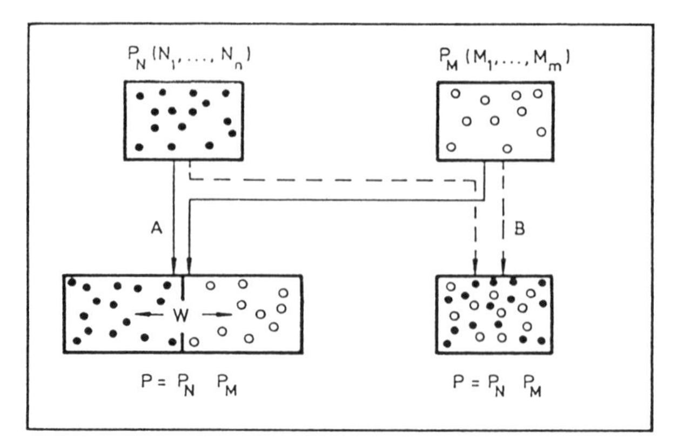

Abb. 8.1. Kopplung zweier Teilchensysteme.

a.) Die Teilchenzahl N des ersten Systems bleibt erhalten, d.h. es ist

$$\sum_{i=1}^{n} N_i = N = \text{const} \qquad \text{oder} \qquad \mathrm{d}N = \sum_{i=1}^{n} \mathrm{d}N_i = 0 \tag{8.2}$$

b.) Die Teilchenzahl M des zweiten Systems bleibt erhalten, d.h. es ist

$$\sum_{i=1}^{m} M_i = M = \text{const} \qquad \text{oder} \qquad \mathrm{d}M = \sum_{i=1}^{m} \mathrm{d}M_i = 0 \tag{8.3}$$

c.) Die Energie W_0 des zusammengesetzten Systems, das als abgeschlossen vorausgesetzt wird, bleibt erhalten, d.h. es ist

$$\sum_{i=1}^{n} W_{iN} N_i + \sum_{i=1}^{m} W_{iM} M_i = W_0 = \text{const}$$

oder

$$\mathrm{d}W_0 = \sum_{i=1}^{n} W_{iN} \cdot \mathrm{d}N_i + \sum_{i=1}^{m} W_{iM} \cdot \mathrm{d}M_i = 0 \tag{8.4}$$

Für jedes einzelne der beiden Teilsysteme gilt die dritte Nebenbedingung natürlich nicht, da sich deren Energien infolge des Energieaustausches sehr wohl verändern können.
Für die Wahrscheinlichkeit P einer Verteilung mit den Besetzungszahlen $N_1, \cdots, N_n$ und $M_1, \cdots, M_m$ im **Gesamtsystem** gilt nach der Formel (3.1) für die Verknüpfung von Wahrscheinlichkeiten $P = P_N P_M$ oder

$$\ln P = \ln(P_N P_M) = \ln P_N + \ln P_M$$

Der weitere Gang der Handlung verläuft nach dem in den Abschnitten 4.2 und 4.3 geübten "Strickmuster" und soll deshalb hier nur in Stichworten repetiert werden. Die Berücksichtigung der Nebenbedingungen, die Anwendung der STIRLINGschen Formel (4.9) etc. ergeben mit (8.1):

$$\ln P = 2\ln\lambda + N\cdot\ln N + M\cdot\ln M - \sum_{i=1}^{n} N_i\cdot\ln\frac{N_i}{g_{iN}} - \sum_{i=1}^{m} M_i\cdot\ln\frac{M_i}{g_{iM}}$$

Die Maximumsbedingung (4.1), also $\mathrm{d}(\ln P) = 0$, liefert

$$\sum_{i=1}^{n}\ln\frac{N_i}{g_{iN}}\cdot\mathrm{d}N_i + \sum_{i=1}^{m}\ln\frac{M_i}{g_{iM}}\cdot\mathrm{d}M_i = 0$$

Multipliziert man die Nebenbedingungen (8.2), (8.3) und (8.4) der Reihe nach mit den LAGRANGEschen Faktoren α_N, α_M und β und addiert das Ergebnis zur obigen Beziehung, dann erhält man

$$\left[\sum_{i=1}^{n}\ln\frac{N_i}{g_{iN}} + \alpha_N + \beta W_{iN}\right]\cdot\mathrm{d}N_i + \left[\sum_{i=1}^{m}\ln\frac{M_i}{g_{iM}} + \alpha_M + \beta W_{iM}\right]\cdot\mathrm{d}M_i = 0$$

Der LAGRANGEschen Argumentation folgend, führt das auf die beiden Gleichungen

$$\ln\frac{N_i}{g_{iN}} + \alpha_N + \beta W_{iN} = 0 \quad \text{und} \quad \ln\frac{M_i}{g_{iM}} + \alpha_M + \beta W_{iM} = 0$$

Deren Auflösung nach N_i und M_i ergibt schließlich mit den beiden durch (4.15) definierten Zustandssummen:

$$Z_N = \sum_{i=1}^{n} g_{iN}e^{-\beta W_{iN}} \qquad \text{und} \qquad Z_M = \sum_{i=1}^{m} g_{iM}e^{-\beta W_{iM}}$$

und mit $\beta = 1/(kT)$ das Endresultat

$$N_i = \frac{N}{Z_N}g_{iN}e^{-\frac{W_{iN}}{kT}} \qquad \text{und} \qquad M_i = \frac{M}{Z_M}g_{iM}e^{-\frac{W_{iM}}{kT}}$$

Das bedeutet: Nach Erreichen des Gleichgewichts sind beide Teilchenarten im Gesamtsystem **kanonisch** verteilt, d.h. sie weisen eine **Boltzmann-Verteilung** auf, und zwar **mit derselben Temperatur**. Die Quintessenz lautet also: Der Energieaustausch führt zu einem **Temperaturausgleich**. Hatten die beiden Systeme anfänglich unterschiedliche Temperaturen, dann stellt sich das Gesamtsystem auf eine Zwischentemperatur ein. Diese Aussage ist der Inhalt des Nullten Hauptsatzes. Sie erscheint einem so selbstverständlich und vertraut, dass man sich über den erheblichen Rechenaufwand wundert, um sie zu beweisen. Nur, es gibt keinen anderen, gleichermaßen **fundamentalen** Weg der Beweisführung, der einfacher wäre.

Die Folgerungen aus dem Nullten Hauptsatz bilden bekanntlich die Grundlage aller gebräuchlichen Methoden zur **Temperaturmessung**. "Gebräuchlich" soll hier heißen, dass üblicherweise der Körper (Wärmekapazität C_K), dessen Temperatur T_K gemessen werden soll, und das Thermometer (Wärmekapazität C_T, Anfangstemperatur T_T) solange in einen möglichst engen "Wärmekontakt" miteinander gebracht werden, bis der Temperaturausgleich praktisch abgeschlossen ist und das Thermometer die gemeinsame Zwischentemperatur T_A anzeigt. Der Energieaustausch erfolgt hierbei über den Austausch von **Wärmemengen**. Bis zur Erreichung des Gleichgewichts hat sich der Wärmeinhalt des Körpers um die Wärmemenge $(\Delta Q)_K = C_K(T_K - T_A)$, der des Thermometers um die Wärmemenge $(\Delta Q)_T = C_T(T_T - T_A)$ geändert. Unterbindet man durch eine effektive Wärmeisolation jeglichen Wärmemengenaustausch mit der Umgebung, dann ist

$$\Delta Q = (\Delta Q)_K + (\Delta Q)_T = 0 \quad \text{oder} \quad C_K(T_K - T_A) = C_T(T_A - T_T)$$

Die Auflösung nach T_K ergibt

$$T_K = T_A + \frac{C_T}{C_K}(T_A - T_T)$$

Mit T_A misst man also nicht die gesuchte Körpertemperatur T_K, sondern grundsätzlich einen "falschen" Wert. Bei Präzisionsmessungen muss der abgelesene Wert T_A somit in der oben angegebenen Weise auf C_T, C_K und T_T korrigiert werden. In praktischen Fällen verwendet man möglichst Thermometer, deren Wärmekapazität vernachlässigbar klein gegen die des Körpers ist. Mit $C_T \ll C_K$ ist dann in entsprechender Näherung $T_A = T_K$.
Auch die sogenannte **Mischungskalorimetrie** etwa zur Bestimmung der spezifischen Wärmekapazität von Stoffen stützt sich auf die Aussagen des Nullten Hauptsatzes.

9 Der Erste Hauptsatz der Thermodynamik

Der Erste Hauptsatz der Thermodynamik ist nichts anderes als der Satz von der Erhaltung der Energie in einer der thermodynamischen Betrachtungsweise angepassten Formulierung. Im Rahmen der **phänomenologischen** Thermodynamik, also derjenigen, welche das makroskopische Erscheinungsbild zugrundelegt, und von den Zusammenhängen zwischen beobachtbaren oder messbaren Größen, wie beispielsweise dem Druck, dem Volumen und der Temperatur, ausgeht und die man "in der einfachen Ausführung" auch schlicht "Wärmelehre" nennt, wird dieser Satz in folgender Weise eingeführt:
Die **innere Energie** U eines Systems, das ist die Summe der kinetischen und potentiellen Energien aller seiner Teilchen, bleibt solange konstant ($\mathrm{d}U = 0$), wie das System **abgeschlossen** ist. Sie kann sich nur dann ändern ($\mathrm{d}U \neq 0$), wenn das System über den Austausch einer Wärmemenge δQ oder einer mechanischen Arbeit δW mit seiner Umgebung in Wechselwirkung tritt, und zwar gilt dann

$$\mathrm{d}U = \delta Q + \delta W \tag{9.1}$$

Bei dieser Schreibweise des Ersten Hauptsatzes sind die Vorzeichen so festgelegt, dass δQ und δW **positiv** zu rechnen sind, wenn sie dem System **zugeführt** werden, und **negativ**, wenn sie an die Umgebung abgeführt, also dem System **entzogen** werden. Im ersten Fall steigt die innere Energie ($\mathrm{d}U > 0$), im zweiten Fall sinkt sie ($\mathrm{d}U < 0$). Die unterschiedliche Bezeichnung, nämlich δQ und δW anstatt $\mathrm{d}Q$ und $\mathrm{d}W$ und $\mathrm{d}U$ anstatt δU, hat einen tieferen Sinn. Sie kennzeichnet einen grundsätzlichen Unterschied zwischen den Größen Q und W einerseits und der Größe U andererseits. Im Gegensatz zu Q und W nämlich ist U eine sogenannte **Zustandsgröße**. Als solche bezeichnet man physikalische Größen, die für jeden Zustand des Systems einen **eindeutigen** und wohldefinierten Wert besitzen. Einfache und vertraute Beispiele von Zustandsgrößen sind der Druck p, die Temperatur T und das Volumen V. Unter einem "Zustand" wird hier der sogenannte **Makrozustand** verstanden, also die durch makroskopische und messbare Größen, wie beispielsweise durch p, T und V beschriebene und festgelegte Situation.

Geht das System von einem Zustand A in einen anderen Zustand B über, dann sind die entsprechenden Änderungen von Zustandsgrößen, etwa die Änderung $\Delta U = U_B - U_A$ der inneren Energie, unabhängig von der Art der Zwischenschritte auf dem Wege von A nach B. Daraus folgt unmittelbar, dass beim Durchlaufen eines sogenannten **Kreisprozesses**, also einer Folge von Zustandsänderungen, die entlang eines "geschlossenen Weges" wieder zum Ausgangspunkt zurückführt, die Zustandsgrößen ebenfalls wieder ihre Anfangswerte annehmen. Ihre Änderungen, etwa $\Delta p, \Delta T, \Delta U$, etc., sind somit nach komplettem Durchlaufen eines Kreisprozesses gleich Null.

Funktionale Zusammenhänge zwischen Zustandsgrößen nennt man **Zustandsgleichungen**. Die Formel (7.17) für ein ideales Gas ist ein bekanntes Beispiel dafür. Im mathematischen Sinne ist die infinitesimale Änderung einer Zustandsgröße das **totale Differential** derjenigen Funktion, welche die Abhängigkeit dieser Zustandsgröße von anderen solchen beschreibt.
Dass Q und W **keine** Zustandsgrößen im hier erläuterten Sinne sind, soll nachfolgend anhand von Bild 9.1 am Beispiel des dort skizzierten Kreisprozesses für ein ideales Gas demonstriert werden. Die Betrachtungen sollen gleichzeitig dazu dienen, den Umgang mit Kreisprozessen zu üben, was für die spätere Behandlung von Wärmekraftmaschinen von generellem Nutzen sein wird.

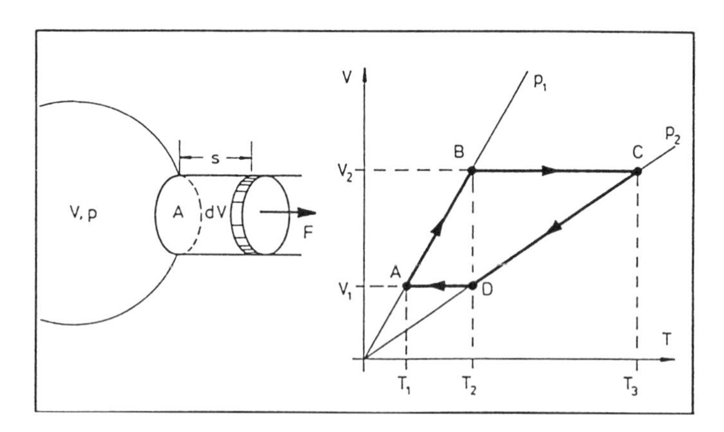

Abb. 9.1. Volumen-Arbeit und Kreisprozess.

Ein Gas kann Arbeit aufgrund seines Druckes p leisten. Er übt bekanntlich auf jedes Flächenelement der Größe A der Behälterwand eine senkrecht zu A nach außen gerichtete Kraft der Größe $F = pA$ aus. Verschiebt sich, wie in Bild 9.1 angedeutet, A unter der Wirkung von F um die Strecke s, dann beträgt die Arbeit $\Delta W = Fs = pAs = p \cdot \Delta V$. Sie ist **vom Gas** aufgebracht worden, ist also – verabredungsgemäß – **negativ** zu rechnen. Für infinitesimal kleine Verschiebungen ist somit $\delta W = -p \cdot \mathrm{d}V$. Das Volumen ist eine Zustandsgröße. Deswegen steht hier $\mathrm{d}V$ und nicht δV. Damit lautet der Erste Hauptsatz (9.1):

$$\mathrm{d}U = \delta Q - p \cdot \mathrm{d}V \tag{9.2}$$

In dieser Formulierung kommt zum Ausdruck, dass eine Erhöhung der inneren Energie ($\mathrm{d}U > 0$) sowohl durch Zuführung einer Wärmemenge ($\delta Q > 0$) als auch durch Kompression des Gases ($\mathrm{d}V < 0$) erreicht werden kann. Häufig findet man auch die Darstellung

$$\delta Q = \mathrm{d}U + p \cdot \mathrm{d}V$$

Sie drückt aus, dass sich bei Zufuhr einer Wärmemenge ($\delta Q > 0$) sowohl die innere Energie erhöhen ($\mathrm{d}U > 0$) als auch das Gas ausdehnen ($\mathrm{d}V > 0$), also Arbeit leisten kann.

Nun zum Kreisprozess selbst: Aus der Zustandsgleichung (7.17) in der Schreibweise $V = (Nk/p)T$ liest man ab, dass bei **festgehaltenem** Druck p das Volumen V eines idealen Gases proportional zu seiner Temperatur T ansteigt. Der Anstieg ist umgekehrt proportional zu p. Für zwei vorgegebene Drucke $p_1 < p_2$ erhält man also im $V-T$-Diagramm zwei Geraden unterschiedlicher Steigung, wie sie in Bild 9.1 eingezeichnet sind.
A mit p_1, V_1, T_1 sei der Ausgangszustand. Der zu untersuchende Prozess soll über die Zwischenzustände B, C und D wieder zum Startpunkt A zurückführen. Für die vier Teilschritte gelten dann folgende Zusammenhänge:

Erster Schritt: $A \to B$

Das Gas wird bei konstantem Druck p_1 von T_1 auf T_2 erwärmt. Dazu muss ihm die (positive) Wärmemenge

$$(\Delta Q)_{AB} = C_p(T_2 - T_1)$$

zugeführt werden. C_p ist die Wärmekapazität bei konstantem Druck. Dabei hat es sich von V_1 auf V_2 ausgedehnt und die (negative) Arbeit

$$(\Delta W)_{AB} = -p_1(V_2 - V_1)$$

geleistet.

Zweiter Schritt: $B \to C$

Das Gas wird bei konstantem Volumen V_2 von T_2 auf T_3 weiter erwärmt, was die Zufuhr der (positiven) Wärmemenge

$$(\Delta Q)_{BC} = C_V(T_3 - T_2)$$

erfordert. C_V ist die Wärmekapazität bei konstantem Volumen. Der Druck steigt dabei von p_1 auf p_2. Da bei diesem Schritt $\Delta V = 0$ ist, wird keine Arbeit geleistet, d.h. es ist

$$(\Delta W)_{BC} = 0$$

Dritter Schritt: $C \to D$

Das Gas wird bei konstantem Druck p_2 von T_3 auf T_2 abgekühlt. Die dazu erforderliche (negative) Wärmemenge beträgt

$$(\Delta Q)_{CD} = C_p(T_2 - T_3)$$

Dabei hat es sich von V_2 auf V_1 zusammengezogen und die (positive) Arbeit

$$(\Delta W)_{CD} = -p_2(V_1 - V_2)$$

zugeführt bekommen.

Vierter Schritt: $D \to A$

Das Gas wird bei konstantem Volumen V_1 von T_2 auf T_1 weiter abgekühlt. Dazu wird die (negative) Wärmemenge

$$(\Delta Q)_{DA} = C_V(T_1 - T_2)$$

benötigt. Wegen $\Delta V = 0$ wird hier wiederum keine Arbeit geleistet, d.h. es ist

$$(\Delta W)_{DA} = 0$$

Damit ist der Kreisprozess abgeschlossen. Als Wärmemenge-Bilanz ergibt sich

$$\begin{aligned}\Delta Q &= (\Delta Q)_{AB} + (\Delta Q)_{BC} + (\Delta Q)_{CD} + (\Delta Q)_{DA} \\ &= C_p(T_2 - T_1) + C_V(T_3 - T_2) + C_p(T_2 - T_3) + C_V(T_1 - T_2) \\ &= 2(C_p - C_V)T_2 - (C_p - C_V)T_1 - (C_p - C_V)T_3 \qquad (9.3)\end{aligned}$$

Um diesen Ausdruck in eine für die weiteren Rückschlüsse überschaubarere Form bringen zu können, muss auf einen Zusammenhang vorgegriffen werden, der erst im folgenden Abschnitt hergeleitet wird und der besagt, dass die Differenz zwischen den Wärmekapazitäten bei konstantem Druck und bei konstantem Volumen proportional zur Teilchenzahl ist. Quantitativ gilt $C_p - C_V = Nk$. Damit lautet die Zustandsgleichung (7.17): $pV = (C_p - C_V)T$. Wendet man sie in dieser Form auf alle vier Eckpunkte A, B, C und D des Kreisprozesses an, dann folgt

$$\begin{aligned}&(C_p - C_V)T_1 = p_1V_1; \quad (C_p - C_V)T_2 = p_2V_1 = p_1V_2; \\ &(C_p - C_V)T_3 = p_2V_2\end{aligned}$$

Einsetzen in (9.3) führt dann auf

$$\Delta Q = p_2V_1 + p_1V_2 - p_1V_1 - p_2V_2$$

oder

$$\Delta Q = -(p_2 - p_1)(V_2 - V_1)$$

Für die Arbeits-Bilanz nach Durchlaufen des Kreisprozesses erhält man

$$\begin{aligned}\Delta W &= (\Delta W)_{AB} + (\Delta W)_{BC} + (\Delta W)_{CD} + (\Delta W)_{DA} \\ &= -p_1(V_2 - V_1) - p_2(V_1 - V_2)\end{aligned}$$

oder

$$\Delta W = (p_2 - p_1)(V_2 - V_1)$$

Mit $p_1 \neq p_2$ und $V_1 \neq V_2$ folgt also $\Delta Q \neq 0$ und $\Delta W \neq 0$, womit bewiesen ist, dass Q und W **keine** Zustandsgrößen sind. Für solche müsste sich ja nach den obigen Erläuterungen Null ergeben. Wegen $p_2 > p_1$ und $V_2 > V_1$ ist zudem $\Delta Q < 0$ und $\Delta W > 0$. Dem Gas wird demnach während des Kreisprozesses Wärmemenge entzogen und Arbeit zugeführt. Für die **Summe** dagegen gilt $\Delta Q + \Delta W = 0$. Sie stellt somit im Einklang mit dem Ersten Hauptsatz (9.1) die Änderung einer Zustandsgröße dar. Hier ist es die der inneren Energie.

Es stellt sich nun die Frage, wie sich der Erste Hauptsatz aus der Sicht des **Vielteilchenproblems** darstellt. Die innere Energie U ist die bereits durch die Formel (1.2) angegebene Gesamtenergie W_0 des Teilchensystems, d.h. es ist

$$U = \sum_{i=1}^{s} W_i N_i \tag{9.4}$$

Sie ist abhängig von der Folge der Energieniveaus und den Besetzungszahlen. Infinitesimale Änderungen erhält man als totales Differential der Funktion (9.4), d.h. aus

$$\mathrm{d}U = \sum_{i=1}^{s} \frac{\partial U}{\partial N_i} \cdot \mathrm{d}N_i + \sum_{i=1}^{s} \frac{\partial U}{\partial W_i} \cdot \mathrm{d}W_i$$

Mit

$$\frac{\partial U}{\partial N_i} = W_i \qquad \text{und} \qquad \frac{\partial U}{\partial W_i} = N_i$$

folgt

$$\mathrm{d}U = \sum_{i=1}^{s} W_i \cdot \mathrm{d}N_i + \sum_{i=1}^{s} N_i \cdot \mathrm{d}W_i \tag{9.5}$$

Der erste Term beschreibt denjenigen Anteil, der sich infolge von Veränderungen in den Besetzungszahlen bei festgehaltenem Schema der Energieniveaus ergibt. Die einzige Größe, die bei konstanter Teilchenzahl N und unveränderten Eigenschaften der Niveaus (W_i und g_i konstant) solche Änderungen bewirken kann, ist die **Temperatur**, wie ein Rückblick etwa auf die BOLTZMANN-Verteilung (4.23) zeigt. Dieser Term berücksichtigt also den Einfluss von Temperaturänderungen auf dU. Solche aber können wiederum nur dann auftreten, wenn dem System Wärmemengen zugeführt oder entzogen werden. Folglich erscheint es naheliegend, die erste Summe von (9.5) mit dem ersten Summanden von (9.1) zu identifizieren und

$$\sum_{i=1}^{s} W_i \cdot \mathrm{d}N_i = \delta Q \tag{9.6}$$

zu setzen. Die zweite Summe von (9.5) gibt an, wie die innere Energie auf eine Verschiebung der Energieniveaus bei vorgegebenen Besetzungszahlen reagiert. Sie müsste dann – stützt man sich weiter auf den Vergleich mit (9.1) – mit dem Betrag der Arbeit zur Änderung von U übereinstimmen, d.h. es müsste gelten

$$\sum_{i=1}^{s} N_i \cdot \mathrm{d}W_i = \delta W \tag{9.7}$$

Um es vorweg zu sagen: Diese Schlussfolgerungen sind **richtig**. Eine allgemeine und konsequente Beweisführung ist allerdings nicht einfach. Zu den Fragen oder Problemen, die sich dabei stellen und die einer breiteren Diskussion bedürfen, hier nur ein paar Anmerkungen: Die Besetzungszahlen N_i sind Funktionen der Niveauenergien W_i. Der quantitative Zusammenhang wird durch die Verteilungen (4.11), (4.12) und (4.13) beschrieben. Änderungen $\mathrm{d}W_i$ bewirken somit entsprechende Änderungen $\mathrm{d}N_i$. Das ließe vermuten, dass die beiden Ausdrücke (9.6) und (9.7) so miteinander gekoppelt sind, dass es nicht möglich ist, den einen **allein** dem Austausch einer Wärmemenge und den anderen **allein** der Leistung einer Arbeit zuzuordnen. Zum anderen werden die Energien W_i von verschiedenen Faktoren beeinflusst. Der fundamentalste ist das Volumen. Über dessen Auswirkung auf W_i wird gleich noch gesprochen werden. Hinzu kommen äußere Kraftfelder, die mit potentiellen Energien zur Teilchenenergie beitragen. Wie sich beispielsweise ein Schwerefeld diesbezüglich bemerkbar macht, ist ausführlich im Abschnitt 7.1 diskutiert worden.

Leicht zu durchschauen ist der Fall eines idealen Gases aus Massenpunkten ohne Einwirkung äußerer Felder. Die Energien W_i werden hier durch die Formel (5.8) angegeben, welche bekanntlich die möglichen Energiezustände für freie Teilchen innerhalb eines Würfels der Kantenlänge a beschreibt. Nach Umbenennung der Numerierung $(n, n_x, n_y, n_z \to i, i_x, i_y, i_z)$ und mit $V = a^3$ lautet sie

$$W_i = \frac{\pi^2\hbar^2}{2m} V^{-2/3}(i_x^2 + i_y^2 + i_z^2)$$

Die Höhe eines jeden individuellen Niveaus wird also ausschließlich durch das Volumen bestimmt. Aus

$$\frac{\mathrm{d}W_i}{\mathrm{d}V} = -\frac{2}{3}\frac{\pi^2\hbar^2}{2m} V^{-5/3}(i_x^2 + i_y^2 + i_z^2) = -\frac{2}{3}\frac{W_i}{V}$$

folgt

$$\frac{\mathrm{d}W_i}{W_i} = -\frac{2}{3}\frac{\mathrm{d}V}{V}$$

Hieraus ist abzulesen, dass eine **Verkleinerung** des Volumens ($\mathrm{d}V < 0$) zu einer **Anhebung**, eine **Vergrößerung** ($\mathrm{d}V > 0$) zu einer **Absenkung** der Niveaus führt, wobei die relative Niveauverschiebung zur relativen Volumenänderung proportional ist. Damit ergibt sich für die Summe in (9.7) unter Berücksichtigung von (9.4):

$$\sum_{i=1}^{s} N_i \cdot \mathrm{d}W_i = -\frac{2}{3}\frac{\mathrm{d}V}{V}\sum_{i=1}^{s} N_i W_i = -\frac{2}{3}\frac{U}{V} \cdot \mathrm{d}V$$

Die innere Energie eines idealen Gases aus Massenpunkten beträgt gemäß (7.3) unter Beachtung der Zustandsgleichung (7.17):

$$U = \frac{3}{2}NkT = \frac{3}{2}pV \tag{9.8}$$

Damit ist

$$\sum_{i=1}^{s} N_i \cdot \mathrm{d}W_i = -p \cdot \mathrm{d}V$$

also in der Tat die anhand von Bild 9.1 erläuterte Arbeit, womit (9.7) bewiesen ist. Dann muss aber – der Aussage des Ersten Hauptsatzes (9.2) folgend – auch (9.6) richtig sein.

10 Anwendung des Ersten Hauptsatzes bei der Beschreibung spezieller Zustandsänderungen

Allgemein nennt man den Quotienten $C = \delta Q/\mathrm{d}T$ aus der Wärmemenge δQ, die ein Körper mit seiner Umgebung austauscht, und der dadurch bewirkten Temperaturänderung $\mathrm{d}T$ die **Wärmekapazität** dieses Körpers. Von dieser Definition ist ja bereits vorangehend verschiedentlich Gebrauch gemacht worden. Mit $\delta Q = C\cdot \mathrm{d}T$ lautet dann der Erste Hauptsatz (9.2):

$$\mathrm{d}U = C \cdot \mathrm{d}T - p \cdot \mathrm{d}V$$

Im allgemeinen Fall ist also die innere Energie U eine Funktion der drei Variablen T, p und V. Gibt es eine Zustandsgleichung, welche die drei Zustandsgrößen T, p und V miteinander verknüpft, dann kann jeweils eine von ihnen durch die beiden anderen ausgedrückt werden, wodurch U auf eine Funktion zweier Variablen reduziert wird. In diesem Sinne soll als Ausgangspunkt der folgenden Betrachtungen U als Funktion von T und V vorausgesetzt werden. Infinitesimale Änderungen von U werden dann durch das totale Differential

$$\mathrm{d}U = \frac{\partial U}{\partial T} \cdot \mathrm{d}T + \frac{\partial U}{\partial V} \cdot \mathrm{d}V$$

angegeben. Der besseren Übersicht wegen und um eventuelle Missverständnisse auszuschließen, ist es in der Thermodynamik üblich, diejenigen Variablen, die beim Differenzieren konstant gehalten werden sollen, den Differentialquotienten als Index anzufügen, also

$$\mathrm{d}U = \left[\frac{\partial U}{\partial T}\right]_V \cdot \mathrm{d}T + \left[\frac{\partial U}{\partial V}\right]_T \cdot \mathrm{d}V$$

zu schreiben. Aus mathematischer Sicht ist eine solche Kennzeichnung überflüssig. Die Definition der partiellen Differentiation einer Funktion mehrerer Veränderlicher enthält ja bereits die Vorschrift, dass alle Größen, nach denen **nicht** differenziert wird, wie Konstanten zu behandeln sind. Einsetzen von $\mathrm{d}U$ in (9.2) ergibt

$$\left[\frac{\partial U}{\partial T}\right]_V \cdot \mathrm{d}T + \left[\frac{\partial U}{\partial V}\right]_T \cdot \mathrm{d}V = \delta Q - p \cdot \mathrm{d}V$$

oder

$$\delta Q = \left[\frac{\partial U}{\partial T}\right]_V \cdot \mathrm{d}T + \left(\left[\frac{\partial U}{\partial V}\right]_T + p\right) \cdot \mathrm{d}V \qquad (10.1)$$

Anhand dieser Gleichung sollen nachfolgend vier spezielle Zustandsänderungen untersucht und die sich dabei ergebenden physikalischen Zusammenhänge diskutiert werden.

a.) **Isochore Zustandsänderungen** sind solche, bei denen das Volumen auf einem konstanten Wert V_0 gehalten wird. Mit $\mathrm{d}V = 0$ folgt aus (10.1):

$$\left[\frac{\delta Q}{\mathrm{d}T}\right]_V = C_V = \left[\frac{\partial U}{\partial T}\right]_V$$

Da hier keine Arbeit geleistet werden kann, wird jeder Austausch von Wärmemengen ausschließlich in Änderungen der inneren Energie umgesetzt. Für ein **ideales Gas** aus Massenpunkten ergibt sich demnach mit (9.8):

$$C_V = \frac{3}{2}Nk$$

Die Wärmekapazität der Stoffmenge von **einem Mol** nennt man die **molare Wärmekapazität** oder **Molwärme** $\widehat{C}$. Ein Mol enthält bekanntlich

$$N = N_L = 6.023 \cdot 10^{23} \text{ Teilchen}$$

N_L heißt LOSCHMIDTsche Zahl oder AVOGADRO-Konstante. Das Produkt

$$N_L k = R = 8.314 \text{ J Mol}^{-1}\text{K}^{-1} = 5.189 \cdot 10^{19} \text{ eV Mol}^{-1}\text{K}^{-1}$$

heißt allgemeine oder auch universelle Gaskonstante. Somit ist

$$\widehat{C}_V = \frac{3}{2}R$$

Die Zustandsgleichung (7.17) liefert für isochore Vorgänge den Zusammenhang

$$\frac{p}{T} = \frac{Nk}{V_0} = \text{const} \tag{10.2}$$

Der Druck variiert dann also proportional zur Temperatur.

b.) **Isobare Zustandsänderungen** sind solche, bei denen der Druck einen konstanten Wert p_0 beibehält. Setzt man V als Funktion von p und T voraus, dann ist wegen $\mathrm{d}p = 0$:

$$\mathrm{d}V = \left[\frac{\partial V}{\partial p}\right]_T \cdot \mathrm{d}p + \left[\frac{\partial V}{\partial T}\right]_p \cdot \mathrm{d}T = \left[\frac{\partial V}{\partial T}\right]_p \cdot \mathrm{d}T$$

Einsetzen in (10.1) führt auf

$$\delta Q = \left[\frac{\partial U}{\partial T}\right]_V \cdot \mathrm{d}T + \left(\left[\frac{\partial U}{\partial V}\right]_T + p_0\right)\left[\frac{\partial V}{\partial T}\right]_p \cdot \mathrm{d}T$$

oder wegen $(\partial U/\partial T)_V = C_V$:

$$\left[\frac{\delta Q}{\mathrm{d}T}\right]_p = C_p = C_V + \left(\left[\frac{\partial U}{\partial V}\right]_T + p_0\right)\left[\frac{\partial V}{\partial T}\right]_p$$

Weitere Aussagen erhält man nur dann, wenn die Zusammenhänge zwischen U, V, T und p bekannt sind.
Bei einem **idealen** Gas ist die innere Energie, wie aus (9.8) hervorgeht, vom Volumen unabhängig, d.h. es ist $(\partial U/\partial V)_T = 0$. Ferner folgt aus der Zustandsgleichung (7.17) für isobare Vorgänge

$$\frac{V}{T} = \frac{Nk}{p_0} \qquad \text{und damit} \qquad \left[\frac{\partial V}{\partial T}\right]_p = \frac{Nk}{p_0} \tag{10.3}$$

Das ergibt

$$C_p = C_V + Nk$$

Die Wärmekapazität bei konstantem Druck ist also um den Betrag Nk größer als die bei konstantem Volumen. Hiervon und von der durch (10.3) ausgedrückten Proportionalität zwischen dem Volumen und der Temperatur unter isobaren Bedingungen ist bereits im vorangehenden Abschnitt Gebrauch gemacht worden. Für die Molwärmen gilt dann

$$\widehat{C}_p - \widehat{C}_V = N_L k = R$$

Wegen $\widehat{C}_V = 3R/2$ ist also für ein ideales Massenpunkt-Gas

$$\widehat{C}_p = \frac{5}{2}R$$

Das Verhältnis der Wärmekapazitäten beträgt hierfür somit

$$\gamma = \frac{C_p}{C_V} = \frac{\widehat{C}_p}{\widehat{C}_V} = \frac{5}{3}$$

c.) **Isotherme Zustandsänderungen** sind solche, bei denen die Temperatur auf einem festen Wert T_0 gehalten wird. Mit $\mathrm{d}T = 0$ erhält man aus (10.1):

$$\delta Q = \left[\frac{\partial U}{\partial V}\right]_T \cdot \mathrm{d}V + p \cdot \mathrm{d}V$$

Der Austausch von Wärmemengen führt hier in jedem Fall zur Leistung von Arbeit. Ist die innere Energie vom Volumen abhängig, dann wird zusätzlich ein Anteil von δQ in Änderungen von U umgesetzt.
Da für ein **ideales Gas** $(\partial U/\partial V)_T = 0$ ist, verbleibt

$$\delta Q = p \cdot \mathrm{d}V \tag{10.4}$$

Hier werden demnach Wärmemengen **vollständig** in Arbeit transformiert. Die Zustandsgleichung (7.17) liefert für isotherme Vorgänge den bekannten Zusammenhang

$$pV = NkT_0 = \text{const} \tag{10.5}$$

Der Druck variiert umgekehrt proportional zum Volumen.

d.) **Adiabatische Zustandsänderungen** sind solche, bei denen kein Austausch von Wärmemengen stattfindet. Der Körper ist gegen seine Umgebung "wärmeisoliert". Mit $\delta Q = 0$ führt (10.1) auf

$$\left[\frac{\partial U}{\partial T}\right]_V \cdot \mathrm{d}T + \left(\left[\frac{\partial U}{\partial V}\right]_T + p\right) \cdot \mathrm{d}V = 0$$

Mit $(\partial U/\partial T)_V = C_V$ folgt daraus

$$\mathrm{d}T = -\frac{1}{C_V}\left(\left[\frac{\partial U}{\partial V}\right]_T + p\right) \cdot \mathrm{d}V$$

Diese Beziehung drückt aus, in welchem Maße eine adiabatische Kompression ($\mathrm{d}V < 0$) oder Expansion ($\mathrm{d}V > 0$) die Temperatur erhöht ($\mathrm{d}T > 0$) oder herabsetzt ($\mathrm{d}T < 0$).

Für ein **ideales Gas** reduziert sich diese Gleichung wegen $(\partial U/\partial V)_T = 0$ auf

$$\mathrm{d}T = -\frac{p}{C_V} \cdot \mathrm{d}V \tag{10.6}$$

Ersetzt man mittels der Zustandsgleichung (7.17) den Druck durch $p = NkT/V$, dann ergibt sich mit $Nk = C_p - C_V$:

$$\frac{\mathrm{d}T}{T} = -\frac{Nk}{C_V}\frac{\mathrm{d}V}{V} = \left[1 - \frac{C_p}{C_V}\right]\frac{\mathrm{d}V}{V} = (1-\gamma)\frac{\mathrm{d}V}{V}$$

Die relativen Temperaturänderungen erfolgen also proportional zu den relativen Volumenänderungen. Die Integration

$$\int_{T_0}^{T} \frac{\mathrm{d}x}{x} = (1-\gamma)\int_{V_0}^{V} \frac{\mathrm{d}x}{x}$$

von einem vorgegebenen Zustand mit den Werten T_0 und V_0 aus führt dann auf

$$[\ln x]_{T_0}^{T} = \ln\frac{T}{T_0} = (1-\gamma)\,[\ln x]_{V_0}^{V} = (1-\gamma)\ln\frac{V}{V_0} = \ln\left[\frac{V}{V_0}\right]^{1-\gamma}$$

Folglich ist

$$\frac{T}{T_0} = \left[\frac{V}{V_0}\right]^{1-\gamma} = \left[\frac{V_0}{V}\right]^{\gamma-1}$$

oder

$$TV^{\gamma-1} = T_0 V_0^{\gamma-1} \tag{10.7}$$

Bemüht man wiederum die Zustandsgleichung (7.17) in der Schreibweise $T/V = p/(Nk)$, dann erhält man schließlich

$$pV^{\gamma} = p_0 V_0^{\gamma} = \mathrm{const} \tag{10.8}$$

für adiabatische Zustandsänderungen.

Obschon dieses an den entsprechenden Stellen bereits betont wurde, soll hier zum Abschluss der obigen Diskussionen über spezielle Zustandsänderungen noch einmal hervorgehoben werden, dass die angegebenen konkreten Werte, beispielsweise $\widehat{C}_V = 3R/2, \widehat{C}_p = 5R/2, \gamma = 5/3 = 1.667$, nur für ein ideales Gas aus **Massenpunkten** gelten. Die für Edelgase, also **einatomige** Gase gewonnenen experimentellen Werte bestätigen diese Voraussagen. Können die Teilchen eines idealen Gases außer der Translationsenergie auch noch etwa Rotations- oder Schwingungsenergie besitzen, dann tragen diese Energieformen selbstverständlich ebenfalls zur inneren Energie U bei, so dass sich die aus U abgeleiteten Größen entsprechend ändern. Beispielsweise erwartet man von der im Abschnitt 7.2 behandelten Rotation zweiatomiger Moleküle einen zusätzlichen Beitrag der Höhe R zu den Wärmekapazitäten, also $\widehat{C}_V = 5R/2 = 2.5R, \widehat{C}_p = 7R/2 = 3.5R$ und $C_p/C_V = 1.4$. Messungen an Stickstoff (N_2-Moleküle) bei Zimmertemperatur liefern $\widehat{C}_V = 2.48R, \widehat{C}_p = 3.47R$ und $C_p/C_V = 1.40$.

Zu guter Letzt zeigt Bild 10.1 zur Veranschaulichung der Zusammenhänge die oben besprochenen Zustandsänderungen in qualitativer graphischer Darstellung, unter anderem unter Verwendung der Ergebnisse (10.2), (10.3), (10.5), (10.7) und (10.8).

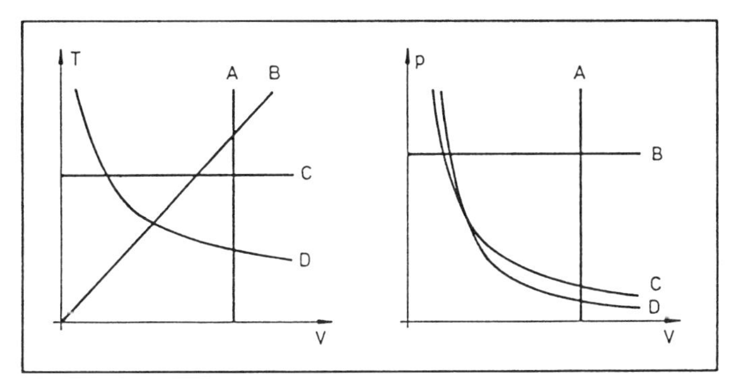

Abb. 10.1. Spezielle Zustandsänderungen. (A: Isochoren; B: Isobaren; C: Isothermen; D: Adiabaten).

11 Wärmekraftmaschinen

11.1 Allgemeine Vorbemerkungen

Wärmekraftmaschinen dienen zur Umsetzung von Wärme – genauer – Wärmemengen in mechanische Arbeit. Bekannte Maschinen dieser Art sind Dampfmaschinen, Verbrennungsmotoren und Heißluftmotoren. Ihre Funktionsweise, insbesondere die von Kolbenmaschinen, läßt sich in übersichtlicher Weise anhand sogenannter **p-V-Indikatordiagramme** verfolgen. Darunter versteht man die graphische Darstellung des Druckes p im Zylinder gegen das sich durch die Kolbenbewegung periodisch verändernde Zylindervolumen V während einer Arbeitsperiode der Maschine. Das Diagramm besteht also aus einer geschlossenen Kurve. Das Arbeitsgas durchläuft einen **Kreisprozess**.

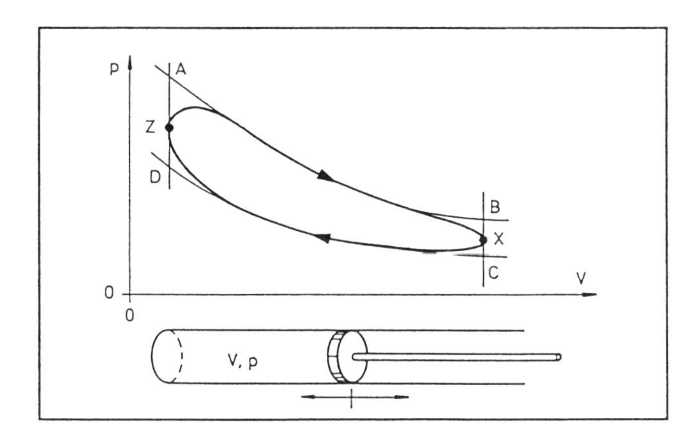

Abb. 11.1. Indikatordiagramm einer Wärmekraftmaschine.

Solche Indikatordiagramme zeigen je nach Maschinen- und Betriebsart eine Fülle verschiedener und zum Teil auch komplizierter Formen. In Bild 11.1 ist ein solches Diagramm in stark schematisierter Weise aufgetragen. Es beschreibt – wiederum stark vereinfacht – den folgenden Ablauf: Im Punkt Z wird das Gas im Zylinder erhitzt. Das kann bekanntlich auch durch Zündung eines Benzin-Luft-Gemisches erfolgen oder durch Einlassen heißen Wasserdampfes bzw. eines anderen Gases. Die anschließende Expansion des Gases treibt den Kolben bis zum Umkehrpunkt X. Dort wird das "verbrauchte" Arbeitsgas ausgestoßen, "frisches" Arbeitsgas eingelassen, anschließend bis zum Punkt Z hin komprimiert und dort wiederum erhitzt bzw. gezündet. Die vom Diagramm eingeschlossene Fläche ist, wie im folgenden Abschnitt noch gezeigt wird, gleich der von der Maschine während einer Periode geleisteten Arbeit. Sie und damit auch der sogenannte **Wirkungsgrad** von Wärmekraftmaschinen lassen sich also aus solchen Indikatordiagrammen direkt ablesen und bestimmen.

Im folgenden werden drei verschiedene Typen von Wärmekraftmaschinen behandelt. Sie sind zwar – streng genommen – nur theoretisch möglich, verdienen aber aus physikalischer Sicht grundsätzliches Interesse. In allen drei Fällen wird das Indikatordiagramm durch ein umschließende **Viereck** approximiert, wie das in Bild 11.1 angedeutet ist. Dieses Viereck wird im Uhrzeigersinn durchlaufen. Der Kreisprozess setzt sich dann aus vier Teilschritten zwischen den Eckpunkten A,B,C und D zusammen.

11.2 Die Stirling-Maschine

Das Indikatordiagramm einer STIRLING-Maschine ist in Bild 11.2 dargestellt. Das Arbeitsgas ist ein ideales Gas. Der Kreisprozess durchläuft zwei Isothermen bei den Temperaturen T_1 und $T_2 > T_1$ und zwei Isochoren bei den Volumina V_1 und $V_2 > V_1$. Als Ausgangspunkt wird der Zustand A gewählt. Auf den vier Teilschritten passiert folgendes:

Erster Schritt: $A \to B$

Das Gas befindet sich in thermischem Kontakt mit einem Wärmereservoir, das die Temperatur konstant auf dem Wert T_2 hält. Mit (10.5) folgt für den Druck entlang der Isotherme $p = NkT_2/V$. Wegen $\delta W = -p \cdot \mathrm{d}V$ beträgt somit die Arbeit:

$$(\Delta W)_{AB} = -\int_{V_1}^{V_2} p \cdot \mathrm{d}V = -NkT_2 \int_{V_1}^{V_2} \frac{\mathrm{d}V}{V}$$

oder

$$(\Delta W)_{AB} = -NkT_2 \ln \frac{V_2}{V_1} \tag{11.1}$$

Sie ist – wie es sich gehört – negativ, da sie **vom Gas** geleistet wird. Unter isothermen Bedingungen gilt (10.4) für den Austausch von Wärmemengen, also $\delta Q = p \cdot \mathrm{d}V$. Daraus folgt:

$$(\Delta Q)_{AB} = -(\Delta W)_{AB} = NkT_2 \ln \frac{V_2}{V_1} \tag{11.2}$$

Diese Wärmemenge ist dem Wärmereservoir entnommen und dem Gas zugeführt worden, deshalb positiv.

Zweiter Schritt: $B \to C$

Das Gas wird vom Reservoir der Temperatur T_2 abgetrennt und unter Konstanthaltung des Volumens V_2 an ein zweites der niedrigeren Temperatur T_1 angeschlossen. Wegen $\mathrm{d}V = 0$ ist

$$(\Delta W)_{BC} = 0$$

Die Abkühlung von T_2 auf T_1 erfordert die (negative) Wärmemenge

$$(\Delta Q)_{BC} = C_V(T_1 - T_2)$$

Sie wird dem T_1-Reservoir zugeführt.

Dritter Schritt: $C \to D$

Für diese isotherme Kompression von V_2 auf V_1 gilt analog zum ersten Schritt

$$(\Delta W)_{CD} = -\int_{V_2}^{V_1} p \cdot \mathrm{d}V = -NkT_1 \int_{V_2}^{V_1} \frac{\mathrm{d}V}{V}$$

oder

$$(\Delta W)_{CD} = NkT_1 \cdot \ln \frac{V_2}{V_1}$$

und

$$(\Delta Q)_{CD} = -(\Delta W)_{CD} = -NkT_1 \cdot \ln \frac{V_2}{V_1}$$

Auch diese Wärmemenge wird auf das T_1-Reservoir übertragen.

Vierter Schritt: $D \to A$

Das Gas wird bei konstantem Volumen V_1 wieder an das erste Reservoir der Temperatur T_2 angeschlossen. Es ist

$$(\Delta W)_{DA} = 0$$

Die Erwärmung von T_1 auf T_2 erfolgt durch Zufuhr der (positiven) Wärmemenge

$$(\Delta Q)_{DA} = C_V(T_2 - T_1)$$

aus dem T_2-Reservoir.

Die gesamte beim Durchlaufen des Kreisprozesses angefallene Arbeit beträgt somit

$$\Delta W = (\Delta W)_{AB} + (\Delta W)_{BC} + (\Delta W)_{CD} + (\Delta W)_{DA}$$

also

$$\Delta W = Nk(T_1 - T_2) \cdot \ln \frac{V_2}{V_1}$$

Sie ist wegen $T_1 < T_2$ negativ, was bedeutet, dass die Maschine (nach außen) Arbeit geleistet hat.

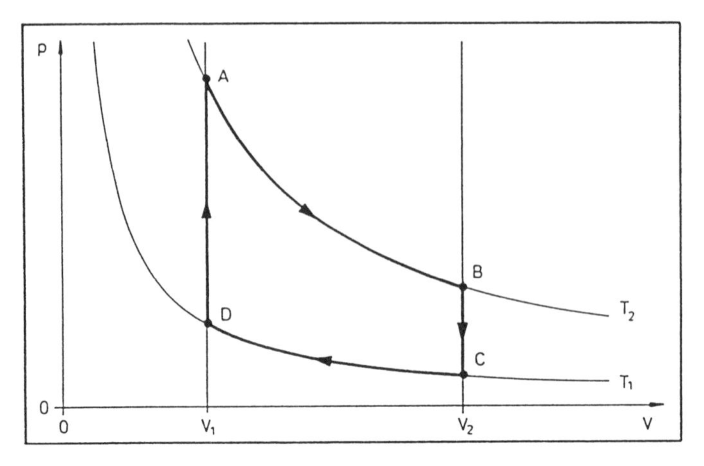

Abb. 11.2. STIRLINGscher Kreisprozess.

Die insgesamt der Maschine bzw. dem Gas aus dem T_2-Reservoir **zugeführte** Wärmemenge $(\Delta Q)_+$ setzt sich aus dem Anteil $(\Delta Q)_{AB}$ für die isotherme Expansion und dem Anteil $(\Delta Q)_{DA}$ für die abschließende Erwärmung des Gases zusammen, d.h. es ist

$$(\Delta Q)_+ = (\Delta Q)_{AB} + (\Delta Q)_{DA} = NkT_2 \cdot \ln \frac{V_2}{V_1} + C_V(T_2 - T_1)$$

An das T_1-Reservoir **abgegeben** ist die aus den Anteilen $(\Delta Q)_{BC}$ und $(\Delta Q)_{CD}$ bestehende (negative) Wärmemenge

$$(\Delta Q)_- = (\Delta Q)_{BC} + (\Delta Q)_{CD} = C_V(T_1 - T_2) - NkT_1 \cdot \ln \frac{V_2}{V_1}$$

Für die Summe aller Wärmemengen erhält man

$$\Delta Q = (\Delta Q)_+ + (\Delta Q)_- = Nk(T_2 - T_1) \cdot \ln \frac{V_2}{V_1}$$

im Einklang mit der Forderung $\Delta Q + \Delta W = 0$ des Ersten Hauptsatzes in seiner Anwendung auf Kreisprozesse ($\Delta U = 0$).
Als den **Wirkungsgrad** η einer Wärmekraftmaschine definiert man den negativen Quotienten aus der von ihr **geleisteten** Arbeit ΔW und der ihr **zugeführten** Wärmemenge $(\Delta Q)_+$, also $\eta = -\Delta W/(\Delta Q)_+$. Für die STIRLING-Maschine folgt somit

$$\eta_S = \frac{(T_2 - T_1) \cdot \ln \frac{V_2}{V_1}}{T_2 \cdot \ln \frac{V_2}{V_1} + \frac{C_V}{Nk}(T_2 - T_1)}$$

Würde sie beispielsweise bei einem "Kolbenhub" von $V_1 : V_2 = 1 : 5$ zwischen zwei Reservoiren mit den Temperaturen $T_1 = 300$ K und $T_2 = 1000$ K arbeiten und setzt man $C_V/(Nk) = 3/2$ voraus, so betrüge ihr Wirkungsgrad

$$\eta_S = \frac{700 \cdot \ln 5}{1000 \cdot \ln 5 + 3 \cdot 700/2} = 0.42 = 42\%$$

Bezeichnet $\Delta T = T_2 - T_1$ den Temperaturabstand beider Isothermen und $T = T_2$ die Temperatur der oberen, dann ist nach Kürzung durch $\ln(V_2/V_1)$:

$$\eta_S = \frac{\Delta T}{T + C_V \cdot \Delta T / \left[Nk \cdot \ln \frac{V_2}{V_1} \right]}$$

Für den Fall, dass ΔT sehr klein gegen T selbst ist und der zweite Term des Nenners gegen dessen ersten vernachlässigt werden kann, verbleibt

$$\eta_S = \frac{\Delta T}{T} \qquad \text{für} \qquad \Delta T \ll T$$

Die hier zutage geförderten Zusammenhänge enthüllen eine grundsätzliche Eigenschaft **aller** Wärmekraftmaschinen: Stets und unvermeidbar geht ein Teil der zugeführten Wärmemenge als sogenannte "Abwärme" verloren. Sie wird an das T_1-Reservoir abgegeben und landet letzten Endes – direkt oder indirekt – in der Umwelt, die durch sie aufgeheizt wird. Es gibt keine periodisch arbeitende, d.h. eine stete Folge von Kreis-Prozessen durchlaufende Maschine, die Wärmemengen **vollständig** in Arbeit umsetzt, also einen Wirkungsgrad von 100% besitzt. Eine die dies täte, nennt man ein **Perpetuum mobile zweiter Art**. Sie stünde nicht im Widerspruch zum ersten Hauptsatz, also zum Satz von der Erhaltung der Energie. Dieser verbietet lediglich ein Perpetuum **erster** Art. Das ist bekanntlich ein Apparat, der aus "Nichts" Energie oder Arbeit gewinnt. Es muss also offensichtlich außer dem Ersten Hauptsatz noch ein weiterer fundamentaler Satz der Thermodynamik existieren, der die genannten Zusammenhänge regelt. Die **Periodizität** beim Betrieb einer Wärmekraftmaschine ist aus gutem Grund ausdrücklich betont worden. Bei einer **einmaligen** isothermen Expansion wird nämlich gemäß (10.4) sehr wohl die gesamte Wärmemenge in Arbeit umgewandelt. Soll sich aber dieser Vorgang wiederholen – und das erwartet man ja wohl von einer realen Maschine – dann muss das System immer wieder in den Anfangszustand zurückgebracht werden. Das wiederum **kostet** Arbeit, die als nicht weiter nutzbare Wärmemenge im T_1-Reservoir auf "Nimmerwiedersehen" verschwindet.

In der technischen Ausführung arbeiten STIRLING-Maschinen in aller Regel mit zwei Kolben, zwischen denen sich das Arbeitsgas befindet und die sich in einem gemeinsamen Zylinder bewegen, dessen beide Endbereiche sich auf unterschiedlichen und konstanten Temperaturen T_1 und T_2 befinden. In Bild 11.3 ist der Arbeitsrhythmus skizziert: Im Anfangszustand A befinden sich beide Kolben bei kleinem gegenseitigen Abstand (Volumen V_1) im heißen Zylinderteil (Temperatur T_2). Dort expandiert das Gas isotherm, bis der Zustand B (Volumen V_2) erreicht ist. Anschließend werden beide Kolben parallel in den kalten Zylinderteil (Temperatur T_1) verschoben, wo sich das Gas

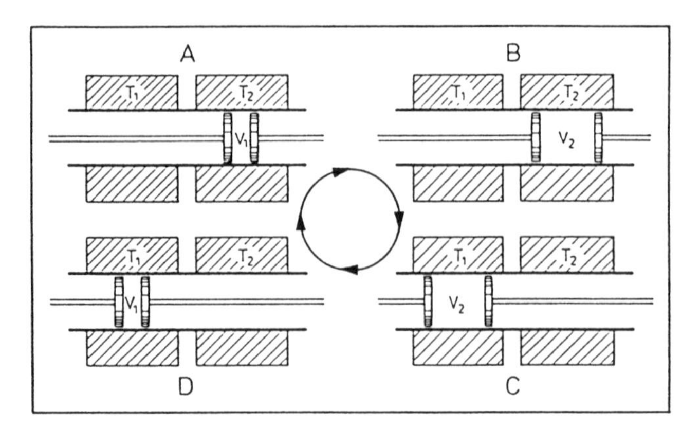

Abb. 11.3. Arbeitsrhythmus einer STIRLING-Maschine.

isochor abkühlt (Zustand C). Dort wird es dann isotherm komprimiert (Volumen V_1; Zustand D). Mit der folgenden Parallelverschiebung beider Kolben zurück in den heißen Zylinderbereich und der isochoren Erwärmung des Gases dort ist der Ausgangszustand A wieder erreicht und der Kreisprozess abgeschlossen. Die Bewegung der Kolben im Zylinder wird durch entsprechend ausgelegte Getriebe und Gestänge gesteuert. Nach dem Stirling-Prinzip arbeiten verschiedene Typen von **Heißluftmotoren** und **Wärmepumpen**. Letztere sind "rückwärts" laufende Wärmekraftmaschinen, die unter Zufuhr mechanischer Arbeit Wärmemengen von einem Reservoir niedriger in ein solches höherer Temperatur transportieren.

Der Wirkungsgrad realer Maschinen liegt selbstverständlich stets unterhalb des theoretisch möglichen Wertes. Außer den unvermeidbaren Reibungsverlusten sind hierfür auch fundamentalere physikalische Gründe verantwortlich. So sind beispielsweise **streng isotherme** Expansionen und Kompressionen nur theoretisch möglich. Während solcher Zustandsänderungen sollen ja einerseits die Temperaturen des Gases und der Reservoire stets übereinstimmen und andererseits Wärmemengen zwischen dem Gas und den Reservoiren ausgetauscht werden. Beides zusammen geht aber nicht. Wärmemengen strömen nämlich nur dann von einem Körper zum anderen, wenn diese **unterschiedliche** Temperaturen besitzen. Dabei ist der "Wärmefluss" proportional zur Temperaturdifferenz. Je kleiner sie ist, umso länger dauert der Temperaturausgleich. Erst im theoretischen Grenzfall **unendlich langsamer** Expansionen bzw. Kompressionen können also solche Zustandsänderungen wirklich isotherm geführt werden. Im realen Fall, sprich bei endlichen Kolbengeschwindigkeiten, muss somit die Gas-Temperatur bei der Expansion stets niedriger, bei der Kompression stets höher sein als die Temperatur des entsprechenden Reservoirs, was die vom Kreisprozess umschlossene Fläche und damit die geleistete Arbeit verkleinert. Es wird eine Mischung zwischen einer Isotherme und einer Adiabate durchlaufen.

Nachzutragen bleibt noch der im vorangehenden Abschnitt angekündigte Beweis dafür, dass die geleistete Arbeit gleich – genauer: proportional – der vom Indikatordiagramm umschlossenen Fläche ist. Geht man zur Integraldarstellung der Arbeit und zu Bild 11.2 zurück, dann ist

$$\begin{aligned} \Delta W &= -\int_{V_1}^{V_2} p(T_2, V) \cdot \mathrm{d}V - \int_{V_2}^{V_1} p(T_1, V) \cdot \mathrm{d}V \\ &= -\left[\int_{V_1}^{V_2} p(T_2, V) \cdot \mathrm{d}V - \int_{V_1}^{V_2} p(T_1, V) \cdot \mathrm{d}V\right] \end{aligned}$$

In der von der Schulmathematik her bekannten anschaulichen Deutung sind die beiden Integrale gleich den Flächen unter der T_2- bzw. der T_1-Isotherme zwischen den beiden Isochoren mit V_1 und V_2. Die Differenz ist also gleich der durch V_1 und V_2 begrenzten Fläche **zwischen** den beiden Isothermen, was gezeigt werden sollte. Da in diese einfache Argumentation spezielle Angaben über die Funktion $p(V)$ überhaupt nicht eingehen, läßt sie sich direkt auf beliebige Zustandsänderungen oder Kreisprozesse in $p - V$-Darstellung übertragen.

11.3 Die Carnot-Maschine

Das Indikatordiagramm einer CARNOT-Maschine ist in Bild 11.4 dargestellt. Beim **Carnotschen Kreisprozess** werden wiederum zwei Isothermen bei den Temperaturen T_1 und T_2 durchlaufen, die hier aber, anders als bei der STIRLING-Maschine, durch zwei Adiabaten miteinander verbunden. Das Arbeitsgas ist wieder ein ideales.

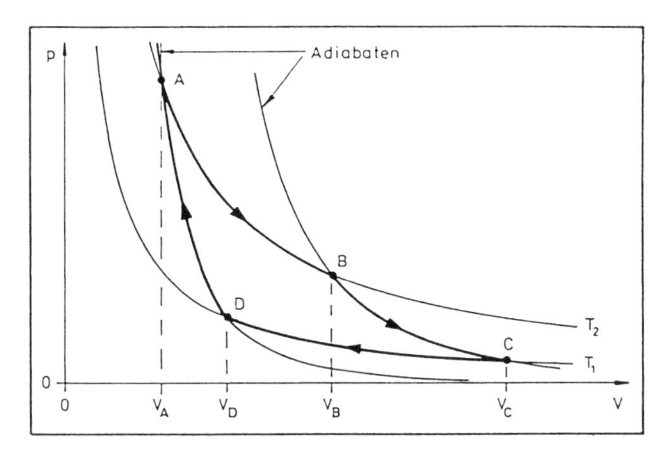

Abb. 11.4. CARNOTscher Kreisprozess.

Die vier Teilschritte liefern folgende Zusammenhänge:

Erster Schritt: $A \to B$

Hier können die Beziehungen (11.1) und (11.2) direkt übernommen werden, d.h. es ist

$$(\varDelta W)_{AB} = -NkT_2 \cdot \ln \frac{V_B}{V_A}$$

und

$$(\varDelta Q)_{AB} = -(\varDelta W)_{AB}$$

Zweiter Schritt: $B \to C$

Das Gas wird vom T_2-Reservoir abgetrennt, gegen jeglichen Wärmeaustausch mit der Umgebung isoliert und soweit adiabatisch expandiert, bis es die Temperatur T_1 beim Volumen V_C erreicht hat. Wegen $\delta Q = 0$ bei adiabatischen Prozessen ist

$$(\varDelta Q)_{BC} = 0$$

Die Arbeit ergibt sich aus (10.6) zu

$$(\varDelta W)_{BC} = -\int\limits_{V_B}^{V_C} p \cdot \mathrm{d}V = C_V \int\limits_{T_2}^{T_1} \mathrm{d}T = C_V(T_1 - T_2)$$

Dritter Schritt: $C \to D$

Nach Ankopplung an das T_1-Reservoir wird das Gas isotherm bis zum Volumen V_D komprimiert. Analog zum ersten Schritt erhält man hier

$$(\varDelta W)_{CD} = NkT_1 \cdot \ln \frac{V_C}{V_D}$$

und

$$(\varDelta Q)_{CD} = -(\varDelta W)_{CD}$$

Vierter Schritt: $D \to A$

Wieder wird das Gas thermisch isoliert und dann adiabatisch soweit komprimiert, bis seine Temperatur auf den Wert T_2 angestiegen und das Ausgangsvolumen V_A erreicht worden ist. Das ergibt

$$(\varDelta Q)_{DA} = 0$$

und

$$(\varDelta W)_{DA} = C_V \int\limits_{T_1}^{T_2} \mathrm{d}T = C_V(T_2 - T_1)$$

Wegen $(\Delta W)_{BC} = -(\Delta W)_{DA}$ verbleibt als gesamte Arbeit

$$\Delta W = (\Delta W)_{AB} + (\Delta W)_{CD} = -Nk\left[T_2 \cdot \ln\frac{V_B}{V_A} - T_1 \cdot \ln\frac{V_C}{V_D}\right]$$

Da die Punkte A und D einerseits und die Punkte B und C andererseits auf jeweils derselben Adiabate liegen, ist die Formel (10.7) anwendbar. Danach ist

$$T_2 V_A^{\gamma-1} = T_1 V_D^{\gamma-1} \qquad \text{und} \qquad T_2 V_B^{\gamma-1} = T_1 V_C^{\gamma-1}$$

Dividiert man die zweite dieser beiden Gleichungen durch die erste, dann folgt $V_C/V_D = V_B/V_A$ und somit

$$\Delta W = -Nk(T_2 - T_1) \cdot \ln\frac{V_B}{V_A}$$

Sie ist wegen $T_2 > T_1$ und $V_B > V_A$ negativ, also von der Maschine geleistet worden. Aus dem T_2-Reservoir **zugeführt** worden ist die Wärmemenge

$$(\Delta Q)_+ = (\Delta Q)_{AB} = -(\Delta W)_{AB} = NkT_2 \cdot \ln\frac{V_B}{V_A}$$

Damit folgt für den Wirkungsgrad $\eta = -\Delta W/(\Delta Q)_+$ der CARNOT-Maschine

$$\boxed{\eta_C = \frac{T_2 - T_1}{T_2}}$$

Er ist, wie der Vergleich bestätigt, größer als der einer STIRLING-Maschine. Für die dort als Beispiel genannten Temperaturen ($T_1 = 300$ K, $T_2 = 1000$ K) betrüge er hier $\eta_C = 70\%$. Mit $\Delta T = T_2 - T_1 \ll T_2 = T$ geht η_S in η_C über. Bild 11.5 veranschaulicht den Arbeitsrhythmus einer CARNOT-Maschine am Beispiel einer "Ein-Kolben-Maschine".

Vom physikalischen Standpunkt aus bemerkenswert an einer CARNOT-Maschine ist die Tatsache, dass sie den höchsten Wirkungsgrad aller theoretisch denkbaren Wärmekraftmaschinen besitzt. Es gibt keine, die effektiver ist. Der Beweis dafür läßt sich in anschaulicher Weise und ohne Rechenaufwand anhand des Bildes 11.6 führen. Mit dieser schematischen Darstellung unter Verwendung vertrauter Bezeichnungen ist folgendes gemeint: Zwischen zwei gemeinsamen Wärmereservoiren mit den Temperaturen T_1 und $T_2 > T_1$ arbeiten zwei Wärmekraftmaschinen C^* und C (Teil a von Bild 11.6). Dabei ist C eine CARNOT-Maschine und C^* eine "Supermaschine", deren Wirkungsgrad größer als der der C-Maschine sein soll. Beide Maschinen sollen so aufeinander abgeglichen sein, dass sie pro Arbeitszyklus dieselbe Wärmemenge aus dem T_2-Reservoir entnehmen, ausgedrückt durch dieselbe Breite der entsprechenden Pfeile. Da voraussetzungsgemäß die C-Maschine die uneffektivere von beiden ist, produziert sie – wiederum durch die Pfeilbreiten dargestellt – mehr Abwärme und weniger Arbeit als die C^*-Maschine. Läßt man nun die C-Maschine rückwärts laufen, so dass sie als Wärmepumpe oder "Kältemaschine" wirkt und was in der gewählten Darstellung einer Umkehr der

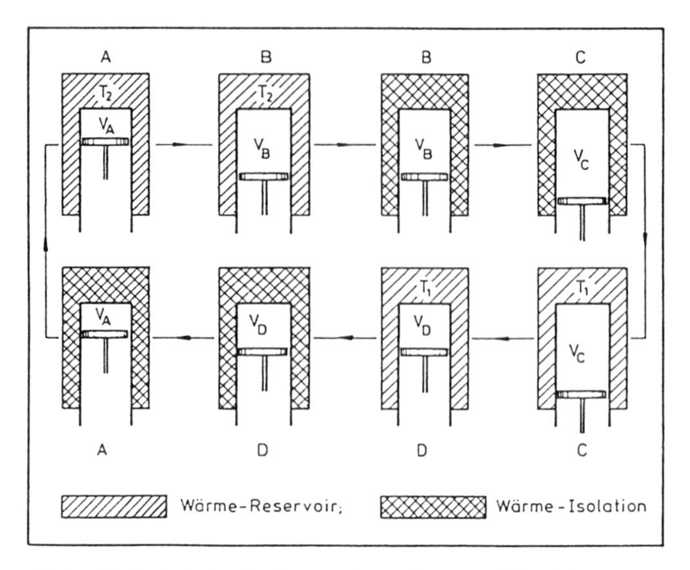

Abb. 11.5. Arbeitsrhythmus einer CARNOT-Maschine.

Pfeilrichtungen entspricht (Teil b von Bild 11.6), dann bildet die Kombination beider Maschinen eine Vorrichtung, welche die Arbeit $W = (\Delta W)^* - \Delta W$ leistet und dazu **nur** dem T_1-Reservoir Wärmemenge entzieht. Das T_2-Reservoir bleibt insgesamt unbelastet. Die abgegebene Wärmemenge wird ihm voll wieder zugeführt. Das aber ist ein Perpetuum mobile zweiter Art, das es nach den Behauptungen im vorangehenden Abschnitt nicht gibt. Also kann es auch keine C^*-Maschine mit einem höheren als dem CARNOTschen Wirkungsgrad geben.

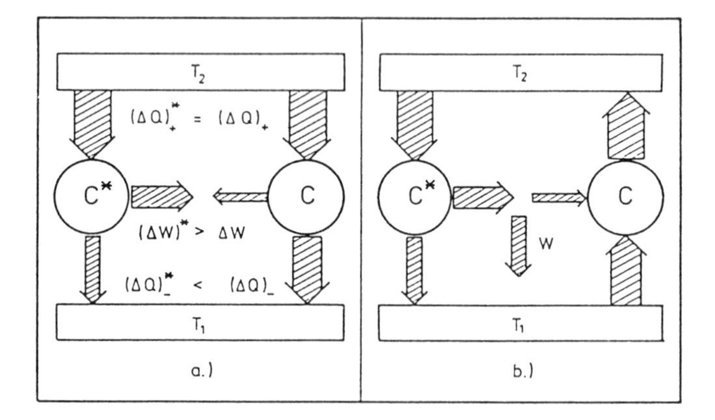

Abb. 11.6. Zum CARNOTschen Wirkungsgrad.

Bei näherem Hinsehen regt sich Kritik: Würde man nämlich die CARNOTsche Wärmepumpe durch beispielsweise eine STIRLINGsche ersetzen, dann könnte man auf demselben Wege beweisen, dass es keine effektivere als die STIRLING-Maschine gibt. Das kann aber nicht stimmen. Es ist ja oben quantitativ gezeigt worden, dass es sehr wohl eine bessere als diese gibt, und zwar die CARNOT-Maschine. Also bedarf es eines klärenden Kommentars: Der vorgetragene Beweis gilt nur für sogenannte **reversibel** betreibbare Maschinen. Das sind solche, die bei **Zufuhr** des ansonsten bei normalem Vorwärtsgang geleisteten Arbeitsbetrages unter **exakter Umkehr** der Vorgänge auf **allen** Teilschritten entlang des durch den Kreisprozess vorgegebenen Weges rückwärts laufen. Die STIRLING-Maschine kann das nicht. Bei ihr finden zwischen den Isothermen bekanntlich isochore Zustandsänderungen statt. Der Temperaturausgleich zwischen dem Arbeitsgas und dem entsprechenden Wärmereservoir erfolgt dabei durch Prozesse der **Wärmeleitung**. Die aber sind **irreversibel**. Wärmemengen strömen "von allein" nur von einem wärmeren zu einem kälteren Körper, nie umgekehrt. Zwei Körper auf gleicher Temperatur können keine Wärmemengen untereinander austauschen. Ein Rückblick auf den STIRLINGschen Kreisprozess (Bild 11.2) bringt in Erinnerung, dass im Vorwärtslauf beim letzten Teilschritt $D \to A$ das Gas in Kontakt mit dem T_2-Reservoir gebracht wird, von ihm die Wärmemenge $(\Delta Q)_{DA}$ aufnimmt und sich auf die Temperatur T_2 erwärmt. Dieser Vorgang ist nicht umkehrbar. Soll die Maschine dennoch rückwärts laufen (Zustandsänderung $A \to D$), dann muss das Gas zum T_1-Reservoir zurückgebracht werden, wo es sich durch Wärmeleitung auf die Temperatur T_1 abkühlen kann. Das jedoch ist ein **anderer** Vorgang. Im strengen Sinne der angegebenen Definition ist also die STIRLING-Maschine keine reversible.

Die modifizierte Aussage des obigen Beweises lautet also: Es gibt keine **reversible** Maschine mit einem höheren Wirkungsgrad als dem CARNOTschen. Würde man bei der in Bild 11.6b skizzierten Maschinenkombination alle Richtungen umdrehen, so dass C^* als Wärmepumpe und C als Wärmekraftmaschine funktioniert, dann könnte man in analoger Weise zeigen, dass es andererseits auch keine reversible Maschine mit einem **kleineren** als dem CARNOTschen Wirkungsgrad geben kann. Zusammengefasst heißt das:
Alle **reversibel** zwischen zwei Wärmereservoiren arbeitenden Maschinen haben denselben Wirkungsgrad, nämlich den CARNOTschen.
Das Beispiel einer weiteren Wärmekraftmaschine, die im folgenden Abschnitt behandelt werden soll, wird diese Aussage bestätigen.

11.4 Die Photonengas-Maschine

Als Beispiel für die Anwendung thermodynamischer Beziehungen auch auf andere als "materielle" Gase wird im folgenden eine Wärmekraftmaschine betrachtet, deren Arbeitsgas die im Abschnitt 7.3 behandelte Hohlraumstrahlung, also ein ideales Photonengas ist. Voraussetzung für das Verständnis

der Arbeitsweise einer solchen Maschine ist die Kenntnis der Zustandsgleichungen für ein Photonengas, insbesondere der Abhängigkeit des Druckes von anderen Zustandsgrößen. Dieser Druck ist der **Strahlungsdruck** eines elektromagnetischen Feldes. Er läßt sich auf direktem Wege aus den MAXWELLschen Gleichungen der Elektrodynamik herleiten. Hier soll demonstriert werden, wie er sich auch aus schon bekannten thermodynamischen Zusammenhängen gewinnen läßt.
Die Formel (5.10) des Abschnitts 5.4 gibt die möglichen Impulsbeträge p_i für wechselwirkungsfreie Teilchen oder Quanten innerhalb eines Würfels vom Volumen $V = a^3$ an. Die möglichen Photonenenergien ergeben sich aus (7.40) zu $W_i = cp_i$. Also folgt aus (5.10) mit i als Laufindex und mit $a = V^{1/3}$:

$$W_i = \frac{ch}{2} V^{-1/3} (i_x^2 + i_y^2 + i_z^2)^{1/2}$$

und

$$\frac{\mathrm{d}W_i}{\mathrm{d}V} = -\frac{1}{3}\frac{ch}{2} V^{-4/3} (i_x^2 + i_y^2 + i_z^2)^{1/2} = -\frac{1}{3}\frac{W_i}{V}$$

Nach Multiplikation mit den Besetzungszahlen N_i und Summation über alle Energiezustände erhält man

$$\sum_{i=1}^{s} N_i \cdot \mathrm{d}W_i = -\frac{1}{3}\frac{\mathrm{d}V}{V} \sum_{i=1}^{s} N_i W_i$$

Die Summe auf der linken Seite ist gemäß (9.7) gleich der Arbeit $\delta W = -p \cdot \mathrm{d}V$. Die Summe auf der rechten Seite ist die – früher Gesamtenergie W_0 genannte – innere Energie U. Somit verbleibt

$$-p \cdot \mathrm{d}V = -\frac{1}{3}\frac{U}{V} \cdot \mathrm{d}V \qquad \text{oder} \qquad p = \frac{1}{3}\frac{U}{V}$$

Die Energiedichte $w = U/V$ wird durch das im Abschnitt 7.3 hergeleitete STEFAN-BOLTZMANNsche Gesetz $w = AT^4$ beschrieben. Das ergibt schließlich für die innere Energie eines Photonengases

$$U = AVT^4 \tag{11.3}$$

und für dessen Druck

$$p = \frac{A}{3} T^4 \tag{11.4}$$

Anders als bei einem idealen Gas aus Massenpunkten ist hier U von V abhängig, p dagegen nicht. Die Isothermen eines Photonengases, d.h. die Kurven konstanter Temperatur im $p-V$-Diagramm, sind alle Parallelen zur V-Achse. Ein Zahlenbeispiel soll hier einen Eindruck von den Größenordnungen vermitteln: Mit $A = 8\pi^5 k^4/(15c^3h^3) = 7.56 \cdot 10^{-16}$ J K^{-4} m^{-3} erhält man für ein Volumen von $V = 1000$ m^3 bei einer Temperatur von $T = 1000$ K eine innere Energie von $U = 0.756$ J und einen Druck von $p = 0.252 \cdot 10^{-3}$ Pa.

Dass in den obigen Betrachtungen von der Impulsformel (5.10) ausgegangen werden musste und nicht etwa die Energieformel (5.8) herangezogen werden durfte, ist hoffentlich klar: (5.8) gibt die Zustände für die **Translationsenergie** eines innerhalb des Volumens $V = a^3$ freien Teilchens der Masse m an. Eine solche Energieform gibt es für Photonen nicht. Das ist an entsprechender Stelle bereits betont worden.
Die Beziehungen für **adiabatische** Zustandsänderungen eines Photonengases erhält man mit $\delta Q = 0$ aus dem Ersten Hauptsatz (9.2), also aus der Forderung $\mathrm{d}U = -p\cdot \mathrm{d}V$. Aus (11.3) folgt

$$\mathrm{d}U = \left[\frac{\partial U}{\partial V}\right]_T \cdot \mathrm{d}V + \left[\frac{\partial U}{\partial T}\right]_V \cdot \mathrm{d}T = AT^4 \cdot \mathrm{d}V + 4AVT^3 \cdot \mathrm{d}T$$

Mit (11.4) ist dann

$$AT^4 \cdot \mathrm{d}V + 4AVT^3 \cdot \mathrm{d}T = -p \cdot \mathrm{d}V = -\frac{1}{3}AT^4 \cdot \mathrm{d}V$$

oder

$$T \cdot \mathrm{d}V + 3V \cdot \mathrm{d}T = 0 \qquad \text{bzw.} \qquad \frac{\mathrm{d}V}{V} = -3\frac{\mathrm{d}T}{T}$$

Die Integration von einem vorgegebenen Zustand mit dem Volumen V_0 und der Temperatur T_0 aus liefert

$$\int_{V_0}^{V} \frac{\mathrm{d}x}{x} = \ln\frac{V}{V_0} = -3\int_{T_0}^{T} \frac{\mathrm{d}x}{x} = -3 \cdot \ln\frac{T}{T_0} = \ln\left[\frac{T_0}{T}\right]^3$$

was schließlich auf die gesuchte Adiabatengleichung

$$VT^3 = V_0 T_0^3 \tag{11.5}$$

führt. Ersetzt man T mittels (11.4) durch den Druck p, dann ist

$$\boxed{pV^{4/3} = p_0 V_0^{4/3} = \text{const}}$$

Die Bedingung $\delta Q = 0$ für adiabatische Zustandsänderungen bedeutet bei Übertragung auf ein Photonengas, dass die Innenwände des Hohlraums, welcher das Photonengas enthält, die Eigenschaft haben müssen, elektromagnetische Strahlung **aller** Frequenzen 100%-ig zu reflektieren.

Nach diesen vorbereitenden Betrachtungen über die Zustandsgleichungen eines Photonengases nun zu der angekündigten Wärmekraftmaschine. Sie soll nach dem CARNOT-Prinzip funktionieren, d.h. beim Kreisprozess werden zwei Isothermen – hier Parallelen zur V-Achse – bei den Temperaturen T_1 und $T_2 > T_1$ und zwei Adiabaten durchlaufen. Bild 11.7 zeigt das Indikatordiagramm.
Im einzelnen ergibt sich dabei folgendes:

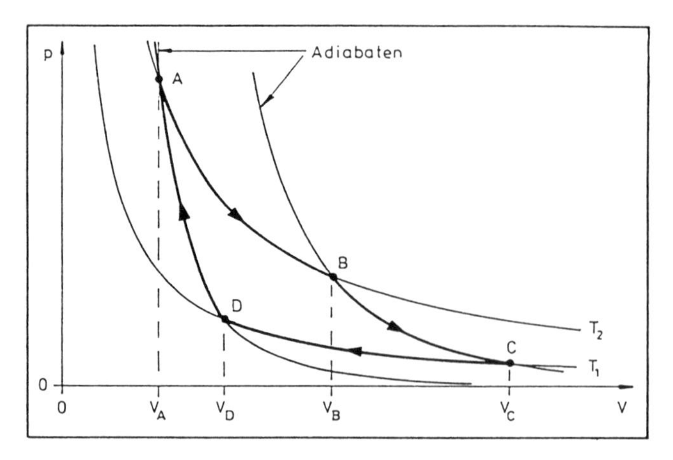

Abb. 11.7. Kreisprozess einer Photonengas-Maschine nach dem CARNOT-Prinzip.

Erster Schritt: $A \to B$: Für die Arbeit erhält man mit (11.4):

$$(\Delta W)_{AB} = -\int_{V_A}^{V_B} p \cdot \mathrm{d}V = -\frac{A}{3}T_2^4 \int_{V_A}^{V_B} \mathrm{d}V = -\frac{A}{3}T_2^4(V_B - V_A)$$

Anders als bei einem materiellen idealen Gas ändert sich hier bei der isothermen Expansion auch die innere Energie. Dem ersten Hauptsatz (9.1) folgend, beträgt die Wärmemenge

$$(\Delta Q)_{AB} = (\Delta U)_{AB} - (\Delta W)_{AB}$$

U ist eine Zustandsgröße, d.h. es ist mit (11.3):

$$(\Delta U)_{AB} = U_B - U_A = AT_2^4(V_B - V_A)$$

Das ergibt

$$(\Delta Q)_{AB} = AT_2^4(V_B - V_A) + \frac{A}{3}T_2^4(V_B - V_A) = \frac{4}{3}AT_2^4(V_B - V_A)$$

Zweiter Schritt: $B \to C$: Die Expansion erfolgt adiabatisch. Also ist

$$(\Delta Q)_{BC} = 0$$

und

$$(\Delta W)_{BC} = (\Delta U)_{BC} = U_C - U_B = A(V_C T_1^4 - V_B T_2^4)$$

Dritter Schritt: $C \to D$: Analog zum ersten Schritt findet man hier

$$(\Delta W)_{CD} = -\frac{A}{3}T_1^4(V_D - V_C)$$

und

$$(\Delta Q)_{CD} = \frac{4}{3}AT_1^4(V_D - V_C)$$

Vierter Schritt: $D \to A$: Hier ist analog zum zweiten Schritt

$$(\Delta Q)_{DA} = 0$$

und

$$(\Delta W)_{DA} = A(V_A T_2^4 - V_D T_1^4)$$

Die gesamte Arbeit erhält man entweder durch Addition aller vier Arbeitsbeiträge oder aber aus der Tatsache, dass nach Abschluss des Kreisprozesses $\Delta U = \Delta Q + \Delta W = 0$ sein muss. Letzteres führt wegen $(\Delta Q)_{BC} = (\Delta Q)_{DA} = 0$ auf $-\Delta W = (\Delta Q)_{AB} + (\Delta Q)_{CD}$. **Zugeführt** worden ist der Maschine aus dem T_2-Reservoir die Wärmemenge $(\Delta Q)_+ = (\Delta Q)_{AB}$. Also beträgt der Wirkungsgrad der Photonengas-Maschine

$$\begin{aligned} \eta_P &= -\frac{\Delta W}{(\Delta Q)_+} = \frac{(\Delta Q)_{AB} + (\Delta Q)_{CD}}{(\Delta Q)_{AB}} \\ &= 1 + \frac{(\Delta Q)_{CD}}{(\Delta Q)_{AB}} = 1 + \frac{V_D - V_C}{V_B - V_A}\frac{T_1^4}{T_2^4} \end{aligned}$$

Der Quotient aus den Volumendifferenzen läßt sich mit Hilfe der Adiabatenformel (11.5) eliminieren. Da die Punkte A und D einerseits und die Punkte B und C andererseits auf jeweils derselben Adiabate liegen, ist

$$V_A T_2^3 = V_D T_1^3 \qquad \text{und} \qquad V_B T_2^3 = V_C T_1^3$$

Subtrahiert man die zweite dieser Gleichungen von der ersten, dann ergibt sich

$$(V_A - V_B)T_2^3 = (V_D - V_C)T_1^3 \quad \text{oder} \quad \frac{V_D - V_C}{V_B - V_A} = -\frac{T_2^3}{T_1^3}$$

Damit folgt

$$\eta_P = 1 - \frac{T_1}{T_2} = \frac{T_2 - T_1}{T_2}$$

Die nach dem CARNOT-Prinzip arbeitende Photonengas-Maschine hat also – wie schon angekündigt – auch den CARNOTschen Wirkungsgrad.

12 Die Entropie

12.1 Allgemeine Einführung des Begriffes

Die innere Energie eines (materiellen) idealen Gases ist bekanntlich unabhängig vom Volumen, d.h. es ist $\partial U/\partial V = 0$. Damit reduziert sich das totale Differential der Funktion $U(T,V)$ auf

$$\mathrm{d}U = \left[\frac{\partial U}{\partial T}\right]_V \cdot \mathrm{d}T = C_V \cdot \mathrm{d}T$$

Setzt man $p = NkT/V$, dann lautet der Erste Hauptsatz (9.2):

$$\delta Q = \mathrm{d}U + p \cdot \mathrm{d}V = C_V \cdot \mathrm{d}T + NkT\frac{\mathrm{d}V}{V}$$

Im Zusammenhang mit der Einführung dieses Satzes ist ausführlich dargelegt worden, dass Q keine Zustandsgröße und somit δQ kein totales Differential ist. Dividiert man aber durch die Temperatur, was

$$\frac{\delta Q}{T} = C_V\frac{\mathrm{d}T}{T} + Nk\frac{\mathrm{d}V}{V} \tag{12.1}$$

ergibt, dann stellt man mit einiger Überraschung fest, dass nun sehr wohl auf der rechten Seite ein totales Differential entsteht, nämlich das der Funktion

$$S(T,V) = C_V \cdot \ln\frac{T}{T_0} + Nk \cdot \ln\frac{V}{V_0} \tag{12.2}$$

Dabei sind T_0 und V_0 willkürlich vorgebbare Größen von der Dimension einer Temperatur bzw. eines Volumens, die der Tatsache Rechnung tragen, dass beim Übergang vom Differential einer Funktion zur Funktion selbst diese nur bis auf eine beliebige Konstante angegeben werden kann. Es käme dieses vielleicht deutlicher zum Ausdruck, würde man mit entsprechender Abkürzung

$$\begin{aligned} S(T,V) &= C_V \cdot \ln T + Nk \cdot \ln V - (C_V \cdot \ln T_0 + Nk \cdot \ln V_0) \\ &= C_V \cdot \ln T + Nk \cdot \ln V - S_0 \end{aligned}$$

schreiben. Das allerdings wäre "mathematisch unsauber", da das Argument der ln-Funktion ja eine dimensionslose Größe, d.h. eine Zahl sein muss.
Die hier gefundene Zustandsgröße heißt **Entropie**. Ihr totales Differential ergibt sich nach (12.1) zu

$$\mathrm{d}S = \frac{\delta Q}{T} \tag{12.3}$$

Geht das Gas von einem Zustand A in einen Zustand B über, dann beträgt die Entropiedifferenz

$$(\Delta S)_{AB} = \int_A^B dS = \int_A^B \frac{\delta Q}{T} = S_B - S_A$$

d.h. sie ist unabhängig vom Weg zwischen A und B. Durchläuft das Gas einen Kreisprozess, dann ist

$$\Delta S = \oint dS = \oint \frac{\delta Q}{T} = 0$$

Dass letzteres erfüllt ist, läßt sich am einfachsten am Beispiel des im Abschnitt 11.3 diskutierten CARNOTschen Kreisprozesses demonstrieren. Für die vier Teilschritte gilt mit den dort gefundenen Zusammenhängen .

$$\begin{aligned}
(\Delta S)_{AB} &= \int_A^B \frac{\delta Q}{T_2} = \frac{1}{T_2}\int_A^B \delta Q \\
&= \frac{(\Delta Q)_{AB}}{T_2} = Nk \cdot \ln \frac{V_B}{V_A} \\
(\Delta S)_{BC} &= 0 \qquad \text{wegen} \qquad \delta Q = 0 \\
(\Delta S)_{CD} &= \frac{(\Delta Q)_{CD}}{T_1} = -Nk \cdot \ln \frac{V_C}{V_D} \\
\text{und} \quad (\Delta S)_{DA} &= 0 \qquad \text{wegen} \qquad \delta Q = 0
\end{aligned} \tag{12.4}$$

Unter Berücksichtigung von $V_C/V_D = V_B/V_A$ führt die Addition aller vier Entropiebeiträge auf

$$\Delta S = Nk\left[\ln \frac{V_B}{V_A} - \ln \frac{V_C}{V_D}\right] = 0$$

Es bleibt zu fragen, ob der Begriff der Entropie nur auf den Fall eines idealen Gases anwendbar ist oder ob er eine für die Thermodynamik allgemeinere Bedeutung hat und sich auf statistische Größen zurückführen läßt. Das soll nachfolgend untersucht werden.

Zunächst wird zur Vereinfachung der Rechnung vorübergehend die Temperatur durch den LAGRANGE-Multiplikator $\beta = 1/(kT)$ ersetzt. Zusammen mit (9.6) ist dann

$$\frac{\delta Q}{T} = k\beta \cdot \delta Q = k\beta \sum_{i=1}^{s} W_i \cdot \mathrm{d}N_i$$

Die Summe ist der erste Term im totalen Differential (9.5) der inneren Energie. Also folgt

$$\frac{\delta Q}{T} = k \left[\beta \cdot \mathrm{d}U - \beta \sum_{i=1}^{s} N_i \cdot \mathrm{d}W_i \right] \tag{12.5}$$

Setzt man für die Besetzungszahlen N_i die Gleichgewichts-BOLTZMANN-Verteilung (4.23) voraus, so ergibt sich

$$\beta \sum_{i=1}^{s} N_i \cdot \mathrm{d}W_i = \beta \sum_{i=1}^{s} \frac{N}{Z} g_i e^{-\beta W_i} \cdot \mathrm{d}W_i = \frac{N}{Z} \sum_{i=1}^{s} \left[\beta g_i e^{-\beta W_i} \right] \cdot \mathrm{d}W_i$$

Der Klammerausdruck unter dem Summenzeichen läßt sich als Differentialquotient schreiben. Es ist nämlich unter Berücksichtigung der Definition (4.15) für die Zustandssumme

$$\beta g_i e^{-\beta W_i} = -\frac{\partial}{\partial W_i} \left[g_i e^{-\beta W_i} \right] = -\frac{\partial Z}{\partial W_i}$$

Also erhält man als erstes Zwischenergebnis

$$\beta \sum_{i=1}^{s} N_i \cdot \mathrm{d}W_i = -\frac{N}{Z} \sum_{i=1}^{s} \frac{\partial Z}{\partial W_i} \cdot \mathrm{d}W_i = -N \sum_{i=1}^{s} \frac{\partial (\ln Z)}{\partial W_i} \cdot \mathrm{d}W_i \tag{12.6}$$

Der Term $\beta \cdot \mathrm{d}U$ in (12.5) läßt sich in folgender Weise umformen: Es ist

$$\mathrm{d}(\beta U) = \beta \cdot \mathrm{d}U + U \cdot \mathrm{d}\beta \quad \text{oder} \quad \beta \cdot \mathrm{d}U = \mathrm{d}(\beta U) - U \cdot \mathrm{d}\beta$$

Zwischen der inneren Energie und der Zustandssumme besteht der durch die Formel (4.18) ausgedrückte Zusammenhang. Er lautet mit $W_0 = U$ und in korrekter mathematischer Schreibweise, d.h. mit partiellen Differentiationszeichen

$$U = -N \frac{\partial (\ln Z)}{\partial \beta}$$

Das führt auf das zweite Zwischenergebnis

$$\beta \cdot \mathrm{d}U = \mathrm{d}(\beta U) + N \frac{\partial (\ln Z)}{\partial \beta} \cdot \mathrm{d}\beta \tag{12.7}$$

Einsetzen der Ergebnisse (12.6) und (12.7) in (12.5) liefert dann

$$\frac{\delta Q}{T} = k \left[\mathrm{d}(\beta U) + N \frac{\partial (\ln Z)}{\partial \beta} \cdot \mathrm{d}\beta + N \sum_{i=1}^{s} \frac{\partial (\ln Z)}{\partial W_i} \cdot \mathrm{d}W_i \right]$$

Der zweite und dritte Term in der eckigen Klammer bilden zusammen das totale Differential der Funktion $N \cdot \ln Z(\beta, W_i)$ mit konstantem N, d.h. es ist

$$\frac{\delta Q}{T} = k \left[\mathrm{d}(\beta U) + \mathrm{d}(N \cdot \ln Z) \right] = k \cdot \mathrm{d}(N \cdot \ln Z + \beta U)$$

Kehrt man von β zu T zurück, dann folgt schließlich

$$\frac{\delta Q}{T} = \mathrm{d} \left[kN \cdot \ln Z + \frac{U}{T} \right]$$

Also auch die hier vorgetragenen grundsätzlichen Betrachtungen belegen, dass der Quotient $\delta Q/T$ ein totales Differential ist, hier das der Funktion

$$S = kN \cdot \ln Z + \frac{U}{T} + S_0 \tag{12.8}$$

Dass dieser allgemeinere Ausdruck für die Entropie bei Anwendung auf ein ideales Gas in die Funktion (12.2) übergeht, ist leicht zu zeigen. Für ein ideales (Massenpunkt-) Gas gilt bekanntlich gemäß (7.3) und (7.2):

$$U = C_V T \quad \text{mit} \quad C_V = \frac{3}{2} Nk \quad \text{und} \quad Z = \sqrt{\left[\frac{2\pi m \cdot k}{h^2}\right]^3} V T^{3/2}$$

Die Zustandssumme ist eine dimensionslose Größe. Also muss sich der Wurzelfaktor in der Form $V_*^{-1} T_*^{-3/2}$ darstellen lassen, wobei sich V_* und T_* in entsprechender Weise aus den Größen m, k und h zusammensetzen. Damit ist

$$Z = \frac{V}{V_*} \left[\frac{T}{T_*}\right]^{3/2} \qquad \text{und} \qquad \ln Z = \ln \frac{V}{V_*} + \frac{3}{2} \cdot \ln \frac{T}{T_*}$$

Einsetzen in (12.8) zusammen mit $U/T = C_V$ ergibt

$$S = \frac{3}{2} Nk \cdot \ln \frac{T}{T_*} + Nk \cdot \ln \frac{V}{V_*} + C_V + S_0 = C_V \cdot \ln \frac{T}{T_*} + Nk \cdot \ln \frac{V}{V_*} + S_0'$$

Eine auch von der Form her strenge Übereinstimmung mit (12.2) erhält man, wenn man den konstanten Anteil $S_0' = C_V + S_0$ mittels zweier willkürlicher Zahlen C_1 und C_2 durch

$$S_0' = C_V \cdot \ln C_1 + Nk \cdot \ln C_2$$

ausdrückt und die Bezeichnungen $T_*/C_1 = T_0$ und $V_*/C_2 = V_0$ verwendet. Das führt dann schließlich auf

$$\begin{aligned} S &= C_V \cdot \ln \frac{T}{T_*} + Nk \cdot \ln \frac{V}{V_*} + C_V \cdot \ln C_1 + Nk \cdot \ln C_2 \\ &= C_V \cdot \ln \frac{T}{T_0} + Nk \cdot \ln \frac{V}{V_0} \end{aligned}$$

Wichtig ist abschließend der Hinweis darauf, dass die hier erhaltenen Ausdrücke für die Entropie nur für **Gleichgewichtsverteilungen** oder Gleichgewichtszustände gelten. Bei der Herleitung etwa der Formel (12.8) ist ja für die Besetzungszahlen N_i ausdrücklich deren BOLTZMANNsche Gleichgewichtsverteilung herangezogen worden. Entsprechend beziehen sich resultierende Entropieänderungen, wie sie durch (12.3) beschrieben werden, ausschließlich auf solche Prozesse, bei denen stets Gleichgewichte durchlaufen werden.

12.2 Entropieänderungen an Beispielen ausgewählter Prozesse

In diesem Abschnitt soll an einer Reihe von Prozessen untersucht werden, wie sich Entropien verhalten oder verändern. Sinn dieses Unterfangens ist es, die Berechnung von Entropien zu üben und eine vertiefte Einsicht in eine grundlegende Eigenschaft dieser Zustandsgröße zu gewinnen. Die betrachtete Substanz soll in allen Fällen ein ideales Gas sein. Geht es von einem Zustand A mit T_A und V_A in einen Zustand B mit T_B und V_B über und verwendet man die Abkürzungen $S(T_A, V_A) \equiv S_A$ bzw. $S(T_B, V_B) \equiv S_B$, dann beträgt gemäß (12.2) die Entropieänderung

$$\Delta S = S_B - S_A = C_V \left[\ln \frac{T_B}{T_0} - \ln \frac{T_A}{T_0} \right] + Nk \left[\ln \frac{V_B}{V_0} - \ln \frac{V_A}{V_0} \right]$$

oder

$$\Delta S = C_V \cdot \ln \frac{T_B}{T_A} + Nk \cdot \ln \frac{V_B}{V_A} \tag{12.9}$$

Aus dem Zusammenhang (12.3) liest man ab, dass die Entropie immer dann konstant bleiben sollte ($\mathrm{d}S = 0$), wenn der Prozess unter der Bedingung $\delta Q = 0$ abläuft, sich also innerhalb eines Systems abspielt, welches **abgeschlossen** ist, was den Austausch von Wärmemengen mit seiner Umwelt betrifft. Es wird sich erweisen, dass dieses nur unter bestimmten Voraussetzungen und nur in **theoretisch** denkbaren Fällen so ist. Zur Veranschaulichung des Diskussionen sind in Bild 12.1 die jeweiligen Anfangs- und Endzustände der zu betrachtenden Prozesse in schematisierter Weise dargestellt. Einige von ihnen sind bereits vom Kap. 10 und von der Behandlung der Kreisprozesse her bekannt.

a.) **Die adiabatische Expansion:** Dass hier die Bedingung $\delta Q = 0$ in der Tat auf eine konstante Entropie führt, läßt sich unter Anwendung der Adiabatengleichung (10.7) unmittelbar bestätigen. Aus

$$T_A V_A^{\gamma-1} = T_B V_B^{\gamma-1} \qquad \text{folgt} \qquad \frac{T_B}{T_A} = \left[\frac{V_A}{V_B} \right]^{\gamma-1}$$

Einsetzen in (12.9) unter Berücksichtigung von $\gamma - 1 = (C_p - C_V)/C_V = Nk/C_V$ ergibt

$$\begin{aligned} \Delta S &= C_V(\gamma - 1) \cdot \ln \frac{V_A}{V_B} + Nk \cdot \ln \frac{V_B}{V_A} \\ &= Nk \left[\ln \frac{V_A}{V_B} + \ln \frac{V_B}{V_A} \right] = Nk \left[\ln \frac{V_A}{V_B} - \ln \frac{V_A}{V_B} \right] \end{aligned}$$

oder

$$\Delta S = 0 \qquad \text{bzw.} \qquad S_B = S_A$$

Natürlich erhält man für die adiabatische Kompression dasselbe Resultat.

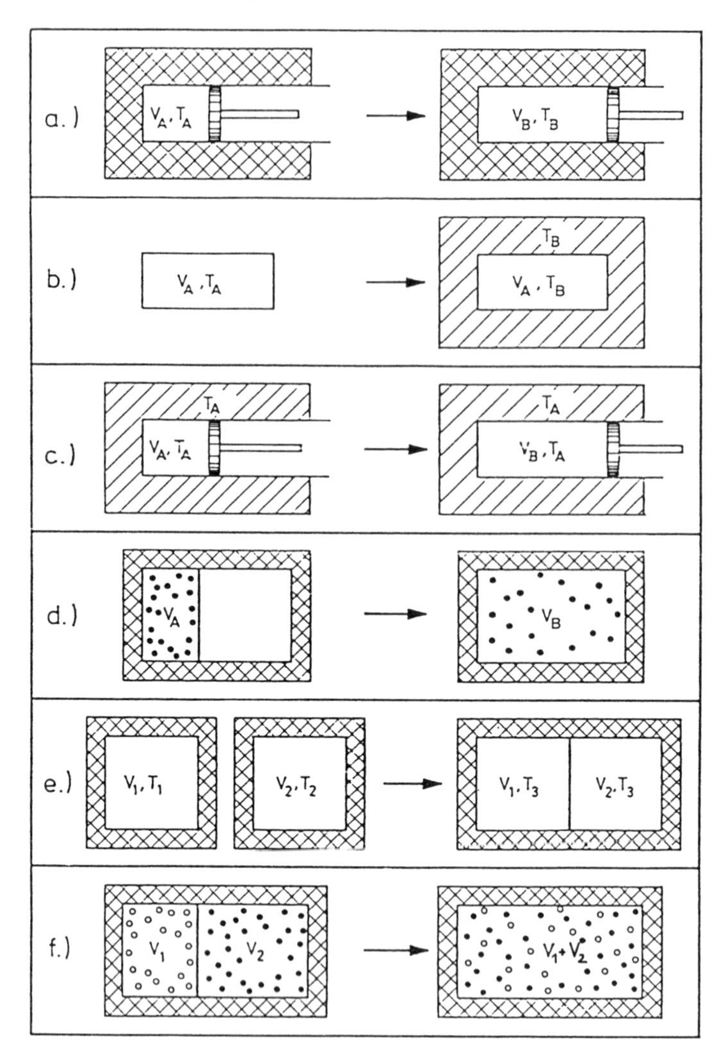

Abb. 12.1. Zur Entropieänderung bei verschiedenen Prozessen. (kariert): Wärmeisolation; (schraffiert): Wärmereservoir

b.) **Die isochore Erwärmung:** Das Gas wird unter Konstanthaltung seines Volumens mit einem Wärmereservoir der Temperatur $T_B > T_A$ in Kontakt gebracht. Seine Temperatur steigt von T_A auf T_B. Wegen $V_B = V_A$, also $\ln(V_B/V_A) = 0$, wächst seine Entropie gemäß (12.9) um

$$(\Delta S)_G = C_V \cdot \ln \frac{T_B}{T_A}$$

Interessant wird der Fall dann, wenn man das Reservoir als **zum System gehörend** rechnet, so dass das Gesamtsystem "Gas + Reservoir" abgeschlossen ist und $\delta Q = 0$ gilt. Zur Erwärmung des Gases hat das Reservoir die Wärmemenge $(\Delta Q)_R = C_V(T_B - T_A)$ **abgegeben**. Seine Entropie ist also um $(\Delta Q)_R/T_B$ **gesunken**. Ihre Änderung beträgt somit

$$(\Delta S)_R = -\frac{(\Delta Q)_R}{T_B} = -C_V\frac{T_B - T_A}{T_B} = C_V\left[\frac{T_A}{T_B} - 1\right]$$

Für die Entropieänderung des Gesamtsystems folgt daraus

$$\Delta S = (\Delta S)_G + (\Delta S)_R = C_V\left[\ln\frac{T_B}{T_A} + \frac{T_A}{T_B} - 1\right]$$

Abgesehen vom trivialen Fall $T_A = T_B$, bei welchem ja überhaupt nichts passiert, ist ΔS stets **größer als Null**. Das läßt sich beispielsweise über eine geeignete Reihen-Entwicklung der ln-Funktion bestätigen. Bild 12.2 zeigt das auf graphische Weise. Aufgetragen sind $(\Delta S)_G, (\Delta S)_R$ und ΔS in Einheiten von C_V als Funktion des Temperaturverhältnisses T_B/T_A. Der Bereich $T_B/T_A < 1$, also $T_B < T_A$ beschreibt die isochore **Abkühlung**. Auch hier ist ΔS positiv. Für den hier betrachteten Prozess erhält man damit trotz vorausgesetzter Abgeschlossenheit des Systems

$$\Delta S > 0 \qquad \text{bzw.} \qquad S_B > S_A$$

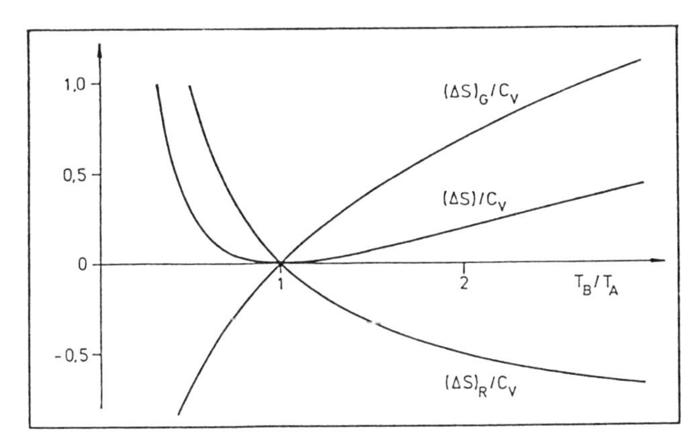

Abb. 12.2. Entropieänderung bei isochorer Erwärmung oder Abkühlung.

c.) **Die isotherme Expansion:** Hier befindet sich das Gas ständig auf der Temperatur T_A des Reservoirs. Mit $T_B = T_A$ ergibt sich dann aus (12.9) für die Entropieänderung des Gases

$$(\Delta S)_G = Nk \cdot \ln\frac{V_B}{V_A}$$

in Übereinstimmung mit dem bereits im vorangehenden Abschnitt gewonnenen Ergebnis (12.5). Bekanntlich wird bei einer isothermen Expansion – explizit ausgedrückt durch die Beziehungen (10.4) und (11.2) – die **ge-**

samte vom Reservoir dem Gas zugeführte Wärmemenge $(\Delta Q)_R$ in Arbeit umgesetzt. Die Entropie des Reservoirs sinkt. Ihre Änderung beträgt gemäß (11.2) unter entsprechender Änderung der Bezeichnungen

$$(\Delta S)_R = -\frac{(\Delta Q)_R}{T_A} = -Nk \cdot \ln \frac{V_B}{V_A}$$

Fasst man wiederum Gas und Reservoir zu einem abgeschlossenen System zusammen, dann führt die Addition $\Delta S = (\Delta S)_G + (\Delta S)_R$ wegen $(\Delta S)_G = -(\Delta S)_R$ auf die gesamte Entropieänderung

$$\Delta S = 0 \qquad \text{bzw.} \qquad S_B = S_A$$

Für die isotherme Kompression erhielte man dasselbe Ergebnis.

d.) **Die freie Expansion:** Von einem gegen die Umwelt wärmeisolierten Volumen V_B wird durch eine Wand ein Teilvolumen V_A abgetrennt. Das Gas befindet sich in V_A. Das Restvolumen $V_B - V_A$ ist leer. Nach Entfernen der Trennwand wird das Gas ohne äußeres Zutun, also "von selbst", das Gesamtvolumen V_B einnehmen. Da hierbei keine Arbeit geleistet wird und auch keine Wärmemengen mit der Umgebung ausgetauscht werden können, muss nach Aussage des Ersten Hauptsatzes die innere Energie konstant bleiben. Sie ist bekanntlich bei fester Teilchenzahl nur von der Temperatur abhängig. Folglich bleibt auch diese unverändert. Mit $T_B = T_A$ ergibt (12.9) somit

$$(\Delta S)_G = Nk \cdot \ln \frac{V_B}{V_A}$$

Dieses Resultat stimmt mit dem des Falles c.) überein. Das ist nicht weiter verwunderlich, da ja in beiden Fällen die Anfangs- und Endzustände äquivalent sind ($T_B = T_A, V_A \to V_B$) und S eine Zustandsgröße ist. $(\Delta S)_G$ ist gleichzeitig auch die **gesamte** Entropieänderung des (abgeschlossenen) Systems. Wegen $V_B > V_A$ ist damit bei diesem Prozess

$$\Delta S > 0 \qquad \text{bzw.} \qquad S_B > S_A$$

e.) **Der Temperaturausgleich:** Zwei wiederum abgeschlossene Gase mit den Volumina V_1 und V_2 befinden sich anfänglich auf unterschiedlichen Temperaturen T_1 und T_2. Der Einfachheit halber werde angenommen, dass die Teilchenzahlen gleich sind ($N_1 = N_2 = N$), so dass auch die Wärmekapazitäten übereinstimmen ($C_{V_1} = C_{V_2} = C_V$). Beide Gase werden dann unter Beibehaltung des Wärmeabschlusses nach außen und unter Konstanthaltung ihrer Volumina so miteinander in Kontakt gebracht, dass sie Wärmemengen untereinander austauschen können. Nach Aussage des Nullten Hauptsatzes wird sich schließlich eine gemeinsame Zwischentemperatur T_3 einstellen ($T_1 \to T_3, T_2 \to T_3$). Nimmt man etwa $T_1 > T_2$ an, dann hat dabei das wärmere Gas die Wärmemenge $(\Delta Q)_1 = C_V(T_1 - T_3)$ abgegeben. Sein Wärmeinhalt hat sich somit um $-(\Delta Q)_1$ geändert. Das kältere Gas hat die Wärmemenge $(\Delta Q)_2 = C_V(T_3 - T_2)$

aufgenommen und seinen Wärmeinhalt um diesen Wert erhöht. Die Abgeschlossenheit des Systems verlangt $\Delta Q = -(\Delta Q)_1 + (\Delta Q)_2 = 0$. Das ergibt

$$C_V(T_3 - T_1) + C_V(T_3 - T_2) = 0 \quad \text{oder} \quad T_3 = \frac{T_1 + T_2}{2} \tag{12.10}$$

Dieses Ergebnis für den Spezialfall gleicher Wärmekapazitäten hätte man sicher auch ohne viel Überlegung direkt angeben können. Die Entropien S_A und S_B des Anfangs- und Endzustandes erhält man durch Addition der entsprechenden Werte für die beiden Gase aus (12.2) zu

$$\begin{aligned} S_A &= C_V \cdot \ln \frac{T_1}{T_0} + Nk \cdot \ln \frac{V_1}{V_0} + C_V \cdot \ln \frac{T_2}{T_0} + Nk \cdot \ln \frac{V_2}{V_0} \\ &= C_V \cdot \ln \frac{T_1 T_2}{T_0^2} + Nk \cdot \ln \frac{V_1 V_2}{V_0^2} \end{aligned}$$

und

$$S_B = C_V \cdot \ln \frac{T_3^2}{T_0^2} + Nk \cdot \ln \frac{V_1 V_2}{V_0^2}$$

Daraus ergibt sich für die Entropieänderung

$$\Delta S = S_B - S_A = C_V \left[\ln \cdot \frac{T_3^2}{T_0^2} - \ln \frac{T_1 T_2}{T_0^2} \right] = C_V \cdot \ln \frac{T_3^2}{T_1 T_2}$$

oder mit (12.10):

$$\Delta S = 2C_V \cdot \ln \frac{(T_1 + T_2)/2}{\sqrt{T_1 T_2}}$$

Das Argument der ln-Funktion enthält im Zähler das **arithmetische** und im Nenner das **geometrische** Mittel beider Temperaturen. Schließt man den trivialen Fall $T_1 = T_2$ aus, dann ist

$$\begin{aligned} T_1 + T_2 - 2\sqrt{T_1 T_2} &= \left[\sqrt{T_1} - \sqrt{T_2} \right]^2 > 0 \\ \text{oder} \quad \frac{T_1 + T_2}{2} &> \sqrt{T_1 T_2} \end{aligned}$$

Das arithmetische Mittel zweier Größen ist somit stets größer als deren geometrisches. Für den Prozess des Temperaturausgleichs gilt also

$$\Delta S > 0 \qquad \text{bzw.} \qquad S_B > S_A$$

f.) **Die Mischung zweier Gase:** Zwei Gase mit den Teilchenzahlen N_1 und N_2 und den Volumina V_1 und V_2 sind durch eine Wand voneinander getrennt. Sie besitzen zudem die gleiche Temperatur, d.h. es ist $T_1 = T_2 = T$. Das Gesamtvolumen $V_1 + V_2$ ist gegen die Umwelt abgeschlossen. Nach Entfernen der Trennwand werden sich die beiden Gase durchmischen. Jedes von ihnen wird das Volumen $V_1 + V_2$ annehmen. Da auch hier, wie schon im Fall d.), weder Arbeit geleistet wird noch Wärmemengen mit der Umgebung ausgetauscht werden können, bleibt die Temperatur wiederum konstant. Für die Entropien zu Beginn und nach Abschluss des Vorgangs folgt gemäß (12.2) und unter den genannten Bedingungen

$$\begin{aligned} S_A &= C_{V_1} \cdot \ln \frac{T}{T_0} + N_1 k \cdot \ln \frac{V_1}{V_0} + C_{V_2} \cdot \ln \frac{T}{T_0} + N_2 k \cdot \ln \frac{V_2}{V_0} \\ &= (C_{V_1} + C_{V_2}) \cdot \ln \frac{T}{T_0} + N_1 k \cdot \ln \frac{V_1}{V_0} + N_2 k \cdot \ln \frac{V_2}{V_0} \end{aligned}$$

und

$$\begin{aligned} S_B &= (C_{V_1} + C_{V_2}) \cdot \ln \frac{T}{T_0} + (N_1 + N_2) k \cdot \ln \frac{V_1 + V_2}{V_0} \\ &= (C_{V_1} + C_{V_2}) \cdot \ln \frac{T}{T_0} + N_1 k \cdot \ln \frac{V_1 + V_2}{V_0} \\ &+ N_2 k \cdot \ln \frac{V_1 + V_2}{V_0} \end{aligned}$$

Das ergibt als Entropieänderung

$$\Delta S = S_B - S_A = N_1 k \cdot \ln \frac{V_1 + V_2}{V_1} + N_2 k \cdot \ln \frac{V_1 + V_2}{V_2} \tag{12.11}$$

Also auch bei diesem Durchmischungsprozess ist

$$\Delta S > 0 \qquad \text{bzw.} \qquad S_B > S_A$$

Übrigens: Hier und im vorangehenden Fall wurden Einzelentropien **additiv** zusammengefügt. Dass man solches darf, wird sich aus den Erläuterungen des nachfolgenden Abschnitts ergeben.

Nun zum Fazit des ganzen Unternehmens: In allen sechs Fällen wurden Entropieänderungen für letztlich **abgeschlossene** Systeme berechnet. In zwei Fällen bleibt die Entropie konstant, in vieren nimmt sie zu. Bei näherem Hinsehen fällt einem auf, dass die Prozesse mit $\Delta S > 0$ alle die folgenden gemeinsamen Merkmale aufweisen. Sie laufen spontan oder "von allein" ab, ohne also von außen geführt werden zu müssen, und sie tun dieses nur **in einer Richtung**, nämlich in der hier diskutierten. Sie sind **irreversibel**, was heißen soll, dass sie allenfalls unter entsprechenden Maßnahmen oder Steuerungen von außen, nicht aber **von selbst** in umgekehrter Richtung ablaufen können. Täten sie das, dann würde es ja bedeuten,

- dass sich im Fall b.) ein Gas oder auch ein beliebiger anderer Körper unter Abgabe einer Wärmemenge an das angeschlossene Reservoir gleicher Temperatur abkühlt,
- dass sich im Fall d.) ein Gas von sich aus auf ein kleineres Volumen zusammenzieht,
- dass im Fall e.) zwei Gase oder Körper mit anfänglich gleicher Temperatur und in Kontakt miteinander Wärmemengen austauschen und dadurch unterschiedliche Temperaturen annehmen und
- dass sich schließlich im Fall f.) zwei Gase von selbst entmischen.

Solche Prozesse aber gibt es nicht. Man zögert allerdings, eine so strenge Behauptung aufrechtzuerhalten, insbesondere, da der Erste Hauptsatz solche Abläufe durchaus zuläßt. Die Energiebilanzen stimmen. Es könnte ja sein, dass sie in der Natur auftreten, jedoch mit so geringer Wahrscheinlichkeit, dass sie sich einer Beobachtung oder Messung entziehen. Also sollte man vorsichtiger sein und lieber sagen: Solche Prozesse beobachtet man nicht.
Die unter a.) und c.) behandelten Vorgänge, also diejenigen mit $\Delta S = 0$, sind im Gegensatz zu den anderen **reversibel**, was nun bedeutet, dass sie auch in umgekehrter Richtung ablaufen bzw. geführt werden können. Um es aber gleich vorweg zu sagen: Solche Prozesse gibt es in der Realität nicht. Sie sind lediglich **theoretisch denkbar** oder allenfalls als **Grenzfälle** realer Abläufe zu begreifen. Sie sind keine "natürlichen" Vorgänge wie etwa die anderen vier. Warum das so ist, wurde für den Fall isothermer Zustandsänderungen (Fall c.)) bereits im Abschnitt 11.2 im Rahmen der Diskussionen um die STIRLING-Maschine kurz erörtert. Es soll hier anhand der Bild 12.3 noch einmal etwas detaillierter erläutert werden:

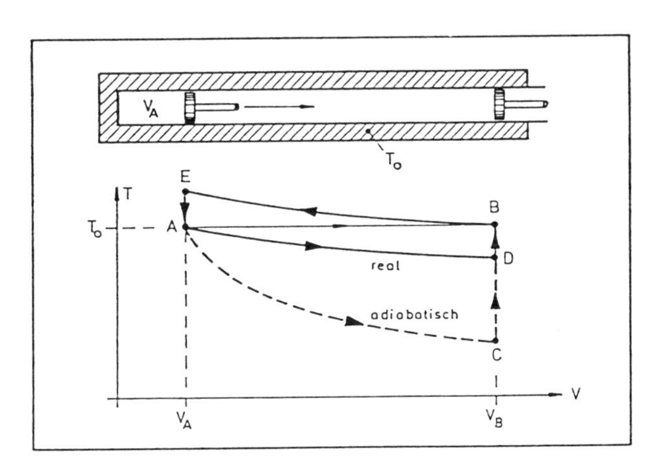

Abb. 12.3. Isotherme Zustandsänderung und Realität.

In einem T-V-Diagramm sind die Isothermen parallel zur V-Achse orientierte Geraden. Bei einer isothermen Expansion vom Anfangsvolumen V_A auf das Endvolumen $V_B > V_A$ wird also die Strecke von A nach B durchlaufen. Dabei muss bekanntlich zu jedem Zeitpunkt die Temperatur des Gases mit der Temperatur T_0 des angeschlossenen Reservoirs übereinstimmen. Zum anderen soll das Reservoir dem Gas die der geleisteten mechanischen Arbeit entsprechende Wärmemenge zuführen. Diese zwei Forderungen sind nicht miteinander vereinbar, da ja Körper nur dann Wärmemengen untereinander austauschen können, wenn sie sich auf **unterschiedlichen** Temperaturen befinden. Hinzu kommt ferner, dass ein Temperaturausgleich **Zeit** erfordert. Er läuft nicht unendlich schnell ab. Letzteres hat mithin zur Folge, dass bei einer sehr schnellen Expansion bzw. Kolbenbewegung das Gas trotz seines Kontaktes mit dem Wärmereservoir praktisch keine Wärmemenge aufnehmen kann und somit eine adiabatische Zustandsänderung von A nach C durchläuft, welcher sich, nachdem der Kolben zum Stillstand gekommen ist, eine irreversibel isochore Erwärmung auf die Solltemperatur T_0 anschließt ($C \to B$). Was nun bei realen, also **endlichen** Kolbengeschwindigkeiten passiert, ist klar. Der Temperaturausgleich bleibt unvollkommen. Der Zustand des Gases ändert sich entlang einer Kurve $A \to D$, die zwischen der Adiabate und der Isotherme liegt, gefolgt von einer isochoren Erwärmung ($D \to B$). Natürlich ist der Ablauf $A \to D \to B$ irreversibel, schon allein wegen des isochoren Anteils. Bei einer Kompression mit endlicher Kolbengeschwindigkeit läuft ein komplementärer Vorgang ab. Das Gas erwärmt sich – schwächer als im adiabatischen Fall – etwa entlang der Kurve $B \to E$ und kühlt sich dann isochor auf T_0 ab ($E \to A$). Mit abnehmender Kolbengeschwindigkeit wird der Wärmeaustausch zwischen Gas und Reservoir immer wirksamer. Die beiden Kurven $A \to D$ bzw. $B \to E$ nähern sich immer mehr der Isotherme $A \to B$ bzw. $B \to A$ und fallen schließlich im Grenzfall **unendlich langsamer** Expansion bzw. Kompression mit ihr zusammen. Dieser Grenzprozess ist dann zwar reversibel, aber nicht realisierbar.

Aus entsprechend abgewandelten Überlegungen läßt sich folgern, dass auch adiabatische Zustandsänderungen (Fall a.)) erst bei unendlich langsamer Prozessführung **streng** adiabatisch ablaufen können. Hier – wie übrigens generell bei allen mit Volumenänderungen verknüpften Vorgängen – führen endliche Kolbengeschwindigkeiten zu (makroskopischen) Strömungsbewegungen des Gases und damit zu lokalen Dichte- und Temperatur-Unterschieden innerhalb des Volumens, also zu Störungen des thermodynamischen Gleichgewichts des Systems. Somit darf man wiederum nur unendlich langsam expandieren bzw. komprimieren, wenn in jedem Moment Gleichgewicht im **gesamten** Volumen gewährleistet sein soll. Nur dann sind ja die bekannten adiabatischen Zustandsgleichungen auf das **Gesamtvolumen** anwendbar. Nebenher und zusätzlich sei angemerkt, dass es eine **ideale** Wärmeisolation, wie sie für adiabatische Zustandsänderungen die Voraussetzung ist, in der Praxis nicht gibt. Selbst bei einer Vakuum-Ummantelung des Gasvolumens können bei Temperaturunterschieden über die im Abschnitt 7.3 diskutierte Wärmestrahlung Wärmemengen mit der Umgebung ausgetauscht werden.

Zurück zur Kernfrage: Was lehren die sechs hier ausführlich behandelten Fälle? Vorab sei gesagt, dass die im folgenden gezogenen Schlüsse **allgemeine** Gültigkeit besitzen. Es läßt sich dieses durch breiter angelegte, dann aber allerdings auch abstraktere Betrachtungen untermauern. Die Schlussfolgerungen sind:

- Es gibt in der Natur Vorgänge, die **von selbst** ablaufen und die man aus eben diesem Grunde auch **natürliche** Vorgänge nennt.
- Sie sind grundsätzlich **irreversibel**.

- Findet das Geschehen innerhalb eines **abgeschlossenen** Systems statt, dann **wächst** die Entropie, und zwar solange, bis ein Gleichgewichts-Endzustand erreicht ist.
- Die Entropiezunahme ist ein eindeutiges Kennzeichen für die Irreversibilität.
- **Reversible** Vorgänge sind an die Voraussetzung geknüpft, dass sich das System zu jedem Zeitpunkt im thermodynamischen **Gleichgewicht** befindet.
- Sie sind streng **nicht** realisierbar, jedoch von grundsätzlichem theoretischen Interesse.
- In **abgeschlossenen** Systemen bleibt bei **reversiblen** Prozessen die Entropie **konstant**.

Ein Teil dieser Aussagen wird bei der Formulierung des Zweiten Hauptsatzes wieder aufgegriffen werden.

12.3 Die statistische Definition der Entropie

Der Gleichgewichtszustand eines Teilchensystems ist bekanntlich derjenige, dessen Verteilung die größte Wahrscheinlichkeit besitzt. Wie groß diese ist, wurde bereits im Abschnitt 4.7 berechnet. Mit $W_0 = U$ und $\beta = 1/(kT)$ lautet die entsprechende Formel (4.20):

$$P_{\max} = \lambda M_{\max} = \lambda e^{N \cdot \ln Z + \frac{U}{kT}} = \lambda e^{\left[kN \cdot \ln Z + \frac{U}{T}\right] / k}$$

Der Vergleich mit (12.8) zeigt, dass im Zähler des Exponenten die Entropiedifferenz $S - S_0$ steht. Also ist

$$P_{\max} = \lambda M_{\max} = \lambda e^{(S - S_0)/k}$$

Daraus folgt

$$S = k \cdot \ln M_{\max} + S_0 \tag{12.12}$$

Im ursprünglichen Sinne ist M die Anzahl der Mikrozustände für eine vorgegebene Verteilung. Im weiteren Sinne, ausgedrückt durch die Wahrscheinlichkeits-Hypothese $P \sim M$, ist M die **nicht normierte** Wahrscheinlichkeit. Man nennt M auch das **statistische Gewicht** einer Verteilung oder eines Zustandes.
Die Beziehung (12.12), welche die Entropie mit der Wahrscheinlichkeit, also eine Zustandsgröße mit einer rein statistischen Größe verknüpft, gilt – wohlgemerkt – nur für **Gleichgewichtszustände**. Für andere Fälle ist ja die Entropie bisher auch noch gar nicht definiert worden. Das kommt erst jetzt. Der Zusammenhang (12.12) legt es nämlich nahe, den Entropiebegriff auch auf **Nicht-Gleichgewichtszustände** auszudehnen. Die statistische Definition tut das mit der Formulierung

$$S = k \cdot \ln M \tag{12.13}$$

wobei nun M die Wahrscheinlichkeit für eine **beliebige** Verteilung ist. Außerdem ist hierbei die bisher willkürlich vorgebbare Entropiekonstante zu $S_0 = 0$ festgelegt worden. Der logarithmische Zusammenhang zwischen S und M bedeutet unter anderem, dass die **multiplikative** Verknüpfung der Einzelwahrscheinlichkeiten M_i von Teilsystemen zur Wahrscheinlichkeit M des Gesamtsystems in eine **Addition** der Einzelentropien S_i zur Gesamtentropie S übergeht. Aus $M = M_1 M_2 M_3 \cdots$ folgt ja

$$\begin{aligned} S = k \cdot \ln(M_1 M_2 M_3 \cdots) &= k(\ln M_1 + \ln M_2 + \ln M_3 + \cdots) \\ &= S_1 + S_2 + S_3 + \cdots = \sum_i S_i \end{aligned}$$

Aus (12.13) geht hervor, und die schematische Darstellung in Bild 12.4 zeigt dieses in anschaulicher Weise, dass mit der zeitlichen Entwicklung eines **abgeschlossenen** Systems über Zwischenzustände stets wachsender Wahrscheinlichkeiten hin zum Gleichgewichtszustand mit $M = M_{\max}$ ein entsprechender Anstieg der Entropie von einem Anfangswert auf den Gleichgewichtswert $S = S_{\max}$ einhergeht. Vor Erreichen des Gleichgewichts ist $dS > 0$, danach $\mathrm{d}S = 0$. Da die Wahrscheinlichkeit M nur zunehmen oder konstant bleiben kann oder – anders ausgedrückt – da keine spontanen Zustandsänderungen auftreten können, bei denen die Wahrscheinlichkeit absinkt, ergeben sich vorbehaltlich gleich noch folgender kritischer Anmerkungen für ein **abgeschlossenes** System die folgenden Aussagen bezüglich der Entropie:

- Die Entropie kann nie abnehmen, d.h. sie ist stets $\mathrm{d}S > 0$.
- Prozesse im Bereich $\mathrm{d}S > 0$ sind **irreversibel**. Umgekehrt sind irreversible Prozesse am Merkmal $\mathrm{d}S > 0$ erkennbar.
- **Reversible** Prozesse können nur zwischen Gleichgewichtszuständen, also im Bereich $\mathrm{d}S = 0$ ablaufen.

Hier finden sich also – in etwas anderer Ausdrucksweise – die am Ende des vorangehenden Abschnitts aufgezählten Schlussfolgerungen wieder, die dort aus rein phänomenologischen Betrachtungen gezogen wurden, d.h. ohne Einbeziehung statistischer Begriffe.

Nun zu den angekündigten Anmerkungen: Bisher wurde stets so getan, als seien M und S in ihrem zeitlichen Verlauf "glatte" Funktionen. Das stimmt natürlich nicht. M ist als Wahrscheinlichkeit eine statistische Größe und damit **statistischen Schwankungen** unterworfen, die sich aufgrund des Zusammenhangs (12.13) auch auf S übertragen. Grundlegende Gedanken zur Natur solcher Schwankungen finden sich bereits im Abschnitt 6.3, in welchem die statistischen Streuungen der Besetzungszahlen diskutiert wurden. Im Klartext heißt das: Es passiert durchaus, dass M und S im Laufe der Zeit wiederholt und kurzzeitig abfallen, wie es in Bild 12.4 stilisiert angedeutet ist. Es zeigt sich aber, dass die Wahrscheinlichkeit für solche "Ausreißer", also de-

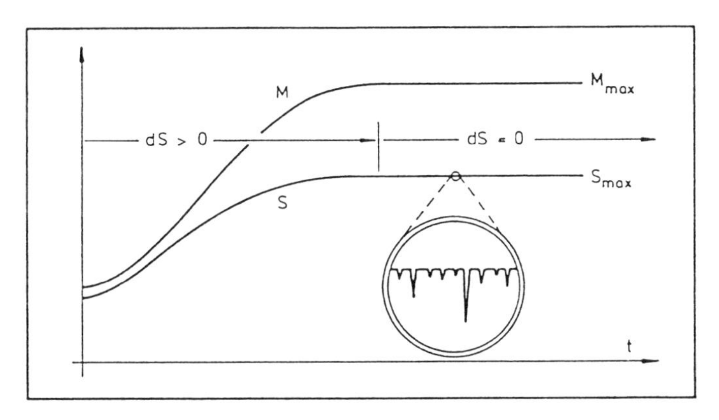

Abb. 12.4. Zum Zusammenhang zwischen Wahrscheinlichkeit und Entropie.

ren Häufigkeit und Größe, sehr stark mit wachsender Teilchenzahl abnimmt. Um einen Eindruck davon zu bekommen, welche Größenordnungen hier im Spiele sind, sollen zwei vertraute Beispiele aus dem vorangehenden Abschnitt noch einmal beleuchtet werden. Zunächst folgt aus (12.13):

$$S_{\max} - S = k(\ln M_{\max} - \ln M) = k \cdot \ln \frac{M_{\max}}{M}$$

Statt M können hier wegen $P = \lambda M$ auch die normierten Wahrscheinlichkeiten P und $P_{\max}$ eingesetzt werden. Das ergibt

$$\ln \frac{P}{P_{\max}} = -\frac{S_{\max} - S}{k} \quad \text{oder} \quad P = P_{\max} e^{-(S_{\max} - S)/k} \qquad (12.14)$$

Der Rückblick auf den Abschnitt 12.2 liefert im einzelnen:
Bei der isochoren Erwärmung eines Gases (Fall. b.)) von T auf $T_{\max}$ wächst dessen Entropie um

$$S_{\max} - S = C_V \cdot \ln \frac{T_{\max}}{T}$$

Einsetzen in (12.14) führt mit $C_V = 3Nk/2$ für ein ideales Massenpunkt-Gas auf

$$\ln \frac{P}{P_{\max}} = -\frac{3}{2} N \cdot \ln \frac{T_{\max}}{T} = \ln \left[\frac{T}{T_{\max}} \right]^{3 \cdot N/2}$$

$$\text{oder} \qquad P = P_{\max} \left[\frac{T}{T_{\max}} \right]^{3N/2}$$

Bereits bei einem Gas aus nur $N = 10^4$ Teilchen treten danach spontane Absenkungen der Temperatur etwa um $1°/_{oo} (T = 0.999 T_{\max})$ mit einer Wahrscheinlichkeit von lediglich $P = 3 \cdot 10^{-7} P_{\max}$ auf. Solche Temperaturen sind also um rund drei Millionen mal unwahrscheinlicher als der Gleichgewichtswert $T_{\max}$. Für $N = 10^5$ ergäbe sich schon ein unvorstellbar kleiner

Wert von $P = 6.7 \cdot 10^{-66} P_{\text{max}}$. Die "Winzigkeit" der entsprechenden Wahrscheinlichkeit bei einer realistischen Stoffmenge von einem Mol ($N \approx 6 \cdot 10^{23}$) entzieht sich dann erst recht jeglicher Vorstellungskraft.
Bei der freien Expansion eines Gases (Fall d.)) von V auf V_{max} steigt dessen Entropie um

$$S_{\text{max}} - S = Nk \cdot \ln \frac{V_{\text{max}}}{V}$$

Aus (12.14) folgt hier

$$\ln \frac{P}{P_{\text{max}}} = \ln \left[\frac{V}{V_{\text{max}}} \right]^N \qquad \text{oder} \qquad P = P_{\text{max}} \left[\frac{V}{V_{\text{max}}} \right]^N$$

Die Wahrscheinlichkeit dafür, dass sich spontan alle Teilchen des Gases beispielsweise wieder in eine Hälfte zurückziehen ($V = 0.5 V_{\text{max}}$), beträgt also $P = 0.5^N P_{\text{max}}$. Für $N = 1$ ist $P = 0.5 P_{\text{max}}$. Das ist klar. Die Chancen, dieses eine Teilchen in der linken oder rechten Hälfte vorzufinden, stehen "fifty-fifty". $N = 10$ ergibt bereits nur noch $P = 9.8 \cdot 10^{-4} P_{\text{max}}$. Die verglichen mit realistischen Stoffmengen verschwindend kleine Teilchenzahl von $N = 300$ führt auf $P = 5 \cdot 10^{-91} P_{\text{max}}$.

12.4 Entropie und physikalische Korrektur der Boltzmannschen Zählung

Die folgenden Diskussionen knüpfen an die Betrachtungen im Abschnitt 12.2 über die Änderung der Entropie bei der Vermischung zweier Gase an (Fall f.)). Das Ergebnis wird durch die Formel (12.11) beschrieben. Sie enthält zwar die Volumina V_1 und V_2 und die Teilchenzahlen N_1 und N_2 der beiden zu vermischenden Gase, aber keinerlei Merkmale zu eventuellen Unterschieden zwischen beiden Gasarten. Somit gilt sie in identischer Form auch für die Vermischung zweier **gleicher** Gase, und genau das führt zu Widersprüchen, wie nachfolgend zunächst gezeigt werden soll. Die mehr "symbolische" Darstellung in Bild 12.5, in welcher unterschiedliche Gassorten durch unterschiedliche Schraffuren gekennzeichnet sind, dient zur Veranschaulichung der Argumentation. Zur Vereinfachung werde angenommen, dass beide Gase vor ihrer Durchmischung das gleiche Volumen V einnehmen und die gleiche Teilchenzahl N besitzen und dass die Durchmischung durch Herausziehen einer Trennwand eingeleitet werden kann.

Unter den genannten Voraussetzungen $V_1 = V_2 = V$, also $V_1 + V_2 = 2V$ und $N_1 = N_2 = N$ liefert (12.11) für die Zunahme der Entropie

$$\Delta S = 2Nk \cdot \ln 2$$

Als erstes zum Fall unterschiedlicher Gase: Die Vermischung nach Entfernen der Trennwand ($A \to B$) ist ein eindeutig irreversibler Vorgang. Erneutes Einfügen der Wand ($B \to C$) führt natürlich nicht wieder zu einer Entmischung.

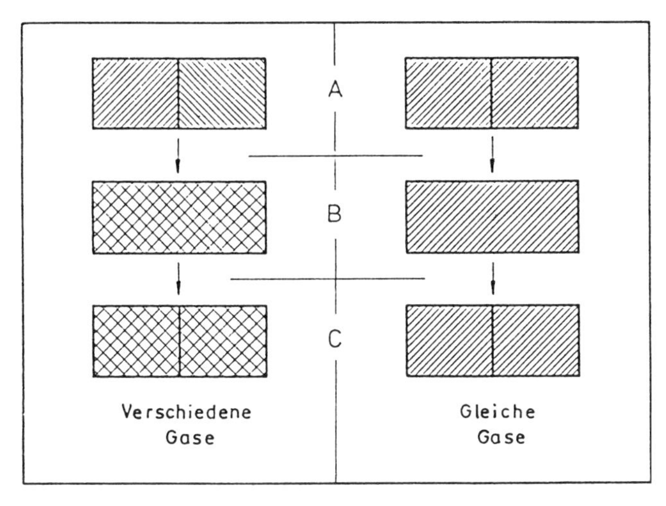

Abb. 12.5. Symbolische Darstellung zur Vermischung zweier Gase.

C und A sind physikalisch grundlegend verschiedene Zustände. Gänzlich anders ist das im Falle gleicher Gase: Die Vermischung nach Herausnehmen der Wand ($A \to B$) hat für das Gesamtsystem keinerlei physikalische Auswirkung oder Bedeutung. Führt man die Wand wieder ein ($B \to C$), dann gelangt man zum Ausgangszustand A zurück. Der Mischungsprozess ist hier, wenn man es so sagen will, reversibel. Deutlicher ausgedrückt, es ändert sich am Zustand des Systems überhaupt nichts, wenn man die Wand rausfährt oder reinschiebt. Alle Zustandsgrößen, also auch die Entropie, bleiben konstant, d.h. es muss $\Delta S = 0$ sein. Der langen Rede kurzer Sinn: Für die Vermischung zweier **gleicher** Gase liefert die Formel (12.11) ein **falsches** Ergebnis. Diese Feststellung ist als **Gibbsches Paradoxon** bekannt.

Man ahnt, woran das liegt, nämlich an der Tatsache, dass im Rahmen der BOLTZMANN-Statistik, so wie sie bisher angewendet wurde, die Teilchen auch dann als unterscheidbar angesehen werden, wenn sie physikalisch identisch sind. Im Sinne dieser Statistik kann man bei der Durchmischung zweier gleicher Gase auch hinterher immer noch entscheiden, welche Teilchen aus der linken und welche aus der rechten Hälfte des Gesamtvolumens stammen. Die Vertauschung auch **identischer** Teilchen führt nach den Vorstellungen dieser Statistik zu immer neuen Mikrozuständen. Deren Zahl wird bekanntlich durch die Formel (2.1) angegeben, also durch

$$M = N! \prod_{i=1}^{s} \frac{g_i^{N_i}}{N_i!} \tag{12.15}$$

Physikalisch passiert natürlich bei einer Vertauschung solcher Teilchen überhaupt nichts.

Zur Behebung dieser Schwierigkeiten bietet sich ein ebenso einfaches wie direktes Mittel an. Die Zahl der zu unterschiedlichen Konfigurationen führenden Vertauschungsmöglichkeiten von N unterschiedlichen Objekten ist bekanntlich gleich $N!$ Somit überschätzt (12.15) bei identischen Teilchen die Zahl der Mikrozustände um genau diesen Faktor. Also ist es naheliegend, ihn einfach zu streichen und – zumindest probeweise – von dem modifizierten Ansatz

$$M = \prod_{i=1}^{s} \frac{g_i^{N_i}}{N_i!} \tag{12.16}$$

auszugehen. Die statistische Definition (12.13) liefert mit (12.15) für die Gleichgewichtsentropie

$$S = kN \cdot \ln Z + \frac{U}{T}$$

Das muss nicht erst extra bewiesen werden, sondern folgt unmittelbar aus (12.8) durch Weglassen von S_0. Es ist ja in umgekehrter Argumentationsfolge die Rechtfertigung für die Definition (12.13) aus (12.8) hergeleitet worden. Der Zusammenhang (12.16) dagegen führt auf ein anderes Ergebnis. Er ergibt zunächst

$$\ln M = \sum_{i=1}^{s} N_i \cdot \ln g_i - \sum_{i=1}^{s} \ln N_i!$$

Nach Anwendung der STIRLINGschen Formel (4.9) auf die Summanden des zweiten Terms erhält man

$$\ln M = \sum_{i=1}^{s} N_i \cdot \ln g_i - \sum_{i=1}^{s} N_i \cdot \ln N_i + \sum_{i=1}^{s} N_i = \sum_{i=1}^{s} N_i \cdot \ln \frac{g_i}{N_i} + N$$

Für die BOLTZMANNsche Gleichgewichtsverteilung (4.23) ist

$$\frac{g_i}{N_i} = \frac{Z}{N} e^{\frac{W_i}{kT}} \qquad \text{oder} \qquad \ln \frac{g_i}{N_i} = \ln \frac{Z}{N} + \frac{W_i}{kT}$$

Damit folgt

$$\begin{aligned} \ln M &= \ln \frac{Z}{N} \sum_{i=1}^{s} N_i + \frac{1}{kT} \sum_{i=1}^{s} N_i W_i + N \\ &= N \left[\ln \frac{Z}{N} + 1 \right] + \frac{1}{kT} \sum_{i=1}^{s} N_i W_i \end{aligned}$$

Die verbleibende Summe ist die innere Energie U. Mit $S = k \cdot \ln M$ lautet dann schließlich die aus (12.16) gewonnene Formel für die Gleichgewichtsentropie

$$S = kN \left[\ln \frac{Z}{N} + 1 \right] + \frac{U}{T} \tag{12.17}$$

Der entsprechende Ausdruck für ein ideales (Massenpunkt-) Gas läßt sich hieraus nach demselben Schema herleiten, wie es im Anschluss an (12.8) angewendet wurde. Mit

$$Z = \frac{V}{V_*}\left[\frac{T}{T_*}\right]^{3/2} \qquad \text{und} \qquad \frac{U}{T} = \frac{3}{2}Nk = C_V$$

ist

$$\ln\frac{Z}{N} = \frac{3}{2}\cdot\ln\frac{T}{T_*} + \ln\frac{V}{NV_*}$$

Somit folgt aus (12.17):

$$S = C_V\cdot\ln\frac{T}{T_*} + Nk\cdot\ln\frac{V}{NV_*} + \frac{5}{2}Nk \tag{12.18}$$

Der Vergleich mit (12.2) zeigt als wesentlichen Unterschied, dass hier beim zweiten Term im Argument der ln-Funktion anstelle von V der Quotient V/N steht. Ferner sind T_* und V_* keine frei vorgebbaren Größen mehr, sondern durch die Zustandssumme Z festgelegt.

Bevor das Problem der Mischung zweier Gase aus der Sicht der neuen Entropieformel (12.17) wieder aufgegriffen wird, sind im Interesse eines grundlegenden Verständnisses der Zusammenhänge einige Hinweise und Modifikationen vonnöten. Keine der bisher aufgeführten und verwendeten Ausdrücke für die Entropien berücksichtigt explizit den Einfluss der Teilchenmasse m. Natürlich ist S von m abhängig, da m in der Zustandssumme Z vorkommt. Solange man von der phänomenologischen Definition der Entropie ausgeht, die eine frei vorgebbare Konstante S_0 zuläßt, und solange man homogene Teilchensysteme betrachtet, d.h. solche mit Teilchen gleicher Masse, kann m als Konstante in S_0 einbezogen werden. Legt man die statistische Definition zugrunde, dann geht das so nicht mehr, da hier keine solche Konstante verfügbar ist. Um die Frage beantworten zu können, ob überhaupt und wenn ja, in welchem Umfang unterschiedliche Teilchenmassen m_1 und m_2 der beiden zu mischenden Teilsysteme die Entropiedifferenz ΔS beeinflussen, muss zunächst (12.18) so umgebaut werden, dass die Abhängigkeit von m explizit erkennbar wird. Implizit ist die Massenabhängigkeit dort in den beiden Größen T_* und V_* enthalten. Der Weg ist einfach. Die nun schon zur Genüge zitierte Zustandssumme für ein ideales Gas läßt sich in der Form

$$Z = \sqrt{\left[\frac{2\pi k}{h^2}\right]^3} V(mT)^{3/2} = \frac{V}{V_+}\left[\frac{mT}{m_+T_+}\right]^{3/2}$$

darstellen, wobei, da Z selbst dimensionslos ist, die Größen V_+, T_+ und m_+ von der Dimension eines Volumens, einer Temperatur und einer Masse sind und mit den Naturkonstanten k und h zusammenhängen, also selbst welche sind. Einsetzen in (12.17) ergibt dann

$$S = \frac{3}{2}Nk\cdot\ln\frac{mT}{m_+T_+} + Nk\cdot\ln\frac{V}{NV_+} + \frac{5}{2}Nk$$

Für den Mischungsprozess erhält man nun die folgenden Aussagen: In der Ausgangssituation (N_1 Teilchen mit m_1 in V_1, N_2 Teilchen mit m_2 in V_2, $T_1 = T_2 = T$) beträgt die Entropie

$$S_A = \frac{3}{2} N_1 k \cdot \ln \frac{m_1 T}{m_+ T_+} + \frac{3}{2} N_2 k \cdot \ln \frac{m_2 T}{m_+ T_+} + N_1 k \cdot \ln \frac{V_1}{N_1 V_+} + N_2 k \cdot \ln \frac{V_2}{N_2 V_+} + \frac{5}{2} N_1 k + \frac{5}{2} N_2 k$$

Nach der Durchmischung ($N_1 + N_2$ Teilchen in $V_1 + V_2$, aber weiterhin nur N_1 Teilchen mit m_1, N_2 Teilchen mit m_2 und T, m_1, m_2 unverändert) ist

$$S_B = \frac{3}{2} N_1 k \cdot \ln \frac{m_1 T}{m_+ T_+} + \frac{3}{2} N_2 k \cdot \ln \frac{m_2 T}{m_+ T_+} + (N_1 + N_2) k \cdot \ln \frac{V_1 + V_2}{(N_1 + N_2) V_+} + \frac{5}{2} (N_1 + N_2) k$$

Das führt auf die Entropiedifferenz

$$\Delta S = S_B - S_A = N_1 k \cdot \ln \left[\frac{V_1 + V_2}{N_1 + N_2} \frac{N_1}{V_1} \right] + N_2 k \cdot \ln \left[\frac{V_1 + V_2}{N_1 + N_2} \frac{N_2}{V_2} \right]$$

Die Teilchenmassen spielen also keine Rolle, was im nachhinein rechtfertigt, dass sie in allen bisherigen Berechnungen von Entropien und Entropiedifferenzen außer acht gelassen werden konnten.

Für den oben angesprochenen symmetrischen Fall ($V_1 = V_2 = V, N_1 = N_2 = N$) erhält man wegen $\ln 1 = 0$ jetzt – widerspruchsfrei und wie gewünscht – in der Tat $\Delta S = 0$. Dasselbe Ergebnis findet man auch für den etwas allgemeineren Fall ungleicher Volumina, aber gleicher Teilchendichten, d.h. für $n_1 = N_1/V_1 = n_2 = N_2/V_2 = n$. Nach Maßgabe der Zustandsgleichung $pV = NkT$ bzw. $p = nkT$ für ideale Gase sind somit bei gleicher Temperatur auch die Drucke in den beiden Teilsystemen gleich ($p_1 - p_2$). Unter diesen Voraussetzungen ändern sich bei der Durchmischung dann weder T noch p noch n, d.h. es ist

$$n = \frac{N_1}{V_1} = \frac{N_2}{V_2} = \frac{N_1 + N_2}{V_1 + V_2}$$

und damit wiederum $\Delta S = 0$.

Das ist zwar alles schön und gut, nur vermag man sich mit der ganzen bisherigen Argumentationsweise nicht so recht zufriedengeben. Die BOLTZMANN-Statistik, so wie sie sich aus der ursprünglichen Formel (12.15) herleitet, führt zu Aussagen, die nachweisbar physikalische Erscheinungen erfolgreich und richtig beschreiben, solange man quantenphysikalische Effekte vernachlässigen kann. Man kann doch wohl nicht einfach an dieser Grundformel "herumdoktern" und damit eventuell den ganzen Erfolg dieser Theorie in Frage stellen, nur um den Sonderfall der Mischungsentropie richtig "hinzukriegen". Also muss überprüft werden, wie sich die bisherigen aus der BOLTZMANN-Statistik gewonnenen Resultate verändern, wenn man zur sogenannten **korrekten Boltzmann-Zählung** (12.16) übergeht. Eines der wichtigsten dieser Ergebnisse ist sicher die Gleichgewichtsverteilung oder BOLTZMANN-Verteilung (4.11). Glücklicherweise bleibt sie unberührt, d.h. sie folgt in identischer Form auch aus (12.16). Der Grund dafür ist ohne nochmalige Rechnerei leicht einzusehen, wenn man kurz auf den Abschnitt 4.3 zurückblickt. Zur Ermittlung der Gleichgewichtsverteilung muss bekanntlich die Lage des Maximums der Funktion $\ln M$, angegeben durch (4.10), aus der Forderung $d(\ln M) = 0$ bestimmt werden. Der Faktor $N!$, um den es hier geht, erscheint in $\ln M$ als konstanter Summand $\ln N!$, der beim Differenzieren wegfällt und sich somit nicht weiter bemerkbar macht. Damit bleiben auch alle aus der BOLTZMANN-Verteilung gezogenen Schlussfolgerungen unverändert gültig. Die Problematik bezüglich der Frage der Unterscheidbarkeit von identischen Teilchen taucht im Grunde genommen erst dann auf, wenn Entropien ins Spiel kommen, die nach der statistischen Definition (12.13) berechnet werden, in welche M **direkt** eingeht und die es nicht mehr zuläßt, eventuelle "Ungereimtheiten" in einer frei wählbaren Konstante zu verstecken.

Es erhebt sich noch eine weitere Frage: Wenn man schon die Unterscheidbarkeit aufgibt, warum geht man dann nicht gleich zur Quantenstatistik, also zur BOSE- oder FERMI-Statistik über? Die BOLTZMANN-Statistik ist ja ohnehin nur im klassischen Grenzfall gültig bzw. anwendbar. Die Antwort ist einfach. Der rein rechnerische Umgang mit den Formeln der Quantenstatistik ist weitaus komplizierter als der mit den Formeln der BOLTZMANN-Statistik. Das hat sich hier in den entsprechenden Abschnitten deutlich gezeigt. Wenn man also nicht unbedingt quantenphysikalisch rechnen muss, dann soll man die Vorteile der einfacheren klassischen Betrachtungsweise auch ausnutzen. Klassisch wird man ein Teilchensystem immer dann behandeln können, wenn es stark genug "verdünnt" ist, was heißen soll, dass die Zahl g_i der zugänglichen Quantenzustände sehr viel größer ist als die Zahl N_i der Teilchen in dem entsprechenden Niveau. Für ein Gas heißt das anschaulich, dass die Teilchendichte n genügend klein sein muss, was wiederum nach Auskunft der Zustandsgleichung $p = nkT$ bzw. $n = (1/k)p/T$ bedeutet, dass der Druck möglichst klein und die Temperatur möglichst groß sein muss. Unter der Voraussetzung $N_i \ll g_i$ machen sich dann etwa die strengen Auflagen des PAULI-Prinzips hinsichtlich der Besetzung von Quantenzuständen nicht bemerkbar. In der Tat geht in diesem Fall die "FERMI-Zählung" (2.3) in die korrekte BOLTZMANN-Zählung (12.16) über, wie sich leicht beweisen läßt. Die Formel (2.3) für die Zahl der Mikrozustände bzw. für das statistische Gewicht bei der FERMI-Statistik lautet bekanntlich

$$M = \prod_{i=1}^{s} \frac{g_i!}{N_i!(g_i - N_i)!}$$

Die Annahme $N_i \ll g_i$ berechtigt nicht dazu, in der Differenz $g_i - N_i$ des Nenners direkt N_i gegen g_i zu vernachlässigen. Das führt aufgrund der speziellen Eigenschaften der Fakultäts-Funktion zu einem falschen Ergebnis, wie ein einfaches Beispiel zeigt: Für $N_i = 1$ ist

$$\frac{g_i!}{(g_i - 1)!} = \frac{(g_i - 1)!g_i}{(g_i - 1)!} = g_i,$$

also für $g_i \gg 1$ eine **große** Zahl. Würde man einfach von vornherein die Eins gegen g_i vernachlässigen, dann ergäbe sich $g_i!/g_i! = 1$. Also muss man vorsichtiger vorgehen. Es ist

$$\begin{aligned}\frac{g_i!}{(g_i - N_i)!} &= \frac{(g_i - N_i)!}{(g_i - N_i)!}(g_i - N_i + 1)(g_i - N_i + 2)\cdots(g_i - 1)g_i \\ &= [g_i - (N_i - 1)]\,[g_i - (N_i - 2)]\cdots(g_i - 1)g_i\end{aligned}$$

Das Produkt besteht aus genau N_i Faktoren, deren Größe der Reihe nach bis auf g_i abnimmt. Mit $g_i \gg N_i$ ist erst recht $g_i \gg N_i - a$ erfüllt $(1 \leq a \leq N_i)$. Streicht man nun in den einzelnen Faktoren die Terme $N_i - a$, dann kommt für das gesamte Produkt $g_i^{N_i}$ heraus. Also erhält man

$$M = \prod_{i=1}^{s} \frac{g_i^{N_i}}{N_i!} \qquad \text{für} \qquad g_i \gg N_i$$

d.h. die korrekte BOLTZMANN-Zählung (12.16). Zum selben Ergebnis käme man auf analogem Wege auch für die "BOSE-Zählung" (2.2).
Bemerkenswert ist, dass sich (12.16) zwar als Grenzfall der Quantenstatistik begreifen läßt, dass es aber nicht möglich ist, diesen Zusammenhang direkt aus der Verteilung von Teilchen auf mögliche Quantenzustände zu erschließen. Für das im Kap. 2 ausführlich diskutierte Beispiel $N_1 = 1, g_1 = 2, N_2 = 2, g_2 = 2$ ergäbe (12.16) für die Zahl der Mikrozustände $M = (2^1/1)(2^2/2) = 4$. Die Verteilung dreier identischer und nicht dem PAULI-Prinzip unterliegender Teilchen kann aber auf $M = 6$ verschiedene Weisen geschehen, wie es Bild 2.2 (2. Fall) zeigt.

13 Der Zweite Hauptsatz der Thermodynamik

In den Kapiteln 11 und 12 über die Wärmekraftmaschinen und über den Begriff der Entropie sind eine Reihe grundsätzlicher Erkenntnisse zutage gefördert worden. Sie alle bilden praktisch den Inhalt des sogenannten **Zweiten Hauptsatzes der Thermodynamik**. Die Vielfalt der Aussagen bedingt, dass verschiedene Formulierungen dieses Satzes existieren. Im folgenden sollen lediglich die schon bekannten Aussagen gesichtet und so ausgedrückt werden, dass die Bedeutung des Zweiten Hauptsatzes möglichst klar in Erscheinung tritt.
Der Erste Hauptsatz der Thermodynamik ist bekanntlich der Satz von der Erhaltung der Energie in einer der thermodynamischen Betrachtungsweise angepassten Form. Er allein vermag nicht die Erfahrungstatsache zu erklären, dass in der Natur viele Vorgänge überhaupt nicht oder nur in einer bestimmten Richtung ablaufen, auch wenn die Energieerhaltung gesichert ist. Hierzu lassen sich eine Fülle von Beispielen angeben. Oft zitiert werden die beiden folgenden:

a.) Ein in einem zähen Medium schwingendes Pendel gibt im Laufe der Zeit seine gesamte Schwingungsenergie unter der Wirkung von Reibungskräften als Wärmemenge an das Medium ab, was zu dessen Erwärmung führt. Den umgekehrten Vorgang, dass nämlich das Medium Wärmemenge auf das Pendel überträgt und dieses zu Schwingungen anregt, gibt es nicht.
b.) Ein kalter Körper in einer warmen Umgebung wird sich solange erwärmen, bis seine Temperatur mit derjenigen der Umgebung übereinstimmt. Den umgekehrten Prozess, dass sich nämlich der Körper unter Abgabe von Wärmemenge an die Umgebung noch weiter abkühlt, gibt es nicht.

Die Liste solcher Beispiele ließe sich beliebig fortsetzen. Es muss also noch einen weiteren grundlegenden Satz geben, welcher Auskunft darüber erteilt, welche Voraussetzungen zusätzlich zur Energieerhaltung noch erfüllt sein müssen, damit ein Vorgang ablaufen kann.
Zu den aus historischer Sicht ersten Formulierungen des Zweiten Hauptsatzes gehören der **Kelvinsche Satz**:

Korollar 13.1 *Es gibt keine Wärmekraftmaschine, bei der nichts weiter passiert, als dass aus einem Reservoir zugeführte Wärmemenge in Arbeit umgesetzt wird,* und der **Clausius'sche Satz**:

Korollar 13.2 *Es gibt keinen Vorgang, bei dem nichts weiter passiert, als dass Wärmemenge von einem kälteren auf einen wärmeren Körper übergeht.*

Die Betonung "nichts weiter" hat ihren guten Sinn. Natürlich gibt es Maschinen, die unter Zuführung von Wärmemengen Arbeit leisten, nur passiert dabei zusätzliches. Zwangsläufig wird bekanntlich ein zweites Reservoir erwärmt. Der Wirkungsgrad ist stets kleiner als Eins. Natürlich kann auch Wärmemenge von einem kälteren auf einen wärmeren Körper übertragen werden, nur geht das lediglich zusätzlich unter Aufbietung von Arbeit mittels einer Wärmepumpe. Die obigen Beispiele a.) und b.) werden durch die beiden Sätze mit erfasst. Die durch den KELVINschen Satz ausgeschlossene Maschine nennt man bekanntlich ein "Perpetuum mobile zweiter Art". Also ist dieser Satz äquivalent mit der Aussage:

Korollar 13.3 *Es gibt kein Perpetuum mobile zweiter Art.*

Den höchsten Wirkungsgrad η aller denkbaren Wärmekraftmaschinen hat die CARNOT-Maschine. Gäbe es eine mit einem höheren η, dann könnte man, wie ja gezeigt wurde, durch eine Kombination dieser mit einer CARNOT-Maschine ein Perpetuum mobile zweiter Art konstruieren. Da es ein solches nicht gibt, erhält man als weitere Formulierung den Satz:

Korollar 13.4 *Für den Wirkungsgrad von Wärmekraftmaschinen gilt stets* $\eta \leq \eta_C = (T_2 - T_1)/T_2$.

Die fundamentalste Formulierung gelingt mit Hilfe des Begriffs der Entropie und lautet:

Korollar 13.5 *In abgeschlossenen Systemen sind nur solche Prozesse möglich, bei denen die Entropie nicht abnimmt, für die also* $dS \geq 0$ *gilt.*

Die Entropie kann somit nur zunehmen oder bestenfalls konstant bleiben. Sie kann nie – wie man auch sagt – "vernichtet" werden. Schließt man die "unnatürlichen" reversiblen, also die stets Gleichgewichtszustände durchlaufenden Vorgänge mit $\mathrm{d}S = 0$ aus, dann verbleibt als Formulierung, die hier als letzte genannt werden soll:

Korollar 13.6 *Bei natürlichen Prozessen in abgeschlossenen Systemen nimmt die Entropie ständig zu, d.h. es ist hier* $dS > 0$.

Diese Aussage nennt man auch das **Prinzip der Vermehrung der Entropie**. Alle sonstigen Formulierungen des Zweiten Hauptsatzes, einschließlich der oben aufgeführten, lassen sich letzten Endes auf dieses Prinzip zurückführen.

14 Der Übergang zum realen Gas

14.1 Vorbemerkung

Alle konkreten Anwendungen prinzipieller Aussagen bezogen sich bisher ausschließlich auf ideale Gase. Das sind bekanntlich Systeme aus Teilchen oder auch Quanten ohne gegenseitige Wechselwirkung. Zum überwiegenden Teil wurden zudem die Teilchen als Massenpunkte betrachtet. Das Verhalten "normaler" oder realer Gase läßt sich nur annähernd durch ein solches Modellgas beschreiben, wenn das betrachtete Gas genügend stark verdünnt ist, wenn also – wie bereits im Abschnitt 12.4 erwähnt – die Teilchendichte $n = N/V = (1/k)p/T$ ausreichend gering ist.
Bei der Aufstellung einer Zustandsgleichung für ein reales Gas muss zwei Dingen Rechnung getragen werden, nämlich

1. der Tatsache, dass zwischen den Atomen oder Molekülen **Wechselwirkungskräfte** auftreten und
2. der Tatsache, dass die Atome oder Moleküle ein **endlich großes** (Eigen-) Volumen besitzen.

Im folgenden wird der Versuch unternommen, eine solche Zustandsgleichung in einer ersten Näherung zu entwickeln. **Einen** möglichen Weg dorthin eröffnet der sogenannte **Virialsatz** für ein Teilchensystem. Er wird im nächsten Abschnitt in einer der Problemstellung angepassten Weise vorgestellt und diskutiert.

14.2 Der Virialsatz für ein Teilchensystem

Betrachtet wird ein System aus insgesamt N Teilchen der gleichen Masse m, die in einem Behälter mit vorgegebenem Volumen V eingeschlossen sind. Bezeichnet $\boldsymbol{r}_i$ den Ortsvektor des i-ten Teilchens und $\boldsymbol{F}_i$ die auf dieses Teilchen wirkende Kraft, dann gilt bekanntlich nach Auskunft des zweiten NEWTONschen Axioms die Bewegungsgleichung

$$m\frac{\mathrm{d}^2\boldsymbol{r}_i}{\mathrm{d}t^2} = \boldsymbol{F}_i$$

Die skalare Multiplikation mit dem Ortsvektor führt auf

$$m\frac{\mathrm{d}^2\boldsymbol{r}_i}{\mathrm{d}t^2}\cdot\boldsymbol{r}_i = \boldsymbol{F}_i\cdot\boldsymbol{r}_i$$

Wegen

$$\frac{\mathrm{d}}{\mathrm{d}t}\left[\frac{\mathrm{d}\boldsymbol{r}_i}{\mathrm{d}t}\cdot\boldsymbol{r}_i\right] = \left[\frac{\mathrm{d}\boldsymbol{r}_i}{\mathrm{d}t}\right]^2 + \frac{\mathrm{d}^2\boldsymbol{r}_i}{\mathrm{d}t^2}\cdot\boldsymbol{r}_i \quad \text{und mit} \quad \frac{\mathrm{d}\boldsymbol{r}_i}{\mathrm{d}t} = \boldsymbol{v}_i$$

folgt

$$m\frac{\mathrm{d}}{\mathrm{d}t}(\boldsymbol{v}_i\cdot\boldsymbol{r}_i) - mv_i^2 = \boldsymbol{F}_i\cdot\boldsymbol{r}_i$$

Die Summation über alle N Teilchen und die anschließende **zeitliche** Mittelung ergeben

$$\overline{\sum_{i=1}^{N} m\frac{\mathrm{d}}{\mathrm{d}t}(\boldsymbol{v}_i\cdot\boldsymbol{r}_i)}^{t} - \overline{\sum_{i=1}^{N} mv_i^2}^{t} = \overline{\sum_{i=1}^{N}\boldsymbol{F}_i\cdot\boldsymbol{r}_i}^{t} \tag{14.1}$$

Die Größe

$$B = \overline{\sum_{i=1}^{N}\boldsymbol{F}_i\cdot\boldsymbol{r}_i}^{t} \tag{14.2}$$

nennt man das **Virial** des Teilchensystems. Des weiteren ist $mv_i^2 = 2W_{k,i}$ die doppelte kinetische Energie der Translation des i-ten Teilchens. Rotations- oder Schwingungs-Energien sollen nicht in Betracht gezogen werden, was bedeutet, dass die Teilchen eine kugelsymmetrische Gestalt haben sollen und weiterhin annähernd wie Massenpunkte behandelt werden können. Dann ist die zweite Summe auf der linken Seite von (14.1) gleich der doppelten gesamten kinetischen (Translations-) Energie W_k innerhalb des Systems. Somit erhält man

$$B + 2\overline{W_k}^{t} = m\overline{\sum_{i=1}^{N}\frac{\mathrm{d}}{\mathrm{d}t}(\boldsymbol{v}_i\cdot\boldsymbol{r}_i)}^{t} \tag{14.3}$$

Um weitere und konkretere Aussagen erhalten zu können, müssen als nächstes einige Annahmen über die Eigenschaften der Wechselwirkungsprozesse gemacht werden. Sie sollen nachfolgend nicht nur aufgezählt, sondern gleichzeitig auch kurz kommentiert werden:

a.) Die Wechselwirkungen der Teilchen miteinander und mit den Wänden des Behälters sollen rein **elastischer** Natur sein. Das schließt zum einen aus, dass infolge unelastischer Stöße die kinetische Energie W_k im Laufe der Zeit ständig abnimmt, und garantiert zum anderen, dass die mechanische Gesamtenergie $W_k + W_p$ erhalten bleibt, wobei W_p die Summe der potentiellen Energien aller individuellen Wechselwirkungen bezeichnet. Bei jedem solchen individuellen Prozess, also während jeder Zeitspanne, in welcher sich die potentielle Energie bemerkbar macht, ändert sich dann zwar W_k, bleibt aber **im zeitlichen Mittel** konstant.

b.) Die Wechselwirkungen sollen nicht zu stabilen Bindungen zwischen den Teilchen führen. Es soll also ausgeschlossen werden, dass sich die Atome oder Moleküle des Gases zu größeren und stabilen Molekülen oder "Strukturen" zusammenschließen. Das gewährleistet, dass die Teilchenzahl N konstant bleibt.
c.) Die potentielle Wechselwirkungsenergie W_p soll stets so klein gegen die kinetische Energie W_k sein, dass letztere durch den Wert $W_k = (3/2)NkT$ für ein ideales Gas approximiert werden kann, welcher ja bekanntlich Wechselwirkungen der Teilchen untereinander außer acht läßt. Die zeitliche Mittelung ändert dann nichts daran, d.h. es ist $\overline{W_k}^t = W_k$.

Unter Beachtung all dessen lautet dann (14.3), wenn man zusätzlich auf der rechten Seite von der Summe der zeitlichen Ableitungen zur zeitlichen Ableitung der Summe übergeht,

$$B + 3NkT = \overline{m\frac{\mathrm{d}}{\mathrm{d}t}\sum_{i=1}^{N} \boldsymbol{v}_i \cdot \boldsymbol{r}_i}^t$$

Kommen innerhalb des betrachteten Volumens unabhängig voneinander alle Orte und Geschwindigkeits-**Richtungen** mit gleicher Wahrscheinlichkeit vor, was vorausgesetzt werden soll, dann ist die Summe eine statistisch variierende Funktion der Zeit. Ihre zeitliche Ableitung fluktuiert dann in entsprechender Weise statistisch um die Zeitachse, so dass die Mittelung über ein Zeitintervall, welches praktisch unendlich groß gegen die Breite der individuellen statistischen Schwankungen ist, Null ergibt. Somit erhält man

$$B + 3NkT = 0 \tag{14.4}$$

Diesen Zusammenhang nennt man den **Virialsatz** für ein Teilchensystem.

14.3 Das innere und das äußere Virial

Das Virial B, definiert durch (14.2), enthält die auf die einzelnen Teilchen wirkenden Kräfte $\boldsymbol{F}_i$. Von ihrem Ursprung her lassen sie sich in zwei Klassen aufteilen, und zwar in

a.) die **inneren** Kräfte $\boldsymbol{F}_{I,i}$, als Folge der Wechselwirkungen der Teilchen untereinander und
b.) die **äußeren** Kräfte $\boldsymbol{F}_{A,i}$, welche – wie es der Name ja schon ausdrückt – von außen in das System hineingetragen werden.

Entsprechend kann auch das Virial in ein **inneres** und ein **äußeres** aufgespalten werden. Wegen $\boldsymbol{F}_i = \boldsymbol{F}_{I,i} + \boldsymbol{F}_{A,i}$ folgt

$$B = B_I + B_A \quad \text{mit} \quad B_I = \overline{\sum_{i=1}^{N} \boldsymbol{F}_{I,i} \cdot \boldsymbol{r}_i}^t \quad \text{und} \quad B_A = \overline{\sum_{i=1}^{N} \boldsymbol{F}_{A,i} \cdot \boldsymbol{r}_i}^t$$

Äußere Kräfte können durch Gravitationsfelder und – sollten die Teilchen geladen sein – durch elektrische und magnetische Felder hervorgerufen werden. Es werde zum einen vorausgesetzt, dass die Teilchen elektrisch neutral sind. Zum anderen werde angenommen, dass das Volumen V des in einem Behälter mit starren Wänden eingeschlossenen Gases so klein ist, dass örtliche Unterschiede in der Teilchendichte, wie sie sich etwa unter der Wirkung des Schwerefeldes der Erde nach Maßgabe der barometrischen Höhenformel (7.21) einstellen, vernachlässigt werden können. Als äußere Kraft, die auf keinen Fall außer acht gelassen werden kann, verbleibt dann diejenige Kraft, welche die Behälterwände der Druckkraft des Gases entgegensetzen. Für sie kann das äußere Virial B_A explizit und einfach berechnet werden. Bild 14.1 soll die folgende Argumentation veranschaulichen.

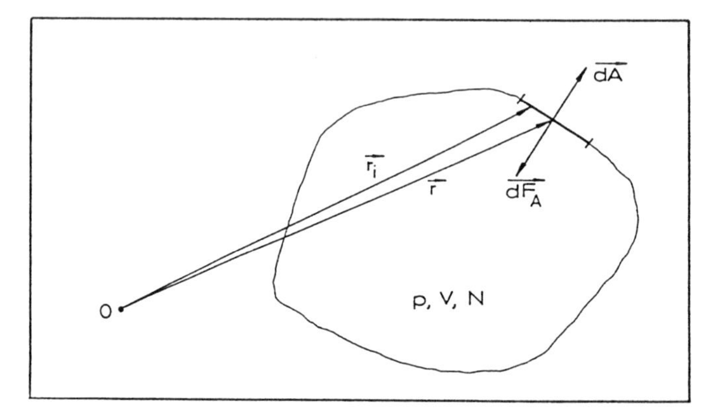

Abb. 14.1. Zum äußeren Virial als Folge von Druckkräften

Betrachtet werde ein Flächenelement d$\boldsymbol{A}$ aus der (geschlossenen) Fläche A der Behälterwand. Den Ausführungen des Abschnitts 7.1 folgend, überträgt jedes auf dA treffende und dort elastisch reflektierte Teilchen eine Stoßkraft $\boldsymbol{F}_{s,i}$ in Richtung von d$\boldsymbol{A}$. Die resultierende Druckkraft auf dA erhält man als zeitlichen Mittelwert der Summe aller individuellen Stoßkräfte, d.h. es ist

$$\overline{\sum_{i=1}^{N} \boldsymbol{F}_{s,i}}^{\,t} = p \cdot \mathrm{d}\boldsymbol{A}$$

Natürlich erstreckt sich hier die Summation nur über alle die Teilchen, welche innerhalb des Mittelungsintervalls auf dA prallen. Die Wand reagiert mit gleich großen Gegenkräften, welche als **äußere** Kräfte im oben genannten Sinne auf die Teilchen wirken. Mit $\boldsymbol{F}_{A,i} = -\boldsymbol{F}_{s,i}$ liefert somit dA zur gesamten äußeren Kraft den Beitrag

$$\mathrm{d}\boldsymbol{F}_A = \overline{\sum_{i=1}^{N} \boldsymbol{F}_{A,i}}^{\,t} = -p \cdot \mathrm{d}\boldsymbol{A} \tag{14.5}$$

Die Ortsvektoren $\boldsymbol{r}_i$ der Teilchen im Moment ihres Aufpralls auf $\mathrm{d}A$ gehen bei infinitesimal feiner Aufteilung von A in den Ortsvektor $\boldsymbol{r}$ für das betrachtete Flächenelement über. Damit und mit (14.5) folgt dann als Beitrag von $\mathrm{d}A$ zum äußeren Virial

$$\mathrm{d}B_A = \overline{\sum_{i=1}^{N} \boldsymbol{F}_{A,i} \cdot \boldsymbol{r}_i}^{\,t} = \boldsymbol{r} \cdot \overline{\sum_{i=1}^{N} \boldsymbol{F}_{A,i}}^{\,t} = -p\boldsymbol{r} \cdot \mathrm{d}\boldsymbol{A}$$

Das gesamte äußere Virial ergibt sich hieraus durch Integration über die geschlossene Wandfläche A, d.h. es ist

$$B_A = \oint_A dB_A = -p \oint_A \boldsymbol{r} \cdot \mathrm{d}\boldsymbol{A}$$

Zur Berechnung des Integrals bietet sich der **Gauß'sche Satz** der Vektoranalysis an. Mit seiner Hilfe läßt sich bekanntlich der Fluss eines Vektorfeldes durch eine geschlossene Fläche A durch ein Volumenintegral über die Divergenz dieses Feldes ausdrücken, wobei der Integrationsbereich das von A umschlossene Volumen V ist. Seine Anwendung auf den vorliegenden Fall liefert also

$$\oint_A \boldsymbol{r} \cdot \mathrm{d}\boldsymbol{A} = \int_A (\mathrm{div}\, \boldsymbol{r}) \cdot \mathrm{d}V$$

Ausgehend von der Definition für die Divergenz eines Vektorfeldes ist

$$\mathrm{div}\, \boldsymbol{r} = \frac{\partial r_x}{\partial x} + \frac{\partial r_y}{\partial y} + \frac{\partial r_z}{\partial z} = \frac{\partial x}{\partial x} + \frac{\partial y}{\partial y} + \frac{\partial z}{\partial z} = 3$$

Damit folgt

$$B_A = -p \int_V 3 \cdot \mathrm{d}V = -3pV \quad \text{und} \quad B = B_I + B_A = B_I - 3pV$$

Einsetzen in (14.4) ergibt dann

$$B_I - 3pV + 3NkT = 0$$

oder

$$pV = NkT + \frac{1}{3} B_I \tag{14.6}$$

Dass soweit alles "vernünftig" zu sein scheint, erkennt man bei Anwendung dieses Zusammenhangs auf ein ideales Gas. Hier gibt es keine inneren Kräfte, d.h. es ist auch $B_I = 0$, und man erhält die vertraute Zustandsgleichung $pV = NkT$.

14.4 Die Van der Waals'sche Näherung für das innere Virial

Für das innere Virial läßt sich grundsätzlich kein allgemeingültiger Ausdruck angeben. Der Grund hierfür ist offensichtlich: Die inneren Kräfte sind selbstverständlich individuell vom speziellen physikalischen Aufbau der miteinander wechselwirkenden Atome oder Moleküle abhängig. Die Kraft zwischen beispielsweise zwei CO_2-Molekülen folgt einem anderen Abstandsgesetz als die zwischen zwei N_2-Molekülen oder zwei Ne-Atomen. Einige gemeinsame qualitative Merkmale lassen sich aber sehr wohl angeben. Aus experimentellen Untersuchungen und aus zum Teil sehr komplizierten quantenmechanischen Berechnungen mittels geeigneter Näherungsverfahren weiß man, dass diese Kräfte stark abstoßend sind, wenn der Abstand r der Teilchen kleiner als $2r_0$ wird, wobei r_0 so etwas wie ein "effektiver" Teilchenradius ist, und dass sie für $r > 2r_0$ relativ schwach anziehend wirken, wobei zusätzlich diese Anziehungskraft mit wachsendem r rasch abnimmt. Ein erfolgreicher und deshalb häufig verwendeter Ansatz, der diesen Tatsachen Rechnung trägt, ist das sogenannte **Lennard-Jones-6-12-Potential**

$$W_p(r) = \frac{\alpha}{r^{12}} - \frac{\beta}{r^6},$$

dessen Verlauf schematisch als durchgezogene Linie in Bild 14.2 aufgetragen ist.

$W_p(r)$ ist die potentielle Energie der Wechselwirkung. Die Kraft ergibt sich daraus in bekannter Weise zu $F = -\operatorname{grad} W_p = -\,\mathrm{d}W_p/\mathrm{d}r$. Die Parameter α und β werden zur optimalen Anpassung des Verlaufs an den jeweiligen realen Fall ausgenutzt. Berechnungen des inneren Virials mit diesem Potentialansatz sind nur mit sehr aufwendigen mathematischen Methoden möglich und führen auf nur schwer zu durchschauende Resultate. Die folgenden Aussagen beziehen sich deswegen auf einen stark vereinfachten Potentialverlauf, nämlich auf das sogenannte **starr-elastische Potential**, dessen Verlauf ebenfalls in Bild 14.2 gestrichelt skizziert ist.

Die Teilchen werden dabei als **harte** Kugeln behandelt. Für $r < 2r_0$ ist W_p unendlich groß. Nimmt man außerdem an, dass

a.) für $r > 2r_0$ die potentielle Energie $W_p \ll kT$ ist und

b.) das Gas soweit verdünnt ist, dass das betrachtete i-te Teilchen nur die Wechselwirkungskraft seines nächsten Nachbarteilchens erfährt, dann ergeben die Berechnungen, deren Ergebnis hier nur zitiert werden soll, für das innere Virial den einfachen Ausdruck

$$B_I = \frac{3}{V}(NkTb - a) \tag{14.7}$$

a und b heißen die **Van der Waals'schen Konstanten** und haben die folgende Bedeutung: a/V ist die gesamte potentielle Wechselwirkungsenergie **aller** Teilchen des Systems. $b = 4NV_0$ ist das vierfache Eigenvolumen **aller** N Teilchen mit ihren Eigenvolumina V_0.

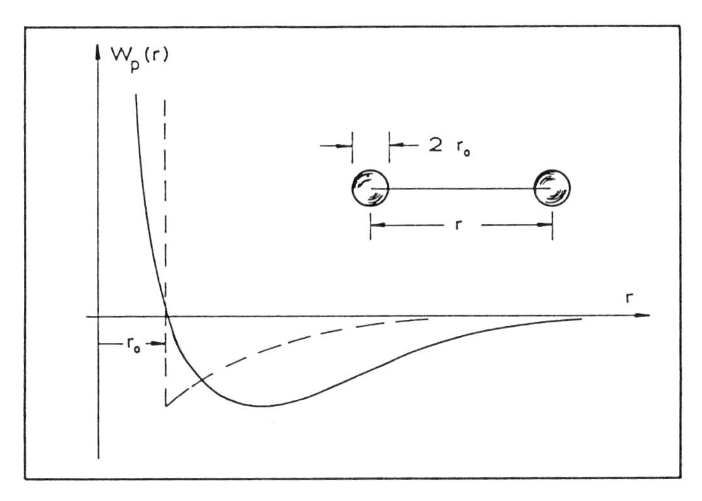

Abb. 14.2. LENNARD-JONES- und starr-elastisches Potential.

Mit (14.7) lautet dann die Gleichung (14.6):

$$pV = NkT + \frac{1}{V}(NkTb - a) = NkT\left[1 + \frac{b}{V}\right] - \frac{a}{V}$$

Durch Umformung erhält man

$$\left[pV + \frac{a}{V}\right]\frac{1}{1 + \frac{b}{V}} = \left[p + \frac{a}{V^2}\right]\frac{V}{1 + \frac{b}{V}} = NkT$$

Bei starker Verdünnung des Gases ist $b \ll V$ oder $(b/V) \ll 1$. Damit ergibt sich in linearer Näherung

$$\frac{1}{1 + \frac{b}{V}} = 1 - \frac{b}{V}$$

oder

$$\left[p + \frac{a}{V^2}\right](V - b) = NkT \tag{14.8}$$

Diese Gleichung heißt die **Van der Waals'sche Zustandsgleichung** für ein reales Gas. Um das ausdrücklich festzuhalten: Sie ist keineswegs die allgemeingültige Zustandsgleichung zur exakten Beschreibung des Verhaltens realer Gase, sondern lediglich das Resultat eines ersten und groben Versuchs, Wechselwirkungen zwischen den Teilchen zu berücksichtigen. Sie zeigt – insbesondere durch einen Vergleich mit der Zustandsgleichung $pV = NkT$ für ein ideales Gas – anschaulich den Einfluss oder die makroskopische Auswirkung der Konstanten a und b:

Korollar 14.1 *Die Wechselwirkung der Teilchen untereinander, erfasst durch die Konstante a, wirkt sich wie eine Druckerhöhung um a/V^2 aus. Das Eigenvolumen der Teilchen, erfasst durch die Konstante b, setzt das den Teilchen zur Verfügung stehende Volumen um b herab.*

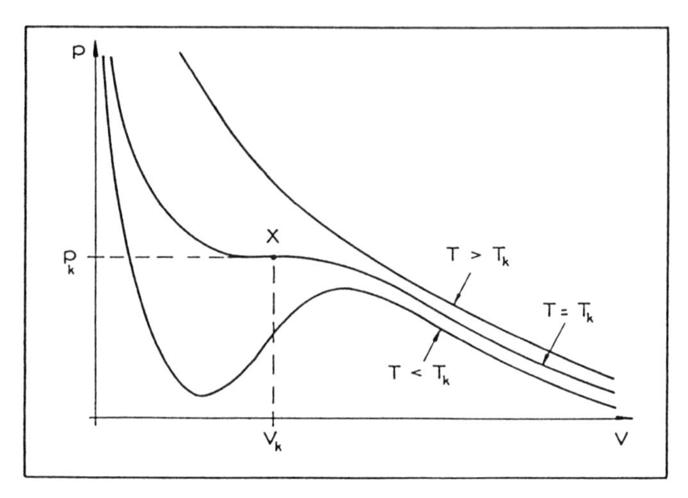

Abb. 14.3. Isothermen des Van der Waals-Gases.

Die sich aus (14.8) ergebenden Isothermen, also die Kurven $p(V)$ mit T als Kurvenparameter, zeigen die in Bild 14.3 für drei ausgewählte Temperaturen wiederum nur schematisch dargestellten Verläufe. Unter ihnen gibt es stets eine, die dadurch ausgezeichnet ist, dass sie einen Wendepunkt X mit horizontaler Wendetangente aufweist. X heißt der **kritische Punkt** des Gases. Die zugehörigen Größen p_k, V_k und T_k hängen von den Konstanten a und b ab und werden **kritischer Druck, kritisches Volumen** und **kritische Temperatur** genannt. In einem derartigen Wendepunkt müssen bekanntlich die erste und die zweite Ableitung der betreffenden Funktion verschwinden, d.h. es muss gelten

$$\left[\frac{\partial p}{\partial V}\right]_X = 0 \qquad \text{und} \qquad \left[\frac{\partial^2 p}{\partial V^2}\right]_X = 0 \tag{14.9}$$

Aus (14.8) folgt

$$p = \frac{NkT}{V-b} - \frac{a}{V^2} \tag{14.10}$$

Das ergibt

$$\frac{\partial p}{\partial V} = -\frac{NkT}{(V-b)^2} + \frac{2a}{V^3} \qquad \text{und} \qquad \frac{\partial^2 p}{\partial V^2} = \frac{2NkT}{(V-b)^3} - \frac{6a}{V^4}$$

Damit lauten die beiden Bedingungen (14.9):

$$\frac{2a}{V_k^3} = \frac{NkT_k}{(V_k - b)^2} \qquad \text{und} \qquad \frac{6a}{V_k^4} = \frac{2NkT_k}{(V_k - b)^3}$$

Dividiert man die erste durch die zweite, dann verbleibt

$$\frac{V_k}{3} = \frac{V_k - b}{2} \qquad \text{oder} \qquad V_k = 3b$$

Einsetzen dieses Ergebnisses in die erste Bedingung führt auf

$$\frac{2a}{27b^3} = \frac{NkT_k}{4b^2} \qquad \text{oder} \qquad T_k = \frac{8}{27}\frac{1}{Nk}\frac{a}{b}$$

Damit liefert (14.10) schließlich

$$p_k = \frac{4}{27}\frac{a}{b^2} - \frac{a}{9b^2} \qquad \text{oder} \qquad p_k = \frac{1}{27}\frac{a}{b^2}$$

Bei Erhöhung der Temperatur über den kritischen Wert T_k hinaus ($T > T_k$), gehen die Isothermen immer mehr in die vom idealen Gas her bekannten Hyperbeln über.
Bei Temperaturen unterhalb von $T_k (T < T_k)$ durchlaufen die Isothermen jeweils ein Maximum und ein Minimum. Lage und Höhe dieser Extremwerte ließen sich in bekannter Weise durch eine "Kurvendiskussion" aus der Zustandsgleichung (14.8) berechnen.
Für die Konstanten a und b als Funktionen der kritischen Werte erhält man

$$b = \frac{V_k}{3} \qquad \text{und} \qquad a = 3p_k V_k^2$$

Zusätzlich folgt

$$Nk = \frac{8}{27}\frac{1}{T_k}\frac{a}{b} = \frac{8}{3}\frac{p_k V_k}{T_k}$$

Einsetzen in (14.8) ergibt dann

$$\left[p + 3p_k \frac{V_k^2}{V^2}\right]\left[V - \frac{V_k}{3}\right] = \frac{8}{3} p_k V_k \frac{T}{T_k}$$

oder nach Division durch $p_k V_k$:

$$\left[\frac{p}{p_k} + 3\frac{V_k^2}{V^2}\right]\left[\frac{V}{V_k} - \frac{1}{3}\right] = \frac{8}{3}\frac{T}{T_k}$$

Mit den sogenannten **reduzierten Zustandsgrößen** $p_r = p/p_k, V_r = V/V_k$ und $T_r = T/T_k$ bekommt dann die VAN DER WAALS'sche Zustandsgleichung die Form

$$\boxed{\left[p_r + \frac{3}{V_r^2}\right](3V_r - 1) = 8T_r}$$

14.5 Verflüssigung und Verdampfung

Im Temperaturbereich $T < T_k$ versagt die VAN DER WAALS'sche Zustandsgleichung (14.8) bei der Beschreibung der Realität. Die von ihr vorausgesagten Maxima und Minima der Isothermen werden in Wirklichkeit nicht durchlaufen. Es würde ja dieses wider Erwarten bedeuten, dass bei einer Kompression des Gases in einem entsprechenden Zwischenbereich der Druck trotz Verkleinerung des Volumens abnimmt. Stattdessen beobachtet man das in Bild 14.4 skizzierte Verhalten: Bei Kompression, beginnend mit einem großen Volumen, wächst der Druck zunächst bis zum Zustand B, bleibt anschließend bei einem **konstanten** Wert p_D und steigt erst nach Erreichen des Zustands A wieder und sehr steil an. Der Wert p_D stellt sich dabei so ein, dass die schraffierten Flächen oberhalb und unterhalb der Strecke $\overline{AB}$ gleich groß werden.

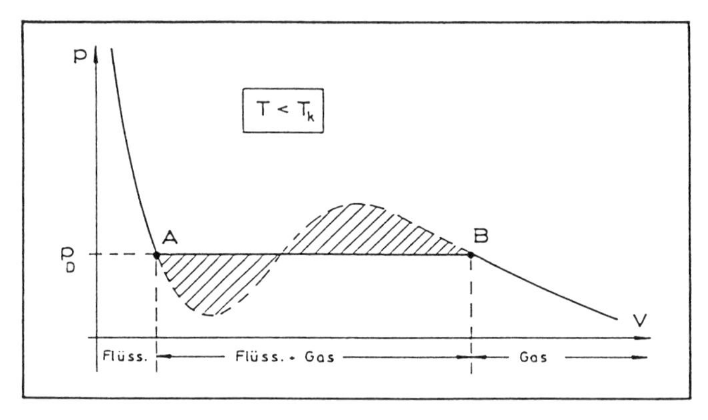

Abb. 14.4. Reale Isotherme für $T < T_k$

Wenn in einem Gas bei konstanter Temperatur trotz Verkleinerung seines Volumens der Druck unverändert bleibt, dann kann das ja eigentlich nur bedeuten, dass Teilchen verschwinden, dass also die Teilchenzahl N in entsprechender Weise abnimmt. Dem ist auch so. Bei B nämlich setzt die **Verflüssigung** des Gases ein. Auf dem Wege von B nach A gehen immer mehr Teilchen von der gasförmigen in die flüssige Phase der Substanz über. Bei A schließlich ist das gesamte Gas verflüssigt. Der anschließende steile Druckanstieg ist der **in der Flüssigkeit**. Der **vom Volumen unabhängige** Druck p_D, der beobachtet wird, solange der flüssige und der gasförmige Aggregatzustand nebeneinander im Gleichgewicht existieren, heißt **Dampfdruck**. Er wird **allein** durch die Temperatur bestimmt.

Die quantitativen Zusammenhänge bei der Verflüssigung eines Gases bzw. beim umgekehrten Prozess, also der Verdampfung einer Flüssigkeit, lassen sich in übersichtlicher Weise anhand des in Bild 14.5 dargestellten Kreisprozesses $A \to B \to C \to D \to A$ zwischen zwei benachbarten Isothermen mit den Temperaturen T und $T-\,\mathrm{d}T$ diskutieren. Beide Temperaturen liegen unterhalb von T_k. Im Ausgangspunkt A befindet sich die Flüssigkeit, die z.B. in einem Zylinder mit beweglichem Kolben eingeschlossen ist, in thermischem Kontakt mit einem Wärmereservoir der Temperatur T. Bei der isothermen Expansion von A nach B verdampft die Flüssigkeit vollständig. Die dabei dem Reservoir entzogene Wärmemenge Q_D heißt **Verdampfungswärme**. Im Zustand B wird das Gas unter Wärmeabschluss leicht expandiert, so dass seine Temperatur um dT sinkt. Bei der anschließenden isothermen Kompression von C nach D im Kontakt mit einem Reservoir der Temperatur $T-\,\mathrm{d}T$ verflüssigt sich das Gas wieder vollständig. Abschließend wird die Flüssigkeit adiabatisch vom Zustand D unter Erwärmung um $\mathrm{d}T$ zum Ausgangspunkt A zurückgeführt.

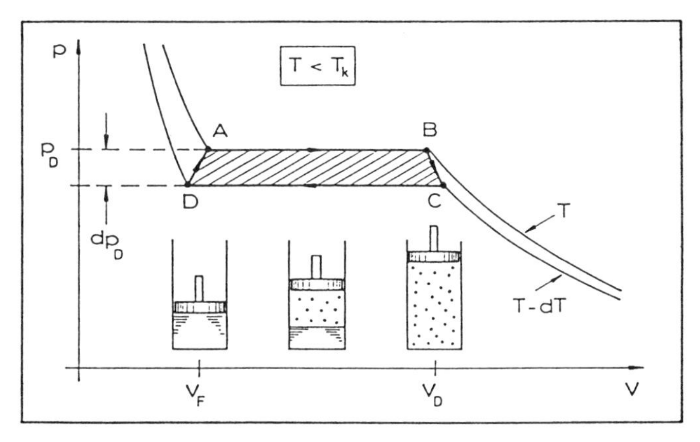

Abb. 14.5. Kreisprozess zur Herleitung der CLAUSIUS-CLAPEYRONschen Gleichung.

Nach den detaillierten Betrachtungen über Kreisprozesse im Kap. 11 ist die geleistete Arbeit W gleich der vom "Indikator-Viereck" umschlossenen, in Bild 14.5 schraffierten Fläche, also

$$W = \mathrm{d}p_D \cdot (V_D - V_F)$$

Dabei ist $\mathrm{d}p_D$ die Dampfdruckdifferenz beim Übergang zwischen beiden Isothermen, V_F das Volumen des flüssigen und V_D das Volumen des gasförmigen Zustandes, landläufig auch "Dampf" genannt. Andererseits ist W auch gleich der dem System während der Verdampfung zugeführten Wärmemenge Q_D, multipliziert mit dem CARNOTschen Wirkungsgrad $\eta_C = \Delta T/T$. Somit folgt

$$W = \mathrm{d}p_D \cdot (V_D - V_F) = Q_D \frac{T - (T - \mathrm{d}T)}{T} = Q_D \frac{\mathrm{d}T}{T}$$

oder

$$\frac{\mathrm{d}p_D}{\mathrm{d}T} = \frac{Q_D}{T(V_D - V_F)} \tag{14.11}$$

Diese Formel heißt **Clausius-Clapeyronsche Gleichung**. Sie beschreibt die **Änderung** des Dampfdruckes mit der Temperatur. Um deutlich zum Ausdruck zu bringen, dass sich die Größen Q_D, V_D und V_F stets auf die gleiche Substanzmenge beziehen, ist es üblich, über die Division des Zählers und des Nenners durch die vorgegebene Masse M der Substanz die entsprechenden **massenspezifischen** Größen einzuführen. Bezeichnen $q_D = Q_D/M$ die **spezifische Verdampfungswärme** und $v_D = V_D/M = 1/\varrho_D$ bzw. $v_F = V_F/M = 1/\varrho_F$ die **spezifischen Volumina** des Dampfes bzw. der Flüssigkeit, also deren reziproke Dichten, dann gilt gleichermaßen

$$\frac{\mathrm{d}p_D}{\mathrm{d}T} = \frac{q_D}{T(v_D - v_F)} = \frac{q_D}{Tv_D\left[1 - \dfrac{v_F}{v_D}\right]}$$

Um konkretere Aussagen machen zu können oder um gar durch eine Integration einen expliziten Ausdruck für die Temperaturabhängigkeit $p_D(T)$ des Dampfdruckes erhalten zu können, bedarf es einer Reihe vereinfachender Annahmen, deren Berechtigung von Fall zu Fall überprüft werden muss.
Da ja wohl vorausgesetzt werden kann, dass eine vorgegebene Substanzmenge im gasförmigen Zustand ein sehr viel größeres Volumen einnimmt als im flüssigen, erscheint es als erstes naheliegend, v_F gegen v_D bzw. v_F/v_D gegen Eins zu vernachlässigen. Das führt auf

$$\frac{\mathrm{d}p_D}{\mathrm{d}T} = \frac{q_D}{Tv_D} \tag{14.12}$$

Wieweit diese Maßnahme im Einzelfall gerechtfertigt ist, zeigt Bild 14.6 am Beispiel einer vertrauten Substanz, nämlich des Wassers. Aufgetragen ist dort unter anderem und in halblogarithmischer Darstellung das Verhältnis v_F/v_D als Funktion der Temperatur T bzw. der "Celsius-Temperatur" t. Danach bleibt dieses Verhältnis bis hinauf zu $t = 100°$ C unterhalb von 10^{-3} und bis hinauf zu $t = 300°$ C immerhin noch unterhalb von $10^{-1} = 10\%$. Im weiteren Verlauf erreicht es den Wert $v_F/v_D = 1$ bei der kritischen Temperatur $t_k = 374.15°$ C des Wassers.

Als weitere Näherungs-Annahme bietet sich die Behandlung des Dampfes als **ideales Gas** an. Gemeint ist hier der Dampf "für sich allein", also abgetrennt von der flüssigen Phase. In Verbindung mit der Zustandsgleichung

$$p_D V_D = p_D v_D M = NkT \qquad \text{bzw.} \qquad v_D = \frac{NkT}{Mp_D}$$

geht dann (14.12) über in

$$\frac{\mathrm{d}p_D}{\mathrm{d}T} = \frac{q_D M}{Nk}\frac{p_D}{T^2}$$

oder

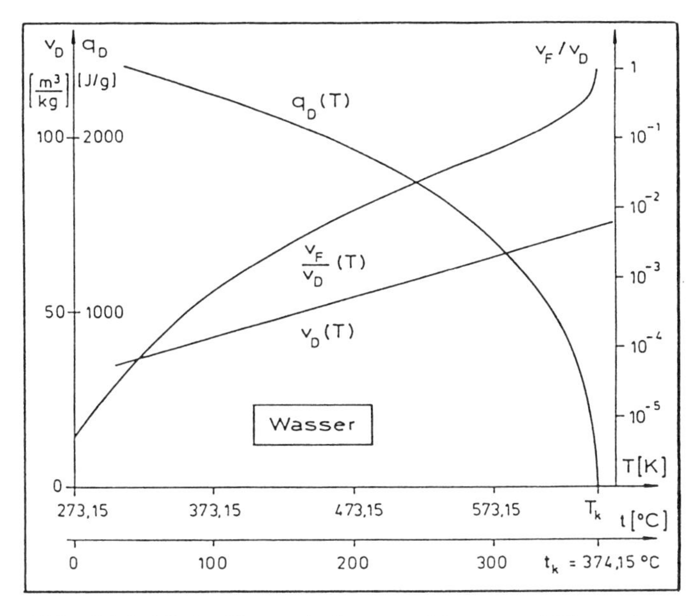

Abb. 14.6. Einige Eigenschaften von Wasser und Wasserdampf.

$$\frac{1}{p_D}\frac{\mathrm{d}p_D}{\mathrm{d}T} = \frac{\mathrm{d}}{\mathrm{d}T}\left[\ln\frac{p_D}{p^*}\right] = \frac{q_D M}{Nk}\frac{1}{T^2} \qquad (14.13)$$

Dabei ist p^* eine willkürliche Konstante mit der Dimension eines Druckes, die vorübergehend und lediglich dazu eingeführt werden muss, um das Argument der ln-Funktion dimensionslos zu machen.

Bekanntlich und wie oben nochmals abzulesen, wächst das Volumen eines idealen Gases bei festgehaltenem Druck proportional mit T, also linear mit t. Wie aus Bild 14.6 hervorgeht, folgt Wasserdampf beispielsweise dieser Vorhersage. Der dort aufgetragene Verlauf $v_D(T)$ gilt für einen festen Druck von 4000 Pa. Hierbei und im erfassten Temperaturbereich oberhalb von rund 25°C existiert Wasser nur in der gasförmigen Phase, also als Wasserdampf. Einer Integration von (14.13) steht nun noch die Tatsache im Wege, dass Verdampfungswärmen generell temperaturabhängig sind und dass sich kein allgemeingültiger und expliziter Ausdruck für $q_D(T)$ angeben läßt. Natürlich ist es prinzipiell immer möglich, $q_D(T)$ innerhalb eines interessierenden Temperaturbereichs durch eine passende Reihenentwicklung zu approximieren, dem wahren Verlauf die Entwicklungskoeffizienten zu entnehmen und auf diese Weise zu Näherungsformeln für den Dampfdruck $p_D(T)$ zu gelangen, die umso genauer sind, je mehr Terme der Reihe man berücksichtigt. Eine hier geeignete Reihendarstellung ist die vertraute TAYLOR-Entwicklung einer Funktion nach steigenden Potenzen ihres Arguments. In Anwendung auf $q_D(T)$ für einen Temperaturbereich in der Umgebung einer vorgebbaren Temperatur T_1 lautet sie bekanntlich

$$q_D(T) = q_D(T_1) + \left[\frac{\mathrm{d}q_D}{\mathrm{d}T}\right]_{T=T_1}(T - T_1) + \frac{1}{2}\left[\frac{\mathrm{d}^2 q_D}{\mathrm{d}T^2}\right]_{T=T_1}(T - T_1)^2 + \cdots$$

Im Hinblick auf ein noch zu diskutierendes konkretes Beispiel sollen nachfolgend nur die erste Näherung $q_D(T) = q_D(T_1)$ und die zweite oder lineare Näherung

$$\begin{aligned} q_D(T) &= q_D(T_1) + \left[\frac{\mathrm{d}q_D}{\mathrm{d}T}\right]_{T=T_1}(T - T_1) \\ &= q_D(T_1) - \left[\frac{\mathrm{d}q_D}{\mathrm{d}T}\right]_{T=T_1} T_1 + \left[\frac{\mathrm{d}q_D}{\mathrm{d}T}\right]_{T=T_1} T \end{aligned} \tag{14.14}$$

in die Betrachtungen einbezogen werden. In erster Näherung folgt aus (14.13):

$$\begin{aligned} \ln\frac{p_D}{p^*} &= \frac{q_D(T_1)M}{Nk}\int\limits_{T_0}^{T}\frac{\mathrm{d}x}{x^2} = \frac{q_D(T_1)M}{Nk}\left[-\frac{1}{x}\right]_{T_0}^{T} \\ &= \frac{q_D(T_1)M}{Nk}\left[\frac{1}{T_0} - \frac{1}{T}\right] \end{aligned}$$

oder mit der Abkürzung $q_D(T_1)M/(NkT_0) = \ln(p_0/p^*)$:

$$\ln\frac{p_D}{p^*} - \ln\frac{p_0}{p^*} = \ln\frac{p_D}{p_0} = -\frac{q_D(T_1)M}{Nk}\frac{1}{T}$$

bzw.

$$p_D(T) = p_0 e^{-\frac{q_D(T_1)M}{Nk}\frac{1}{T}} \tag{14.15}$$

In dieser Näherung fällt also der Dampfdruck exponentiell mit $1/T$, d.h. er **wächst** in entsprechender Weise **mit der Temperatur**.
Mit der zweiten Näherung (14.14) lautet (14.13):

$$\frac{\mathrm{d}}{\mathrm{d}T}\left[\ln\frac{p_D}{p^*}\right] = \frac{M}{Nk}\left(\frac{q_D(T_1)}{T^2} - \left[\frac{\mathrm{d}q_D}{\mathrm{d}T}\right]_{T=T_1}\frac{T_1}{T^2} + \left[\frac{\mathrm{d}q_D}{\mathrm{d}T}\right]_{T=T_1}\frac{1}{T}\right)$$

Setzt man zur Vereinfachung der Schreibweise

$$\frac{M}{Nk}\left(q_D(T_1) - \left[\frac{\mathrm{d}q_D}{\mathrm{d}T}\right]_{T=T_1} T_1\right) = A_1 \quad \text{und} \quad \frac{M}{Nk}\left[\frac{\mathrm{d}q_D}{\mathrm{d}T}\right]_{T=T_1} = A_2 \tag{14.16}$$

wobei A_1 von der Dimension einer Temperatur und A_2 dimensionslos ist, dann erhält man

$$\frac{\mathrm{d}}{\mathrm{d}T}\left[\ln\frac{p_D}{p^*}\right] = \frac{A_1}{T^2} + \frac{A_2}{T}$$

Die Integration ergibt

$$\ln\frac{p_D}{p^*} = A_1\int_{T_0}^{T}\frac{\mathrm{d}x}{x^2} + A_2\int_{T_0}^{T}\frac{\mathrm{d}x}{x} = \frac{A_1}{T_0} - \frac{A_1}{T} + A_2\cdot\ln\frac{T}{T_0}$$

Mit

$$A_2\cdot\ln\frac{T}{T_0} = \ln\left[\frac{T}{T_0}\right]^{A_2} \quad \text{und der Umbenennung} \quad \frac{A_1}{T_0} = \ln\frac{p_0}{p^*}$$

folgt

$$\ln\frac{p_D}{p^*} - \ln\frac{p_0}{p^*} - \ln\left[\frac{T}{T_0}\right]^{A_2} = \ln\left(\frac{p_D}{p_0}\left[\frac{T_0}{T}\right]^{A_2}\right) = -\frac{A_1}{T}$$

oder

$$\frac{p_D}{p_0}\left[\frac{T_0}{T}\right]^{A_2} = e^{-\frac{A_1}{T}} \qquad \text{bzw.} \qquad p_D = p_0\left[\frac{T}{T_0}\right]^{A_2} e^{-\frac{A_1}{T}}$$

Die Abkürzung $p_0/T_0^{A_2} = A_0$ ergibt schließlich

$$p_D(T) = A_0 T^{A_2} e^{-\frac{A_1}{T}} \tag{14.17}$$

Dieses aus der zweiten Näherung für $q_D(T)$ stammende Resultat unterscheidet sich von (14.15) im wesentlichen dadurch, dass hier die Temperatur nicht nur im Exponenten der e-Funktion vorkommt, sondern auch als Faktor mit der Potenz A_2, welche gemäß (14.16) direkt proportional zur **Änderung** von q_D mit der Temperatur ist.

Ein realistischer Temperaturverlauf der spezifischen Verdampfungswärme – wiederum für Wasser – ist in Bild 14.6 als dritte Kurve aufgetragen. Sie beginnt bei 0°C = 273.15 K mit einem Anfangswert von 2500 J g^{-1} und sinkt mit zunehmendem Gefälle auf den Wert $q_D(T_k) = 0$.
Wie gut die beiden Näherungsformeln (14.15) und (14.17) die Realität zu beschreiben vermögen, soll im folgenden Beispiel des Wassers quantitativ demonstriert werden. Aus dem Verlauf $q_D(T)$ in Bild 14.6 liest man für eine Bezugstemperatur von $T_1 = 373.15$ K die runden Werte

$$q_D(T_1) = 2250\ \mathrm{J\ g^{-1}} \qquad \text{und} \qquad \left[\frac{\mathrm{d}q_D}{\mathrm{d}T}\right]_{T=T_1} = -2.5\ \mathrm{J\ g^{-1}K^{-1}}$$

ab. Zur Berechnung des Exponentenfaktors in (14.15) und der beiden Koeffizienten A_1 und A_2 gemäß (14.16) benötigt man ferner den Wert des Quotienten $M/(Nk)$. Die Erweiterung mit der Stoffmenge ν ergibt

$$\frac{M}{Nk} = \frac{\nu M}{\nu Nk} = \frac{M/\nu}{(N/\nu)k}$$

Die Masse pro Stoffmenge beträgt für Wasser $M/\nu = 18$ g Mol^{-1}. Die Teilchenzahl pro Stoffmenge hat – unabhängig von der Art der Substanz und wie im Kap. 10 a.) angeführt wurde – die Größe $N/\nu = N_L = 6\cdot10^{23}$ Mol^{-1}.

Außerdem ist $N_L k = R = 8.3$ J Mol^{-1} K^{-1}. Also folgt $M/(Nk) = (18/8.3)$ g K J^{-1}. Mit diesen Werten erhält man

$$\frac{q_D(T_1)M}{Nk} = 4879.5 \text{ K}, \quad A_1 = 6902.6 \text{ K} \quad \text{und} \quad A_2 = -5421.7 \cdot 10^{-3}$$

Es fehlen nun noch die Faktoren p_0 für (14.15) und A_0 für (14.17). Sie lassen sich bestimmen, wenn man einen einzigen Dampfdruck-Wert als bekannt voraussetzt und damit die Funktionen (14.15) und (14.17) an diesen Wert anpasst. Wasser hat bei $T_1 = 373.15$ K entsprechend $t_1 = 100°$C einen Dampfdruck von $p_D(T_1) = 1.0132 \cdot 10^5$ Pa $= 1.0132$ bar. Einsetzen dieses Wertes und der oben angegebenen in (14.15) und (14.17) führt dann auf

$$p_0 = 4838.6 \cdot 10^2 \text{ bar} \qquad \text{und} \qquad A_0 = 9624.1 \cdot 10^{18} \text{ bar K}^{-A_2}$$

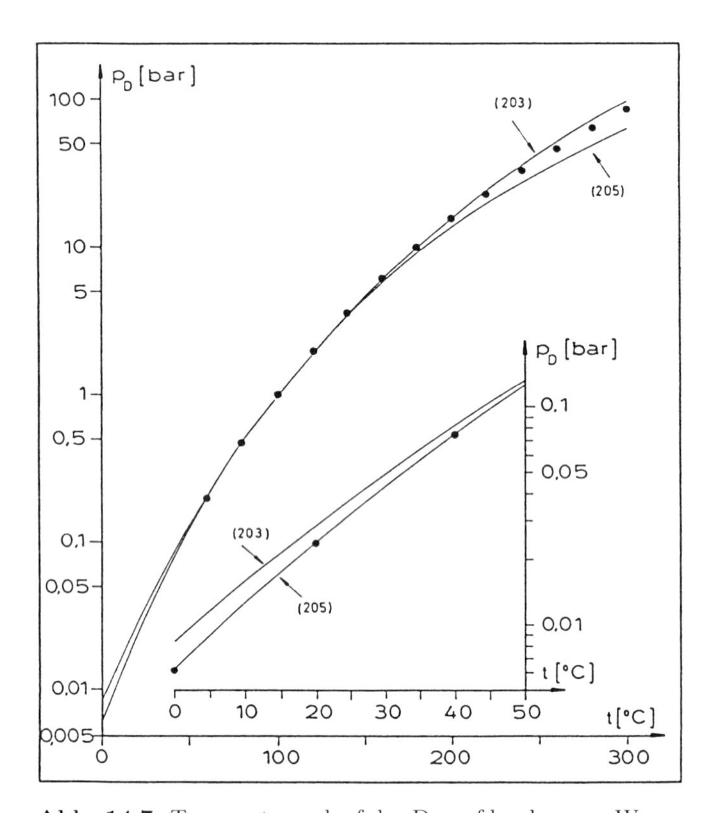

Abb. 14.7. Temperaturverlauf des Dampfdruckes von Wasser.

Die mit allen diesen Zahlenwerten berechneten beiden Dampfdruck-Kurven in **erster** Näherung gemäß (14.15) und in **zweiter** Näherung gemäß (14.17) sind in Bild 14.7 in halblogarithmischer Darstellung aufgetragen. Die

Abszissen-Achse ist in °C geeicht. Um die Unterschiede in den beiden Verläufen im Bereich kleiner Temperaturen deutlicher hervortreten zu lassen, ist der Ausschnitt zwischen 0°C und 50°C in vergrößertem Maßstab zusätzlich als Einsatz in die Abbildung eingefügt. Die Punkte geben die wahren Dampfdruck-Werte für Wasser an. (Aus: F. KOHLRAUSCH: Praktische Physik, Band 3 (Tafeln), Verlag B.G. Teubner, Stuttgart, 1968). Dass in der Umgebung von $t = 100°\mathrm{C}$ beide Kurven zusammenfallen und die richtigen Werte sehr gut reproduzieren, ist natürlich nicht weiter verwunderlich. Beide sind ja bei dieser Temperatur an den echten Wert angeschlossen worden. Bei kleinen Temperaturen liefert die erste Näherung zu große Werte, während die zweite Näherung vorzüglich passt. Auch das ist leicht einzusehen. Wie aus Bild 14.6 hervorgeht, steigt q_D von 100°C aus zu 0°C hin nahezu linear an, was gerade durch die zweite Näherung voll berücksichtigt wird. Zurück zur Bild 14.7: Oberhalb von etwa 150°C werden die Unterschiede zwischen beiden Näherungen für $p_D(T)$ immer deutlicher. Keine von ihnen vermag den realen Dampfdruck-Anstieg richtig zu beschreiben. Der Grund hierfür ist ebenfalls offensichtlich. Bei dieser Temperatur beginnt die spezifische Verdampfungswärme q_D stark beschleunigt abzufallen, was durch keine der beiden hier verwendeten Näherungen auch nur grob erfasst werden kann.

Die in diesem Abschnitt betrachteten Vorgänge laufen – was eingangs auch gesagt wurde – nur bei Temperaturen $T < T_k$ ab. Nur in diesem Temperaturbereich lassen sich Gase durch Kompression verflüssigen. Oberhalb von T_k geht das nicht. Hier nützt auch der Einsatz extrem hoher Drucke nichts. Einen Eindruck von der Größe der kritischen Temperatur für einige bekannte Substanzen vermittelt die nachfolgende Tabelle.

Substanz	He	H_2	N_2	CO_2	HCl	Cl_2
T_k [K]	5.3	33.3	126.1	304.3	324.6	417.2

So muss beispielsweise N_2-Gas erst auf weniger als 126.1 K = −147.1°C abgekühlt werden, bevor es durch Kompression verflüssigt werden kann. Ein geeigneter Effekt zur Abkühlung von Gasen wird in einem folgenden Abschnitt beschrieben.

Zum Schluss eine interessante Anmerkung: Die CLAUSIUS-CLAPEYRONsche Gleichung (14.11) ist von allgemeinerer Bedeutung. Sie beschreibt nämlich nicht nur Übergänge zwischen dem flüssigen und dem gasförmigen, sondern auch solche zwischen dem festen und dem flüssigen Aggregatzustand einer Substanz. In der Form

$$\frac{\mathrm{d}T_s}{\mathrm{d}p} = \frac{(V_F - V_0)T}{Q_s}$$

liefert sie die Änderung der Schmelztemperatur T_s mit dem Druck p, wobei V_0 das Volumen der betrachteten Substanzmenge im festen Zustand und Q_s die sogenannte **Schmelzwärme** bedeuten.

14.6 Die innere Energie eines realen Gases in der Van der Waals'schen Näherung

Die innere Energie eines idealen (Massenpunkt-) Gases setzt sich bekanntlich ausschließlich aus den kinetischen Translations-Energien seiner Teilchen zusammen. Bei fester Teilchenzahl N ist sie nur von der Temperatur T abhängig. Das Volumen V spielt keine Rolle.
Bei einem realen Gas trägt auch die potentielle Energie der Wechselwirkungen zwischen den Teilchen zu dessen innerer Energie U bei. Dieser Wechselwirkungsbeitrag wird sich umso deutlicher bemerkbar machen, je häufiger Wechselwirkungen stattfinden, je höher also die räumliche Teilchendichte $n = N/V$ ist. Das wiederum bedeutet, dass bei festem N dieser Anteil an U mit wachsendem Volumen V kleiner werden muss. Generell ist somit zu erwarten, dass bei einem realen Gas U von T **und** V abhängen wird.
Ziel des folgenden Unternehmens ist die Berechnung von $U(T, V)$ für ein reales Gas im Rahmen der VAN DER WAALS'schen Näherung. Es soll dieses schrittweise und detailliert geschehen, um nebenher zusätzlich neue Verknüpfungen zwischen thermodynamischen Zustandsgrößen kennenzulernen und um den Umgang mit solchen Größen abermals zu üben. Ein möglicher Ausgangspunkt für die Betrachtungen ist der Erste Hauptsatz in der Darstellung (9.2), also in der Form

$$\mathrm{d}U = \delta Q - p \cdot \mathrm{d}V \tag{14.18}$$

Die Wärmemenge δQ läßt sich über die Entropie S durch Zustandsgrößen ausdrücken. Bekanntlich ist $\delta Q = T \cdot \mathrm{d}S$. Mit

$$\mathrm{d}(TS) = T \cdot \mathrm{d}S + S \cdot \mathrm{d}T$$

ist dann auch

$$\delta Q = \mathrm{d}(TS) - S \cdot \mathrm{d}T$$

Damit lautet (14.18):

$$\mathrm{d}U = \mathrm{d}(TS) - S \cdot \mathrm{d}T - p \cdot \mathrm{d}V$$

oder

$$\mathrm{d}(U - TS) = \mathrm{d}F = -S \cdot \mathrm{d}T - p \cdot \mathrm{d}V$$

Die hier eingeführte neue Zustandsgröße $F = U - TS$ heißt die **Freie Energie** des Gases oder Teilchensystems. Setzt man sie als Funktion von T und V an, dann ist

$$\mathrm{d}F = \left[\frac{\partial F}{\partial T}\right]_V \cdot \mathrm{d}T + \left[\frac{\partial F}{\partial V}\right]_T \cdot \mathrm{d}V$$

Der Vergleich mit dem vorangehenden totalen Differential von F liefert die beiden Beziehungen

$$S = -\left[\frac{\partial F}{\partial T}\right]_V \qquad \text{und} \qquad p = -\left[\frac{\partial F}{\partial V}\right]_T$$

Danach ist also die negative Änderung der Freien Energie mit der Temperatur bei konstantem Volumen gleich der Entropie und die negative Änderung der Freien Energie mit dem Volumen bei konstanter Temperatur gleich dem Druck. Durch partielle Differentiation der ersten Beziehung nach V und der zweiten nach T erhält man

$$\left[\frac{\partial S}{\partial V}\right]_T = -\left(\frac{\partial}{\partial V}\left[\frac{\partial F}{\partial T}\right]_V\right)_T \quad \text{und} \quad \left[\frac{\partial p}{\partial T}\right]_V = -\left(\frac{\partial}{\partial T}\left[\frac{\partial F}{\partial V}\right]_T\right)_V$$

Da die Reihenfolge der Differentiation vertauscht werden kann, folgt

$$\left[\frac{\partial S}{\partial V}\right]_T = \left[\frac{\partial p}{\partial T}\right]_V \tag{14.19}$$

Diese Formel ist - das sei hier nur angemerkt - eine der sogenannten **Maxwellschen Relationen** der Thermodynamik. Aus dem totalen Differential der Entropie $S(T, V)$, also aus

$$\mathrm{d}S = \left[\frac{\partial S}{\partial T}\right]_V \cdot \mathrm{d}T + \left[\frac{\partial S}{\partial V}\right]_T \cdot \mathrm{d}V$$

ergibt sich nach Multiplikation mit der Temperatur

$$T \cdot \mathrm{d}S = \delta Q = T\left[\frac{\partial S}{\partial T}\right]_V \cdot \mathrm{d}T + T\left[\frac{\partial S}{\partial V}\right]_T \cdot \mathrm{d}V$$

Für die Wärmekapazität bei konstantem Volumen ($\mathrm{d}V = 0$) erhält man daraus

$$C_V = \left[\frac{\delta Q}{\partial T}\right]_V = T\left[\frac{\partial S}{\partial T}\right]_V$$

Damit und mit (14.19) ist dann

$$\delta Q = C_V \cdot \mathrm{d}T + T\left[\frac{\partial p}{\partial T}\right]_V \cdot \mathrm{d}V$$

Das führt für den Ersten Hauptsatz (14.18) auf die Form

$$\mathrm{d}U = C_V \cdot \mathrm{d}T + \left(T\left[\frac{\partial p}{\partial T}\right]_V - p\right) \cdot \mathrm{d}V \tag{14.20}$$

Aus dem Vergleich dieses Zusammenhangs mit dem totalen Differential von $U(T, V)$, also mit

$$\mathrm{d}U = \left[\frac{\partial U}{\partial T}\right]_V \cdot \mathrm{d}T + \left[\frac{\partial U}{\partial V}\right]_T \cdot \mathrm{d}V$$

folgt

$$\left[\frac{\partial U}{\partial T}\right]_V = C_V \qquad \text{bzw.} \qquad \left[\frac{\partial U}{\partial V}\right]_T = T\left[\frac{\partial p}{\partial T}\right]_V - p \tag{14.21}$$

Diese beiden Formeln bilden ein wichtiges Zwischenergebnis. Wenn man C_V und p als Funktionen von T und V voraussetzt, dann beschreiben sie nämlich bereits – wenn auch nur in differentieller Form – die Abhängigkeit der inneren Energie U von T und V.

Die bisher gewonnenen Aussagen gelten allgemein. Nun soll konkret die VAN DER WAALS'sche Zustandsgleichung (14.8) einbezogen werden. Sie liefert

$$p = \frac{NkT}{V-b} - \frac{a}{V^2} \qquad \text{und} \qquad \left[\frac{\partial p}{\partial T}\right]_V = \frac{Nk}{V-b} \tag{14.22}$$

Einsetzen in die zweite der Formeln (14.21) ergibt dann

$$\left[\frac{\partial U}{\partial V}\right]_T = T\frac{Nk}{V-b} - p = \frac{NkT}{V-b} - \left[\frac{NkT}{V-b} - \frac{a}{V^2}\right]$$

oder

$$\left[\frac{\partial U}{\partial V}\right]_T = \frac{a}{V^2} \tag{14.23}$$

Bei konstanter Temperatur ändert sich somit die innere Energie mit dem Volumen umgekehrt proportional zum Quadrat des Volumens. Da diese Änderung unabhängig von T ist, muss deren Ableitung nach T natürlich Null ergeben. Unter Vertauschung der Differentiations-Reihenfolge und Berücksichtigung der ersten der Formeln (14.21) ist also

$$\left(\frac{\partial}{\partial T}\left[\frac{\partial U}{\partial V}\right]_T\right)_V = \left(\frac{\partial}{\partial V}\left[\frac{\partial U}{\partial T}\right]_V\right)_T = \left[\frac{\partial C_V}{\partial V}\right]_T = 0$$

was bedeutet, dass die Wärmekapazität bei konstantem Volumen unabhängig vom Volumen und somit nur eine Funktion der Temperatur ist. Mit $C_V = C_V(T)$ und (14.23) beträgt damit die totale Änderung (14.20) der inneren Energie eines VAN DER WAALS-Gases

$$\mathrm{d}U = C_V(T) \cdot \mathrm{d}T + \frac{a}{V^2} \cdot \mathrm{d}V \tag{14.24}$$

Bezeichnen T_0 und V_0 die Temperatur und das Volumen eines vorgegebenen Ausgangszustandes, dann führt die Integration auf

$$U(T,V) - U(T_0,V_0) = \int_{T_0}^{T} C_V(x) \cdot \mathrm{d}x + \int_{V_0}^{V} \frac{a}{x^2} \cdot \mathrm{d}x$$

bzw. mit $U(T_0,V_0) = U_0$ auf das gesuchte Endergebnis

$$U(T,V) = \int_{T_0}^{T} C_V(x) \cdot \mathrm{d}x - \frac{a}{V} + U_0 + \frac{a}{V_0} \tag{14.25}$$

Der vom Volumen abhängige Wechselwirkungsanteil sinkt also – wie eingangs vermutet – mit wachsendem Volumen. Er ist **negativ** im Einklang mit der

negativen potentiellen Energie der **anziehenden** Wechselwirkungskräfte. Mit steigendem Volumen und bei konstanter Temperatur nimmt somit die innere Energie zu.

14.7 Der Joule-Thomson-Effekt

Die Abhängigkeit der inneren Energie eines realen Gases von seinem Volumen sollte sich gemäß der Beziehung (14.24) bei einer Expansion ($\mathrm{d}V > 0$) unter Konstanthaltung der inneren Energie ($\mathrm{d}U = 0$) in einer Temperaturerniedrigung

$$\mathrm{d}T = -\frac{a}{C_V}\frac{\mathrm{d}V}{V^2} \qquad (14.26)$$

äußern. Ein prinzipiell einfacher Prozess mit $\mathrm{d}V > 0$ und $\mathrm{d}U = 0$ ist die bereits im Abschnitt 12.2 d.) behandelte freie Expansion oder "freie Entspannung" unter adiabatischen Bedingungen. Darunter versteht man, um das noch einmal zu sagen, das ungehinderte Überströmen eines Gases von einem (kleinen) Volumen V_1 in ein (großes und evakuiertes) Volumen V_2 unter Wärmeabschluss (siehe Bild 14.8 zur Veranschaulichung).

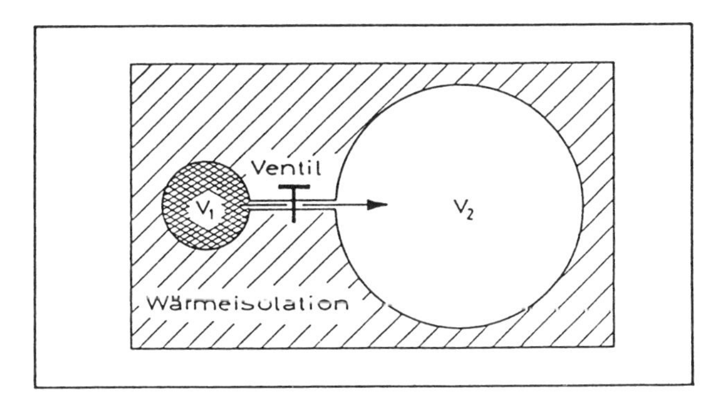

Abb. 14.8. Freie Expansion eines Gases unter adiabatischen Bedingungen.

Da hierbei $\delta Q = 0$ ist und zudem keine Arbeit geleistet wird ($\delta W = 0$), verlangt der Erste Hauptsatz $\mathrm{d}U = 0$. Eine quantitative experimentelle Überprüfung der theoretischen Voraussage (14.26) wird durch den folgenden Umstand erschwert: Beim Überströmen erhalten die Teilchen zusätzlich zur kinetischen Energie ihrer Temperaturbewegung eine unter Umständen erhebliche kinetische Strömungsenergie. Diese wird letzten Endes durch Ausgleichsvorgänge der inneren Reibung in Wärme umgesetzt und schließlich wieder auf das Gas übertragen. Dadurch verringert sich der zu erwartende Temperaturabfall. Die damit verbundenen Schwierigkeiten werden umgangen, wenn man die Entspannung nicht frei, sondern **gedrosselt** ablaufen läßt, indem man den Überströmkanal mit einem großen Strömungswiderstand versieht. Das kann in der Praxis z.B. durch einen porösen Stopfen geschehen. Auf diese Weise kann die kinetische Strömungsenergie vernachlässigbar klein gehalten werden.

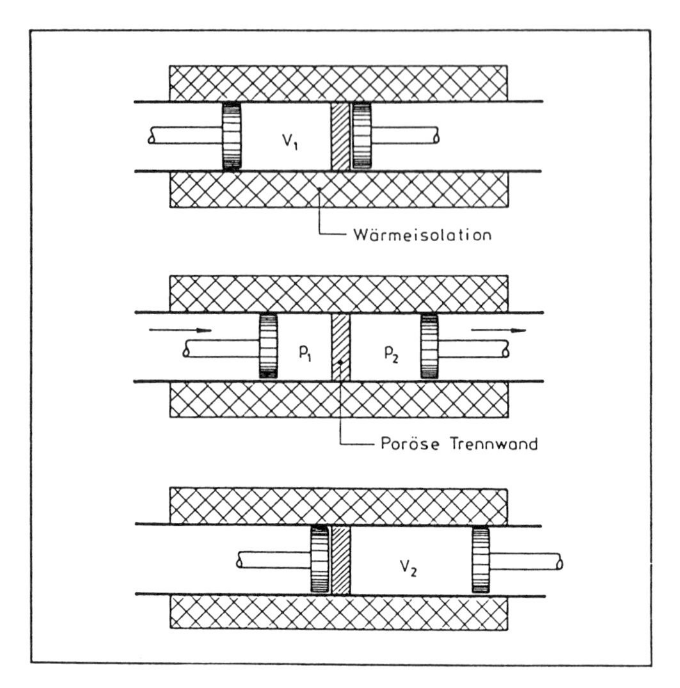

Abb. 14.9. Zum JOULE-THOMSON-Effekt.

Als einfach zu überschauendes Beispiel für die gedrosselte Entspannung eines Gases wird im folgenden der in Bild 14.9 skizzierte Vorgang betrachtet: Ein gegen Wärmeaustausch mit der Umgebung isoliertes Rohr wird durch eine poröse Trennwand in zwei Bereiche unterteilt. Zu Beginn befindet sich das Gas mit dem Volumen V_1 im linken Rohrteil. Es wird dann mittels eines Kolbens so durch die Trennwand gedruckt, dass während des ganzen Vorgangs der Druck p_1 konstant bleibt. Im rechten Rohrteil wird gleichzeitig ein zweiter Kolben so mitgeführt, dass das hindurchgetretene Gas ständig unter dem konstanten Druck p_2 steht. Am Schluss des Vorgangs befindet sich das ganze Gas im rechten Rohrteil und nimmt dort das Volumen V_2 ein. Es werde vorausgesetzt, dass $V_2 > V_1$ und damit $p_2 < p_1$ ist. Insgesamt ist dabei **am Gas** die Arbeit $W_1 = p_1V_1$ und **vom Gas** die Arbeit $W_2 = p_2V_2$ geleistet worden. Die Bilanz ergibt als **gewonnene** Arbeit: $\Delta W = W_2 - W_1 = p_2V_2 - p_1V_1$. Bezeichnen U_1 und U_2 die inneren Energien des Gases vor Beginn und nach Abschluss des Prozesses, dann folgt aus dem Ersten Hauptsatz in der Schreibweise $\Delta Q = \Delta U + \Delta W$ mit $\Delta Q = 0$:

$$0 = \Delta U + \Delta W = (U_2 - U_1) + (p_2 V_2 - p_1 V_1)$$

oder

$$U_1 + p_1 V_1 = U_2 + p_2 V_2$$

Die Zustandsgröße $U + pV = H$ heißt die **Enthalpie** eines Gases oder Teilchensystems. Sie ist somit durch diesen Prozess nicht geändert worden, d.h. es ist $H_1 = H_2$. Er ist ein "isenthalper" Vorgang, also einer mit $\mathrm{d}H = 0$. Mit $H = H(T, V)$ und $\mathrm{d}H = 0$ folgt

$$\mathrm{d}H = \left[\frac{\partial H}{\partial T}\right]_V \cdot \mathrm{d}T + \left[\frac{\partial H}{\partial V}\right]_T \cdot \mathrm{d}V = 0$$

Das ergibt für die differentielle Temperaturänderung während des Prozesses

$$\mathrm{d}T = -\frac{(\partial H/\partial V)_T}{(\partial H/\partial T)_V} \cdot \mathrm{d}V \tag{14.27}$$

Diese mit der Entspannung eines Gases verbundene Temperaturänderung bezeichnet man als **Joule-Thomson-Effekt**.

Für ein **ideales** (Massenpunkt-) Gas ist bekanntlich

$$U = \frac{3}{2} NkT \qquad \text{und} \qquad pV = NkT$$

Also beträgt dessen Enthalpie

$$H = U + pV = \frac{5}{2} NkT$$

Sie ist **unabhängig** von V, d.h. es ist $(\partial H/\partial V)_T = 0$ und damit gemäß (14.27) auch $\mathrm{d}T = 0$. Bei der freien Entspannung eines **idealen** Gases bleibt also die Temperatur **konstant** im Einklang mit den bereits in früheren Abschnitten gewonnenen Erkenntnissen.
Für ein **Van der Waals-Gas** liefert die erste der beiden Formeln (14.22):

$$pV = \frac{NkTV}{V - b} - \frac{a}{V}$$

Zusammen mit (14.25) erhält man dann für dessen Enthalpie:

$$H(T, V) = \int_{T_0}^{T} C_V(x) \cdot \mathrm{d}x - \frac{2a}{V} + \frac{NkTV}{V - b} + U_0 + \frac{a}{V_0}$$

Die partiellen Ableitungen nach V und T ergeben

$$\left[\frac{\partial H}{\partial V}\right]_T = \frac{2a}{V^2} + NkT\left[\frac{(V - b) - V}{(V - b)^2}\right] = \frac{2a}{V^2} - \frac{NkTb}{(V - b)^2}$$

und

$$\left[\frac{\partial H}{\partial T}\right]_V = C_V(T) + \frac{NkV}{V - b}$$

Damit folgt aus (14.27) für die Temperaturänderung bei einem VAN DER WAALS-Gas

$$\mathrm{d}T = \frac{\dfrac{NkTb}{(V-b)^2} - \dfrac{2a}{V^2}}{C_V(T) + \dfrac{NkV}{V-b}} \cdot \mathrm{d}V$$

Vernachlässigt man zur Vereinfachung der Diskussion das von allen N Teilchen zusammen eingenommene Eigenvolumen gegen das ihnen zur Verfügung stehende Volumen V, setzt man also $b \ll V$ voraus, dann verbleibt

$$\mathrm{d}T = \frac{NkTb - 2a}{V^2(C_V + Nk)} \cdot \mathrm{d}V$$

Führt man über den bei der Analyse der VAN DER WAALS'schen Zustandsgleichung gewonnenen Zusammenhang $a = (27/8)NkbT_k$ die kritische Temperatur ein, so ergibt sich zusätzlich mit $C_V + Nk = C_p$:

$$\mathrm{d}T = \frac{Nkb\left[T - \dfrac{27}{4}T_k\right]}{V^2 C_p} \cdot \mathrm{d}V$$

Bei einer **Entspannung** ist $\mathrm{d}V > 0$. Der Nenner ist ebenfalls stets positiv. Also wird das Vorzeichen der Temperaturänderung $\mathrm{d}T$ durch das des Zählers bestimmt. Daraus resultiert die folgende Fallunterscheidung:

a.) Für $T = (27/4)T_k = T_i$ ist $\mathrm{d}T = 0$. Die Temperatur des Gases **bleibt unverändert**. T_i wird **Inversionstemperatur** genannt.
b.) Für $T > T_i$ ist $\mathrm{d}T > 0$. Das Gas **erwärmt sich**.
c.) Für $T < T_i$ ist $\mathrm{d}T < 0$. Das Gas **kühlt sich ab**.

Der JOULE-THOMSON-Effekt findet wichtige technische Anwendungen in Kühlmaschinen und bei der Verflüssigung von Gasen zu deren Abkühlung unter die kritische Temperatur.

Sachwortverzeichnis

Druck (Computer to Film): Saladruck Berlin
Verarbeitung: Stürtz AG, Würzburg